有限群的特征标理论

钱国华　著

科学出版社
北　京

内 容 简 介

本书介绍有限群特征标理论的基本内容以及近期的一些研究成果，同时也介绍特征标理论在纯群理论研究中的应用技术. 全书共四章. 第 1 章介绍模、代数的基本概念和基本理论，它是有限群特征标理论的基础. 第 2 章介绍特征标的基础理论，包括特征标的构造、Clifford 理论以及 Frobenius 群. 第 3 章介绍比较深入的特征标理论，主要包括射影表示、群作用下的特征标和共轭类、特征标的张量积诱导、域扩张下的群表示和特征标，最后还将专题介绍本原群和线性群理论. 次数是特征标最重要和显著的数量指标，特征标次数也是特征标理论中最活跃的研究课题，这部分内容将在第 4 章中作专题介绍.

本书可供代数领域的师生参考，也可作为群论方向研究生的教学参考书.

图书在版编目(CIP)数据

有限群的特征标理论 / 钱国华著. -- 北京 : 科学出版社, 2025. 5.
ISBN 978-7-03-079731-5
I. O156
中国国家版本馆 CIP 数据核字第 2024P0T473 号

责任编辑：胡庆家　贾晓瑞 / 责任校对：彭珍珍
责任印制：张　伟 / 封面设计：无极书装

科学出版社 出版
北京东黄城根北街 16 号
邮政编码：100717
http://www.sciencep.com
北京九州迅驰传媒文化有限公司印刷
科学出版社发行　各地新华书店经销
*
2025 年 5 月第　一　版　开本：720×1000　1/16
2025 年 5 月第一次印刷　印张：22
字数：443 000
定价：168.00 元
(如有印装质量问题，我社负责调换)

前　言

群的表示理论深刻地影响了有限群论的研究进程. 特征标理论不但是群表示理论的重要组成部分, 而且也为群论研究提供了强有力的工具. 例如, 运用比较初步的特征标理论, 就能给出著名的 $p^a q^b$ 定理 (推论 2.6.17) 和 Frobenius 定理 (定理 2.9.2) 的精巧证明, 这突显了特征标理论在群论领域中的重要性. 虽然特征标理论已经有一百多年的历史, 但它依然充满活力, 当今国际群论界的很多著名学者都活跃在这一领域.

本书将介绍特征标理论的基本内容、基本方法及重要的研究成果, 同时也介绍特征标理论在纯群理论研究中的应用技术. 全书分为四章. 第 1 章介绍了模和代数的基本概念, 它们是特征标理论的代数基础. 第 2 章介绍了特征标的基础理论, 包括特征标的构造、Clifford 理论以及 Frobenius 群. 第 3 章介绍了比较深入的特征标理论, 主要包括射影表示、群作用下的特征标和共轭类、特征标的张量积诱导、域扩张下的群表示和特征标, 以及本原群和线性群的基本理论. 次数是特征标最重要和显著的数量指标, 特征标次数也是特征标理论中最活跃的研究课题, 这部分内容将在第 4 章中专题介绍.

本书旨在为代数领域的师生提供参考, 也可作为群论方向的研究生教程 (约一百学时). 通过阅读本书, 读者能够掌握特征标的基本理论、常用的研究技术和研究方法, 能够进入特征标理论的国际研究前沿. 以下是关于本书的一些说明.

1. 受篇幅所限, 本书舍去了特征标理论的一些传统内容, 如例外特征标、Schur 指数以及 π-特殊特征标等等. 另外, 也略去了若干经典定理的证明, 如 Glauberman-Isaacs 的特征标对应定理 (定理 3.3.7)、关于分裂域的 Brauer 定理 (定理 3.7.16), 以及关于域扩张下特征标的分解定理 (定理 3.7.20) 等等, 读者可参阅 [8], [9] 及 [12] 三本专著. 相对于以上三本专著, 本书增加了 21 世纪以来一些较新的研究成果, 这部分内容约占后两章的一半篇幅.

2. 尽管我们的主要目的是考察特征标, 但特征标的源头在于模或表示, 在很多环境下, 模的语言比特征标语言更方便、直接, 也更透彻, 所以我们无法回避模的语言. 尽管我们研究的是常表示问题, 期望用特征标理论来研究群结构, 注意到有限群的初等交换的 p-主因子是 p-元域上该群的不可约表示, 所以在应用层面无法完全回避特征 p 域上的模表示理论. 事实上, 许多常表示问题, 例如定理 4.7.14, 必须应用特征 p 域上的模表示理论. 关于模表示理论可参阅简明教程 [13].

3. 单群在群论中的重要性不言而喻. 在本书的第 4 章, 我们直接应用了关于非交换单群的一些重要结果. 对于期待在群论领域有所突破的年轻学者, 较为深刻地掌握单群的结构和表示理论是极为重要的. Carter 的名著 [3] 涵盖了关于非交换单群的绝大部分知识, 建议年轻读者多下功夫, 为日后的创新性工作奠定基础.

4. 有限群的表示理论和结构理论是密不可分的. 没有较为扎实的群结构方面的理论知识, 阅读本书将会非常困难, 更谈不上从事特征标理论的前沿研究. 建议年轻读者在阅读本书之前或同时, 能够比较熟练地掌握有限群结构理论的基本知识和基本方法, 例如, 阅读完 [7] 或 [14] 的绝大部分章节.

5. 本书包含了关于特征标理论的许多技术细节, 需要读者仔细琢磨体会. 泛泛地阅读, 仅仅了解一些大定理, 远远不足以真正理解并掌握特征标理论. 仅仅知道结论而不了解其背后的技术细节, 对特征标理论的理解只能停留在表面, 更不用说应用特征标理论去解决实际的群论问题.

6. 能够灵活运用的知识才是真正掌握的知识. 在阅读过程中, 年轻读者应着眼于实际应用. 这种实际运用的能力是通过积极学习逐渐培养起来的. 除了完成一些习题, 比如 [9] 每章所附的习题, 更为关键的是要主动提出问题, 尝试解决一些没有现成答案的开放性问题.

7. 对于初学者, 可以略过第 1 章和第 3 章中较为复杂的证明, 第 4 章是专题性的内容, 仅供选读. 对于有志于从事特征标理论研究的读者, 需掌握本书绝大部分的内容及其证明.

由于笔者水平所限, 书中难免有疏漏和不足, 恳请读者批评指正!

最后, 我要感谢我的同事潘红飞、曾宇和李天则三位博士, 他们仔细阅读了全书的初稿, 并提出了大量的修改意见. 本书的出版得到了国家自然科学基金 (12171058) 和江苏省自然科学基金 (BK20231356) 的资助, 得到了科学出版社及胡庆家老师的大力支持, 在此一并致谢!

钱国华

2025 年 3 月

符号和术语

G: 若无特别说明, 总表示有限群.

p: 素数.

π: 素数集合.

π': π 外的全部素数构成的集合.

$\mathrm{Irr}(G)$: G 的不可约特征标集合.

$\mathrm{cd}(G)$: G 的不可约特征标次数集合.

1_G: G 的主特征标.

$|A|$: 集合 A 中含有的元素个数.

A_n: n 次交错群, 也记为 Alt_n.

$\mathrm{Aut}(G)$: G 的自同构群.

$\mathrm{ann}(\chi)$: 被特征标 χ 所零化的元素之集合.

$b(G)$: G 的最大不可约特征标次数.

$\mathbb{C}$: 复数域.

$\mathrm{cd}(G|N)$: $\mathrm{cd}(G)$ 的子集 $\{\chi(1) : \chi \in \mathrm{Irr}(G) \setminus \mathrm{Irr}(G/N)\}$, 其中 $N \trianglelefteq G$.

$\mathrm{cd}(\chi)$: 特征标 χ 中的不可约成分之次数集合.

$\mathrm{CF}(G)$: G 上复值类函数集合.

$\mathrm{Ch}(G)$: G 的特征标集合.

$\mathrm{Char}(\mathbb{F})$: 域 $\mathbb{F}$ 的特征.

$\mathrm{Con}(G)$: G 的共轭类集合.

$\mathrm{Core}_G(H)$: 子群 H 在 G 中的核, 即 $\bigcap_{g\in G} H^g$, 也记为 H_G.

$\mathrm{cs}(G)$: G 的共轭类的类长集合.

$\mathrm{C}(k)$: k 阶循环群, 也记为 $\mathbb{Z}_k$.

$\mathbf{C}_G(X)$: G 中元素、子集或子群 X 在 G 中的中心化子.

$\det(\chi)$: 由特征标 χ 导出的行列式特征标.

$\dim(V)$: 向量空间 V 的维数.

D_k: k 阶二面体群.

$\mathrm{dl}(G)$: 可解群 G 的导长.

E,E_n: 分别表示单位矩阵和 n 级单位矩阵.

$\mathbb{E}$: 域 $\mathbb{E}$.

$\mathrm{E}(p^m)$: p^m 阶初等交换群.

$\mathrm{End}(V)$: 向量空间 V 上全体线性变换构成的代数.

$\mathrm{ES}(p^{2m+1})$: p^{2m+1} 阶超特殊群.

$\exp(G)$: G 的方次数, 即 G 中所有元素阶的最小公倍数.

$\mathbb{F}$: 域 $\mathbb{F}$.

$\mathbb{F}^\sharp$: 域 $\mathbb{F}$ 中非零元构成的集合.

F_k: k 阶 Frobenius 群.

$\mathbb{F}_q$: 含有 q 个元素的域, q 为素数方幂.

$\mathbf{F}(G)$: G 的 Fitting 子群.

$\mathbf{F}_i(G)$: G 的第 i 次 Fitting 子群.

$\mathrm{Fro}(H,K)$: 以 H 为补、以 K 为核的 Frobenius 群.

g^G: 元素 g 所在的 G-共轭类.

$G^\sharp$: 群 G 中非单位元构成的集合.

G', G'', $G^{(i)}$: 分别表示 G 的导群, 2 次导群和第 i 次导群.

(G,N,θ): 表示特征标串, 其中 $N \trianglelefteq G$, $\theta \in \mathrm{Irr}(N)$ 在 G 中不变.

$\mathrm{GL}(V)$: 向量空间 V 上全体可逆线性变换做成的乘法群.

$\mathrm{GL}(n,\mathbb{F})$: 域 $\mathbb{F}$ 上全体 n 级可逆矩阵做成的乘法群.

$H < G$: H 为 G 的真子群.

$H \leqslant G$: H 为 G 的子群.

$H < \cdot G$: H 为 G 的极大子群.

$H \trianglelefteq G$: H 为 G 的正规子群.

$H \trianglelefteq \trianglelefteq G$: H 为 G 的次正规子群.

$\mathrm{Hall}_\pi(G)$: G 的 Hall π-子群集合.

$\mathrm{Hom}(U,V)$: 加群 (向量空间、模) U 到加群 (向量空间、模) V 的同态集合.

id_X: 集合 X 上的恒等映射.

$\mathrm{IBr}_p(G)$: G 的不可约 p-Brauer 特征标集合.

$\mathrm{Irr}^\sharp(G)$: G 的非主不可约特征标集合.

$\mathrm{Irr}(G|G')$: G 的非线性不可约特征标集合.

$\mathrm{Irr}(G|N)$: $\mathrm{Irr}(G)$ 的子集 $\mathrm{Irr}(G) \setminus \mathrm{Irr}(G/N)$, 其中 $N \trianglelefteq G$.

$\mathrm{Irr}(\chi)$: 特征标 χ 中的不可约成分集合.

$\mathfrak{Irr}(A)$: 代数 A 上的不可约模之同构类代表系集合.

$\mathrm{I}_G(\lambda)$: 正规子群上的不可约特征标 λ 在 G 中的稳定子群.

$k(G)$: G 的共轭类个数, 即 $|\mathrm{Con}(G)|$.

$k_G(\Delta)$: 表示最小整数 k 使得 G 的子集 Δ 被 G 的 k 个 G-共轭类覆盖.

$\mathrm{Ker}_G(V)$: G-模 V 的核, 也常记为 $\mathbf{C}_G(V)$.

$\ker\chi$: 特征标 χ 的核.

$\ker f$: 群 (环、代数) 同态或群表示 f 的核.

$\ell_{\mathbf{F}}(G)$: 可解群 G 的 Fitting 高, 也即幂零长.

$\ell_p(G)$: p-可解群 G 的 p-长.

$\mathrm{Lin}(G)$: G 的线性特征标集合, 即 $\mathrm{Irr}(G/G')$.

m_p: 整数 m 的 p-部分, 也记为 $m|_p$.

m_π: 整数 m 的 π-部分, 也记为 $m|_\pi$.

$m \mid n$: 整数 m 整除整数 n.

$m \nmid n$: 整数 m 不整除整数 n.

$\mathrm{M}_n(\mathbb{F})$: 域 $\mathbb{F}$ 上全体 n 级方阵构成的矩阵代数.

$\mathrm{Mul}(G)$: 群 G 的 Schur 乘子.

$\mathbb{N}$: 自然数集合, 约定 $0 \in \mathbb{N}$.

$\mathbf{N}_G(X)$: G 的子集或子群 X 在 G 中的正规化子.

$o(x)$: 群中元素 x 的阶.

$o(\chi)$: 线性特征标 $\det(\chi)$ 的阶.

$\mathrm{Out}(G)$: G 的外自同构群.

$\mathbf{O}_p(G)$: G 的最大正规 p-子群.

$\mathbf{O}_\pi(G)$: G 的最大正规 π-子群.

$\mathbf{O}^p(G)$: G 的最小正规子群 N 使得 G/N 为 p-群.

$\mathbf{O}^\pi(G)$: G 的最小正规子群 N 使得 G/N 为 π-群.

$\mathbf{O}_{\pi,\sigma}(G)$: $\mathbf{O}_\sigma(G/\mathbf{O}_\pi(G))$ 在 G 中的原像, π 和 σ 都是素数集合.

$\mathbf{O}^{\pi,\sigma}(G)$: 表示 $\mathbf{O}^\sigma(\mathbf{O}^\pi(G))$, π 和 σ 都是素数集合.

$\Omega(G:H)$: 群 G 关于子群 H 的右陪集集合.

$\pi(m)$: 整数 m 的素因子集合.

$\pi(G)$: 群阶 $|G|$ 的素因子集合.

$\pi(G:H)$: 子群 H 在 G 中指数的素因子集合.

$\pi_e(G)$: G 中元素阶的集合.

$\mathbb{Q}$: 有理数域.

Q_k: k 阶广义四元素群.

ρ_G: G 的正则特征标.

$\rho(G)$: G 的不可约特征标次数的素因子集合.

$\mathbb{R}$: 实数域.

$\mathcal{R}$: 有单位元的环.

$\mathrm{sma}(G)$: 非交换群 G 的最小的非线性不可约特征标次数.

S_n: n 次对称群, 也记为 Sym_n.

Soc(G): G 的所有极小正规子群的积.

Sol(G): G 的最大的可解正规子群.

$\mathrm{Stab}_G(\alpha)$: 某个 G-集中元素 α 在 G 中的稳定子群.

$\mathrm{Syl}_p(G)$: G 的 Sylow p-子群集合.

U_n: n 次单位根集合.

$U \ltimes V$: 群 U 和 U-不变群 V 做成的半直积, 也记为 $V \rtimes U$.

$U \dotplus V$: 向量空间 U 和 V 的直和.

$U \oplus V$: 模 U 和 V 的直和.

$\mathrm{V}(\chi)$: G 的正规子群 $\langle g \in G|\chi(g) \neq 0\rangle$, 这里 $\chi \in \mathrm{Ch}(G)$.

X^{T}: 矩阵 X 的转置.

$\overline{X}$: 复数 (复矩阵、复表示) X 的复共轭.

$\mathbb{Z}$: 整数集合.

$\mathbb{Z}^+$: 正整数集合.

$\mathbb{Z}[\mathrm{Irr}(G)]$: G 的广义特征标环.

$\mathbf{Z}(A)$: 群或代数 A 的中心.

$\mathbf{Z}(\chi)$: 特征标 χ 的中心.

目　录

第 1 章　表示、模和特征标

在本书中, $\mathbb{F}$ 总表示一个域; $\mathcal{R}$ 总表示一个有单位元 (通常记为 1) 的环, 简称幺环; 加群都指关于加法的交换群. 在本章中, 我们将介绍一般代数上的模、表示等基本概念和基本理论.

1.1　模

1.1.1　Hom 与 End

设 $f: A \to B$ 为非空集合 A 到非空集合 B 的映射, 习惯上我们用 $f(a)$ 表示 $a \in A$ 在 f 下的像, 但很多时候也用 a^f (甚至 af) 表示 a 在 f 下的像. 若 f 为 A 到 B 的映射, g 为 B 到 C 的映射, 则 f 和 g 的合成 (或乘积) 为 A 到 C 的映射, 对于映射像的两种不同写法, 我们有

$$a^{fg} = (a^f)^g = g(f(a)) = (gf)(a).$$

设 V, W 是两个加群, 我们用 $\mathrm{Hom}(V, W)$ 表示 V 到 W 的群同态构成的集合, V 上的群自同态集合 $\mathrm{Hom}(V, V)$ 也记为 $\mathrm{End}(V)$. 显然 $\mathrm{Hom}(V, W)$ 在下面的加法定义下构成一个加群:

$$(f+g)(v) = f(v) + g(v),$$

这里 $f, g \in \mathrm{Hom}(V, W)$, $v \in V$.

对于两个 $\mathbb{F}$-向量空间 V, W, 我们用 $\mathrm{Hom}(V, W)$ 或 $\mathrm{Hom}_{\mathbb{F}}(V, W)$ 表示 V 到 W 的 $\mathbb{F}$-线性映射 (也称为 $\mathbb{F}$-线性同态) 构成的集合; $\mathrm{Hom}(V, V)$ 也记为 $\mathrm{End}(V)$ 或 $\mathrm{End}_{\mathbb{F}}(V)$. 在 $\mathrm{End}(V)$ 上定义加法、数乘及乘法运算如下:

$$(f+g)(v) = f(v) + g(v), \quad (cf)(v) = cf(v), \quad (gf)(v) = g(f(v)),$$

其中 $f, g \in \mathrm{End}(V)$, $c \in \mathbb{F}$, $v \in V$, 由线性代数知识知道, $\mathrm{End}(V)$ 既是一个以恒等映射 id_V 为单位元的环, 又是一个 $\mathbb{F}$-向量空间.

对于集合 X, 我们常用 id_X 表示 X 上的恒等映射; 当 X 上定义了乘法运算且有乘法单位元时, 常用 1 或 1_X 表示其乘法单位元.

1.1.2　模的定义

我们在一般意义下介绍模的概念.

定义 1.1.1　设 V 是加群, $\mathcal{R}$ 是幺环, 若对任意 $v \in V, r \in \mathcal{R}$, 都存在 V 中唯一的元素与之对应, 这个唯一元素记为 vr, 且对任意 $v, v_1, v_2 \in V$, $r, r_1, r_2 \in \mathcal{R}$, 以下四款都成立:

$$(v_1 + v_2)r = v_1 r + v_2 r,$$

$$v1 = v,$$

$$v(r_1 r_2) = (vr_1)r_2,$$

$$v(r_1 + r_2) = vr_1 + vr_2,$$

则称 V 是一个右 $\mathcal{R}$-模或 $\mathcal{R}$-右模.

设 V 是右 $\mathcal{R}$-模, 显然 $v0 = 0$, 这里前后两个 0 分别是 $\mathcal{R}$ 和 V 中的零元素. 下面的命题 1.1.2 告诉我们, 加群 V 成为一个右 $\mathcal{R}$-模, 即是定义好了一个 $\mathcal{R}$ 到 $\mathrm{End}(V)$ 的保持单位元的环同态.

命题 1.1.2　设 V 是加群, $\mathcal{R}$ 是幺环, 则 V 为右 $\mathcal{R}$-模的充要条件是, 存在 $\mathcal{R}$ 到 $\mathrm{End}(V)$ 的环同态, 且该同态把单位元映成单位元.

证　($\Rightarrow$) 假设 V 为右 $\mathcal{R}$-模. 任取 $r \in \mathcal{R}$, 定义 V 上变换 $r_{_V}$ 使得 $v \mapsto vr$. 由右模定义, 我们看到 $r_{_V} \in \mathrm{End}(V)$. 再者, 对任意 $r, s \in \mathcal{R}$, 因为①

$$v^{(rs)_V} = v(rs) = (vr)s = (v^{r_V})^{s_V} = v^{r_V s_V},$$

所以 $(rs)_{_V} = r_{_V} s_{_V}$. 同理有 $(r+s)_{_V} = r_{_V} + s_{_V}$. 因此 $r \mapsto r_{_V}$ 为 $\mathcal{R}$ 到 $\mathrm{End}(V)$ 的环同态, 显然该同态把单位元映成单位元.

($\Leftarrow$) 将 $r \in \mathcal{R}$ 在该环同态下的像记为 $r_{_V}$, 再将 $v \in V$ 在 $r_{_V}$ 下的像记为 vr, 由定义容易验证 V 成为一个右 $\mathcal{R}$-模. □

定义 1.1.3　设 $\mathcal{R}$ 为幺环, V 和 W 为两个右 $\mathcal{R}$-模. 若 f 是 V 到 W 的加群同态, 并且对任意 $v \in V, r \in \mathcal{R}$, 都有

$$f(vr) = f(v)r, \tag{1.1.1}$$

则称 f 为 V 到 W 的右 $\mathcal{R}$-模同态或 $\mathcal{R}$-右模同态或 $\mathcal{R}$-模同态.

右模 V 到右模 W 的 $\mathcal{R}$-模同态集合记为 $\mathrm{Hom}_{\mathcal{R}}(V, W)$, 为避免与 $\mathrm{Hom}(V, W)$ 混淆, 这里的下标 $\mathcal{R}$ 不能省略; $\mathrm{Hom}_{\mathcal{R}}(V, V)$ 也记为 $\mathrm{End}_{\mathcal{R}}(V)$. 注意, (1.1.1) 式实际上是一种交换性等式

$$(v^{r_V})^f = (v^f)^{r_V},$$

即, 先做模运算 vr 再求同态像 $f(vr)$, 等于先求同态像 $f(v)$ 再做模运算 $f(v)r$.

既单又满的右 $\mathcal{R}$-模同态称为**右 $\mathcal{R}$-模同构**.

---

① 在右模环境下, v 在 r_V 下的像应记为 v^{r_V} 或 vr.

类似于右 $\mathcal{R}$-模, 我们也可定义左 $\mathcal{R}$-模. 设 V 是一个加群, 若对任意 $v \in V, r \in \mathcal{R}$, 都存在 V 中唯一的元素与之对应, 这个唯一元素记为 rv, 且对任意 $v, v_1, v_2 \in V$, 任意 $r, r_1, r_2 \in \mathcal{R}$, 以下四条都成立:

$$r(v_1 + v_2) = rv_1 + rv_2, \quad 1v = v,$$

$$(r_1 r_2)v = r_1(r_2 v), \quad (r_1 + r_2)v = r_1 v + r_2 v,$$

则称 V 是一个**左 $\mathcal{R}$-模**.

左模和右模有完全平行的结论, 我们一般在右模环境下讨论. 关于 $\mathcal{R}$-模, 再做以下说明或定义.

(A) 设 $\mathcal{R}$ 是交换幺环. 若 V 是左 $\mathcal{R}$-模, 任取 $v \in V$, $c \in \mathcal{R}$, 规定 $vc := cv$, 则 V 也成为右 $\mathcal{R}$-模. 类似地, 若 V 是右 $\mathcal{R}$-模, 则 V 也自然地成为左 $\mathcal{R}$-模.

(B) 设 V 是 $\mathbb{F}$-向量空间, 显然 V 在数乘运算下成为左 $\mathbb{F}$-模. 按说明 (A), V 也是自然的右 $\mathbb{F}$-模.

(C) 设 $\mathcal{R}$ 为幺环, $\mathrm{End}(\mathcal{R})$ 表示加群 $\mathcal{R}$ 上的全体群自同态构成的环. 任取 $x \in \mathcal{R}$, 定义

$$x_{\mathcal{R}} : r \mapsto rx, \qquad r \in \mathcal{R},$$

简单验证知 $x_{\mathcal{R}} \in \mathrm{End}(\mathcal{R})$; 进一步, 容易验证 $x \mapsto x_{\mathcal{R}}$ 为 $\mathcal{R}$ 到 $\mathrm{End}(\mathcal{R})$ 的环同态且保持单位元, 由命题 1.1.2 知道 $\mathcal{R}$ 成为右 $\mathcal{R}$-模, 称之为**右正则 $\mathcal{R}$-模**.

(D) 设 $V_i, i \in I$ 都是右 $\mathcal{R}$-模, 这里 I 是指标集. 记 V 为这些加群 V_i 的直和, 此时加群 V 中每个元素 v 都能唯一地表示为 $\sum_{i\in I} v_i$ 的形式, 其中 $v_i \in V_i$ 且这些 v_i 中只有有限个非零, 规定

$$\left(\sum_{i\in I} v_i\right) r = \sum_{i\in I}(v_i r), \qquad r \in \mathcal{R},$$

则 V 自然地成为右 $\mathcal{R}$-模, 称为模 $V_i, i \in I$ 的**直和**, 记为 $\bigoplus_{i\in I} V_i$.

(E) 设 V 为右 $\mathcal{R}$-模, Δ 为 V 的子集. 若 V 中每个元素 v 都能写成 $v = \sum_{\alpha\in\Delta} \alpha r_\alpha$, 其中 $r_\alpha \in \mathcal{R}$, 且这里的 r_α 只有有限个非零, 则称 Δ 为右 $\mathcal{R}$-模 V 的一个**生成系** .

(E1) 进一步, 若 V 中每个元素都能唯一地表示为 $\sum_{\alpha\in\Delta} \alpha r_\alpha$ 的形式, 则称 Δ 为 V 的一个**自由生成系**或**基底**, 也称 V 为由 Δ 自由生成的右 $\mathcal{R}$-模.

(E2) 若 V 有一个仅含有限个元素的生成系, 则称 V 为**有限生成**的右 $\mathcal{R}$-模.

1.1.3 张量积

利用已有的 $\mathcal{R}$-模构造新的 $\mathcal{R}$-模是非常基础的工作. 除了直和, 张量积也是构造模的重要方法. 这里我们在一般意义下引入张量积概念, 但对张量积的理论, 仅介绍我们需要的部分. 为了定义加群及模上的张量积, 我们先介绍自由加群.

定义 1.1.4 设 D 是加群, X 为 D 的子集. 如果 D 中任意元素 d 都能唯一地表为 $d=\sum_{x\in X} m_x x$, 其中 $m_x\in\mathbb{Z}$, 且在表达式中仅有有限个非零的 m_x, 那么称 D 是以 X 为自由生成系或基底的自由加群.

容易看到, 加群 D 是以 X 为自由生成系的自由加群的充分必要条件是, D 是以 X 为自由生成系的左 $\mathbb{Z}$-模, 这里 $\mathbb{Z}$ 为整数环.

引理 1.1.5 关于自由加群, 有以下两款基本事实.

(1) 对于任意非空集合 X, 都存在以 X 为基底的自由加群.

(2) 设 D 是以 X 为基底的自由加群, H 为任意加群. 若 f 为 X 到 H 的映射, 则一定存在唯一群同态 $\tau: D\to H$, 使得对任意 $x\in X$ 都有 $\tau(x)=f(x)$.

证 (1) 对于每个 $x\in X$, 令 $Z_x=\mathbb{Z}$, 再做这些加群 Z_x 的直和 $T:=\bigoplus_{x\in X} Z_x$, 此时 T 为加群. 将 T 中有且仅有一个分量为 1 且其余分量均为 0 的元素构成的集合记为 X'. 再令 G' 为由集合 X' 生成的 T 的子群, 容易验证 G' 即是以 X' 为基底的自由加群.

对于 $x\in X$, 将它对应到 X' 中这样一个元素: 在 Z_x 中的分量为 1 且其余分量均为 0. 容易看到这个对应, 记为 f, 是 X 到 X' 的双射. 将 G' 中的每个元素 $f(x)$ 均替换为 $x\in X$, 其他元素不变, 并保持运算, 即得到以 X 为基底的自由加群.

(2) 任取 $d\in D$, 因为 d 可唯一地表为 $\sum_{x\in X} m_x x$, 故可定义 D 到 H 的映射 τ 使得 $d\mapsto \sum_{x\in X} m_x f(x)$, 易见 τ 为满足要求的群同态. 再者, 由 d 的唯一表示性, 容易验证这样的群同态 τ 必唯一. □

定义 1.1.6 设 V 为右 $\mathcal{R}$-模, W 为左 $\mathcal{R}$-模, S 为加群, μ 是笛卡儿积 $V\times W$ 到 S 的映射, 若对任意 $v_1,v_2,v\in V$, $w_1,w_2,w\in W$, 以及任意 $r\in\mathcal{R}$, 都有

$$(v_1+v_2,w)^\mu=(v_1,w)^\mu+(v_2,w)^\mu,$$

$$(v,w_1+w_2)^\mu=(v,w_1)^\mu+(v,w_2)^\mu,$$

$$(vr,w)^\mu=(v,rw)^\mu,$$

则称 μ 为 $V\times W$ 到 S 的一个 $\mathcal{R}$-平衡映射, 简称平衡映射.

定义 1.1.7 设 V 为右 $\mathcal{R}$-模, W 为左 $\mathcal{R}$-模, T 为加群. 如果存在平衡映射 $\delta: V\times W\to T$ 使得

(1) δ 的像生成 T;

(2) 对于 $V\times W$ 到任意加群 S 的任意一个平衡映射 f, 一定存在[①]群同态 $g: T\to S$ 使得 $f=\delta g$, 也即, 如图 1.1 所示, 对任意 $(v,w)\in V\times W$ 都有 $(v,w)^f=(v,w)^{\delta g}$,

① 容易验证这样的群同态 g 必唯一.

那么称 T 为 V,W 的关于平衡映射 δ 的张量积, 并将 T 记为 $V\otimes_{\mathcal{R}}W$.

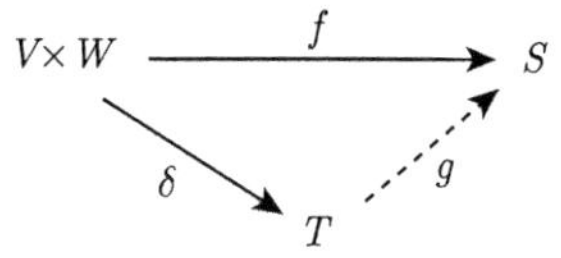

图 1.1

似乎张量积 $V\otimes_{\mathcal{R}}W$ 与平衡映射 δ 的选取有关, 但下面的定理告诉我们, 由于一个右 $\mathcal{R}$-模和一个左 $\mathcal{R}$-模在同构意义下做成唯一一个张量积, 故与平衡映射的选取无关. 注意这里的张量积 $V\otimes_{\mathcal{R}}W$ 仅仅是加群, 所以该处说的同构是群同构.

命题 1.1.8 设 V 为右 $\mathcal{R}$-模, W 为左 $\mathcal{R}$-模, 则张量积 $V\otimes_{\mathcal{R}}W$ 唯一存在.

证 (1) 先证明存在性.

作 $V\times W$ 到某个集合的双射, 并将 (v,w) 在该双射下的像记为 $(\widehat{v,w})$. 由引理 1.1.5, 我们可作一个由 $\{(\widehat{v,w})|v\in V,w\in W\}$ 自由生成的加群 F. 令 D 为具有下列形式的所有 F 中元素生成的 F 的子群:

$(\widehat{v_1+v_2,w})-(\widehat{v_1,w})-(\widehat{v_2,w})$, $(\widehat{v,w_1+w_2})-(\widehat{v,w_1})-(\widehat{v,w_2})$, $(\widehat{vr,w})-(\widehat{v,rw})$,

其中 $v_1,v_2,v\in V$, $w_1,w_2,w\in W$, $r\in\mathcal{R}$. 作商群 $T=F/D$, 再作映射 $\delta: V\times W\to T$ 使得

$$(v,w)^{\delta}=(\widehat{v,w})+D.$$

下证 δ 为平衡映射, 且 T 就是 V,W 关于 δ 做成的张量积.

首先, $(v_1+v_2,w)^{\delta}=(\widehat{v_1+v_2,w})+D=((\widehat{v_1,w})+D)+((\widehat{v_2,w})+D)=(v_1,w)^{\delta}+(v_2,w)^{\delta}$, 同样证明 δ 满足平衡映射定义中的其余各条, 故 δ 是 $V\times W$ 到 T 的平衡映射.

其次, 易见 $\{(v,w)^{\delta}|v\in V,w\in W\}$ 生成 T.

最后, 假设 μ 是 $V\times W$ 到加群 S 的平衡映射. 因为 F 由 $\{(\widehat{v,w})|v\in V,w\in W\}$ 自由生成, 由引理 1.1.5(2), 必有 F 到 S 的加群同态 τ 使得

$$(\widehat{v,w})^{\tau}=(v,w)^{\mu}.$$

因为 τ 是加群同态且 μ 是平衡映射, 所以

$$\begin{aligned}((\widehat{v_1+v_2,w})-(\widehat{v_1,w})-(\widehat{v_2,w}))^{\tau}&=(\widehat{v_1+v_2,w})^{\tau}-(\widehat{v_1,w})^{\tau}-(\widehat{v_2,w})^{\tau}\\&=(v_1+v_2,w)^{\mu}-(v_1,w)^{\mu}-(v_2,w)^{\mu}=0,\end{aligned}$$

同理推出 $((\widehat{v,w_1+w_2})-(\widehat{v,w_1})-(\widehat{v,w_2}))^{\tau}=0$, $((\widehat{vr,w})-(\widehat{v,rw}))^{\tau}=0$, 这说明 D 的生成系从而整个 D 在 τ 下的像为 0, 也即 D 包含在加群同态 τ 的核中, 因

此 τ 诱导出 F/D 到 S 的群同态 α 使得

$$\alpha:(\widehat{v,w})+D\mapsto(\widehat{v,w})^{\tau}=(v,w)^{\mu}.$$

显然 $(v,w)^{\mu}=(v,w)^{\delta\alpha}$, 即 $\mu=\delta\alpha$. 由定义, T 即为 V,W 关于平衡映射 δ 做成的张量积.

(2) 再证唯一性.

设 T_1,T_2 分别是 V,W 关于平衡映射 δ_1 和平衡映射 δ_2 做成的张量积. 由定义, 存在群同态 $\alpha_1:T_1\to T_2$ 使得 $\delta_2=\delta_1\alpha_1$, 存在群同态 $\alpha_2:T_2\to T_1$ 使得 $\delta_1=\delta_2\alpha_2$. 于是

$$\delta_2=\delta_2\alpha_2\alpha_1,\quad \delta_1=\delta_1\alpha_1\alpha_2.$$

这说明在 δ_2 的像上有 $\alpha_2\alpha_1=1$ (这里 1 表示恒等映射, 下同), 在 δ_1 的像上有 $\alpha_1\alpha_2=1$. 注意到 δ_i 的像生成整个 T_i, 所以在 T_1 上有 $\alpha_1\alpha_2=1$, 在 T_2 上有 $\alpha_2\alpha_1=1$, 这说明 α_1 是群同构, 故群 T_1 和 T_2 同构. □

设 V,W 关于平衡映射 δ 做成张量积 $V\otimes_{\mathcal{R}}W$, 以后我们用符号 $v\otimes w$ 代替 $(v,w)^{\delta}$. 于是, 对任意 $v_1,v_2,v\in V$, $w_1,w_2,w\in W$, $r\in\mathcal{R}$, 都有

$$(v_1+v_2)\otimes w=v_1\otimes w+v_2\otimes w,$$

$$v\otimes(w_1+w_2)=v\otimes w_1+v\otimes w_2,$$

$$vr\otimes w=v\otimes rw.$$

显然 $V\otimes_{\mathcal{R}}W$ 是由 $\{v\otimes w|v\in V,w\in W\}$ 生成的加群, 我们特别强调: $\{v\otimes w|v\in V,w\in W\}$ 仅仅是 $V\otimes_{\mathcal{R}}W$ 的生成系, 它并不等于 $V\otimes_{\mathcal{R}}W$.

若 f 为 $V\times W$ 到加群 S 的平衡映射, 由定义必存在群同态 $g:V\otimes_{\mathcal{R}}W\to S$, 使得对一切 $v\in V,w\in W$ 都有

$$(v\otimes w)^{g}=(v,w)^{f},$$

这一条称为**张量积的投射性质或泛性质**.

在张量积的同构证明中, 我们一般需从定义出发来验证, 下面的证明看似复杂, 但实际上是反复利用张量积定义 (尤其是张量积的投射性质) 的初等推演.

命题 1.1.9 设 $V=\bigoplus_{i\in I}V_i$ 是右 $\mathcal{R}$-模 V_i 的直和, $W=\bigoplus_{j\in J}W_i$ 为左 $\mathcal{R}$-模 W_j 的直和, 则①

$$V\otimes_{\mathcal{R}}W=\bigoplus_{i\in I,j\in J}(V_i\otimes_{\mathcal{R}}W_j).$$

特别地, 若 V 为右 $\mathcal{R}$-模, W 为由 $\{w_j,j\in J\}$ 自由生成的左 $\mathcal{R}$-模, 则 $V\otimes_{\mathcal{R}}W=\bigoplus_{j\in J}J_j$, 这里 $J_j=\{v\otimes w_j|v\in V\}\cong V$.

① 注意下式中的等号实际上是同构的意思.

证 记 $T = V \otimes_{\mathcal{R}} W$, $T' = \bigoplus_{i\in I, j\in J}(V_i \otimes'_{\mathcal{R}} W_j)$, 这里我们用 $\otimes$ 表示 V, W 之间的张量积, 用 $\otimes'$ 表示 V_i, W_j 之间的张量积. 作 $V \times W$ 到 T' 的对应法则 π 使得

$$\left(\sum_{i\in I} v_i, \sum_{j\in J} w_j\right)^{\pi} = \sum_{i\in I, j\in J} (v_i \otimes' w_j), \quad v_i \in V_i, w_j \in W_j,$$

由直和中元素分解的唯一性, 易见 π 是 $V \times W$ 到 T' 的映射. 进一步, 容易验证 π 是平衡映射, 故由张量积 $V \otimes_{\mathcal{R}} W$ 的投射性质知道有群同态 $\alpha : T \to T'$ 使得

$$\left(\left(\sum_{i\in I} v_i\right) \otimes \left(\sum_{j\in J} w_j\right)\right)^{\alpha} = \sum_{i\in I, j\in J} (v_i \otimes' w_j).$$

记 τ 为导出张量积 $V \otimes_{\mathcal{R}} W$ 的从 $V \times W$ 到 $V \otimes_{\mathcal{R}} W$ 的平衡映射, 记 τ_{ij} 为 τ 在 $V_i \times W_j$ 上的限制, 则

$$\tau_{ij} : V_i \times W_j \to V \otimes_{\mathcal{R}} W$$

也为平衡映射, 显然有

$$(v_i, w_j)^{\tau_{ij}} = (v_i, w_j)^{\tau} = v_i \otimes w_j, \qquad v_i \in V_i, w_j \in W_j.$$

对于平衡映射 τ_{ij} 以及导出张量积 $V_i \otimes'_{\mathcal{R}} W_j$ 的从 $V_i \times W_j$ 到 $V_i \otimes'_{\mathcal{R}} W_j$ 的平衡映射 δ_{ij}, 由张量积 $V_i \otimes'_{\mathcal{R}} W_j$ 的投射性质, 存在群同态 $\mu_{ij} : V_i \otimes'_{\mathcal{R}} W_j \to T$ 使得 $\tau_{ij} = \delta_{ij}\mu_{ij}$, 故

$$(v_i \otimes' w_j)^{\mu_{ij}} = v_i \otimes w_j.$$

将群同态 μ_{ij} 自然扩充成 T' 到 T 的群同态 μ, 则

$$\begin{aligned}\left(\left(\sum_{i\in I} v_i\right) \otimes \left(\sum_{j\in J} w_j\right)\right)^{\alpha\mu} &= \left(\sum_{i\in I, j\in J} (v_i \otimes' w_j)\right)^{\mu} = \sum_{i\in I, j\in J} (v_i \otimes' w_j)^{\mu_{ij}} \\ &= \sum_{i\in I, j\in J} v_i \otimes w_j = \left(\sum_{i\in I} v_i\right) \otimes \left(\sum_{j\in J} w_j\right),\end{aligned}$$

因此在 T 的生成系进而在整个 T 上有 $\alpha\mu = 1$. 同理在 T' 上有 $\mu\alpha = 1$. 这说明 α 是群同构, 因此 $T \cong T'$, 命题前半部分成立.

假设 W 为由 $\{w_j, j \in J\}$ 自由生成的左 $\mathcal{R}$-模, 则 $W = \bigoplus_{j\in J} \mathcal{R}w_j$. 由命题前半部分结论有 $V \otimes_{\mathcal{R}} W \cong \bigoplus_{j\in J}(V \otimes_{\mathcal{R}} \mathcal{R}w_j)$. 因 $v \otimes rw_j = vr \otimes w_j$, 故 $V \otimes_{\mathcal{R}} \mathcal{R}w_j$ 由 $\{v \otimes w_j | v \in V\}$ 生成. 再因为 $v_a \otimes w_j + v_b \otimes w_j = (v_a + v_b) \otimes w_j$, 所以 $V \otimes_{\mathcal{R}} \mathcal{R}w_j = \{v \otimes w_j | v \in V\}$.

下面还需证明 $V \otimes_{\mathcal{R}} \mathcal{R}w_j \cong V$. 作 $\mu : V \times \mathcal{R}w_j \to V$ 使得 $(v, rw_j)^{\mu} = vr$,

容易验证 μ 为平衡映射, 因而有群同态 $\psi: V\otimes_{\mathcal{R}}\mathcal{R}w_j\to V$ 使得

$$(v\otimes rw_j)^{\psi}=vr.$$

再作 $\pi: V\to V\otimes_{\mathcal{R}}\mathcal{R}w_j$ 使得 $v^{\pi}=v\otimes w_j$, 显然 π 是群同态. 易见在 $V\otimes_{\mathcal{R}}\mathcal{R}w_j$ 上有 $\psi\pi=1$, 而在 V 上有 $\pi\psi=1$, 故 ψ 为 $V\otimes_{\mathcal{R}}\mathcal{R}w_j$ 到 V 的群同构, 命题后半部分也成立. □

命题 1.1.10 (张量积的函子性) 设 V, V' 为右 $\mathcal{R}$-模, W, W' 为左 $\mathcal{R}$-模, 且 $\alpha\in\mathrm{Hom}_{\mathcal{R}}(V,V')$, $\beta\in\mathrm{Hom}_{\mathcal{R}}(W,W')$, 则有群同态 $\alpha\otimes\beta: V\otimes_{\mathcal{R}}W\to V'\otimes_{\mathcal{R}}W'$ 使得

$$(v\otimes w)^{\alpha\otimes\beta}=v^{\alpha}\otimes w^{\beta}.$$

又若 $\alpha': V'\to V''$ 为右 $\mathcal{R}$-模同态, $\beta': W'\to W''$ 为左 $\mathcal{R}$-模同态, 则 $(\alpha\otimes\beta)(\alpha'\otimes\beta')=(\alpha\alpha')\otimes(\beta\beta')$.

证 作 $V\times W$ 到 $V'\otimes_{\mathcal{R}}W'$ 的映射 π 使得 $(v,w)^{\pi}=v^{\alpha}\otimes w^{\beta}$. 因为

$$\begin{aligned}(v_1+v_2,w)^{\pi}&=(v_1+v_2)^{\alpha}\otimes w^{\beta}=(v_1^{\alpha}+v_2^{\alpha})\otimes w^{\beta}\\&=v_1^{\alpha}\otimes w^{\beta}+v_2^{\alpha}\otimes w^{\beta}=(v_1,w)^{\pi}+(v_2,w)^{\pi},\end{aligned}$$

$$(v,w_1+w_2)^{\pi}=\cdots=(v,w_1)^{\pi}+(v,w_2)^{\pi},$$

$$(vr,w)^{\pi}=(vr)^{\alpha}\otimes w^{\beta}=v^{\alpha}r\otimes w^{\beta}=v^{\alpha}\otimes rw^{\beta}=v^{\alpha}\otimes(rw)^{\beta}=(v,rw)^{\pi},$$

所以 π 是平衡映射. 由张量积 $V\otimes_{\mathcal{R}}W$ 的投射性质, 存在 $V\otimes_{\mathcal{R}}W$ 到 $V'\otimes_{\mathcal{R}}W'$ 的群同态, 记为 $\alpha\otimes\beta$, 使得 $(v\otimes w)^{\alpha\otimes\beta}=(v,w)^{\pi}=v^{\alpha}\otimes w^{\beta}$.

若 $\alpha': V'\to V''$ 为右 $\mathcal{R}$-模同态, $\beta': W'\to W''$ 为左 $\mathcal{R}$-模同态, 则 $\alpha\alpha'\in\mathrm{Hom}_{\mathcal{R}}(V,V'')$, $\beta\beta'\in\mathrm{Hom}_{\mathcal{R}}(W,W'')$. 因 $(v\otimes w)^{(\alpha\otimes\beta)(\alpha'\otimes\beta')}=(v^{\alpha}\otimes w^{\beta})^{(\alpha'\otimes\beta')}=v^{\alpha\alpha'}\otimes w^{\beta\beta'}=(v\otimes w)^{(\alpha\alpha')\otimes(\beta\beta')}$, 得 $(\alpha\otimes\beta)(\alpha'\otimes\beta')=(\alpha\alpha')\otimes(\beta\beta')$. □

1.1.4 张量积模

在 1.1.3 节的定义下, 模的张量积仅仅是一个加群. 下面将看到, 在适当的条件下, 模的张量积上可以赋予模结构.

定义 1.1.11 设 V 是加群, $\mathcal{R},\mathcal{S}$ 都是幺环, 若 V 既是左 $\mathcal{R}$-模又是右 $\mathcal{S}$-模, 且对任意 $r\in\mathcal{R}, s\in\mathcal{S}, v\in V$, 都有 $(rv)s=r(vs)$, 则称 V 为一个 $(\mathcal{R},\mathcal{S})$-模.

对于交换幺环 $\mathcal{R}$ 上的右模 V, 由说明 (A), V 也成为自然的左 $\mathcal{R}$-模; 又因为

$$(r_1v)r_2=(vr_1)r_2=v(r_1r_2)=(r_1r_2)v=r_1(r_2v)=r_1(vr_2),$$

所以 V 自然地成为 $(\mathcal{R},\mathcal{R})$-模. 同理, 交换幺环 $\mathcal{R}$ 上的左模也自然地成为 $(\mathcal{R},\mathcal{R})$-模. 特别地, $\mathbb{F}$-向量空间是自然的 $(\mathbb{F},\mathbb{F})$-模.

命题 1.1.12 设 V 为右 $\mathcal{R}$-模, W 为 $(\mathcal{R},\mathcal{S})$-模, 其中 $\mathcal{R},\mathcal{S}$ 都是幺环, 规定

$$(v\otimes w)s=v\otimes ws,\qquad s\in\mathcal{S},$$

并将之自然延拓到 $V\otimes_{\mathcal{R}}W$ 上, 则张量积 $V\otimes_{\mathcal{R}}W$ 成为右 $\mathcal{S}$-模.

证 任意取定 $s\in\mathcal{S}$, 定义 $\pi: V\times W\to V\otimes_{\mathcal{R}}W$ 使得 $(v,w)^{\pi}=v\otimes ws$. 因

$$(v_1+v_2,w)^{\pi}=(v_1+v_2)\otimes ws=v_1\otimes ws+v_2\otimes ws=(v_1,w)^{\pi}+(v_2,w)^{\pi},$$

$$(v,w_1+w_2)^{\pi}=v\otimes(w_1+w_2)s=v\otimes w_1s+v\otimes w_2s=(v,w_1)^{\pi}+(v,w_2)^{\pi},$$

$$(vr,w)^{\pi}=vr\otimes ws=v\otimes rws=(v,rw)^{\pi},$$

所以 π 为平衡映射, 由张量积的投射性质, 存在群同态 $\mu_s\in\mathrm{End}(V\otimes_{\mathcal{R}}W)$ 使得

$$(v\otimes w)^{\mu_s}=v\otimes ws.$$

作 $\mathcal{S}$ 到环 $\mathrm{End}(V\otimes_{\mathcal{R}}W)$ 的映射使得 $s\mapsto\mu_s$, 容易验证在 $V\otimes_{\mathcal{R}}W$ 的生成系上有

$$\mu_{s_1s_2}=\mu_{s_1}\mu_{s_2},\quad \mu_{(s_1+s_2)}=\mu_{s_1}+\mu_{s_2},\quad \mu_1=1,$$

从而在整个 $V\otimes_{\mathcal{R}}W$ 上, 上述等式也成立, 这说明 $s\mapsto\mu_s$ 为 $\mathcal{S}$ 到 $\mathrm{End}(V\otimes_{\mathcal{R}}W)$ 的保持单位元的环同态. 由命题 1.1.2 知, 张量积 $V\otimes_{\mathcal{R}}W$ 成为右 $\mathcal{S}$-模. □

类似地, 若 V 为 $(\mathcal{R},\mathcal{S})$-模, W 为左 $\mathcal{S}$-模, 对任意 $r\in\mathcal{R}$, 规定 $r(v\otimes w)=rv\otimes w$, 并将之自然延拓到 $V\otimes_{\mathcal{S}}W$ 上, 则张量积 $V\otimes_{\mathcal{S}}W$ 成为左 $\mathcal{R}$-模.

下面的例子给出了张量积的结合律.

例 1.1.13 设 $\mathcal{R},\mathcal{S},\mathcal{T}$ 都是幺环, U 为右 $\mathcal{R}$-模, V 为 $(\mathcal{R},\mathcal{S})$-模, W 为 $(\mathcal{S},\mathcal{T})$-模, 则存在右 $\mathcal{T}$-模同构 $\mu:(U\otimes_{\mathcal{R}}V)\otimes_{\mathcal{S}}W\to U\otimes_{\mathcal{R}}(V\otimes_{\mathcal{S}}W)$, 使得 $(u\otimes v)\otimes w\mapsto u\otimes(v\otimes w)$.

证 由命题 1.1.12 及其随后的说明, $(U\otimes_{\mathcal{R}}V)\otimes_{\mathcal{S}}W$ 及 $U\otimes_{\mathcal{R}}(V\otimes_{\mathcal{S}}W)$ 均为右 $\mathcal{T}$-模.

任意取定 $w\in W$, 易见 $\pi_w:(u,v)\mapsto u\otimes(v\otimes w)$ 为 $U\times V$ 到加群 $U\otimes_{\mathcal{R}}(V\otimes_{\mathcal{S}}W)$ 的平衡映射, 由张量积 $U\otimes_{\mathcal{R}}V$ 的投射性质, 存在群同态 $\mu_w: U\otimes_{\mathcal{R}}V\to U\otimes_{\mathcal{R}}(V\otimes_{\mathcal{S}}W)$ 使得

$$(u\otimes v)^{\mu_w}=u\otimes(v\otimes w).$$

现定义 $(U\otimes_{\mathcal{R}}V)\times W$ 到 $U\otimes_{\mathcal{R}}(V\otimes_{\mathcal{S}}W)$ 的映射 ρ 使得

$$(x,c)^{\rho}=x^{\mu_c},$$

这里 $x\in U\otimes_{\mathcal{R}}V, c\in W$. 直接验证知 ρ 是平衡映射, 由张量积 $(U\otimes_{\mathcal{R}}V)\otimes_{\mathcal{S}}W$ 的投射性质, 有群同态 $\mu:(U\otimes_{\mathcal{R}}V)\otimes_{\mathcal{S}}W\to U\otimes_{\mathcal{R}}(V\otimes_{\mathcal{S}}W)$ 使得 $(x\otimes c)^{\mu}=(x,c)^{\rho}=x^{\mu_c}$. 特别地,

$$((u\otimes v)\otimes w)^{\mu}=(u\otimes v)^{\mu_w}=u\otimes(v\otimes w).$$

易见 μ 是 $\mathcal{T}$-模同态.

同理可证: 存在 $U\otimes_{\mathcal{R}}(V\otimes_{\mathcal{S}}W)$ 到 $(U\otimes_{\mathcal{R}}V)\otimes_{\mathcal{S}}W$ 的 $\mathcal{T}$-模同态 ν, 使得 $u\otimes(v\otimes w)\mapsto(u\otimes v)\otimes w$. 这说明 μ 是双射, 从而是 $\mathcal{T}$-模同构. □

1.1.5 向量空间的张量积

设 V 和 W 为两个 $\mathbb{F}$-向量空间. 因为 $\mathbb{F}$-向量空间是自然的 $(\mathbb{F},\mathbb{F})$-模, 所以由 1.1.4 节的结论知张量积 $V\otimes_{\mathbb{F}}W$ 自然地成为 $(\mathbb{F},\mathbb{F})$-模. 下面将证明 $V\otimes_{\mathbb{F}}W$ 不但是 $\mathbb{F}$-向量空间, 而且 V,W 的基底决定了 $V\otimes_{\mathbb{F}}W$ 的基底.

定理 1.1.14 设 V,W 是两个 $\mathbb{F}$-向量空间, 则 $V\otimes_{\mathbb{F}}W$ 也是一个 $\mathbb{F}$-向量空间. 且若 $\{v_i,i\in I\}$ 是 V 的基底, $\{w_j,j\in J\}$ 是 W 的基底, 则 $\{v_i\otimes w_j,i\in I,j\in J\}$ 为 $V\otimes_{\mathbb{F}}W$ 的基底.

证 令 T 为以 $\{t_{ij},i\in I,j\in J\}$ 为基底的 $\mathbb{F}$-向量空间, 定义 $V\times W$ 到 T 的映射 δ 使得

$$\left(\sum_{i\in I}a_iv_i,\sum_{j\in J}b_jw_j\right)^{\delta}=\sum_{i\in I,j\in J}a_ib_jt_{ij},$$

易见 δ 是平衡映射, 而且 δ 的像生成整个加群 T. 又若 μ 是从 $V\times W$ 到加群 S 的平衡映射, 则按

$$\left(\sum_{i\in I,j\in J}a_{ij}t_{ij}\right)^{\alpha}=\sum_{i\in I,j\in J}(a_{ij}v_i,w_j)^{\mu}$$

定义了一个从 T 到 S 内的加群同态 α, 且有

$$\begin{aligned}\left(\sum_{i\in I}a_iv_i,\sum_{j\in J}b_jw_j\right)^{\mu}&=\sum_{i\in I,j\in J}(a_ib_jv_i,w_j)^{\mu}\qquad(\text{因 }\mu\text{ 是平衡映射})\\&=\left(\sum_{i\in I,j\in J}a_ib_jt_{ij}\right)^{\alpha}\\&=\left(\sum_{i\in I}a_iv_i,\sum_{j\in J}b_jw_j\right)^{\delta\alpha},\end{aligned}$$

得 $\mu=\delta\alpha$. 由张量积的定义即得 $T=V\otimes_{\mathbb{F}}W$. 按前面指出的记号意义, $v_i\otimes w_j$ 即为 $(v_i,w_j)^{\delta}=t_{ij}$, 定理成立. □

设 V,W 是两个有限维 $\mathbb{F}$-向量空间, $f\in\mathrm{End}(V),g\in\mathrm{End}(W)$, 且设 $\{v_1,\cdots,v_m\},\{w_1,\cdots,w_n\}$ 分别为 V,W 的基底. 如果 $v_i^f=\sum_{s=1}^m a_{is}v_s$, $w_j^g=\sum_{t=1}^n b_{jt}w_t$, 那么

$$(v_i \otimes w_j)^{f\otimes g} = \sum_{s=1}^{m}\sum_{t=1}^{n} a_{is}b_{jt}(v_s \otimes w_t). \tag{1.1.2}$$

1.2 代数上的表示、模及特征标

本节介绍一般 $\mathbb{F}$-代数上的表示、模及特征标.

1.2.1 代数

定义 1.2.1 设 A 是幺环, 同时也是 $\mathbb{F}$-向量空间. 若对任意 $c \in \mathbb{F}$, 任意 $x, y \in A$, 都有

$$(cx)y = c(xy) = x(cy),$$

则称 A 是一个 $\mathbb{F}$-代数. 又若 A 是有限维 $\mathbb{F}$-向量空间, 则称 A 为有限维代数.

在有限群的表示理论中, 涉及的代数都是有限维代数, 故我们总假设**代数都是有限维代数**. 我们最关心的是下面的群代数.

例 1.2.2 设 G 是有限群, 令 $\mathbb{F}[G]$ 是以 G 中元素为基底的 $\mathbb{F}$-向量空间, 显然

$$\mathbb{F}[G] = \left\{\sum_{g\in G} k_g g | k_g \in \mathbb{F}\right\}.$$

在其上定义自然的乘法:

$$\left(\sum_{g\in G} k_g g\right)\left(\sum_{g\in G} c_g g\right) = \sum_{g\in G}\left(\sum_{uv=g} k_u c_v\right) g,$$

其中 $k_g, k_u, c_g, c_v \in \mathbb{F}$, 容易验证 $\mathbb{F}[G]$ 成为一个 $\mathbb{F}$-代数, 称之为有限群 G 在域 $\mathbb{F}$ 上的群代数. 显然, $\dim \mathbb{F}[G] = |G|$.

设 A 是一个 $\mathbb{F}$-代数. 若 A 的非空子集 B 关于代数 A 中的运算仍然构成一个 $\mathbb{F}$-代数, 则称 B 为 A 的**子代数**.

显然 $\mathbb{F}\cdot 1_A = \{k\cdot 1_A | k \in \mathbb{F}\}$ 是 A 的一个子代数, 并且包含在 A 的中心 $\mathbf{Z}(A)$ 中. 为方便计, 我们常将 $\mathbb{F}\cdot 1_A$ 视同为 $\mathbb{F}$, 这样 $\mathbb{F}$ 就成为 A 的 1 维子代数.

若 I 是 $\mathbb{F}$-代数 A 的理想, 则 A/I 自然也成为一个 $\mathbb{F}$-代数.

定义 1.2.3 设 A, B 是两个 $\mathbb{F}$-代数, ϕ 为 A 到 B 的映射. 若 ϕ 既是向量空间同态, 又是环同态, 且把单位元映到单位元, 即对任意 $x, y \in A$, $k \in \mathbb{F}$, 都有

(1) $\phi(x+y) = \phi(x) + \phi(y)$;

(2) $\phi(kx) = k\phi(x)$;

(3) $\phi(xy) = \phi(x)\phi(y)$;

(4) $\phi(1_A) = 1_B$,

则称 ϕ 是 A 到 B 的一个代数同态.

若 A 到 B 的代数同态 ϕ 还是双射, 则称 ϕ 为**代数同构**, 此时也称代数 A 与代数 B 同构, 记为 $A \cong B$.

令 $\mathrm{M}_n(\mathbb{F})$ 为域 $\mathbb{F}$ 上全体 $n \times n$ 矩阵构成的集合, 显然 $\mathrm{M}_n(\mathbb{F})$ 在通常的加法、数乘及乘法运算下构成一个 n^2 维 $\mathbb{F}$-代数, 称为 $\mathbb{F}$ 上的 n 级**全矩阵代数**.

设 V 为 $\mathbb{F}$ 上 n 维向量空间. 由线性代数知识, $\mathrm{End}(V)$ 在通常的加法、数乘及乘法运算下, 构成一个 n^2 维 $\mathbb{F}$-代数. 进一步, 任意取定 V 的一个基底 ϵ_V, 令 $\sigma : \mathrm{End}(V) \to \mathrm{M}_n(\mathbb{F})$, 使得 $f \in \mathrm{End}(V)$ 在 σ 下的像为 f 在基底 ϵ_V 下的矩阵, 则 σ 是代数同构, 因此 $\mathrm{End}(V) \cong \mathrm{M}_n(\mathbb{F})$, 我们称 σ 为 $\mathrm{End}(V)$ 到 $\mathrm{M}_n(\mathbb{F})$ 的 (关于基底 ϵ_V 的) **典范同构**或**自然同构**.

本节的余下部分, A 总表示一个 $\mathbb{F}$-代数, V 总表示一个 $\mathbb{F}$-向量空间.

1.2.2 代数上的模与表示

后面我们将看到, 研究有限群 G 的 $\mathbb{F}$-表示, 实际上就是研究群代数 $\mathbb{F}[G]$ 的表示. 因此有必要先介绍一般代数上的表示.

定义 1.2.4 设 V 是 $\mathbb{F}$-向量空间, A 是 $\mathbb{F}$-代数, 若对任意 $v \in V, a \in A$, 存在 V 中唯一的元素与之对应, 这个唯一元素记为 va, 且对任意 $v, v_1, v_2 \in V$, $a, a_1, a_2 \in A$ 及 $c \in \mathbb{F}$, 都有

(1) $(v_1 + v_2)a = v_1 a + v_2 a$;

(2) $(cv)a = c(va) = v(ca)$;

(3) $v1_A = v$;

(4) $v(a_1 a_2) = (va_1)a_2$;

(5) $v(a_1 + a_2) = va_1 + va_2$,

则称 V 是一个右 A-模.

容易看到, 若 $\mathbb{F}$-向量空间 V 是 $\mathbb{F}$-代数 A 上的右模, 则加群 V 也是环 A 的在定义 1.1.1 意义下的右模. 重复命题 1.1.2 的证明, 我们得到下面的结论.

命题 1.2.5 设 V 为 $\mathbb{F}$-向量空间, A 为 $\mathbb{F}$-代数, 则 V 为右 A-模的充分必要条件是, 存在 A 到 $\mathrm{End}(V)$ 的代数同态.

类似地, 我们可以定义左 A-模. 设 V 是 $\mathbb{F}$-向量空间, 若对任意 $v \in V, a \in A$, 存在 V 中唯一的元素, 记为 av, 与之对应, 且对任意 $v, v_1, v_2 \in V$, $a, a_1, a_2 \in A$ 及 $c \in \mathbb{F}$ 都有

$$a(v_1 + v_2) = av_1 + av_2, \quad a(cv) = c(av) = (ca)v, \quad 1_A v = v,$$

$$(a_1 a_2)v = a_1(a_2 v), \quad (a_1 + a_2)(v) = a_1 v + a_2 v,$$

则称 V 是一个**左 A-模**.

设 V 是 A-模, 相应的代数同态为 $\mathfrak{X}: A \to \mathrm{End}(V)$, 此时 $a \in A$ 在 $\mathfrak{X}$ 下的像可以记为 $a^{\mathfrak{X}}$ 或 $\mathfrak{X}(a)$, 但更经常地也是更简便地是记为 a_V. 设 $v \in V$, $x, y \in A$.

若 V 为右模, 则 v 在 $(xy)_V$ 下的像为

$$v(xy) = v^{(xy)_V} = (v^{x_V})^{y_V};$$

若 V 为左模, 则 v 在 $(xy)_V$ 下的像为

$$(xy)v = (xy)_V(v) = x_V(y_V(v)).$$

我们指出, 关于左、右模的概念和结论是完全平行的, 若无特别说明, **本书中的模都指右模**.

设 V 是右 A-模, 记

$$A_V = \{x_V | x \in A\}.$$

因为 A_V 是 A 到 $\mathrm{End}(V)$ 的代数同态的像, 所以 A_V 为 $\mathrm{End}(V)$ 的子代数. 注意, $v \in V$ 在 x_V 下的像就等于 vx, 因此可看成 x 在右边作用在 v 上, 这也是我们称 V 为右 A-模的原因.

定义 1.2.6 设 A 是 $\mathbb{F}$-代数, V 为 $\mathbb{F}$-向量空间, 若 $\mathfrak{X}$ 为 A 到 $\mathrm{End}(V)$ 的一个代数同态, 则称 $\mathfrak{X}$ 为 A 的一个 $\mathbb{F}$-表示, V 为 $\mathfrak{X}$ 的表示空间.

由命题 1.2.5 易见, 由 A 的一个表示可得到一个相应的 A-模, 即定义 1.2.6 中的表示空间. 反之, 由一个 A-模也能导出 A 的一个相应表示. 因此, 代数上的表示和模实际上是一回事, 仅仅是说法不同.

对于 A-模 V, 我们把 $\dim_{\mathbb{F}} V$ 称为模 V (也称为相应表示 $\mathfrak{X}$) 的维数或次数. 因为我们将 v 在 $\mathfrak{X}(a)$ 下的像直接记成了 va, 所以在模的语言下, 表示符号 $\mathfrak{X}$ 就完全隐去了.

下面给出模的几个例子.

(A) 显然 $\mathbb{F}$ 本身是 $\mathbb{F}$ 上的一维代数, 故 $\mathbb{F}$-向量空间也是代数 $\mathbb{F}$ 上的模.

(B) 设 V 为 $\mathbb{F}$-向量空间. 若 A 是 $\mathrm{End}(V)$ 的子代数, 则嵌入映射 $a \mapsto a$ 是 A 到 $\mathrm{End}(V)$ 的代数同态, 因此 V 自然地成为 A-模. 特别地, V 是 $\mathrm{End}(V)$-模.

(C) 设 $A = \mathrm{M}_n(\mathbb{F})$, 则 $\mathbb{F}$ 上所有 n 维行向量构成的空间 V 成为自然的右 A-模.

(D) 设 A 为 $\mathbb{F}$-代数, 任取 $x \in A$, 定义 $x_A : a \mapsto ax$ (其中 $a \in A$), 显然 $x_A \in \mathrm{End}_{\mathbb{F}}(A)$, 即 x_A 为 $\mathbb{F}$-向量空间 A 上的线性变换. 容易验证 $x \mapsto x_A$ 为 A 到 $\mathrm{End}_{\mathbb{F}}(A)$ 的代数同态, 故 A 成为 (右) A-模, 称为 (右) **正则 A-模**. 右正则 A-模常记为 A°.

(E) 按 1.1 节说明 (D) 的方法, 可定义 A-模 V_i 的直和 $\bigoplus_{i\in I} V_i$. 类似于 1.1 节说明 (E), 可定义自由生成 A-模等.

1.2.3　模同态

定义 1.2.7　设 V, W 为 A-模. 若 f 是 V 到 W 的 $\mathbb{F}$-线性映射, 且对任意 $v \in V, a \in A$ 都有

$$f(va) = f(v)a, \tag{1.2.1}$$

则称 f 为 V 到 W 的 A-模同态, 简称 A-同态; 又若 f 还是双射, 则称 f 为 A-模同构, 此时也称 V, W 为两个同构 A-模, 记为 $V \cong_A W$, 或 $V \cong W$.

将 V 到 W 的 A-模同态集合记为 $\mathrm{Hom}_A(V,W)$, $\mathrm{Hom}_A(V,V)$ 也记为 $\mathrm{End}_A(V)$. 回忆一下, $\mathrm{Hom}_{\mathbb{F}}(V,W)$ 或 $\mathrm{Hom}(V,W)$ 表示 V 到 W 的 $\mathbb{F}$-线性映射集合, 因此

$$\mathrm{Hom}_A(V,W) \subseteq \mathrm{Hom}_{\mathbb{F}}(V,W) = \mathrm{Hom}(V,W),$$

$$\mathrm{End}_A(V) \subseteq \mathrm{End}_{\mathbb{F}}(V) = \mathrm{End}(V),$$

但上两式中的 “$\subseteq$” 一般不能取成等号.

在定义 1.2.7 中, 将 v 在线性映射 f 下的像记为 v^f, 此时 (1.2.1) 式即为

$$v^{a_V f} = v^{f a_W}.$$

这表明: 对于 $f \in \mathrm{Hom}(V,W)$, 我们有 $f \in \mathrm{Hom}_A(V,W) \Leftrightarrow a_V f = f a_W, \forall a \in A$. 特别地, 对于 $f \in \mathrm{End}(V)$,

$$\begin{aligned} f \in \mathrm{End}_A(V) &\Leftrightarrow a_V f = f a_V, \forall a \in A \\ &\Leftrightarrow f \in \mathbf{C}_{\mathrm{End}(V)}(A_V), \end{aligned} \tag{1.2.2}$$

这里 $\mathbf{C}_{\mathrm{End}(V)}(A_V)$ 表示 A_V 在 $\mathrm{End}(V)$ 中的中心化子.

例 1.2.8　设 V, W 是两同构 A-模, $a, b \in A$, 则 $Va = 0 \Leftrightarrow Wa = 0$; $a_V = b_V \Leftrightarrow a_W = b_W$.

证　设 f 为 V 到 W 的 A-模同构, 则 f 为双射, 且 $f(va) = f(v)a$. 因此

$$\begin{aligned} Va = 0 \Leftrightarrow va = 0, \forall v \in V &\Leftrightarrow f(va) = 0, \forall v \in V \\ \Leftrightarrow f(v)a = 0, \forall v \in V &\Leftrightarrow Wa = 0. \end{aligned}$$

同理可证 $a_V = b_V \Leftrightarrow a_W = b_W$. □

命题 1.2.9　对于 A-模 V, 以下结论成立:

(1) $\mathrm{End}_A(V) = \mathbf{C}_{\mathrm{End}(V)}(A_V)$, 即 $\mathrm{End}_A(V)$ 恰是 A_V 在 $\mathrm{End}(V)$ 中的中心化子.

(2) $\mathrm{End}_A(V)$ 是 $\mathrm{End}(V)$ 的子代数, 从而 V 也是一个 $\mathrm{End}_A(V)$-模.

(3) $A_V \subseteq \mathrm{End}_{\mathrm{End}_A(V)}(V)$.

证　(1) 由 (1.2.2) 式立得.

(2) 中心化子 $\mathbf{C}_{\mathrm{End}(V)}(A_V)$ 必是 $\mathrm{End}(V)$ 的子代数. 由 (1) 及 1.2.2 节说明 (B) 即得结论.

(3) 记 $B=\mathrm{End}_A(V)$. 注意 V 是 B-模且 $B_V=B$. 将 (1) 中的 A 替换为 B 得

$$\mathrm{End}_{\mathrm{End}_A(V)}(V)=\mathrm{End}_B(V)=\mathbf{C}_{\mathrm{End}(V)}(B).$$

因为 A_V 中心化 B, 所以 $A_V\subseteq \mathbf{C}_{\mathrm{End}(V)}(B)=\mathrm{End}_{\mathrm{End}_A(V)}(V)$. □

定义 1.2.10 设 V,W 为两 A-模, $f\in \mathrm{Hom}_A(V,W)$.

(1) f 的核 $\ker f$ 定义为 $\ker f=\{v\in V|f(v)=0\}$.

(2) f 的像 $f(V)$, 也记为 $\mathrm{Im}f$, 定义为 $f(V)=\mathrm{Im}f=\{f(v)|v\in V\}$.

定义 1.2.11 设 $\mathfrak{X},\mathfrak{Y}$ 为 $\mathbb{F}$-代数 A 上的两个 $\mathbb{F}$-表示, 分别对应 A-模 V 和 W, 将 $a\in A$ 在 $\mathfrak{X},\mathfrak{Y}$ 下的像分别记为 $\mathfrak{X}(a)$ 和 $\mathfrak{Y}(a)$. 若存在 V 到 W 的可逆线性映射 f 使得

$$\mathfrak{X}(a)f=f\mathfrak{Y}(a),\quad \forall a\in A, \tag{1.2.3}$$

则称 $\mathfrak{X},\mathfrak{Y}$ 为 A 的两个相似表示.

对于 $\mathbb{F}$-代数 A, 我们既定义了同构 A-模也定义了相似表示, 下面将考察它们之间的联系. 先分析 (1.2.3) 式的含义. 显然

$$\mathfrak{X}(a)\in \mathrm{End}(V),\quad \mathfrak{X}(a)f\in \mathrm{Hom}(V,W),$$

$$\mathfrak{Y}(a)\in \mathrm{End}(W),\quad f\mathfrak{Y}(a)\in \mathrm{Hom}(V,W),$$

进一步, 我们有

$$\begin{aligned}\mathfrak{X}(a)f=f\mathfrak{Y}(a) &\Leftrightarrow v^{\mathfrak{X}(a)f}=v^{f\mathfrak{Y}(a)},\forall v\in V,\\ &\Leftrightarrow (va)^f=(v^f)a,\forall v\in V,\\ &\Leftrightarrow f(va)=f(v)a,\forall v\in V.\end{aligned} \tag{1.2.4}$$

由 (1.2.4) 式立得下面的命题.

命题 1.2.12 若 $\mathfrak{X},\mathfrak{Y}$ 为 A 的两个表示, 分别对应 A-模 V 和 W, 则 $\mathfrak{X},\mathfrak{Y}$ 为相似表示当且仅当 V 和 W 为同构 A-模.

1.2.4 特征标

设 V 是有限维 $\mathbb{F}$-向量空间, $f\in \mathrm{End}(V)$ 在 V 的某个基底下的矩阵为 D, D 的对角线上元素之和 $\mathrm{Tr}(D)$ 也称为线性变换 f 的**迹**, 记为 $\mathrm{Tr}(f)$. 由线性代数理论, $\mathrm{Tr}(f)$ 与 V 的基底的选取无关.

定义 1.2.13 设 $\mathfrak{X}$ 是 $\mathbb{F}$-代数 A 上的有限维 $\mathbb{F}$-表示, 对应 A-模 V. 定义 A 上的 $\mathbb{F}$-值函数 χ 为

$$\chi(a)=\mathrm{Tr}(a_V),\quad a\in A,$$

其中 $a_V = \mathfrak{X}(a) \in \mathrm{End}(V)$, 我们称 χ 为由 $\mathfrak{X}$ 或 V 提供的 $\mathbb{F}$-特征标, 简称特征标.

命题 1.2.12 已经指出, 两个同构的 A-模对应两个相似的表示. 显然两个相似表示提供两个完全相同的特征标, 因此两个同构 A-模也提供完全相同的特征标.

定义 1.2.14　(1) $\mathbb{F}$-代数 A 到 $\mathrm{M}_n(\mathbb{F})$ 的一个代数同态称为 A 的一个 n 次 $\mathbb{F}$-矩阵表示.

(2) 对于 $\mathbb{F}$-代数 A 上的两个 $\mathbb{F}$-矩阵表示 $\mathfrak{X}, \mathfrak{Y}$, 若存在 $\mathbb{F}$ 上可逆矩阵 P, 使得对所有 $a \in A$ 都有 $P^{-1}\mathfrak{X}(a)P = \mathfrak{Y}(a)$, 则称 $\mathfrak{X}$ 和 $\mathfrak{Y}$ 相似.

现在我们不但定义了 $\mathbb{F}$-代数 A 上的表示, 也定义了 A 上的矩阵表示, 接下来考察这两者的一致性. 若 $\mathfrak{X}$ 是 A 上的一个 n 次矩阵表示, 取 n 维 $\mathbb{F}$-向量空间 V, 令典范同构 $\sigma : \mathrm{End}(V) \to \mathrm{M}_n(\mathbb{F})$, 则 $\mathfrak{X}$ 和 σ^{-1} 的合成 $\widehat{\mathfrak{X}}$ 为 A 到 $\mathrm{End}(V)$ 的一个代数同态, 从而 $\widehat{\mathfrak{X}}$ 是 A 上的一个 n 次表示. 反之, 若 $\widehat{\mathfrak{X}}$ 是 A 上的一个 n 次表示, 提供 A-模 V, 即 $\widehat{\mathfrak{X}}$ 为 A 到 $\mathrm{End}(V)$ 的代数同态, 令 σ 是 $\mathrm{End}(V)$ 到 $\mathrm{M}_n(\mathbb{F})$ 的典范同构, 则 $\widehat{\mathfrak{X}}$ 和 σ 的合成 $\mathfrak{X}$ 为 A 到 $\mathrm{M}_n(\mathbb{F})$ 的代数同态, 因而是 A 上的一个矩阵表示. 进一步, 不难验证 A 的两个表示 $\widehat{\mathfrak{X}_1}, \widehat{\mathfrak{X}_2}$ 相似当且仅当它们对应的矩阵表示 $\mathfrak{X}_1, \mathfrak{X}_2$ 相似. 因此表示与矩阵表示本质上是一回事.

(F) 设 $\mathfrak{X}$ 为 A 上的一个 n 次表示, 它提供了特征标 χ 并对应于矩阵表示 $\mathfrak{X}^0$, 易见

$$\chi(a) = \mathrm{Tr}(\mathfrak{X}(a)) = \mathrm{Tr}(\mathfrak{X}^0(a)).$$

因为 $\mathfrak{X}(a) \in \mathrm{End}(V)$, 而 $\mathfrak{X}^0(a) \in \mathrm{M}_n(\mathbb{F})$, 所以**矩阵表示 $\mathfrak{X}^0$ 比表示 $\mathfrak{X}$ 更便于计算特征标**.

1.2.5　代数及其模的张量积

设 A_1, A_2 为两个 $\mathbb{F}$-代数, V_1, V_2 分别是右 A_1-模和右 A_2-模. 因为 A_1, A_2, V_1, V_2 都是 $\mathbb{F}$-向量空间, 所以由向量空间的张量积定理得: $A_1 \otimes_{\mathbb{F}} A_2$ 和 $V_1 \otimes_{\mathbb{F}} V_2$ 都是 $\mathbb{F}$-向量空间. 下面我们来说明 $A_1 \otimes_{\mathbb{F}} A_2$ 也是自然的 $\mathbb{F}$-代数, 且 $V_1 \otimes_{\mathbb{F}} V_2$ 成为自然的 $(A_1 \otimes_{\mathbb{F}} A_2)$-模.

引理 1.2.15　设 A_1, A_2 为两个 $\mathbb{F}$-代数, V_1, V_2 分别是右 A_1-模和右 A_2-模. 则存在向量空间 $A_1 \otimes_{\mathbb{F}} A_2$ 到向量空间 $\mathrm{End}_{\mathbb{F}}(V_1 \otimes_{\mathbb{F}} V_2)$ 的 $\mathbb{F}$-线性映射 τ, 使得对任意 $a_1 \in A_1, a_2 \in A_2, v_1 \in V_1, v_2 \in V_2$ 都有

$$(v_1 \otimes v_2)^{(a_1 \otimes a_2)^\tau} = v_1 a_1 \otimes v_2 a_2.$$

证　对于 $a_i \in A_i$, 因为 V_i 是右 A_i-模, 所以由 $v_i^{a_i^{\delta_i}} = v_i a_i$ 定义了 V_i 上的 $\mathbb{F}$-线性变换 $a_i^{\delta_i}$. 按照命题 1.1.10 的证明, 由

$$(a_1, a_2)^\mu = a_1^{\delta_1} \otimes a_2^{\delta_2}$$

定义了 $A_1 \times A_2$ 到 $\mathrm{End}(V_1 \otimes_{\mathbb{F}} V_2)$ 的平衡映射 μ. 由张量积 $A_1 \otimes_{\mathbb{F}} A_2$ 的投射性质, 存在 $A_1 \otimes_{\mathbb{F}} A_2$ 到 $\mathrm{End}(V_1 \otimes_{\mathbb{F}} V_2)$ 的加群同态 τ, 使得 $(a_1 \otimes a_2)^\tau = a_1^{\delta_1} \otimes a_2^{\delta_2}$, 这说明 τ 是定义好的从 $A_1 \otimes_{\mathbb{F}} A_2$ 到 $\mathrm{End}(V_1 \otimes_{\mathbb{F}} V_2)$ 的映射, 且保持加法. 又有

$$(v_1 \otimes v_2)^{(a_1 \otimes a_2)^\tau} = (v_1 \otimes v_2)^{a_1^{\delta_1} \otimes a_2^{\delta_2}} = (v_1)^{a_1^{\delta_1}} \otimes (v_2)^{a_2^{\delta_2}} = v_1 a_1 \otimes v_2 a_2.$$

再者, 对 $k \in \mathbb{F}$, 简单验证得 $(k(a_1 \otimes a_2))^\tau = k(a_1 \otimes a_2)^\tau$, 故 τ 是满足要求的 $\mathbb{F}$-线性映射. □

命题 1.2.16 设 A_1, A_2 是两个 $\mathbb{F}$-代数.

(1) 在 $A_1 \otimes_{\mathbb{F}} A_2$ 的生成系上定义如下乘法: $(a_1 \otimes a_2)(a_1' \otimes a_2') = a_1 a_1' \otimes a_2 a_2'$, 并将它自然扩充到 $A_1 \otimes_{\mathbb{F}} A_2$ 上, 则 $A_1 \otimes_{\mathbb{F}} A_2$ 成为自然的 $\mathbb{F}$-代数.

(2) 若 V_1, V_2 分别是 A_1, A_2 上的右模, 则按 $(v_1 \otimes v_2)^{(a_1 \otimes a_2)^\tau} = v_1 a_1 \otimes v_2 a_2$, 并自然扩充, 定义好了代数同态 $\tau : A_1 \otimes_{\mathbb{F}} A_2 \to \mathrm{End}_{\mathbb{F}}(V_1 \otimes_{\mathbb{F}} V_2)$. 特别地, τ 是代数 $A_1 \otimes_{\mathbb{F}} A_2$ 上的表示, 其表示空间 $V_1 \otimes_{\mathbb{F}} V_2$ 也成为右 $A_1 \otimes_{\mathbb{F}} A_2$-模.

证 (1) 我们先证明这样的乘法是定义好的. 将引理 1.2.15 中的 V_1, V_2 分别取成 A_1, A_2, 我们可取到 $A_1 \otimes_{\mathbb{F}} A_2$ 到 $\mathrm{End}_{\mathbb{F}}(A_1 \otimes_{\mathbb{F}} A_2)$ 的 $\mathbb{F}$-线性映射 τ 使得

$$(a_1 \otimes a_2)^{(a_1' \otimes a_2')^\tau} = a_1 a_1' \otimes a_2 a_2'.$$

特别地, 若 $a_1 \otimes a_2 = b_1 \otimes b_2, a_1' \otimes a_2' = b_1' \otimes b_2'$, 则

$$\begin{aligned}(a_1 \otimes a_2)(a_1' \otimes a_2') &= a_1 a_1' \otimes a_2 a_2' = (a_1 \otimes a_2)^{(a_1' \otimes a_2')^\tau} = (b_1 \otimes b_2)^{(b_1' \otimes b_2')^\tau} \\ &= b_1 b_1' \otimes b_2 b_2' = (b_1 \otimes b_2)(b_1' \otimes b_2').\end{aligned}$$

因此这样定义的乘法在 $A_1 \otimes_{\mathbb{F}} A_2$ 的生成系上从而在整个 $A_1 \otimes_{\mathbb{F}} A_2$ 上是定义好的. 前面已经看到 $A_1 \otimes_{\mathbb{F}} A_2$ 是 $\mathbb{F}$-向量空间, 再按定义简单验证即知它成为 $\mathbb{F}$-代数.

(2) 由引理 1.2.15, τ 是 $\mathbb{F}$-线性映射. 再者, $A_1 \otimes A_2$ 的单位元 $1_{A_1} \otimes 1_{A_2}$ 在 τ 下的像是恒等映射; 又

$$\begin{aligned}(v_1 \otimes v_2)^{((a_1 \otimes a_2)(a_1' \otimes a_2'))^\tau} &= (v_1 \otimes v_2)^{(a_1 a_1' \otimes a_2 a_2')^\tau} \\ &= v_1 a_1 a_1' \otimes v_2 a_2 a_2' \\ &= ((v_1 \otimes v_2)^{(a_1 \otimes a_2)^\tau})^{(a_1' \otimes a_2')^\tau},\end{aligned}$$

因此, $((a_1 \otimes a_2)(a_1' \otimes a_2'))^\tau = (a_1 \otimes a_2)^\tau (a_1' \otimes a_2')^\tau$, 即 τ 保持乘法, 故 τ 是代数同态. □

在命题 1.2.16 中, 若 V_1, V_2, $V_1 \otimes_{\mathbb{F}} V_2$ 分别对应 A_1 的表示 τ_1, A_2 的表示 τ_2, 以及 $A_1 \otimes_{\mathbb{F}} A_2$ 的表示 τ, 则称**表示 τ 为表示 τ_1 与 τ_2 的张量积**, 记为 $\tau = \tau_1 \otimes \tau_2$.

推论 1.2.17 设 V_1, V_2 是有限维 $\mathbb{F}$-向量空间, 任取 $v_i \in V_i$, $a_i \in \mathrm{End}_{\mathbb{F}}(V_i)$, 由

$$(v_1 \otimes v_2)^{(a_1 \otimes a_2)^\tau} = v_1^{a_1} \otimes v_2^{a_2}$$

定义的 τ 是 $\mathrm{End}_{\mathbb{F}}(V_1)\otimes_{\mathbb{F}}\mathrm{End}_{\mathbb{F}}(V_2)$ 到 $\mathrm{End}_{\mathbb{F}}(V_1\otimes_{\mathbb{F}}V_2)$ 的一个代数同构, 且

$$\dim(\mathrm{End}_{\mathbb{F}}(V_1)\otimes_{\mathbb{F}}\mathrm{End}_{\mathbb{F}}(V_2))=\dim(\mathrm{End}_{\mathbb{F}}(V_1\otimes_{\mathbb{F}}V_2)).$$

证 在命题 1.2.16 中, 取 $A_i=\mathrm{End}_{\mathbb{F}}(V_i)$, 我们知道 τ 是一个代数同态. 记 $\dim(V_i)=n_i$, $i=1,2$, 由定理 1.1.14 有

$$\begin{aligned}\dim(\mathrm{End}_{\mathbb{F}}(V_1)\otimes_{\mathbb{F}}\mathrm{End}_{\mathbb{F}}(V_2))&=\dim(\mathrm{End}_{\mathbb{F}}(V_1))\cdot\dim(\mathrm{End}_{\mathbb{F}}(V_2))=n_1^2n_2^2\\&=\dim(\mathrm{End}_{\mathbb{F}}(V_1\otimes_{\mathbb{F}}V_2)),\end{aligned}$$

这表明 τ 是代数同构. □

1.3 完全可约模和半单代数

本节总设 A 是有限维 $\mathbb{F}$-代数, 所有模都是有限维右模.

1.3.1 不可约模和完全可约模

定义 1.3.1 设 V 为 A-模, 若 W 为 V 的 A-不变子空间, 即 W 为 V 的 $\mathbb{F}$-子空间, 且对任意 $w\in W$ 及任意 $a\in A$ 都有 $wa\in W$, 则称 W 为 V 的 A-子模.

下面的事实是显然的.

(A) 代数 A 的右理想是 (右) 正则模 A° 的子模.

(B) 设 V,W 为两个 A-模, $f\in\mathrm{Hom}_A(V,W)$, 则 $\ker f$ 是 V 的子模, $\mathrm{Im}f$ 是 W 的子模.

(C) 对于任意 A-模 V, 零模 0 与 V 是 V 的两个子模.

(D) 若 W 为 A-模 V 的子模, 则 $\mathbb{F}$-向量空间 V/W 自然地成为 A-模, 称为 V 的**商模**.

(E) 设 V,W 是两个 A-模, $f\in\mathrm{Hom}_A(V,W)$, 则有 A-模同构 $V/\ker f\cong\mathrm{Im}f$, 称为**模同态基本定理**.

(F) 设 $W_i, i\in I$ 都是 A-模 V 的子模, 则 $\bigcap_{i\in I}W_i$ 和 $\sum_{i\in I}W_i$ 都是 V 的子模.

(G) 若 W 为 A-模 V 的子模, 则 $\mathrm{Hom}_A(V,W)\subseteq\mathrm{End}_A(V)$.

定义 1.3.2 若非零 A-模 V 的子模只有 0 和 V, 则称 V 是不可约模, 此时相应的表示称为 A 的不可约表示.

若非零 A-模 V 不是不可约的, 即 V 有既不等于 0 又不等于 V 的 A-子模, 则称 V 是**可约 A-模**, 相应的表示称为**可约表示**.

代数 A 称为**可除代数**, 若 A 中非零元都可逆, 也即 A 作为环是除环. 域 $\mathbb{F}$ 称为**代数闭**的, 若 $\mathbb{F}$ 上次数大于等于 1 的多项式在 $\mathbb{F}$ 中都有根, 这等价于说, $\mathbb{F}$ 上

的 $n \geqslant 1$ 次多项式在 $\mathbb{F}$ 中都有 n 个根 (计重数). 下面的 Schur 引理非常基础也非常有用.

引理 1.3.3 (Schur 引理) 设 V, W 为两个不可约 A-模, 则 $\mathrm{Hom}_A(V, W)$ 中非零元都可逆. 特别地,

(1) $\mathrm{End}_A(V)$ 为可除代数.

(2) 若 $\mathbb{F}$ 是代数闭域, 则 $\mathrm{End}_A(V) = \mathbb{F} \cdot \mathrm{id}_V$.

证 设 $0 \neq f \in \mathrm{Hom}_A(V, W)$, 由 V, W 的不可约性及 f 的非零性推得, $\ker f = 0$, $\mathrm{Im} f = W$, 这表明 f 为 A-模同构.

(1) 因 $\mathrm{End}_A(V)$ 是 $\mathbb{F}$-代数, 且 $\mathrm{End}_A(V)$ 中非零元都可逆, 故 $\mathrm{End}_A(V)$ 为可除代数.

(2) 任取 $\theta \in \mathrm{End}_A(V)$, 因 $\mathbb{F}$ 是代数闭域, θ 有特征值 $\lambda \in \mathbb{F}$. 显然 $\theta - \lambda \cdot \mathrm{id}_V \in \mathrm{End}_A(V)$ 且不可逆, 故 $\theta - \lambda \cdot \mathrm{id}_V = 0$, 即 $\theta = \lambda \cdot \mathrm{id}_V$, 这表明 $\mathrm{End}_A(V) \subseteq \mathbb{F} \cdot \mathrm{id}_V$, 从而 $\mathrm{End}_A(V) = \mathbb{F} \cdot \mathrm{id}_V$. □

引理 1.3.4 设 V 为不可约 A-模, 若 $|V|$ 有限, 则 $\mathrm{End}_A(V)$ 是域.

证 由 Schur 引理, $\mathrm{End}_A(V)$ 为可除代数. 当 $|V|$ 有限时, V 是有限域上的有限维向量空间, 因此 $\mathrm{End}(V)$ 和 $\mathrm{End}_A(V)$ 都是有限集. 注意到有限除环必是域, 参见 [5, 第 B 章, 定理 3.17], 故 $\mathrm{End}_A(V)$ 为域. □

定义 1.3.5 设 V 为 A-模. 若对 V 的任意子模 W, 都存在 V 的子模 U 使得 V 是 W 与 U 的直和, 记为 $V = U \oplus W$, 则称 V 是完全可约 A-模, 此时相应的表示称为完全可约表示.

按定义, 不可约模与零模都是完全可约模.

命题 1.3.6 对于非零 A-模 V, 以下命题等价:

(1) V 完全可约.

(2) V 能写成若干个不可约 A-子模的直和.

(3) V 能写成若干个不可约 A-子模的和.

证 (1) $\Rightarrow$ (2). 对 $\dim(V)$ 作归纳. 因为 $V \neq 0$, 所以可取到 V 的不可约 A-子模 V_1, 于是存在 A-子模 V' 使得 $V = V_1 \oplus V'$. 我们断言 V' 也完全可约. 任取 V' 的子模 W, 显然 W 也是 V 的子模, 于是有子模 W' 使得 $V = W \oplus W'$, 从而

$$V' = V' \cap (W \oplus W') = W \oplus (V' \cap W').$$

显然 $V' \cap W'$ 是 V' 的 A-子模, 故 V' 也完全可约, 断言成立. 由归纳, V' 是若干不可约 A-模的直和, V 亦然.

(2) $\Rightarrow$ (3). 显然.

(3) ⇒ (1). 设 $V=\sum_{1\leqslant j\leqslant n}V_j$, 其中 V_j 都不可约. 任取 V 的子模 W, 令 W' 为 V 的子模使得 $W\cap W'=0$ 且 $\dim(W')$ 极大. 反设 $W\oplus W'\neq V$, 则有某 $V_j\not\subseteq W\oplus W'$. 因 V_j 不可约, 有 $V_j\cap(W\oplus W')=0$. 于是

$$V_j+W'\supsetneq W',\quad W\cap(V_j+W')=0,$$

这与 $\dim(W')$ 的极大性矛盾. 故 $V=W\oplus W'$, V 完全可约. □

设 V 是完全可约 A-模, 我们作几点说明.

(H) 在命题 1.3.6 的证明中, 已经验证了 V 的子模仍是完全可约模. 同样地, V 的商模也是完全可约模.

(I) 设 M 是一个不可约 A-模, 注意这里不要求 M 是 V 的子模. 我们把 V 中的所有与 M 同构的子模做成的和, 记为 $M(V)$, 并称之为 V 的 M-**齐次分支**. 显然 $M(V)$ 是 V 的完全可约子模, $M(V)$ 能写成若干个 (设为 k 个) 与 M 同构的不可约子模的直和, 这一数目 k 记为 $n_M(V)$. 我们常将 k 个与 M 同构的不可约 A-模的直和简记为 kM, 故

$$M(V)=n_M(V)M.$$

显然, 若 V 中没有与 M 同构的子模, 则 $M(V)=0$, $n_M(V)=0$; 若 M,N 是两个同构不可约 A-模, 则 $M(V)=N(V)$.

(J) 根据完全可约模的定义, 一定存在 V 的不可约子模 $W_1,\cdots,W_t$ 使得 $V=W_1\oplus\cdots\oplus W_t$, 注意 $W_1,\cdots,W_t$ 一般不是 V 的全部不可约子模.

(K) 假设 $V=V_1\oplus\cdots\oplus V_s$, 其中 V_i 是 V 的子模. 任取 $v\in V$, v 能唯一地表示为 $v=v_1+\cdots+v_s$, 其中 $v_i\in V_i$. 令 $\pi_i:v\mapsto v_i$, 称 π_i 为 V 到 V_i 的投影. 易见 $\pi_i\in\mathrm{Hom}_A(V,V_i)\subseteq\mathrm{End}_A(V)$, 且 $\sum_{i=1}^s\pi_i=\mathrm{id}_V$.

定理 1.3.7　设 V 是完全可约 A-模, 且 $V=\bigoplus_{j\in I}W_j$, 其中 W_j 均不可约, 设 M 是一个不可约 A-模, 则

(1) $M(V)$ 是 V 的 $\mathrm{End}_A(V)$-子模.

(2) $M(V)=\bigoplus_{W_i\cong M,i\in I}W_i$.

(3) $n_M(V)$ 是 V 的不变量, 它与 V 的具体直和分解无关.

证　显然齐次分支 $M(V)$ 是 V 的完全可约 A-子模.

(1) 由命题 1.2.9, V 是 $\mathrm{End}_A(V)$-模. 设 $f\in\mathrm{End}_A(V)$, W 是 $M(V)$ 的不可约 A-子模, 我们断言 $f(W)\subseteq M(V)$. 若 $f(W)=0$, 断言自然成立. 若 $f(W)\neq 0$, 因 $f(W)$ 是不可约模 W 的同态像, 由模同态基本定理有 $f(W)\cong W\cong M$, 由齐次分支 $M(V)$ 的定义得 $f(W)\subseteq M(V)$, 断言成立. 因 $M(V)$ 完全可约, 所以又有 $f(M(V))\subseteq M(V)$. 这表明 $M(V)$ 是 V 的 $\mathrm{End}_A(V)$-子模.

(2) 显然 $\bigoplus_{W_i\cong M,i\in I}W_i\subseteq M(V)$. 令 π_j 为 V 到 W_j 的投影映射. 任取 V 的与 M 同构的不可约子模 W. 若 $\pi_j(W)\neq 0$, 因为 $\pi_j|_W\in\mathrm{Hom}_A(W,W_j)$, 由 Schur

引理得 $\pi_j(W)=W_j$. 因此不论 $\pi_j(W)$ 是否为零, 都有 $\pi_j(W)\subseteq\bigoplus_{W_i\cong M,i\in I}W_i$. 由本节说明 (K) 得

$$W=\mathrm{id}_V(W)=\sum_j\pi_j(W)\subseteq\bigoplus_{W_i\cong M,i\in I}W_i,$$

故 $M(V)\subseteq\bigoplus_{W_i\cong M,i\in I}W_i$, (2) 成立.

(3) 事实上, 由 (2) 有 $n_M(V)=\dim(M(V))/\dim(M)$. □

在上述定理环境下, 若 $M(V)=W_1\oplus\cdots\oplus W_t$, 其中 W_i 均不可约, 则与 M 同构的 V 的不可约子模一定包含在 $M(V)$ 中, 但这并不表示 $W_1,\cdots,W_t$ 就是 V 的全部与 M 同构的不可约子模.

若完全可约模 V 只有一个齐次分支, 则称 V 是**齐次模**; 否则称 V 是**非齐次的**.

由定理 1.3.7 立得下面的结论.

定理 1.3.8 设 V 是完全可约 A-模, 令 $M_1,\cdots,M_k$ 为 V 的不可约 A-子模同构类的代表系, 则 V 有如下的齐次分支直和分解:

$$V=M_1(V)\oplus\cdots\oplus M_k(V),$$

且 $\dim(V)=\sum_{i=1}^k\dim(M_i(V))=\sum_{i=1}^k n_{M_i}(V)\dim(M_i)$.

我们再来考察子模对应的表示及其特征标. 设 V 为 n 维 A-模, W 为 V 的 $m\geqslant 1$ 维 A-子模. 取定 W 的基底 $\epsilon_W=\{\epsilon_1,\cdots,\epsilon_m\}$, 并将之扩充为 V 的基底 $\epsilon_V=\{\epsilon_1,\cdots,\epsilon_n\}$. 对任意 $a\in A$, 因 W 是 A-不变的, 故

$$(\epsilon_1,\cdots,\epsilon_m,\epsilon_{m+1},\cdots,\epsilon_n)a=(\epsilon_1,\cdots,\epsilon_m,\epsilon_{m+1},\cdots,\epsilon_n)\begin{pmatrix}\mu(a) & *\\ 0 & \nu(a)\end{pmatrix},\quad(1.3.1)$$

其中

$$\mu(a)\in\mathrm{M}_m(\mathbb{F}),\quad \nu(a)\in\mathrm{M}_{n-m}(\mathbb{F}).$$

设 A-模 V, W 以及 V/W 关于基底 ϵ_V, ϵ_W 以及基底 $\{\epsilon_j+W\,|\,j=m+1,\cdots,n\}$ 对应的矩阵表示分别为 f,f_1 和 f_2, 它们分别提供特征标 χ,χ_1 和 χ_2. 由 (1.3.1) 式得

$$f(a)=\begin{pmatrix}\mu(a) & *\\ 0 & \nu(a)\end{pmatrix},\quad f_1(a)=\mu(a),\quad f_2(a)=\nu(a),$$

这也表明 $\chi(a)=\chi_1(a)+\chi_2(a)$, 从而 $\chi=\chi_1+\chi_2$.

进一步, 假设 A-模 V 是非零子模 $W_1,\cdots,W_k$ 的直和. 取 Δ_i 为 W_i 的基底, 设子模 W_i 在基底 Δ_i 下对应的矩阵表示为 f_i, 再设 V 在基底 $\{\Delta_1,\cdots,\Delta_k\}$ 下

对应的矩阵表示为 f, 则

$$f(a) = \mathrm{diag}(f_1(a), \cdots, f_k(a)), \qquad a \in A, \tag{1.3.2}$$

此时也称表示 f 为表示 f_i 的**直和**, 记为 $f = \mathrm{diag}(f_1, \cdots, f_k)$, 有时也记为 $f = f_1 \oplus \cdots \oplus f_k$. 再者, 若 W_i 提供特征标 χ_i, V 提供特征标 χ, 则由 (1.3.2) 式得

$$\chi = \chi_1 + \cdots + \chi_k. \tag{1.3.3}$$

若 V 完全可约, 则其对应的完全可约表示可写成若干不可约表示的直和.

1.3.2 半单代数

我们用 $\mathfrak{Irr}(A)$ 表示不可约 A-模的同构类代表系. 研究代数 A (包括群代数 $\mathbb{F}[G]$) 的表示, 其最基本的任务是描写或确定 $\mathfrak{Irr}(A)$, 其次是利用 $\mathfrak{Irr}(A)$ 来描写一般 A-模的表现形式. 如何找到 $\mathfrak{Irr}(A)$? 下面的命题告诉我们, 只要研究正则模 A° 足矣.

命题 1.3.9 代数 A 上的任一不可约 A-模必同构于 A° 的一个商模. 进一步, 若 A° 完全可约, 则任一不可约 A-模必同构于 A° 的一个子模.

证 设 V 是不可约 A-模. 取定 V 中非零元 v, 定义 $\theta: A^\circ \to V$ 使得 $\theta(a) = va$. 显然 θ 是 $\mathbb{F}$-线性的, 即 $\theta \in \mathrm{Hom}_{\mathbb{F}}(A^\circ, V)$. 又

$$\theta(ay) = v(ay) = (\theta(a))y, \qquad y \in A,$$

所以 $\theta \in \mathrm{Hom}_A(A^\circ, V)$. 显然 $v = \theta(1_A) \in \mathrm{Im}\theta$, 故 $\mathrm{Im}\theta$ 为 V 的非零 A-子模, 必有 $\mathrm{Im}\theta = V$. 由模同态基本定理得 $V \cong A^\circ/\ker\theta$. 进一步, 当 A° 完全可约时, 必存在 A° 的 A-子模 W 使得 $A^\circ = \ker\theta \oplus W$, 于是 $V \cong W$. □

(L) 对于 (有限维) A-模 V, 容易验证下面的 Jordan-Hölder 定理: 必有子模列 $0 = V_0 < V_1 < \cdots < V_n = V$, 使得 V_i/V_{i-1} 都是不可约 A-模, 这样的子模列称为 V 的合成列, V_i/V_{i-1} 称为合成因子; 进一步, V 的两个合成列中的合成因子, 经恰当调换次序后, 可做到对应同构. 对于 $\mathbb{F}$-代数 A (我们总设 A 是有限维代数), A° 是有限维 A-模, 由命题 1.3.9 和 Jordan-Hölder 定理, 我们有 $|\mathfrak{Irr}(A)| \leqslant \dim_{\mathbb{F}}(A)$. 特别地, $|\mathfrak{Irr}(A)|$ 是有限集合. 另外, 命题 1.3.9 也表明: 对于不可约 A-模 V, 总有 $\dim_{\mathbb{F}}(V) \leqslant \dim_{\mathbb{F}}(A)$.

命题 1.3.9 表明了正则模 A° 的重要性. 若正则模 A° 完全可约, 则称代数 A 为**半单代数**. 若代数 A 只有平凡理想, 则称 A 为**单代数** ①.

下面给出关于半单代数的 Wedderburn 定理. 回忆一下, 若 V 是一个 A-模, $\mathfrak{X}$ 是相应的 A 到 $\mathrm{End}(V)$ 的代数同态, 我们把 $a \in A$ 在 $\mathfrak{X}$ 下的像记为 a_V, 并记 $A_V = \{a_V | v \in V\}$, 我们知道 A_V 是 $\mathrm{End}(V)$ 的子代数, 且 $a \mapsto a_V$ 是 A 到 A_V 的代数满同态.

① 从定义不易推出单代数必是半单代数, 后面我们将证明这一事实.

命题 1.3.10 (Wedderburn) 设 A 是一个半单代数, 则以下结论成立:

(1) 存在不可约 A-模 $M_1,\cdots,M_k$ 使得 $\mathfrak{Irr}(A)=\{M_1,\cdots,M_k\}$, 且 $A=\bigoplus_{i=1}^k M_i(A)$.

(2) $M\in\mathfrak{Irr}(A)$ 所在的齐次分支 $M(A)$ 是 A 的理想.

(3) 将 A 中单位元 1 表为 $\sum_{i=1}^k e_i$, 其中 $e_i\in M_i(A)$, 则 e_i 为 $M_i(A)$ 的单位元.

(4) 设 $W,M\in\mathfrak{Irr}(A)$, 若 $W\ncong M$, 则 $WM(A)=0$; 若 $W\cong M$, 则 $WM(A)=W$.

(5) 设 $M\in\mathfrak{Irr}(A)$, 则 $x\mapsto x_{_M}$ 是 $M(A)$ 到 A_M 的代数同构.

证 (1) 由说明 (L) 和定理 1.3.8 即得结论.

(2) 任取 $x\in A$, 定义 A 上变换 θ_x 使得 $y\mapsto xy$, 其中 $y\in A$. 易见 θ_x 是 A 到 A 的线性映射; 再者, 对任意 $z\in A$, 有 $\theta_x(yz)=x(yz)=(xy)z=\theta_x(y)z$, 这表明 $\theta_x\in\mathrm{End}_A(A)$, 即 θ_x 是正则模 A° 上的 A-自同态. 由定理 1.3.7(1), $M(A)$ 是 $\mathrm{End}_A(A)$-模, 由此又有 $\theta_x(M(A))\subseteq M(A)$. 注意到 $xM(A)=\theta_x(M(A))$, 得 $xM(A)\subseteq M(A)$, 故 $M(A)$ 是 A 的左理想. 又, $M(A)$ 是 A 的 (右) 子模, 即 $M(A)$ 是 A 的右理想, 因此 $M(A)$ 是 A 的理想.

(3) 仅需证明 e_1 是 $M_1(A)$ 的单位元. 取 $x\in M_1(A)$. 对于 $j\geqslant 2$, 因为 $M_1(A)$, $M_j(A)$ 都是 A 的理想, 所以 $M_1(A)M_j(A)\subseteq M_1(A)\cap M_j(A)=0$, 特别地, $xe_j=0$. 推出 $x=x(e_1+\cdots+e_k)=xe_1$. 同理有 $e_1x=x$, 因此 e_1 为 $M_1(A)$ 的单位元.

(4) 假设 W 与 M 不同构, 不妨设 $M\cong M_1$, $W\cong M_2$, 有 $M_2M(A)=M_2M_1(A)\subseteq M_2(A)M_1(A)\subseteq M_1(A)\cap M_2(A)=0$. 因 $W\cong M_2$, 由例 1.2.8 得 $WM(A)=0$.

假设 W 与 M 同构, 不妨设它们都同构于 M_1, 则 $W(A)=M(A)=M_1(A)$. 因 $M(A)$ 是 A 的理想, 易见 $WM(A)$ 是 A-不变的, 所以 $WM(A)$ 是 W 的 A-子模, 得 $WM(A)=0$ 或 W. 反设 $WM(A)=0$, 由例 1.2.8 得 $M_1(A)M_1(A)=W(A)M(A)=0$. 但 $M_1(A)$ 的单位元 $e_1=e_1e_1\in M_1(A)M_1(A)$, 矛盾. 故必有 $WM(A)=W$.

(5) 因 A_M 是 $\mathrm{End}(M)$ 的子代数, $M(A)$ 是 A 的理想, 故 A_M 和 $M(A)$ 都是 $\mathbb{F}$-代数. 注意到 $\tau: x\mapsto x_M$ 的是 A 到 A_M 的代数同态, 下面我们仅需证明 $\tau_0:=\tau|_{M(A)}$ 为 $M(A)$ 到 A_M 的双射. 不妨设 $M\cong M_1$.

任取 $a_M\in A_M$, 将 $a\in A$ 表为 $\sum_{i=1}^k a_i$, 其中 $a_i\in M_i(A)$. 对任意 $m\in M$, 当 $j\geqslant 2$ 时, 由 (4) 有 $ma_j=0$, 这表明 $ma=ma_1$, 即 $a_M=(a_1)_M$, 此时 $\tau(a_1)=(a_1)_M=a_M$, 故 τ_0 是满射. 再者, 若 $a_1\in M_1(A)$ 满足 $(a_1)_M=0$, 由

例 1.2.8 得 $M_1(A)a_1=0$. 再由 (4) 得 $Aa_1=0$. 注意到 $a_1=1a_1\in Aa_1$, 推出 $a_1=0$, 故 τ_0 是单射, (5) 成立. □

定理 1.3.11 (Wedderburn) 设 A 是半单代数, $\mathfrak{Irr}(A)=\{M_1,\cdots,M_k\}$, 则

$$A=M_1(A)\oplus\cdots\oplus M_k(A),$$

其中 $M_i(A)\cong A_{M_i}$ (代数同构), $M_i(A)$ 为单代数且均为 A 的极小理想.

证 由命题 1.3.10(5) 得 $M_i(A)\cong A_{M_i}$. 由命题 1.3.10(4), 易见 $M_i(A)$ 的理想都是 A 的理想, 所以 $M_i(A)$ 为单代数当且仅当 $M_i(A)$ 为 A 的极小理想. 下面仅需证明 $M_i(A)$ 为 A 的极小理想. 设 I 为 A 的理想且 $I\subsetneq M_i(A)$, 即 I 真包含在 $M_i(A)$ 中. 因为 $M_i(A)$ 齐次, 必存在 $M_i(A)$ 的某个不可约 A-子模 M 使得

$$M\cong M_i,\quad M\not\subseteq I.$$

显然 $M\cap I$ 是 M 的 A-子模, 由 M 的不可约性得 $M\cap I=0$, 故 $MI\subseteq M\cap I=0$. 这就说明, 对任意 $x\in I$, 都有 $x_M=0$, 注意到 $y\mapsto y_M$ 是 $M_i(A)$ 到 A_M 的双射 (命题 1.3.10(5)), 得 $x=0$, 从而 $I=0$, $M_i(A)$ 为 A 的极小理想. □

设 A 为 $\mathbb{F}$-代数. 若 A 中非零元 e 满足 $e^2=e$, 则称 e 为**幂等元**; 若 A 的幂等元 e 在 A 的中心 $\mathbf{Z}(A)$ 中, 则称 e 为**中心幂等元**; 若两个幂等元的乘积为零, 则称这两个幂等元**正交**; 若 e 是 A 的中心幂等元且 e 不能表示为两个正交的中心幂等元的和, 则称 e 为**中心本原幂等元**.

命题 1.3.12 设 A 为半单代数, $\mathfrak{Irr}(A)=\{M_1,\cdots,M_k\}$, 记 $1=e_1+\cdots+e_k$, 其中 $e_i\in M_i(A)$, 则以下结论成立:

(1) $M_i(A)=e_iA=Ae_i$, e_i 为 $M_i(A)$ 的单位元, $i=1,\cdots,k$.

(2) $e_1,e_2,\cdots,e_k$ 为 A 的两两正交的中心本原幂等元.

(3) $e_1,e_2,\cdots,e_k$ 恰是 A 的全部中心本原幂等元.

证 注意到当 $j\neq i$ 时, 有 $M_i(A)M_j(A)=0$, 由此易得结论 (1).

容易证明 $e_1,e_2,\cdots,e_k$ 为 A 的两两正交的幂等元. 任取 $x\in A$, 有

$$x=e_1x+\cdots+e_kx=xe_1+\cdots+xe_k,$$

由直和分解的唯一性知 $e_ix=xe_i$, 故 $e_i\in\mathbf{Z}(A)$. 又若 e_i 能写成两个正交的中心幂等元 a,b 之和, 则 $e_iA=aA\oplus bA$, 此时 aA,bA 为 A 的两个非零理想, 这与 $e_iA=M_i(A)$ 为 A 的极小理想矛盾, 故 (2) 成立.

设 e 是 A 的一个中心本原幂等元, 不妨设 $ee_1\neq 0$. 若 $e(e_2+\cdots+e_k)\neq 0$, 则易见 e 是 ee_1 和 $e(e_2+\cdots+e_k)$ 这两个正交的中心幂等元之和, 矛盾. 因此 $e=ee_1$. 若 $e\neq e_1$, 则易验证 e_1 为两个正交的中心幂等元 (e_1-e) 和 e 之和, 矛盾, 故 $e=e_1$, (3) 成立. □

设 A 为 $\mathbb{F}$-代数, V 为 A-模, 定义 V 的**零化子**及代数 A 的 **Jacobson 根基**

分别为

$$\mathrm{ann}(V) = \{a \in A | Va = 0\},$$

$$J(A) = \bigcap_{M \in \mathfrak{Irr}(A)} \mathrm{ann}(M).$$

下面我们来说明单代数必是半单代数, 为此我们需要下面的 Jacobson 根基定理, 其证明留给读者.

引理 1.3.13 设 A 为 $\mathbb{F}$-代数, V 为 A-模, 我们有以下结论:

(1) $\mathrm{ann}(V)$ 是 A 的理想.

(2) 若 V 不是零模, 则 $VJ(A)$ 为 V 的真子模.

(3) 存在整数 n 使得 $J(A)^n = 0$, 即 $J(A)$ 幂零.

(4) 若 I 是 A 的幂零右理想, 则 $I \subseteq J(A)$.

(5) 若 V 不可约, 则 $\mathrm{ann}(V)$ 是 A 的极大右理想的交.

(6) $J(A) = 0$ 等价于 A 没有非零的幂零右理想, 也等价于 A 没有非零的幂零左理想, 也等价于 A 半单.

设 A 是单代数, 任取 A 的不可约子模 V, 因为 1_A 不能零化 V, 所以 $\mathrm{ann}(V)$ 不可能等于 A, 注意到 $\mathrm{ann}(V)$ 是单代数 A 的理想, 故 $\mathrm{ann}(V) = 0$, 得 $J(A) = 0$, 从而由上面的引理得 A 半单. 这就说明了**单代数必是半单代数**. 易见单代数只有一个齐次分支, 它的所有不可约模皆同构.

在半单代数 A 的结构定理中, 我们已经知道 $A = \bigoplus_{M \in \mathfrak{Irr}(A)} M(A)$, 其齐次分支 $M(A)$ 为单代数且与 A_M 同构. 下面的双中心化子定理进一步描写了单代数 $M(A)$ 与它的唯一不可约成分 M 之间的联系.

命题 1.3.14 (双中心化子定理) 设 A 是半单代数, $M \in \mathfrak{Irr}(A)$, 记 $D = \mathrm{End}_A(M)$, 则

$$\mathrm{End}_D(M) = A_M, \tag{1.3.4}$$

即

$$\mathbf{C}_{\mathrm{End}(M)}(\mathbf{C}_{\mathrm{End}(M)}(A_M)) = A_M. \tag{1.3.5}$$

在上述命题环境下, 显然 M 也是 D-模, 且对任意 $d \in D$ 都有 $d_M = d$, 特别地, $D_M = D$. 由命题 1.2.9, $\mathrm{End}_D(M) = \mathbf{C}_{\mathrm{End}(M)}(D_M)$, $D_M = D = \mathrm{End}_A(M) = \mathbf{C}_{\mathrm{End}(M)}(A_M)$, 于是

$$\mathrm{End}_D(M) = \mathbf{C}_{\mathrm{End}(M)}(D_M) = \mathbf{C}_{\mathrm{End}(M)}(\mathbf{C}_{\mathrm{End}(M)}(A_M)),$$

这表明 (1.3.4) 式等价于 (1.3.5) 式, 而后者也形象地称为双中心化子定理.

命题 1.3.14 的证明 不妨设 M 是正则模 A° 的子模, 并记 $M(A) = I$, 于是 $M \subseteq I$. 因为在代数 $\mathrm{End}(M)$ 中, A_M 中心化 $D = \mathrm{End}_A(M)$, 所以由定义易见

$A_M \subseteq \mathrm{End}_D(M)$. 下证反包含关系. 任取 $\theta \in \mathrm{End}_D(M)$.

对于 $m \in M$, 定义 M 上的变换 α_m 使得 $\alpha_m(m_1) = mm_1$. 显然 α_m 是 M 上的线性变换. 再者, 任取 $a \in A$, $x \in M$, 有 $\alpha_m(xa) = m(xa) = (mx)a = (\alpha_m(x))a$, 故 $\alpha_m \in \mathrm{End}_A(M) = D$. 因为 θ 与 $\alpha_m \in D$ 交换, 所以

$$\theta(mn) = \theta(\alpha_m(n)) = \alpha_m(\theta(n)) = m(\theta(n)), \qquad m, n \in M. \tag{1.3.6}$$

现取定 $0 \neq n \in M$, 令 e 为 I 的单位元. 显然 $AnA \subseteq I$ 且 AnA 为 A 的非零理想, 因 I 为极小理想, 推出 $I = AnA$. 故存在 $a_i, b_i \in A$ 使得 $e = \sum a_i n b_i$. 任取 $m \in M$, 有

$$m = me = m\sum a_i n b_i = \sum (ma_i)(nb_i).$$

因为 $ma_i, nb_i \in M$, 结合 (1.3.6) 式有

$$\theta(m) = \theta\left(\sum (ma_i)(nb_i)\right) = \sum (ma_i)\theta(nb_i) = m\sum a_i\theta(nb_i).$$

这表明存在 $u = \sum a_i\theta(nb_i) \in A$ 使得 $\theta = u_M \in A_M$, 即有 $\mathrm{End}_D(M) \subseteq A_M$, 命题成立. □

上面的双中心化子定理可以推广到任意有限维代数上.

定理 1.3.15 (双中心化子定理) 设 A 是 (有限维) $\mathbb{F}$-代数, $M \in \mathfrak{Irr}(A)$, 记 $D = \mathrm{End}_A(M)$, 则 $\mathrm{End}_D(M) = A_M$.

证 记 $B = A_M$. 显然 B 是 $\mathrm{End}(M)$ 的子代数, M 自然地成为不可约 B-模. 我们先来证明 B 半单. 事实上, 考察 M 在 B 中的零化子 $\mathrm{ann}(M)$, 若 $b \in \mathrm{ann}(M)$, 注意到 b 等于某个 a_M (这里 $a \in A$), Mb 实际上是 M 在线性变换 a_M 下的像, 故 b 必是 M 上的零变换, 这就推出 $\mathrm{ann}(M) = 0$. 特别地, $J(B) = 0$, 应用引理 1.3.13 即知 B 半单. 由半单代数的双中心化子定理, 得 $\mathrm{End}_{\mathrm{End}_B(M)}(M) = B_M$. 注意到 $B_M = B = A_M$, $\mathrm{End}_B(M) = \mathrm{End}_A(M) = D$, 故有 $\mathrm{End}_D(M) = A_M$. □

接下来我们给出更特殊的代数闭域上半单代数的结构定理.

定理 1.3.16 设 A 是代数闭域 $\mathbb{F}$ 上的半单代数, 则 $A = \bigoplus_{M\in\mathfrak{Irr}(A)} M(A)$, 其中

$$M(A) \cong A_M = \mathrm{End}(M) \cong \mathrm{M}_{\dim(M)}(\mathbb{F}),$$

且对每 $M \in \mathfrak{Irr}(A)$, 都有 $\mathrm{End}_A(M) \cong \mathbb{F}$. 特别地, 我们有

(1) $\dim(M(A)) = \dim(\mathrm{End}(M)) = (\dim(M))^2$, $M(A) = (\dim(M))\, M$.

(2) $\dim(A) = \sum_{M\in\mathfrak{Irr}(A)} (\dim(M))^2$.

(3) $\dim(\mathbf{Z}(A)) = |\mathfrak{Irr}(A)|$.

(4) A 的中心本原幂等元恰好构成 $\mathbf{Z}(A)$ 的一组基底.

证 若 $M \in \mathfrak{Irr}(A)$, 由 Schur 引理有 $\mathrm{End}_A(M)=\mathbb{F}$. 由命题 1.3.10(5), $x \mapsto x_M$ 是 $M(A)$ 到 A_M 的代数同构. 再由双中心化子定理得 $A_M = \mathrm{End}_{\mathrm{End}_A(M)}(M) = \mathrm{End}_{\mathbb{F}}(M) \cong \mathrm{M}_{\dim(M)}(\mathbb{F})$. (1), (2) 显然成立.

(3) 因 $M(A) \cong \mathrm{End}(M)$, 而后者的中心由数乘变换构成, 故 $\dim(\mathbf{Z}(M(A))) = \dim(\mathbf{Z}(\mathrm{End}(M))) = 1$, 从而 $\dim(\mathbf{Z}(A)) = \sum_{M\in\mathfrak{Irr}(A)} \dim(\mathbf{Z}(M(A))) = |\mathfrak{Irr}(A)|$.

(4) 结合 (3) 及命题 1.3.12 即得. □

1.3.3 群代数

我们用 $U \dotplus V$ 表示两个向量空间 U 和 V 的直和; 用 $U \oplus V$ 表示两个模 U 和 V 的直和. 域 $\mathbb{F}$ 的特征记为 $\mathrm{Char}(\mathbb{F})$, 我们知道 $\mathrm{Char}(\mathbb{F})$ 等于零或某个素数. 下面给出群代数半单的判别准则.

定理 1.3.17 (Maschke, Schur) 对于有限群 G, 以下命题等价:

(1) $\mathrm{Char}(\mathbb{F}) \nmid |G|$.

(2) 每个 $\mathbb{F}[G]$-模都完全可约.

(3) 正则模 $\mathbb{F}[G]^\circ$ 完全可约, 即群代数 $\mathbb{F}[G]$ 半单.

证 (1) ⇒ (2). 设 V 是 $\mathbb{F}[G]$-模, W 是 V 的子模. 令 U_0 为 V 的 $\mathbb{F}$-子空间使得 $V = W \dotplus U_0$. 对应于上述向量空间 V 的直和分解, 令 π 为 V 到 W 的投影映射. 定义 $\theta: V \to W$ 使得 $\theta(v) = \dfrac{1}{|G|}\sum_{g\in G}\pi(vg)g^{-1}$. 注意, 因为 $\mathbb{F}$ 的特征不整除 $|G|$, 所以 $|G| \neq 0$, 故上面的定义有意义. 容易验证 $\theta \in \mathrm{Hom}_{\mathbb{F}}(V, W)$. 进一步, 对任意 $h \in G$ 有

$$\theta(vh) = \frac{1}{|G|}\sum_{g\in G}\pi(vhg)g^{-1} = \frac{1}{|G|}\sum_{g\in G}\pi(vhg)(hg)^{-1}h = \theta(v)h,$$

因此 $\theta \in \mathrm{Hom}_{\mathbb{F}[G]}(V, W)$.

任取 $w \in W$, 易见 $\theta(w) = w$, 故 $\ker\theta \cap W = 0$. 任取 $v \in V$, 因为 $\theta(v) \in W$, 所以 $\theta^2(v) = \theta(v)$, 即 $v - \theta(v) \in \ker\theta$, 故 $V = W \dotplus \ker\theta$. 注意到 $\ker\theta$ 是 V 的 $\mathbb{F}[G]$-子模, 得 $V = W \oplus \ker\theta$, 这说明 V 完全可约.

(2) ⇒ (3). 显然.

(3) ⇒ (1). 令 $U = \{c\sum_{g\in G} g \mid c \in \mathbb{F}\}$, 易见 U 是 $\mathbb{F}[G]^\circ$ 的一维子模, 故有 $\mathbb{F}[G]^\circ$ 的子模 A 使得 $\mathbb{F}[G]^\circ = U \oplus A$. 任取 $h \in G$, 注意到 $(\sum_{g\in G} g)(1_G - h) = 0$, 得 $U(1_G - h) = 0$, 从而

$$1_G - h \in \mathbb{F}[G](1_G - h) = (U \oplus A)(1_G - h) = A(1_G - h) \subseteq A.$$

特别地, $\Delta := \{1_G - h | h \in G, h \neq 1_G\} \subseteq A$. 显然 Δ 线性无关. 因为

$$\dim(A) = \dim(\mathbb{F}[G]) - \dim(U) = |G| - 1 = |\Delta|,$$

所以 Δ 为 $\mathbb{F}$-向量空间 A 的基底, 于是

$$A = \left\{ \sum_{1 \neq h \in G} (c_h 1_G - c_h h) |\ c_h \in \mathbb{F} \right\} = \left\{ \sum_{g \in G} a_g g |\ a_g \in \mathbb{F}, \sum_{g \in G} a_g = 0 \right\}.$$

因为 $\sum_{g \in G} g \in U$, 所以 $\sum_{g \in G} 1_{\mathbb{F}} \cdot g = \sum_{g \in G} g \notin A$, 这样由上式推出 $\sum_{g \in G} 1_{\mathbb{F}} = |G| \cdot 1_{\mathbb{F}} \neq 0$, 故 $\mathrm{Char}(\mathbb{F}) \nmid |G|$, 定理成立. □

最后, 我们来讨论群代数 $\mathbb{F}[G]$ 的中心 $\mathbf{Z}(\mathbb{F}[G])$. 我们用 g^G 表示 $g \in G$ 所在的 G-共轭类 (在不致混淆的情况下, 简称为 G-类), $\sum_{x \in g^G} x$ 称为共轭类 g^G 的**类和**.

引理 1.3.18 设 $g_1, \cdots, g_k$ 为有限群 G 的共轭类代表系, 令 $K_i = \sum_{x \in g_i^G} x$, $i = 1, \cdots, k$, 则以下结论成立:

(1) 对于任意域 $\mathbb{F}$, $\{K_1, \cdots, K_k\}$ 为 $\mathbf{Z}(\mathbb{F}[G])$ 的基底.

(2) $K_i K_j$ 能唯一地表示为 $K_1, \cdots, K_k$ 的非负整系数线性组合.

证 (1) 任取 $x \in \mathbf{Z}(\mathbb{F}[G])$, 将 x 表为 $\sum_{g \in G} c_g g$, 其中 $c_g \in \mathbb{F}$. 任取 $t \in G$, 因 $t^{-1} x t = x$, 故

$$\sum_{g \in G} c_g g = t^{-1} \left(\sum_{g \in G} c_g g \right) t = \sum_{g \in G} c_g (t^{-1} g t) = \sum_{g \in G} c_g g^t,$$

即

$$\sum_{g \in G} c_{g^t} g^t = \sum_{g \in G} c_g g^t,$$

又得 $c_{g^t} = c_g$, 这表明 x 为 $K_1, \cdots, K_k$ 的 $\mathbb{F}$-线性组合. 再者, 易见 $K_1, \cdots, K_k$ 为 $\mathbf{Z}(\mathbb{F}[G])$ 中的 $\mathbb{F}$-线性无关向量组, 故为向量空间 $\mathbf{Z}(\mathbb{F}[G])$ 的一组基底.

(2) 取 $\mathbb{F}$ 为数域. 因 $K_1, \cdots, K_k$ 为 $\mathbf{Z}(\mathbb{F}[G])$ 的基底, 故 $K_i K_j = \sum_{l=1}^{k} a_{ijl} K_l$, 其中 $a_{ijl} \in \mathbb{F}$, 将该等式两边展开并考察 g_l 前系数, 得

$$|\{(x, y) | x \in g_i^G, y \in g_j^G, xy = g_l\}| = a_{ijl},$$

这说明 $a_{ijl} \in \mathbb{N}$. □

第 2 章　有限群的特征标理论基础

2.1　定　　义

本书中, 总设 G 是一个有限群 (有特别说明除外), $\mathbb{F}$ 为一个域, p 为一个素数, 向量空间都指有限维向量空间. $G^\sharp$ 表示群 G 中非单位元构成的集合, $\mathbb{F}^\sharp$ 表示域 $\mathbb{F}$ 中非零元构成的集合. 若 V 是向量空间, 则 V 中非零元集合记为 $V^\sharp$.

本节首先介绍有限群 G 上的表示、模和特征标的基本概念, 然后给出一些最基本的例子及应用.

2.1.1　基本概念

将第 1 章中的 $\mathbb{F}$-代数 A 换作群代数 $\mathbb{F}[G]$, 就得到群代数 $\mathbb{F}[G]$ 的表示、模、特征标以及相似表示、同构 $\mathbb{F}[G]$-模等诸多概念和定义. 但对有限群 G, 我们有更简明的定义.

我们用 $\mathrm{GL}(n,\mathbb{F})$ 表示 $\mathbb{F}$ 上全体 n 级可逆矩阵做成的乘法群. 对于 $\mathbb{F}$-向量空间 V, 记 V 上全体可逆线性变换做成的乘法群为 $\mathrm{GL}(V)$.

定义 2.1.1　设 G 是有限群, V 是 n 维 $\mathbb{F}$-向量空间. 若 $\mathfrak{X}$ 为 G 到 $\mathrm{GL}(V)$ 的一个群同态, 则称 $\mathfrak{X}$ 为 G 的一个 n 次 $\mathbb{F}$-表示; 此时称 V 为 $\mathbb{F}$ 上的 n 维 G-模, 也称 V 为 $\mathfrak{X}$ 的表示空间或 $\mathfrak{X}$ 导出的 (或对应的) G-模.

在定义 2.1.1 下, 若 $g \in G$, 则 $\mathfrak{X}(g) \in \mathrm{GL}(V)$, $\mathfrak{X}(g)$ 也常记为 g_V. 对 $v \in V$, 将 v 在 $\mathfrak{X}(g)$ 下的像记为 vg, 故 g 在右边作用在 V 上, 所以称 V 为**右 G-模**. 需要指出的是, v 在 $\mathfrak{X}(g)$ 下的像也可记为

$$v^{\mathfrak{X}(g)}, \quad v^{g_V} \quad 或 \quad \mathfrak{X}(g)(v).$$

在以下行文中, 若无特别说明, **模都指右模**.

定义 2.1.2　设 $\mathfrak{X}, \mathfrak{Y}$ 为 G 的两个 $\mathbb{F}$-表示, 分别导出 G-模 V 和 W, 若存在 V 到 W 的线性同构 f, 使得对任意 $g \in G$ 及任意 $v \in V$ 都有 $f(vg) = f(v)g$, 也即①, 对任意 $g \in G$ 都有

$$\mathfrak{X}(g)f = f\mathfrak{Y}(g),$$

则称 $\mathfrak{X}, \mathfrak{Y}$ 为 G 的两个相似表示, 此时也称 G-模 V 和 W 同构, 记为 $V \cong_G W$ 或 $V \cong W$.

---

① 参见 (1.2.4) 式.

定义 2.1.3　*群 G 到 $\mathrm{GL}(n,\mathbb{F})$ 的一个群同态称为 G 的一个 n 次 $\mathbb{F}$-矩阵表示. 对于 G 的两个 n 次 $\mathbb{F}$-矩阵表示 $\mathfrak{X},\mathfrak{Y}$, 若存在 $P\in \mathrm{GL}(n,\mathbb{F})$ 使得对所有 $g\in G$ 都有 $\mathfrak{X}(g)P=P\mathfrak{Y}(g)$, 则称 $\mathfrak{X},\mathfrak{Y}$ 相似.*

下面先来考察群 G 上的表示和矩阵表示之间的关系. 设 V 为 n 维 $\mathbb{F}$-向量空间, 任意取定 V 的一个基底 ϵ_V, 作映射 $\tau:\mathrm{GL}(V)\to\mathrm{GL}(n,\mathbb{F})$, 使得 $f\in\mathrm{GL}(V)$ 在 τ 下的像为 f 在基底 ϵ_V 下的矩阵. 由线性代数知识, τ 是群同构, 称之为 $\mathrm{GL}(V)$ 到 $\mathrm{GL}(n,\mathbb{F})$ 的**自然同构**或**典范同构**.

一方面, 若 $\mathfrak{X}$ 为 G 上的以 V 为表示空间的 $\mathbb{F}$-表示, 则 $\widehat{\mathfrak{X}}:=\mathfrak{X}\tau$ 为 G 到 $\mathrm{GL}(n,\mathbb{F})$ 的群同态, 即 $\widehat{\mathfrak{X}}$ 为 G 的一个 n 次 $\mathbb{F}$-矩阵表示. 另一方面, 若 $\widehat{\mathfrak{X}}$ 为 G 的一个 n 次矩阵表示, 则 $\mathfrak{X}:=\widehat{X}\tau^{-1}$ 是 G 上的以 V 为表示空间的一个 n 维 $\mathbb{F}$-表示. 容易验证: G 的两个表示相似当且仅当它们对应 (按上面的对应关系) 的矩阵表示相似. 这表明, G 的表示与它对应的矩阵表示本质上是一回事, 前者的优点是可以直接利用模来研究表示, 后者则更便于计算特征标.

定义 2.1.4　*设 V 为 $\mathbb{F}$ 上的 G-模, 对应表示 $\mathfrak{X}$, 则如下定义在 G 上的 $\mathbb{F}$-值函数 χ:*

$$\chi(g)=\mathrm{Tr}(\mathfrak{X}(g))$$

称为由 G-模 V 或表示 $\mathfrak{X}$ 提供的特征标.

下面我们来说明群代数 $\mathbb{F}[G]$ 的表示 (模、特征标) 与群 G 的 $\mathbb{F}$-表示 (模、特征标) 的一致性.

首先, 假设 V 是 $\mathbb{F}[G]$-模, $\mathfrak{X}$ 是相应的表示并提供特征标 χ. 任取 $g\in G$, 由代数 $\mathbb{F}[G]$ 上的表示定义, 有

$$\mathfrak{X}(g)\mathfrak{X}(g^{-1})=\mathfrak{X}(gg^{-1})=\mathfrak{X}(1_G)=\mathrm{id}_V,$$

所以

$$\mathfrak{X}(g)\in\mathrm{GL}(V).$$

这就说明 $\mathfrak{X}$ 限制到 G, 即 $\mathfrak{X}|_G$ 是 G 到 $\mathrm{GL}(V)$ 的群同态, 故为 G 上的一个 $\mathbb{F}$-表示, 此时 V 也成为 G-模, 且 χ 限制到 G, 记为 χ_G 或 $\chi|_G$, 即为 G 上的特征标.

反之, 假设 V 是定义 2.1.1 意义下的 G-模, $\mathfrak{X}_0$ 是相应的表示并提供特征标 χ_0, 按下面的方式将群同态 $\mathfrak{X}_0$ 线性扩充到 $\mathbb{F}[G]$ 到 $\mathrm{End}(V)$ 的映射 $\mathfrak{X}$:

$$\mathfrak{X}\left(\sum_{g\in G}c_g g\right)=\sum_{g\in G}c_g\mathfrak{X}_0(g),\tag{2.1.1}$$

容易验证 $\mathfrak{X}$ 是 $\mathbb{F}[G]$ 到 $\mathrm{End}(V)$ 的代数同态, 因此 $\mathfrak{X}$ 是 $\mathbb{F}[G]$ 上的表示, V 是 $\mathbb{F}[G]$-模, 并且

$$\mathfrak{X}|_G=\mathfrak{X}_0,\quad \chi|_G=\chi_0,$$

这里的 χ 为 $\mathfrak{X}$ 提供的 $\mathbb{F}[G]$ 上的特征标.

容易验证: $\mathbb{F}[G]$ 的两个表示 $\mathfrak{X},\mathfrak{Y}$ 相似当且仅当 G 的两个 $\mathbb{F}$-表示 $\mathfrak{X}|_G,\mathfrak{Y}|_G$ 相似; V,W 作为 $\mathbb{F}[G]$-模同构当且仅当它们作为 G-模同构. 综上可见群代数的表示 (模、特征标) 与群的表示 (模、特征标) 的一致性, 以后我们不再区分它们[①].

设 χ 是 G 上的特征标, 并将它延拓成 $\mathbb{F}[G]$ 的特征标, 且仍记为 χ, 由 (2.1.1) 式有

$$\chi\left(\sum_{g\in G}a_g g\right)=\sum_{g\in G}a_g\chi(g). \tag{2.1.2}$$

在命题 1.2.12 中, 我们已经看到, 两个 $\mathbb{F}[G]$-模同构当且仅当它们对应的表示相似, 而相似表示提供相同的特征标, 由此得到下面的事实.

命题 2.1.5 域 $\mathbb{F}$ 上的两个 G-模同构当且仅当它们对应的两个表示相似; 同构 G-模或相似表示提供相同的特征标.

假设 2.1.6 设 V 为 $\mathbb{F}[G]$-模, 即 V 为域 $\mathbb{F}$ 上的 G-模, 它对应 G 上的 $\mathbb{F}$-表示 $\mathfrak{X}$, 也对应 $\mathbb{F}$-矩阵表示 $\mathfrak{X}_0$, 再设 χ 为 V 提供的 G 上的特征标.

在假设 2.1.6 下, 我们做以下定义或说明.

(A) 若 W 是 V 的 $\mathbb{F}[G]$-子模, 则也称 W 是 V 的 **G-子模**.

对于 V 的线性子空间 U, U 是 V 的 G-子模的充分必要条件是, 对任意 $u\in U$ 及 $g\in G$ 都有 $ug\in U$. 因为 $\mathfrak{X}(g)\in \mathrm{GL}(V)$, 所以上面的条件也等价于, 对所有 $g\in G$ 都有 $Ug=U$, 也即, 对所有的 $g\in G$ 都有 $\mathfrak{X}(g)|_U\in\mathrm{GL}(U)$.

(B) 称 G-模 V 或表示 $\mathfrak{X},\mathfrak{X}_0$ 是不可约 (可约、完全可约) 的, 若它们作为 $\mathbb{F}[G]$-模或表示是不可约 (可约、完全可约) 的. 由不可约表示或不可约 G-模提供的特征标称为**不可约特征标**.

我们用 $\mathfrak{Irr}(\mathbb{F}[G])$ 表示 $\mathbb{F}$ 上不可约 G-模 (即不可约 $\mathbb{F}[G]$-模) 同构类代表系. $\mathrm{Ch}(\mathbb{F}[G])$ 和 $\mathrm{Irr}(\mathbb{F}[G])$ 分别表示 G 的所有 $\mathbb{F}$-特征标和所有不可约 $\mathbb{F}$-特征标构成的集合.

(C) 显然, 群表示 $\mathfrak{X}$ 的次数就是向量空间 V 的维数, 即 $\deg\mathfrak{X}=\dim(V)$, 这是一个通常的正整数. 注意 $\chi(1)\in\mathbb{F}$. 当 $\mathrm{Char}(\mathbb{F})=0$ 时, $\chi(1)=\dim(V)$, 并称之为特征标 χ 的 **次数或维数**.

(D) 对于 $f\in\mathrm{End}(V)$, 容易看到

$$\begin{aligned}f\in\mathrm{End}_{\mathbb{F}[G]}(V)&\Leftrightarrow f(va)=f(v)a,\ \forall v\in V,\forall a\in\mathbb{F}[G],\\&\Leftrightarrow f(vg)=f(v)g,\ \forall v\in V,\forall g\in G,\\&\Leftrightarrow \mathfrak{X}(g)f=f\mathfrak{X}(g),\ \forall g\in G,\end{aligned}$$

① 在涉及多个域时, 为避免混淆, G-模 V 应标明所涉的域, 例如, 写成域 $\mathbb{F}$ 上的 G-模 V 或 $\mathbb{F}[G]$-模 V.

因此, $\mathrm{End}_{\mathbb{F}[G]}(V)$ 也可写为 $\mathrm{End}_G(V)$. 当 V 不可约时, 由 Schur 引理 1.3.3 知道 $\mathrm{End}_G(V)$ 是一个除环. 下面给出 Schur 引理在群表示中的一个经典应用. 我们用 E 和 E_n 分别标单位矩阵和 n 级单位矩阵.

引理 2.1.7 设 $A \in \mathrm{M}_n(\mathbb{F})$, $\mathfrak{X}_0$ 为 G 上的 n 次不可约 $\mathbb{F}$-矩阵表示, 若 A 与所有 $\mathfrak{X}_0(g), g \in G$ 都交换, 且 A 有特征值 $\lambda \in \mathbb{F}$, 则 A 必是纯量矩阵 λE_n.

证 令 W 为 $\mathbb{F}$ 上全部 n 维行向量构成的向量空间, 使得 W 为表示 $\mathfrak{X}_0$ 对应的不可约 $\mathbb{F}[G]$-模, 此时对任意 $w \in W$, $g \in G$, 都有 $wg = w\mathfrak{X}_0(g)$. 定义 $\theta : W \to W$ 使得 $\theta(w) = wA$, 易见 $\theta \in \mathrm{End}(W)$; 再者, 对任意 $g \in G$, 有

$$\theta(wg) = (wg)A = w(\mathfrak{X}_0(g)A) = w(A\mathfrak{X}_0(g)) = (wA)\mathfrak{X}_0(g) = \theta(w)g,$$

所以 $\theta \in \mathrm{End}_G(W) = \mathrm{End}_{\mathbb{F}[G]}(W)$. 注意到 θ 在 W 的基底下的矩阵恰为 A, 由条件知 θ 有特征值 $\lambda \in \mathbb{F}$. 易见 $\theta - \lambda \cdot \mathrm{id}_W \in \mathrm{End}_G(W)$ 且它不可逆, 由 Schur 引理推出 $\theta - \lambda \cdot \mathrm{id}_W = 0$, 即 $\theta = \lambda \cdot \mathrm{id}_W$, 从而 $A = \lambda E_n$. □

将引理 2.1.7 改述为线性变换的语言, 即得下面的结论: 设 $\mathfrak{X}$ 为 G 的不可约 $\mathbb{F}$-表示, $f \in \mathrm{End}(V)$, 若 f 与所有 $\mathfrak{X}(g), g \in G$ 都交换, 且 f 有特征值 $\lambda \in \mathbb{F}$, 则 $f = \lambda \cdot \mathrm{id}_V$.

(E) 在假设 2.1.6 下, 表示 $\mathfrak{X}, \mathfrak{X}_0$ 的核定义为通常的群同态的核①, 故必是 G 的正规子群. 易见 $\ker \mathfrak{X} = \ker \mathfrak{X}_0$, 且

$$\ker \mathfrak{X} = \{g \in G | vg = v, \forall v \in V\}.$$

表示 $\mathfrak{X}$ 或 $\mathfrak{X}_0$ 的核也称为 G-模 V, 或 $\mathbb{F}[G]$-模 V 的核. G-模 V 的核记为 $\mathrm{Ker}_G(V)$ 或 $\mathbf{C}_G(V)$. 容易验证 (参见例 1.2.8 的证明), 当 V 和 V' 是两个同构 G-模时, $\mathrm{Ker}_G(V) = \mathrm{Ker}_G(V')$.

核等于 1 的表示或模称为**忠实表示**或**忠实模**, 由它们提供的特征标也称为**忠实特征标**.

命题 2.1.8 若 G 有忠实不可约 $\mathbb{F}$-表示, 则 $\mathbf{Z}(G)$ 循环. 特别地, 若交换群 G 有忠实不可约表示, 则 G 循环.

证 设 $\mathfrak{X}$ 为 G 的忠实不可约 $\mathbb{F}$-表示, V 为 $\mathfrak{X}$ 的表示空间. 因为 $\mathfrak{X}$ 是 G 到 $\mathrm{GL}(V)$ 的单同态, 所以 $S := \{\mathfrak{X}(z) \mid z \in \mathbf{Z}(G)\}$ 是同构于 $\mathbf{Z}(G)$ 的交换群. 任取 $v \in V$, $g \in G$, $z \in \mathbf{Z}(G)$, 因

$$v^{\mathfrak{X}(z)\mathfrak{X}(g)} = v^{\mathfrak{X}(zg)} = v^{\mathfrak{X}(gz)} = v^{\mathfrak{X}(g)\mathfrak{X}(z)},$$

有 $\mathfrak{X}(z)\mathfrak{X}(g) = \mathfrak{X}(g)\mathfrak{X}(z)$, 即 $\mathfrak{X}(z)g_V = g_V\mathfrak{X}(z)$, 得 $\mathfrak{X}(z) \in \mathrm{End}_G(V)$. 注意到 $\mathrm{End}_G(V)$ 是除环, 而除环的有限交换的乘法子群必循环, 故 S 循环, $\mathbf{Z}(G)$

① 若将 $\mathfrak{X}$ 自然地看作 $\mathbb{F}[G]$ 上的表示, 则代数同态 $\mathfrak{X}$ 的核应该定义为 $\ker \mathfrak{X} = \{a \in \mathbb{F}[G] | \mathfrak{X}(a) = 0\}$. 故这里的群同态核并不等于相应的代数同态的核.

亦然. □

(F) 在假设 2.1.6 下, 若 $\deg\mathfrak{X} = 1$, 则 $\dim(V) = \mathfrak{X}_0(1) = \chi(1) = 1$, 因此 $V, \mathfrak{X}, \mathfrak{X}_0$ 和 χ 均不可约. 此时 $\mathfrak{X}_0 = \chi$ 是 G 到 $\mathrm{GL}(1, \mathbb{F}) = \mathbb{F}^\sharp$ 的群同态, 称 χ 为 G 上的**线性特征标**. 注意, 当特征标 ψ 非线性时, ψ 不是群同态, $\psi(g_1g_2)$ 一般不等于 $\psi(g_1)\psi(g_2)$.

在假设 2.1.6 下, 若 $\mathfrak{X}_0$ 为 G 到 $\mathrm{GL}(1, \mathbb{F})$ 的平凡群同态, 即所有 G 中元素在 $\mathfrak{X}_0$ 下的像都是 1, 则 $\mathfrak{X}_0$ 称为 G 的平凡表示, $\chi(= \mathfrak{X}_0)$ 称为 G 的**主特征标**, 记为 1_G. 显然每个有限群都有这样一个维数为 1 的平凡表示或主特征标, 其对应的模称为**主模**.

(G) 设 V 是域 $\mathbb{F}$ 上的 G-模. 由模的 Jordan-Hölder 定理, V 必有合成列 $0 = V_0 < V_1 < \cdots < V_n = V$, 且 V 的两个合成列中的合成因子, 经恰当调换次序后, 可做到对应同构 (见 1.3 节说明 (L)).

将上面关于模的 Jordan-Hölder 定理翻译成矩阵表示的语言, 我们得到: 设上面的 G-模 V 对应于矩阵表示 $\mathfrak{X}_0$, 令 $\mathfrak{Y}_i$ 是对应于合成因子 V_i/V_{i-1} 的 G 的不可约 $\mathbb{F}$-表示, 则 $\mathfrak{X}_0$ 一定相似于下面形式的矩阵表示 $\mathfrak{Y}$:

$$\mathfrak{Y}(g) = \begin{pmatrix} \mathfrak{Y}_1(g) & * & \cdots & * \\ 0 & \mathfrak{Y}_2(g) & \cdots & * \\ \vdots & \vdots & & \vdots \\ 0 & 0 & \cdots & \mathfrak{Y}_n(g) \end{pmatrix}. \tag{2.1.3}$$

进一步, 若 $\mathfrak{X}_0$ 和 $\mathfrak{Y}_i$ 分别提供 G 的特征标 χ 和 χ_i, 则 χ_i 不可约, 且 $\chi = \chi_1 + \cdots + \chi_n$. 这表明, **$G$ 的任意 $\mathbb{F}$-特征标都能写成若干个 (允许重复) 不可约 $\mathbb{F}$-特征标的和**.

(H) $\mathbb{F}[G]^\circ$ 也称为 G 在域 $\mathbb{F}$ 上的正则模, 由正则模 $\mathbb{F}[G]^\circ$ 提供的特征标, 称为 G 的**正则特征标**, 记为 ρ_G. 由命题 1.3.9 及随后的说明 (L), 不可约 $\mathbb{F}[G]$-模之同构代表系集合 $\mathfrak{Irr}(\mathbb{F}[G])$ (不可约表示之相似代表系集合, 以及不可约特征标集合) 均是有限集合, 这个集合中含有的元素个数不超过 $\mathbb{F}[G]^\circ$ 的合成列长度, 从而不超过 $|G|$.

(I) 设 $N \trianglelefteq G$, 我们来考察 G 上的表示和 G/N 上的表示之间的联系.

沿用假设 2.1.6 中记号, 考察 $N \leqslant \ker\mathfrak{X}$ 的情形. 此时, 群同态 $\mathfrak{X} : G \to \mathrm{GL}(V)$ 自然地导出了群同态 $\widehat{\mathfrak{X}} : G/N \to \mathrm{GL}(V)$, 使得

$$\widehat{\mathfrak{X}}(Ng) = \mathfrak{X}(g).$$

因此 $\widehat{\mathfrak{X}}$ 为 G/N 上的一个 $\mathbb{F}$-表示, 此时 V 也成为 $\mathbb{F}[G/N]$-模, 并导出 G/N 上的特征标 $\widehat{\chi}$. 进一步, 这样对应的 G 和 G/N 上的表示 (模、特征标) 有相同的不可

约性及完全可约性. 显然, 对任意 $v \in V$, $g \in G$, 都有

$$v(Ng) = vg, \quad \widehat{\chi}(Ng) = \chi(g).$$

因此, 我们不加区别这样对应的 G 与 G/N 的表示 (模、特征标).

另一方面, 假设 $\widehat{\mathfrak{X}}$ 是商群 G/N 上的表示, 它导出 G/N-模 $\widehat{V}$ 和 G/N 上的特征标 $\widehat{\chi}$, 则

$$\widehat{\mathfrak{X}}\mathfrak{Y} : G \xrightarrow{\mathfrak{Y}} G/N \xrightarrow{\widehat{\mathfrak{X}}} \mathrm{GL}(\widehat{V})$$

为 G 到 $\mathrm{GL}(\widehat{V})$ 的群同态, 这里 $\mathfrak{Y}$ 是 G 到 G/N 的自然同态. 因此 $\widehat{\mathfrak{X}}\mathfrak{Y}$ 为 G 上的群表示, 从而 $\widehat{V}$ 成为一个 G-模, 且对于 $\widehat{\mathfrak{X}}\mathfrak{Y}$ 提供的 G 上的特征标 χ, 有

$$\chi(g) = \mathrm{Tr}((\widehat{\mathfrak{X}}\mathfrak{Y})(g)) = \mathrm{Tr}(\widehat{\mathfrak{X}}(gN)) = \widehat{\chi}(gN).$$

再者, 这样对应的 G/N 上的表示 (模、特征标) 和 G 上的表示 (模、特征标) 有相同的不可约性和完全可约性, 所以我们也不加区别它们. 综上有

(I1) $\mathfrak{Irr}(\mathbb{F}[G/N]) = \{V \in \mathfrak{Irr}(\mathbb{F}[G]) | N \leqslant \mathrm{Ker}_G(V)\} \subseteq \mathfrak{Irr}(\mathbb{F}[G])$.

(I2) 任意 (不可约) $\mathbb{F}[G]$-模 V 都可看作忠实 (不可约) $\mathbb{F}[G/\mathrm{Ker}_G(V)]$-模.

(I3) G 上的 (不可约) $\mathbb{F}$-特征标 χ 都可看作 $G/\mathrm{Ker}_G(V)$ 上的忠实 (不可约) $\mathbb{F}$-特征标, 其中 χ 由 G-模 V 提供.

命题 2.1.9 设 $\mathbb{F}$ 是代数闭域, G 为交换群. 若 $\mathfrak{X}$ 为 G 上的不可约 $\mathbb{F}$-表示, 则 $\deg\mathfrak{X} = 1$.

证 对群阶作归纳. 若 $\mathfrak{X}$ 不忠实, 即 $\ker \mathfrak{X} > 1$, 将 $\mathfrak{X}$ 看作 $G/\ker \mathfrak{X}$ 上的忠实不可约 $\mathbb{F}$-表示, 由归纳得 $\deg\mathfrak{X} = 1$. 下设 $\mathfrak{X}$ 忠实, 令 V 为 $\mathfrak{X}$ 的表示空间. 因 G 交换, 仿照命题 2.1.8 的证明易得: $\mathfrak{X}(G) \leqslant \mathrm{End}_G(V)$. 因 $\mathbb{F}$ 是代数闭域, 由 Schur 引理 1.3.3 得 $\mathrm{End}_G(V) = \mathbb{F} \cdot \mathrm{id}_V$, 故 $\mathfrak{X}(G) \subseteq \mathbb{F} \cdot \mathrm{id}_V$. 取 V 中非零元 v, 易见 $\mathbb{F} \cdot v$ 为 V 的 G-子模, 由 V 的不可约性得 $V = \mathbb{F} \cdot v$, 故 $\dim_{\mathbb{F}}(V) = 1$. □

(J) 在假设 2.1.6 下, 我们来考察 G 上的模、表示及特征标在子群 H 上的限制.

显然, $\mathfrak{X}$ 限制到 H, 记为 $\mathfrak{X}_H$ 或 $\mathfrak{X}|_H$, 一定是 H 到 $\mathrm{GL}(V)$ 的群同态, 故 $\mathfrak{X}_H$ 为子群 H 上的 $\mathbb{F}$-表示, V 为 $\mathfrak{X}_H$ 的表示空间, 故也成为 $\mathbb{F}[H]$-模. 我们把这样得到的 $\mathbb{F}[H]$-模 V 记为 V_H, 并称之为 G-模 V 在子群 H 上的**限制**. 显然, $\mathfrak{X}_H$ 提供的 H 上的特征标就是 χ 在 H 上的限制, 记为 χ_H 或 $\chi|_H$.

(K) 设 f 为定义在 G 上的函数, 若 f 在 G-共轭的元素上取值都相同, 则称 f 为 G 上的**类函数**. 我们断言 G 上的特征标都是 G 上的类函数. 事实上, 若 χ 为 G 的特征标, 并设它由矩阵表示 $\mathfrak{X}$ 提供, 任取 $g, x \in G$, 因 $\mathfrak{X}$ 是群同态, 有

$$\mathfrak{X}(g^x) = \mathfrak{X}(x^{-1})\mathfrak{X}(g)\mathfrak{X}(x) = \mathfrak{X}(x)^{-1}\mathfrak{X}(g)\mathfrak{X}(x),$$

故 $\chi(g^x) = \chi(g)$, 这表明特征标 χ 是 G 上的类函数.

(L) 设 G-模 V 提供特征标 χ, $g\in G$, 下面给出 $\chi(g)$ 的计算方法.

设 $v_1,\cdots,v_n$ 为 V 的基底, 设 $v_ig=\sum_{j=1}^{n}a_{ij}v_j$, $i=1,\cdots,n$. 考察线性变换 g_V 在基底 $v_1,\cdots,v_n$ 下的矩阵, 易见该矩阵对角线上元素为 $a_{11},\cdots,a_{nn}$, 因此

$$\chi(g)=\sum_{i=1}^{n}a_{ii},$$

我们称 a_{ii} 为 v_i 贡献给 $\chi(g)$ 的取值. 计算 $\chi(g)$ 的关键是确定每个基底元素贡献给 $\chi(g)$ 的取值.

2.1.2 例子和应用

若 M,N 都是 G 的正规子群且 $N\leqslant M$, 则称 M/N 为 G 的一个正规截断. 我们知道, G 按下面的方式共轭作用在它的正规截断 M/N 上: $(Nm)^g=Nm^g$, 这里 $g\in G$, $m\in M$. 显然,

$$N\leqslant \mathbf{C}_G(M/N)=\{g\in G|[M,g]\leqslant N\}\trianglelefteq G,$$

$$\mathbf{C}_G(M/N)/N=\mathbf{C}_{G/N}(M/N).$$

记 $\mathbb{F}_q$ 为含有 q 个元素的域, 其中 q 为某个素数 p 的方幂, 特别地, $\mathbb{F}_p$ 为 p-元域.

我们用 $\mathrm{E}(p^n)$ 表示一个 p^n 阶初等交换 p-群.

下例表明, 群的表示理论能普遍地应用到群的结构研究中.

例 2.1.10 设 $M/N\cong \mathrm{E}(p^n)$ 为 G 的正规截断, 其中 n 为正整数, 记 $V=M/N$, 我们有:

(1) V 是 $\mathbb{F}_p$ 上的 n 维向量空间.

(2) 在共轭作用下, V 成为自然的 n 维 $\mathbb{F}_p[G]$-模.

(3) $\mathbb{F}_p[G]$-模 V 的核恰是 V 在 G 中的中心化子 $\mathbf{C}_G(V)$, 即① $\mathrm{Ker}_G(V)=\mathbf{C}_G(V)$; 特别地, V 为忠实 $\mathbb{F}_p[G/\mathbf{C}_G(V)]$-模, 且 $G/\mathbf{C}_G(V)\lesssim \mathrm{GL}(n,p)$.

(4) V 是不可约 $\mathbb{F}_p[G]$-模当且仅当 V 为 G 的主因子.

(5) V 完全可约当且仅当 V 为 G/N 的若干极小正规子群的积, 这也等价于说, V 为 G/N 的若干极小正规子群的直积.

证 (1) 在 V 上定义加法 $\oplus$ 和数乘 $\odot$ 如下:

$$Ns\oplus Nt=(Ns)(Nt)=Nst,\quad k\odot Ns=(Ns)^k=Ns^k,$$

其中, $s,t\in M$, $k\odot Ns$ 中的 k 在 $\mathbb{F}_p$ 中, $(Ns)^k$ 及 Ns^k 中的 k 是非负整数 k. 因为 V 为初等交换 p-群, 易见上述加法和数乘是定义好的. 进一步, 容易验证 V 在

① 这也是我们在绝大部分环境下将 $\mathrm{Ker}_G(V)$ 直接记为 $\mathbf{C}_G(V)$ 的原因.

上述 $\oplus$ 和 $\odot$ 下构成 $\mathbb{F}_p$ 上的向量空间, 且初等交换 p-群 V 的 (最小) 生成系恰构成向量空间 V 的一个基底, 故 $\dim_{\mathbb{F}_p}(V)=n$.

(2) 任取 $x\in G$, 定义 V 上的变换 x_V 使得 $(Ns)^{x_V}=Ns^x$. 任取 $k\in\mathbb{F}_p$, 任取 $Ns,Nt\in V$, 都有

$$(k\odot Ns)^{x_V}=(Ns^k)^{x_V}=N((s^k)^x)=N((s^x)^k)=k\odot(Ns^x)=k\odot(Ns)^{x_V},$$

$$(Ns\oplus Nt)^{x_V}=(Nst)^{x_V}=N((st)^x)=(Ns^x)(Nt^x)=(Ns)^{x_V}\oplus(Nt)^{x_V},$$

所以 $x_V\in\mathrm{End}_{\mathbb{F}_p}(V)$. 又因为

$$(Ns)^{(x_V(x^{-1})_V)}=Ns^{xx^{-1}}=Ns,$$

所以 $x_V(x^{-1})_V=\mathrm{id}_V$, 故 $x_V\in\mathrm{GL}(V)$. 再者,

$$(Ns)^{(xy)_V}=N(s^{xy})=(Ns^x)^{y_V}=(Ns)^{x_Vy_V},$$

这表明 $(xy)_V=x_Vy_V$, 故 $x\mapsto x_V$ 是 G 到 $\mathrm{GL}(V)$ 的群同态, 因而 V 为 $\mathbb{F}_p[G]$-模.

(3) 任取 $g\in G$, 因为 $g\in\mathrm{Ker}_G(V)$ 的充分必要条件是, 对任意 $v\in V$ 都有 $v^{g_V}=v$ (注意, 这里 v 在 g_V 下的像不宜写成 vg, 否则将与 G 中的乘法运算混淆), 即

$$Ns^g=Ns,\quad \forall s\in M,$$

也即 $[g,M]\leqslant N$, 所以

$$\mathrm{Ker}_G(V)=\{g\in G|[g,M]\leqslant N\}=\mathbf{C}_G(M/N).$$

由上面的说明 (I), V 是忠实的 $\mathbb{F}_p[G/\mathbf{C}_G(V)]$-模. 显然 $G/\mathbf{C}_G(V)\lesssim\mathrm{GL}(V)\cong\mathrm{GL}(n,\mathbb{F}_p)=\mathrm{GL}(n,p)$.

(4) 令 $E\lhd G$ 使得 $N<E\leqslant M$. 由 (2) 知 E/N 为 V 的非零 G-子模, 这表明 V 不可约当且仅当 V 为 G 的主因子.

(5) 设 M/N 为 G/N 的若干极小正规子群 M_i/N 的乘积. 由 (4) 知 M_i/N 均为不可约的 $\mathbb{F}_p[G]$-模, 故 V 为若干不可约 $\mathbb{F}_p[G]$-模的和, 由命题 1.3.6 推出 V 完全可约.

若 V 为完全可约 G-模, 则 V 能写成若干不可约 $\mathbb{F}_p[G]$-模 V_i 的直和. 将 V_i 表为 M_i/N, 其中 $N\subsetneq M_i\subseteq M$. 因为 M_i/N 是模, 它关于模的加法封闭, 对应地 M_i/N 关于群 M/N 的乘法封闭, 所以 M_i/N 为群 V 的子群. 其次, 任取 $g\in G$, $m_i\in M_i$, 因为 V_i 为 V 的 G-子模, 所以 $Nm_i^g=(Nm_i)^{g_V}\in V_i=M_i/N$, 即 $m_i^g\in M_i$, 这说明 M_i 是 M 的 G-不变子群, 得 $M_i/N\trianglelefteq G/N$. 再者, 由 (4) 知 M_i/N 是 G 的主因子, 故 V 是 G/N 的若干极小正规子群的直积. □

我们用 $\mathbb{Z},\mathbb{Z}^+,\mathbb{N}$ 分别表示整数集合、正整数集合和自然数集合, 约定 $0\in\mathbb{N}$.

定义 2.1.11　设 $a,b,n\in\mathbb{Z}^+$, $a\geqslant 2$. 若 $a\mid(b^n-1)$, 但对小于 n 的正整数

n' 都有 $a \nmid (b^{n'}-1)$, 则称 a 为 b^n-1 的本原因子; 若素数 p 为 b^n-1 的本原因子, 则也称 p 为 b^n-1 的 Zsigmondy 素因子.

注意 b^n-1 的本原因子不仅仅依赖于 b^n-1, 事实上还依赖于 b 和 n, 例如, 3 是 8^2-1 本原因子, 但 3 不是 2^6-1 的本原因子.

定理 2.1.12 设 $\mathbb{F}=\mathbb{F}_q$, q 为素数方幂. 若交换群 $A>1$ 有一个忠实不可约的 n 维 $\mathbb{F}$-表示, 则 A 循环, 且 $|A|$ 为 q^n-1 的本原因子.

证 记该表示为 $\mathfrak{X}$, 相应的表示空间为 V. 因为 $\mathfrak{X}: A \to \mathrm{GL}(V)$ 为单同态, 所以 $A \cong \mathfrak{X}(A)$. 显然 V 也是 $\mathfrak{X}(A)$ 在域 $\mathbb{F}$ 上的 n 维忠实不可约模, 因此可不妨设 $A=\mathfrak{X}(A)$, 此时 A 是 $\mathrm{GL}(V)$ 的一个交换子群.

记 $R=\mathbb{F}[A]$, 由 A 的交换性得 R 是一个交换代数. 因为 $A \leqslant \mathrm{GL}(V) \subseteq \mathrm{End}(V)$, 所以 R 是 $\mathrm{End}(V)$ 的子代数, 再由 R 的交换性推得 $R \subseteq \mathrm{End}_R(V)$. 由 Schur 引理, $\mathrm{End}_R(V)$ 是可除代数, 故 R 必为域. 取定 $v \in V^\sharp$, 即 v 为 V 中的非零元, 易见 vR 是 V 的子模, 故 $vR=V$. 作 R 到 V 的映射 $\epsilon: r \mapsto vr$, 容易验证 ϵ 是正则 R-模 R° 到不可约 R-模 $vR=V$ 的满同态, 且 $\ker\epsilon=0$, 这说明 ϵ 是 R-模同构. 特别地,

$$|R|=|V|=q^n.$$

熟知有限域 R 的全部非零元 $R^\sharp$ 关于乘法做成 q^n-1 阶循环群, 故 A 作为 $R^\sharp$ 的乘法子群必是循环群, 且其阶 $|A|$ 整除 q^n-1.

将 $A, \mathbb{F}$ 都看作 R 的子集. 设 k 是满足 $|A| \mid (q^k-1)$ 的最小正整数, 显然 $k \leqslant n$. 因

$$q^k \equiv q^n \equiv 1 \pmod{|A|},$$

必有 $k \mid n$. 令 $\mathbb{K}$ 为 R 的含有 q^k 个元素的子域. 注意到乘法循环群 $R^\sharp$ 有唯一一个 q^k-1 阶子群, 即为 $\mathbb{K}^\sharp$, 得 $A \leqslant \mathbb{K}^\sharp$. 取定 $v \in V^\sharp$, 易见 $v\mathbb{K}$ 是 V 的一个非零 A-子模, 推出 $v\mathbb{K}=V$. 这表明 $|\mathbb{K}|=|V|$, 得 $k=n$, $|A|$ 为 q^n-1 的本原因子. □

由定理 2.1.12 和例 2.1.10 立得下面的推论, 它是有限群论中的基本结果且有广泛应用.

推论 2.1.13 设 $V \cong \mathrm{E}(p^n)$ 为 G 的主因子, 若 $G/\mathbf{C}_G(V)$ 为 $m>1$ 阶交换群, 则 $G/\mathbf{C}_G(V)$ 必循环, 且 m 为 p^n-1 的本原因子.

设群 G 按自同构作用在群 V 上, 若 V 没有非平凡的 G-不变子群, 则称 G **不可约地作用在 V 上**.

设 U, V 为两个群, 用 $U \ltimes V$ 或 $V \rtimes U$ 表示群 U 和 U-不变群 V 做成的半直积.

我们用 $\mathrm{C}(k)$ 或 $\mathbb{Z}_k$ 表示一个 k 阶循环群.

例 2.1.14　若初等交换 2-群 A 不可约且非平凡地作用在初等交换 p-群 $V \cong \mathrm{E}(p^n)$ 上, 则 $A/\mathbf{C}_A(V) \cong \mathrm{C}(2)$, $V \cong \mathrm{C}(p)$.

证　记 $G = A \ltimes V$. 因 A 不可约作用在初等交换 p-群 V 上, 故 V 为 G 的极小正规子群, 且由例 2.1.10 知, V 为不可约 $\mathbb{F}_p[G]$-模. 因为群 V 包含在 G-模 V 的核中, 所以 V 也成为不可约 $\mathbb{F}_p[G/V]$-模, 即 V 为不可约 $\mathbb{F}_p[A]$-模, 从而 V 为忠实不可约的 $\mathbb{F}_p[A/\mathbf{C}_A(V)]$-模. 因 A 非平凡作用在 V 上, 故 $A/\mathbf{C}_A(V) > 1$. 由定理 2.1.12 得 $A/\mathbf{C}_A(V) \cong \mathrm{C}(2)$, 且 2 为 $p^n - 1$ 的本原因子, 这也推出 $V \cong \mathrm{C}(p)$.　□

记 $\Phi(G)$ 和 $\mathbf{F}(G)$ 分别为 G 的 Frattini 子群和 Fitting 子群, 即 $\Phi(G)$ 为 G 的所有极大子群的交, $\mathbf{F}(G)$ 为 G 的最大正规幂零子群.

例 2.1.15　设 $N > 1$ 为 G 的正规幂零子群满足 $N \cap \Phi(G) = 1$, 我们有:

(1) N 可表为 $N = N_1 \times \cdots \times N_s$, 其中 $N_i \cong \mathrm{E}(p_i^{n_i})$ 为 G 的极小正规子群, 这里 p_i 都是素数, n_i 都是正整数.

(2) G 在 N 处分裂, 即 N 在 G 中可补, 也即存在 $H < G$ 使得 $G = H \ltimes N$.

(3) 每个 N_i 均为 n_i 维不可约 $\mathbb{F}_{p_i}[G]$-模, 也是 n_i 维不可约 $\mathbb{F}_{p_i}[H]$-模. 进一步, 每个 N_i 均为 n_i 维忠实不可约 $\mathbb{F}_{p_i}[G/\mathbf{C}_G(N_i)]$-模, 也是 n_i 维忠实不可约 $\mathbb{F}_{p_i}[H/\mathbf{C}_H(N_i)]$-模.

证　(1) 和 (2) 是群论中的基本结论. (3) 由例 2.1.10 得到.　□

很多实际问题可归结到上例环境, 我们再作两点注释.

(M) 在上例中, N 是若干不可约 G-模 N_i 的直和. 虽然这些 G-模 N_i 可能定义在不同的域上, 但为了叙述简明, 我们仍然称 N 为完全可约 G-模.

(N) 例 2.1.15 也表明, $\mathbf{F}(G)/\Phi(G)$ 为完全可约 G-模 ($G/\Phi(G)$-模, $G/\mathbf{F}(G)$-模). 进一步, 当 G 可解时, 因 $\mathbf{C}_G(\mathbf{F}(G)/\Phi(G)) = \mathbf{F}(G)$, 故 $\mathbf{F}(G)/\Phi(G)$ 是忠实完全可约 $G/\mathbf{F}(G)$-模.

例 2.1.16　设 V 是 $\mathbb{F}[G]$-模, $1 \neq x \in \mathbf{Z}(G)$, 记 $V_0 = \{v \in V | vx = v\}$, 则 V_0 为 V 的 $\mathbb{F}[G]$-子模. 又若 V 是忠实不可约 $\mathbb{F}[G]$-模, 则 $V_0 = 0$.

证　任取 $v \in V_0, g \in G$, 有 $(vg)x = v(gx) = v(xg) = (vx)g = vg$, 故 $vg \in V_0$, 因此 V_0 是 V 的 G-子模. 进一步, 若 V 是忠实不可约 $\mathbb{F}[G]$-模但 $V_0 \neq 0$, 由 V 的不可约性得 $V_0 = V$, 此时 $x \in \mathrm{Ker}_G(V)$, 与 V 的忠实性矛盾.　□

2.2　特征标的基本性质

设 $\mathbb{F}$ 为特征不整除 $|G|$ 的代数闭域, 由定理 1.3.17 知 $\mathbb{F}[G]$ 半单, 故 $\mathbb{F}[G]$ 具有定理 1.3.16 中的结构性质, 我们称此时 G 的 $\mathbb{F}$-表示为**常表示**. 本节将给出常表示的基本性质, 然后给出复数域上特征标的一些基本概念和基本性质.

2.2.1 常表示的几条基本事实

引理 2.2.1 设 $\mathbb{F}$ 为特征不整除 $|G|$ 的代数闭域, $\mathfrak{Irr}(\mathbb{F}[G])=\{M_1,\cdots,M_k\}$, 设半单代数 $\mathbb{F}[G]=\bigoplus_{i=1}^{k}M_i(\mathbb{F}[G])$, 又设 e_j 为 n_j^2 维单代数 $M_j(\mathbb{F}[G])$ 的单位元. 对于 M_i 对应的不可约矩阵表示 $\mathfrak{X}_i$ 及不可约特征标 χ_i, 有

$$\mathfrak{X}_i(e_j)=\delta_{ij}E_{n_i},\quad \chi_i(e_j)=\delta_{ij}n_i,$$

这里 δ_{ij} 为 Kronecker 符号, 即当 $i=j$ 时 $\delta_{ij}=1$, 否则 $\delta_{ij}=0$.

证 不妨设 M_i 为 $\mathbb{F}[G]^{\circ}$ 的子模. 显然 $\dim(M_i)=n_i$, 令 $\epsilon_{i1},\cdots,\epsilon_{in_i}$ 为 M_i 的基底. 注意到当 $j\neq i$ 时, $M_ie_j\subseteq M_i(\mathbb{F}[G])M_j(\mathbb{F}[G])=0$, 所以

$$(\epsilon_{i1},\cdots,\epsilon_{in_i})e_j=(\epsilon_{i1}e_j,\cdots,\epsilon_{in_i}e_j)=(\epsilon_{i1},\cdots,\epsilon_{in_i})\delta_{ij}E_{n_i}.$$

因此 $\mathfrak{X}_i(e_j)=\delta_{ij}E_{n_i}$, $\chi_i(e_j)=\mathrm{Tr}(\mathfrak{X}_i(e_j))=\delta_{ij}n_i$. □

推论 2.2.2 设 $\mathbb{F}$ 为特征不整除 $|G|$ 的代数闭域, 设 V_1,V_2 是 $\mathbb{F}[G]$-模, 分别对应表示 $\mathfrak{Y}_1,\mathfrak{Y}_2$, 并分别提供特征标 ϕ_1,ϕ_2, 则以下命题等价:

(1) V_1,V_2 是两个同构 G-模;

(2) $\mathfrak{Y}_1,\mathfrak{Y}_2$ 是两个相似表示;

(3) $\phi_1=\phi_2$.

证 我们已经知道同构 G-模对应相似表示并提供相同的特征标. 下面我们仅需证明: 若 $V_1\ncong V_2$, 则 $\phi_1\neq\phi_2$. 沿用引理 2.2.1 中记号, 由定理 1.3.16 我们可设

$$V_1\cong c_1M_1\oplus\cdots\oplus c_kM_k,\quad V_2\cong d_1M_1\oplus\cdots\oplus d_kM_k,$$

其中 c_i,d_i 为非负整数. 因 $V_1\ncong V_2$, 可不妨设 $c_1\neq d_1$. 由 2.1 节说明 (G) 有

$$\phi_1=c_1\chi_1+\cdots+c_k\chi_k,\quad \phi_2=d_1\chi_1+\cdots+d_k\chi_k.$$

由引理 2.2.1 得

$$\phi_1(e_1)=c_1\chi_1(1)\neq d_1\chi_1(1)=\phi_2(e_1),$$

因此 $\phi_1\neq\phi_2$, 即 ϕ_1,ϕ_2 为 $\mathbb{F}[G]$ 上的两个不同的特征标, 由 (2.1.2) 式, ϕ_1,ϕ_2 也是 G 上的两个不同特征标. □

由上面的事实可见, 有限群的常表示理论与特征标理论本质上是一回事.

我们用 $\mathrm{Con}(G)$ 表示 G 的共轭类集合, G 的共轭类个数 $|\mathrm{Con}(G)|$ 也记为 $k(G)$.

定理 2.2.3 (基本定理) 若 $\mathbb{F}$ 为特征不整除 $|G|$ 的代数闭域, 则以下结论成立:

(1) $|\mathfrak{Irr}(\mathbb{F}[G])|=|\mathrm{Irr}(\mathbb{F}[G])|=|\mathrm{Con}(G)|$.

(2) $|G|=\sum_{\chi\in\mathrm{Irr}(\mathbb{F}[G])}\chi(1)^2$.

(3) G 的正则特征标 $\rho_G = \sum_{\chi\in \mathrm{Irr}(\mathbb{F}[G])} \chi(1)\chi$, 且 $\rho_G(g) = \begin{cases} 0, & 若\ \ g \neq 1, \\ |G|, & 若\ \ g = 1. \end{cases}$

证 由定理 1.3.16 及引理 1.3.18 得 $|\mathfrak{Irr}(\mathbb{F}[G])| = \dim(\mathbf{Z}(\mathbb{F}[G])) = |\mathrm{Con}(G)|$. 又由推论 2.2.2 得 $|\mathfrak{Irr}(\mathbb{F}[G])| = |\mathrm{Irr}(\mathbb{F}[G])|$, (1) 成立.

下证 (2) 和 (3), 沿用引理 2.2.1 中的记号. 令 Γ 为正则模 $\mathbb{F}[G]^\circ$ 对应的矩阵表示, Γ_i 为齐次模 $M_i(\mathbb{F}[G])$ 对应的矩阵表示. 由定理 1.3.16 知, $\Gamma = \mathrm{diag}(\Gamma_1, \cdots, \Gamma_k)$, 且 Γ_i 提供的特征标恰为 $\dim(M_i)\chi_i = \chi_i(1)\chi_i$. 回忆一下, G 上的正则特征标即是由正则模或正则表示提供的特征标, 因此 G 的正则特征标 $\rho_G = \sum_{i=1}^k \chi_i(1)\cdot \chi_i = \sum_{\chi\in \mathrm{Irr}(\mathbb{F}[G])} \chi(1)\chi$. 任取 $g \in G$, 考察线性变换 $\Gamma(g)$ 在 $\mathbb{F}[G]$ 的基底 $\{x|x \in G\}$ 下的矩阵, 易得

$$\rho_G(g) = \mathrm{Tr}(\Gamma(g)) = |\{x \in G|xg = x\}|.$$

当 $g \neq 1$ 时, 显然 $\rho_G(g) = 0$; 当 $g = 1$ 时, 有 $|G| = \rho_G(1) = \sum_{\chi\in \mathrm{Irr}(\mathbb{F}[G])} \chi(1)^2$. □

设 $\mathbb{F}$ 是特征不整除 $|G|$ 的代数闭域, 由定理 2.2.3 我们可设: $\mathrm{Con}(G) = \{g_1^G, \cdots, g_k^G\}$, $\mathrm{Irr}(\mathbb{F}[G]) = \{\chi_1, \cdots, \chi_k\}$. 由此可以作一个 k 级方阵, 使得其 (i, j)-元素恰为 $\chi_i(g_j)$, 我们称该方阵为 G 的 $\mathbb{F}$-**特征标表**, 记为 $\mathrm{CT}(G)$ 或 $\mathrm{CT}_{\mathbb{F}}(G)$. 在特征标表中, 我们总是令 $\chi_1 = 1_G$, $g_1 = 1$, 这样, $\mathrm{CT}(G)$ 的第一行全是 1, 而 $\mathrm{CT}(G)$ 的第一列恰是 G 的全部不可约特征标次数 (计重数)①. 下图为 3 次对称群 S_3 的特征标表形状, 其中最上边辅助行给出了共轭类代表系, 最左边辅助列给出了 G 的全部不可约特征标.

$G = \mathrm{S}_3$	(1)	(12)	(123)
χ_1	1	1	1
χ_2	1	*	*
χ_3	2	*	*

应用定理 2.2.3(2), 易见 $\chi_1(1) = \chi_2(1) = 1$, $\chi_3(1) = 2$, 这样就给出了 S_3 的全部不可约特征标及其次数. S_3 的完整特征标表见例 2.2.15.

2.2.2 一次表示和线性特征标

本小节总设 $\mathbb{F}$ 为特征不整除 $|G|$ 的代数闭域, 且将 $\mathrm{Irr}(\mathbb{F}[G])$ 简记为 $\mathrm{Irr}(G)$. 由上面的基本定理得

$$G\text{交换} \Leftrightarrow |G| = |\mathrm{Con}(G)| \Leftrightarrow |G| = |\mathrm{Irr}(G)| \Leftrightarrow \chi(1) = 1, \forall\chi \in \mathrm{Irr}(G).$$

事实上, 由命题 2.1.9, 交换群在任意代数闭域上的不可约表示都是一次表示.

① 第一列中的不可约特征标次数通常按从小到大排列.

命题 2.2.4 设 $\mathbb{F}$ 为特征不整除 $|G|$ 的代数闭域, $\mathfrak{X}$ 为 G 上的不可约 $\mathbb{F}$-矩阵表示, 则以下命题等价:

(1) $\deg\mathfrak{X}=1$.

(2) $G/\ker\mathfrak{X}$ 循环.

(3) $G/\ker\mathfrak{X}$ 交换.

(4) $\mathfrak{X}_{G'}=1_{G'}$, 即 $\mathfrak{X}$ 限制到 G 的导群 G' 为 G' 的平凡表示.

证 (1) $\Rightarrow$ (2). 此时 $\mathfrak{X}$ 为 G 到乘法群 $\mathbb{F}^\sharp$ 的群同态, 因此 $G/\ker\mathfrak{X}$ 同构于 $\mathbb{F}^\sharp$ 的某个有限子群, 这必是一个循环群.

(2) $\Rightarrow$ (3). 显然.

(3) $\Rightarrow$ (4). 因 $G'\leqslant\ker\mathfrak{X}$, 由 2.1 节说明 (I), $\mathfrak{X}$ 可自然地看作交换群 G/G' 上的不可约表示. 因为交换群上的不可约 $\mathbb{F}$-表示均是一次表示, 所以 $\mathfrak{X}(1)=1$. 任取 $g\in G'$, 因 $G'\leqslant\ker\mathfrak{X}$, 故 $\mathfrak{X}_{G'}(g)=1=1_{G'}(g)$. 因此 $\mathfrak{X}_{G'}=1_{G'}$.

(4) $\Rightarrow$ (1). 因 $\mathfrak{X}_{G'}=1_{G'}$, 得 $\mathfrak{X}(1)=\mathfrak{X}_{G'}(1)=1_{G'}(1)=1$, 即 $\deg\mathfrak{X}=1$. □

注意一次表示和它提供的 (线性) 特征标是完全相同的. 对于线性特征标 λ, 其核定义为 λ 作为一次表示的核, 故 $\ker\lambda=\{g\in G|\,\lambda(g)=1\}$. 我们常用 $\mathrm{Lin}(G)$ 表示 G 的线性特征标集合, 因为线性特征标都不可约, 所以 $\mathrm{Lin}(G)\subseteq\mathrm{Irr}(G)$.

设 n 为正整数, 若 $\epsilon^n=1$, 但对小于 n 的正整数 n' 都有 $\epsilon^{n'}\neq1$, 则称 ϵ 为一个 n 次**本原单位根**.

推论 2.2.5 设 $\mathbb{F}$ 为特征不整除 $|G|$ 的代数闭域, 则以下结论成立:

(1) $\mathrm{Lin}(G)=\mathrm{Irr}(G/G')$, 特别地, G 恰有 $|G/G'|$ 个 $\mathbb{F}$-线性特征标.

(2) G 有忠实线性 $\mathbb{F}$-特征标当且仅当 G 是循环群.

证 (1) 将 $\mathrm{Irr}(G/G')$ 看作 $\mathrm{Irr}(G)$ 的子集. 首先, 由命题 2.2.4, G 上的线性特征标的核都包含 G', 故 $\mathrm{Lin}(G)\subseteq\mathrm{Irr}(G/G')$. 反之, 因 G/G' 交换, G/G' 的不可约 $\mathbb{F}$-特征标都线性, 这说明 $\mathrm{Irr}(G/G')\subseteq\mathrm{Lin}(G)$, 故 $\mathrm{Lin}(G)=\mathrm{Irr}(G/G')$.

(2) 若 G 有忠实线性 $\mathbb{F}$-特征标 λ, 由命题 2.2.4 得 $G=G/\ker\lambda$ 循环. 反之, 假设 $G=\langle a\rangle$ 循环. 因为 $\mathbb{F}$ 代数闭, 我们可取到并取定一个 $o(a)$ 次本原单位根 $e\in\mathbb{F}$. 显然, 由

$$\lambda(a^d)=e^d,\qquad d\in\mathbb{N}\tag{2.2.1}$$

定义了 G 到 $\mathbb{F}^\sharp$ 的群单同态 λ, 因此 λ 是 G 上的忠实线性 $\mathbb{F}$-特征标. □

下面将描写交换群的不可约特征标, 注意这些不可约特征标都是线性的, 因此也都是一次表示. 将交换群 G 写成循环群的直积 $G=\langle a_1\rangle\times\cdots\times\langle a_m\rangle$. 对于每个 i, 取定 $\mathbb{F}$ 中的一个 $o(a_i)$ 次本原单位根 e_i, 按 (2.2.1) 式定义 $\langle a_i\rangle$ 上的忠实线性特征标 λ_i 使得 $\lambda_i(a_i^d)=e_i^d$. 对于每个 $k\in\mathbb{N}$, 自然地定义 $(\lambda_i)^k$, 即 $(\lambda_i)^k(a_i^d)=(\lambda(a_i^d))^k=e_i^{dk}$, 易见 $(\lambda_i)^k$ 仍是 $\langle a_i\rangle$ 上的线性特征标.

命题2.2.6　设 $\mathbb{F}$ 为特征不整除 $|G|$ 的代数闭域, 交换群 $G=\langle a_1\rangle\times\cdots\times\langle a_m\rangle$, λ_i 及 $(\lambda_i)^k$ 同上定义, 则以下结论成立:

(1) $\mathrm{Irr}(\langle a_i\rangle)=\{(\lambda_i)^k|k=1,2,\cdots,o(a_i)\}$.

(2) $\mathrm{Irr}(G)=\{\prod_{1\leqslant i\leqslant m}(\lambda_i)^{j_i}|j_i=1,2,\cdots,o(a_i)\}$, 其中 $\prod_{1\leqslant i\leqslant m}(\lambda_i)^{j_i}$ 定义为

$$\left(\prod_{1\leqslant i\leqslant m}(\lambda_i)^{j_i}\right)\left(\prod_{1\leqslant i\leqslant m}a_i^{d_i}\right)=\prod_{1\leqslant i\leqslant m}(\lambda_i)^{j_i}(a_i^{d_i}).$$

(3) $\mathrm{Irr}(G)$ 按照下面定义的乘法做成交换群, 其单位元为 $1_G=\prod_{1\leqslant i\leqslant m}(\lambda_i)^0$,

$$\left(\prod_{1\leqslant i\leqslant m}(\lambda_i)^{j_i}\right)\left(\prod_{1\leqslant i\leqslant m}(\lambda_i)^{t_i}\right)=\prod_{1\leqslant i\leqslant m}(\lambda_i)^{j_i+t_i}.$$

(4) $\prod_{i=1}^m a_i^{d_i}\mapsto\prod_{i=1}^m\lambda_i^{d_i}$ 是 G 到 $\mathrm{Irr}(G)$ 的群同构映射, 特别地, 有 $G\cong\mathrm{Irr}(G)$.

(5) 若 $M,N\leqslant G$, 则在交换群 $\mathrm{Irr}(G)$ 中有

$$\mathrm{Irr}(G/M)\cap\mathrm{Irr}(G/N)=\mathrm{Irr}(G/MN),\quad \mathrm{Irr}(G/M)\mathrm{Irr}(G/N)=\mathrm{Irr}(G/(M\cap N)).$$

(6) 设 Δ 为 $\mathrm{Irr}(G)$ 的子群, 令 $R=\bigcap_{\lambda\in\Delta}\ker\lambda$, 则 $R\trianglelefteq G$, 且 $\Delta=\mathrm{Irr}(G/R)$.

证　我们仅证 (5) 和 (6). 注意, 由 (4) 知 $\mathrm{Irr}(G)$ 是交换群.

(5) 将 $G/M,G/N$ 和 $G/(M\cap N)$ 的特征标都自然地看作 G 的特征标, 显然 $\mathrm{Irr}(G/(M\cap N))\leqslant\mathrm{Irr}(G)$, 即 $\mathrm{Irr}(G/(M\cap N))$ 为交换群 $\mathrm{Irr}(G)$ 的子群; 类似地, $\mathrm{Irr}(G/M)\leqslant\mathrm{Irr}(G/(M\cap N))$, $\mathrm{Irr}(G/N)\leqslant\mathrm{Irr}(G/(M\cap N))$.

对于 $\lambda\in\mathrm{Irr}(G)$, 注意到

$$\begin{aligned}\lambda\in\mathrm{Irr}(G/M)\cap\mathrm{Irr}(G/N)&\Leftrightarrow\lambda\in\mathrm{Irr}(G/M),\lambda\in\mathrm{Irr}(G/N)\\&\Leftrightarrow M\leqslant\ker\lambda,N\leqslant\ker\lambda\\&\Leftrightarrow MN\leqslant\ker\lambda\\&\Leftrightarrow\lambda\in\mathrm{Irr}(G/MN),\end{aligned}$$

所以 $\mathrm{Irr}(G/M)\cap\mathrm{Irr}(G/N)=\mathrm{Irr}(G/MN)$.

注意 $\mathrm{Irr}(G/M)$ 和 $\mathrm{Irr}(G/N)$ 都是 $\mathrm{Irr}(G/(M\cap N))$ 的子群, 再计算群阶得

$$\begin{aligned}|\mathrm{Irr}(G/M)\mathrm{Irr}(G/N)|&=|\mathrm{Irr}(G/M)||\mathrm{Irr}(G/N)|/|\mathrm{Irr}(G/MN)|\\&=|G/M||G/N|/|G/MN|\\&=|G/(M\cap N)|=|\mathrm{Irr}(G/(M\cap N))|,\end{aligned}$$

因此 $\mathrm{Irr}(G/M)\mathrm{Irr}(G/N)=\mathrm{Irr}(G/(M\cap N))$.

(6) 显然 $R\trianglelefteq G$, 下证 $\Delta=\mathrm{Irr}(G/R)$. 一方面, 任取 $\lambda\in\Delta$, 显然 $R\leqslant\ker\lambda$,

这表明 $\lambda \in \mathrm{Irr}(G/R)$, 故 $\Delta \leqslant \mathrm{Irr}(G/R)$. 另一方面, 对于每个 $\lambda \in \Delta$, 由命题 2.2.4 知 $G/\ker\lambda$ 循环, 且由结论 (4) 有 $G/\ker\lambda \cong \mathrm{Irr}(G/\ker\lambda)$. 进一步, 由结论 (1) 易见 λ 为循环群 $\mathrm{Irr}(G/\ker\lambda)$ 的生成元. 又因为 Δ 是群, 所以 λ 的方幂都在 Δ 中, 即 $\mathrm{Irr}(G/\ker\lambda) \leqslant \Delta$. 这说明

$$\prod_{\lambda\in\Delta} \mathrm{Irr}(G/\ker\lambda) \leqslant \Delta.$$

由 (5) 有

$$\prod_{\lambda\in\Delta} \mathrm{Irr}(G/\ker\lambda) = \mathrm{Irr}\left(G\Big/\left(\bigcap_{\lambda\in\Delta}\ker\lambda\right)\right) = \mathrm{Irr}(G/R),$$

故 $\mathrm{Irr}(G/R) \leqslant \Delta$. 综上得 $\Delta = \mathrm{Irr}(G/R)$. □

当 G 交换时, 常将 $\mathrm{Irr}(G)$ 称为 G 的**对偶群**. 对于一般的有限群 G, 有 $\{1_G\} \subseteq \mathrm{Lin}(G) = \mathrm{Irr}(G/G')(\cong G/G') \subseteq \mathrm{Irr}(G)$.

下面将说明: 从 G 的任意特征标出发, 都能构造出 G 的一个线性特征标. 设 χ 为 G 的一个 $\mathbb{F}$-特征标, $\mathfrak{X}$ 为相应的矩阵表示, 显然

$$\det(\mathfrak{X}) : g \mapsto \det(\mathfrak{X}(g)), \qquad g \in G$$

是 G 的一个一次表示, 从而也是 G 的一个一次特征标. 因为 $\mathbb{F}$ 是特征不整除 $|G|$ 的代数闭域 (本小节之假设), 特征标和它对应的表示相似类相互唯一确定, 故我们可记

$$\det(\mathfrak{X}) = \det(\chi),$$

称之为 χ 的**行列式特征标**. 由命题 2.2.6, $\det(\chi)$ 是交换群 $\mathrm{Irr}(G/G')$ 中的元素, 将 $\det(\chi)$ 的阶记为 $o(\chi)$. 显然 $o(\chi) = |G/\ker(\det(\chi))|$, 因此 $o(\chi) \mid |G/G'|$. 需要注意的是, $\ker(\det(\mathfrak{X}))$ 一般不等于 $\ker\mathfrak{X}$.

2.2.3 若干说明

我们用 $\mathbb{Q}, \mathbb{R}, \mathbb{C}$ 分别表示有理数域、实数域和复数域.

设 $G = \langle a\rangle$ 为 3 阶循环群. 由命题 2.2.6 确定了 G 的三个互不相似的一次 (不可约) $\mathbb{C}$-表示. 下面考察 G 在 $\mathbb{F}$ 上的表示, 这里 $\mathbb{F}$ 取为理数域 $\mathbb{Q}$ 或二元域 $\mathbb{F}_2$. 容易验证

$$\mathfrak{X} : a^d \mapsto A^d, \quad 其中\ A = \begin{pmatrix} -1 & 1 \\ -1 & 0 \end{pmatrix}$$

为 G 到 $\mathrm{GL}(2, \mathbb{F})$ 的群同态, 故 $\mathfrak{X}$ 为 G 的一个 2 次 $\mathbb{F}$-表示. 易验证 A 在 $\mathbb{F}$ 中没有特征值, 故 A 不能对角化, 这也表明 $\mathfrak{X}$ 不能相似于两个一次表示的直和. 注意到 $\mathrm{Char}(\mathbb{F}) \nmid |G|$, 由定理 1.3.17 得 $\mathbb{F}[G]$ 半单, 这说明 $\mathfrak{X}$ 必是 $\mathbb{F}[G]$ 的不可约表示.

考察 $\dim(\mathbb{F}[G])$ 并结合定理 1.3.11, 我们看到 $\mathfrak{X}$ 及 G 的主 $\mathbb{F}$-表示 1_G 恰为 G 的不可约 $\mathbb{F}$-表示相似代表系.

上例表明, 即使域 $\mathbb{F},\mathbb{K}$ 的特征都不整除群 G 的阶, 即在 $\mathbb{F}[G]$ 和 $\mathbb{K}[G]$ 都半单的情形下, G 的 $\mathbb{F}$-表示与 G 的 $\mathbb{K}$-表示还有很大不同. 我们指出, 不论 $\mathrm{Char}(\mathbb{F})$ 为零还是素数, 研究 G 的 $\mathbb{F}$-表示很多时候可归结到研究 G 在 $\mathbb{F}$ 的代数闭扩域上的表示, 见 3.7 节.

若 $\mathbb{F},\mathbb{K}$ 都是特征不整除 $|G|$ 的代数闭域, 则 G 的 $\mathbb{F}$-表示和 $\mathbb{K}$-表示就没有本质的区别了, 因此, 要研究有限群的常表示①, 我们仅需研究有限群的 $\mathbb{C}$-表示. 我们不加证明地给出下面的定理, 参见 [7, 第 5 章, 定理 12.11].

定理 2.2.7 设 G 为有限群, $\mathbb{F},\mathbb{K}$ 为两个特征不整除 $|G|$ 的代数闭域, 则存在双射 $f:\mathfrak{Irr}(\mathbb{F}[G])\to\mathfrak{Irr}(\mathbb{K}[G])$, 使得对任意 $V\in\mathfrak{Irr}(\mathbb{F}[G])$ 都有 $\dim_{\mathbb{F}}(V)=\dim_{\mathbb{K}}(f(V))$.

在本章余下部分, **若无特别说明, 总在复数域上讨论**. 将 $\mathfrak{Irr}(\mathbb{C}[G])$, $\mathrm{Irr}(\mathbb{C}[G])$ 及 $\mathrm{Ch}(\mathbb{C}[G])$ 分别简记为 $\mathfrak{Irr}(G)$, $\mathrm{Irr}(G)$ 及 $\mathrm{Ch}(G)$. 记 $\mathrm{Irr}^\sharp(G)=\mathrm{Irr}(G)\setminus\{1_G\}$.

2.2.4 代数整数、类函数与特征标值

首项系数为 1 的整系数多项式的根称为**代数整数**. 例如, 通常的 (有理) 整数是代数整数, $\sqrt{2}$ 和 $\sqrt{-1}$ 也是代数整数. 注意, 当一个代数整数还是有理数时, 由多项式理论容易证明, 它必是通常的 (有理) 整数.

引理 2.2.8 设 $\mathbb{Z}\subseteq S\subseteq\mathbb{C}$, 若 S 既是环又是有限生成 $\mathbb{Z}$-模, 则 S 中的元都是代数整数. 特别地, 代数整数的和、差、积仍是代数整数.

证 令 $Y=\{y_1,\cdots,y_n\}$ 为有限生成 $\mathbb{Z}$-模 S 的一个生成系. 因为 $\mathbb{Z}$ 交换, S 可自然地看作左 $\mathbb{Z}$-模. 任取 $s\in S$, 将 sy_i 表为 $\sum_{j=1}^n a_{ij}y_j$, 其中 $a_{ij}\in\mathbb{Z}$. 令 v 为行向量 $(y_1,\cdots,y_n)$ 的转置, 记 $A=(a_{ij})_{n\times n}$, 则 $sv=Av$. 因此 s 是首项系数为 1 的整系数多项式 $\det(xE_n-A)$ 的根, 故 s 是代数整数, 引理前半部分成立.

设 α_1,α_2 是两个代数整数, 则有 n_i-1 次整系数多项式 $f_i(x)$ 使得 $\alpha_i^{n_i}=f_i(\alpha_i)$, $i=1,2$. 令 $Y=\{\alpha_1^{r_1}\alpha_2^{r_2}\mid r_i=0,\cdots,n_i-1,i=1,2\}$, 令 S 为 Y 中元素的所有 $\mathbb{Z}$-线性组合构成的集合. 易验证 S 关于减法、乘法封闭, 故 S 是 $\mathbb{C}$ 的子环. 显然 $\mathbb{Z}\subseteq S\subseteq\mathbb{C}$, 且 S 是由 Y 有限生成的 $\mathbb{Z}$-模. 注意到 α_1 与 α_2 的和、差以及积都在 S 中, 再由该引理前半部分结论知它们都是代数整数. □

设 $\mathfrak{X}$ 为 G 的一个不可约矩阵表示, 任取 $z\in\mathbf{Z}(\mathbb{C}[G])$, 由引理 2.1.7 知 $\mathfrak{X}(z)$ 为纯量矩阵, 故

$$\mathfrak{X}(z)=\omega_{\mathfrak{X}}(z)E,\tag{2.2.2}$$

① 在特征不整除群阶的不同域上做群表示 (不要求代数闭域), 在表示的理论层面区别也不大, 因此有些书上称特征不整除群阶的域上的表示为常表示.

这里 E 是单位矩阵, $\omega_{\mathfrak{X}}(z)\in\mathbb{C}$ 且被 $\mathfrak{X}$ 和 z 唯一确定. 因为 $\mathfrak{X}$ 是代数同态, 易见

$$\omega_{\mathfrak{X}}: z\mapsto \omega_{\mathfrak{X}}(z) \tag{2.2.3}$$

为 $\mathbf{Z}(\mathbb{C}[G])$ 到 $\mathbb{C}$ 的一个代数同态. 如果 $\mathfrak{X},\mathfrak{Y}$ 是提供了同一个不可约特征标 χ 的 G 的两个表示, 那么 $\mathfrak{X},\mathfrak{Y}$ 是 G 的两个相似的不可约表示 (推论 2.2.2). 因此对于 $z\in\mathbf{Z}(\mathbb{C}[G])$, 纯量矩阵 $\mathfrak{X}(z)$ 与纯量矩阵 $\mathfrak{Y}(z)$ 相似, 从而两者必相等, 得 $\omega_{\mathfrak{X}}=\omega_{\mathfrak{Y}}$. 这表明 $\omega_{\mathfrak{X}}$ 被 $\mathfrak{X}$ 所提供的不可约特征标 χ 唯一决定, 下面将 $\omega_{\mathfrak{X}}$ 改写为 ω_{χ}.

由前面的知识, 我们可做以下假设, 且在本节的余下部分, **总保持该假设中的记号**.

假设 2.2.9 设 G 为有限群,

(1) $\mathrm{Con}(G)=\{g_1^G,\cdots,g_k^G\}$, $K_i=\sum_{x\in g_i^G}x$, $\{K_1,\cdots,K_k\}$ 为 $\mathbf{Z}(\mathbb{C}[G])$ 的基底.

(2) $\mathfrak{Irr}(G)=\{M_1,\cdots,M_k\}$, $\mathrm{Irr}(G)=\{\chi_1,\cdots,\chi_k\}$, 其中 M_i 对应不可约表示 $\mathfrak{X}_i$ 并提供不可约特征标 χ_i.

(3) $1=e_1+\cdots+e_t$, 其中 e_i 为单代数 $M_i(\mathbb{C}[G])$ 的单位元, 且 $\{e_1,\cdots,e_k\}$ 恰为 $\mathbb{C}[G]$ 的全部中心本原幂等元.

对于正整数 n, 我们用 U_n 表示 n 次单位根的集合, 用 $\mathbb{Q}_n$ 表示**多项式 x^n-1 的分裂域**, 即为 $\mathbb{Q}$ 上添加了一个 n 次本原单位根 ε 后得到的扩域 $\mathbb{Q}(\varepsilon)$, 显然 $\mathbb{Q}_n$ 与 n 次本原单位根 ε 的选取无关.

若特征标 χ 的取值都在集合 $\mathbb{K}$ 中, 则称 χ 为 $\mathbb{K}$-(值) 特征标.

若 A,B 是两个矩阵, 符号 $A\sim B$ 表示矩阵 A 和 B 相似.

我们用 $\exp(G)$ 表示群 G 的方次数, 即 G 中所有元素阶的最小公倍数.

定理 2.2.10 (基本定理) 设 $\mathfrak{X}$ 为 G 的 n 次矩阵表示并提供特征标 χ, g 为 G 中的 t 阶元, 则以下结论成立:

(1) $\mathfrak{X}(g)\sim\mathrm{diag}(\epsilon_1,\cdots,\epsilon_n)$, $\epsilon_i\in\mathrm{U}_t$; 特别地, $\chi(g)$ 为代数整数, χ 是 $\mathbb{Q}_m$-值特征标, 这里 $m=\exp(G)$.

(2) $\chi(g^{-1})=\overline{\chi(g)}$, 这里 $\overline{a}$ 表示复数 a 的复共轭.

(3) χ 是 G 上的类函数.

(4) $|\chi(g)|\leqslant\chi(1)$, 这里 $|\chi(g)|$ 表示复数 $\chi(g)$ 的模长. 进一步,

$$|\chi(g)|=\chi(1)\Leftrightarrow\mathfrak{X}(g)=\epsilon E_n;\quad \chi(g)=\chi(1)\Leftrightarrow\mathfrak{X}(g)=E_n,$$

其中 E_n 为 n 级单位矩阵, $\epsilon\in\mathrm{U}_t$.

(5) 若 χ 不可约, 记 K 为类和 $\sum_{x\in g^G}x$, 则 $\omega_\chi(K)=\dfrac{\chi(g)|g^G|}{\chi(1)}$ 且为代数整数.

证 (1) 因为 $\mathfrak{X}$ 是群同态, 所以 $(\mathfrak{X}(g))^t=\mathfrak{X}(g^t)=\mathfrak{X}(1)$ 为 n 级单位矩阵 E_n.

由线性代数知识知 $\mathfrak{X}(g) \sim \mathrm{diag}(\epsilon_1, \cdots, \epsilon_n)$, 其中 $\epsilon_i \in \mathrm{U}_t$. 特别地, 由引理 2.2.8 知 $\chi(g) = \sum_{i=1}^n \epsilon_i$ 是代数整数. 显然 $\chi(g) \in \mathbb{Q}_t \subseteq \mathbb{Q}_m$, 故 χ 为 $\mathbb{Q}_m$-值特征标.

(2) 因为 $E_n = \mathfrak{X}(1) = \mathfrak{X}(gg^{-1}) = \mathfrak{X}(g)\mathfrak{X}(g^{-1})$ 且 $\mathfrak{X}(g) \sim \mathrm{diag}(\epsilon_1, \cdots, \epsilon_n)$, 所以 $\mathfrak{X}(g^{-1}) \sim \mathrm{diag}(\epsilon_1^{-1}, \cdots, \epsilon_n^{-1})$, 故 $\chi(g^{-1}) = \mathrm{Tr}(\mathfrak{X}(g^{-1})) = \sum \epsilon_i^{-1} = \sum \overline{\epsilon_i} = \overline{\chi(g)}$.

(3) 见 2.1 节说明 (K).

(4) 因 $\mathfrak{X}(g) \sim \mathrm{diag}(\epsilon_1, \cdots, \epsilon_n)$, 故 $|\chi(g)| = |\sum \epsilon_i| \leqslant \sum |\epsilon_i| \leqslant n$, 结论成立.

(5) 注意 $K \in \mathbf{Z}(\mathbb{C}[G])$. 由 (2.2.2) 式有 $\sum_{x\in g^G} \mathfrak{X}(x) = \mathfrak{X}(K) = \omega_\chi(K)E_n$, 得

$$|g^G|\chi(g) = \mathrm{Tr}\left(\sum_{x\in g^G} \mathfrak{X}(x)\right) = \mathrm{Tr}(\omega_\chi(K)E_n) = \chi(1)\omega_\chi(K),$$

即 $\omega_\chi(K) = \chi(g)|g^G|/\chi(1)$. 由引理 1.3.18, $K_iK_j = \sum_{v=1}^k a_{ijv}K_v$, 其中 $a_{ijv} \in \mathbb{N}$. 因为 ω_χ 为 $\mathbf{Z}(\mathbb{C}[G])$ 到 $\mathbb{C}$ 的代数同态, 所以

$$\omega_\chi(K_i)\omega_\chi(K_j) = \omega_\chi(K_iK_j) = \sum_{v=1}^k a_{ijv}\omega_\chi(K_v). \tag{2.2.4}$$

令 S 为 $\omega_\chi(K_1), \cdots, \omega_\chi(K_k)$ 的所有 $\mathbb{Z}$-线性组合构成的集合, 即 S 是由 $\omega_\chi(K_1), \cdots, \omega_\chi(K_k)$ 有限生成的 $\mathbb{Z}$-模, 由 (2.2.4) 式知 S 为 $\mathbb{C}$ 的子环; 再者, 取 $K_1 = 1$, 则 $\omega_\chi(1) = 1$, 这说明 $\mathbb{Z} \subseteq S$. 由引理 2.2.8, S 中元素均为代数整数, 故 $\omega_\chi(K)$ 是代数整数. □

2.2.5 正交关系

引理 2.2.11 $e_i = \dfrac{1}{|G|}\sum_{g\in G} \chi_i(1)\chi_i(g^{-1})g$, 且 $\omega_{\chi_j}(e_i) = \delta_{ij}$, 这里 δ_{ij} 为 Kronecker 符号.

证 因为 G 构成了复群代数 $\mathbb{C}[G]$ 的基底, e_i 可表为 $\sum_{g\in G} a_g g$, 其中 $a_g \in \mathbb{C}$. 任取 $t \in G$, 考察 $\mathbb{C}[G]$ 的正则特征标 ρ, 由定理 2.2.3(3) 及 (2.1.2) 式得

$$\sum_{j=1}^k \chi_j(1)\chi_j(e_it^{-1}) = \rho(e_it^{-1}) = \rho\left(\sum_{g\in G} a_g gt^{-1}\right) = \sum_{g\in G} a_g\rho(gt^{-1}) = a_t|G|.$$

再由引理 2.2.1 有

$$\mathfrak{X}_j(e_it^{-1}) = \mathfrak{X}_j(e_i)\mathfrak{X}_j(t^{-1}) = \delta_{ij}\mathfrak{X}_j(t^{-1}). \tag{2.2.5}$$

所以

$$a_t = \frac{\chi_i(1)\chi_i(t^{-1})}{|G|},$$

从而

$$e_i=\sum_{g\in G}a_g g=\frac{1}{|G|}\sum_{g\in G}\chi_i(1)\chi_i(g^{-1})g.$$

在 (2.2.5) 式中取 $t=1$ 得 $\mathfrak{X}_j(e_i)=\delta_{ij}\mathfrak{X}_j(1)$, 从而由 (2.2.2) 式得 $\omega_{\chi_j}(e_i)=\delta_{ij}$. □

定理 2.2.12 (正交关系) 若 $h\in G$, 则

$$\frac{1}{|G|}\sum_{g\in G}\chi_i(gh)\chi_j(g^{-1})=\delta_{ij}\frac{\chi_i(h)}{\chi_j(1)}.\tag{2.2.6}$$

特别地,

$$\frac{1}{|G|}\sum_{g\in G}\chi_i(g)\chi_j(g^{-1})=\delta_{ij},\tag{2.2.7}$$

$$\sum_{\chi\in\mathrm{Irr}(G)}\chi(g_i)\chi(g_j^{-1})=\delta_{ij}|\mathbf{C}_G(g_i)|.\tag{2.2.8}$$

证 将 e_i,e_j 用引理 2.2.11 中的表达式代入等式 $e_ie_j=\delta_{ij}e_i$, 对于任意取定的 $h\in G$, 比较该等式两边 h 前的系数有

$$\frac{\chi_i(1)\chi_j(1)}{|G|^2}\sum_{g\in G}\chi_i(gh^{-1})\chi_j(g^{-1})=\frac{\delta_{ij}}{|G|}\chi_i(1)\chi_i(h^{-1}),$$

即

$$\frac{1}{|G|}\sum_{g\in G}\chi_i(gh^{-1})\chi_j(g^{-1})=\frac{\delta_{ij}\chi_i(h^{-1})}{\chi_j(1)},$$

在上式中将 h^{-1} 替换成 h 即得 (2.2.6) 式. 特别地, 在 (2.2.6) 式中取 $h=1$ 即得 (2.2.7) 式. 下证 (2.2.8) 式, 因 $G=g_1^G\cup\cdots\cup g_k^G$, (2.2.7) 式可以改写为

$$\sum_{\alpha=1}^{k}\frac{|g_\alpha^G|}{|G|}\chi_i(g_\alpha)\overline{\chi_j(g_\alpha)}=\delta_{ij}.\tag{2.2.9}$$

令 $H=|G|^{-1}\operatorname{diag}(|g_1^G|,\cdots,|g_k^G|)$, $B=\mathrm{CT}(G)$ 为 G 的特征标表 (为 k 级方阵), 则 (2.2.9) 式可表为 $BH\overline{B^{\mathrm{T}}}=E_k$, 即① $(H\overline{B^{\mathrm{T}}})B=E_k$, 其中 B^{T} 表示矩阵 B 的转置, $\overline{B^{\mathrm{T}}}$ 表示矩阵 B^{T} 的复共轭. 将等式 $(H\overline{B^{\mathrm{T}}})B=E_k$ 展开并注意到 $|\mathbf{C}_G(g_i)|=|G|/|g_i^G|$, 即得 (2.2.8) 式. □

(2.2.6), (2.2.7) 及 (2.2.8) 三式分别称为特征标的**广义正交关系**、**第一正交关系**和**第二正交关系**.

---

① 这表明特征标表 CT(G) 是可逆矩阵.

若 $\chi \in \mathrm{Irr}^\sharp(G)$, 即 χ 为 G 的非主不可约特征标, 由第一正交关系得

$$\sum_{g\in G}\chi(g)=\sum_{g\in G}\chi(g)1_G(g^{-1})=0. \tag{2.2.10}$$

类似地, 对 $g\in G^\sharp$, 即 g 为 G 中的非单位元, 由第二正交关系 (或定理 2.2.3(3)) 得

$$\sum_{\chi\in\mathrm{Irr}(G)}\chi(1)\chi(g)=0. \tag{2.2.11}$$

在 (2.2.7) 式中取 $\chi_i=\chi_j=\chi$, 在 (2.2.8) 中取 $g_i=g_j=g$, 我们分别得到

$$\sum_{g\in G}|\chi(g)|^2=|G|, \tag{2.2.12}$$

$$\sum_{\chi\in\mathrm{Irr}(G)}|\chi(g)|^2=|\mathbf{C}_G(g)|. \tag{2.2.13}$$

描写特征标正交关系的式子 (2.2.7)–(2.2.13) 在特征标理论中有广泛应用, 读者应熟记之. 下面的命题用纯群论方法证明有点麻烦, 但它却是 (2.2.13) 式的直接推论.

推论 2.2.13 设 $N\trianglelefteq G$, $g\in G$, 并记 $\overline{G}=G/N$, 则 $|\mathbf{C}_{\overline{G}}(\overline{g})|\leqslant|\mathbf{C}_G(g)|$.

证 在 G 和 $\overline{G}$ 中分别应用 (2.2.13) 式得

$$|\mathbf{C}_G(g)|=\sum_{\chi\in\mathrm{Irr}(G)}|\chi(g)|^2,$$

$$|\mathbf{C}_{\overline{G}}(\overline{g})|=\sum_{\chi\in\mathrm{Irr}(\overline{G})}|\chi(\overline{g})|^2=\sum_{\chi\in\mathrm{Irr}(G/N)}|\chi(g)|^2,$$

因为 $\mathrm{Irr}(G/N)$ 是 $\mathrm{Irr}(G)$ 的子集, 结论成立. □

下面介绍 G 上的类函数空间及其基本性质, 并由此解释“正交关系”的含义.

显然 G 上全体复值类函数在通常的加法及数乘运算下构成一个 $\mathbb{C}$-向量空间, 记之为 $\mathrm{CF}(G)$. 对任意 $\mu,\nu\in\mathrm{CF}(G)$, 定义它们的内积

$$[\mu,\nu]=\frac{1}{|G|}\sum_{g\in G}\mu(g)\overline{\nu(g)}.$$

容易验证 $[-,-]$ 满足内积定义, 即

$$[\mu,\nu]=\overline{[\nu,\mu]};$$

$$[\mu,\mu]\geqslant 0,\ [\mu,\mu]=0\Leftrightarrow\mu=0;$$

$$[c_1\mu_1+c_2\mu_2,\nu]=c_1[\mu_1,\nu]+c_2[\mu_2,\nu],\quad [\mu,c_1\nu_1+c_2\nu_2]=\overline{c_1}[\mu,\nu_1]+\overline{c_2}[\mu,\nu_2].$$

因此 $\mathrm{CF}(G)$ 构成酉空间. 现在第一正交关系可以表示为

$$[\chi_i,\chi_j]=\delta_{ij}. \tag{2.2.14}$$

有时为了强调或特别标识 $[\mu,\nu]$ 是 G 上两个类函数的内积, 可将它记为 $[\mu,\nu]_G$.

推论 2.2.14 Irr(G) 构成类函数空间 CF(G) 的标准正交基. 特别地, G 上任一类函数 ϕ 都能唯一地表示为 $\phi = \sum_{i=1}^{k} c_i\chi_i$, 其中 $c_i = [\phi, \chi_i] \in \mathbb{C}$.

证 令 δ_i 为 G 上复值类函数使得 $\delta_i(g_j) = \delta_{ij}$, 显然 $\delta_i, \cdots, \delta_k$ 构成 CF(G) 的一个基底, 特别地,

$$\dim(\mathrm{CF}(G)) = k = |\mathrm{Con}(G)| = |\mathrm{Irr}(G)|.$$

由第一正交关系, 即 (2.2.14) 式, 得 $\mathrm{Irr}(G) = \{\chi_1, \cdots, \chi_k\}$ 构成类函数空间 CF(G) 的标准正交基. □

上面的推论解释了第一正交关系的含义, 其对偶形式 (这里的"对偶性"参见定理 2.2.12 最后一段证明) 即为第二正交关系. 第一正交关系也称为特征标 (表) 的行正交关系, 第二正交关系也称为特征标 (表) 的列正交关系.

例 2.2.15 求 6 阶非交换群 G 的特征标表.

解 非交换群 G 必有非线性不可约特征标, 结合定理 2.2.3(2) 易见 G 恰有三个不可约特征标 $1_G, \lambda, \chi$, 它们的次数分别为 $1, 1, 2$. 由推论 2.2.5, $|G/G'| = 2$ 且 $\mathrm{Irr}(G/G') = \{1_G, \lambda\}$. 因 $|\mathrm{Con}(G)| = |\mathrm{Irr}(G)|$, 所以 $\mathrm{Con}(G) = \{1, a^G, b^G\}$. 注意到 $1 < G' < G$, 我们可设 $a \in G'$, $b \in G \setminus G'$. 下面分别计算 $1_G, \lambda$ 和 χ 的取值.

显然 $1_G(a) = 1_G(b) = 1_G(1) = 1$.

因为 $G' \leqslant \ker\lambda$, 所以 $\lambda(a) = \lambda(1) = 1$. 在 $\overline{G} := G/G'$ 中应用第一正交关系得

$$0 = |\overline{G}|[1_G, \lambda]_{\overline{G}} = \sum_{\overline{g}\in\overline{G}} \lambda(\overline{g}) = \lambda(\overline{1}) + \lambda(\overline{b}) = \lambda(1) + \lambda(b) = 1 + \lambda(b),$$

故 $\lambda(b) = -1$.

对于不共轭的两个元素 $1, b$, 由第二正交关系得 $0 = \sum_{\mu\in\mathrm{Irr}(G)} \mu(b)\mu(1) = 1 + (-1) + \chi(b)\chi(1)$, 推出 $\chi(b) = 0$. 同样, 对 $1, a$ 应用第二正交关系得 $\chi(a) = -1$. 故 G 有如下的特征标表

G	1	a	b
1_G	1	1	1
λ	1	1	-1
χ	2	-1	0

□

回忆一下, 我们用 Ch(G) 表示 G 的特征标集合, 而 G 的每个特征标都能表示成若干不可约特征标的和 (见 2.1 节说明 (G)). 注意到特征标的和仍是特征标, 事实上, 若特征标 χ_1, χ_2 分别由 G-模 V_1, V_2 提供, 则 G-模 $V_1 \bigoplus V_2$ 提供特征标

$\chi_1+\chi_2$, 见上章 (1.3.3) 式. 因此

$$\mathrm{Ch}(G)=\left\{\sum_{\chi\in\mathrm{Irr}(G)}c_\chi\chi\,\middle|\,c_\chi\in\mathbb{N},\text{且}\,c_\chi\,\text{不全为零}\right\}.$$

由此并结合第一正交关系, 容易得到下面的事实.

推论 2.2.16 设 $\psi\in\mathrm{Ch}(G)$, 则 $\psi=\sum_{\chi\in\mathrm{Irr}(G)}a_\chi\chi$, 其中 $a_\chi=[\psi,\chi]\in\mathbb{N}$, 且这些 a_χ 不全为零; 进一步, $\psi\in\mathrm{Irr}(G)$ 的充要条件是 $[\psi,\psi]=1$.

推论 2.2.16 中的非负整数 a_χ, 称为 χ 在 ψ 中出现的**重数**. 若 $a_\chi\neq 0$, 也即 $a_\chi\in\mathbb{Z}^+$, 则称 χ 为 ψ 的一个**不可约成分**. 我们用 $\mathrm{Irr}(\psi)$ 表示 ψ 中的不可约成分集合, 即 $\mathrm{Irr}(\psi)=\{\chi\in\mathrm{Irr}(G)|[\psi,\chi]\neq 0\}$.

对于 G 上的两个复值类函数 μ,ν, 我们仅有 $[\mu,\nu]=\overline{[\nu,\mu]}$. 但两个不可约特征标的内积只能等于 0 或 1, 由此推出: 若 χ,ψ 都是 $\mathrm{Irr}(G)$ 的 $\mathbb{R}$-线性组合 (特别地, 若 χ,ψ 都是 G 上的特征标), 则 $[\chi,\psi]=[\psi,\chi]$.

我们强调一下, 两个特征标的内积只能是非负整数, 故它们的内积不为零即是说它们的内积是一个正整数.

设 $\xi,\eta\in\mathrm{Ch}(G)$, 若存在 $\tau\in\mathrm{Ch}(G)$ 或 $\tau=0$ 使得 $\xi=\eta+\tau$, 则称 η 为 ξ 的成分. 若 η 是 ξ 的成分, 则对任意 $\gamma\in\mathrm{Ch}(G)$ 都有 $[\xi,\gamma]\geqslant[\eta,\gamma]$.

2.3 特征标的核、中心及次数

对于给定的一个不可约特征标 (或表示), 其最显著也是最重要的数量指标无疑是该特征标的次数. 另外, 我们将看到: 群 G 的任意正规子群都是群 G 的某些不可约特征标的核的交; 而群 G 的中心也恰是 G 的某些不可约特征标的中心的交. 由此可见, 特征标的核和中心也是特征标理论中非常基本和重要的概念.

2.3.1 特征标的核

设 χ 为 G 的特征标, 它由 $\mathbb{C}[G]$-模 V 和矩阵表示 $\mathfrak{X}$ 提供. 前面定义了 V 的核 $\mathrm{Ker}_G(V)$ 以及 $\mathfrak{X}$ 的核 $\ker\mathfrak{X}$, 下面来定义特征标 χ 的核 $\ker\chi$. 定义

$$\ker\chi=\{g\in G|\,\chi(g)=\chi(1)\}.$$

由定理 2.2.10(4), 有

$$\ker\chi=\ker\mathfrak{X}=\mathrm{Ker}_G(V),$$

特别地, $\ker\chi\trianglelefteq G$. 当 $\ker\chi=1$ 时, 称 χ 为 G 的**忠实特征标**, 这与 2.1 节说明 (E) 中的定义是一致的.

群 G 的任何特征标的核必是 G 的正规子群, 那么是否 G 的正规子群也一定是某个特征标的核? 下面将给出该问题的肯定回答.

引理 2.3.1 设 μ_1, μ_2 为 G 的两个特征标, 则 $\ker(\mu_1+\mu_2)=\ker\mu_1\cap\ker\mu_2$.

证 设 G 的矩阵表示 $\mathfrak{X}_1$ 和 $\mathfrak{X}_2$ 分别提供特征标 μ_1 和 μ_2, 显然

$$\mathrm{diag}(\mathfrak{X}_1,\mathfrak{X}_2): g\mapsto \mathrm{diag}(\mathfrak{X}_1(g),\mathfrak{X}_2(g))$$

也是 G 的表示, 且它提供特征标 $\mu_1+\mu_2$. 因为

$$\begin{aligned} g\in\ker(\mu_1+\mu_2) &\Leftrightarrow \mathrm{diag}(\mathfrak{X}_1(g),\mathfrak{X}_2(g))\text{ 为单位矩阵}\\ &\Leftrightarrow \mathfrak{X}_1(g),\mathfrak{X}_2(g)\text{ 都为单位矩阵}\\ &\Leftrightarrow g\in\ker\mu_1\cap\ker\mu_2, \end{aligned}$$

结论成立. □

因为 G 的任意特征标都能唯一地表为 $\mathrm{Irr}(G)$ 的不全为零的非负整系数线性组合, 所以上面的引理告诉我们: 要考察特征标 χ 的核, 仅需考察 χ 的不可约成分的核.

命题 2.3.2 $\bigcap_{\chi\in\mathrm{Irr}(G)}\ker\chi=1$.

证 考察 G 的正则特征标 $\rho_G=\sum_{\chi\in\mathrm{Irr}(G)}\chi(1)\chi$. 一方面, 由定理 2.2.3 有 $\ker\rho_G=1$; 另一方面, 由引理 2.3.1 有 $\ker\rho_G=\bigcap_{\chi\in\mathrm{Irr}(G)}\ker\chi$, 故命题成立. □

命题 2.3.3 设 $N\trianglelefteq G$, 则 N 必是 G 的某个特征标的核, 也是 G 的若干不可约特征标之核的交; 准确地说, 将 G/N 的正则特征标 $\rho_{G/N}$ 看作 G 上的特征标, 并记为 ρ_0, 则

$$N=\ker\rho_0=\bigcap_{\chi\in\mathrm{Irr}(\rho_0)}\ker\chi.$$

证 记 $\overline{G}=G/N$, 由命题 2.3.2 及其证明有 $\overline{1}=\ker\rho_{\overline{G}}=\bigcap_{\chi\in\mathrm{Irr}(\overline{G})}\ker\chi$. 现将 $\rho_{\overline{G}}$ 看作 G 上的特征标 ρ_0, 则有 $N=\ker\rho_0$. □

虽然 G 的正规子群必是某个特征标的核, 但是 G 的正规子群未必是某个不可约特征标的核! 事实上, 考察 8 阶初等交换群 G, 对于任意 $\chi\in\mathrm{Irr}(G)$, 因为 χ 线性, 所以 $G/\ker\chi$ 循环, 这说明 $\ker\chi$ 必是 G 的 4 阶或 8 阶正规子群, 因此 G 的 2 阶正规子群不可能是 G 的某个不可约特征标的核.

对于 $\chi\in\mathrm{Irr}(G)$, 易见 $\ker\chi=G\Leftrightarrow\chi=1_G$.

由命题 2.3.3, 有 $G'=\bigcap_{\lambda\in\mathrm{Lin}(G)}\ker\lambda$.

2.3.2 特征标的中心

定义 2.3.4 对于 G 上的特征标 χ, 令 $\mathbf{Z}(\chi)=\{g\in G\,|\,|\chi(g)|=\chi(1)\}$, 称之为 χ 的中心.

若 $\lambda\in\mathrm{Lin}(G)$, 由定理 2.2.10(1) 知, λ 的取值都是单位根, 这表明 $\mathbf{Z}(\lambda)=G$.

下面的定理表明, 不可约特征标的中心与群的中心之间有密切的联系. 回忆一下, 若 G (在任意域上) 有一个忠实不可约表示, 则 $\mathbf{Z}(G)$ 循环 (命题 2.1.8).

定理 2.3.5　设 $\chi \in \mathrm{Irr}(G)$, 则以下结论成立:

(1) $\ker\chi \leqslant \mathbf{Z}(\chi) \trianglelefteq G$.

(2) 若 χ 忠实, 则 $\mathbf{Z}(\chi) = \mathbf{Z}(G)$ 循环, 且存在忠实 $\lambda \in \mathrm{Lin}(\mathbf{Z}(G))$ 使得 $\chi|_{\mathbf{Z}(G)} = \chi(1)\lambda$.

(3) $\mathbf{Z}(G/\ker\chi) = \mathbf{Z}(\chi)/\ker\chi$ 循环, 且有 $\lambda \in \mathrm{Lin}(\mathbf{Z}(\chi))$ 使得 $\chi|_{\mathbf{Z}(\chi)} = \chi(1)\lambda$.

(4) $\mathbf{Z}(G) = \bigcap_{\psi\in\mathrm{Irr}(G)} \mathbf{Z}(\psi)$.

证　设 G 的 n 次矩阵表示 $\mathfrak{X}$ 提供了特征标 χ, 此时 $\mathfrak{X}$ 为 G 到 $\mathrm{GL}(n,\mathbb{C})$ 的群同态. 对 $g \in G$, 由定理 2.2.10(4), 我们看到: $g \in \mathbf{Z}(\chi)$ 的充要条件是, $\mathfrak{X}(g)$ 为纯量矩阵.

(1) 任取 $g, h \in \mathbf{Z}(\chi)$, 任取 $x \in G$, 因 $\mathfrak{X}(g), \mathfrak{X}(h)$ 都是纯量阵, 所以 $\mathfrak{X}(gh) = \mathfrak{X}(g)\mathfrak{X}(h)$ 以及 $\mathfrak{X}(g^x)$ 都是纯量矩阵, 故 $gh, g^x \in \mathbf{Z}(\chi)$, 得 $\mathbf{Z}(\chi) \trianglelefteq G$. 显然 $\ker\chi \leqslant \mathbf{Z}(\chi)$.

(2) 任取 $g \in \mathbf{Z}(\chi)$, 因 $\mathfrak{X}(g)$ 为纯量矩阵, 故 $\mathfrak{X}(g)$ 在 $\mathrm{GL}(n,\mathbb{C})$ 的中心中, 注意到 $\mathfrak{X}: G \to \mathrm{GL}(n, C)$ 为单同态, 得 $g \in \mathbf{Z}(G)$. 反之, 若 $g \in \mathbf{Z}(G)$, 由引理 2.1.7 得 $\mathfrak{X}(g) = \omega_\chi(g)E_n$ 为纯量矩阵, 因此 $g \in \mathbf{Z}(\chi)$. 综上有 $\mathbf{Z}(G) = \mathbf{Z}(\chi)$.

注意到 $\mathbf{Z}(G) \subseteq \mathbf{Z}(\mathbb{C}[G])$, 令 λ 为 ω_χ 在 $\mathbf{Z}(G)$ 上的限制. 因为 ω_χ 是 $\mathbf{Z}(\mathbb{C}[G])$ 到 $\mathbb{C}$ 的代数同态, 见 (2.2.3) 式, 所以 λ 为 $\mathbf{Z}(G)$ 到 $\mathbb{C}^\sharp$ 的群同态, 即 λ 为 $\mathbf{Z}(G)$ 上的一次表示. 因为 $\mathfrak{X}$ 忠实, 所以只有单位元在 $\mathfrak{X}$ 下的像为单位矩阵, 这表明 λ 为 $\mathbf{Z}(G)$ 上的忠实线性表示, 由推论 2.2.5 得 $\mathbf{Z}(G)$ 循环. 显然 $\chi|_{\mathbf{Z}(G)} = n\lambda = \chi(1)\lambda$.

(3) 记 $K = \ker\chi$, $\overline{G} = G/K$. 由 (1) 有 $1 \leqslant K \leqslant \mathbf{Z}(\chi)$. 当 χ 看作 $\overline{G}$ 上的忠实不可约特征标时, 为了推演更清楚, 我们记之为 $\hat{\chi}$. 因 $\hat{\chi}(\overline{g}) = \chi(g)$, 故

$$\mathbf{Z}(\hat{\chi}) = \{\overline{g} \mid |\hat{\chi}(\overline{g})| = \hat{\chi}(\overline{1})\} = \{gK \mid |\chi(g)| = \chi(1)\} = \{gK | g \in \mathbf{Z}(\chi)\} = \mathbf{Z}(\chi)/K.$$

由 (2) 得, $\mathbf{Z}(\overline{G}/\ker\hat{\chi}) = \mathbf{Z}(\hat{\chi})/\ker\hat{\chi}$ 循环, 即 $\mathbf{Z}(G/K) = \mathbf{Z}(\chi)/K$ 循环. 再由 (2) 得, 存在线性 $\lambda \in \mathrm{Irr}(\mathbf{Z}(\hat{\chi}))$ 使得 $\hat{\chi}|_{\mathbf{Z}(\hat{\chi})} = \hat{\chi}(1)\lambda$, 将 λ 看作 $\mathbf{Z}(\chi)$ 上的特征标, 即得 $\chi|_{\mathbf{Z}(\chi)} = \chi(1)\lambda$.

(4) 显然 $\mathbf{Z}(G) \leqslant \bigcap_{\psi\in\mathrm{Irr}(G)} \mathbf{Z}(\psi)$. 反之, 设 $g \in \bigcap_{\psi\in\mathrm{Irr}(G)} \mathbf{Z}(\psi)$, 由 (3) 得到 $g\ker\psi \in \mathbf{Z}(G/\ker\psi)$, 即 $[g, G] \leqslant \ker\psi$, 这就推出 $[g, G] \leqslant \bigcap_{\psi\in\mathrm{Irr}(G)} \ker\psi = 1$, 即 $g \in \mathbf{Z}(G)$. □

设 $\chi \in \mathrm{Ch}(G)$, $g \in G$, 考察 $|\chi(g)|$ 的取值范围, 由定理 2.2.10(4), 有 $0 \leqslant |\chi(g)| \leqslant \chi(1)$. 显然, $|\chi(g)| = \chi(1)$ 等价于 $g \in \mathbf{Z}(\chi)$. 下面考察另一极端情形 $\chi(g) = 0$, 一般而言, 我们很难判断 $\chi(g)$ 是否等于零, 仅由 $\chi(g) = 0$ 也几乎无法推出 g 的任何性质.

若特征标 χ 在 G 的子集 D 上都取零值, 则称 χ **零化** D.

引理 2.3.6 设 $H \leqslant G$, $\chi \in \mathrm{Ch}(G)$, 则 $[\chi_H, \chi_H] \leqslant |G:H|[\chi,\chi]$, 且等号成立的充要条件是 χ 零化 $G \setminus H$.

证 先分析引理中两个内积的确切意义. 因为 χ_H 是 H 上的特征标, 所以 $[\chi_H,\chi_H]$ 为 H 上的内积; 显然 $[\chi,\chi]$ 为 G 上的内积. 由内积定义有

$$|G|[\chi,\chi] = \sum_{g\in G}|\chi(g)|^2 = \sum_{g\in G\setminus H}|\chi(g)|^2+\sum_{h\in H}|\chi(h)|^2 = \sum_{g\in G\setminus H}|\chi(g)|^2+|H|[\chi_H,\chi_H],$$

结论成立. □

命题 2.3.7 对于 $\chi \in \mathrm{Irr}(G)$, 以下两条命题成立:

(1) $\chi(1)^2 \leqslant |G:\mathbf{Z}(\chi)|$, 且等号成立当且仅当 χ 零化 $G \setminus \mathbf{Z}(\chi)$.

(2) 若 $G/\mathbf{Z}(\chi)$ 交换, 则 $\chi(1)^2 = |G:\mathbf{Z}(\chi)|$, 且 χ 零化 $G\setminus \mathbf{Z}(\chi)$.

证 (1) 由定理 2.3.5, 存在 $\lambda \in \mathrm{Lin}(\mathbf{Z}(\chi))$ 使得 $\chi|_{\mathbf{Z}(\chi)} = \chi(1)\lambda$, 因此 $[\chi|_{\mathbf{Z}(\chi)}, \chi|_{\mathbf{Z}(\chi)}] = \chi(1)^2$. 应用引理 2.3.6 即得结论.

(2) 若 $\mathbf{Z}(\chi) = G$, 由定理 2.3.5(3) 得 $G/\ker\chi = \mathbf{Z}(\chi)/\ker\chi$ 循环, 再由命题 2.2.4 得 χ 线性, 此时结论显然成立. 下设 $\mathbf{Z}(\chi) < G$, 并设 χ 由矩阵表示 $\mathfrak{X}$ 提供. 任取 $g \in G\setminus \mathbf{Z}(\chi)$, 若 $[g,G] \leqslant \ker\chi$, 则 $g\ker\chi \in \mathbf{Z}(G/\ker\chi) = \mathbf{Z}(\chi)/\ker\chi$, 推出 $g \in \mathbf{Z}(\chi)$, 矛盾. 这表明必存在 $h \in G$ 使得 $[g,h] \notin \ker\chi$. 由 $G/\mathbf{Z}(\chi)$ 的交换性, $[g,h] \in G' \leqslant \mathbf{Z}(\chi)$, 因此

$$[g,h] \in \mathbf{Z}(\chi)\setminus\ker\chi.$$

此时 $\mathfrak{X}([g,h]) = \varepsilon E$, 其中 ε 为不等于 1 的单位根, 得 $\mathfrak{X}(h^{-1}gh) = \mathfrak{X}(g[g,h]) = \varepsilon\mathfrak{X}(g)$, 故

$$\chi(g) = \chi(h^{-1}gh) = \mathrm{Tr}(\mathfrak{X}(h^{-1}gh)) = \mathrm{Tr}(\varepsilon\mathfrak{X}(g)) = \varepsilon\chi(g).$$

因此 $\chi(g) = 0$, χ 零化 $G\setminus\mathbf{Z}(\chi)$, 由 (1) 又推出 $\chi(1)^2 = |G:\mathbf{Z}(\chi)|$. □

2.3.3 不可约特征标的次数

由定义, $\chi \in \mathrm{Irr}(G)$ 的次数 $\chi(1)$ 必是一个正整数. 我们首先证明 $\chi(1) \mid |G|$, 随后证明 $\chi(1) \mid |G:\mathbf{Z}(\chi)|$, 后面的定理 2.7.9 和推论 3.2.7 还将给出更强的结果.

命题 2.3.8 若 $\chi \in \mathrm{Irr}(G)$, 则 $\chi(1) \mid |G/\ker\chi|$, 特别地, $\chi(1) \mid |G|$.

证 当 $\ker\chi > 1$ 时, χ 可视为 $G/\ker\chi$ 上的忠实不可约特征标, 由归纳得 $\chi(1) \mid |G/\ker\chi|$, 命题成立. 下设 χ 忠实, 我们需证明 $\chi(1) \mid |G|$. 记 $\mathrm{Con}(G) = \{g_1^G, \cdots, g_k^G\}$, 记 $K_i = \sum_{x\in g_i^G} x$. 由 (2.2.12) 式及定理 2.2.10 中 $\omega_\chi(K_i)$ 的表达式, 有

$$|G| = \sum_{g\in G}|\chi(g)|^2 = \sum_{1\leqslant i\leqslant k}\chi(g_i)\chi(g_i^{-1})|g_i^G| = \sum_{1\leqslant i\leqslant k}\chi(1)\omega_\chi(K_i)\chi(g_i^{-1}),$$

即得

$$\frac{|G|}{\chi(1)} = \sum_{1\leqslant i\leqslant k} \omega_\chi(K_i)\chi(g_i^{-1}).$$

因为 $\omega_\chi(K_i)$ 及 $\chi(g_i^{-1})$ 都是代数整数, 上式右边是一个代数整数, 但上式左边为有理数, 这表明 $|G|/\chi(1)$ 为通常的有理整数, 即有 $\chi(1) \mid |G|$. □

设 $N \trianglelefteq G$, 并记 $\overline{G} = G/N$. 按惯例, 对于 G 的子集 A, $\overline{A}$ 表示 $\overline{G}$ 的子集 $\{aN|a\in A\}$, 特别地, 若 H 是 G 的子群, 则 $\overline{H} = HN/N$. 将 $\overline{G}$-共轭类 $\overline{g}^{\overline{G}}$ 看作 G 的子集, 则它一定等于 $g^G N$, 且它必是若干 G-共轭类之并. 进一步, 容易验证[①]

$$|g^G N| = |\overline{g}^{\overline{G}}||N|, \quad |\overline{g}^{\overline{G}}| \mid |g^G|. \tag{2.3.1}$$

下面的结论在群的结构理论及特征标理论中都非常有用.

引理 2.3.9　设 $N \trianglelefteq G$, $g\in G$, 并记 $\overline{G} = G/N$, 则 $\overline{g}^{\overline{G}}$, 看作 G 的子集时, 仍是一个 G-共轭类的充分必要条件是

$$|\mathbf{C}_{\overline{G}}(\overline{g})| = |\mathbf{C}_G(g)|,$$

这也等价于, 对所有 $\chi \in \mathrm{Irr}(G)\setminus \mathrm{Irr}(G/N)$ 都有 $\chi(g)=0$.

证　在 G 和 $\overline{G}$ 上应用 (2.2.13) 式, 有

$$|\mathbf{C}_G(g)| = \sum_{\chi\in\mathrm{Irr}(G)} |\chi(g)|^2 = \sum_{\chi\in\mathrm{Irr}(G/N)} |\chi(g)|^2 + \sum_{\chi\in\mathrm{Irr}(G)\setminus\mathrm{Irr}(G/N)} |\chi(g)|^2,$$

$$|\mathbf{C}_{\overline{G}}(\overline{g})| = \sum_{\chi\in\mathrm{Irr}(\overline{G})} |\chi(\overline{g})|^2 = \sum_{\chi\in\mathrm{Irr}(G/N)} |\chi(g)|^2,$$

所以

$$|\mathbf{C}_{\overline{G}}(\overline{g})| = |\mathbf{C}_G(g)| \Leftrightarrow \chi(g)=0,\ \forall\chi\in\mathrm{Irr}(G)\setminus\mathrm{Irr}(G/N).$$

再者, 由 (2.3.1) 式,

$$\begin{aligned}\overline{g}^{\overline{G}}\text{ 仍是一个 }G\text{-类} &\Leftrightarrow g^G N\text{ 是一个}G\text{-共轭类}\\ &\Leftrightarrow g^G N = g^G \Leftrightarrow |g^G N| = |g^G|\\ &\Leftrightarrow |\overline{g}^{\overline{G}}||N| = |g^G| \Leftrightarrow |\mathbf{C}_{\overline{G}}(\overline{g})| = |\mathbf{C}_G(g)|.\end{aligned}$$ □

引理 2.3.10　设 $\chi\in\mathrm{Irr}(G)$ 忠实, $g\in G$, 则对任意 $x\in g^G\mathbf{Z}(G)$ 都有 $|\chi(x)| = |\chi(g)|$; 进一步, 若 $\chi(g)\neq 0$, 则 $|g^G\mathbf{Z}(G)| = |g^G||\mathbf{Z}(G)|$.

证　设 G 的矩阵表示 $\mathfrak{X}$ 提供特征标 χ. 记 $Z=\mathbf{Z}(G)$, 由定理 2.3.5(3), 存在忠实线性 $\lambda\in\mathrm{Irr}(Z)$ 使得 $\chi_Z = \chi(1)\lambda$. 任取 $x = g^y z\in g^G Z$, 其中 $y\in G$, $z\in Z$,

---

① 在 (2.3.1) 式中, $|\overline{g}^{\overline{G}}|$ 表示 $\overline{g}^{\overline{G}}$ 中含有的 $\overline{G}$ 中元素个数, $|g^G N|$ 表示 $g^G N$ 中含有的 G 中元素个数.

因为 $\mathfrak{X}(g^y z) = \mathfrak{X}(g^y)\mathfrak{X}(z)$, 且 $\mathfrak{X}(z)$ 为单位矩阵的 $\lambda(z)$ 倍, 所以

$$\chi(x) = \chi(g^y z) = \chi(g^y)\lambda(z) = \chi(g)\lambda(z), \tag{2.3.2}$$

注意到 $\lambda(z)$ 为单位根, 得 $|\chi(x)| = |\chi(g)|$.

进一步, 假设 $\chi(g) \neq 0$. 任取 $y_1, y_2 \in g^G, z_1, z_2 \in Z$ 满足 $y_1 z_1 = y_2 z_2$, 由 (2.3.2) 式有

$$\chi(y_1)\lambda(z_1) = \chi(y_1 z_1) = \chi(y_2 z_2) = \chi(y_2)\lambda(z_2),$$

因为 $\chi(y_1) = \chi(y_2) = \chi(g) \neq 0$, 所以 $\lambda(z_1) = \lambda(z_2)$. 现由 λ 的线性性和忠实性推出 $z_1 = z_2$, 从而又有 $y_1 = y_2$, 这就表明 $|g^G Z| = |g^G||Z|$. □

命题 2.3.11 若 $\chi \in \mathrm{Irr}(G)$, 则 $\chi(1) \mid |G : \mathbf{Z}(\chi)|$, 特别地, $\chi(1) \mid |G : \mathbf{Z}(G)|$.

证 类似于命题 2.3.8 的证明, 由归纳可设 χ 忠实, 此时由定理 2.3.5 有 $\mathbf{Z}(\chi) = \mathbf{Z}(G)$. 记 $Z = \mathbf{Z}(G)$, $\overline{G} = G/Z$. 取 $g_1, \cdots, g_h \in G$ 使得 $\mathrm{Con}(\overline{G}) = \{\overline{g_1}^{\overline{G}}, \cdots, \overline{g_h}^{\overline{G}}\}$, 则 $G = \bigcup_{1 \leqslant i \leqslant h} g_i^G Z$, 其中 $g_1^G Z, \cdots, g_h^G Z$ 两两不相交. 不妨设 $\chi(g_1), \cdots, \chi(g_r)$ 都不为零, 但 $\chi(g_{r+1}) = \cdots = \chi(g_h) = 0$, 则

$$|G| = \sum_{g \in G} |\chi(g)|^2 = \sum_{1 \leqslant i \leqslant h} \sum_{g \in g_i^G Z} |\chi(g)|^2.$$

再由引理 2.3.10 并结合定理 2.2.10 中 $\omega_\chi(K_i)$ 的表达式, 得

$$\begin{aligned} |G| &= \sum_{1 \leqslant i \leqslant r} \sum_{g \in g_i^G Z} |\chi(g)|^2 = \sum_{1 \leqslant i \leqslant r} \chi(g_i)\chi(g_i^{-1})|g_i^G||Z| \\ &= \sum_{1 \leqslant i \leqslant r} \chi(1)\omega_\chi(K_i)\chi(g_i^{-1})|Z|, \end{aligned}$$

故

$$\frac{|G : Z|}{\chi(1)} = \sum_{1 \leqslant i \leqslant r} \omega_\chi(K_i)\chi(g_i^{-1}).$$

上式右边是代数整数而左边为有理数, 推出 $|G : Z|/\chi(1)$ 为整数, 即 $\chi(1) \mid |G : Z|$. □

2.3.4 例子

在下面各例的求解或证明过程中, 我们尽量多用特征标性质、少用群的结构性质, 这样可以帮助我们熟练掌握特征标知识, 尤其是掌握由特征标性质推演出群结构性质的技巧.

例 2.3.12 设 G 为 16 阶群且 $|G/G'| = 4$, 求出 G 的全部不可约特征标次数, 并证明 G 的幂零类必为 3.

解 由命题 2.3.11, G 的不可约特征标次数都是 2 的方幂. 由推论 2.2.5 和定理 2.2.3 知, G 恰有 4 个线性特征标以及 3 个 2 次不可约特征标. 下证 G 是类 3 群. 否则, G 的幂零类必是 2, 即有 $G' \leqslant \mathbf{Z}(G)$. 任取 G 的非线性不可约特征标 χ, 有

$$G' \leqslant \mathbf{Z}(G) \leqslant \mathbf{Z}(\chi).$$

若 $|G:\mathbf{Z}(\chi)| \leqslant 2$, 注意到 $\mathbf{Z}(\chi)/\ker\chi = \mathbf{Z}(G/\ker\chi)$, 推出 $G/\ker\chi$ 交换, 得 $\chi(1)=1$, 矛盾. 这表明, 对 G 的所有非线性不可约特征标 χ, 都有 $4 \mid |G:\mathbf{Z}(\chi)|$, 这又推出 $G' = \mathbf{Z}(\chi)$. 进一步, 由命题 2.3.7, G 的所有非线性 (即 2 次) 不可约特征标都零化 $G \setminus G'$.

取 $g \in G\setminus G'$, 一方面, 因为 G 的非线性不可约特征标都零化 $G\setminus G'$, 所以由引理 2.3.9 有 $|\mathbf{C}_G(g)| = |\mathbf{C}_{G/G'}(gG')| = |G/G'| = 4$. 另一方面, $\mathbf{C}_G(g) \geqslant \langle g\rangle\mathbf{Z}(G)$, 得 $|\mathbf{C}_G(g)| \geqslant |\langle g\rangle\mathbf{Z}(G)| \geqslant |\langle g\rangle G'| > |G'| = 4$, 矛盾. □

例 2.3.13 已知 G 是 12 阶群, 证明 G/G' 不能是 2 阶或 6 阶群.

证 由推论 2.2.5, G 恰有 $|G/G'|$ 个线性特征标. 再由定理 2.2.3(2) 及命题 2.3.11, G 的非线性不可约特征标次数只可能是 $2,3$, 故存在非负整数 x,y 使得

$$x2^2 + y3^2 = 12 - |G/G'|,$$

当 $|G/G'| = 2$ 或 6 时, 上述方程无非负整数解, 故结论成立. □

例 2.3.14 设 G 为 8 阶非交换群.

(1) 求 G 的特征标表的第一列, 即写出 G 的全部不可约特征标次数.

(2) 求 G 的特征标表, 证明 G 的 2 次不可约特征标 ψ 必是忠实、有理值特征标.

(3) 若 $G \cong \mathrm{Q}_8$, 这里 Q_8 表示 8 阶四元素群, 则 (2) 中给出的 ψ 不能由实数域上的任何表示提供, 且 $\det(\psi) = 1_G$.

解 (1) 甚至无需知道 $|G/G'| = 4$, 也易推出: G 恰有 4 个线性特征标 $1_G, \chi_1, \chi_2, \chi_3$, 以及一个 2 次不可约特征标 ψ.

(2) 由 (1) 得 $|G/G'| = 4$, 从而 $|G'| = 2$. 注意到 $G/\mathbf{Z}(G)$ 循环将推出 G 交换, 必有 $\mathbf{Z}(G) = G'$, 这也表明 G' 为 G 的唯一极小正规子群, 且 $G/G' \cong \mathrm{E}(2^2)$. 若 ψ 不忠实, 则 $\ker\psi$ 一定包含 G 的唯一极小正规子群 G', 由此得 ψ 线性, 矛盾. 故 ψ 忠实.

因 $|\mathrm{Con}(G)| = |\mathrm{Irr}(G)|$, G 恰有 5 个 G-类. 因 $G' = \mathbf{Z}(G)$ 中含有 2 个 G-类, 记为 $1, a^G$, 故 $G \setminus G'$ 中恰有 3 个 G-类. 注意到对任意 $t \in G \setminus G'$, tG' 一定是若干 G-类的并, 所以 $G \setminus G'$ 中三个 G-类必是

$$b_1^G = b_1G', \quad b_2^G = b_2G', \quad b_3^G = b_3G'.$$

记 $\overline{G} = G/G'$, 在 $\overline{G} \cong \mathrm{E}(2^2)$ 中计算特征标, 注意: 非主的线性特征标 χ_i 在 2 阶元 $\overline{b_i}$ 上取值只能是 2 次单位根 1 或 -1, 且 $G/\ker\chi_i$ 只能是 2 阶循环群. 不妨设 b_i 在 χ_i 的核中, 得

$$\ker\chi_1 = b_1^G \cup a^G \cup \{1\},$$

$$\chi_1(b_2) = \chi_1(b_3) = -1, \quad \chi_1(b_1) = \chi_1(a) = \chi_1(1) = 1,$$

同样求得 χ_2, χ_3 的特征标值. 因为 $G' = \mathbf{Z}(G)$ 且 ψ 忠实, 由定理 2.3.5 存在忠实线性 $\lambda \in \mathrm{Irr}(G')$ 使得 $\psi_{G'} = 2\lambda$, 显然 $\lambda(a) = -1$, 得 $\psi(a) = -2$. 应用命题 2.3.7 得 ψ 零化 $G \setminus G'$, 即 $\psi(b_i) = 0$, 这样我们得到 G 的特征标表如下:

G	1	b_1	b_2	b_3	a
1_G	1	1	1	1	1
χ_1	1	1	-1	-1	1
χ_2	1	-1	1	-1	1
χ_3	1	-1	-1	1	1
ψ	2	0	0	0	-2

(3) 沿用 (2) 中的记号. 因 $G = \mathrm{Q}_8$, 有 $b_1^2 = b_2^2 = b_3^2 = a$, 且可设 $b_1b_2 = b_3$.

设 $\mathfrak{X}$ 为提供 ψ 的 2 次不可约复表示. 对于 $b \in \{b_1, b_2, b_3\}$, 注意到 $o(b) = 4$, 存在 4 次单位根 $\varepsilon_1, \varepsilon_2$ 使得 $\mathfrak{X}(b) \sim \mathrm{diag}(\varepsilon_1, \varepsilon_2)$, 此时 $\mathfrak{X}(a) \sim \mathrm{diag}(\varepsilon_1^2, \varepsilon_2^2)$. 因为 $\psi(a) = -2$ 且 $\psi(b) = 0$, 简单计算得

$$\{\varepsilon_1, \varepsilon_2\} = \{\sqrt{-1}, -\sqrt{-1}\},$$

从而 $\det(\mathfrak{X}(b)) = 1$, $\det(\mathfrak{X}(a)) = 1$, 这表明 $\det(\psi) = 1_G$.

反设 ψ 可由 G 的一个实表示 $\mathfrak{X}$ 提供, 则 $\mathrm{Q}_8 \cong \mathfrak{X}(G) \leqslant \mathrm{GL}(2, \mathbb{R})$. 由 $\psi(b_i) = 0$ 及 $\det(\psi) = 1_G$, 可设

$$\mathfrak{X}(b_i) = \begin{pmatrix} c_i & u_i \\ v_i & -c_i \end{pmatrix}, \quad 其中\ c_i^2 + u_iv_i = -1, c_i, u_i, v_i \in \mathbb{R}.$$

由 $b_3 = b_1b_2$ 得

$$\begin{pmatrix} c_3 & u_3 \\ v_3 & -c_3 \end{pmatrix} = \begin{pmatrix} c_1 & u_1 \\ v_1 & -c_1 \end{pmatrix}\begin{pmatrix} c_2 & u_2 \\ v_2 & -c_2 \end{pmatrix} = \begin{pmatrix} c_1c_2 + u_1v_2 & * \\ * & v_1u_2 + c_1c_2 \end{pmatrix},$$

故 $2c_1c_2 + u_1v_2 + v_1u_2 = \psi(b_3) = 0$, 从而

$$\begin{aligned} 2c_1c_2v_1v_2 &= -[u_1v_1v_2^2 + u_2v_2v_1^2] = -[(-1 - c_1^2)v_2^2 + (-1 - c_2^2)v_1^2] \\ &= c_1^2v_2^2 + c_2^2v_1^2 + v_1^2 + v_2^2, \end{aligned}$$

得 $v_1 = v_2 = 0$, 此时 $c_1^2 = -1$, 矛盾. □

例 2.3.15 设 $\chi \in \mathrm{Irr}(G)$, $H \leqslant G$. 若 $G = H\ker\chi$, 则 $\chi_H \in \mathrm{Irr}(H)$.

证 设 χ 由 $\mathbb{C}[G]$-模 V 提供, 则 $\mathrm{Ker}_G(V) = \ker\chi$. 由 2.1 节中的说明 (J), $\mathbb{C}[H]$-模 V_H 提供特征标 χ_H. 取 W 为 V_H 的 H-子模, 任取 $g = ha$, 其中 $h \in H$, $a \in \ker\chi = \mathrm{Ker}_G(V)$, 注意到 W 是 H-模且 $a_V = \mathrm{id}_V$, 得 $Wg = (Wh)a = Wa = W$, 这表明 W 也是 V 的 G-子模. 因为 V 是不可约 G-模, 所以 $W = V$, 即 V_H 也是不可约 H-模, χ_H 不可约. □

2.4 诱导特征标

我们知道: G 上的模、表示和特征标限制到子群上, 即得到该子群上的模、表示和特征标. 本节将介绍子群上的模、表示和特征标在大群 G 上的诱导. 我们先在一般域上引入诱导特征标, 然后在复数域作进一步讨论, 另外还将介绍置换特征标、Brauer 置换引理及其应用等.

2.4.1 一般域上的诱导特征标

在本小节中, 我们总假设 $H \leqslant G$, $\mathbb{F}$ 为一般域.

设 V 为 $\mathbb{F}[H]$-模. 因 $\mathbb{F}[G]$ 可以自然地看作 $(\mathbb{F}[H], \mathbb{F}[G])$-模, 由命题 1.1.12 知道 $V \otimes_{\mathbb{F}[H]} \mathbb{F}[G]$ 为 $\mathbb{F}[G]$-模, 其模作用 (在 $V \otimes_{\mathbb{F}[H]} \mathbb{F}[G]$ 的生成系上) 定义为

$$(v \otimes w)s = v \otimes ws,$$

其中 $v \in V$, $w, s \in \mathbb{F}[G]$. 我们称 $V \otimes_{\mathbb{F}[H]} \mathbb{F}[G]$ 为由 $\mathbb{F}[H]$-模 V 诱导得到的 $\mathbb{F}[G]$-模, 简称**诱导模**, 简记

$$V^G = V \otimes_{\mathbb{F}[H]} \mathbb{F}[G].$$

如果 V 对应 H 上的表示 $\mathfrak{X}$ 并提供 H 上的特征标 ϕ, 那么 V^G 对应的 G 上的表示记为 $\mathfrak{X}^G$, 称为由 $\mathfrak{X}$ 诱导到 G 得到的**诱导表示**; V^G 提供的 G 上的特征标记为 ϕ^G, 称为由 ϕ 诱导到 G 得到的**诱导特征标**.

下面考察诱导模 $V^G = V \otimes_{\mathbb{F}[H]} \mathbb{F}[G]$ 的基底和维数. 设 $T = \{r_1, \cdots, r_m\}$ 为 G 关于子群 H 的右陪集代表系. 考察 $\mathbb{F}[G]$ 作为左 $\mathbb{F}[H]$-模的结构, 易见它是由 T 自由生成的. 由命题 1.1.9, $\mathbb{F}$-向量空间 $V \otimes_{\mathbb{F}[H]} \mathbb{F}[G]$ 有下面的关于线性子空间的直和分解

$$V \otimes_{\mathbb{F}[H]} \mathbb{F}[G] = \dot{+}_{1 \leqslant i \leqslant m}(V \otimes r_i).$$

假设 $\{v_1, \cdots, v_k\}$ 为 V 的基底, 则 $\{v_1 \otimes r_i, \cdots, v_k \otimes r_i\}$ 为 $V \otimes r_i$ 的基底, 这表明

$$\{v_i \otimes r_j, i = 1, \cdots, k, j = 1, \cdots, m\}$$

为 V^G 的基底, 特别地,

$$\dim_{\mathbb{F}}(V^G) = |G:T|\dim_{\mathbb{F}}(V).$$

注意, 不要将 V^G 误认为就是 $V\otimes_{\mathbb{F}}\mathbb{F}[G]$, 然后由定理 1.1.14 错误地得出

$$\dim_{\mathbb{F}}(V^G) = |G|\dim_{\mathbb{F}}(V).$$

我们常将 $V\otimes 1$ 视同为 V, 此时 V 可看作 V^G 的线性子空间.

定理 2.4.1 设 $H\leqslant G$, T 为 G 关于子群 H 的右陪集代表系, 若 $\phi\in \mathrm{Ch}(\mathbb{F}[H])$, 即 ϕ 为 H 上的 $\mathbb{F}$-特征标, 则 ϕ^G 为 G 上的 $\mathbb{F}$-特征标, 且对任意 $g\in G$ 都有

$$\phi^G(g) = \sum_{t\in T}\phi^0(tgt^{-1}),$$

其中

$$\phi^0(tgt^{-1}) = \begin{cases} \phi(tgt^{-1}), & 若 \quad tgt^{-1}\in H, \\ 0, & 若 \quad tgt^{-1}\notin H. \end{cases}$$

证 设 ϕ 由 $\mathbb{F}[H]$-模 V 提供. 由上面的说明, ϕ^G 是由 G-模 V^G 提供的 G 上的 $\mathbb{F}$-特征标. 设 $T=\{r_1,\cdots,r_m\}$, ϵ_V 为 V 的基底, 由上面的分析知道, $V^G = \dot{+}_{1\leqslant i\leqslant m}(V\otimes r_i)$ 为线性子空间的直和分解, 且 $\{v\otimes r_i|\, v\in\epsilon_V, i=1,\cdots,m\}$ 为 V^G 的基底. 任取 $g\in G$, 任取 $r_i\in T$, 都存在唯一的 $h_i(g)\in H$ 和唯一的 $ig\in\{1,\cdots,m\}$ 使得

$$r_ig = h_i(g)r_{ig}. \tag{2.4.1}$$

根据模作用定义有

$$(v\otimes r_i)g = v\otimes r_ig = v\otimes h_i(g)r_{ig} = vh_i(g)\otimes r_{ig}. \tag{2.4.2}$$

设 V 和 V^G 对应的表示分别为 $\mathfrak{X}$ 和 $\mathfrak{X}^G$. 下面来计算 $\mathrm{Tr}(\mathfrak{X}^G(g))$, 考察基底元素 $v\otimes r_i$ 贡献给 $\phi^G(g)$ 的取值 (见 2.1 节说明 (L)), 我们仅需计算 (2.4.2) 式中 $r_i=r_{ig}$ (即 $i=ig$) 的情形, 因此

$$\mathrm{Tr}(\mathfrak{X}^G(g)) = \sum_{i=ig}\mathrm{Tr}(\mathfrak{X}(h_i(g))).$$

由 (2.4.1) 式有

$$r_i = r_{ig} \Leftrightarrow r_igr_i^{-1} = h_i(g)\in H,$$

因此 $\phi^G(g) = \mathrm{Tr}(\mathfrak{X}^G(g)) = \sum_{i=1}^m\phi^0(r_igr_i^{-1})$. □

沿用定理 2.4.1 证明中的记号, 易见 G 置换作用在集合 $\{V\otimes r_i, 1\leqslant i\leqslant m\}$ 以及集合 $\{Hr_i, 1\leqslant i\leqslant m\}$ 上; 进一步, 由 (2.4.2) 式得

$$(V\otimes r_i)g = V\otimes r_j \Leftrightarrow Hr_ig = Hr_j,$$

因此 G 在上述两个集合上的作用方式完全一样.

定义 2.4.2 设 $H \leqslant G$, f 为 H 上的 $\mathbb{F}$-值类函数, 任取 $g \in G$, 定义 H^g 上的类函数 f^g 使得

$$f^g(h^g) = f(h), \qquad h \in H,$$

也即, 对任意 $a \in H^g$ 都有 $f^g(a) = f(gag^{-1})$.

引理 2.4.3 设 $H \leqslant G$, $\psi \in \mathrm{Ch}(\mathbb{F}[H])$, $g \in G$, 则 $\psi^g \in \mathrm{Ch}(\mathbb{F}[H^g])$, 且 $(\psi^g)^G = \psi^G$.

证 设 ψ 由 $\mathbb{F}[H]$-模 V 提供. 对于任意取定的 $g \in G$, 显然 $V \otimes g$ 为 $V^G = V \otimes_{\mathbb{F}[H]} \mathbb{F}(G)$ 的线性子空间. 注意到 $V \otimes g$ 按下述作用方式做成自然的 $\mathbb{F}[H^g]$-模

$$(v \otimes g)(h^g) = v \otimes hg = vh \otimes g, \tag{2.4.3}$$

所以 $V \otimes g$ 为 H^g-模 $V^G|_{H^g}$ 的子模. 记 H^g-模 $V \otimes g$ 提供的特征标为 μ, 由 (2.4.3) 式, $\mu(h^g) = \psi(h)$. 再者, 按定义 2.4.2 有 $\psi^g(h^g) = \psi(h)$, 这表明 $\psi^g = \mu$. 特别地, ψ^g 为 H^g 上的 $\mathbb{F}$-特征标. 进一步, 利用定理 2.4.1 中诱导特征标的计算公式, 简单验证即得 $(\psi^g)^G = \psi^G$. □

定义 2.4.4 设 V 是 $\mathbb{F}[G]$-模, W 是 V 的线性子空间, W 在 G 中的稳定化子 $\mathrm{Stab}_G(W)$ 定义为 $\mathrm{Stab}_G(W) = \{g \in G | \, Wg \subseteq W\}$.

显然, $\mathrm{Stab}_G(W) \leqslant G$, 故 $\mathrm{Stab}_G(W)$ 更经常地被称为 W 在 G 中的**稳定子群**.

设 W 是 $\mathbb{F}[G]$-模 V 的子空间, V 对应表示 $\mathfrak{X}$. 因为 $g \in G$ 在 $\mathfrak{X}$ 下的像为 V 上可逆线性变换, 所以 $Wg \subseteq W$ 等价于 $Wg = W$, 故

$$\mathrm{Stab}_G(W) = \{g \in G | \, Wg = W\}.$$

这也说明: 将 G 上的表示 $\mathfrak{X}$ 限制到子群 $\mathrm{Stab}_G(W)$ 上, 即为 $\mathrm{Stab}_G(W)$ 到 $\mathrm{GL}(W)$ 的群同态, 因此 W 成为 $\mathrm{Stab}_G(W)$-模. 因为 V, 即 $V|_{\mathrm{Stab}_G(W)}$, 也是自然的 $\mathrm{Stab}_G(W)$-模, 所以 W 是 V 的 $\mathrm{Stab}_G(W)$-子模. 注意这里的 W 一般不是 V 的 G-子模!

定义 2.4.5 设 V 是 $\mathbb{F}[G]$-模. 若 V 能写成子空间的直和 $V = W_1 \dotplus \cdots \dotplus W_k$, 其中 $k \geqslant 1$, 并且 G 可迁作用在 $\{W_1, \cdots, W_k\}$ 上, 即, 对任意 i, j 都存在 $g_{ij} \in G$ 使得 $W_i g_{ij} = W_j$, 则称 $V = W_1 \dotplus \cdots \dotplus W_k$ 为 V 的一个非本原分解; 进一步, 若 $k \geqslant 2$, 则称之为 V 的非平凡的非本原分解.

任意 $\mathbb{F}[G]$-模 V 都有 $V = V$ 这样一种平凡的非本原分解. 若 $V = W_1 \dotplus \cdots \dotplus W_k$ 为 V 的非平凡的非本原分解, 虽然 W_i 一定是 V 的 $\mathrm{Stab}_G(W_i)$-子模, 但由非本原分解的可迁性知 W_i 一定不是 V 的 G-子模!

下面的定理给出了诱导模和非本原分解之间的对应关系.

定理 2.4.6 设 V 为 $\mathbb{F}[G]$-模.

(1) 若 V 有非本原分解 $V=W_1\dotplus\cdots\dotplus W_k$, 则对任意 i 都有 $V\cong W_i\otimes_{\mathbb{F}[H_i]}\mathbb{F}[G]$, 其中 $H_i=\mathrm{Stab}_G(W_i)$; 此时, 如果 V 和 W_i 分别提供特征标 χ 和 θ_i, 那么 $\chi=\theta_i^G$.

(2) 若存在 $H\leqslant G$ 及 $\mathbb{F}[H]$-模 W 使得 $V=W\otimes_{\mathbb{F}[H]}\mathbb{F}[G]$, 则 V 有非本原分解 $V=W_1\dotplus\cdots\dotplus W_k$, 其中 $\mathrm{Stab}_G(W_1)=H$, 且 W 与 W_1 是同构的 $\mathbb{F}[H]$-模.

证 (1) 取定 $i\in\{1,\cdots,k\}$ 并记 $W=W_i$, 则 W 为 $\mathbb{F}[H_i]$-模, 其中 $H_i=\mathrm{Stab}_G(W_i)$. 设 T 为 G 关于子群 H_i 的右陪集代表系, 因为 G 可迁作用在 $W_1,\cdots,W_k$ 上, 所以

$$\{W_1,\cdots,W_k\}=\{Wt|\,t\in T\},$$

$$V=\dotplus_{t\in T}(Wt).$$

注意到 $W\otimes_{\mathbb{F}[H_i]}\mathbb{F}(G)=\dotplus_{t\in T}(W\otimes t)$, 将映射

$$w\otimes t\mapsto wt,\qquad w\in W,t\in T$$

线性扩充成 $W\otimes_{\mathbb{F}[H_i]}\mathbb{F}(G)$ 到 V 的映射, 易验证这是一个 $\mathbb{F}[G]$-模同构, 所以 $V\cong W_i\otimes_{\mathbb{F}[H_i]}\mathbb{F}[G]$. 特别地, 由诱导特征标的定义得 $\chi=\theta_i^G$.

(2) 若 $V=W\otimes_{\mathbb{F}[H]}\mathbb{F}[G]$, 由定理 2.4.1 的证明知道 $V=\dotplus_{t\in T}(W\otimes t)$, 其中 T 为 G 关于子群 H 的右陪集代表系. 因为 G 按照完全一样的方式置换作用在集合 $\{W\otimes t,t\in T\}$ 以及集合 $\{Ht,t\in T\}$ 上, 而且 G 可迁作用在 $\{Ht,t\in T\}$ 上, 所以 G 也可迁作用在 $\{W\otimes t,t\in T\}$ 上, 这表明 $V=\dotplus_{t\in T}(W\otimes t)$ 是 V 的一个非本原分解.

在 T 中取 t 使得 $t\in H$, 记 $W_1=W\otimes t$, 则 $W_1=W\otimes 1\cong W$. 因为 $W_1\cong W$ 是 H-模, 所以 $\mathrm{Stab}_G(W_1)\geqslant H$. 注意到 G 可迁作用在 $\{W\otimes t,t\in T\}$ 上, 必有 $\mathrm{Stab}_G(W_1)=H$. □

引理 2.4.7 设 $H\leqslant K\leqslant G$, W 为 $\mathbb{F}[H]$-模, 则 $W^G\cong(W^K)^G$.

证 由张量积定义易见 $\mathbb{F}[K]\otimes_{\mathbb{F}[K]}\mathbb{F}[G]\cong\mathbb{F}[G]$, 再由张量积的结合律 (例 1.1.13) 得

$$(W\otimes_{\mathbb{F}[H]}\mathbb{F}[K])\otimes_{\mathbb{F}[K]}\mathbb{F}[G]\cong W\otimes_{\mathbb{F}[H]}(\mathbb{F}[K]\otimes_{\mathbb{F}[K]}\mathbb{F}[G])\cong W\otimes_{\mathbb{F}[H]}\mathbb{F}[G],$$

即 $(W^K)^G\cong W^G$. □

在引理 2.4.7 中, W^G 是一个张量积 (其唯一性建立在同构意义下), 为简便计我们常将 $(W^K)^G$ 视同为 W^G.

接下来, 我们考察不可约 $\mathbb{F}[G]$-模的诱导性, 介绍相关概念并作必要的说明. 本小节余下部分, 我们总设 V 是一个不可约 $\mathbb{F}[G]$-模, 对应 G 上不可约 $\mathbb{F}$-表示 $\mathfrak{X}$, 并提供 G 上的不可约 $\mathbb{F}$-特征标 χ.

(A) 假设 V 由 G 的某个子群 H 上的模 W 诱导得到, 我们断言 W 一定不可约. 否则, W 有真子模 W_1, 易见 $W_1 \otimes_{\mathbb{F}[H]} \mathbb{F}[G]$ 是 $W \otimes_{\mathbb{F}[H]} \mathbb{F}[G] = V$ 的子模, 再考察维数知前者为后者的真子模, 这与 V 的不可约性矛盾. 因此 W 必是不可约的 $\mathbb{F}[H]$-模.

这也说明, 若 χ 可以由某个子群 H 上的特征标 ϕ 诱导得到, 则 ϕ 一定不可约.

(B) 若 V 不能由 G 的任何真子群上的模诱导得到, 则称 V 为**本原 $\mathbb{F}[G]$-模**, 此时也称 χ 为**本原特征标**, 因此 V 本原当且仅当 χ 本原. 由定理 2.4.6 易见, V 本原的充要条件是 V 只有平凡的非本原分解; χ 本原的充要条件是 χ 不能由真子群上的特征标诱导得到.

注意, 凡言及本原模 (本原特征标), 其前提必须是不可约模 (不可约特征标).

(B1) 我们断言: 对于不可约 $\mathbb{F}[G]$-模 V, 必存在子群 $H \leqslant G$ 及本原 $\mathbb{F}[H]$-模 W 使得 $V = W^G$.

证 若 V 本原, 则取 $H = G$, $W = V$ 即可. 若 V 非本原, 则有 G 的真子群 K 及 K 上的不可约模 L 使得 $V = L^G$, 这里 L 的不可约性见说明 (A). 对于不可约 $\mathbb{F}[K]$-模 L, 由归纳假设, 存在 K 的子群 H 及本原 H-模 W 使得 $L = (W)^K$. 由引理 2.4.7 得 $V = W^G$, 断言成立. □

(B2) 我们断言: 对于不可约 $\mathbb{F}[G]$-模 V, 若 $V = W^G$ 且 W 为子群 H 上的本原模, 则 $H = \mathrm{Stab}_G(W)$.

证 记 $S = \mathrm{Stab}_G(W)$, 因 W 是 H-模, H 必稳定 W, 故 $H \leqslant S$. 注意: W^S 和 W 都是 S-模. 反设 $H < S$. 因为 $\dim(W^S) = |S : H| \dim(W) > \dim(W)$, 所以 W 是 W^S 的真 S-子模 (将 W 视同为 $W \otimes 1$), 这表明 W^S 可约. 但是, 由引理 2.4.7 有 $V \cong (W^S)^G$, 再由说明 (A) 知 W^S 一定不可约, 矛盾. 因此必有 $H = \mathrm{Stab}_G(W)$. □

(C) 若 V 可以由 G 的某个子群 (不一定真子群) 的某个一维模诱导得到, 则称 V 为**单项 $\mathbb{F}[G]$-模**, 此时也称 χ 为**单项特征标**. 因此, 不可约特征标 χ 是单项的充要条件是, 存在 $H \leqslant G$, $\lambda \in \mathrm{Lin}(H)$ 使得 $\chi = \lambda^G$.

若 V 是单项 G-模, 由单项模的定义和定理 2.4.6, 存在子群 $H \leqslant G$ 及一维 H-模 W 使得 V 有非本原分解 $V = \dot{+}_{t\in T}(W \otimes t)$, 其中 T 是 G 关于子群 H 的右陪集代表系. 取 $0 \neq w \in W$, 对于任意 $g \in G$, 考察 $\mathfrak{X}(g)$ 在 V 的基底 $\{w \otimes t | t \in T\}$ 下的矩阵, 易见这个矩阵为**单项矩阵**, 即该矩阵的每行每列都有且仅有一个非零元素. 因此, 我们形象地称 $\mathfrak{X}$ 为**单项表示**, 称对应的模 V 和特征标 χ 分别为单项模和单项特征标.

(D) 本原模 (本原特征标) 与单项模 (单项特征标) 是两个方向相反的极端情

形, 通俗地说, 单项模 (单项特征标) 的诱导性最强, 而本原模 (本原特征标) 的诱导性最弱. 由定义, 一维模及线性特征标既是单项的又是本原的.

2.4.2 复数域上的诱导特征标

本节的余下部分, 我们回到复数域上讨论.

在复数域上, 不但可以讨论特征标的诱导, 而且可以讨论更一般的类函数的诱导. 设 $H \leqslant G$, $\phi \in \mathrm{CF}(H)$, 即 ϕ 为 H 上的复值类函数, 定义 G 上的复值函数 ϕ^G 为

$$\phi^G(g) = \frac{1}{|H|}\sum_{x\in G}\phi^0(xgx^{-1}),$$

其中

$$\phi^0(t) = \begin{cases} \phi(t), & 若\quad t \in H, \\ 0, & 若\quad t \notin H. \end{cases}$$

定理 2.4.8 设 $H \leqslant G$, $\phi \in \mathrm{CF}(H)$, 我们有:

(1) $\phi^G \in \mathrm{CF}(G)$, 且对任意 $g \in G$, 都有 $\phi^G(g) = \sum_{t\in T}\phi^0(tgt^{-1})$, 这里 T 为 G 关于子群 H 的右陪集代表系.

(2) 若 $H \leqslant K \leqslant G$, 则 $\phi^G = (\phi^K)^G$.

(3) 若 $\phi_1, \phi_2 \in \mathrm{CF}(H)$, $c_1, c_2 \in \mathbb{C}$, 则 $(c_1\phi_1 + c_2\phi_2)^G = c_1\phi_1^G + c_2\phi_2^G$.

(4) (Frobenius 反转律①) 设 $\chi \in \mathrm{CF}(G)$, 则 $[\phi^G, \chi]_G = [\phi, \chi_H]_H$.

(5) (Mackey 引理) 若 $K \leqslant G$ 满足 $HK = G$, 则 $(\phi^G)_K = (\phi_{H\cap K})^K$.

(6) 若 ϕ 为 H 上的特征标, 则 ϕ^G 恰是定理 2.4.1 意义下的诱导特征标, 且有 $\phi^G(1) = |G:H|\phi(1)$, $\ker(\phi^G) = \bigcap_{x\in G}\ker(\phi^x) = \bigcap_{x\in G}(\ker\phi)^x$.

证 这些都可以由定义直接验证得到, 下面仅证 (4)–(6).

(4) 我们有

$$[\phi^G, \chi] = \frac{1}{|G|}\sum_{g\in G}\phi^G(g)\overline{\chi(g)} = \frac{1}{|G|}\frac{1}{|H|}\sum_{g\in G}\sum_{x\in G}\phi^0(xgx^{-1})\overline{\chi(g)},$$

再令 $y = xgx^{-1}$, 得

$$[\phi^G, \chi] = \frac{1}{|G|}\frac{1}{|H|}\sum_{y\in G}\sum_{x\in G}\phi^0(y)\overline{\chi(y)} = \frac{1}{|H|}\sum_{y\in H}\phi(y)\overline{\chi(y)} = [\phi, \chi_H].$$

(5) 显然 $\phi_{H\cap K}$ 为 $H \cap K$ 上的类函数. 取 T 为 K 关于子群 $H \cap K$ 的右陪集代表系, 因为 $G = HK$, 易见 T 也是 G 关于子群 H 的右陪集代表系. 任取

① 另两条重要的反转律见命题 2.5.7 和 (2.5.2) 式, Mackey 引理也常称为反转律.

$k \in K$, $t \in T$, 注意到 $T \subseteq K$, 推出

$$tkt^{-1} \in H \Leftrightarrow tkt^{-1} \in H \cap K,$$

故总有 $\phi^0(tkt^{-1}) = (\phi_{H\cap K})^0(tkt^{-1})$, 再结合 (1) 得

$$\phi^G(k) = \sum_{t\in T} \phi^0(tkt^{-1}) = \sum_{t\in T}(\phi_{H\cap K})^0(tkt^{-1}) = (\phi_{H\cap K})^K(k),$$

因此 $(\phi^G)_K = (\phi_{H\cap K})^K$.

(6) 由 (1) 知 ϕ^G 恰是定理 2.4.1 意义下的诱导特征标. 由定义有 $\phi^G(1) = |G:H|\phi(1)$. 注意到

$$g \in \ker\phi^G \Leftrightarrow \phi^0(xgx^{-1}) = \phi(1), \forall x \in G \Leftrightarrow g \in \bigcap_{x\in G} \ker\phi^x,$$

再者, 由 ϕ^x 的定义易见 $\ker\phi^x = (\ker\phi)^x$, (6) 成立. □

特征标的诱导和限制在特征标的理论推演中极其重要! 我们再作以下说明.

(E) 若 $H \leqslant G$, $\mu \in \mathrm{Ch}(G)$, 由 2.1 节说明 (J) 得 $\mu_H \in \mathrm{Ch}(H)$, 再由推论 2.2.16 又有

$$\mu_H = \sum_{\phi\in\mathrm{Irr}(H)} a_\phi\phi,$$

其中 $a_\phi = [\mu_H, \phi] = [\mu, \phi^G] \in \mathbb{N}$, 且这些非负整数 a_ϕ 不全为零.

(F) 若 $H \leqslant G$, $\nu \in \mathrm{Ch}(H)$, 由定理 2.4.1 有 $\nu^G \in \mathrm{Ch}(G)$, 故 ν^G 可表为

$$\nu^G = \sum_{\chi\in\mathrm{Irr}(G)} b_\chi\chi,$$

其中 $b_\chi = [\nu^G, \chi] = [\nu, \chi_H] \in \mathbb{N}$, 且这些非负整数 b_χ 不全为零.

当 ν 不可约时, 特征标 ν^G 的不可约成分集合 $\mathrm{Irr}(\nu^G)$ 也常记为 $\mathrm{Irr}(G|\nu)$.

(G) 设 $H \leqslant G$, $\chi \in \mathrm{Irr}(G), \lambda \in \mathrm{Irr}(H)$. 假设 χ 是 λ^G 的不可约成分, 即 $[\chi, \lambda^G] \neq 0$, 由反转律, 这也等价地说, λ 是 χ_H 的不可约成分, 也即 $[\lambda, \chi_H] \neq 0$, 此时我们形象地称 λ 在 χ 的下方, 或 χ 在 λ 的上方.

(H) 设 $H \leqslant K \leqslant G$, $\lambda \in \mathrm{Irr}(H), \chi \in \mathrm{Irr}(G)$. 若 λ 在 χ 的下方, 即 χ 在 λ 的上方, 则存在 $\psi \in \mathrm{Irr}(K)$ 使得

$$\psi \in \mathrm{Irr}(\chi_K) \cap \mathrm{Irr}(\lambda^K),$$

即, 存在 $\psi \in \mathrm{Irr}(K)$ 使得 ψ 既在 χ 的下方又在 λ 的上方.

证 设 $\lambda^K = \sum_{\phi\in\mathrm{Irr}(K)} a_\phi\phi$, 注意到 $\lambda^G = (\lambda^K)^G$, 我们有

$$0 \neq [\chi, \lambda^G] = \left[\chi, \left(\sum_{\phi\in\mathrm{Irr}(K)} a_\phi\phi\right)^G\right] = \left[\chi, \sum_{\phi\in\mathrm{Irr}(K)} a_\phi\phi^G\right] = \sum_{\phi\in\mathrm{Irr}(K)} a_\phi[\chi, \phi^G].$$

这说明必有 $\psi \in \operatorname{Irr}(K)$ 使得 a_ψ 和 $[\chi, \psi^G]$ 都不为零. 由 $[\lambda^K, \psi] = a_\psi \neq 0$, 推出 ψ 在 λ 的上方. 由 $[\chi, \psi^G] \neq 0$, 推出 ψ 在 χ 的下方. □

(I) 设 $H \leqslant G$, $g \in G$, ϕ 为 H 上的类函数, 则 ϕ^g 为 H^g 上的类函数, 见定义 2.4.2.

由引理 2.4.3 得: $\phi^G = (\phi^g)^G$, 且 $\phi \in \operatorname{Ch}(H) \Leftrightarrow \phi^g \in \operatorname{Ch}(H^g)$.

容易验证 $[\phi, \phi]_H = [\phi^g, \phi^g]_{H^g}$, 故由推论 2.2.16 得: $\phi \in \operatorname{Irr}(H) \Leftrightarrow \phi^g \in \operatorname{Irr}(H^g)$.

(J) 类似于定理 2.4.8(5) 的证明, 可以证明下面更一般的 Mackey 引理: 设 T, U 为 G 的子群, G 有双陪集分解 $G = \bigcup_{j=1}^m U r_j T$, 则对 U 的任意特征标 ψ 都有

$$(\psi^G)_T = \sum_{1 \leqslant j \leqslant m} ((\psi^{r_j})|_{U^{r_j} \cap T})^T,$$

其中 ψ^{r_j} 为 U^{r_j} 上的特征标. 特别地, 若 $G = UT$, 则 $(\psi^G)_T = (\psi_{U \cap T})^T$.

诱导特征标与转移理论有紧密联系, 事实上, 许多用转移理论证明的群性质也可以用诱导特征标理论来证明, 下面给出一个例子.

例 2.4.9 若 G 有交换的 Sylow p-子群, 则 $p \nmid |G' \cap \mathbf{Z}(G)|$.

证 否则, 取 $P \in \operatorname{Syl}_p(G)$, 取 U 为 $G' \cap \mathbf{Z}(G)$ 中的 p 阶子群, 显然 $U \leqslant P$. 取 $\lambda \in \operatorname{Irr}^\sharp(U)$, 即 λ 为 U 的一个非主不可约特征标, 令 θ 为 λ^P 的一个不可约成分. 由 Frobenius 反转律知 λ 为 θ_U 的不可约成分. 因为 P, U 交换, 得 $\theta(1) = \lambda(1) = 1$, 所以 $\theta_U = \lambda$.

因为 $\theta^G(1) = |G : P|$ 与 p 互素, 所以存在 $\chi \in \operatorname{Irr}(\theta^G)$ 使得 $p \nmid \chi(1)$. 注意到 θ 在 χ 的下方, 而且 λ 又在 θ 的下方, 故 λ 在 χ 的下方, 即 $\lambda \in \operatorname{Irr}(\chi_U)$. 因 $U \leqslant \mathbf{Z}(G)$, 由定理 2.3.5 得 $\chi_U = \chi(1)\lambda$, 此时

$$\det\chi|_U = \lambda^{\chi(1)},$$

这里 $\lambda^{\chi(1)}$ 见命题 2.2.6 上面的定义. 因为 $U \leqslant G'$ 且 $\det\chi$ 为 G 的线性特征标, 所以 $\det\chi|_U = 1_U$, 即 $\lambda^{\chi(1)} = 1_U$, 得 $o(\lambda) \mid \chi(1)$. 但 $\operatorname{Irr}(U) \cong U$ 是 p 阶群, 故 $o(\lambda) = p$, 这与 $p \nmid \chi(1)$, 矛盾. □

2.4.3 置换特征标

一个有限群可以作用在一般集合上, 也可以作用在有限群及向量空间等特殊对象上. 我们先回顾一些群作用的基本概念.

定义 2.4.10 设 G 是有限群, Ω 是非空集合. 如果对任意 $g \in G$, $\omega \in \Omega$, 都存在 Ω 中唯一的元素与之对应, 这个唯一的元素记为 $\omega \cdot g$, 且对任意 $\omega \in \Omega$, $g_1, g_2 \in G$ 都有

$$\omega \cdot (g_1 g_2) = (\omega \cdot g_1) \cdot g_2,$$

$$\omega \cdot 1 = \omega,$$

则称 G 作用在 Ω 上, 也称 Ω 为一个 G-集.

在上述定义中, 取定 $g \in G$, 令 $\mathfrak{X}(g) : \omega \mapsto \omega \cdot g$. 因为 $\omega \cdot (gg^{-1}) = \omega$, 所以 $\mathfrak{X}(g)$ 为 Ω 上的可逆变换, 即 $\mathfrak{X}(g) \in \mathrm{S}_\Omega$. 因此 $\mathfrak{X} : g \mapsto \mathfrak{X}(g)$ 为 G 到对称群 S_Ω 的一个群同态. 这表明: **G 作用在 Ω 上, 或 Ω 是一个 G-集, 即是定义好了一个从 G 到 S_Ω 的群同态**.

设 Ω 是一个 G-集, 相应群同态为 $\mathfrak{X}$. 在一般环境下, 如同定义 2.4.10, $\omega \in \Omega$ 在 $\mathfrak{X}(g)$ 下的像记为 $\omega \cdot g$, 这时群同态符号 $\mathfrak{X}$ 就完全隐去了. 需要注意的是, 在特定的作用环境下, Ω 中元素在 $\mathfrak{X}(g)$ 下的像有其他更 "合理" 的记述方式.

设 G 作用在 Ω 上, 相应群同态为 $\mathfrak{X}$. 若 $\Omega = V$ 是一个 n 维 $\mathbb{F}$-向量空间且 $\mathfrak{X}(G) \leqslant \mathrm{GL}(V)$, 此时易见 V 即为一个 $\mathbb{F}[G]$-模, 这表明群表示是特殊的群作用. 进一步, 若 $\mathfrak{X}$ 单, 则 V 是忠实 $\mathbb{F}[G]$-模, 此时 $G \lesssim \mathrm{GL}(V) \cong \mathrm{GL}(n, \mathbb{F})$, 所以也称 G 为 $\mathbb{F}$ 上一个 **n 次线性群**.

设 G 作用在 Ω 上, 相应群同态为 $\mathfrak{X}$. 若 $\Omega = H$ 也是一个有限群且 $\mathrm{Im}(\mathfrak{X}) \leqslant \mathrm{Aut}(H)$, 则称 G **按自同构作用在群 H 上**. 很多时候 "按自同构" 不会明确标注, 所以需要从上下文判断是 "G 按自同构作用在群 H 上" 还是 "群 G 作用在集合 H 上". 在本书中, 我们约定: **除非特别标注, 群作用在群上都是指按自同构作用**.

若 Ω 是一个有限 G-集, 此时也称 G **置换作用**在集合 Ω 上. 若相应的群同态 $\mathfrak{X}$ 是单射, 则称 G 忠实 (置换) 作用在 Ω 上, 此时 $G \lesssim \mathrm{S}_\Omega$, 所以也称 G 为 Ω 上的**置换群**. n 元集合上的置换群也称为 n 次置换群.

设 Ω 是一个 G-集, 在一般环境下, 我们用 G_ω 表示 ω 在 G 中的**稳定子群**, 即 $G_\omega = \{g \in G |\, w \cdot g = w\}$, 于是 ω 所在的 G-轨道 $\{\omega \cdot g |\, g \in G\}$ 的长度为 $|G : G_\omega|$.

设 G-集 Ω. 显然 Ω 能分解成若干个 G-轨道, 假若只有一个 G-轨道, 则称 G **可迁或传递**作用在 Ω 上. 一般地, 若对 Ω 的任何两个 k-元有序子列 $(\alpha_1, \cdots, \alpha_k)$, $(\alpha'_1, \cdots, \alpha'_k)$, 都存在 $g \in G$ 使得 $(\alpha_1 \cdot g, \cdots, \alpha_k \cdot g) = (\alpha'_1, \cdots, \alpha'_k)$, 则称 G 在 Ω 上的作用 **k-可迁**. 显然 k-可迁作用必是可迁作用.

设 Ω 是一个可迁 G-集. 任取 $\omega \in \Omega$, 易见 G_ω 也作用在 Ω 上, 且 Ω 的 G_ω-轨道数与 ω 的选取无关, 我们把 Ω 的 G_ω-轨道数称为可迁 G-集 Ω 的**秩**. 容易看到: G 在 Ω 上作用是 2-可迁的充要条件是, G-集 Ω 的秩为 2, 也即 G_α 可迁作用在 $\Omega \setminus \{\alpha\}$ 上.

设 G-集 Ω, $H \subseteq G$, $\omega \in \Omega$. 若对任意 $h \in H$ 都有 $\omega \cdot h = \omega$, 则称 ω 为一个 **H-不动点**.

下面来介绍置换特征标. 设 Ω 是一个有限 G-集, 令 V 为由 Ω 中元素作为基

底生成的 $\mathbb{C}$-向量空间, 令

$$\left(\sum_{\alpha\in\Omega} a_\alpha\alpha\right)\cdot g=\sum_{\alpha\in\Omega} a_\alpha(\alpha\cdot g),\qquad g\in G,$$

易见 V 成为自然的右 G-模, 称之为由 G-集 Ω 导出的 G 上的**置换模**. 显然

$$V=\dot{+}_{\beta\in\Omega}\mathbb{C}\beta. \tag{2.4.4}$$

令 π 为由置换模 V 提供的特征标, 称之为**置换特征标**. 不难看到

$$\pi(g)=|\{\alpha\in\Omega|\,\alpha\cdot g=\alpha\}|, \tag{2.4.5}$$

即, $\pi(g)$ 恰是 Ω 中的 g-不动点数目.

命题 2.4.11 设 Ω 是一个有限 G-集, 提供置换特征标 π, 则以下结论成立:

(1) 若 Ω 是可迁 G-集, $H=G_\alpha$, 其中 $\alpha\in\Omega$, 则 $\pi=(1_H)^G$.

(2) 若 Ω 有 d 个 G-轨道, 则存在 G 的子群 $H_1,\cdots,H_d$, 使得

$$\pi=\sum_{1\leqslant i\leqslant d}(1_{H_i})^G,\quad 且\quad d=[\pi,1_G]=\frac{1}{|G|}\sum_{g\in G}\pi(g).$$

(3) 若 Ω 是可迁 G-集, 则 $[\pi,\pi]=r$, 这里 r 是可迁 G-集 Ω 的秩.

(4) Ω 是 2-可迁 G-集当且仅当 $\pi=1_G+\psi$, 这里 $\psi\in\mathrm{Irr}^\sharp(G)$.

证 (1) 因为 Ω 是可迁 G-集, 所以 $V=\dot{+}_{\beta\in\Omega}\mathbb{C}\beta$ 是置换模 V 的一个非本原分解. 显然 V 的子空间 $\mathbb{C}\alpha$ 在 G 中的稳定子群 $\mathrm{Stab}_G(\mathbb{C}\alpha)$ 恰是 $G_\alpha=H$, 而 H-模 $\mathbb{C}\alpha$ 恰好提供特征标 1_H, 应用定理 2.4.6 即得结论.

(2) 令 $\alpha_1,\cdots,\alpha_d$ 为 Ω 的 G-轨道代表系. 显然 G 可迁作用在每个 G-轨道 $\{\alpha_i\cdot g|\,g\in G\}$ 上, 因而提供 G 上的置换特征标 π_i, 这里 $i=1,\cdots,d$. 由 (2.4.5) 式易见 $\pi=\sum_{i=1}^d\pi_i$. 另外, 由 (1) 有 $\pi_i=(1_{G_{\alpha_i}})^G$, 因此 $\pi=\sum_{1\leqslant i\leqslant d}(1_{G_{\alpha_i}})^G$. 再者, 由反转律有

$$[\pi_i,1_G]=[(1_{G_{\alpha_i}})^G,1_G]=[1_{G_{\alpha_i}},(1_G)_{G_\alpha}]=[1_{G_{\alpha_i}},1_{G_{\alpha_i}}]=1,$$

故 $[\pi,1_G]=\sum_{1\leqslant i\leqslant d}[\pi_i,1_G]=d$.

(3) 令 μ 为 G_α 作用在 Ω 上导出的 G_α 上的置换特征标, 由 (2) 有 $[\mu,1_{G_\alpha}]=r$. 注意到 $\mu=\pi|_{G_\alpha}$ 且 $\pi=(1_{G_\alpha})^G$, 推出 $[\pi,\pi]=[\pi,(1_{G_\alpha})^G]=[\pi|_{G_\alpha},1_{G_\alpha}]=[\mu,1_{G_\alpha}]=r$.

(4) 若作用是 2-可迁的, 由 (1) 和 (3) 分别得到 $[\pi,1_G]=1$ 和 $[\pi,\pi]=2$. 将 π 写成 $\mathrm{Irr}(G)$ 的非负整系数线性组合, 计算 $[\pi,\pi]$ 即得结论. 反之, 同样由 (2) 和 (3) 得出所要结论. □

设 $H\leqslant G$, 我们用 $\Omega(G:H)$ **表示 G 关于子群 H 的右陪集集合**. 显然 G 按右乘可迁作用在 $\Omega(G:H)$ 上, 且该作用的核为 $\bigcap_{g\in G}H^g$, 这个核记为 $\mathrm{Core}_G(H)$ 或简记为 H_G, 并称它为 H 在 G 中的核.

下面来分析可迁 G-集导出的 G 上置换特征标与形如 $(1_H)^G$ 的诱导特征标之间的关系. 首先, 若 π 为某可迁 G-集导出的置换特征标, 由命题 2.4.11(1), 必存在 $H \leqslant G$ 使得 $\pi = (1_H)^G$. 反之, 设 $H \leqslant G$, 则 G 按右乘可迁作用在 $\Omega(G:H)$ 上, 因为 $H \in \Omega(G:H)$ 在该 G 作用下的稳定子群为 H, 由命题 2.4.11(1) 得, $(1_H)^G$ 恰是由 G-集 $\Omega(G:H)$ 导出的置换特征标.

本小节余下部分, 将考察两个 G-集之间的联系.

定义 2.4.12　设 Ω_1, Ω_2 是两个 G-集, 若存在 Ω_1 到 Ω_2 的双射 μ, 使得对任意 $g \in G$ 以及任意 $\alpha \in \Omega_1$ 都有

$$\mu(\alpha \cdot g) = \mu(\alpha) \cdot g,$$

则称 Ω_1, Ω_2 是两个同构 G-集, 记为 $\Omega_1 \cong_G \Omega_2$, 或 $\Omega_1 \cong \Omega_2$, 也称 μ 为 Ω_1 到 Ω_2 的 G-同构.

若 Ω_1, Ω_2 是两个同构的有限 G-集, 则称 G 置换同构地作用在 Ω_1 和 Ω_2 上.

命题 2.4.13　设有限 G-集 Ω_i 分别导出置换模 V_i 和置换特征标 π_i, $i = 1, 2$, 则以下结论成立:

(1) $V_1 \cong_G V_2$ 当且仅当 $\pi_1 = \pi_2$.

(2) 若 Ω_1, Ω_2 为同构 G-集, 则 $\pi_1 = \pi_2$.

(3) 若 $\pi_1 = \pi_2$, 则 Ω_1 与 Ω_2 的 G-轨道数相同.

证　(1) 这是因为两个 $\mathbb{C}[G]$-模同构当且仅当它们提供的特征标相等.

(2) 由同构 G-集的定义易得结论.

(3) 由命题 2.4.11(2), Ω_i 的 G-轨道数等于 $[\pi_i, 1_G]$, 故得结论. □

在上述命题环境下, 我们已经看到, 若 Ω_1, Ω_2 是两个同构 G-集, 即 G 置换同构地作用在 Ω_1 和 Ω_2 上, 则必有 $\pi_1 = \pi_2$ (也即 V_1 和 V_2 为两个同构 G-模). 反之,

当 $\pi_1 = \pi_2$ 时, Ω_1 和 Ω_2 是否一定是同构 G-集?

答案是否定的①, 我们来分析一下其缘由. 若 Ω_1 和 Ω_2 为两个同构 G-集, 由定义易见, 对 G 的任意子集 K, Ω_1 中的 K-不动点个数都等于 Ω_2 中的 K-不动点个数, 即

$$|\{\alpha \in \Omega_1 | \alpha \cdot k = \alpha, \forall k \in K\}| = |\{\beta \in \Omega_2 | \beta \cdot k = \beta, \forall k \in K\}|;$$

而 $\pi_1 = \pi_2$ 仅仅是说, 对任意 $g \in G$, Ω_1 中的 g-不动点个数都等于 Ω_2 中的 g-不动点个数.

引理 2.4.14　设 Ω 和 Λ 是两个有限 G-集, 则 $\Omega \cong_G \Lambda$ 的充分必要条件是, 对任意 $H \leqslant G$, Ω 中 H-不动点个数都等于 Λ 中 H-不动点个数.

---

① 具体反例见 [7, 第 5 章, 例 20.10].

证 我们仅需证明充分性, 对 $|\Omega|$ 作归纳. 令 $H \leqslant G$ 极大使得 Ω 中有 H-不动点 (这样的子群 H 必存在, 因为 1 稳定 Ω 中所有元). 设 H 稳定点 $\omega \in \Omega$, 由条件 H 也稳定某点 $\lambda \in \Lambda$. 由 H 的极大性有

$$G_\omega = H = G_\lambda.$$

令 $\mathcal{O}_\omega$ 为 ω 所在的 G-轨道, $\mathcal{O}_\lambda$ 为 λ 所在的 G-轨道, 令

$$\Omega = \mathcal{O}_\omega \cup \Omega_1, \quad \Lambda = \mathcal{O}_\lambda \cup \Lambda_1,$$

其中 $\mathcal{O}_\omega \cap \Omega_1 = \varnothing$, $\mathcal{O}_\lambda \cap \Lambda_1 = \varnothing$. 定义 $\alpha_0 : \mathcal{O}_\omega \to \mathcal{O}_\lambda$ 使得

$$\alpha_0(\omega \cdot g) = \lambda \cdot g,$$

易见 α_0 是双射, 且对任意 $\nu \in \mathcal{O}_\omega$ 和任意 $g \in G$ 都有 $\alpha_0(\nu \cdot g) = \alpha_0(\nu) \cdot g$, 因此 α_0 是 $\mathcal{O}_\omega$ 到 $\mathcal{O}_\lambda$ 的置换同构, 特别地, G 的任意子群 K 在 $\mathcal{O}_\omega$ 和 $\mathcal{O}_\lambda$ 上有相同的不动点个数. 这又推出 G 的任意子群 K 在 Ω_1 和 Λ_1 上有相同的不动点数. 注意到 Ω_1 和 Λ_1 也是两个 G-集, 由归纳假设得 $\Omega_1 \cong_G \Lambda_1$, 即存在 Ω_1 到 Λ_1 的置换同构 α_1. 将 α_0 和 α_1 合起来, 即得 Ω 到 Λ 的置换同构, 故 $\Omega \cong_G \Lambda$. □

2.4.4 Brauer 置换引理

定理 2.4.15 (Brauer 置换引理) *设 S 和 G 为两个有限群, 它们满足以下条件:*

(1) 群 S 置换作用在集合 G 上[①], *任取 $g \in G$, 任取 $s \in S$, g 在 s 作用下的像形式地记为 g^s, 显然 $g^s \in G$;*

(2) S 也作用在 G 的共轭类集合 $\mathrm{Con}(G)$ 上, 任取 $g^G \in \mathrm{Con}(G)$, 任取 $s \in S$, g^G 在 s 作用下的像形式地记为 $(g^G)^s$[②], *且满足 $(g^G)^s = (g^s)^G$;*

(3) S 还作用在 $\mathrm{Irr}(G)$ 上, 任取 $\chi \in \mathrm{Irr}(G)$, 任取 $s \in S$, χ 在 s 作用下的像形式地记为 χ^s[③], *且对任意 $g \in G$ 满足 $\chi^s(g) = \chi(g^{s^{-1}})$,*

则 S 在 $\mathrm{Con}(G)$ 和 $\mathrm{Irr}(G)$ 上的作用导出相同的置换特征标, 即, 对每个 $s \in S$, s-不变的 G 的不可约特征标个数等于 s-不变的 G 的共轭类个数.

证 设 $\chi_i, Y_j, i, j = 1, \cdots, k$ 分别为 G 的全部不可约特征标以及 G 的全部共轭类. 任意取定 $s \in S$, 由 s 在 G 及 $\mathrm{Con}(G)$ 上的作用所满足的性质, 我们可取到 $g_1 \in Y_1, \cdots, g_k \in Y_k$ 使得在 $Y_i^s = Y_j$ 时有 $g_i^s = g_j$. 注意这时 G 的特征标表为 $T = (\chi_i(g_j))_{k\times k}$. 定义两个 k 级方阵 $P_s = (p_{ij})$ 和 $Q_s = (q_{ij})$ 如下:

$$p_{ij} = \begin{cases} 1, & \chi_i^s = \chi_j, \\ 0, & \chi_i^s \neq \chi_j, \end{cases} \qquad q_{ij} = \begin{cases} 1, & Y_i^s = Y_j, \\ 0, & Y_i^s \neq Y_j, \end{cases}$$

① 不要求按自同构作用.

② 当然有 $(g^G)^s \in \mathrm{Con}(G)$.

③ 当然有 $\chi^s \in \mathrm{Irr}(G)$.

于是矩阵 P_sT 和矩阵 TQ_s 的 (u,v)-元素分别为

$$\sum_{1\leqslant i\leqslant k} p_{ui}\chi_i(g_v)=\chi_u^s(g_v),$$

$$\sum_{1\leqslant j\leqslant k} \chi_u(g_j)q_{jv}=\chi_u(g_v^{s^{-1}})=\chi_u^s(g_v),$$

因此 $P_sT=TQ_s$, 即 $Q_s=T^{-1}P_sT$, 这里 T 的可逆性由正交关系所保证, 从而 $\mathrm{Tr}(Q_s)=\mathrm{Tr}(P_s)$, 即得结论. □

我们作几点说明.

(K) 在定理 2.4.15 环境下, 因为两个 S-集 $\mathrm{Con}(G)$ 和 $\mathrm{Irr}(G)$ 导出了相同的置换特征标, 所以由命题 2.4.13(3) 推出, 这两个 S-集有相同的 S-轨道数.

(L) 在定理 2.4.15 环境下, 任意取定 S 的循环子群 A. 对于 A 的任意子群 $A_0=\langle a\rangle$, 由该定理推出: $\mathrm{Con}(G)$ 中的 a-不动点数目等于 $\mathrm{Irr}(G)$ 中的 a-不动点数目, 即, $\mathrm{Con}(G)$ 中的 A_0-不动点数目等于 $\mathrm{Irr}(G)$ 中的 A_0-不动点数目. 应用引理 2.4.14 得, $\mathrm{Con}(G)\cong_A \mathrm{Irr}(G)$, 即 $\mathrm{Con}(G)$ 和 $\mathrm{Irr}(G)$ 是两个同构 A-集. 由此又有, 每个 $s\in S$ 作用在 $\mathrm{Con}(G)$ 和 $\mathrm{Irr}(G)$ 上有相同形式的轨道分解.

(M) 设 $S\leqslant G$, $N\trianglelefteq G$, 此时

- S 按通常的共轭方式作用在 N 上.
- S 也按通常的共轭方式作用在 $\mathrm{Con}(N)$ 上, 且对 $n^N\in\mathrm{Con}(N)$, $s\in S$, 有 $(n^N)^s=(n^s)^N\in\mathrm{Con}(N)$.
- 任取 $\chi\in\mathrm{Irr}(N)$, 任取 $s\in S$, 我们按定义 2.4.2 的方式得到 $N(=N^s)$ 上的不可约特征标 χ^s, 见 2.4.2 小节说明 (I). 进一步, 显然有 $\chi^1=\chi$, 这里 1 为 S 的单位元, $\chi^{s_1s_2}=(\chi^{s_1})^{s_2}$, 这里 $s_1,s_2\in S$, 故 S 也作用在 $\mathrm{Irr}(N)$ 上, 且满足 $\chi^s(n)=\chi(n^{s^{-1}})$.

综上表明 $\{S,N\}$ 满足定理 2.4.15 的所有条件, 这是 Brauer 置换引理最常见的应用环境.

前面已经证明有限群的共轭类个数一定等于其不可约特征标个数, 接下来讨论有限群的实共轭类个数与实值不可约特征标个数之间的关系, 我们将证明这两个数量也是一致的.

先定义特征标的复共轭. 设 χ 为 G 的特征标, $\mathfrak{X}$ 为相应的矩阵表示, 则

$$\overline{\mathfrak{X}}: g\mapsto \overline{\mathfrak{X}(g)}$$

也是 G 的表示, 这里 $\overline{\mathfrak{X}(g)}$ 表示 $\mathfrak{X}(g)$ 的复共轭矩阵. 记 $\overline{\mathfrak{X}}$ 提供的特征标为 τ, 因为对任意 $g\in G$ 都有 $\tau(g)=\overline{\chi(g)}$, 所以称 τ 为 χ 的**复共轭**, 并将 τ 记为 $\overline{\chi}$. 不难看到, $\chi\in\mathrm{Irr}(G)$ 当且仅当 $\overline{\chi}\in\mathrm{Irr}(G)$, χ 为实特征标当且仅当 $\chi=\overline{\chi}$.

设 $g\in G$, 若 g 与 g^{-1} 在 G 中共轭, 则称 g 为 G 中的一个**实元**, 此时也称共

轭类 g^G 为**实共轭类**, 简称实类.

例 2.4.16 设 $g \in G$, 则 g 为实元的充要条件是, G 的所有不可约特征标在 g 上都取实数值.

证 由第二正交关系, g 和 g^{-1} 在 G 中共轭的充要条件是, $\chi(g) = \chi(g^{-1})$ 对所有 $\chi \in \mathrm{Irr}(G)$ 都成立. 由此即得结论. □

命题 2.4.17 有限群中的实共轭类数与实值不可约特征标个数相同.

证 设 G 是一个有限群, 并取定一个 2 阶群 $A = \{1, a\}$. 显然 A 按以下方式作用在集合 G 上[①]: $g^a = g^{-1}, g^1 = g$. 其次, A 按照以下方式作用在 $\mathrm{Con}(G)$ 上:

$$(g^G)^a = (g^{-1})^G, \quad (g^G)^1 = g^G,$$

且对任意 $b \in A$ 满足 $(g^G)^b = (g^b)^G$. 再者, 对 $\chi \in \mathrm{Irr}(G)$, 令 $\chi^a = \overline{\chi}$, $\chi^1 = \chi$, 容易验证在上述规定下 A 也作用在 $\mathrm{Irr}(G)$ 上, 且满足

$$\chi^1(g) = \chi(g^1), \quad \chi^a(g) = \overline{\chi}(g) = \chi(g^{-1}) = \chi(g^a).$$

综上, $\{A, G\}$ 满足定理 2.4.15 中的所有条件, 因而推出 a-不变的 G-共轭类数等于 a-不变的 G 的不可约特征标个数, 即, G 的实共轭类数等于 G 的实不可约特征标个数. □

由定义, 2 阶元必是实元. 对于奇数阶群 G, 由实元定义易见, 单位元为 G 的唯一实元, 由此再由命题 2.4.17 知, 1_G 恰是奇阶群 G 的唯一实值不可约特征标.

2.5 特征标的积

本节主要包括以下三方面的内容: 首先, 证明特征标的积仍是特征标; 其次, 介绍特征标积的性质; 最后, 给出有限群中 2 阶元个数的计算公式及其应用.

2.5.1 模的张量积与特征标的积

本小节在一般域 $\mathbb{F}$ 上讨论. 设 G_1 和 G_2 是两个有限群, 在第 1 章中我们定义了群代数 $\mathbb{F}[G_1]$ 和 $\mathbb{F}[G_2]$ 的张量积 $\mathbb{F}[G_1] \otimes_{\mathbb{F}} \mathbb{F}[G_2]$, 它是以 $\{g_1 \otimes g_2 | g_1 \in G_1, g_2 \in G_2\}$ 为基底的 $\mathbb{F}$-代数 (定理 1.1.14, 命题 1.2.16). 容易看到

$$(g_1, g_2) \mapsto g_1 \otimes g_2,$$

并将之线性扩充, 即得到 $\mathbb{F}[G_1 \times G_2]$ 到 $\mathbb{F}[G_1] \otimes_{\mathbb{F}} \mathbb{F}[G_2]$ 的代数同构.

定理 2.5.1 设 $\mathfrak{X}_i$ 为群 G_i 的 $\mathbb{F}$-表示, 相应的 G_i-模和特征标分别为 V_i 和 χ_i, $i = 1, 2$, 则有 $\mathbb{F}[G_1 \times G_2]$ 到 $\mathrm{End}_{\mathbb{F}}(V_1 \otimes_{\mathbb{F}} V_2)$ 的代数同态, 记为 $\mathfrak{X}_1 \times \mathfrak{X}_2$, 使得

$$(v_1 \otimes v_2)(g_1, g_2) = v_1 g_1 \otimes v_2 g_2,$$

① 这一作用并不是按自同构作用.

其中 $v_i \in V_i$, $g_i \in G_i$, $v_i g_i$ 为 v_i 在线性变换 $\mathfrak{X}_i(g_i)$ 下的像, $(v_1 \otimes v_2)(g_1, g_2)$ 为 $v_1 \otimes v_2$ 在线性变换 $(\mathfrak{X}_1 \times \mathfrak{X}_2)(g_1, g_2)$ 下的像. 因此, $\mathfrak{X}_1 \times \mathfrak{X}_2$ 是 $G_1 \times G_2$ 上的以 $V_1 \otimes_{\mathbb{F}} V_2$ 为表示空间的 $\mathbb{F}$-表示. 记 $\mathfrak{X}_1 \times \mathfrak{X}_2$ 提供的特征标为 $\chi_1 \times \chi_2$, 则

$$(\chi_1 \times \chi_2)(g_1, g_2) = \chi_1(g_1)\chi_2(g_2).$$

证 注意到以下事实: 首先, $\mu : (g_1, g_2) \mapsto g_1 \otimes g_2$ 定义了 $\mathbb{F}[G_1 \times G_2]$ 到 $\mathbb{F}[G_1] \otimes_{\mathbb{F}} \mathbb{F}[G_2]$ 的代数同构; 再者, 由命题 1.2.16 知道, 按 $(v_1 \otimes v_2)^{(g_1 \otimes g_2)^\tau} = v_1 g_1 \otimes v_2 g_2$ 定义的 τ 是 $\mathbb{F}[G_1] \otimes_{\mathbb{F}} \mathbb{F}[G_2]$ 到 $\mathrm{End}_{\mathbb{F}}(V_1 \otimes_{\mathbb{F}} V_2)$ 的代数同态. 将 $\mu\tau$ 记为 $\mathfrak{X}_1 \times \mathfrak{X}_2$, 则 $\mathfrak{X}_1 \times \mathfrak{X}_2$ 为 $\mathbb{F}[G_1 \times G_2]$ 到 $\mathrm{End}_{\mathbb{F}}(V_1 \otimes_{\mathbb{F}} V_2)$ 的代数同态, 即 $\mathfrak{X}_1 \times \mathfrak{X}_2$ 为 $G_1 \times G_2$ 上的 $\mathbb{F}$-表示, 其表示空间为 $V_1 \otimes_{\mathbb{F}} V_2$. 又

$$\begin{aligned}(v_1 \otimes v_2)(g_1, g_2) &= ((\mathfrak{X}_1 \times \mathfrak{X}_2)(g_1, g_2))(v_1 \otimes v_2) = (v_1 \otimes v_2)^{(\mathfrak{X}_1 \times \mathfrak{X}_2)(g_1, g_2)} \\ &= (v_1 \otimes v_2)^{(g_1, g_2)^{\mathfrak{X}_1 \times \mathfrak{X}_2}} = (v_1 \otimes v_2)^{(g_1 \otimes g_2)^\tau} = v_1 g_1 \otimes v_2 g_2.\end{aligned}$$

下证定理的后半部分. 设 $\{\alpha_1, \cdots, \alpha_s\}$, $\{\beta_1, \cdots, \beta_t\}$ 分别为 V_1, V_2 的基底, 且设

$$\alpha_i g_1 = \sum_{u=1}^{s} a_{iu} \alpha_u, \quad \beta_j g_2 = \sum_{v=1}^{t} b_{jv} \beta_v,$$

这里 $g_1 \in G_1, g_2 \in G_2$, 则

$$\chi_1(g_1) = \mathrm{Tr}(\mathfrak{X}_1(g_1)) = \sum_{i=1}^{s} a_{ii}, \quad \chi_2(g_2) = \mathrm{Tr}(\mathfrak{X}_2(g_2)) = \sum_{j=1}^{t} b_{jj}.$$

再者, 由第 1 章 (1.1.2) 式有 $(\alpha_i \otimes \beta_j)(g_1, g_2) = \sum_{s,t} a_{is} b_{jt} (\alpha_s \otimes \beta_t)$, 注意该式右边 $\alpha_i \otimes \beta_j$ 前面系数为 $a_{ii} b_{jj}$, 故

$$(\chi_1 \times \chi_2)(g_1, g_2) = \mathrm{Tr}((\mathfrak{X}_1 \times \mathfrak{X}_2)(g_1, g_2)) = \sum_{i,j} a_{ii} b_{jj} = \chi_1(g_1)\chi_2(g_2). \quad \square$$

推论 2.5.2 设 $\chi_i \in \mathrm{Ch}(\mathbb{F}[G])$, 对应 $\mathbb{F}[G]$-表示 $\mathfrak{X}_i$ 和 $\mathbb{F}[G]$-模 V_i, $i = 1, 2$, 则 $\chi_1\chi_2 \in \mathrm{Ch}(\mathbb{F}[G])$, 其中 $\chi_1\chi_2$ 自然地定义为

$$(\chi_1\chi_2)(g) = \chi_1(g)\chi_2(g),$$

并称之为特征标 χ_1 和 χ_2 的积. 事实上, $g \mapsto (\mathfrak{X}_1 \times \mathfrak{X}_2)(g, g)$ 为 G 的一个 $\mathbb{F}$-表示, 记为 $\mathfrak{X}_1 \otimes \mathfrak{X}_2$, 它以 $V_1 \otimes_{\mathbb{F}} V_2$ 为表示空间, 且提供 G 上的特征标 $\chi_1\chi_2$.

证 因为 $g \mapsto (g, g)$ 为 G 到 $G \times G$ 的群同态, 而 $(g_1, g_2) \mapsto (\mathfrak{X}_1 \times \mathfrak{X}_2)(g_1, g_2)$ 为 $G \times G$ 到 $\mathrm{GL}(V_1 \otimes_{\mathbb{F}} V_2)$ 的群同态 (定理 2.5.1), 所以 $g \mapsto (\mathfrak{X}_1 \times \mathfrak{X}_2)(g, g)$ 定义了 G 到 $\mathrm{GL}(V_1 \otimes_{\mathbb{F}} V_2)$ 的群同态, 记为 $\mathfrak{X}_1 \otimes \mathfrak{X}_2$. 因此 $\mathfrak{X}_1 \otimes \mathfrak{X}_2$ 为 G 的一个 $\mathbb{F}$-表示, 显然它的表示空间为 $V_1 \otimes_{\mathbb{F}} V_2$. 令 η 为上述表示提供的特征标. 任取 $v \in V_1, w \in V_2$, 易见

$$(v \otimes w)g = (v \otimes w)^{(\mathfrak{X}_1 \otimes \mathfrak{X}_2)(g)} = (v \otimes w)^{(\mathfrak{X}_1 \times \mathfrak{X}_2)(g, g)} = vg \otimes wg,$$

由定理 2.5.1 有 $\eta(g)=\chi_1(g)\chi_2(g)$, 即得 $\chi_1\chi_2=\eta\in \mathrm{Ch}(\mathbb{F}[G])$. □

上面的推论表明特征标的积是特征标, 所以特征标的正整数次方幂仍是特征标. 规定特征标的零次方为主特征标. 现在, 任取 $\chi\in\mathrm{Ch}(G)$, 任取 $g\in G$ 和 $m\in\mathbb{N}$, 有 $\chi^m(g)=(\chi(g))^m$.

(A) 设 $G=G_1\times G_2$ 是子群 G_1 和 G_2 的直积, χ_1,χ_2 分别为 G_1,G_2 上的特征标. 一方面, 由定理 2.5.1 得到了 G 上的特征标 $\chi_1\times\chi_2$; 另一方面, 同样由定理 2.5.1 知道 $\chi_1\times 1_{G_2}$ 和 $1_{G_1}\times\chi_2$ 都是 G 上的特征标, 这样由推论 2.5.2 又得到了 G 上的特征标 $(\chi_1\times 1_{G_2})(1_{G_1}\times\chi_2)$. 任取 $g=(g_1,g_2)\in G$, 其中 $g_1\in G_1, g_2\in G_2$, 因为

$$\begin{aligned}((\chi_1\times 1_{G_2})(1_{G_1}\times\chi_2))(g_1,g_2)&=(\chi_1\times 1_{G_2})(g_1,g_2)\cdot(1_{G_1}\times\chi_2)(g_1,g_2)\\&=\chi_1(g_1)\chi_2(g_2)=(\chi_1\times\chi_2)(g_1,g_2),\end{aligned}$$

所以 $\chi_1\times\chi_2=(\chi_1\times 1_{G_2})(1_{G_1}\times\chi_2)$. 为书写简洁, 常将 $\chi_1\times\chi_2$ 直接写为 $\chi_1\chi_2$. 我们称 $\chi_1\times\chi_2$ 为 χ_1,χ_2 的直积, 也经常称之为 χ_1,χ_2 的积.

2.5.2 群直积下的特征标

本节余下部分回到复数域上讨论.

设 $G=H\times K$ 为子群 H 和 K 的直积. 由定理 2.5.1, H 的特征标和 K 的特征标的积, 必为 G 上的特征标. 自然地, 我们要问: H 的不可约特征标与 K 的不可约特征标的积是否也一定是 G 的不可约特征标? 又, G 上的每个不可约特征标是否都能唯一地表示为 H 的不可约特征标与 K 的不可约特征标的乘积?

下面的命题肯定地回答了上述问题. 由此看到, 幂零群的不可约特征标计算完全归结到 p-群的不可约特征标计算.

命题 2.5.3 设 $G=H\times K$, 则 $\sigma:(\chi,\psi)\mapsto\chi\psi$ 是 $(\mathrm{Irr}(H),\mathrm{Irr}(K))$ 到 $\mathrm{Irr}(G)$ 的双射. 特别地, 以下结论成立:

(1) $\mathrm{Irr}(G)=\mathrm{Irr}(H)\times\mathrm{Irr}(K)$, 即 $\mathrm{Irr}(G)=\{\chi\psi\,|\,\chi\in\mathrm{Irr}(H),\psi\in\mathrm{Irr}(K)\}$.

(2) 若 $\chi_i\in\mathrm{Irr}(H)$, $\psi_i\in\mathrm{Irr}(K)$, $i=1,2$, 则 $\chi_1\psi_1=\chi_2\psi_2$ 的充要条件是, $\chi_1=\chi_2$, 且 $\psi_1=\psi_2$.

(3) $\mathfrak{Irr}(G)=\{V\otimes_{\mathbb{C}}W\,|\,V\in\mathfrak{Irr}(H),W\in\mathfrak{Irr}(K)\}$.

证 任取 $\chi,\chi_1,\chi_2\in\mathrm{Irr}(H)$, $\psi,\psi_1,\psi_2\in\mathrm{Irr}(K)$, 有

$$\begin{aligned}[\chi_1\psi_1,\chi_2\psi_2]_G&=\frac{1}{|G|}\sum_{h\in H,k\in K}(\chi_1\psi_1)(hk)(\chi_2\psi_2)((hk)^{-1})\\&=[\chi_1,\chi_2]_H\cdot[\psi_1,\psi_2]_K.\end{aligned}\tag{2.5.1}$$

在 (2.5.1) 式中取 $\chi_1=\chi_2=\chi$, $\psi_1=\psi_2=\psi$, 得 $[\chi\psi,\chi\psi]=[\chi,\chi]_H[\psi,\psi]_K=1$. 注意到 $\chi\psi\in\mathrm{Ch}(G)$ (见推论 2.5.2 及说明 (A)), 由推论 2.2.16 即得 $\chi\psi\in\mathrm{Irr}(G)$.

同理, $\chi_1\psi_1, \chi_2\psi_2 \in \mathrm{Irr}(G)$, 再由 (2.5.1) 式得

$$\begin{aligned}\chi_1\psi_1 = \chi_2\psi_2 &\Leftrightarrow [\chi_1\psi_1, \chi_2\psi_2]_G = 1\\ &\Leftrightarrow [\chi_1, \chi_2]_H = [\psi_1, \psi_2]_K = 1\\ &\Leftrightarrow \chi_1 = \chi_2 \text{ 且 } \psi_1 = \psi_2,\end{aligned}$$

因此 σ 是单射. 另外, $|\mathrm{Irr}(G)| = |\mathrm{Con}(G)| = |\mathrm{Con}(H)||\mathrm{Con}(K)| = |\mathrm{Irr}(H)||\mathrm{Irr}(K)| = |(\mathrm{Irr}(H), \mathrm{Irr}(K))|$, 这就表明 σ 是双射. □

例 2.5.4 设 $G = H \times K$, $\mu \in \mathrm{Irr}(H)$, $\nu \in \mathrm{Irr}(K)$, 并记 $\chi = \mu \times \nu$, 则以下结论成立:

(1) $\mathbf{Z}(\chi) = \mathbf{Z}(\mu) \times \mathbf{Z}(\nu)$.

(2) $\ker\mu \times \ker\nu \leqslant \ker\chi$. 进一步, 若 $(|H|, |K|) = 1$, 则 $\ker\chi = \ker\mu \times \ker\nu$.

证 (1) 设 $h \in H$, $k \in K$. 若 $hk \in \mathbf{Z}(\chi)$, 则 $\chi(1) = |\chi(hk)| = |\mu(h)||\nu(k)| \leqslant \mu(1)\nu(1) = \chi(1)$, 推出 $h \in \mathbf{Z}(\mu)$, $k \in \mathbf{Z}(\nu)$, 故 $\mathbf{Z}(\chi) \leqslant \mathbf{Z}(\mu) \times \mathbf{Z}(\nu)$. 反之, 易见 $\mathbf{Z}(\mu) \times \mathbf{Z}(\nu) \leqslant \mathbf{Z}(\chi)$, (1) 成立.

(2) 显然 $\ker\mu \times \ker\nu \leqslant \ker\chi$. 进一步, 当 $(|H|, |K|) = 1$ 时, 取 $hk \in \ker\chi$, 其中 $h \in H$, $k \in K$, 因 $\ker\chi \leqslant \mathbf{Z}(\chi)$, 故由 (1) 得 $h \in \mathbf{Z}(\mu)$, $k \in \mathbf{Z}(\nu)$. 应用定理 2.2.10(4), 得 $\mu(h) = a\mu(1)$ 且 $\nu(k) = b\nu(1)$, 其中 a, b 分别是 $o(h)$ 次单位根和 $o(k)$ 次单位根. 此时 $ab = 1$, 再因为 $(o(h), o(k)) = 1$, 必有 $a = b = 1$, 故 $h \in \ker\mu$, $k \in \ker\nu$, (2) 亦成立. □

在上例中, 如果去掉 $|H|$ 和 $|K|$ 的互素条件, 那么就不能保证 $\ker(\mu \times \nu) = \ker\mu \times \ker\nu$. 例如, 设 $G = H \times K$, 其中 $H \cong K \cong \mathrm{C}(2)$, 取 μ, ν 分别是 H 和 K 的非主不可约特征标, 易见 $\ker\mu = \ker\nu = 1$, 但 $\ker(\mu \times \nu) \cong \mathrm{C}(2)$.

对于幂零群的不可约特征标, 我们有下面的描写, 其中 (4) 加强了命题 2.3.11.

推论 2.5.5 设 $G = P_1 \times \cdots \times P_s$ 幂零, 其中 $P_i \in \mathrm{Syl}_{p_i}(G)$, 素数 $p_1, \cdots, p_s$ 两两不同, 则以下结论成立:

(1) 若 $\lambda_i \in \mathrm{Irr}(P_i)$, $i = 1, \cdots, s$, 则 $\prod_{i=1}^{s} \lambda_i \in \mathrm{Irr}(G)$.

(2) 若 $\lambda_i, \mu_i \in \mathrm{Irr}(P_i)$, $i = 1, \cdots, s$, 则 $\prod_{i=1}^{s} \lambda_i = \prod_{i=1}^{s} \mu_i$ 的充分必要条件是, 对所有 i 都有 $\lambda_i = \mu_i$.

(3) 若 $\chi \in \mathrm{Irr}(G)$, 则存在唯一的 $\lambda_i \in \mathrm{Irr}(P_i)$ 使得 $\chi = \prod_{i=1}^{s} \lambda_i$.

(4) 若 $\chi \in \mathrm{Irr}(G)$, 则 $\chi(1)^2 \mid |G : \mathbf{Z}(\chi)|$, 特别地, $\chi(1)^2 \mid |G : \mathbf{Z}(G)|$.

证 前三款结论由命题 2.5.3 推出, 下证 (4). 设 $\chi = \prod_{i=1}^{s} \chi_i \in \mathrm{Irr}(G)$, 其中 $\chi_i \in \mathrm{Irr}(P_i)$. 对于 p_i-群 P_i, 由命题 2.3.7(1) 得 $\chi_i(1)^2 \mid |P_i : \mathbf{Z}(\chi_i)|$, 再结合例 2.5.4 即得结论. □

2.5.3 特征标积的性质

关于特征标的积, 我们作如下说明.

(B) 与直积情形不同, G 的两个不可约特征标之积一般不再不可约.

(C) 易见特征标的乘积具有交换律和结合律.

(D) 若 $\lambda \in \mathrm{Lin}(G)$, 则对任意 $g \in G$ 都有 $(\overline{\lambda}\lambda)(g) = 1$, 这里 $\overline{\lambda}$ 为 λ 的复共轭, 这说明 $\overline{\lambda}\lambda = 1_G$, 也即, λ 和 $\overline{\lambda}$ 是交换群 $\mathrm{Lin}(G)$ 中的两个互逆元.

(E) 设 $\chi, \psi, \lambda \in \mathrm{Ch}(G)$, 因为

$$\frac{1}{|G|}\sum_{g\in G}\lambda(g)\chi(g)\psi(g^{-1}) = \frac{1}{|G|}\sum_{g\in G}\chi(g)\overline{\lambda}(g^{-1})\psi(g^{-1}),$$

上式左边为 $[\lambda\chi, \psi]$, 上式右边为 $[\chi, \overline{\lambda}\psi]$, 所以又得到下面一条重要的反转律

$$[\lambda\chi, \psi] = [\chi, \overline{\lambda}\psi]. \tag{2.5.2}$$

(F) 若 $\chi \in \mathrm{Irr}(G)$, 显然 $1_G\chi = \chi 1_G = \chi$, 由 (2.5.2) 式有 $[\overline{\chi}\chi, 1_G] = [\chi, \overline{\overline{\chi}}1_G] = [\chi, \chi] = 1$. 这说明 1_G 一定是 $\overline{\chi}\chi$ 的不可约成分, 且 1_G 在 $\overline{\chi}\chi$ 中出现的重数是 1.

(G) 设 $\lambda \in \mathrm{Lin}(G)$, $\chi \in \mathrm{Ch}(G)$, 因为 $[\lambda\chi, \lambda\chi] = [\chi, \overline{\lambda}\lambda\chi] = [\chi, \chi]$, 所以 χ 与 $\lambda\chi$ 有相同的不可约性. 特别地, 不可约特征标和线性特征标的乘积仍是不可约特征标.

例 2.5.6 若 χ 为 G 的唯一非线性不可约特征标, 则 χ 零化 $G \setminus G'$.

证 由命题 2.3.3 有 $G' = \bigcap_{\lambda\in\mathrm{Lin}(G)} \ker\lambda$. 任取 $g \in G\backslash G'$, 必存在 $\lambda \in \mathrm{Lin}(G)$ 使得 $g \notin \ker\lambda$, 因此 $\lambda(g) \neq 1$. 由 χ 的唯一性及上面的说明 (G) 推出, $\lambda\chi = \chi$, 从而 $\chi(g) = (\lambda\chi)(g) = \lambda(g)\chi(g)$, 得 $\chi(g) = 0$. □

(H) 设 $G' \leqslant N \leqslant G$, 此时 $\mathrm{Irr}(G/N) \cong G/N$ 为交换群. 任取 $\lambda, \lambda_1, \lambda_2 \in \mathrm{Irr}(G/N)$, 任取 $\chi \in \mathrm{Irr}(G)$, 由说明 (G) 得 $\chi\lambda \in \mathrm{Irr}(G)$. 进一步, $\chi(\lambda_1\lambda_2) = (\chi\lambda_1)\lambda_2$, $\chi 1_G = \chi$, 这表明: 交换群 $\mathrm{Irr}(G/N)$ 按右乘 (或左乘) 置换作用在集合 $\mathrm{Irr}(G)$ 上.

命题 2.5.7 设 $U \leqslant G$, ψ 和 χ 分别是 U 和 G 上的特征标, 则 $\chi\psi^G = (\chi_U\psi)^G$. 特别地, $(\chi_U)^G = \chi((1_U)^G)$.

证 注意 $\chi_U\psi \in \mathrm{Ch}(U)$, $\chi\psi^G, (\chi_U\psi)^G \in \mathrm{Ch}(G)$. 因为

$$\begin{aligned}(\chi_U\psi)^G(g) &= \frac{1}{|U|}\sum_{y\in G}(\chi_U\psi)^0(ygy^{-1}) = \frac{1}{|U|}\sum_{y\in G}(\chi_U)^0(ygy^{-1})\psi^0(ygy^{-1}) \\ &= \frac{1}{|U|}\sum_{y\in G}\chi(ygy^{-1})\psi^0(ygy^{-1}) = \chi(g)\frac{1}{|U|}\sum_{y\in G}\psi^0(ygy^{-1}) \\ &= \chi(g)\psi^G(g) = (\chi\psi^G)(g),\end{aligned}$$

所以 $\chi\psi^G = (\chi_U\psi)^G$. 特别地, $(\chi_U)^G = (\chi_U 1_U)^G = \chi((1_U)^G)$. □

在特征标的理论推演中, 经常要用到上面的基本事实.

定理 2.5.8 (Burnside-Brauer) 设 χ 为 G 上的忠实特征标, 则 G 的任意不可约特征标都是 χ 的某个方幂的成分.

证 设 χ 在 G 上所有两两不同取值为 $\alpha_1, \cdots, \alpha_m$, 令 $G_i = \{g \in G | \chi(g) = \alpha_i\}$, 且不妨设 $\alpha_1 = \chi(1)$. 显然 $G_1 = \ker\chi = 1$, 且 $G_1, \cdots, G_m$ 是 G 的一个划分. 任意取定 $\psi \in \mathrm{Irr}(G)$, 我们仅需证明 $\psi \in \bigcup_{0 \leqslant j \leqslant m-1} \mathrm{Irr}(\chi^j)$, 注意 χ^0 定义为 1_G. 反设定理不成立, 令 $\beta_i = \sum_{g \in G_i} \psi(g^{-1})$, 我们有如下 m 个等式

$$0 = |G|[\chi^j, \psi] = \sum_{1 \leqslant i \leqslant m} \sum_{g \in G_i} \chi^j(g)\psi(g^{-1}) = \sum_{i=1}^{m} (\alpha_i)^j \beta_i, \qquad 0 \leqslant j \leqslant m-1.$$

考察关于 $x_1, \cdots, x_m$ 的线性齐次方程组

$$\sum_{i=1}^{m} (\alpha_i)^j x_i = 0, \quad j = 0, 1, \cdots, m-1,$$

易见该方程组的系数矩阵是范德蒙德矩阵, 该矩阵的行列式不等于零, 故该方程组只有零解. 这就推出 $\beta_1 = \cdots = \beta_m = 0$, 但 $\beta_1 = \psi(1) \neq 0$, 矛盾. 定理成立. □

下面来介绍广义特征标和广义特征标环. 若 ψ 为 $\mathrm{Irr}(G)$ 的一个 $\mathbb{Z}$-线性组合, 则称 ψ 为 G 的一个**广义特征标**. G 的广义特征标集合记为 $\mathbb{Z}[\mathrm{Irr}(G)]$. 因为特征标的和、积仍是特征标, 我们可以自然地定义广义特征标的和、差及积. 显然两个广义特征标的和、差、积仍是广义特征标, 且乘法具有交换律, 因此 $\mathbb{Z}[\mathrm{Irr}(G)]$ 是一个交换环, 且有单位元 1_G, 称为 G 的**广义特征标环**. 显然有

$$\mathrm{Irr}(G) \subset \mathrm{Ch}(G) \subset \mathbb{Z}[\mathrm{Irr}(G)] \subset \mathrm{CF}(G).$$

2.5.4 Frobenius-Schur 定理

本小节主要目的是给出有限群中对合 (即 2 阶元) 个数的计算公式. 对于任一取定正整数 n, 定义 G 上类函数 ϑ_n:

$$\vartheta_n(g) = |\{h \in G | h^n = g\}|.$$

特别地, $\vartheta_n(1)$ 即为 G 中那些阶能整除 n 的元素之个数, 故 ϑ_n 是反映群结构信息的一个类函数.

对于 G 上的任意类函数 ϕ 及任意正整数 n, 定义 $\phi^{(n)}$ 使得

$$\phi^{(n)}(g) = \phi(g^n),$$

易见 $\phi^{(n)}$ 也是 G 上类函数. 借助 $\phi^{(n)}$, 我们可以给出 ϑ_n 的描写.

引理 2.5.9 $\vartheta_n = \sum_{\chi \in \mathrm{Irr}(G)} v_n(\chi)\chi$, 其中 $v_n(\chi) = \dfrac{1}{|G|} \sum_{g \in G} \chi(g^n) =$

$[\chi^{(n)}, 1_G]$.

证 因为 Irr(G) 为 G 上类函数空间的基底, 所以类函数 ϑ_n 可表示为 $\sum_{\chi\in \mathrm{Irr}(G)} v_n(\chi)\chi$, 其中 $v_n(\chi)\in\mathbb{C}$. 注意到

$$\vartheta_n(g)\overline{\chi(g)} = |\{h\in G|\, h^n = g\}|\cdot\overline{\chi(g)} = \sum_{h\in G, h^n=g}\overline{\chi(h^n)},$$

得

$$\begin{aligned} v_n(\chi) = [\vartheta_n, \chi] &= \frac{1}{|G|}\sum_{g\in G}\vartheta_n(g)\overline{\chi(g)} \\ &= \frac{1}{|G|}\sum_{h\in G}\overline{\chi(h^n)} = \frac{1}{|G|}\sum_{g\in G}\chi(g^n) = [\chi^{(n)}, 1_G]. \end{aligned}$$ □

当 $n\geqslant 3$ 时, ϑ_n 及 $\phi^{(n)}$ 的应用很少①. 但对于 $n=2$, 我们有一系列应用. 注意 $\vartheta_2(1)-1$ 即为 G 中对合个数.

定理 2.5.10 (Frobenius-Schur) 设 $\chi\in\mathrm{Irr}(G)$, $v_2(\chi)=[\chi^{(2)}, 1_G]$, 则

(1) $\chi^{(2)}$ 是两个特征标的差.

(2) $v_2(\chi)\in\{1,-1,0\}$.

(3) $v_2(\chi)\in\{1,-1\}$ 当且仅当 χ 为实特征标.

证 设 χ 由不可约 $\mathbb{C}[G]$-模 V 提供. 由推论 2.5.2, $\mathbb{C}[G]$-模 $W:=V\otimes_{\mathbb{C}}V$ 提供了 G 上的特征标 χ^2. 设 $v_1,\cdots,v_n$ 为 V 的基底, 则 $\{v_i\otimes v_j|\, i,j=1,\cdots,n\}$ 为 W 的基底. 定义 W 上的线性变换 $*$ 使得 $(v_i\otimes v_j)^*=v_j\otimes v_i$. 令

$$W_S=\{w\in W|\, w^*=w\},\quad W_A=\{w\in W|\, w^*=-w\}.$$

显然 W_S, W_A 为 W 的两个线性子空间②, 因为

$$w=\frac{w+w^*}{2}+\frac{w-w^*}{2}, \tag{2.5.3}$$

其中 $\dfrac{w+w^*}{2}\in W_S$, $\dfrac{w-w^*}{2}\in W_A$, 所以 $W=W_S+W_A$, 即 W 为子空间 W_S 和 W_A 的直和. 再者,

$$((v_i\otimes v_j)g)^*=(v_ig\otimes v_jg)^*=v_jg\otimes v_ig=(v_i\otimes v_j)^*g,$$

这表明: 对任意 $w\in W$, 任意 $g\in G$, 都有 $(wg)^*=w^*g$, 故 W_S, W_A 都是 W 的 G-不变子空间, 从而都是 W 的 G-子模, 因此 $W=W_S\oplus W_A$, 从而

$$\chi^2=\chi_S+\chi_A, \tag{2.5.4}$$

① 若 $\phi\in\mathrm{Ch}(G)$, 对于任意正整数 n, 可以证明 $\phi^{(n)}$ 仍是 G 上的广义特征标, 见 [1, 第 4 章, 定理 10].

② 它们分别称为 W 的对称子空间和反对称子空间.

这里 χ_S, χ_A 分别为 W_S, W_A 提供的 G 的特征标. 设

$$v_i g = \sum_{1 \leqslant r \leqslant n} a_{ir} v_r, \tag{2.5.5}$$

则 $v_i g^2 = \sum_r \sum_t a_{ir} a_{rt} v_t$, 因此

$$\chi(g) = \sum_i a_{ii}, \quad \chi^{(2)}(g) = \chi(g^2) = \sum_{i,r} a_{ir} a_{ri}.$$

下面来计算 χ_A. 由 (2.5.3) 式易见 $\{w_{ij} := v_i \otimes v_j - v_j \otimes v_i | 1 \leqslant i < j \leqslant n\}$ 为 W_A 的基底. 由 (2.5.5) 式简单计算得

$$w_{ij} g = \sum_{r,s} (a_{ir} a_{js} - a_{jr} a_{is}) v_r \otimes v_s = \sum_{r<s} (a_{ir} a_{js} - a_{jr} a_{is}) w_{rs},$$

因此 $\chi_A(g) = \sum_{i<j} (a_{ii} a_{jj} - a_{ji} a_{ij})$, 又有

$$\begin{aligned} 2\chi_A(g) &= \sum_{i \neq j} a_{ii} a_{jj} - \sum_{i \neq j} a_{ij} a_{ji} = \left(\sum_i a_{ii}\right) \left(\sum_j a_{jj}\right) - \sum_{i,j} a_{ij} a_{ji} \\ &= \chi^2(g) - \chi^{(2)}(g). \end{aligned}$$

故

$$\chi^{(2)} = \chi^2 - 2\chi_A, \tag{2.5.6}$$

结论 (1) 成立. 下证 (2) 和 (3). 由 (2.5.6) 式得

$$v_2(\chi) = [\chi^{(2)}, 1_G] = [\chi^2, 1_G] - 2[\chi_A, 1_G].$$

注意由 (2.5.4) 式, 特征标 χ_A 是特征标 χ^2 的成分, 这表明 $[\chi_A, 1_G] \leqslant [\chi^2, 1_G]$.

若 χ 不是实特征标, 即 $\chi \neq \overline{\chi}$, 则 $0 = [\chi, \overline{\chi}] = [\chi^2, 1_G]$, 这也推出 $[\chi_A, 1_G] = 0$, 得 $v_2(\chi) = 0$. 若 χ 是实特征标, 则 $[\chi^2, 1_G] = [\chi, \overline{\chi}] = 1$, 这也推出 $[\chi_A, 1_G] \in \{1, 0\}$, 故 $v_2(\chi) \in \{1, -1\}$. □

由实表示 (即实数域上的表示) 提供的特征标必是实 (值) 特征标. 但例 2.3.14(3) 表明实值特征标并不一定可以由实表示提供.

对于一个实值不可约特征标 χ, 定理 2.5.10 告诉我们 $v_2(\chi) \in \{1, -1\}$. 下面的定理给出了 $v_2(\chi)$ 的精确答案, 鉴于其证明不具有典型性, 我们略去其证明, 有兴趣的读者可参考 [9, 第 4 章].

定理 2.5.11 设 $\chi \in \mathrm{Irr}(G)$, $v_2(\chi) = [\chi^{(2)}, 1_G]$, 则以下结论成立:

(1) 若 χ 不是实值特征标, 则 $v_2(\chi) = 0$.

(2) 若 χ 为实值特征标且可由 G 的某个实表示提供, 则 $v_2(\chi) = 1$.

(3) 若 χ 为实值特征标且不能由 G 的任何实表示提供, 则 $v_2(\chi) = -1$.

由引理 2.5.9, 我们得到下面的关于对合个数的计算公式.

推论 2.5.12 设 G 恰有 t 个对合, 则 $1+t=\sum_{\chi\in\mathrm{Irr}(G)} v_2(\chi)\chi(1)$, 其中 $v_2(\chi)$ 按定理 2.5.11 取值.

例 2.5.13 用特征标理论直接求出 8 阶非交换群 G 中的对合数①.

解 由例 2.3.14, G 有 4 个线性特征标 $\lambda_i, i=1,2,3,4$ 及一个 2 次不可约的实值特征标 χ. 显然 G/G' 不可能是循环群, 故 $G/G'\cong \mathrm{E}(2^2)$. 设 t 和 $\bar{t}$ 分别是 G 和 G/G' 中的对合数. 显然 $1+\bar{t}=|G/G'|=4$. 注意, 在 G 中计算 $v_2(\lambda_i)$ 和在 G/G' 中计算 $v_2(\lambda_i)$ 得到的数值不变, 故 $4=1+\bar{t}=\sum_{i=1}^4 v_2(\lambda_i)\lambda_i(1)$. 又

$$1+t=\sum_{i=1}^{4} v_2(\lambda_i)\lambda_i(1)+v_2(\chi)\chi(1)=4+2v_2(\chi),$$

因 χ 实, 得 $v_2(\chi)\in\{1,-1\}$, 这表明 G 中含有 5 个或 1 个对合. □

下面给出推论 2.5.12 的一个经典应用.

引理 2.5.14 设偶阶群 G 恰有 t 个对合, 记 $\alpha=(|G|-1)/t$, 则以下结论成立:

(1) 存在 $x\in G^\sharp$ 使得 $|G:\mathbf{C}_G(x)|\leqslant \alpha^2$.

(2) 存在实值 $\chi\in \mathrm{Irr}(G)^\sharp$ 使得 $\chi(1)\leqslant\alpha$.

证 令 Δ 为 G 的非主的实值不可约特征标集合, 由推论 2.5.12 有 $t=\sum_{\chi\in\Delta} v_2(\chi)\chi(1)$, 于是

$$1\leqslant (|G|-1)/\alpha=t\leqslant \sum_{\chi\in\Delta}\chi(1),$$

特别地, $|\Delta|:=s\geqslant 1$. 注意到

$$\left(\frac{|G|-1}{\alpha}\right)^2=t^2\leqslant\left(\sum_{\chi\in\Delta}\chi(1)\right)^2\leqslant s\sum_{\chi\in\Delta}\chi(1)^2\leqslant s(|G|-1),$$

得 $|G|-1\leqslant s\alpha^2$, 故

$$s\alpha^2\geqslant |G|-1=\sum_{\chi\in\mathrm{Irr}^\sharp(G)}\chi^2(1)\geqslant\sum_{\chi\in\Delta}\chi(1)^2,$$

(2) 成立. 又因为 $s\leqslant |\mathrm{Irr}(G)|-1=|\mathrm{Con}(G)|-1$, 所以 $(|\mathrm{Con}(G)|-1)\alpha^2\geqslant s\alpha^2\geqslant |G|-1$, 这就推出 (1). □

推论 2.5.15 对于任意给定的正整数 n, 存在对合 $x\in G$ 使得 $|\mathbf{C}_G(x)|=n$ 的非交换单群 G 只有有限个.

证 对于给定的正整数 n, 假设 G 是满足要求的非交换单群, 则 G 中对合数 $t\geqslant |x^G|=|G|/n$, 故 $\alpha:=(|G|-1)/t<n$. 由引理 2.5.14, 存在 $y\in G^\sharp$ 使得

① 熟知 8 阶非交换群仅有 D_8 和 Q_8, 前者含有 5 个对合, 后者含有 1 个对合.

$|G:\mathbf{C}_G(y)|<n^2$. 记 $|G:\mathbf{C}_G(y)|=d$, 则 $d\leqslant n^2-1$. 考察 G 在 $\Omega(G:\mathbf{C}_G(y))$ 上的右乘作用并注意到 G 是单群, 得 $G\lesssim \mathrm{A}_d\lesssim \mathrm{A}_{n^2-1}$ (这里 A_d 表示 d 次交错群), 结论成立. □

2.6　特征标的 Galois 共轭与 Burnside 零值定理

前面介绍了特征标的和与积、特征标的诱导和限制, 本节将介绍构造特征标的又一基本方法, 即特征标的 Galois 共轭. 在此基础上, 还将介绍 Burnside 的特征标零值定理及其应用等.

2.6.1　特征标的 Galois 共轭

记 $\mathbb{Q}_n$ 为 $\mathbb{Q}$ 上添加了 n 次本原单位根后得到的扩域. 令 $\mathrm{Gal}(\mathbb{Q}_n/\mathbb{Q})$ 为限制到 $\mathbb{Q}$ 上是恒等映射的域 $\mathbb{Q}_n$ 上的自同构集合, 它在乘法下构成群, 称之为 **$\mathbb{Q}$ 上扩域 $\mathbb{Q}_n$ 的 Galois 群**. 因为 $\mathbb{Q}_n$ 上的任意域自同构一定把 1 映成 1, 所以 $\mathrm{Gal}(\mathbb{Q}_n/\mathbb{Q})$ 实际上就是 $\mathbb{Q}_n$ 上的域自同构集合.

任意取定一个 n 次本原单位根 ε, 因为 ε 在 $\mathbb{Q}$ 上的最小多项式为 $\varphi(n)$ 次多项式, 这里 φ 为欧拉函数, 所以 $\mathbb{Q}_n$ 是以 $1,\varepsilon,\cdots,\varepsilon^{\varphi(n)-1}$ 为基底的 $\mathbb{Q}$-向量空间. 任取与 n 互素的正整数 j, 由 $f_j(\varepsilon)=\varepsilon^j$ 决定了 $\mathbb{Q}_n$ 上的一个域自同构 f_j. 反之, $\mathbb{Q}_n$ 上的域自同构也一定是这样的形式, 这表明: $\mathrm{Gal}(\mathbb{Q}_n/\mathbb{Q})=\{f_j|1\leqslant j\leqslant n-1,(j,n)=1\}$, 故它是一个阶为 $\varphi(n)$ 的交换群. 由 Galois 理论, 我们有下面的基本事实.

引理 2.6.1　*设 $n\in\mathbb{Z}^+$, $a\in\mathbb{Q}_n$, 则 $a\in\mathbb{Q}$ 的充分必要条件是, $\sigma(a)=a$ 对所有 $\sigma\in\mathrm{Gal}(\mathbb{Q}_n/\mathbb{Q})$ 都成立.*

设 $\chi\in\mathrm{Ch}(G)$, $\sigma\in\mathrm{Gal}(\mathbb{Q}_n/\mathbb{Q})$, 其中 n 为方次数 $\exp(G)$ 的倍数. 因 χ 在 G 上的取值均在 $\mathbb{Q}_n$ 中, 我们可以定义 G 上的 $\mathbb{C}$-值函数 χ^σ, 使得对任意 $g\in G$ 都有 $\chi^\sigma(g)=\sigma(\chi(g))$, 我们称 χ^σ 为特征标 χ 的 Galois **共轭**.

命题 2.6.2　*设 G 是有限群, 正整数 n 为 $\exp(G)$ 的倍数, 任意取定 $\sigma\in\mathrm{Gal}(\mathbb{Q}_n/\mathbb{Q})$, 则 $\chi\mapsto\chi^\sigma$ 是 $\mathrm{Irr}(G)$ 上的一个置换. 特别地, 不可约特征标的 Galois 共轭仍是不可约特征标, 特征标的 Galois 共轭仍是特征标.*

证　沿用假设 2.2.9 中记号. 由引理 2.2.11 及定理 2.2.10, 群代数 $\mathbb{C}[G]$ 的中心本原幂等元 $e_i=\dfrac{1}{|G|}\sum_{g\in G}\chi_i(1)\chi_i(g^{-1})g\in\mathbb{Q}_n[G]$, $i=1,\cdots,k$, 再者 $e_1,\cdots,e_k$ 为 $\mathbf{Z}(\mathbb{C}[G])$ 的基底, 所以它们也构成 $\mathbf{Z}(\mathbb{Q}_n[G])$ 的基底.

任取 $x=\sum_{g\in G}x_g g\in\mathbf{Z}(\mathbb{Q}_n[G])$, 其中 $x_g\in\mathbb{Q}_n$, 令

$$\sigma(x)=\sum_{g\in G}\sigma(x_g)g.$$

对任意 $g,t\in G$, 由引理 1.3.18 有 $x_g=x_{g^t}$, 故 $\sigma(x_g)=\sigma(x_{g^t})$, 从而 $\sigma(x)\in\mathbf{Z}(\mathbb{Q}_n[G])$; 进一步, 容易验证 $x\mapsto\sigma(x)$ 为 $\mathbf{Z}(\mathbb{Q}_n[G])$ 上的代数自同构. 这表明 $\{\sigma(e_i),i=1,\cdots,k\}$ 也构成 $\mathbf{Z}(\mathbb{Q}_n[G])$ 的一个基底, 且有

$$\sigma(e_i)\sigma(e_j)=\sigma(e_ie_j)=\delta_{ij}\sigma(e_i),\quad 1=\sigma(e_1)+\cdots+\sigma(e_k). \tag{2.6.1}$$

记 $\sigma(e_i)=\sum_{j=1}^k a_{ij}e_j$, 其中 $a_{ij}\in\mathbb{Q}_n$. 因为 σ 为代数自同构, 所以 σ 在基底 $e_1,\cdots,e_k$ 下的矩阵 $A=(a_{ij})$ 为 k 级可逆矩阵. 注意到 $\omega_j:=\omega_{\chi_j}$ 是 $\mathbf{Z}(\mathbb{C}[G])$ 到 $\mathbb{C}$ 的一个代数同态, 结合引理 2.2.11 有

$$\omega_j(\sigma(e_i))=a_{ij},$$

$$a_{ij}^2=(\omega_j(\sigma(e_i)))^2=\omega_j((\sigma(e_i))^2)=\omega_j(\sigma(e_i))=a_{ij},$$

得

$$a_{ij}=0,1.$$

再由 (2.6.1) 式得

$$\sum_{j=1}^k\left(\sum_{i=1}^k a_{ij}\right)e_j=\sum_{i=1}^k\left(\sum_{j=1}^k a_{ij}e_j\right)=\sum_{i=1}^k\sigma(e_i)=1=\sum_{j=1}^k e_j.$$

比较上式两端 e_j 前系数推出: $a_{1j},a_{2j},\cdots,a_{kj}$ 中有且恰有一个为 1 且其他均为 0, 即 A 中每列恰有一个 1 且其余为零, 因此可逆矩阵 A 中每行也恰有一个为 1 而其余均为 0, 这表明 $\sigma(e_i)$ 就是某个 e_j. 因 σ 为自同构, 故 $\sigma(e_1),\cdots,\sigma(e_k)$ 必是 $e_1,\cdots,e_k$ 的一个重排列. 再者, 若 $\sigma(e_i)=e_j$, 则

$$\begin{aligned}\frac{1}{|G|}\sum_{g\in G}\chi_i(1)\chi_i^\sigma(g^{-1})g&=\sigma\left(\frac{1}{|G|}\sum_{g\in G}\chi_i(1)\chi_i(g^{-1})g\right)=\sigma(e_i)=e_j\\&=\frac{1}{|G|}\sum_{g\in G}\chi_j(1)\chi_j(g^{-1})g,\end{aligned}$$

从而

$$\chi_i(1)\chi_i^\sigma(g^{-1})=\chi_j(1)\chi_j(g^{-1}).$$

在上式中取 $g=1$ 得 $\chi_i(1)=\chi_j(1)$, 又得 $\chi_i^\sigma(g^{-1})=\chi_j(g^{-1})$, 即 $\chi_i^\sigma=\chi_j$. 最后, 注意到 σ 可逆, σ 必置换作用在 $\{\chi_1,\cdots,\chi_k\}$ 上, 定理成立. □

设正整数 n 是方次数 $\exp(G)$ 的倍数, ε 为 n 次本原单位根, 我们作以下说明.

(A) 由 Galois 群的定义, 我们看到: 一方面, 若 $\sigma\in\mathrm{Gal}(\mathbb{Q}_n/\mathbb{Q})$, 则存在与 n 互素的正整数 d 使得 $\sigma(\varepsilon)=\varepsilon^d$; 另一方面, 若 d 是与 n 互素的正整数, 则存在 $\sigma\in\mathrm{Gal}(\mathbb{Q}_n/\mathbb{Q})$ 使得 $\sigma(\varepsilon)=\varepsilon^d$.

在上面的环境下, 任取 $g\in G$, 任取 $\chi\in\mathrm{Ch}(G)$, 令 $\mathfrak{X}$ 为提供 χ 的矩阵表示,

且设 $\mathfrak{X}(g) \sim \mathrm{diag}(\epsilon_1, \cdots, \epsilon_m)$. 因为这些 ϵ_i 都是 n 次单位根, 从而都是 ε 的方幂, 所以

$$\chi^\sigma(g) = \sum_{i=1}^{m} \sigma(\epsilon_i) = \sum_{i=1}^{m} \epsilon_i^{\,d} = \mathrm{Tr}(\mathfrak{X}(g^d)) = \chi(g^d). \tag{2.6.2}$$

(B) 由说明 (A), 我们可取到 $\sigma \in \mathrm{Gal}(\mathbb{Q}_n/\mathbb{Q})$ 使得 $\sigma(\varepsilon) = \varepsilon^{n-1}$. 此时 $\varepsilon^{n-1} = \overline{\varepsilon}$, 且对 G 中元素 g 都有 $g^{n-1} = g^{-1}$. 由 (2.6.2) 式, 对 G 的任意特征标 χ 都有 $\chi^\sigma = \overline{\chi}$. 这说明特征标的复共轭也是该特征标的某个 Galois 共轭, 利用命题 2.6.2 再次推出 (不可约) 特征标的复共轭仍是 (不可约) 特征标.

(C) 设 χ 为 G 上的特征标, 由引理 2.6.1, χ 为有理值特征标当且仅当 χ 是 Galois-不变的, 即对任意 $\sigma \in \mathrm{Gal}(\mathbb{Q}_n/\mathbb{Q})$, 都有 $\chi^\sigma = \chi$.

(D) 可以证明 G 上的任意复特征标都可以由 G 的 $\mathbb{Q}_n$-表示来提供, 见后面的定理 3.7.16. 利用这一结论, 下面给出命题 2.6.2 的简短证明. 事实上, 设 $\chi \in \mathrm{Ch}(G)$, $\mathfrak{X}$ 为提供 χ 的 $\mathbb{Q}_n$-表示, $\sigma \in \mathrm{Gal}(\mathbb{Q}_n/\mathbb{Q})$. 定义 $\mathfrak{X}^\sigma$ 使得对任意 $g \in G$, 矩阵 $\mathfrak{X}^\sigma(g)$ 中所有元素都是矩阵 $\mathfrak{X}(g)$ 中相应位置元素在 σ 下的像, 自然地 $\mathfrak{X}^\sigma$ 成为 G 的一个表示, 并提供特征标 χ^σ. 再者, 对 G 的两个特征标 χ, ψ, 由 (2.6.2) 式易见 $[\chi, \psi] = [\chi^\sigma, \psi^\sigma]$, 这说明 χ 和 χ^σ 有相同的不可约性, 且 $\chi = \psi$ 当且仅当 $\chi^\sigma = \psi^\sigma$, 因此 $\mathrm{Gal}(\mathbb{Q}_n/\mathbb{Q})$ 置换作用在 $\mathrm{Irr}(G)$ 上.

下面来讨论有理元、有理群及它们的特征标理论刻画. 设 $g \in G$, 若对任何与 $o(g)$ 互素的正整数 n, g 与 g^n 在 G 中都共轭, 则称 g 为 G 中的**有理元**. 若 G 中元素都是有理元, 则称 G 为**有理群**. 由对称群的结构, 易见对称群 S_n 均为有理群.

引理 2.6.3 (Dirichlet) 设 $a, b \in \mathbb{Z}^+$ 互素, 则存在无数多个正整数 t 使得 $a + tb$ 为素数.

引理 2.6.4 设 $g \in G$, $\chi \in \mathrm{Ch}(G)$, s 是与 $o(g)$ 互素的正整数, n 为方次数 $\exp(G)$ 的倍数, 则有 $\sigma \in \mathrm{Gal}(\mathbb{Q}_n/\mathbb{Q})$ 使得 $\chi^\sigma(g) = \chi(g^s)$.

证 记 $o(g) = m$, 取 ε 为 n 次本原单位根. 因 m, s 互素, 由引理 2.6.3, 必有 $t \in \mathbb{Z}^+$ 使得 $s + tm$ 与 n 互素. 由上面的说明 (A), 可取到 $\sigma \in \mathrm{Gal}(\mathbb{Q}_n/\mathbb{Q})$ 使得 $\sigma(\varepsilon) = \varepsilon^{s+tm}$, 于是 $\chi^\sigma(g) = \chi(g^{s+tm}) = \chi(g^s)$. □

命题 2.6.5 设 $g \in G$, 则以下命题等价:

(1) g 为 G 中的有理元;

(2) 对所有 $\chi \in \mathrm{Irr}(G)$ 都有 $\chi(g) \in \mathbb{Q}$;

(3) 对所有 $\chi \in \mathrm{Irr}(G)$ 都有 $\chi(g) \in \mathbb{Z}$.

证 记 $o(g) = m$, $n = \exp(G)$.

(1) $\Rightarrow$ (2). 假设 g 为有理元, $\chi \in \mathrm{Irr}(G)$. 任取 $\sigma \in \mathrm{Gal}(\mathbb{Q}_n/\mathbb{Q})$, 则存在与 n 互素的正整数 d 使得 $\chi^\sigma(g) = \chi(g^d)$, 因为 g 有理, 所以 g, g^d 在 G 中共轭, 故

$\chi^\sigma(g) = \chi(g)$, 因此 $\chi(g)$ 是 $\mathrm{Gal}(\mathbb{Q}_n/\mathbb{Q})$-不变的, 由引理 2.6.1 知 $\chi(g) \in \mathbb{Q}$.

(2) $\Rightarrow$ (3). 这是因为既是有理数又是代数整数的数必是通常的整数.

(3) $\Rightarrow$ (1). 设 $s \in \mathbb{Z}^+$ 与 m 互素, 任取 $\chi \in \mathrm{Irr}(G)$, 由引理 2.6.4, 存在 $\sigma \in \mathrm{Gal}(\mathbb{Q}_n/\mathbb{Q})$ 使得 $\chi^\sigma(g) = \chi(g^s)$. 因 $\chi(g)$ 有理, 得 $\chi^\sigma(g) = \chi(g)$, 故 $\chi(g) = \chi(g^s)$. 这说明 g 与 g^s 在所有不可约特征标下的取值均相等, 由第二正交关系推出 g 和 g^s 共轭, 即 g 为 G 中的有理元. □

我们再明确以下三点.

(E) 有理值特征标也称为**有理特征标**. 命题 2.6.5 也表明, G 是有理群当且仅当 G 的不可约特征标都是有理特征标.

(F) 例 2.3.14 表明, 群 G 的有理特征标未必能由 G 的有理表示提供.

(G) 若 a 是代数整数, $\sigma \in \mathrm{Gal}(\mathbb{Q}_n/\mathbb{Q})$, 其中 $n \in \mathbb{Z}^+$, 易见 $\sigma(a)$ 也是某个首项系数为 1 的整系数多项式的根, 因此 $\sigma(a)$ 也是代数整数.

例 2.6.6 设 $\chi \in \mathrm{Ch}(G)$, $g \in G$, 若 $|\chi(g)| = 1$, 则 $\chi(g)$ 必是某个单位根.

证 记 $n = \exp(G)$, $\mathcal{G} = \mathrm{Gal}(\mathbb{Q}_n/\mathbb{Q})$. 我们断言 $|\chi^\sigma(g)| = 1$ 对所有 $\sigma \in \mathcal{G}$ 都成立. 事实上, 由说明 (B) 存在 $\sigma_0 \in \mathcal{G}$ 使得 $\overline{a} = \sigma_0(a)$ 对所有 $a \in \mathbb{Q}_n$ 都成立, 注意到 $\mathcal{G}$ 为交换群, 得

$$\overline{\sigma(\chi(g))} = (\sigma_0\sigma)(\chi(g)) = (\sigma\sigma_0)(\chi(g)) = \sigma(\overline{\chi(g)}),$$

从而

$$|\chi^\sigma(g)|^2 = \sigma(\chi(g))\overline{\sigma(\chi(g))} = \sigma(\chi(g)\overline{\chi(g)}) = \sigma(1) = 1,$$

断言成立. 记 $\{\alpha_1, \alpha_2, \cdots, \alpha_d\} = \{\sigma(\chi(g)) | \sigma \in \mathcal{G}\}$, 其中 $\alpha_1 = \chi(g)$. 记

$$f_k(x) = \prod_{v=1}^{d}(x - \alpha_v^k) = x^d + a_{k1}x^{d-1} + \cdots + a_{k,d-1}x + a_{kd}, \quad k \in \mathbb{N}.$$

由多项式 $f_k(x)$ 中系数 a_{ki} 的表达形式, 易见 a_{ki} 都是 $\mathcal{G}$-不变的且显然是代数整数 (见说明 (G)), 故 $a_{ki} \in \mathbb{Z}$. 注意到 $|\alpha_i|$ 都等于 1, 容易验证 $|a_{ki}| \leqslant d!$. 注意 $d!$ 与 k 无关, 这说明多项式序列 $f_0(x), f_1(x), \cdots$ 仅有有限个两两不同, 因此这些多项式的根集之并必是有限集. 特别地, $\{\alpha_1^k | k \in \mathbb{N}\}$ 是有限集, 故有 $s < t$ 使得 $(\alpha_1)^s = (\alpha_1)^t$, 这就推出 $\chi(g) = \alpha_1$ 为单位根. □

定义 G 上的等价关系 $\sim$ 如下: $x \sim y$ 当且仅当 $\langle x \rangle$ 与 $\langle y \rangle$ 在 G 中共轭. 在此等价关系下的等价类称为 G 的 **Galois 共轭类**或**代数共轭类**. 显然 G 的每个 Galois 共轭类必是 G 的若干通常共轭类的并, 也易验证: $x \in G$ 所在的 Galois 共轭类的长度等于

$$|G : \mathbf{N}_G(\langle x \rangle)|\varphi(o(x)), \tag{2.6.3}$$

这里 φ 为欧拉函数. 由命题 2.6.5, 有理特征标在 Galois 共轭类上取同一个整数值.

本小节的最后, 我们介绍关于有理特征标的 Artin 定理. 回忆一下, 集合 X 上的**特征函数** Φ 定义为: 若 $x \in X$, 则 $\Phi(x) = 1$; 若 $x \notin X$, 则 $\Phi(x) = 0$.

引理 2.6.7 设 $\mathfrak{C}_1, \cdots, \mathfrak{C}_m$ 为 G 的全部 Galois 共轭类, 取 $x_i \in \mathfrak{C}_i$, 并记 $H_i = \langle x_i \rangle$, $n_i = |H_i|$, Φ_i 为集合 $\mathfrak{C}_i$ 上的特征函数. 则

$$|\mathbf{N}_G(H_i)|\Phi_i = \sum_{j \in \Delta_i} a_j n_j (1_{H_j})^G, \tag{2.6.4}$$

其中 $a_j \in \mathbb{Z}$, $\Delta_i = \{j \mid H_j \text{ 与 } H_i \text{ 的某个子群在 } G \text{ 中共轭}, 1 \leqslant j \leqslant m\}$.

证 注意 $\mathfrak{C}_i$ 上的特征函数 Φ_i 为 G 上的类函数. 由 (2.6.3) 式有 $|\mathfrak{C}_i| = |G : \mathbf{N}_G(H_i)|\varphi(n_i)$. 对 n_i 作归纳. 若 $n_i = 1$, 则 $\mathfrak{C}_i = \{1\}$, $H_i = 1$, 此时 $|\mathbf{N}_G(H_i)|\Phi_i = |G|\Phi_i = \rho_G = (1_{H_i})^G$, (2.6.4) 式成立. 下面总设 $n_i > 1$. 因为置换特征标 $(1_{H_i})^G$ 是有理特征标, 而有理特征标在 Galois 类上取值不变且取到整数值, 所以可记 $(1_{H_i})^G = \sum_{1 \leqslant j \leqslant m} b_j \Phi_j$, 其中 $b_j \in \mathbb{Z}$. 注意到 $[\Phi_j, \Phi_k]_G = \delta_{jk}|\mathfrak{C}_j|/|G|$, 我们有

$$[1_{H_i}, (\Phi_j)_{H_i}]_{H_i} = [(1_{H_i})^G, \Phi_j]_G = \left[\sum_s b_s \Phi_s, \Phi_j\right]_G = b_j|\mathfrak{C}_j|/|G|.$$

注意, 只有当 H_j 共轭于 H_i 的某个子群时, 也即 $j \in \Delta_i$ 时, $(\Phi_j)|_{H_i}$ 才不为零, 从而 b_j 才不为零, 这表明

$$(1_{H_i})^G = \sum_{j \in \Delta_i} b_j \Phi_j.$$

当 $j \in \Delta_i$ 时, 考察 $(\Phi_j)|_{H_i}$ 在 H_i 上的取值, 恰能取到 $\varphi(n_j)$ 个 1, 其他均为零, 因此

$$[1_{H_i}, (\Phi_j)|_{H_i}]_{H_i} = \varphi(n_j)/n_i,$$

$$b_j = \frac{|G|\varphi(n_j)}{n_i|\mathfrak{C}_j|} = \frac{|\mathbf{N}_G(H_j)|}{n_i},$$

又得

$$n_i(1_{H_i})^G = \sum_{j \in \Delta_i} n_i b_j \Phi_j = \sum_{j \in \Delta_i} |\mathbf{N}_G(H_j)|\Phi_j$$

$$= |\mathbf{N}_G(H_i)|\Phi_i + \sum_{j \in \Delta_i, j \neq i} |\mathbf{N}_G(H_j)|\Phi_j. \tag{2.6.5}$$

当 $j \neq i$ 且 $j \in \Delta_i$ 时, H_j 必与 H_i 的某个真子群共轭, 故 $n_j < n_i$, 由归纳假设知 $|\mathbf{N}_G(H_j)|\Phi_j$ 可表为形如 (2.6.4) 的式子, 故由 (2.6.5) 式知 $|\mathbf{N}_G(H_i)|\Phi_i$ 亦然, 结论成立. □

定理 2.6.8 (Artin) 设 χ 为 G 的有理特征标, 则 $\chi = \sum \frac{a_H}{|\mathbf{N}_G(H):H|}(1_H)^G$, 其中 $a_H \in \mathbb{Z}$, H 取遍 G 的循环子群.

证 沿用引理 2.6.7 中的记号. 因 χ 有理, χ 可表为 $\Phi_1, \cdots, \Phi_m$ 的 $\mathbb{Z}$-线性组合, 将引理 2.6.7 中 Φ_i 的表达式代入, 即得结论. □

2.6.2 Burnside 零值定理

引理 2.6.9 设 S 为 G 的一个 Galois 共轭类, $\chi \in \mathrm{Irr}(G)$, 则以下结论成立:

(1) 若存在 $s \in S$ 使得 $\chi(s) = m$ 为有理数, 则 $m \in \mathbb{Z}$, 且 χ 在 S 上的取值都为 m.

(2) 若 χ 在 S 上都取非零值, 则 $\sum_{s\in S} |\chi(s)|^2 \geqslant |S|$.

证 记 $n = \exp(G)$, $\mathcal{G} = \mathrm{Gal}(\mathbb{Q}_n/\mathbb{Q})$.

(1) 因 $\chi(s)$ 为代数整数, 故有理数 $m \in \mathbb{Z}$. 任取 $s' \in S$, 因 $\langle s' \rangle$ 与 $\langle s \rangle$ 在 G 中共轭, 必有与 $o(s)$ 互素的正整数 d 使得 s' 与 s^d 在 G 中共轭. 任取 $\chi \in \mathrm{Irr}(G)$, 由引理 2.6.4, 存在 $\sigma \in \mathcal{G}$ 使得 $\chi^\sigma(s) = \chi(s^d)$, 于是 $\chi(s') = \chi(s^d) = \chi^\sigma(s) = \sigma(\chi(s)) = m$, 故 χ 在 S 上的取值都为 m.

(2) 设 χ 在 S 上都取非零值. 任取 $\sigma \in \mathcal{G}$, 由 (2.6.2) 式, 我们可取到与 n 互素的正整数 d 使得对任意 $g \in G$ 都有 $\chi^\sigma(g) = \chi(g^d)$. 显然 $s \mapsto s^d$ 是 S 上的置换, 因此

$$\sigma\left(\prod_{s\in S}\chi(s)\right) = \prod_{s\in S}\chi(s^d) = \prod_{s\in S}\chi(s),$$

即代数整数 $\prod_{s\in S}\chi(s)$ 是 σ-不变的. 由 σ 的任意性及引理 2.6.1, $\prod_{s\in S}\chi(s)$ 为非零有理整数, 故 $\prod_{s\in S}|\chi(s)|^2 \geqslant 1$. 因为对任意非负实数 $r_1, \cdots, r_t$ 都有 $\frac{1}{t}\sum_{1\leqslant i\leqslant t} r_i \geqslant (\prod_{1\leqslant i\leqslant t} r_i)^{1/t}$, 所以 $\sum_{s\in S}|\chi(s)|^2 \geqslant |S|$. □

定理 2.6.10 (Burnside) 设 $\chi \in \mathrm{Irr}(G)$ 非线性, 则必有 $g \in G$ 使得 $\chi(g) = 0$.

证 将 G 划分成 Galois 共轭类 $S_1, \cdots, S_t$ 的不交并, 并令 $S_1 = \{1\}$. 反设 χ 在 G 上取不到零值, 由引理 2.6.9, $|G| = \sum_{g\in G}|\chi(g)|^2 \geqslant \chi(1) + \sum_{i=2}^t |S_i| = \chi(1) + |G| - 1 > |G|$, 矛盾. □

对于 $\chi \in \mathrm{Irr}(G)$, 令

$$\mathrm{ann}(\chi) = \{g \in G \mid \chi(g) = 0\}.$$

因为 $1 \notin \mathrm{ann}(\chi)$, 所以 $\mathrm{ann}(\chi)$ 不可能是 G 的子群. 当 χ 非线性时, 由 Burnside 定理 2.6.10 知, $\mathrm{ann}(\chi)$ 为 G 的非空子集; 进一步, 由引理 2.6.9, 我们看到 $\mathrm{ann}(\chi)$ 不但是若干 G-共轭类的并, 而且也是一些 Galois 共轭类的并. 显然, 线性特征

标的取值都是单位根, 因此它在整个群上取不到零值. 这表明, 对于 $\chi \in \mathrm{Irr}(G)$, $\chi \in \mathrm{Lin}(G)$ 当且仅当 $\mathrm{ann}(\chi) = \varnothing$.

定理 2.6.11 (Burnside) 设 $\chi \in \mathrm{Irr}(G)$, $g \in G$ 满足 $(\chi(1), |g^G|) = 1$, 则 $g \in \mathbf{Z}(\chi)$ 或 $\chi(g) = 0$.

证 因 $\chi(1)$ 与 $|g^G|$ 互素, 故有 $u, v \in \mathbb{Z}$ 使得 $u\chi(1) + v|g^G| = 1$. 由定理 2.2.10(5), $\chi(g)|g^G|/\chi(1)$ 是代数整数, 这表明

$$\beta := \frac{\chi(g)(1 - u\chi(1))}{\chi(1)} = v\frac{\chi(g)|g^G|}{\chi(1)}$$

是代数整数, 从而 $\alpha := \chi(g)/\chi(1) = \beta + u\chi(g)$ 也是代数整数.

若 $g \notin \mathbf{Z}(\chi)$, 则 $|\alpha| < 1$. 记 $n = \exp(G)$, $\mathcal{G} = \mathrm{Gal}(\mathbb{Q}_n/\mathbb{Q})$, $d = \prod_{\sigma \in \mathcal{G}} \sigma(\alpha)$. 对任意 $\sigma \in \mathcal{G}$, 因 α 是代数整数, $\sigma(\alpha)$ 也是代数整数, 从而 d 是代数整数. 易见 d 是 $\mathcal{G}$-不变的, 故 $d \in \mathbb{Z}$. 注意到 $|\alpha|$ 和所有 $|\sigma(\alpha)|$ 都小于 1, 得 $d = 0$, 进而推出 $\alpha = 0$, $\chi(g) = 0$. □

上面介绍了 Burnside 关于不可约特征标的两条著名的零值定理, 在给出它们的应用之前, 先给出几条基本事实.

引理 2.6.12 设 $H \leqslant G$, 若 $\chi \in \mathrm{Ch}(G)$ 零化 $H^\sharp$, 则存在 $a \in \mathbb{Z}^+$ 使得 $\chi_H = a\rho_{_H}$, 这里 $\rho_{_H}$ 为 H 上的正则特征标; 特别地, $|H| \mid \chi(1)$, $[\chi_H, 1_H] > 0$.

证 取 $a = \chi(1)/|H|$, 由条件易见 $\chi_H = a\rho_{_H}$. 因 $[\rho_H, 1_H] = 1$, 得 $a = [a\rho_{_H}, 1_H] = [\chi_H, 1_H] \in \mathbb{N}$, 故 $a \in \mathbb{Z}^+$, 结论成立. □

例 2.6.13 设 $K \leqslant H \leqslant G$, H 交换, 若 $\chi \in \mathrm{Ch}(G)$ 零化 $H \setminus K$, 则 $|H : K| \mid \chi(1)$.

证 注意到 $\chi_H \in \mathrm{Ch}(H)$ 也零化 $H \setminus K$, 故可设 $H = G$. 记 $\chi_K = \sum_{i=1}^t a_i\lambda_i$, 其中 $\lambda_1, \cdots, \lambda_t \in \mathrm{Irr}(K)$ 且两两不同. 取 $\mu_i \in \mathrm{Irr}(\lambda_i^G)$, 因 G 交换, μ_i 和 λ_i 均线性, 得 $(\mu_i)_K = \lambda_i$. 再由 χ 零化 $G \setminus K$, 推出

$$|G : K|[\chi, \mu_i] = \frac{1}{|K|}\sum_{g \in G} \chi(g)\mu_i(g^{-1}) = \frac{1}{|K|}\sum_{k \in K} \chi(k)\mu_i(k^{-1}) = [\chi_K, \lambda_i],$$

这表明 $a_i = [\chi_K, \lambda_i]$ 都是 $|G : K|$ 的倍数, 故 $\chi(1) = \sum_{i=1}^t a_i$ 为 $|G : K|$ 的倍数. □

对于正整数 m, 用 $\pi(m)$ 表示 m 中的素因子集合. 记 $\pi(G) = \pi(|G|)$.

设 $m \in \mathbb{Z}^+$, σ 为一个素数集合. 若 $\pi(m) \subseteq \sigma$, 则称 m 为一个 **σ-数**, 若 $\pi(m) \cap \sigma = \varnothing$, 则称 m 为一个 **σ'-数**. 显然, 任意正整数 n 都能写成一个 σ-数 s 和一个 σ'-数 t 的积, 我们称 s, t 分别为 n 的 σ-部分和 σ'-部分, 记为 $n_\sigma = s$, $n_{\sigma'} = t$, 或 $n|_\sigma = s$, $n|_{\sigma'} = t$.

对于素数集合 σ, 若 $|G|$ 为 σ-数, 则称群 G 为 **σ-群**; 若 $|G|$ 为 σ'-数, 则称群 G 为 **σ'-群**. 对于 $g \in G$, 若 $o(g)$ 为 σ-数, 则称 g 为 **σ-元**; 若 $o(g)$ 为 σ'- 数, 则称 g 为 **σ'-元**.

例 2.6.14 设 $\chi \in \mathrm{Irr}(G)$ 忠实, 若 $\chi(1)$ 为素数 p 的方幂且 G 有交换的 Sylow p-子群, 则 $|G : \mathbf{Z}(G)|_p = \chi(1)$.

证 记 $\chi(1) = p^a$, 由定理 2.3.5 和命题 2.3.11, 得 $\mathbf{Z}(\chi) = \mathbf{Z}(G)$ 且 $p^a \mid |G : \mathbf{Z}(G)|$. 取 $P \in \mathrm{Syl}_p(G)$, 记 $Z = P \cap \mathbf{Z}(G)$. 注意到对任意 $x \in P$ 都有 $(\chi(1), |x^G|) = 1$, 应用定理 2.6.11 推出 χ 零化 $P \setminus Z$, 进而由例 2.6.13 得 $|P : Z| \mid p^a$, 即 $|G : \mathbf{Z}(G)|_p \mid p^a$. 故 $|G : \mathbf{Z}(G)|_p = p^a$. □

例 2.6.15 若 G 有忠实 p 次不可约特征标, 这里 $p = \min \pi(G)$, 则以下情形之一成立:

(1) $\mathbf{Z}(G)$ 循环且 $p \mid |\mathbf{Z}(G)|$;

(2) $|G|_p = p$, 且 G 有正规交换 p-补.

证 设 χ 为 G 的忠实 p 次不可约特征标, 由定理 2.3.5, $\mathbf{Z}(\chi) = \mathbf{Z}(G)$ 循环. 取 $P \in \mathrm{Syl}_p(G)$, 显然 $P \geqslant \mathbf{Z}(P) > 1$. 假设 (1) 不成立, 则 $\mathbf{Z}(G)$ 为 p'-群. 任取 $g \in \mathbf{Z}(P)^\sharp$, 注意到 $(\chi(1), |g^G|) = 1$, 由定理 2.6.11 得 $\chi(g) = 0$, 这表明 χ 零化 $\mathbf{Z}(P)^\sharp$.

若 $\chi_P := \theta$ 不可约, 则 $\mathbf{Z}(P) \leqslant \mathbf{Z}(\theta) \leqslant \mathbf{Z}(\chi) = \mathbf{Z}(G)$, 矛盾, 故 χ_P 一定可约. 注意到 P 的不可约特征标次数都是 p 的方幂且 $\chi(1) = p$, 易见 $\chi_P = \sum_{i=1}^{p} \lambda_i$, 其中 λ_i 均线性, 这就推出 $P' \leqslant \bigcap_{i=1}^{p} \ker \lambda_i \leqslant \ker \chi = 1$, 故 $P = \mathbf{Z}(P)$ 为交换群. 现在 χ 零化 $P^\sharp$, 由例 2.6.13 得, $|P| \mid \chi(1)$, 故 $|G|_p = |P| = p$. 注意 p 是 $\pi(G)$ 中的最小素数, 熟知此时 G 有正规 p-补 ([14, 第 2 章, 定理 5.5]), 记之为 K. 考察 χ_K 的不可约成分 μ, 因为 $\mu(1) \mid |K|$ 且 $\mu(1) \leqslant p = \min \pi(G)$, 所以 μ 必线性, 按上面的方法同样推出 $K' \leqslant \ker \chi = 1$, K 交换. □

上例也说明非交换单群不可能有 2 次不可约特征标.

有限群表示理论最初的出发点是研究有限群的结构. 虽然还有很大部分基础理论知识没有介绍, 但现有的特征标理论已经能够给出不少精彩的应用. 下面将给出特征标零值定理的经典应用: 著名的 $p^a q^b$ 定理的特征标理论证明.

推论 2.6.16 设 G 为非交换单群, 若 $|g^G|$ 为素数方幂, 则 $g = 1$①.

证 设 $|g^G|$ 为素数 p 的方幂, 反设 $g \neq 1$. 注意: 1_G 是非交换单群 G 的唯一线性特征标. 任取非线性 $\chi \in \mathrm{Irr}(G)$, 显然 χ 忠实且 $\mathbf{Z}(\chi) = \mathbf{Z}(G) = 1$. 现由定理 2.6.11 推出: 只要 $p \nmid \chi(1)$, 就有 $\chi(g) = 0$. 于是

① Kazarin[66] 证明了更一般的结论: 设 $g \in G$, 若 $|g^G|$ 为素数方幂, 则 g^G 生成 G 的可解正规子群.

$$0=\sum_{\chi\in\mathrm{Irr}(G)}\chi(1)\chi(g)=1+\sum_{\chi\in\mathrm{Irr}(G),\chi(1)>1}\chi(1)\chi(g)$$
$$=1+\sum_{\chi\in\mathrm{Irr}(G),p|\chi(1)}\chi(1)\chi(g),$$

即

$$-\frac{1}{p}=\sum_{\chi\in\mathrm{Irr}(G),p|\chi(1)}\frac{\chi(1)\chi(g)}{p}.$$

上式右边为代数整数而左边为有理数, 推出 $-1/p\in\mathbb{Z}$, 矛盾. □

推论 2.6.17 (Burnside) 若 $|G|=p^aq^b$, 其中 p,q 为素数, $a,b\in\mathbb{N}$, 则 G 可解①.

证 若 G 为非交换单群, 取 g 为 G 的某个 Sylow 子群中心中的非单位元素, 则 $|g^G|$ 为素数方幂, 与推论 2.6.16 矛盾. 故 G 不是非交换单群, 由归纳知 G 的真正规子群和真商群都可解, 故 G 也可解. □

在考察特征标零值问题时, 下面的命题也非常有用.

命题 2.6.18 设 g 为 G 中的 p-元, 即 $o(g)$ 为素数 p 的方幂, $\chi\in\mathrm{Ch}(G)$. 若 $\chi(g)=m\in\mathbb{Q}$, 即 $m\in\mathbb{Z}$, 则 $p\mid(\chi(1)-m)$. 特别地, 若 $\chi(g)=0$, 则 $p\mid\chi(1)$.

证 记 $o(g)=p^b$, ϵ 为一个 p^b 次本原单位根. 设矩阵表示 $\mathfrak{X}$ 提供特征标 χ, 则 $\mathfrak{X}(g)$ 相似于对角阵 $\mathrm{diag}(\epsilon^{d_1},\cdots,\epsilon^{d_{\chi(1)}})$, 其中 d_i 都是非负整数. 于是 $m=\chi(g)=\sum_{i=1}^{p^b}k_i\epsilon^i$, 其中 $k_i\in\mathbb{N}$, 且 $\sum_{i=1}^{p^b}k_i=\chi(1)$. 这表明 ϵ 是 $f(x):=\sum_{i=1}^{p^b}k_ix^i-m\in\mathbb{Z}[x]$ 的根. 注意到 ϵ 在 $\mathbb{Q}$ 上的最小多项式为

$$f_0(x)=\frac{x^{p^b}-1}{x^{p^{b-1}}-1}=\sum_{j=0}^{p-1}x^{jp^{b-1}},$$

推出 $f_0(x)\mid f(x)$, 特别地 $f_0(1)\mid f(1)$, 即有 $p\mid(\chi(1)-m)$. □

例 2.6.19 设 χ 为 3 次对称群 G 上的 2 次不可约特征标, 求 χ 的特征标值.

解 这里给出异于例 2.2.15 的计算方法. 仅需给出 χ 在 $G^\sharp$ 上的取值. 注意对称群都是有理群, 故 χ 为有理特征标, 这表明 χ 在 $G^\sharp$ 上可能的取值为 $0,\pm1,\pm2$. 注意到 G 的真商群都交换, 所以非线性 χ 必忠实, 得 $\mathbf{Z}(\chi)=\mathbf{Z}(G)$. 注意到 $\mathbf{Z}(G)=1$ (否则 G 交换), 故 χ 在 $G^\sharp$ 上可能的取值为 $0,\pm1$.

任取 $g\in G^\sharp$, 显然 $o(g)\in\{2,3\}$. 若 $o(g)=2$, 由命题 2.6.18 得 $2\mid(2-\chi(g))$, 推出 $\chi(g)=0$; 若 $o(g)=3$, 同样由命题 2.6.18 得 $3\mid(2-\chi(g))$, 推出 $\chi(g)=-1$. □

① 在 Burnside 用特征标理论证明该定理约 100 年后, 人们才给出该定理 (比较复杂) 的纯群理论证明.

2.7 Clifford 定理

设 N 是 G 的正规子群, 本节将考察 G 的不可约特征标 (模) 在 N 上的限制, N 的不可约特征标 (模) 到 G 上的诱导, 以及这两者之间的联系, 这些构成了特征标理论中极其重要的 Clifford 定理.

2.7.1 特征标语言的 Clifford 定理

回忆一下, 若 $N \leqslant G$, $g \in G$, $\mu \in \mathrm{CF}(N)$, N^g 上的复值类函数 μ^g 定义为 $\mu^g(a) = \mu(gag^{-1})$, 这里 $a \in N^g$. 特别地, 若 $N \trianglelefteq G$, 则 μ^g 必是 N 上的类函数.

引理 2.7.1 设 $N \trianglelefteq G$, $\mu, \nu \in \mathrm{CF}(N)$, $g, g' \in G$, 则以下结论成立:

(1) $\mu^g \in \mathrm{CF}(N)$, 且 $\mu^{gg'} = (\mu^g)^{g'}$.

(2) $(\mu + \nu)^g = \mu^g + \nu^g$.

(3) $[\mu, \nu] = [\mu^g, \nu^g]$, 且 $\mu = \nu \Leftrightarrow \mu^g = \nu^g$.

(4) 若 $\chi \in \mathrm{CF}(G)$, 则 $[\chi_N, \mu] = [\chi_N, \mu^g]$.

(5) $\mu \in \mathrm{Ch}(N) \Leftrightarrow \mu^g \in \mathrm{Ch}(N)$.

(6) $\mu \in \mathrm{Irr}(N) \Leftrightarrow \mu^g \in \mathrm{Irr}(N)$.

证 (1)–(3) 由定义得, (5), (6) 见 2.4 节说明 (I), 下证 (4). 对于 $n \in N$, $g \in G$, 有 $(\chi_N)^g(n) = \chi_N(gng^{-1}) = \chi(gng^{-1}) = \chi(n) = \chi_N(n)$, 故 $(\chi_N)^g = \chi_N$, 再由 (3) 即得结论. □

由上面引理中的结论 (3) 和 (6), 我们看到 G 中每个元素 g 诱导出集合 $\mathrm{Irr}(N)$ 上的一个置换 $\sigma(g) : \mu \mapsto \mu^g$; 再由 (1) 知 $g \mapsto \sigma(g)$ 给出了 G 到 $\mathrm{Irr}(N)$ 上对称群 $\mathrm{S}_{\mathrm{Irr}(N)}$ 的一个群同态, 因此 G 置换作用在 $\mathrm{Irr}(N)$ 上. 进一步, 因为 $N \leqslant \ker\sigma$, 即 N 包含在作用 σ 的核中, 所以又诱导出 G/N 在 $\mathrm{Irr}(N)$ 上的作用. 显然, G 的任意子群 H 也作用在 $\mathrm{Irr}(N)$ 上, 对 $\theta \in \mathrm{Irr}(N)$, 我们记 θ 在 H 中的**稳定子群**为 $\mathrm{I}_H(\theta)$, 即

$$\mathrm{I}_H(\theta) = \{h \in H \mid \theta^h = \theta\}.$$

特别地, $\mathrm{I}_G(\theta) = \{g \in G \mid \theta^g = \theta\}$. 显然 $N \leqslant \mathrm{I}_G(\theta)$ 且

$$\mathrm{I}_H(\theta) = H \cap \mathrm{I}_G(\theta).$$

设 G 关于子群 $\mathrm{I}_G(\theta)$ 的右陪集代表系为 $\{g_1, \cdots, g_t\}$[①], 则 $|G : \mathrm{I}_G(\theta)| = t$, $\{\theta^{g_1}, \cdots, \theta^{g_t}\}$ 为 θ 所在的一个 G-轨道, 显然 $\theta^{g_1}, \cdots, \theta^{g_t}$ 两两不同且都是 N 的不可约特征标. 我们称 θ^g 为 θ 的一个 **G-共轭**, 这里 $g \in G$. 易见

$$\mathrm{I}_G(\theta^g) = (\mathrm{I}_G(\theta))^g.$$

① 一般取 $g_1 \in \mathrm{I}_G(\theta)$, 此时 $\theta^{g_1} = \theta$.

若 $\theta \in \mathrm{Irr}(N)$ 在 G 作用下不变, 即 $\mathrm{I}_G(\theta) = G$, 则也称 θ 在 G 中不变. 显然, 若 $N \leqslant \mathbf{Z}(G)$, 则 N 的每个不可约特征标在 G 中都不变.

定理 2.7.2 (Clifford)　设 $N \trianglelefteq G$, $\chi \in \mathrm{Irr}(G)$, 则

$$\chi_N = e(\theta_1 + \cdots + \theta_t),$$

其中 $e \in \mathbb{Z}^+$, $\theta_1, \cdots, \theta_t$ 为一个 G-轨道, $t = |G : \mathrm{I}_G(\theta_i)|$. 特别地, $\chi(1) = et\theta_i(1)$.

证　取 $\theta \in \mathrm{Irr}(\chi_N)$, 设 θ 所在的 G-轨道为 $\{\theta = \theta_1, \cdots, \theta_t\}$, 此时 $t = |G : \mathrm{I}_G(\theta_i)|$. 对任意 $n \in N$, 由诱导特征标的计算公式有 $\theta^G(n) = \dfrac{1}{|N|} \sum_{x \in G} \theta^x(n)$, 所以

$$|N|(\theta^G)_N = \sum_{x \in G} \theta^x = |\mathrm{I}_G(\theta)|(\theta_1 + \cdots + \theta_t).$$

注意到 χ 是 θ^G 的成分, 故 $\mathrm{Irr}(\chi_N) \subseteq \mathrm{Irr}((\theta^G)_N) = \mathrm{Irr}(|N|(\theta^G)_N) = \{\theta_1, \cdots, \theta_t\}$, 这说明

$$\chi_N = e_1\theta_1 + \cdots + e_t\theta_t,$$

其中 $e_i \in \mathbb{N}$. 又由引理 2.7.1(4) 得 $e_i = [\chi_N, \theta_i] = [\chi_N, \theta] = e_1$, 定理成立. □

定理 2.7.2 的意思是说, $\chi \in \mathrm{Irr}(G)$ 限制到正规子群 N 上, 恰好等于 $\mathrm{Irr}(N)$ 的某个 G-轨道之和 $\theta_1 + \cdots + \theta_t$ 的某个倍数, 设这个倍数为 e, 显然 $\chi(1) = et\theta_i(1)$, 且

$$e = [\chi_N, \theta_i]_N = [\chi, \theta_i^G]_G \in \mathbb{Z}^+.$$

进一步, 后面的定理 3.2.5 还将证明 $e \mid |\mathrm{I}_G(\theta_i) : N|$, 因此 $\chi(1)/\theta_i(1) = et \mid |G : N|$.

例 2.7.3　设 $N \trianglelefteq G$, $\chi \in \mathrm{Irr}(G)$, 则以下结论成立:

(1) 若 1_N 是 χ_N 的不可约成分, 则 $N \leqslant \ker\chi$, 即 $\chi \in \mathrm{Irr}(G/N)$.

(2) 若 χ_N 有线性不可约成分, 则 $N' \leqslant \ker\chi$, 即 $\chi \in \mathrm{Irr}(G/N')$.

(3) 若 θ 是 χ_N 的不可约成分, 则 $\theta(1) \mid \chi(1)$.

证　(1) 因为 1_N 在 G 中不变, 由定理 2.7.2 推出 $\chi_N = e\,1_N$, 故 $N \leqslant \ker\chi$.

(2) 设 λ 是 χ_N 的线性成分, 则 $\chi_N = e(\lambda_1 + \cdots + \lambda_t)$, 其中 $\lambda_1, \cdots, \lambda_t$ 是一个 G-轨道. 注意到 λ_i 均线性, 得 $N' \leqslant \ker\lambda_i$, 故 $N' \leqslant \ker\chi$.

(3) 这是定理 2.7.2 的直接推论. □

对偶于定理 2.7.2, 下面给出正规子群上的不可约特征标到大群上的诱导结构.

定理 2.7.4 (Clifford)　设 $N \trianglelefteq G$, $\theta \in \mathrm{Irr}(N)$, 记 $T = \mathrm{I}_G(\theta)$, 则 $\alpha \mapsto \alpha^G$ 是 $\mathrm{Irr}(\theta^T)$ 到 $\mathrm{Irr}(\theta^G)$ 的双射, 称之为 Clifford 对应.

证　记 $t = |G : T|$, $\{\theta = \theta_1, \cdots, \theta_t\}$ 是一个 G-轨道. 任取 $\alpha \in \mathrm{Irr}(\theta^T)$, 任取 $\chi \in \mathrm{Irr}(\alpha^G)$, 显然 χ 在 θ 的上方, 由定理 2.7.2 有 $\chi_N = e(\theta_1 + \cdots + \theta_t)$, 其中 $e \in \mathbb{Z}^+$.

考察 $\alpha \in \mathrm{Irr}(\theta^T)$ 在 N 上的限制, 注意到 θ 在 T 中不变, 再次应用定理 2.7.2 得 $\alpha_N = f\theta$, 其中 $f \in \mathbb{Z}^+$. 注意到 α 在 χ 的下方, 即 α 是 χ_T 的成分, 故 α_N 是 $\chi_N = (\chi_T)_N$ 的成分, 得 $[\alpha_N, \theta]_N \leqslant [\chi_N, \theta]_N$, 因此

$$f = [\alpha_N, \theta] \leqslant [\chi_N, \theta] = e.$$

注意到

$$et\theta(1) = \chi(1) \leqslant \alpha^G(1) = t\alpha(1) = ft\theta(1) \leqslant et\theta(1), \tag{2.7.1}$$

这表明上式中都取等号. 特别地, $\chi(1) = \alpha^G(1)$, 从而 $\alpha^G = \chi \in \mathrm{Irr}(\theta^G)$, 即 $\alpha \mapsto \alpha^G$ 是 $\mathrm{Irr}(\theta^T)$ 到 $\mathrm{Irr}(\theta^G)$ 的映射.

因为 (2.7.1) 式中都取等号, 得 $f = e$, 即 $[\alpha_N, \theta] = [\chi_N, \theta]$. 任取 $\alpha' \in \mathrm{Irr}(\theta^T)$ 且 $\alpha \neq \alpha'$. 反设 $\alpha^G = (\alpha')^G$, 则它们都等于 χ, 于是 $\chi_T = \alpha + \alpha' + \cdots$, 此时

$$[\chi_N, \theta] \geqslant [\alpha_N, \theta] + [\alpha'_N, \theta] > [\alpha_N, \theta],$$

矛盾. 故必有 $\alpha^G \neq \alpha'^G$, 这表明 $\alpha \mapsto \alpha^G$ 是单射.

任取 $\beta \in \mathrm{Irr}(\theta^G)$, 由 2.4 节的说明 (H), 可取到 $\alpha \in \mathrm{Irr}(\theta^T) \cap \mathrm{Irr}(\beta_T)$. 易见 $\beta \in \mathrm{Irr}(\alpha^G)$. 因为前面已证明 α^G 不可约, 故 $\alpha^G = \beta$, 所以 $\alpha \mapsto \alpha^G$ 也是满射. 综上证得定理. □

下面考察定理 2.7.4 环境下的两个特殊情形: $\mathrm{I}_G(\theta) = G$ 和 $\mathrm{I}_G(\theta) = N$, 并给出更细致的描写.

命题 2.7.5 设 $N \trianglelefteq G$, $\theta \in \mathrm{Irr}(N)$. 若 $\mathrm{I}_G(\theta) = G$, 且记 $\mathrm{Irr}(\theta^G) = \{\chi_1, \cdots, \chi_m\}$, 则以下结论成立:

(1) $\theta^G = \sum_{i=1}^m e_i\chi_i$, $(\chi_i)_N = e_i\theta$, 其中 $e_i = [\theta^G, \chi_i] = [(\chi_i)_N, \theta] \in \mathbb{Z}^+$.

(2) $|G:N| = \sum_{i=1}^m e_i^2 = \sum_{i=1}^m (\chi_i(1)/\theta(1))^2 = [\theta^G, \theta^G]$.

证 显然 θ^G 可表为 $\sum_{i=1}^m e_i\chi_i$, 其中 $e_i = [\theta^G, \chi_i] \in \mathbb{Z}^+$. 由反转律又有 $e_i = [(\chi_i)_N, \theta]$, 因 θ 在 G 中不变, 由定理 2.7.2 得 $(\chi_i)_N = e_i\theta$, 结论 (1) 成立. 注意到 $\chi_i(1) = e_i\theta(1)$, 得

$$\theta(1)|G/N| = \theta^G(1) = \sum_{i=1}^m e_i\chi_i(1) = \theta(1)\sum_{i=1}^m e_i^2,$$

所以 $|G:N| = \sum_{i=1}^m e_i^2 = \sum_{i=1}^m (\chi_i(1)/\theta(1))^2$. 再者, $[\theta^G, \theta^G] = [\sum_{i=1}^m e_i\chi_i, \sum_{i=1}^m e_i\chi_i] = \sum_{i=1}^m e_i^2$, 结论 (2) 成立. □

推论 2.7.6 设 $N \trianglelefteq G$, $\theta \in \mathrm{Irr}(N)$, 则 $\mathrm{I}_G(\theta) = N$ 的充要条件是 θ^G 不可约.

证 若 $\mathrm{I}_G(\theta) = N$, 由定理 2.7.4 得 $\theta^G \in \mathrm{Irr}(G)$. 反之, 假设 $\theta^G \in \mathrm{Irr}(G)$, 记 $T = \mathrm{I}_G(\theta)$. 因为 $\theta^G = (\theta^T)^G$, 所以由 θ^G 的不可约性推出 θ^T 不可约. 对 $\{T, \theta\}$ 应用命题 2.7.5 有 $|T:N| = 1$, 即得 $\mathrm{I}_G(\theta) = N$. □

下面给出 Clifford 定理 2.7.4 的细致描写.

推论 2.7.7 设 $N \trianglelefteq G$, $\theta \in \mathrm{Irr}(N)$, $T = \mathrm{I}_G(\theta)$, $t = |G:T|$, $\{\theta = \theta_1, \cdots, \theta_t\}$ 为 θ 所在的 G-轨道, 记 $\mathrm{Irr}(\theta^T) = \{\alpha_1, \cdots, \alpha_m\}$, $\theta^T = \sum_{i=1}^m e_i\alpha_i$, 则以下结论成立:

(1) $e_i = [\theta^T, \alpha_i] = [(\alpha_i)_N, \theta] \in \mathbb{Z}^+$, $(\alpha_i)_N = e_i\theta$, $|T/N| = \sum_{i=1}^m e_i^2 = \sum_{i=1}^m (\alpha_i(1)/\theta(1))^2 = [\theta^T, \theta^T]$.

(2) $\mathrm{Irr}(\theta^G) = \{\chi_1, \cdots, \chi_m\}$, 其中 $\chi_i = \alpha_i^G$, 且 $\theta^G = \sum_{i=1}^m e_i\chi_i$, $(\chi_i)_N = e_i\sum_{j=1}^t \theta_j$.

(3) $[\theta^G, \theta^G] = |T:N| = \sum_{i=1}^m e_i^2$, $|G:N| = t\sum_{i=1}^m e_i^2$.

证 (1) 见命题 2.7.5.

(2) 由定理 2.7.4, $\chi_i = (\alpha_i)^G \in \mathrm{Irr}(\theta^G)$, 故 $\theta^G = (\theta^T)^G = (\sum_{i=1}^m e_i\alpha_i)^G = \sum_{i=1}^m e_i\chi_i$. 对于每个 χ_i, 注意 θ 在 χ_i 的下方且 $[(\chi_i)_N, \theta] = e_i$, 由定理 2.7.2 得 $(\chi_i)_N = e_i\sum_{j=1}^t \theta_j$.

(3) 由 (1) 和 (2) 有, $[\theta^G, \theta^G] = [\sum_{i=1}^m e_i\chi_i, \sum_{i=1}^m e_i\chi_i] = \sum_{i=1}^m e_i^2 = |T:N|$. □

上面的这些结论构成了关于特征标的 Clifford 理论, 它们在特征标理论中具有基本的重要性, 请读者熟练掌握之. 下面给出 Clifford 定理的一些应用.

命题 2.7.8 设 $N \trianglelefteq G$, $\chi \in \mathrm{Irr}(G)$, $\theta \in \mathrm{Irr}(\chi_N)$, 则 χ 零化 $G \setminus N$ 的充要条件是, θ^G 是 χ 的倍数, 这等价于说, $(\chi_N)^G$ 是 χ 的倍数. 进一步, 当 χ 零化 $G \setminus N$ 时, $|G:N|\theta(1)^2 \mid \chi(1)^2$.

证 记 $\chi_1 = \chi$, $\theta_1 = \theta$. 设 $\theta^G = \sum_{i=1}^m e_i\chi_i$, 其中 $\chi_1, \cdots, \chi_m \in \mathrm{Irr}(G)$ 两两不同. 由定理 2.7.2, $\chi_N = e_1\sum_{i=1}^t \theta_i$, 其中这些 θ_i 构成一个 G-轨道, 故 $[\chi_N, \chi_N] = e_1^2 t$. 由推论 2.7.7, $|G:N| = t\sum_{i=1}^m e_i^2$; 而由引理 2.3.6 知: χ 零化 $G \setminus N$ 当且仅当 $|G:N| = [\chi_N, \chi_N]$. 这表明: χ 零化 $G \setminus N$ 当且仅当 $t\sum_{i=1}^m e_i^2 = e_1^2 t$, 而后者也等价于 $\theta^G = e_1\chi$. 此时, $|G:N| = e_1^2 t$, $\chi(1)^2 = (e_1 t\theta(1))^2 = t|G:N|\theta(1)^2$, 推出 $|G:N|\theta(1)^2 \mid \chi(1)^2$.

因 θ_i 与 θ 都 G-共轭, 有 $(\theta_i)^G = \theta^G$, 故 $(\chi_N)^G$ 是 χ 的倍数等价于 θ^G 是 χ 的倍数. □

对于 $\chi \in \mathrm{Irr}(G)$, 由命题 2.3.11 有 $\chi(1) \mid |G:\mathbf{Z}(\chi)|$, 也即, 在 $\overline{G} = G/\ker\chi$ 中有 $\chi(1) \mid |\overline{G}:\mathbf{Z}(\overline{G})|$. 这一结果可加强为下面的定理.

定理 2.7.9 设 $\chi \in \mathrm{Irr}(G)$, 记 $\overline{G} = G/\ker\chi$, 若 $\overline{A}$ 是 $\overline{G}$ 的正规交换子群, 则 $\chi(1) \mid |\overline{G}:\overline{A}|$, 特别地, 若 A 是 G 的正规交换子群, 则 $\chi(1) \mid |G:A|$.

证 由归纳可设 χ 忠实, 此时 A 是 G 的正规交换子群. 取 $\lambda \in \mathrm{Irr}(\chi_N)$, 记 $T = \mathrm{I}_G(\lambda)$, 并取 $\varphi \in \mathrm{Irr}(\lambda^T) \cap \mathrm{Irr}(\chi_T)$. 由 Clifford 定理, $\chi = \varphi^G$ 且 $\varphi_A = e\lambda$. 因 A 交换, λ 必线性, 得 $e = \varphi(1)$, 从而 $A \leqslant \mathbf{Z}(\varphi)$. 在 T 中应用命题 2.3.11, 得 $\varphi(1) \mid |T:A|$, 从而 $\chi(1) \mid |G:A|$. □

引理 2.7.10 设 $N \trianglelefteq G$, 则 $(1_N)^G$ 就是 G/N 的正则特征标, 即 $(1_N)^G = \sum_{\chi\in\mathrm{Irr}(G/N)}\chi(1)\chi$.

证 记 G/N 的正则特征标为 ρ, 则 $\rho = \sum_{\chi\in\mathrm{Irr}(G/N)}\chi(1)\chi$ (定理 2.2.3). 将 ρ 看作 G 上的特征标, 有

$$\rho(g) = \begin{cases} |G/N| = (1_N)^G(g), & g \in N, \\ 0 = (1_N)^G(g), & g \notin N, \end{cases}$$

因此 $(1_N)^G = \rho$. □

例 2.7.11 设 $N \trianglelefteq G$, $\theta \in \mathrm{Irr}(N)$, $\chi_1, \chi_2 \in \mathrm{Irr}(\theta^G)$, 则 $\chi_1(1) = \chi_2(1)$ 的充要条件是, χ_1, χ_2 在特征标 θ^G 中出现的重数相同, 也即 $[\chi_1, \theta^G] = [\chi_2, \theta^G]$.

证 设 θ 所在的 G-轨道长为 t, 由定理 2.7.2 有, $\chi_i(1) = [\chi_i, \theta^G]t\theta(1)$, 由此即得结论. □

设 $N \trianglelefteq G$, $\theta \in \mathrm{Irr}(N)$, 一般而言, θ^G 中的不可约成分会有不完全相同的特征标次数; 但若 $G' \leqslant N$, 我们将证明 θ^G 中的不可约成分必有相同的次数, 注意在该环境下, 由 2.5 节的说明 (H), 交换群 $\mathrm{Irr}(G/N)$ 按特征标乘法置换作用在集合 $\mathrm{Irr}(G)$ 上.

例 2.7.12 设 $G' \leqslant N \leqslant G$, $\theta \in \mathrm{Irr}(N)$, 记 $\mathrm{Irr}(\theta^G) = \{\chi_1, \cdots, \chi_m\}$, 则以下结论成立:

(1) $\{\chi_1, \cdots, \chi_m\}$ 恰是一个 $\mathrm{Irr}(G/N)$-轨道, 特别地, 这些 χ_i 有相同的特征标次数, 且 $\theta^G = e(\chi_1 + \cdots + \chi_m)$, 其中 $e \in \mathbb{Z}^+$.

(2) $\chi_1, \cdots, \chi_m$ 在 $\mathrm{Irr}(G/N)$ 中的稳定子群都相同; 进一步, 记该稳定子群为 Δ, 并令 $R = \bigcap_{\lambda\in\Delta}\ker\lambda$, 则 $\Delta = \mathrm{Irr}(G/R)$, 并且所有 χ_i 都零化 $G \setminus R$.

证 (1) 取 $\chi \in \mathrm{Irr}(\theta^G)$, 由定理 2.7.2 有 $\chi_N = e(\theta_1 + \cdots + \theta_t)$, 其中 $\theta_1 = \theta, \cdots, \theta_t$ 为一个 G-轨道. 由命题 2.5.7 和引理 2.7.10,

$$(\chi_N)^G = (\chi_N 1_N)^G = \chi(1_N)^G = \sum_{\lambda\in\mathrm{Irr}(G/N)} \lambda\chi.$$

注意到 $\theta_i^G = \theta^G$, 我们有

$$\theta^G = \frac{1}{et}(e\theta_1^G + \cdots + e\theta_t^G) = \frac{1}{et}(\chi_N)^G = \frac{1}{et}\sum_{\lambda\in\mathrm{Irr}(G/N)} \lambda\chi.$$

因 G/N 交换, 上式中的 λ 均线性, 故 $\lambda\chi$ 均是 G 的不可约特征标. 不难看到 $\sum_{\lambda\in\mathrm{Irr}(G/N)}\lambda\chi$ 的全部不可约成分构成一个 $\mathrm{Irr}(G/N)$-轨道, 因此 $\mathrm{Irr}(\theta^G)$ 恰构成一个 $\mathrm{Irr}(G/N)$-轨道. 特别地, 所有这些 χ_i 具有相同的特征标次数, 再由例 2.7.11 得 $\theta^G = e(\chi_1 + \cdots + \chi_m)$.

(2) 因交换群 $\mathrm{Irr}(G/N)$ 可迁作用在 $\chi_1, \cdots, \chi_m$ 上, 所以这些 χ_i 在 $\mathrm{Irr}(G/N)$ 中有相同的稳定子群, 记为 Δ. 进一步, 由命题 2.2.6(6) 得 $\Delta = \mathrm{Irr}(G/R)$. 任取 $g \in G \setminus R$, 可取到 $\lambda \in \mathrm{Irr}(G/R)$ 使得 $\lambda(g) \neq \lambda(1)$, 由 $\lambda\chi_i = \chi_i$ 得 $\chi_i(g) = 0$, 故 χ_i 零化 $G \setminus R$. □

例 2.7.13 设 M, N 都是 G 的正规子群且 $M \cap N = 1$, 若 $\mu \in \mathrm{Irr}(M), \nu \in \mathrm{Irr}(N)$, 则 $\mathrm{I}_G(\mu\nu) = \mathrm{I}_G(\mu) \cap \mathrm{I}_G(\nu)$.

证 由命题 2.5.3, $\mu\nu \in \mathrm{Irr}(MN)$. 任取 $g \in G$, 显然 $\mu^g \in \mathrm{Irr}(M)$, $\nu^g \in \mathrm{Irr}(N)$, 且有

$$\begin{aligned} g \in \mathrm{I}_G(\mu\nu) &\Leftrightarrow (\mu\nu)^g(mn) = (\mu\nu)(mn),\ \forall m \in M, \forall n \in N, \\ &\Leftrightarrow \mu(gmg^{-1})\nu(gng^{-1}) = \mu(m)\nu(n),\ \forall m \in M, \forall n \in N, \\ &\Leftrightarrow \mu(gmg^{-1}) = \mu(m), \nu(gng^{-1}) = \nu(n),\ \forall m \in M, \forall n \in N, \\ &\Leftrightarrow g \in \mathrm{I}_G(\mu) \cap \mathrm{I}_G(\nu). \end{aligned}$$

□

例 2.7.14 设 F 为 G 的自中心化的正规交换子群, 若 $\chi \in \mathrm{Irr}(G)$ 忠实且 $\mathrm{Irr}(\chi_F)$ 恰含有 n 个成员, 则 $G/F \lesssim \mathrm{S}_n$.

证 取 $\lambda \in \mathrm{Irr}(\chi_F)$. 由定理 2.7.2, G 作用在 $\mathrm{Irr}(\chi_F)$ 上, 记该作用的核为 K, 则

$$K = \bigcap_{g \in G} \mathrm{I}_G(\lambda^g) = \bigcap_{g \in G} (\mathrm{I}_G(\lambda))^g.$$

任取 $x \in G$, 注意到 λ 线性, 有

$$x \in \mathrm{I}_G(\lambda) \Leftrightarrow \lambda(xfx^{-1}) = \lambda(f), \forall f \in F \Leftrightarrow [x^{-1}, F] \subseteq \ker \lambda.$$

注意到 $\bigcap_{g \in G} (\ker \lambda)^g = \ker \chi \cap F = 1$, 又得

$$x \in K \Leftrightarrow [x^{-1}, F] \subseteq \bigcap_{g \in G} (\ker \lambda)^g = 1 \Leftrightarrow x^{-1} \in \mathbf{C}_G(F),$$

故 $K = \mathbf{C}_G(F) = F$. 这表明 G/F 忠实作用在 n 元集合 $\mathrm{Irr}(\chi_N)$ 上, 因此 $G/F \lesssim \mathrm{S}_n$. □

2.7.2 模语言下的 Clifford 定理

本小节在任意域 $\mathbb{F}$ 上讨论. 设 $N \trianglelefteq G$, $\mathfrak{X}$ 为 N 上的一个 $\mathbb{F}$-矩阵表示, 任取 $g \in G$, 定义 $\mathfrak{X}$ 的 G-共轭表示 $\mathfrak{X}^g$ 使得

$$\mathfrak{X}^g(n) = \mathfrak{X}(gng^{-1}), \qquad n \in N.$$

容易看到: $\mathfrak{X}$ 与 $\mathfrak{X}^g$ 有相同的不可约性; 对于 N 的两个 $\mathbb{F}$-表示 $\mathfrak{X}$ 和 $\mathfrak{Y}$, $\mathfrak{X}$ 与 $\mathfrak{Y}$ 相似当且仅当 $\mathfrak{X}^g$ 与 $\mathfrak{Y}^g$ 相似; 若 $\mathfrak{X}$ 提供特征标 χ, 则 $\mathfrak{X}^g$ 提供特征标 χ^g.

回忆一下, $\mathbb{F}[G]$-模 V 限制到 N 必是一个 $\mathbb{F}[N]$-模, 记之为 V_N 或 $V|_N$.

引理 2.7.15 设 $N \trianglelefteq G$, V 是 $\mathbb{F}[G]$-模, W 是 V_N 的一个 $\mathbb{F}[N]$-子模, $\mathfrak{X}$ 为 $\mathbb{F}[N]$-模 W 在基底 $\epsilon_1, \cdots, \epsilon_d$ 下对应的矩阵表示, $g \in G$, 则 Wg 也是 V_N 的子模; $\mathfrak{X}^g$ 为模 Wg 在基底 $\epsilon_1 g, \cdots, \epsilon_d g$ 下对应的矩阵表示; W 和 Wg 作为 $\mathbb{F}[N]$-模有相同的不可约性.

证 显然 Wg 是 V 的 $\mathbb{F}$-子空间. 再者, 任取 $n \in N$, 有 $Wgn = W(gng^{-1})g = Wg$, 这说明 Wg 是 N-不变的, 故 Wg 是 V_N 的子模. 因为 $\epsilon_1, \cdots, \epsilon_d$ 为 W 的基底, 显然 $\epsilon_1 g, \cdots, \epsilon_d g$ 为 Wg 的基底. 注意到

$$(\epsilon_1 g, \cdots, \epsilon_d g)n = (\epsilon_1, \cdots, \epsilon_d)(gng^{-1})g = [(\epsilon_1, \cdots, \epsilon_d)\mathfrak{X}(gng^{-1})]g$$

$$= (\epsilon_1 g, \cdots, \epsilon_d g)\mathfrak{X}(gng^{-1}) = (\epsilon_1 g, \cdots, \epsilon_d g)\mathfrak{X}^g(n),$$

所以 $\mathfrak{X}^g$ 为 $\mathbb{F}[N]$-模 Wg 在基底 $\epsilon_1 g, \cdots, \epsilon_d g$ 下对应的矩阵表示. 因为 $\mathbb{F}[N]$-模 W 和 Wg 对应两个 G-共轭的 $\mathbb{F}$-表示: $\mathfrak{X}$ 和 $\mathfrak{X}^g$, 所以两者有相同的不可约性. □

定理 2.7.16 (Clifford) 设 $N \trianglelefteq G$, $V \in \mathfrak{Irr}(\mathbb{F}[G])$, 并记 $W_1, \cdots, W_s$ 为 V_N 的不可约 $\mathbb{F}[N]$-子模同构代表系, 则以下结论成立:

(1) 任取 V_N 的一个不可约子模 W, 存在 $g_1, \cdots, g_m \in G$ 使得

$$V_N = \bigoplus_{i=1}^{m} Wg_i,$$

其中 Wg_i 都是不可约 $\mathbb{F}[N]$-模. 特别地, V_N 完全可约, 并且 V_N 的所有不可约成分具有相同的维数, 即 $\dim(W_1) = \cdots = \dim(W_s)$.

(2) 设 $V_N = V_1 \oplus \cdots \oplus V_s$, 其中 V_i 为完全可约模 V_N 的 W_i 所在的齐次分支, 即 $V_i = \sum_{W \subseteq V, W \cong W_i} W$, 则 G 按右乘方式可迁作用在 $\{V_1, \cdots, V_s\}$ 上. 特别地, 所有 $\dim(V_i)$ 都相同, 故存在 $e \in \mathbb{Z}^+$ 使得

$$V_i = eW_i, \quad V_N = e(W_1 \oplus \cdots \oplus W_s).$$

(3) 设 $\mathfrak{X}$ 为 V 对应的 G 上的 $\mathbb{F}$-表示, 设 $\mathfrak{Y}$ 是 $\mathfrak{X}_N$ 的一个不可约成分, 令 $\mathfrak{Y}^{g_1}, \cdots, \mathfrak{Y}^{g_d}$ 为 $\mathfrak{Y}$ 的全部互不相似的 G-共轭, 其中 $g_1 = 1$, 则

$$d = s, \quad \mathfrak{X}_N = e\mathfrak{Y}^{g_1} \oplus \cdots \oplus e\mathfrak{Y}^{g_s},$$

其中 $e\mathfrak{Y}^{g_i}$ 表示 e 个 $\mathfrak{Y}^{g_i}$ 的直和. 特别地, 若 V 提供了 G 的不可约特征标 χ, 则

$$\chi_N = e(\theta_1 + \cdots + \theta_s),$$

其中 θ_i 为 $\mathfrak{Y}^{g_i}$ 提供的 N 上的不可约特征标.

(4) 对于齐次分支 V_i, 记 $H_i = \mathrm{Stab}_G(V_i)$, 则 V_i 是不可约的 $\mathbb{F}[H_i]$-模, 且 ${V_i}^G = V$.

证 (1) 对于 V_N 的不可约子模 W, 任取 $g \in G$, 由引理 2.7.15 知道 Wg 也

是 V_N 的不可约子模. 注意到 $\sum_{g\in G} Wg$ 是 G-不变的, 故必是 V 的 G-子模. 由 G-模 V 的不可约性推出 $V=\sum_{g\in G} Wg$, 进而由命题 1.3.6 推出 V_N 完全可约, 此时 V_N 必是若干不可约 $\mathbb{F}[N]$-模 Wg_i 的直和. 显然 W_i 必同构于某个 Wg_j, 因此 W_i 的维数都等于 $\dim(W)$.

(2) 由 V_N 的完全可约性得 $V_N=\bigoplus_{i=1}^s V_i$, 其中 V_i 为 W_i 所在的齐次分支. 任意取定 i, 任意取定 $g\in G$, 我们断言 V_ig 等于某个 V_j. 事实上, V_i 中的不可约成分都同构于 W_i, 由引理 2.7.15 知道 V_ig 中不可约成分都同构于 W_ig, 特别地, V_ig 包含在 V_N 的某个齐次分支中, 设 $V_ig\subseteq V_j$. 同理, 存在 k 使得 $V_jg^{-1}\subseteq V_k$. 注意到由 $V_ig\subseteq V_j$ 推出 $V_i\subseteq V_jg^{-1}$, 因此

$$V_i\subseteq V_jg^{-1}\subseteq V_k.$$

因为 V_i, V_k 都是 V_N 的齐次分支, 所以由上式推出 $V_i=V_k$, 故 $V_i=V_jg^{-1}$, 即 $V_ig=V_j$, 断言成立. 再者, 易见

$$V_i1=V_i,\quad V_i(g_1g_2)=(V_ig_1)g_2,$$

这说明 G 作用在 $\{V_1,\cdots,V_s\}$ 上. 假设 $V_1,\cdots,V_d$ 是一个 G-轨道, 则 $V_1\oplus\cdots\oplus V_d$ 是 V 的 G-子模, 由 V 的不可约性推出 $V=V_1\oplus\cdots\oplus V_d$, 这表明 $d=s$, 因此 G 可迁作用在齐次分支集 $\{V_1,\cdots,V_s\}$ 上.

(3) 由 (1), (2) 立得.

(4) 由 (2) 知 $V=V_1\dotplus\cdots\dotplus V_s$ 是 $\mathbb{F}[G]$-模 V 的一个非本原分解. 应用定理 2.4.6 知 $V={V_i}^G$. 因为 V 是不可约 $\mathbb{F}[G]$-模, 由 2.4 节说明 (A) 推出 V_i 必是不可约 $\mathbb{F}[H_i]$-模. □

对于 Clifford 定理 2.7.16, 我们作如下说明.

(A) 在定理 2.7.16 的 (3) 环境下, 我们看到 $\theta:=\theta_1$ 在 G 中不变当且仅当 V_N 齐次.

(B) 在定理 2.7.16 的 (4) 环境下, 我们有 $V={V_i}^G$. 需要注意的是, V_i 不是 V_N 的不可约成分而是 V_N 的齐次分支! V_i 作为 $\mathrm{Stab}_G(V_i)$-模才是不可约的.

例 2.7.17 设 $H\leqslant G$ 满足 $G=H\mathbf{C}_G(H)$, 若 $V\in\mathfrak{Irr}(\mathbb{F}[G])$, 则 V_H 齐次.

证 显然 $H\trianglelefteq G$, 取定 W 为 V_H 的一个不可约子模. 对于 V_H 的任意不可约子模 U, 由定理 2.7.16(1), 存在 $h\in H, g\in\mathbf{C}_G(H)$ 使得 $U=Whg$, 于是 $U=Wg$. 作 $f:W\to Wg$ 使得 $f(w)=wg$, 易见 f 为线性同构; 再者, 对任意 $h'\in H$, 有

$$f(wh')=wh'g=(wg)h'=f(w)h',$$

这表明 f 是 H-同构, 即 $W\cong_{\mathbb{F}[H]} U$. 再由 V_H 的完全可约性 (定理 2.7.16(1)) 即得结论. □

引理 2.7.18 设 $V \in \mathfrak{Irr}(\mathbb{F}[G])$, $N \trianglelefteq G$, W 是 V_N 的若干齐次分支的直和. 若 $N \leqslant M \trianglelefteq G$ 且 W 也是 $\mathbb{F}[M]$-模, 则 W 依然是 V_M 的若干齐次分支的直和.

证 设 X, Y 是 V_M 的两个同构不可约 M-子模, 我们仅需证明: 若 $X \subseteq W$, 则 $Y \subseteq W$. 显然, X_N 与 Y_N 必有同构的不可约 $\mathbb{F}[N]$-子模 X_0 和 Y_0, 故 X_0 和 Y_0 必在 V_N 的同一个齐次分支中. 现由 $X \subseteq W$ 推出 $X_0 \subseteq W$, 再由 W 的取法得 $Y_0 \subseteq W$, 特别地 $Y \cap W \neq \{0\}$, 故由 Y 的不可约性知 $Y \subseteq W$. □

在继续讨论之前, 我们先回顾一些本原置换群的相关概念. 设 G 是有限集合 Ω 上的可迁置换群, Δ 为 Ω 的真子集且 $|\Delta| \geqslant 2$. 如果对任意 $g \in G$ 都有

$$\Delta \cdot g = \Delta \quad 或 \quad \Delta \cap \Delta \cdot g = \varnothing,$$

那么称 Δ 为 G 的一个**非本原集**. 若 G 没有非本原集, 则称 G 为 Ω 上的**本原置换群**.

设 G 为 Ω 上的可迁置换群, 若对 $\alpha \in \Omega$ 有 $G_\alpha = 1$, 则称 G 为 Ω 上的**正则置换群**.

引理 2.7.19 设 G 为有限集合 Ω 上的可迁置换群, 则以下结论成立:

(1) G 本原的充分必要条件是, $\alpha \in \Omega$ 在 G 中的稳定子群 G_α 为 G 的极大子群.

(2) 若 G 交换, 则 G 为 Ω 上的正则置换群.

证 参见 [7, 第 2 章]. □

下面考察不可约 $\mathbb{F}[G]$-模 V 限制到正规子群 N 上非齐次的情形, 即 V_N 至少有两个齐次分支的情形. 显然, 若 V_N 非齐次, 必有 $C \trianglelefteq G$ 极大使得 V_C 非齐次. 在群 (尤其是可解群) 表示论研究中, 我们经常要用到下面的定理 2.7.20, 命题 2.7.21 及推论 2.7.22.

定理 2.7.20 设 $V \in \mathfrak{Irr}(\mathbb{F}[G])$ 限制到 G 的某个正规子群上非齐次. 令 $C \trianglelefteq G$ 极大使得 V_C 非齐次, 记 Ω 为 V_C 的齐次分支集合. 若 G/C 有大于 1 的正规交换子群, 即 $\mathbf{F}(G/C) > 1$, 则 G/C 为 Ω 上的本原置换群.

证 由 Clifford 定理, G 可迁作用在 V_C 的齐次分支集合 $\Omega = \{V_1, \cdots, V_t\}$ 上, 这里 $t \geqslant 2$. 记这一作用的核为 K, 显然 $C \leqslant K \trianglelefteq G$. 注意每个 V_i 都是 K-不变的, 故 V_i 均为 $\mathbb{F}[K]$-模. 由引理 2.7.18 知, 每个 V_i 都是 V_K 的若干齐次分支的直和, 这表明 V_K 仍非齐次. 由 C 的极大性得 $C = K$, 故 G/C 不但可迁而且忠实作用在 Ω 上, G/C 为 Ω 上的 (可迁) 置换群.

取 A/C 为 G/C 的极小的正规交换子群, 显然 A/C 也是 Ω 上的置换群. 考察 A 在 Ω 上的作用, A 不可能稳定 Ω 中所有元素 (否则 $A \leqslant K = C$), 故存在 $\alpha \in \Omega$ 使得 α 所在的 A-轨道 $\mathcal{T}$ 至少含有两个元素. 显然, $W := \dotplus_{V_j \in \mathcal{T}} V_j$ 必是 A-不变的, 故为 A-模. 应用引理 2.7.18 知, W 是 V_A 的若干齐次分支之直和. 由

C 的极大性知 V_A 齐次, 故必有 $W = V_A$, 即 $\mathcal{T} = \Omega$, 这说明 A/C 可迁作用在 Ω 上, A/C 为 Ω 上的可迁置换群. 进一步, 由引理 2.7.19(2) 推出 A/C 为 Ω 上的正则置换群, 因而

$$A_\alpha = C, \quad |\Omega| = |A/C|.$$

显然 $G_\alpha \cap A = A_\alpha = C$. 注意到 $|G : G_\alpha| = |\Omega| = |A : C|$, 得 $|G_\alpha/C||A/C| = |G/C|$, 从而

$$G/C = (G_\alpha/C)(A/C) = (G_\alpha/C) \ltimes (A/C).$$

因为 A/C 为 G/C 的极小正规的交换子群, 由上式推知 G_α/C 必为 G/C 的极大子群. 最后, 应用引理 2.7.19(1) 即得 G/C 为 Ω 上的本原置换群. □

在上面的定理中, 若 G/C 可解, 则 G/C 必有非平凡的交换正规子群, 因此 G/C 必是 Ω 上的可解本原置换群. 具有正规交换子群的本原置换群有如下结构性质, 见 [7, 第 2 章, 定理 3.2].

命题 2.7.21　*设 G 是 n 次本原置换群, 即, G 为某个 n 元集合上的本原置换群. 若 G 有交换的极小正规子群 N*[①], *则以下结论成立:*

(1) $n = |N|$ 为素数方幂.

(2) 存在 G 的极大子群 M 使得 $G = M \ltimes N$.

(3) $\Phi(G) = 1$, $\mathbf{C}_G(N) = N = \mathbf{F}(G)$ 是 G 的唯一极小正规子群.

推论 2.7.22　*设 G 为幂零群, 不可约 $\mathbb{F}[G]$-模 V 限制到 G 的某个正规子群上非齐次, 令 $C \trianglelefteq G$ 极大使得 V_C 非齐次, 则 $|G/C| = p$ 为素数, 且 $V_C = V_1 \oplus \cdots \oplus V_p$, 其中每个 V_i 既是齐次分支又是不可约 $\mathbb{F}[C]$-模.*

证　由定理 2.7.20, G/C 为 V_C 的齐次分支集合上的本原置换群. 因为 G/C 幂零, 由命题 2.7.21 推出 G/C 为素数 p 阶群, 故 V_C 必是 p 个齐次分支的直和. 设 $V_C = V_1 \oplus \cdots \oplus V_p$ 为 p 个齐次分支 V_i 的直和. 取 W 为 V_1 的不可约 C-子模, $t_1, \cdots, t_p$ 为 G 关于 C 的陪集代表系, 显然 $\sum_{i=1}^p Wt_i$ 是 G-不变的, 故由 V 的不可约性推出 $V = \sum_{i=1}^p Wt_i$. 考察维数得 $\dim(V_1) = \dim(W)$, 故 $V_1 = W$ 为不可约 C-模. □

在定理 2.7.20 中, 若去掉条件 "$\mathbf{F}(G/C) > 1$", 则 G/C 未必是 Ω 上的本原置换群. 例如, 令 $G \cong \mathrm{A}_5 \ltimes \mathrm{E}(2^4)$, 其中 $\mathrm{A}_5 < \mathrm{A}_8 \cong \mathrm{GL}(4,2)$ 自然地作用在 $\mathrm{E}(2^4)$ 上. 取 $\mathbb{F}$ 为复数域, 令 $C = \mathbf{F}(G) \cong \mathrm{E}(2^4)$. 查表[②]知, G 有一个 15 次不可约特征标 χ, 且 $\chi_C = \lambda_1 + \cdots + \lambda_{15}$ 是 15 个两两不同的线性特征标之和[③]. 设 χ 由 $\mathbb{C}[G]$-模 V 提供, 则 V_C 是 15 个齐次分支 V_i 的直和 (定理 2.7.16(3)), 其

---

① 注意: 单群 G 的极小正规子群是 G, 不是 1.

② 事实上, G 是 GAP 小群库中编号为 (960,11357) 的群.

③ 利用进一步的特征标知识及 A_5 在 $\mathrm{E}(2^4)$ 的作用方式, 可直接推出这些事实.

中 V_i 为不可约 $\mathbb{C}[C]$-模且提供特征标 λ_i. 注意到 $\mathrm{Stab}_{G/C}(V_1) = \mathrm{I}_G(\lambda_1)/C$ 且 $15 = |G : \mathrm{I}_G(\lambda_1)|$, 推出 $\mathrm{Stab}_{G/C}(V_1)$ 为 4 阶群, 因而不是 G/C 的极大子群, 这表明 G/C 不是 $\Omega = \{V_1, \cdots, V_{15}\}$ 上的本原置换群.

2.8　G-不变特征标

对于群 G 的正规子群 N 上的不可约特征标 θ, 它到 G 上的诱导可以通过以下两步诱导来完成: 先将 θ 诱导到稳定子群 $T := \mathrm{I}_G(\theta)$, 然后再将 θ^T 诱导到 G. 在这两步诱导过程中, 后者的诱导是完全清楚的, 它被 Clifford 对应唯一确定 (定理 2.7.4), 复杂的是 θ 诱导到 T 这一步. 本节将专门讨论 θ 到 T 上的诱导.

2.8.1　特征标串的基本性质

设 $N \trianglelefteq G$, $\theta \in \mathrm{Irr}(N)$, $\chi \in \mathrm{Irr}(\theta^G)$, "$\theta$ 在 G 中不变" 可以用模的语言来解释. 设 V 是提供特征标 χ 的不可约 $\mathbb{C}[G]$-模, 由定理 2.7.16 及随后的说明 (A), 我们看到: θ 在 G 中不变的充分必要条件是, V_N 是齐次 $\mathbb{C}[N]$-模; 进一步, 若 $\chi_N = e\theta$, 则 $V_N = eW$, 其中 W 是提供特征标 θ 的不可约 $\mathbb{C}[N]$-模.

称 (G, N, θ) 为一个**特征标串**, 若 $N \trianglelefteq G$, 且 $\theta \in \mathrm{Irr}(N)$ 在 G 中不变. 此时, 对任意 $\chi \in \mathrm{Irr}(\theta^G)$, 都有 $\chi_N = e_\chi\theta$, 其中 $e_\chi = [\chi_N, \theta]_N = [\chi, \theta^G]_G \in \mathbb{Z}^+$, 称之为 χ 限制到 N 产生的**分歧指数**.

命题 2.8.1　对于特征标串 (G, N, θ), 以下结论成立:

(1) $\theta^G = \sum_{\chi \in \mathrm{Irr}(\theta^G)} e_\chi \chi$, 其中分歧指数 $e_\chi = \chi(1)/\theta(1)$.

(2) $|G/N| = \sum_{\chi \in \mathrm{Irr}(\theta^G)} (\chi(1)/\theta(1))^2 = [\theta^G, \theta^G]$.

(3) 对任意 $\chi \in \mathrm{Irr}(\theta^G)$, 都有 $\ker\theta = \ker\chi \cap N$, $\mathbf{Z}(\theta) = \mathbf{Z}(\chi) \cap N$; 特别地, $\ker\theta$ 和 $\mathbf{Z}(\theta)$ 都是 G 的正规子群.

(4) 若 θ 线性, 则 $N/\ker\theta$ 循环, 且 $N/\ker\theta \leqslant \mathbf{Z}(G/\ker\theta)$.

(5) 若 $M \trianglelefteq G$ 满足 $N \leqslant M$, 则 $\mathrm{Irr}(\theta^M)$ 为 G-集.

(6) $(\theta^G)_N = |G : N|\theta$.

证　(1) 和 (2) 见命题 2.7.5.

(3) 设 $\chi \in \mathrm{Irr}(\theta^G)$, 由 θ 的 G-不变性和 Clifford 定理有 $\chi_N = e\theta$, 其中 $e = \chi(1)/\theta(1)$. 因此 $\ker\theta = \ker\chi \cap N$, $\mathbf{Z}(\theta) = \mathbf{Z}(\chi) \cap N$.

(4) 注意到 $\ker\theta \trianglelefteq G$, 由归纳可设 $\ker\theta = 1$. 由 θ 的忠实性和线性性推出 N 循环. 取 $\chi \in \mathrm{Irr}(\theta^G)$, 因 $\chi_N = \chi(1)\theta$, 得 $N \leqslant \mathbf{Z}(\chi)$, 故 $N\ker\chi/\ker\chi \leqslant \mathbf{Z}(\chi)/\ker\chi = \mathbf{Z}(G/\ker\chi)$, 即 $[G, N] \leqslant \ker\chi$. 注意到 $[G, N] \leqslant N$, 有 $[G, N] \leqslant N \cap \ker\chi = \ker\theta = 1$, 即 $N \leqslant \mathbf{Z}(G)$.

(5) 显然 G 作用在 $\mathrm{Irr}(M)$ 上, 且 $\mathrm{Irr}(\theta^M)$ 是 $\mathrm{Irr}(M)$ 的子集. 任取 $\eta\in\mathrm{Irr}(\theta^M)$, 任取 $g\in G$, 因 $[(\eta^g)_N,\theta]=[((\eta^g)_N)^{g^{-1}},\theta^{g^{-1}}]=[\eta_N,\theta]>0$, 得 $\eta^g\in\mathrm{Irr}(\theta^M)$, 即 $\mathrm{Irr}(\theta^M)$ 为 G-集.

(6) 由 θ 的 G-不变性易见 $(\theta^G)_N$ 必是 θ 的倍数, 又因为 $(\theta^G)_N(1)=|G:N|\theta(1)$, 所以 $(\theta^G)_N=|G:N|\theta$. □

定义 2.8.2 设 $H\leqslant G$, $\theta\in\mathrm{Irr}(H)$, 若存在 G 上的特征标 χ 使得 $\chi_H=\theta$, 则称 θ 可扩充到 G, 此时也称 χ 为 θ 到 G 的一个扩充.

关于不可约特征标的扩充, 我们指出以下几点.

(A) 假设 $H\leqslant G$, $\theta\in\mathrm{Irr}(H)$ 可扩充到 G 上的特征标 χ. 因为 χ_H 不可约, 所以 χ 必是 G 上的不可约特征标.

(B) 假设 $H\leqslant K\leqslant G$, $\theta\in\mathrm{Irr}(H)$ 可扩充到 G. 令 χ 为 θ 到 G 的一个扩充, 取 $\lambda\in\mathrm{Irr}(\chi_K)\cap\mathrm{Irr}(\theta^K)$, 易见 $\chi(1)=\lambda(1)=\theta(1)$, 这表明 $\lambda_H=\theta$ 且 $\chi_K=\lambda$. 特别地, θ 也可扩充到 K.

(C) 设 $H\leqslant G$, $\theta\in\mathrm{Irr}(H)$, 若存在 $N\trianglelefteq G$ 使得 $G=H\ltimes N$, 则 θ 可自然地扩充到 G. 事实上, 设 $\mathfrak{Y}$ 是提供 θ 的 H 上的表示, 定义 $\mathfrak{X}$ 使得

$$\mathfrak{X}(hn)=\mathfrak{Y}(h),\quad h\in H,n\in N,$$

容易验证 $\mathfrak{X}$ 为 G 上的表示. 进一步, 若 $\mathfrak{X}$ 提供了 G 上的特征标 χ, 则 $\chi(hn)=\theta(h)$, 这表明 χ 为 θ 到 G 的扩充. 进一步, 易见 $N\leqslant\ker\chi$, 故 $\chi\in\mathrm{Irr}(G/N)$. 因 $H\cong G/N$, 故这个 χ 为 θ 到 G 的自然扩充.

例 2.8.3 设 $N\trianglelefteq G$, $P\in\mathrm{Syl}_p(G)$, 若 $\theta\in\mathrm{Irr}(N)$ 可扩充到 PN, 则存在 $\chi\in\mathrm{Irr}(\theta^G)$ 使得 $\chi(1)/\theta(1)$ 是 p'-数.

证 取 $\mu\in\mathrm{Irr}(PN)$ 为 θ 到 PN 的一个扩充. 记 $\mu^G=\sum_{i=1}^m\chi_i$, 这里 $\chi_i\in\mathrm{Irr}(G)$. 注意 $\theta(1)=\mu(1)$ 且 $\chi_i(1)/\theta(1)\in\mathbb{Z}^+$. 因为 $|G:PN|$ 与 p 互素且 $|G:PN|=\mu^G(1)/\mu(1)=\sum_{i=1}^m(\chi_i(1)/\theta(1))$, 所以必存在某 χ_i 使得 $\chi_i(1)/\theta(1)$ 为 p'-数. □

我们重点关注正规子群上的不可约特征标到大群上的扩充问题. 设 $N\trianglelefteq G$, 若 $\theta\in\mathrm{Irr}(N)$ 可扩充到 G, 则 θ 必 G-不变, 即 (G,N,θ) 必是特征标串.

对于特征标串 (G,N,θ), 一般来说我们很难描写 θ^G 的结构. 但对于 θ 可扩充到 G 这一特殊情形, 我们能够得到 θ^G 的完整描写, 见定理 2.8.5. 因此, 后面还将专门讨论 θ 可扩充到 G 的充要或充分条件.

定理 2.8.4 设 $N\trianglelefteq G$, $\phi,\theta\in\mathrm{Irr}(N)$ 在 G 中都不变, 假设 $\phi\theta\in\mathrm{Irr}(N)$ 且 θ 可以扩充到 $\chi\in\mathrm{Irr}(G)$, 则 $\beta\mapsto\beta\chi$ 是 $\mathrm{Irr}(\phi^G)$ 到 $\mathrm{Irr}((\phi\theta)^G)$ 的双射.

证 由 ϕ,θ 的 G-不变性得 $\phi\theta$ 的 G-不变性. 由命题 2.7.5, $[\phi^G,\phi^G]=|G:$

$N| = [(\phi\theta)^G, (\phi\theta)^G]$. 因 $\chi_N = \theta$, 由命题 2.5.7 又有 $(\phi\theta)^G = (\phi\chi_N)^G = \phi^G\chi$, 故

$$[\phi^G, \phi^G] = |G:N| = [(\phi\theta)^G, (\phi\theta)^G] = [\phi^G\chi, \phi^G\chi].$$

记 $\phi^G = \sum_{\beta\in\mathrm{Irr}(\phi^G)} e_\beta\beta$, 计算内积得

$$\begin{aligned}\sum_{\beta\in\mathrm{Irr}(\phi^G)} e_\beta^2 = [\phi^G, \phi^G] &= [\phi^G\chi, \phi^G\chi]\\ &= \left[\sum_{\beta\in\mathrm{Irr}(\phi^G)} e_\beta\beta\chi, \sum_{\gamma\in\mathrm{Irr}(\phi^G)} e_\gamma\gamma\chi\right]\\ &= \sum_{\beta\in\mathrm{Irr}(\phi^G)}\sum_{\gamma\in\mathrm{Irr}(\phi^G)} e_\beta e_\gamma[\beta\chi, \gamma\chi]\\ &\geqslant \sum_{\beta\in\mathrm{Irr}(\phi^G)} e_\beta^2[\beta\chi, \beta\chi]\\ &\geqslant \sum_{\beta\in\mathrm{Irr}(\phi^G)} e_\beta^2.\end{aligned}$$

上式中的 "$\geqslant$" 都取等号, 这说明 $\beta\chi$ 都不可约, 故 $\beta\chi \in \mathrm{Irr}((\phi\theta)^G)$; 进一步, 当 $\beta \neq \gamma$ 时, 必有 $\beta\chi \neq \gamma\chi$, 故 $\beta \mapsto \beta\chi$ 是 $\mathrm{Irr}(\phi^G)$ 到 $\mathrm{Irr}((\phi\theta)^G)$ 的单射. 再者, 易见这里所说的映射为满射, 定理成立. □

上述定理最重要的应用环境是 $\phi = 1_N$ 的情形, 此时 $(1_N)^G$ 为 G/N 的正则特征标 (引理 2.7.10), 故有下面的 Gallagher 定理.

定理 2.8.5 (Gallagher) 设 (G, N, θ) 是特征标串, 若 θ 可以扩充为 $\chi \in \mathrm{Irr}(G)$, 则 $\tau \mapsto \tau\chi$ 为 $\mathrm{Irr}(G/N)$ 到 $\mathrm{Irr}(\theta^G)$ 的双射. 特别地, 以下结论成立:

(1) $\mathrm{Irr}(\theta^G) = \{\tau\chi | \tau \in \mathrm{Irr}(G/N)\}$, 且对不同的 $\tau_1, \tau_2 \in \mathrm{Irr}(G/N)$, 必有 $\tau_1\chi \neq \tau_2\chi$.

(2) $\theta^G = \sum_{\tau\in\mathrm{Irr}(G/N)} \tau(1)\tau\chi$.

设 (G, N, θ) 为特征标串且 θ 可以扩充到 G, 我们来考察 θ 到 G 共有多少个两两不同的扩充? 设 χ_0 为 θ 到 G 的一个取定的扩充, 对于 $\lambda \in \mathrm{Irr}(G/N)$, 易见 $(\lambda\chi_0)_N = \lambda(1)\theta$, 因此 $\lambda\chi_0$ 是 θ 的扩充等价于 λ 线性, 结合上面的 Gallagher 定理, 我们看到: θ 到 G 的两两不同的扩充个数恰为

$$|\mathrm{Lin}(G/N)| = |\mathrm{Irr}((G/N)/(G/N)')| = |\mathrm{Irr}(G/G'N)| = |G/G'N|.$$

在实践中, 我们经常需要综合应用上面的 Gallagher 定理 2.8.5 和 Clifford 定理 2.7.4, 即下面的推论.

推论 2.8.6 设 $N \trianglelefteq G$, $\theta \in \mathrm{Irr}(N)$, $T = \mathrm{I}_G(\theta)$, 若 θ 可扩充为 $\chi \in \mathrm{Irr}(T)$, 并记 $\mathrm{Irr}(T/N) = \{\tau_1, \cdots, \tau_s\}$, 则

(1) $\theta^T = \sum_{i=1}^{s} \tau_i(1)\tau_i\chi$, 其中 $\tau_1\chi, \cdots, \tau_s\chi$ 两两不同且均不可约.

(2) $\theta^G = \sum_{i=1}^{s} \tau_i(1)(\tau_i\chi)^G$, 其中 $(\tau_1\chi)^G$, $\cdots$, $(\tau_s\chi)^G$ 两两不同且均不可约.

对于特征标串 (G, N, θ), 除了 θ 可扩充到 G 的情形, 在 G/N 交换的环境下也能得到 θ^G 的完全清楚的结构描写.

例 2.8.7　设 (G, N, θ) 为特征标串, G/N 交换, 记 $\mathrm{Irr}(\theta^G) = \{\chi_1, \cdots, \chi_m\}$, 令

$$R = \bigcap_{\lambda \in \mathrm{Irr}(G/N), \lambda\chi_1 = \chi_1} \ker \lambda,$$

则以下结论成立:

(1) 每个 χ_i 在 $\mathrm{Irr}(G/N)$ 中的稳定子群都是 $\mathrm{Irr}(G/R)$, 且 χ_i 都零化 $G \setminus R$.

(2) $|G/R| = e^2$, 这里 $e \in \mathbb{Z}^+$.

(3) $\theta^R = \mu_1 + \cdots + \mu_m$, 其中 $m = |R/N|$, $\mu_1, \cdots, \mu_m$ 为 θ 到 R 的两两不同的扩充.

(2) $\theta^G = e(\chi_1 + \cdots + \chi_m)$, $\mu_i^G = e\chi_i$, $\chi_i(1) = e\theta(1)$.

证　回忆一下, 交换群 $\mathrm{Irr}(G/N)$ 按特征标乘法作用在 $\mathrm{Irr}(G)$ 上, 由例 2.7.12 即得结论 (1). 因 $\mathrm{Irr}(G/R)$ 恰是每个 χ_i 在 $\mathrm{Irr}(G/N)$ 中的稳定子群, 故

$$\mathrm{Irr}(G/R) = \{\lambda \in \mathrm{Irr}(G/N) \mid \lambda\chi_i = \chi_i\}, \quad i = 1, \cdots, m.$$

任取 $\chi \in \mathrm{Irr}(\theta^G)$, 记 $e = [\chi, \theta^G]$. 因为 θ 在 G 中不变, 所以 $\chi_N = e\theta$. 于是

$$\begin{aligned} e^2 &= [e\theta^G, \chi] = [(\chi_N)^G, \chi] = [\chi\,(1_N)^G, \chi] \\ &= \left[\sum_{\lambda \in \mathrm{Irr}(G/N)} \lambda\chi,\, \chi\right] = |\mathrm{Irr}(G/R)| = |G/R|, \end{aligned}$$

结论 (2) 成立. 由 Clifford 定理可设 $\chi_R = f(\varphi_1 + \cdots + \varphi_t)$, 其中 $\varphi = \varphi_1, \cdots, \varphi_t$ 为一个 G-轨道. 注意到 φ_i 次数都相同, 且它们限制到 N 都含有 R-不变的不可约成分 θ, 故这些 φ_i 限制到 N 是一致的. 现设 $(\varphi_i)_N = s\theta$, 则

$$e\theta = \chi_N = (\chi_R)|_N = (f(\varphi_1 + \cdots + \varphi_t))|_N = f \sum_{1 \leqslant i \leqslant t} (\varphi_i)_N = fts\theta,$$

得 $e = fts$. 因 χ 零化 $G \setminus R$, 由命题 2.7.8 推出, $(\varphi_i)^G = f\chi$, $i = 1, \cdots, t$. 现在

$$tf^2\chi = \left(f \sum_{1 \leqslant i \leqslant t} \varphi_i\right)^G = (\chi_R)^G = \chi\,(1_R)^G = \chi \sum_{\lambda \in \mathrm{Irr}(G/R)} \lambda = |\mathrm{Irr}(G/R)|\chi = e^2\chi,$$

故有 $tf^2 = e^2 = (fts)^2$. 因此 $t = s = 1, e = f$, 从而

$$\chi_R = e\varphi, \quad \varphi_N = \theta, \quad \varphi^G = e\chi.$$

因为 $\varphi_N=\theta$, 这说明 θ 可以扩充到 R, 由此可推出其他结论, 细节留给读者. □

设 $G'\leqslant N\leqslant G$, $\theta\in\mathrm{Irr}(N)$, 下例表明, 即使去掉条件 "θ 在 G 中不变", θ^G 的结构也是比较清楚的.

例 2.8.8 设 $G'\leqslant N\leqslant G$, $\theta\in\mathrm{Irr}(N)$, 则存在 R 满足 $N\leqslant R\leqslant G$ 且具有以下性质:

(1) $\theta^R=\mu_1+\cdots+\mu_m$, 其中 $\mu_1,\cdots,\mu_m$ 是 θ 到 R 的两两不同的扩充;

(2) $\mu_i^G=e\chi_i$, 其中 $\chi_1,\cdots,\chi_m$ 两两不同且都零化 $G\setminus R$.

证 记 $T=\mathrm{I}_G(\theta)$, 取 $\eta\in\mathrm{Irr}(\theta^T)$, 再令 $R=\bigcap_{\lambda\in\mathrm{Irr}(T/N),\lambda\eta=\eta}\ker\lambda$. 由上例并结合定理 2.7.4 和命题 2.7.8 即得结论. □

2.8.2 特征标下降定理和特征标提升定理

定理 2.8.9 (Isaacs) 设 (G,K,θ) 是特征标串, K/L 为 G 的交换主因子, 则 θ_L 仅有以下三种可能的情形:

(1) $\theta_L\in\mathrm{Irr}(L)$;

(2) $\theta_L=e\varphi$, 其中 φ 不可约, 且 $e^2=|K:L|$, 此时 $\varphi^K=e\theta$;

(3) $\theta_L=\sum_{i=1}^t\varphi_i$, 其中 φ_i 是 L 的两个不同的不可约特征标, 且 $t=|K:L|$.

证 取 $\varphi\in\mathrm{Irr}(\theta_L)$ 且记 $T=\mathrm{I}_G(\varphi)$. 显然 $\mathrm{I}_K(\varphi)=\mathrm{I}_G(\varphi)\cap K=T\cap K$. 由 θ 的 G-不变性, φ 的任意 G-共轭 φ^g 也是 θ_L 的不可约成分, 注意到 θ_L 的全部不可约成分恰构成一个 K-轨道, 因此 φ^g 与 φ 在 K 中共轭. 特别地, φ 的 G-轨道长和 K-轨道长一致, 这表明 $|G:T|=|K:T\cap K|$, 得 $G=TK$. 特别地, $G/L=(T/L)(K/L)$. 因 K/L 是 G 的交换主因子, 得

$$(T\cap K)/L=(T/L)\cap(K/L)\trianglelefteq G/L,$$

从而 $T\cap K=K$ 或 L.

若 $T\cap K=L$, 即 $\mathrm{I}_K(\varphi)=L$, 由推论 2.7.6 得 $\varphi^K=\theta$, 此时容易验证情形 (3) 成立.

下设 $T\cap K=K$, 此时 $G=T$, 即 φ 是 G-不变的. 特别地, (K,L,φ) 是特征串, 故可应用例 2.8.7 中结论. 令

$$R=\bigcap_{\lambda\in\mathrm{Irr}(K/L),\lambda\theta=\theta}\ker\lambda.$$

当 $R=K$ 时, 由例 2.8.7 知, θ 为 φ 到 K 的一个扩充, 情形 (1) 成立. 假设 $R<K$, 由例 2.8.7 知, θ 零化 $K\setminus R$. 注意到 θ 是 G-不变的, $\theta=\theta^g$ 必零化 $K^g\setminus R^g=K\setminus R^g$, 从而 θ 零化

$$K\setminus\bigcap_{g\in G}R^g=K\setminus\mathrm{Core}_G(R)=K\setminus L,$$

上面最后一个等式由 K/L 为主因子推出. 应用命题 2.7.8 得 $\varphi^K = e\theta$, 此时由命题 2.7.5 推出 $|K/L| = e^2$, 情形 (2) 成立. □

定理 2.8.9 称为**特征标下降定理**, 它在可解群的特征标研究中非常有用, 其最基本的应用是下面的推论 2.8.10.

推论 2.8.10 设 $N \trianglelefteq G$, $\chi \in \mathrm{Irr}(G)$, 若 G/N 是素数 p 阶群, 则 χ_N 不可约, 或者 χ_N 是 p 个两两不同的不可约特征标之和.

证 由定理 2.8.9, χ_N 仅有三种可能的情形, 其中的情形 (2) 不可能发生, 故得推论. □

例 2.8.11 设 G/N 可解, $\chi \in \mathrm{Irr}(G)$, 若 χ_N 恰是 k 个 (可相同) 不可约特征标的和, 则 $k \mid |G/N|$.

证 可设 $G > N$. 令 M 为 G 的包含 N 的极大正规子群, 则 $|G/M|$ 为素数 p. 由推论 2.8.10,

$$\chi_M = \sum_{i=1}^{t} \varphi^{g_i}, \quad t \in \{1, p\},$$

其中 $\varphi^{g_1}, \cdots, \varphi^{g_t}$ 是 $\varphi^{g_1} = \varphi$ 所在的 G-轨道. 记 $\varphi_N = \sum_{i=1}^{r} \eta_i$, 其中 η_i 不可约, 则 $(\varphi^{g_j})_N = (\varphi_N)^{g_j} = \sum_{i=1}^{r} \eta_i^{g_j}$, 注意 $\eta_i^{g_j}$ 也不可约 (引理 2.7.1). 由归纳得 $r \mid |M/N|$, 注意到 $t \mid |G/M|$ 且 χ_N 为 rt 个不可约特征标的和, 推出 $k = rt$ 整除 $|G/N|$. □

命题 2.8.12 设 $N \trianglelefteq G$, $\chi \in \mathrm{Irr}(G)$, 若 G/N 可解①, 则以下结论成立:

(1) 若 $\theta \in \mathrm{Irr}(\chi_N)$, 则 $[\chi_N, \theta]$ 整除 $|\mathrm{I}_G(\theta) : N|$, 从而 $\chi(1)/\theta(1)$ 整除 $|G/N|$.

(2) 若 $\chi(1)$ 与 $|G/N|$ 互素, 则 χ_N 不可约.

证 (1) 记 $T = \mathrm{I}_G(\theta)$, $e = [\chi_N, \theta]$. 取 $\varphi \in \mathrm{Irr}(\theta^T) \cap \mathrm{Irr}(\chi_T)$, 有 $\varphi_N = e\theta$. 在 T 中应用例 2.8.11 得 $e \mid |T/N|$, 从而 $e|G : T| = \chi(1)/\theta(1)$ 整除 $|G/N|$.

(2) 取 $\theta \in \mathrm{Irr}(\chi_N)$, 由 (1) 有 $\chi(1)/\theta(1)$ 整除 $|G/N|$. 故当 $\chi(1)$ 与 $|G/N|$ 互素时, 必有 $\chi(1) = \theta(1)$, 得 $\chi_N = \theta$. □

定理 2.8.13 (Itô) 设 G 可解②, p 为任意取定素数, 则 p 不整除 G 的任意不可约特征标次数的充分必要条件是, G 有正规交换的 Sylow p-子群.

证 ($\Leftarrow$) 若 G 有正规交换的 Sylow p-子群 P. 任取 $\chi \in \mathrm{Irr}(G)$, 取 $\lambda \in \mathrm{Irr}(\chi_P)$, 因 P 交换, λ 线性. 由命题 2.8.12 得 $\chi(1) = \chi(1)/\lambda(1)$ 整除 $|G : P|$.

($\Rightarrow$) 取 $P \in \mathrm{Syl}_p(G)$, 取 N 为 G 的一个极小正规子群. 显然条件对 G/N 保持, 故由归纳假设得 $PN \trianglelefteq G$. 假设 $PN < G$, 由命题 2.8.12 知定理条件对正规

① 这里的可解条件可以去掉, 见定理 3.2.5.

② 这里的可解条件可以去掉, 见定理 4.1.2.

子群 PN 也保持, 故由归纳得 P 为 PN 的正规交换子群, 结论成立. 下面考察 $G=PN$ 的情形.

若 N 为 p-群, 则 G 为 p-群, 且 G 的所有不可约特征标都线性, 故 G 交换, 结论成立. 若 N 不是 p-群, 则 $G=P\ltimes N$, 其中 N 是初等交换的 p'-群. 因为 p 不整除 G 的任意不可约特征标次数, 由 Clifford 定理易见 P 稳定 N 的全部不可约特征标. 任取 $x\in P$, 由 Brauer 置换引理 (定理 2.4.15), x 稳定 N 的全部共轭类, 故 P 稳定 N 的全部共轭类. 注意到 N 是交换群, 推出 P 中心化 N, 即 $G=P\times N$. 再者, 因 $P\cong G/N$ 的不可约特征标均线性, 得 P 交换, 结论成立. □

下面给出**特征标提升定理**, 它是特征标下降定理的对偶形式.

定理 2.8.14 (Isaacs) 设 K/L 为 G 的交换主因子, 若 $\phi\in\mathrm{Irr}(L)$ 满足 $\mathrm{I}_G(\phi)K=G$, 则 ϕ^K 仅有以下三种可能的情形:

(1) $\phi^K\in\mathrm{Irr}(K)$;

(2) $\phi^K=e\theta$, 这里 $\theta\in\mathrm{Irr}(K)$ 且 $e^2=|K:L|$;

(3) $\phi^K=\sum_{i=1}^t\theta_i$, 这里 $\theta_1,\cdots,\theta_t$ 为 ϕ 到 K 上的两两不同的扩充, $t=|K:L|$.

证 记 $T=\mathrm{I}_G(\phi)$. 因为 $G=KT$ 且 K/L 为 G 的主因子, 所以 $K\cap T=K$ 或 L. 若 $K\cap T=L$, 即 $\mathrm{I}_K(\phi)=L$, 此时 ϕ^K 不可约, 情形 (1) 成立. 下设 $K\cap T=K$, 即 $K\leqslant T$, 此时 $G=T$, 即 ϕ 在 G 中不变. 取 $\theta\in\mathrm{Irr}(\phi^K)$, 令 $R=\bigcap_{\lambda\in\mathrm{Irr}(K/L),\,\lambda\theta=\theta}\ker\lambda$. 由例 2.8.7 知道, $\mathrm{Irr}(K/R)$ 是任意 $\theta_i\in\mathrm{Irr}(\phi^K)$ 在交换群 $\mathrm{Irr}(K/N)$ 中的稳定子群, 且 θ_i 零化 $K\setminus R$. 因为 $\mathrm{Irr}(\phi^K)$ 是一个 G-集 (命题 2.8.1), 所以对任意 $g\in G$ 都有 $\theta^g\in\mathrm{Irr}(\phi^K)$. 注意到 θ^g 在 $\mathrm{Irr}(K/N)$ 作用下的稳定子群必是 $\mathrm{Irr}(K/R^g)$, 故 $R=R^g$. 这说明 R 是 G 的正规子群, 得 $R=K$ 或 L.

若 $R=L$, 则 θ 零化 $K\setminus L$, 进而由命题 2.7.8 得 $\phi^K=e\theta$, 情形 (2) 成立. 若 $R=K$, 由例 2.8.7 得 ϕ 可扩充到 K, 情形 (3) 成立. □

推论 2.8.15 设 (G,L,ϕ) 为特征标串, K/L 为 G 的交换主因子, 则以下情形之一成立:

(1) $\phi^K=e\theta$, 这里 $\theta\in\mathrm{Irr}(K)$ 且 $e^2=|K:L|$;

(2) $\phi^K=\sum_{i=1}^t\theta_i$, 这里 $\theta_1,\cdots,\theta_t$ 为 ϕ 到 K 上的两两不同的扩充, $t=|K:L|$.

证 这是定理 2.8.14 的直接推论. 注意, 因 ϕ 在 K 中不变, 故 ϕ^K 必可约. □

例 2.8.16 设 $G=\mathrm{GL}(2,3)$, $\mathrm{Q}_8\cong N\trianglelefteq G$, 令 $\theta\in\mathrm{Irr}(N)$ 非线性, 求 θ^G 的不可约成分的次数及在 θ^G 中出现的重数.

解 易见 $G/N\cong\mathrm{S}_3$. 令 $M\trianglelefteq G$ 使得 $|G/M|=2$, $|M/N|=3$. 由例 2.3.14, 得 $\theta(1)=2$. 注意 θ 为 N 的唯一非线性不可约特征标, 故 θ 在 G 中不变. 我们断言 θ 可以扩充到 G. 因为 θ 在 G 中不变, 由推论 2.8.15 知 θ 可以扩充到 M, 且

$$\theta^M = \mu_1 + \mu_2 + \mu_3,$$

其中 μ_1, μ_2, μ_3 为 θ 到 M 的三个互不相同的扩充. 由 θ 的 G-不变性, $\mathrm{Irr}(\theta^M)$ 必是 G-集 (命题 2.8.1). 考察 G 在 $\{\mu_1, \mu_2, \mu_3\}$ 上的作用, μ_i 所在的 G-轨道长只能是 1 或 2, 故必有某个 μ_i 也是 G-不变的. 设 $\mu = \mu_1$ 在 G 中不变, 再次应用推论 2.8.15 推出 μ 可以扩充到 G, 从而 θ 可以扩充到 G, 断言成立.

设 χ 为 θ 到 G 的一个扩充. 注意到 $G/N \cong \mathrm{S}_3$, 我们有 $\mathrm{Irr}(G/N) = \{1_G, \lambda, \nu\}$, 其中 λ 线性且非主, $\nu(1) = 2$. 应用 Gallagher 定理 2.8.5 得到

$$\theta^G = \chi + \xi + 2\eta,$$

其中 $\xi = \lambda\chi$, $\eta = \nu\chi$. 因此 $\mathrm{Irr}(\theta^G) = \{\chi, \xi, \eta\}$, 其中 χ 和 ξ 的次数都是 2, 且它们在 θ^G 中出现的重数都是 1, η 的次数为 4 且它在 θ^G 中出现的重数为 2. □

设 $N \trianglelefteq G$, 记

$$\mathrm{Irr}(G|N) = \{\chi \in \mathrm{Irr}(G) \mid N \nleqslant \ker \chi\}.$$

显然 $\mathrm{Irr}(G)$ 是 $\mathrm{Irr}(G/N)$ 和 $\mathrm{Irr}(G|N)$ 的不交并, 即

$$\mathrm{Irr}(G) = \mathrm{Irr}(G/N) \cup \mathrm{Irr}(G|N), \quad \mathrm{Irr}(G/N) \cap \mathrm{Irr}(G|N) = \varnothing. \tag{2.8.1}$$

对 $\chi \in \mathrm{Irr}(G)$, 容易看到

$$\chi \in \mathrm{Irr}(G/N) \Leftrightarrow [\chi_N, 1_N] > 0 \Leftrightarrow \chi \text{ 在 } 1_N \text{ 的上方};$$

$$\chi \in \mathrm{Irr}(G|N) \Leftrightarrow [\chi_N, 1_N] = 0 \Leftrightarrow \chi \text{ 不在 } 1_N \text{ 的上方}.$$

易见, $\mathrm{Irr}(G|G')$ 恰是 G 的非线性不可约特征标集合, 故 $\mathrm{Irr}(G)$ 是 $\mathrm{Lin}(G)$ 和 $\mathrm{Irr}(G|G')$ 的不交并.

设 $N \trianglelefteq G$, $\lambda_1 = 1_N, \cdots, \lambda_s$ 为 $\mathrm{Irr}(N)$ 在 G 作用下的轨道代表元. 任取 $\chi \in \mathrm{Irr}(G)$, 由 Clifford 定理 2.7.2, χ 必在某个 λ_i 的上方, 即 $\chi \in \mathrm{Irr}(\lambda_i^G)$; 再者, 若 $\chi \in \mathrm{Irr}(\lambda_i^G) \cap \mathrm{Irr}(\lambda_j^G)$, 则 λ_i 和 λ_j 都是 χ_N 的不可约成分, 由 Clifford 定理知 λ_i 和 λ_j 在 G 中共轭, 得 $i = j$. 因此, $\mathrm{Irr}(G)$ 有如下划分

$$\mathrm{Irr}(G) = \bigcup_{1 \leqslant i \leqslant s} \mathrm{Irr}(\lambda_i)^G. \tag{2.8.2}$$

显然 1_N 构成单独一个 G-轨道, 且

$$\mathrm{Irr}((1_N)^G) = \mathrm{Irr}(\rho_{G/N}) = \mathrm{Irr}(G/N). \tag{2.8.3}$$

易见

$$\bigcup_{2 \leqslant i \leqslant s} \mathrm{Irr}(\lambda_i^G) = \mathrm{Irr}(G|N). \tag{2.8.4}$$

例 2.8.17 写出 S_4 和 $\mathrm{GL}(2,3)$ 的全部不可约特征标次数.

解 (1) 设 $G = \mathrm{S}_4$, 令 $\mathrm{E}(2^2) \cong N \trianglelefteq G$. 记 $\mathrm{Irr}^\sharp(N) = \{\lambda_1, \lambda_2, \lambda_3\}$, 显然它是

一个 G-集. 若有某个 λ_i 在 G 中不变, 则 $N/\ker\lambda_i$ 循环且 $\ker\lambda_i \trianglelefteq G$ (命题 2.8.1), 矛盾. 因此这些 λ_i 恰构成一个长为 3 的 G-轨道. 记 $T = \mathrm{I}_G(\lambda_1)$, 则 $|G:T| = 3$, $|T:N| = 2$. 在 T 中应用推论 2.8.15 知, $(\lambda_1)^T$ 恰是两个不同的线性特征标之和, 进而应用 Clifford 定理 2.7.4 得 $(\lambda_1)^G = \chi_1 + \chi_2$, 其中 χ_1, χ_2 为 G 的两个不同的 3 次不可约特征标, 故 $\mathrm{Irr}(G|N) = \{\chi_1, \chi_2\}$. 再加上 $G/N \cong \mathrm{S}_3$ 的 3 个次数分别为 $1, 1, 2$ 的不可约特征标, 即得到 G 的全部 5 个不可约特征标及其次数.

(2) 记 $G \cong \mathrm{GL}(2,3)$, 令 $Z, N \trianglelefteq G$ 使得 $N \cong \mathrm{Q}_8$, $Z = \mathbf{Z}(G) \cong \mathrm{C}(2)$. 注意 $G/Z \cong \mathrm{S}_4$, 我们仅需计算 $\mathrm{Irr}(G|Z)$.

取 $\mu \in \mathrm{Irr}^\sharp(Z)$, 显然 μ 是 G-不变的. 因为 $\mathrm{Irr}(\mu^N) = \mathrm{Irr}(N|Z) = \mathrm{Irr}(N|N')$ 恰是 N 的非线性不可约特征标集合, 即 μ^N 中不含有线性的不可约成分, 应用特征标提升定理 (推论 2.8.15) 得 $\mu^N = 2\theta$, 其中 θ 为 N 的 (唯一)2 次不可约特征标, 由例 2.8.16, 即得到 $\mathrm{Irr}(G|Z) = \mathrm{Irr}(\mu^G) = \mathrm{Irr}(\theta^G)$ 的全部 3 个成员. 结合 (1) 中结果, 我们得到 G 的全部 8 个不可约特征标, 它们的次数分别为 $1, 1, 2, 3, 3, 2, 2, 4$.□

2.8.3 线性特征标的扩充

设 $N \trianglelefteq G$, $\lambda \in \mathrm{Irr}(N)$. 显然, 只有当 λ 在 G 中不变时, λ 才有可能扩充到 G. 当 λ 可以扩充到 G 时, Gallagher 定理给出了 λ^G 的完整的结构描写. 自然地, 我们要问: G 不变的 λ 何时可以扩充到 G? 这里先考察 λ 线性时的情形, 至于一般情形我们将在 3.2 节中讨论.

定理 2.8.18 设 $N \trianglelefteq G$, $\lambda \in \mathrm{Lin}(N)$, 则 λ 可扩充到 G 的充要条件是 $N \cap G' \leqslant \ker\lambda$.

证 ($\Rightarrow$) 假设 λ 可扩充到 $\nu \in \mathrm{Irr}(G)$, 则 $\nu_N = \lambda$, 故 $\ker\lambda = N \cap \ker\nu$. 由 ν 的线性性得 $G' \leqslant \ker\nu$, 从而 $N \cap G' \leqslant \ker\lambda$.

($\Leftarrow$) 假设 $N \cap G' \leqslant \ker\lambda$. 若 $K := N \cap G' > 1$, 将 λ 看作 N/K 上的线性特征标, 因为 $(N/K) \cap (G/K)' = (N \cap G')/K \leqslant \ker\lambda$, 所以由归纳得 $\lambda \in \mathrm{Irr}(N/K)$ 可以扩充到 G/K, 也即 $\lambda \in \mathrm{Irr}(N)$ 可扩充到 G, 结论成立.

现设 $N \cap G' = 1$, 此时 $G'N = G' \times N$, 所以 $\mu := 1_{G'} \times \lambda \in \mathrm{Irr}(G'N)$. 注意到 $G' \leqslant \ker\mu$ 且 $G' \trianglelefteq G$, 得 $G' \leqslant \bigcap_{g\in G} \ker(\mu^g) = \ker(\mu^G)$, 这表明: 对任意 $\nu \in \mathrm{Irr}(\mu^G)$ 都有 $G' \leqslant \ker\nu$ (引理 2.3.1), 因此 ν 线性. 特别地, $\nu|_{G'N} = \mu$, 从而 $\nu_N = (\nu_{G'N})_N = \mu_N = \lambda$, 即 λ 可扩充为 $\nu \in \mathrm{Irr}(G)$. □

推论 2.8.19 设 $1 < N \trianglelefteq G$ 满足 $N \cap G' = 1$, 则以下结论成立:

(1) $N \leqslant \mathbf{Z}(G)$.

(2) 每个 $\lambda \in \mathrm{Irr}(N)$ 都能扩充到 G.

(3) $|\mathrm{Irr}(G)| = |N||\mathrm{Irr}(G/N)|$, $|\mathrm{Irr}(G|G')| = |N||\mathrm{Irr}(G/N|\,(G/N)')|$.

证　因为 $N \cong NG'/G'$, 所以 N 是 G 的正规交换子群. 任取 $\lambda \in \mathrm{Irr}(N)$, 由定理 2.8.18 知 λ 可扩充到 G, 再由命题 2.8.1 又得 $N/\ker\lambda \leqslant \mathbf{Z}(G/\ker\lambda)$, 即 $[G, N] \leqslant \ker\lambda$, 从而 $[G, N] \leqslant \bigcap_{\lambda\in\mathrm{Irr}(N)} \ker\lambda = 1$. 因此 $N \leqslant \mathbf{Z}(G)$, (1) 和 (2) 成立.

显然每个 $\lambda \in \mathrm{Irr}(N)$ 恰是一个 G-轨道, 由 (2.8.2) 式知 $\bigcup_{\lambda\in\mathrm{Irr}(N)} \mathrm{Irr}(\lambda^G)$ 是 $\mathrm{Irr}(G)$ 的一个划分. 因 λ 可扩充到 G, 由 Gallagher 定理 2.8.5 得: λ^G 中的两两不同的不可约特征标个数及两两不同的非线性不可约特征标个数, 分别为 $|\mathrm{Irr}(G/N)|$ 和 $|\mathrm{Irr}(G/N|(G/N)')|$, 故有结论 (3). □

例 2.8.20　若 G 恰有一个非线性不可约特征标, 则 G' 是 G 的唯一极小正规子群, 且 G 可解.

证　若 G 有极小正规子群 N 满足 $N \cap G' = 1$, 则 G/N 不交换, 故 $|\mathrm{Irr}(G/N|(G/N)')| \geqslant 1$, 再由推论 2.8.19 得 $|\mathrm{Irr}(G|G')| = |N||\mathrm{Irr}(G/N|(G/N)')| \geqslant 2$, 矛盾. 下面仅需证明 G' 交换且是 G 的极小正规子群.

注意到 $|\mathrm{Irr}(G|G')| = 1$, 由 (2.8.2)–(2.8.4) 式易见 $\mathrm{Irr}^\sharp(G')$ 恰构成一个 G-轨道. 考察 G 在 $\mathrm{Irr}(G')$ 和 $\mathrm{Con}(G')$ 上的作用, 由 Brauer 置换引理及其后面的说明, G 在这两个集合上的作用导出相同的置换特征标, 这又推出这两个集合有相同的 G-轨道数. 因此 $\mathrm{Con}(G')$ 恰有两个 G-轨道. 注意到 $\mathrm{Con}(G')$ 的一个 G-轨道之并构成一个 G-共轭类, 故 G' 恰有两个 G-共轭类, 此时易见 G' 为 G 的交换的极小正规子群, 结论成立. □

命题 2.8.21　设 (G, N, λ) 是特征标串, 若 λ 线性且 G 在 N 处分裂, 则 λ 可扩充到 G.

证　由命题 2.8.1 得 $\ker\lambda \trianglelefteq G$, 注意到命题条件对 $G/\ker\lambda$ 也成立, 由归纳可设 $\ker\lambda = 1$, 此时 $N \leqslant \mathbf{Z}(G)$ (命题 2.8.1). 因为 G 在 N 处分裂, 所以存在 $M < G$ 使得 $G = M \times N$, 易见 $1_M \times \lambda$ 即为 λ 到 G 的一个扩充. □

命题 2.8.21 主要应用在下面的例题环境中.

例 2.8.22　设 $\lambda \in \mathrm{Irr}(\mathbf{F}(G))$. 若 $\Phi(G) \leqslant \ker\lambda$, 特别地, 若 $\Phi(G) = 1$, 则 λ 可扩充到 $\mathrm{I}_G(\lambda)$.

证　因为 $\mathbf{F}(G)/\Phi(G)$ 交换, 所以 $\lambda \in \mathrm{Irr}(\mathbf{F}(G)/\Phi(G))$ 线性. 由归纳可设 $\Phi(G) = 1$, 此时 $\mathrm{I}_G(\lambda)$ 在 $\mathbf{F}(G)$ 处也分裂, 故由命题 2.8.21 推出结论. □

引理 2.8.23　设 $P \in \mathrm{Syl}_p(G)$, $1 < N \trianglelefteq P$, 则必存在 P-不变的 $\lambda \in \mathrm{Irr}^\sharp(N)$.

证　令 $E = [N, P]$, 则 $1 < N/E \leqslant \mathbf{Z}(P/E)$, 此时所有 $\lambda \in \mathrm{Irr}^\sharp(N/E)$ 都是 P-不变的. □

例 2.8.24　设 G 是 $H = \mathrm{GL}(2, 3)$ 自然作用在 $V \cong \mathrm{E}(3^2)$ 上得到的半直积, 求 $\mathrm{Irr}(G|V)$.

解 注意 H 忠实不可约作用在 V 上. 取 $R\in \mathrm{Syl}_3(H)$, 由引理 2.8.23, 可取到 R-不变的 $\lambda\in \mathrm{Irr}^\sharp(V)$. 记 $\mathrm{I}_G(\lambda)=T$, 有 $T=T\cap(HV)=(T\cap H)\ltimes V=\mathrm{I}_H(\lambda)\ltimes V$. 若 $\mathrm{I}_H(\lambda)=R$, 则 λ 所在的 G-轨道长为 16, 但 $|\mathrm{Irr}^\sharp(V)|=8$, 矛盾. 这表明 $\mathrm{I}_H(\lambda)>R$, 故 $6\mid|\mathrm{I}_H(\lambda)|$.

记 $N=\mathbf{O}_2(H)\cong \mathrm{Q}_8$, $Z=\mathbf{Z}(N)\cong \mathrm{C}(2)$. 注意到 V 是 G 的极小正规子群, 必有 $\mathbf{C}_V(Z)=1$ (否则, $\mathbf{C}_V(Z)=V$, Z 平凡作用在 V 上), 这表明 Z 不能中心化 $V^\sharp$ 中的任何元素 (即 V 的共轭类). 应用 Brauer 置换引理推出, Z 不能稳定 $\mathrm{Irr}^\sharp(V)$ 中任何元素, 特别地, $\mathrm{I}_{\mathbf{Z}}(\lambda)=1$. 注意到 Z 是 N 的唯一 2 阶子群, 这又推出 $\mathrm{I}_N(\lambda)=1$, 即 $\mathrm{I}_H(\lambda)\cap N=1$. 考察群阶得: $H=\mathrm{I}_H(\lambda)\ltimes N$, $T/V\cong \mathrm{I}_H(\lambda)\cong H/N\cong \mathrm{S}_3$. 因 T 在 V 处分裂, 由命题 2.8.21 知, λ 可扩充到 $\lambda_0\in \mathrm{Irr}(T)$. 由推论 2.8.6,

$$\lambda^G=(\lambda^T)^G=\left(\sum_{\mu\in \mathrm{Irr}(T/V)}\mu(1)\lambda_0\mu\right)^G=\chi_1+\chi_2+2\chi_3,$$

其中 $\chi_1(1)=\chi_2(1)=8$, $\chi_3(1)=16$. 此时易见 λ 的 G-轨道长为 8, 故 $\mathrm{Irr}^\sharp(V)$ 恰构成一个 G-轨道, 因此 $\mathrm{Irr}(G|V)=\mathrm{Irr}(\lambda^G)$ 恰含有 χ_1,χ_2,χ_3 这三个不可约特征标. □

2.9 Frobenius 群

Frobenius 群虽然是一类特殊的有限群, 但它却也是普遍存在的一类群, 事实上, 任意非幂零的有限群都存在一个截断为 Frobenius 群 (例 2.9.13), 因此 Frobenius 群在有限群论中具有基本的重要性. Frobenius 群既可以用群的结构性质来定义, 也可以用置换群语言来描写, 还可以用特征标理论性质来刻画.

2.9.1 Frobenius 定理

定义 2.9.1 *设 G 是一个有限群, 若存在真子群 H, 使得对一切 $g\in G\setminus H$ 都有 $H\cap H^g=1$, 则称 G 是以 H 为补的 Frobenius 群.*

下面的 Frobenius 定理给出了 Frobenius 群的关键性质.

定理 2.9.2 (Frobenius) *设 G 是以 H 为补的 Frobenius 群, 则 $N:=(G\setminus\bigcup_{x\in G}H^x)\cup\{1\}\trianglelefteq G$.*

证 我们分三步给出定理的证明.

(1) 若 $\theta\in \mathrm{CF}(H)$ 满足 $\theta(1)=0$, 则 $(\theta^G)_H=\theta$.

任取 $h\in H^\sharp$, $\theta^G(h)=\dfrac{1}{|H|}\sum_{x\in G}\theta^0(xhx^{-1})$. 当 $\theta^0(xhx^{-1})\neq 0$ 时, 有

$1 \neq xhx^{-1} \in H \cap H^{x^{-1}}$, 由 Frobenius 群定义推得 $x \in H$, 故 $\theta^0(xhx^{-1}) = \theta(h)$, 从而 $\theta^G(h) = \dfrac{1}{|H|}\sum_{x\in H}\theta(h) = \theta(h)$. 再者, $\theta^G(1) = |G:H|\theta(1) = 0 = \theta(1)$, 故 $(\theta^G)_H = \theta$.

(2) 任意取定 $\phi \in \mathrm{Irr}^\sharp(H)$, 令 $\phi_0 = \phi - \phi(1)1_H$, 再令 $\phi^* = (\phi_0)^G + \phi(1)1_G$, 则 $\phi^* \in \mathrm{Irr}(G)$, 且 $(\phi^*)_H = \phi$.

显然 $\phi_0 \in \mathrm{CF}(H)$ 满足 $\phi_0(1) = 0$, 故由 (1) 有 $((\phi_0)^G)_H = \phi_0$, 于是

$$[(\phi_0)^G, (\phi_0)^G]_G = [\phi_0, ((\phi_0)^G)_H]_H = [\phi_0, \phi_0] = [\phi - \phi(1)1_H, \phi - \phi(1)1_H] = 1 + \phi(1)^2.$$

因为

$$[(\phi_0)^G, 1_G]_G = [\phi_0, 1_H]_H = [\phi - \phi(1)1_H, 1_H]_H = -\phi(1),$$

所以 $[\phi^*, 1_G] = 0$, 显然 $\phi^* \in \mathrm{CF}(G)$. 注意到

$$1 + \phi(1)^2 = [(\phi_0)^G, (\phi_0)^G] = [\phi^* - \phi(1)1_G, \phi^* - \phi(1)1_G] = [\phi^*, \phi^*] + \phi(1)^2,$$

得 $[\phi^*, \phi^*] = 1$. 因 ϕ_0 是两个特征标的差, 故 $(\phi_0)^G$ 也是两个特征标的差, 从而 $\phi^* = (\phi_0)^G + \phi(1)1_G$ 亦然. 由 $[\phi^*, \phi^*] = 1$ 推出 ϕ^* 或 $-\phi^*$ 必是 G 的不可约特征标. 注意到 $\phi^*(1) = (\phi_0)^G(1) + \phi(1) = \phi(1) \in \mathbb{Z}^+$, 得 $\phi^* \in \mathrm{Irr}(G)$. 又, $(\phi^*)_H = ((\phi_0)^G + \phi(1)1_G)_H = \phi_0 + \phi(1)1_H = \phi$.

(3) 最后的证明.

任取 $\phi \in \mathrm{Irr}^\sharp(H)$, 令 $\phi_0 = \phi - \phi(1)1_H$, $\phi^* = (\phi_0)^G + \phi(1)1_G$, 由 (2) 有 $\phi^* \in \mathrm{Irr}(G)$ 且 $(\phi^*)_H = \phi$. 令 $M = \bigcap_{\phi\in\mathrm{Irr}^\sharp(H)} \ker\phi^*$, 显然 $M \trianglelefteq G$, 下面仅需证明 $M = N$.

一方面, 任取 $x \in M \cap H$, 有 $\phi(x) = (\phi^*)_H(x) = \phi^*(1) = \phi(1)$, 故 $x \in \bigcap_{\phi\in\mathrm{Irr}(H)} \ker\phi = 1$, 推出 $M \cap H = 1$. 由 M 得正规性又有 $M \cap (\bigcup_{g\in G} H^g) = \{1\}$, 即得 $M \subseteq N$. 另一方面, 若 $g \in N^\sharp$, 则 g 的任意 G-共轭都不在 H 中, 故由诱导类函数的计算公式得 $(\phi_0)^G(g) = 0$. 注意 $(\phi_0)^G = \phi^* - \phi(1)1_G$, 推出 $\phi^*(g) = \phi(1) = \phi^*(1)$, 即 $g \in \ker\phi^*$. 由 g 和 ϕ 的任意性得 $N \subseteq M$. 综上证得 $N = M$, 定理成立. □

利用初等的特征标理论, Frobenius 给出了定理 2.9.2 的简短证明. 虽然该定理也可以用纯群理论来证明, 但需要利用奇阶群的可解性定理以及群的转移理论, 参见 [8, §16].

称定理 2.9.2 中的正规子群 N 为 G 的 **Frobenius 核**. 我们用 $\mathrm{Fro}(H, N)$ 表示以 H 为补以 N 为核的 Frobenius 群; 用 F_k 表示阶为 k 的 Frobenius 群.

2.9.2 Frobenius 群的结构性质

命题 2.9.3 (Frobenius) 设 $G = \mathrm{Fro}(H, N)$, 则以下结论成立:

(1) $\mathbf{N}_G(H) = H$, $G = H \ltimes N$.

(2) 记 $N = \{x_1, \cdots, x_n\}$, 则 G 有划分 $\{1\} \cup N^\sharp \cup (H^{x_1})^\sharp \cup \cdots \cup (H^{x_n})^\sharp$.

(3) G 的极小正规子群都包含在 N 中.

(4) $(|H|, |N|) = 1$, 且 H 无不动点作用在 N 上, 即 $H^\sharp$ 中任何元素均不能中心化 $N^\sharp$ 中的任意元素.

证 (1)–(3) 由定义立得, 下证 (4). 反设 $|H|$ 和 $|N|$ 有公共的素因子 p. 令 $P \in \mathrm{Syl}_p(G)$, 取 $1 \neq x \in \mathbf{Z}(P) \cap N$, 则 $x \in G \setminus H$ 且 $H \cap H^x > 1$, 矛盾, 故 $(|H|, |N|) = 1$. 若 $h \in H^\sharp$, $n \in N^\sharp$ 满足 $[h, n] = 1$, 则 $h = h^n \in H \cap H^n$, 矛盾, 因此 H 无不动点作用在 N 上. □

命题 2.9.4 设 $N \trianglelefteq G$ 满足 $1 < N < G$, 则以下命题等价:

(1) G 是以 N 为核的 Frobenius 群.

(2) 考察 G 在 $\mathrm{Con}(N)$ 上的共轭作用, 任取 $n \in N^\sharp$ 都有 $\mathrm{Stab}_G(n^N) = N$.

(3) 任取 $n \in N^\sharp$ 都有 $\mathbf{C}_G(n) \leqslant N$.

证 (1) ⇒ (2). 设 $G = \mathrm{Fro}(H, N)$, 并取 $1 \neq n^N \in \mathrm{Con}(N)$. 任取 $x \in G \setminus N$, 则存在 $g \in G$ 使得 $x \in H^g$. 注意 G 也是以 H^g 为补的 Frobenius 群, 所以 H^g 也无不动点作用在 N 上, 这说明 $x \notin \mathbf{C}_G(n)$, 再由 x 的任意性推出 $\mathbf{C}_G(n) \leqslant N$, 也即 $\mathbf{C}_G(n) = \mathbf{C}_N(n)$, 故

$$|n^G| = |G : N||n^N|.$$

注意 n^N 所在的 G-轨道之并即为 n^G, 这表明 n^N 的 G-轨道长为 $|G : N|$, 故 $\mathrm{Stab}_G(n^N) = N$.

(2) ⇒ (3). 因为 $\mathrm{Stab}_G(n^N) = N$, 所以 n^N 的 G-轨道长为 $|G : N|$, 这又推出 $|n^G| = |G : N||n^N|$, 由此得 $|\mathbf{C}_G(n)| = |\mathbf{C}_N(n)|$, 即 $\mathbf{C}_G(n) \leqslant N$.

(3) ⇒ (1). 同命题 2.9.3 的证明, 可得 N 是 G 的 Hall 子群. 由 Schur-Zassenhaus 定理, 存在 G 的 Hall 子群 H 使得 $G = H \ltimes N$. 任取 $g = hn \in G \setminus H$, 这里 $h \in H$, $n \in N^\sharp$, 下面仅需证明 $H \cap H^g = 1$. 事实上, 若 $h_1 \in H \cap H^g = H \cap H^n$, 则有 $h_2 \in H$ 使得 $h_1 = h_2^n$. 注意到 $h_1 h_2^{-1} \in H \cap N$, 得 $h_1 = h_2$. 此时 $h_1 = h_1^n$, 推出 $h_1 = 1$, 故 $H^g \cap H = 1$, $G = \mathrm{Fro}(H, N)$. □

由命题 2.9.4 立得下面的推论.

推论 2.9.5 设 $G = H \ltimes N$ 满足 $1 < N < G$, 则以下命题等价:

(1) $G = \mathrm{Fro}(H, N)$;

(2) 任取 $h \in H^\sharp$ 都有 $\mathbf{C}_N(h) = 1$, 即 H 无不动点作用在 N 上;

(3) 任取 $n \in N^\sharp$ 都有 $\mathbf{C}_G(n) = \mathbf{C}_N(n)$.

下面给出 Frobenius 群的结构定理, 其证明参见 [7, 第 5 章, §8] 及 [8, §46].

定理 2.9.6 (基本定理) 设 $G = \mathrm{Fro}(H, K)$, 则以下结论成立:

(1) (Burnside) H 的 Sylow 子群或者是循环群或者是广义四元素群.

(2) (Zassenhaus) 若 H 不可解且设 $H^{(m)} = H^{(m+1)} > 1$, 这里 $H^{(m)}$ 表示 H 的 m 次导群, 则 $H^{(m)} \cong \mathrm{SL}(2,5)$.

(3) (Thompson) K 幂零.

(4) (Burnside) 若 $2 \mid |H|$, 则 K 交换; 若 $3 \mid |H|$, 则 K 的幂零类不超过 2.

Frobenius 群最初是以可迁置换群的面貌出现的, 下面给出 Frobenius 群的置换群语言描写.

命题 2.9.7 (Frobenius) G 是 Frobenius 群的充分必要条件是, G 是某有限集合上的可迁置换群, 且 $G^\sharp$ 中每个元素最多有一个不动点.

证 设 G 是以 H 为补的 Frobenius 群, 令 $\Omega := \Omega(G : H)$, 即为 G 关于子群 H 的右陪集集合. 按右乘, G 可迁作用在 Ω 上. 由 Frobenius 群的定义, 该作用的核 $\mathrm{Core}_G(H) = 1$, 故 G 为 Ω 上的可迁置换群 (参见 2.4 节). 令 π 为相应的置换特征标, 则 $\pi(g)$ 恰是 Ω 中 g-不动点的数目, 即

$$\pi(g) = |\{Hx \mid Hx = Hxg\}|.$$

如果 $g \in G$ 稳定 Ω 中两个不同的元素 Hx_1 和 Hx_2, 那么 $g \in H^{x_1} \cap H^{x_2} = (H \cap H^{x_2 x_1^{-1}})^{x_1} = 1$, 这表明 $G^\sharp$ 中每个元素最多有一个不动点.

反之, 假设 G 是有限集合 Ω 上的可迁置换群, 且 $G^\sharp$ 中元素最多稳定 Ω 中的一个元素. 任意取定 $\alpha \in \Omega$, 令 H 为 α 在 G 中的稳定子群, 即 $H = \{g \in G \mid \alpha \cdot g = \alpha\}$. 任取 $x \in G \setminus H$, 令 $h_1 \in H \cap H^x$, 则有 $h_2 \in H$ 使得 $h_1 = h_2^x$. 于是

$$\alpha \cdot h_1 = \alpha, \quad (\alpha \cdot x) \cdot h_1 = \alpha \cdot (h_2 x) = \alpha \cdot x,$$

这表明 h_1 稳定 Ω 中两个不同元素 α 和 $\alpha \cdot x$, 故 $h_1 = 1$, $H \cap H^x = 1$, 推出 G 是以 H 为补的 Frobenius 群. □

由上面的命题立得下面的推论.

推论 2.9.8 设 G 是有限集合 Ω 上的可迁置换群, 则 G 是 Frobenius 群 (即 $G^\sharp$ 中元素最多稳定 Ω 中一个元素), 当且仅当其置换特征标在 $G^\sharp$ 上的取值只能是 $0, 1$.

例 2.9.9 设 $G = \mathrm{Fro}(H, N)$, 则 G 是 2-可迁的充要条件是, $|N| = |H| + 1$. 进一步, 此时 N 必交换且是 G 的唯一极小正规子群.

证 记 $\Omega = \Omega(G : H)$. 按右乘作用, G 为 Ω 上的可迁置换群. 取 $\alpha = H \in \Omega$, 则 $G_\alpha = H$. 因为 $G = \mathrm{Fro}(H, N)$, 所以 $G^\sharp$ 中每个元素在 Ω 中最多有一个不动点 (见命题 2.9.7 的证明). 这表明: 对任意 $\beta \in \Omega \setminus \{\alpha\}$ 都有 $H_\beta = 1$. 由 2.4 节中的定义, Ω 是 2-可迁的充要条件是, H 可迁作用在 $\Omega \setminus \{\alpha\}$ 上, 这也等价于 $|H : H_\beta| = |\Omega| - 1$, 即 $|H| = |N| - 1$.

进一步, 设 $|N| = |H| + 1$. 因为 $N^\sharp$ 中的每个 G-共轭类的长度都是 $|H|$ 的倍数 (命题 2.9.4), 所以 N 恰有两个 G-共轭类. 这表明 N 是 G 的极小正规子群且是某个初等交换 p-群. 因为 Frobenius 群的每个极小正规子群都包含在核中, 所以 N 是 G 的唯一极小正规子群. □

设有限群 A 作用在有限群 V 上, 若 $(|A|, |V|) = 1$, 则称 A **互素作用**在 V 上. 关于互素作用, 我们有下面熟知的事实, 见 [7, 第 3 章, 定理 13.3, 定理 13.4].

引理 2.9.10 设群 A 互素作用在群 V 上, 记 $G = A \ltimes V$, 则以下结论成立:

(1) $V = [V, A]\mathbf{C}_V(A)$; 进一步, 若 V 交换, 则 $V = [V, A] \times \mathbf{C}_V(A)$.

(2) $[V, A, A] = [V, A] \trianglelefteq G$.

(3) $\mathbf{C}_V(A)$ 为 V 的 A-不变子群.

例 2.9.11 设 G 是导长为 2 的可解群, 若 $|G/G'|$ 为素数, 则 G 是以 G' 为核的 Frobenius 群.

证 设 $G/G' \cong \mathrm{C}(p)$, 易见 G' 为交换 p'-群, 故 $G = P \ltimes G'$, 其中 $\mathrm{C}(p) \cong P \in \mathrm{Syl}_p(G)$. 由引理 2.9.10, $G' = [G', P] \times \mathbf{C}_{G'}(P)$. 注意到 $G/[G', P]$ 交换, 推出 $[G', P] = G'$, 故 $\mathbf{C}_{G'}(P) = 1$, 应用推论 2.9.5 即得结论. □

例 2.9.12 设 G 是素数 p 次可解传递置换群, 则 G 必本原; 又若 $G' > 1$, 则 $G = \mathrm{Fro}(M, G')$, 其中 $M \lesssim \mathrm{C}(p-1)$, $G' \cong \mathrm{C}(p)$.

证 设 G 是 Ω 上素数 p 次可解传递置换群, 取 $\alpha \in \Omega$, 则 $p = |G : G_\alpha|$, 故 G_α 必是 G 的极大子群, 因此 G 本原. 进一步, 若 $G' > 1$, 由命题 2.7.21, G 有唯一极小正规子群 N, 且 $\mathbf{C}_G(N) = N \cong \mathrm{C}(p)$. 记 $M = G_\alpha$, 有 $G = M \ltimes N$. 易见 $M \cong G/\mathbf{C}_G(N) \lesssim \mathrm{Aut}(N) \cong \mathrm{C}(p-1)$. 由 $\mathbf{C}_G(N) = N \cong \mathrm{C}(p)$, 推出 $G = \mathrm{Fro}(M, N)$ (推论 2.9.5), 显然 $N = G'$. □

若 $A \leqslant G$, $B \trianglelefteq A$, 则称 A/B 为 G 的一个**截断**. 又若 A, B 都是 G 的正规 (次正规) 子群, 则称 A/B 为 G 的**正规 (次正规) 截断**.

例 2.9.13 若 G 非幂零, 则存在 G 的一个截断为 Frobenius 群.

证 由归纳可设: G 非幂零但 G 的真商群和真子群都幂零. 熟知此时 G 可解, 且 $F := \mathbf{F}(G)$ 为 G 的唯一极小正规子群. 取 Q 为 G 的 q 阶子群, 这里素数 q 与 $|F|$ 互素. 因 $\mathbf{C}_G(F) \leqslant F$, QF 非幂零, 由 G 的取法得 $G = QF$. 易见 Q 无不动点作用在 F 上, $G = \mathrm{Fro}(Q, F)$. □

2.9.3 Frobenius 群的特征标理论描写

下面给出 Frobenius 群的特征标理论刻画.

定理 2.9.14 设 $1 < N < G$, 则 G 是以 N 为核的 Frobenius 群的充分必要条件是, 任取 $\lambda \in \mathrm{Irr}^\sharp(N)$ 都有 $\lambda^G \in \mathrm{Irr}(G)$①.

① 这里没有要求 N 的正规性, 笔者不清楚该命题是否有出处.

证 先设 $G = \mathrm{Fro}(H, N)$. 任取 $x \in H^\sharp$, x 仅稳定 N 的平凡共轭类 (命题 2.9.4), 由 Brauer 置换引理 (定理 2.4.15) 推出, x 也仅稳定 N 的一个不可约特征标, 且必为 1_N. 这说明, 对于每个 $\lambda \in \mathrm{Irr}^\sharp(N)$ 都有 $\mathrm{I}_G(\lambda) = N$, 从而 λ^G 不可约.

反之, 设 N 的所有非主不可约特征标诱导到 G 都不可约.

(1) 先考察 $N \trianglelefteq G$ 的情形.

任取 $\lambda \in \mathrm{Irr}^\sharp(N)$, 由条件有 λ^G 不可约, 推出 $\mathrm{I}_G(\lambda) = N$. 考察 G 在 $\mathrm{Irr}(N)$ 和 $\mathrm{Con}(N)$ 上的作用. 对于任意 $g \in G \setminus N$, 我们看到 g 恰好稳定 $\mathrm{Irr}(N)$ 中的一个元 1_N, 所以由 Brauer 置换引理推出, g 也恰好稳定 $\mathrm{Con}(N)$ 中的一个元, 这个元必是单位元所在的共轭类. 这说明: 对任意 $n \in N^\sharp$ 都有 $\mathrm{Stab}_G(n^N) = N$. 由命题 2.9.4 即得 G 是以 N 为核的 Frobenius 群.

(2) 再考察一般情形.

记 $\Delta = \{\chi \in \mathrm{Irr}(G) \mid N \nleqslant \ker \chi\}$. 注意 Δ 是非空集合, 否则 $N \leqslant \bigcap_{\chi \in \mathrm{Irr}(G)} \ker \chi = 1$, 矛盾. 任取 $\chi \in \Delta$, 显然 χ_N 中必有非主不可约成分. 令

$$\chi_N = e1_N + e_1\lambda_1 + \cdots + e_s\lambda_s,$$

其中 $1_N, \lambda_1, \cdots, \lambda_s \in \mathrm{Irr}(N)$ 两两不同, $e \in \mathbb{N}$, $e_1, \cdots, e_s \in \mathbb{Z}^+$, $s \geqslant 1$. 由反转律知 χ 为 $(\lambda_i)^G$ 的不可约成分, 所以由条件 "$(\lambda_i)^G$ 不可约" 得 $(\lambda_i)^G = \chi$. 这又推出

$$e_i = [\chi_N, \lambda_i] = [\chi, (\lambda_i)^G] = [\chi, \chi] = 1.$$

若 $e > 0$, 由反转律得 $(1_N)^G = e\chi + 1_G + \cdots$, 比较等式两边次数有

$$|G : N| = (1_N)^G(1) \geqslant e\chi(1) + 1 = e((\lambda_1)^G)(1) + 1 = e\lambda_1(1)|G : N| + 1,$$

矛盾, 故 $e = 0$. 综上得

$$\chi_N = \lambda_1 + \cdots + \lambda_s.$$

注意到 $(\lambda_i)^G = \chi$, 得 $\lambda_i(1) = \chi(1)/|G : N|$, 于是 $\chi(1) = (\lambda_1 + \cdots + \lambda_s)(1) = s\chi(1)/|G : N|$, 推出 $s = |G : N|$, 因而

$$[\chi_N, \chi_N] = \left[\sum_{1 \leqslant i \leqslant s} \lambda_i, \sum_{1 \leqslant i \leqslant s} \lambda_i\right] = s = |G : N|.$$

由引理 2.3.6, χ 零化 $G \setminus N$. 注意到 χ 是 G 上的类函数, 这又推出 χ 零化

$$\bigcup_{x \in G} (G \setminus N^x) = G \setminus \bigcap_{x \in G} N^x = G \setminus \mathrm{Core}_G(N).$$

由引理 2.6.12 易见 χ 不可能零化 $G^\sharp$, 所以 $1 < \mathrm{Core}_G(N) \leqslant N$. 若 $\mathrm{Core}_G(N) < N$, 记 $\overline{G} = G/\mathrm{Core}_G(N)$, 此时命题条件对 $\overline{G}, \overline{N}$ 仍成立, 由归纳假设知 $\overline{G}$ 是以 $\overline{N}$ 为核的 Frobenius 群, 特别地, $N \trianglelefteq G$. 因此总有 $N \trianglelefteq G$, 由情形 (1) 的结果即得定理. □

定理 2.9.15 设 $N \trianglelefteq G$ 满足 $1 < N < G$, 则以下命题等价:

(1) G 是以 N 为核的 Frobenius 群.

(2) 任取 $\lambda \in \mathrm{Irr}^\sharp(N)$, 都有 $\lambda^G \in \mathrm{Irr}(G)$.

(3) 任取 $\lambda \in \mathrm{Irr}^\sharp(N)$, 都有 $\mathrm{I}_G(\lambda) = N$.

(4) 任取 $\chi \in \mathrm{Irr}(G|N)$, χ_N 恰是 $|G/N|$ 个两两不同的不可约特征标之和.

证 由定理 2.9.14 得 (1), (2) 的等价性. 由 Clifford 定理得 (2)–(4) 的等价性. □

下面给出例 2.9.11 的特征标理论证明. 任取 $\lambda \in \mathrm{Irr}^\sharp(G')$, 由 G' 的交换性得 λ 线性, 显然线性 $\lambda \in \mathrm{Irr}^\sharp(G')$ 不能扩充到 G. 注意到 G/G' 为素数阶群, 应用特征标提升定理推出 λ^G 不可约, 由定理 2.9.15 即得 G 是以 G' 为核的 Frobenius 群.

推论 2.9.16 若 $G = \mathrm{Fro}(H, N)$, 则

$$|N| \equiv |\mathrm{Con}(N)| \equiv |\mathrm{Irr}(N)| \equiv 1 \pmod{|H|}. \tag{2.9.1}$$

证 由推论 2.9.5, 对所有 $n \in N^\sharp$ 都有 $|H| \mid |n^G|$, 这表明 $|N| \equiv 1 \pmod{|H|}$. 由定理 2.9.15, $\mathrm{Irr}^\sharp(N)$ 的每个 G-轨道的长度都是 $|H|$, 故 $|\mathrm{Con}(N)| \equiv |\mathrm{Irr}(N)| \equiv 1 \pmod{|H|}$. □

例 2.9.17 设 L, M, N 为 G 的正规子群满足 $MN \leqslant L < G$ 且 $M \cap N = 1 < L$, 如果对任意 $\mu \in \mathrm{Irr}^\sharp(L/M)$ 及任意 $\nu \in \mathrm{Irr}^\sharp(L/N)$ 都有 $\mu^G, \nu^G \in \mathrm{Irr}(G)$, 那么 G 是以 L 为核的 Frobenius 群.

证 若 $M = 1$ 或 $M = L$, 则由条件及定理 2.9.15 推出结论, 故可设 $1 < M, N < L$. 由定理 2.9.15, G/M 和 G/N 分别是以 L/M 和 L/N 为核的 Frobenius 群. 任取 $a \in L^\sharp$, 反设存在 $g \in \mathbf{C}_G(a)$ 使得 $g \notin L$. 因为 $\overline{G} := G/M$ 是以 $\overline{L}$ 为核的 Frobenius 群且 $\overline{g} \in \mathbf{C}_{\overline{G}}(\overline{a}) \setminus \overline{L}$, 由命题 2.9.4 有 $\overline{a} = 1$, 即 $a \in M$. 同理有 $a \in N$, 推出 $a \in M \cap N = 1$, 矛盾. 因此必有 $\mathbf{C}_G(a) \leqslant L$, 这说明 G 是以 L 为核的 Frobenius 群. □

例 2.9.18 设 $G = \mathrm{Fro}(H, N)$, $E \trianglelefteq G$, 则以下情形之一成立:

(1) $E < N$, 此时 $G/E = \mathrm{Fro}(HE/E, N/E)$;

(2) $E = N$;

(3) $E > N$, 此时 $E = \mathrm{Fro}(H \cap E, N)$.

证 我们先证明下面的断言: 若 $E < N$, 则 $G/E = \mathrm{Fro}(HE/E, N/E)$; 若 $E > N$, 则 $E = \mathrm{Fro}(H \cap E, N)$. 事实上, 若 $E < N$, 则 $G/E = (HE/E) \ltimes (N/E)$, 任取 $\lambda \in \mathrm{Irr}^\sharp(N/E) \subseteq \mathrm{Irr}^\sharp(N)$, 由定理 2.9.15 有 $\mathrm{I}_G(\lambda) = N$, 故 $\mathrm{I}_{G/E}(\lambda) = N/E$, 再次应用定理 2.9.15 知 $G/E = \mathrm{Fro}(HE/E, N/E)$. 若 $E > N$, 则 $E = E \cap HN = (H \cap E) \ltimes N$, 任取 $\lambda \in \mathrm{Irr}^\sharp(N)$, 由定理 2.9.15 有 $\mathrm{I}_G(\lambda) = N$, 故 $\mathrm{I}_E(\lambda) = N$, 再由定理 2.9.15 得 $E = \mathrm{Fro}(H \cap E, N)$, 断言成立.

下面仅需证明: 若 $1 < E \neq N$, 则 $E < N$ 或者 $E > N$. 设 $N \neq E$ 且 $N \not< E$. 取 E_0 为包含在 E 中的 G 的极小正规子群. 由命题 2.9.3(3), $E_0 \leqslant N$, 进而得 $E_0 < N$. 由上面的断言有 $G/E_0 = \mathrm{Fro}(HE_0/E_0, N/E_0)$. 在 G/E_0 中应用归纳假设得: $E/E_0 < N/E_0$ 或 $N/E_0 \leqslant E/E_0$, 后者显然不可能, 故 $E < N$, 结论成立. □

命题 2.9.19　*设 G 是以 N 为核的 Frobenius 群, $\pi(N) = \sigma$. 若 L 为 G 的一个截断, 则以下之一成立:*

(1) L 为 σ-群;

(2) L 为 σ'-群;

(3) L 是以 $\mathbf{O}_\sigma(L)$ 为核的 Frobenius 群.

证　先证明命题结论对 G 的子群成立. 设 $U \leqslant G$, 并设 U 既不是 σ-群又不是 σ'-群, 显然 $U \cap N$ 为 U 的正规 Hall σ-子群, 任取 $n \in (U \cap N)^\sharp$, 由命题 2.9.4 有 $\mathbf{C}_U(n) = \mathbf{C}_G(n) \cap U \leqslant N \cap U$, 再次应用命题 2.9.4 得 U 是以 $U \cap N$ 为核的 Frobenius 群.

设 $L = U/V$ 为 G 的截断, 并设 L 既不是 σ-群又不是 σ'-群. 由上段结论, U 是以 $\mathbf{O}_\sigma(U)$ 为核的 Frobenius 群. 记 $\sigma_0 = \pi(\mathbf{O}_\sigma(U))$, 显然 $\sigma_0 \subseteq \sigma$ 且 $\mathbf{O}_{\sigma_0}(L) = \mathbf{O}_\sigma(L)$. 假设 $U < G$, 将 V, U, G 分别替换为 V, U, U, 由归纳推出 L 是以 $\mathbf{O}_{\sigma_0}(L)$ 为核的 Frobenius 群, 命题成立. 假设 $U = G$, 由上例知 $V < N$, 并且 $L = G/V$ 是以 $N/V = \mathbf{O}_\sigma(L)$ 为核的 Frobenius 群, 命题也成立. □

引理 2.9.20　*设 A 为 G 的正规交换子群使得 G/A 循环, 则 $|A| = |G'||A \cap \mathbf{Z}(G)|$.*

证　令 $G/A = \langle gA \rangle$. 定义 $\sigma : A \to A$ 使得 $\sigma(a) = [a, g]$, 则 σ 是 A 上的自同态且 $\ker\sigma = \mathbf{C}_A(g) = A \cap \mathbf{Z}(G)$. 记 I 为 σ 的像, 容易验证 $g \in \mathbf{N}_G(I)$, 故 $I \trianglelefteq G$. 因为 $G = \langle A, g \rangle$ 且 $[g, A] \leqslant I$, 所以 G/I 交换, 即 $G' \leqslant I$. 显然又有 $I \leqslant G'$, 故 $G' = I$, 从而 $|A| = |\ker\sigma||I| = |A \cap \mathbf{Z}(G)||G'|$. □

例 2.9.21　*设 $P > 1$ 为幂零类不超过 2 的 p-群. 若 P 非平凡地作用在 p'-群 Q 上, 且对任意 $x \in Q^\sharp$ 都有 $\mathbf{C}_P(x) \leqslant P'$, 则 P 无不动点作用在 Q 上, 且 P 为循环群或是 8 阶四元素群 Q_8.*

证　假设 P 无不动点作用在 Q 上, 即 $P \ltimes Q = \mathrm{Fro}(P, Q)$, 由定理 2.9.6 得 P 循环或为广义四元素群, 注意到类 2 的广义四元素群必为 Q_8, 命题成立. 下面仅需证明 P 无不动点作用在 Q 上. 反设结论不成立, 取 $1 < Z \leqslant P$ 使得 $C := \mathbf{C}_Q(Z) > 1$, 由条件有

$$1 < Z \leqslant P' \leqslant \mathbf{Z}(P), \quad Z \leqslant P' < P,$$

特别地, $Z \trianglelefteq P$. 注意到 C 是 P-不变的, 故 P 也作用且非平凡作用在 C 上. 进一步, 任取 $y \in C^\sharp$, 易见 $\mathbf{C}_{P/Z}(y) = \mathbf{C}_P(y)/Z \leqslant P'/Z = (P/Z)'$, 这表明 P/Z 在 C 上的作用也满足本例条件, 故由归纳推出 P/Z 无不动点作用在 C 上. 特别地, P/Z 循环或为 Q_8.

若 P/Z 循环, 则 P/P' 循环, 推出 P 交换, 得 $Z \leqslant P' = 1$, 矛盾. 若 $P/Z \cong \mathrm{Q}_8$, 可取 $A/Z, B/Z$ 为 P/Z 的两个不同的 4 阶循环子群, 此时 $P = AB$ 且 $|P : A \cap B| = 4$. 因为 $Z \leqslant \mathbf{Z}(A)$ 且 A/Z 循环, 所以 A 交换, 同理 B 交换, 推出 $A \cap B \leqslant \mathbf{Z}(P)$, 从而 $|P : \mathbf{Z}(P)| \mid 4$. 注意到 P 非交换, 必有 $|P : \mathbf{Z}(P)| = 4$. 对于 $\{P, A\}$ 应用引理 2.9.20 得

$$|A| = |P'||A \cap \mathbf{Z}(P)|,$$

推出 $|P'| = 2$. 又因为 $1 < Z \leqslant P'$, 得 $Z = P'$, 但 $P/Z \cong \mathrm{Q}_8$, 矛盾. □

2.9.4 Camina 对

在特征标理论研究中, 我们还经常遇到下面定义的 Camina 对.

定义 2.9.22 设 K 为 G 的非平凡的正规子群, 若对任意 $g \in G \setminus K$, g^G 均是关于 K 的若干陪集的并, 则称 (G, K) 为 Camina 对.

引理 2.9.23 设 K 为 G 的非平凡正规子群, $g \in G \setminus K$, 记 $\overline{G} = G/K$, 则以下命题等价:

(1) g^G 可表为关于 K 的若干陪集的并.

(2) $\overline{G}$-类 $\overline{g}^{\overline{G}}$ 看作 G 的子集时恰是一个 G-类.

(3) $|\mathbf{C}_G(g)| = |\mathbf{C}_{\overline{G}}(\overline{g})|$.

(4) 任取 $\chi \in \mathrm{Irr}(G|K)$, 都有 $\chi(g) = 0$.

证 引理 2.3.9 保证了 (2)–(4) 的等价性, 下证 (1) 和 (2) 的等价性. 将 $\overline{G}$-类 $\overline{g}^{\overline{G}}$ 看作 G 的子集时, 有 $\overline{g}^{\overline{G}} = g^G K$. 若 g^G 可表为关于 K 的若干陪集之并, 则有 $g_i \in g^G$, 使得 $g^G = \bigcup_{i=1}^t g_i K$. 任取 $x \in g^G K$, 有 $y \in g^G$ 使得 $x \in yK$, 设 $y \in g_i K$, 得 $x \in g_i K \subseteq g^G$, 故 $g^G K \subseteq g^G$, 得 $g^G K = g^G$. 反之, 若 $g^G K = g^G$, 则 g^G 显然能表为关于 K 的若干陪集之并. □

引理 2.9.24 设 K 为 G 的非平凡的正规子群, 记 $\overline{G} = G/K$, 则以下命题等价:

(1) (G, K) 为 Camina 对.

(2) 任取 $g \in G \setminus K$, $\overline{G}$-共轭类 $\overline{g}^{\overline{G}}$ (看作 G 的子集) 恰是一个 G-类.

(3) 任取 $g \in G \setminus K$, 都有 $|\mathbf{C}_G(g)| = |\mathbf{C}_{\overline{G}}(\overline{g})|$.

(4) 任取 $\chi \in \mathrm{Irr}(G|K)$, χ 都零化 $G \setminus K$.

(5) 任取 $\lambda \in \mathrm{Irr}^\sharp(K)$, λ^G 均为 G 的某个不可约特征标的倍数.

证 前四款的等价性由引理 2.9.23 推出, (4) 和 (5) 的等价性由命题 2.7.8 得到. □

设 K 为 G 的非平凡正规子群. 若对所有 $\lambda \in \mathrm{Irr}^\sharp(K)$ 都有 λ^G 不可约, 则 G 是以 K 为核的 Frobenius 群; 若对所有 $\lambda \in \mathrm{Irr}^\sharp(K)$, λ^G 都是某个不可约特征标的倍数, 则 (G,K) 为 Camina 对. 两者具有的相同性质是, 所有 $\chi \in \mathrm{Irr}(G|K)$ 都零化 $G \setminus K$, 因此 Camina 对可看作是 Frobenius 群的推广. 事实上, 我们还有下面的结果.

例 2.9.25 设 (G,K) 为 Camina 对, 且 G 在 K 处分裂, 则 G 是以 K 为核的 Frobenius 群.

证 设 $G = U \ltimes K$. 任取 $u \in U^\sharp$, 由引理 2.9.24 得 $|\mathbf{C}_{G/K}(uK)| = |\mathbf{C}_G(u)|$, 即 $|\mathbf{C}_U(u)| = |\mathbf{C}_G(u)|$, 这表明 $\mathbf{C}_G(u) = \mathbf{C}_U(u) \leqslant U$, 再由推论 2.9.5 得 $G = \mathrm{Fro}(U,K)$. □

设 (G,K) 为 Camina 对, 我们断言 $K \leqslant G'$. 否则, $K/(K \cap G') > 1$, 取线性 $\lambda \in \mathrm{Irr}^\sharp(K/(K \cap G')) \subseteq \mathrm{Irr}^\sharp(K)$. 因为 $K/(K \cap G') \cap (G/(K \cap G'))' = 1$, 在 $G/(K \cap G')$ 中应用推论 2.8.19 知, λ 能扩充到 $\lambda_0 \in \mathrm{Lin}(G)$, 但线性 $\lambda_0 \in \mathrm{Irr}(G|K)$ 不可能零化 $G \setminus K$, 与引理 2.9.24 矛盾. 故必有 $K \leqslant G'$.

例 2.9.26 设 G 为 p-群, $G' \cong \mathrm{C}(p)$, 则 (G,G') 为 Camina 对的充要条件是 $G' = \mathbf{Z}(G)$; 进一步, 此时 $G/G' \cong \mathrm{E}(p^{2m})$, 其中 $m \in \mathbb{Z}^+$, 且 G 的非线性不可约特征标的次数均为 p^m.

证 设 (G,G') 是 Camina 对. 若存在 $g \in \mathbf{Z}(G) \setminus G'$, 则由引理 2.9.24 得 $|\mathbf{C}_G(g)| = |\mathbf{C}_{G/G'}(gG')| = |G/G'|$, 矛盾, 故 $G' = \mathbf{Z}(G)$.

反之, 设 $G' = \mathbf{Z}(G) \cong \mathrm{C}(p)$. 任取 $\chi \in \mathrm{Irr}(G|G')$, 注意到 G' 是 G 的唯一极小正规子群, 故 χ 必忠实, 于是 $\mathbf{Z}(\chi) = \mathbf{Z}(G) = G'$. 由命题 2.3.7, χ 零化 $G \setminus G'$, 再由引理 2.9.24 即得 (G,G') 是 Camina 对. 进一步, 对每个 $\chi \in \mathrm{Irr}(G|G')$, 由命题 2.3.7 还能推出 $\chi(1)^2 = |G/G'|$, 故有 $m \in \mathbb{Z}^+$ 使得 $|G/G'| = p^{2m}$. 任取 $x, y \in G$, 注意到 $[x,y] \in G' = \mathbf{Z}(G)$, 故 $[x^p, y] = [x,y]^p = 1$, 即 $x^p \in \mathbf{Z}(G) = G'$, 这说明 $G/G' \cong \mathrm{E}(p^{2m})$. □

命题 2.9.27 设 (G,K) 为 Camina 对, 若 G/K 幂零, 则以下情形之一发生:

(1) G 是以 K 为核的 Frobenius 群.

(2) G/K 为 p-群, G 有正规 p-补 $M < K$, 且对任意 $m \in M^\sharp$ 都有 $\mathbf{C}_G(m) \leqslant K$.

证 若 G 在 K 处分裂, 由例 2.9.25, G 是以 K 为核的 Frobenius 群. 下设 G 在 K 处不分裂, 我们分四步证明此时 G 为 (2) 型群.

(a) 任取 $g \in G \setminus K$, 任取 $k \in \mathbf{C}_K(g)$, 必有 $o(k) \mid o(g)$.

事实上, 由 Camina 对定义知 $gK \subseteq g^G$, 故 g 和 gk 共轭, 特别地, $o(g) = o(gk)$. 再因为 $kg = gk$, 得 $o(k) \mid o(g)$.

(b) G/K 为 p-群.

反设 G/K 不是素数幂阶群, 因 G/K 幂零, 必存在 p-元 x 和 q-元 y 使得 $z = xy = yx$, 且 xK 和 yK 分别为 $\mathbf{Z}(G/K)$ 中的 p 阶元和 q 阶元, 这里 p, q 为不同素数. 取 $k \in \mathbf{C}_K(z)$, 由 (a) 得 $o(k) \mid (o(x), o(y))$, 故 $k = 1$, 这说明 $\mathbf{C}_K(z) = 1$, 即 $\mathbf{C}_G(z) \cap K = 1$. 注意到 $|\mathbf{C}_G(z)| = |\mathbf{C}_{G/K}(zK)|$ (引理 2.9.24) 且 $zK \in \mathbf{Z}(G/K)$, 推出 $|\mathbf{C}_G(z)| = |G/K|$, 综上得 $G = \mathbf{C}_G(z) \ltimes K$, G 在 K 处分裂, 矛盾.

(c) 取 $P \in \mathrm{Syl}_p(G)$, 则 $P \cap K \leqslant P'$.

取 $z \in P \setminus K$ 使得 zK 为 $\mathbf{Z}(G/K)$ 中的 p-阶元, 令 $Z = \langle z \rangle (P \cap K)$. 易见 $Z \trianglelefteq P$, 从而 $Q := [P, Z] \trianglelefteq P$. 因 $[G, Z] \leqslant K$, 得 $Q \leqslant P \cap K$. 注意到 $P/Q = \mathbf{C}_{P/Q}(zQ)$, 结合引理 2.9.24 得

$$
\begin{aligned}
|P/Q| &= |\mathbf{C}_{P/Q}(zQ)| \leqslant |\mathbf{C}_P(z)| \leqslant |\mathbf{C}_G(z)| = |\mathbf{C}_{G/K}(zK)| \\
&= |G/K| = |PK/K| = |P/(P \cap K)| \leqslant |P/Q|,
\end{aligned}
$$

这表明 $Q = P \cap K$, 因而 $P \cap K = Q = [P, Z] \leqslant P'$.

(d) 最后的证明.

由 (c) 及 Tate 定理 ([7, 第 4 章, 定理 4.7]), G 有正规 p-补, 记为 M. 显然 $M \leqslant K$, 又因为 G 在 K 处不分裂, 必有 $M < K$. 由断言 (a) 易得, $M^\sharp$ 中的元只能中心化 K 中元. □

在实践中应用最多的 Camina 对是 (G, G'), 此时有下面的定理, 见 [32].

定理 2.9.28 设 (G, G') 为 Camina 对, 则以下之一成立:

(1) G 为 p-群, $G/G' \cong \mathrm{E}(p^{2m})$, G 的幂零类 $c(G) \leqslant 3$; 且若 $c(G) = 3$, 则 $|G'/[G, G, G]| = p^m$.

(2) G 是以 G' 为核的 Frobenius 群.

(3) G 是以 Q_8 为补的一个 Frobenius 群.

2.9.5 特征标与群结构

用群表示来研究群结构, 最为关键的是从表示的信息中解读出群的结构信息. 我们当然希望, 从不太复杂的、尽量简明的表示信息中, 解读出尽量多的结构信息.

因为群的矩阵表示给出的信息是直观的, 所以相比较模的语言, 可能更简明一些. 尽管如此, 群中的元素在一个 n 次表示下的像是 n 级方阵, 这个 n 级方阵中的信息还是太多了, 实际上其中的有些信息还是多余的. 引入群的特征标, 就是要去掉表示中过多的, 甚至无用的信息, 同时又保留下表示提供的绝大部分有用

的信息. 毫无疑问, 群的特征标表给出了关于特征标的全部信息, 其中蕴含了足够丰富的群结构信息.

设 G, H 为两个有限群. 若经过恰当调换行和列后, G 和 H 有完全一样的特征标表, 则称 G, H 有相同的特征标表, 记为 $\mathrm{CT}(G) = \mathrm{CT}(H)$. 我们有以下两个基本问题.

问题 2.9.29 (基本问题) *我们能从 $\mathrm{CT}(G)$ 中读出些什么? 若群 G 和群 H 有相同的特征标表, 则群 G 与群 H 有哪些相同的群性质?*

一般而言, 我们很难算出一个群的完整特征标表; 相对而言, 特征标表的第一列比较容易求出. 设 G 和 H 是两个有限群, 由半单代数的 Wedderburn 定理, 复群代数 $\mathbb{C}[G]$ 与复群代数 $\mathbb{C}[H]$ 同构的充要条件是, $\mathrm{CT}(G)$ 和 $\mathrm{CT}(H)$ 的第一列 (允许调换次序) 相同, 或者说 G 和 H 的全部不可约特征标次数序列 (允许调换次序) 相同.

问题 2.9.30 (基本问题) *我们能从 $\mathbb{C}[G]$ 中读出些什么? 若 $\mathbb{C}[G] \cong \mathbb{C}[H]$, 则群 G 与群 H 有哪些相同的群性质?*

下面, 我们给出这两个问题的初步回答. 首先, 由例 2.3.14 知, D_8 和 Q_8 有相同的特征标表, 因此特征标表相同的群不一定同构. 尽管如此, 我们说群的特征标表大致决定了该群的结构性质, 下面给出部分佐证.

(A) 因为 $|G| = \sum_{\chi \in \mathrm{Irr}(G)} \chi(1)^2$, 所以群 G 的阶被其特征标表的第一列唯一确定.

(B) 任取元素 $g \in G$, 因为 $|\mathbf{C}_G(g)| = \sum_{\chi \in \mathrm{Irr}(G)} |\chi(g)|^2$, 所以 $|g^G|$ 可以从特征标表中读出. 因此, 群 G 的共轭类长序列被其特征标表唯一决定.

(C) 因为 G 的任意正规子群都是 G 的若干不可约特征标的核的交集 (命题 2.3.3), 而不可约特征标的核可以从特征标表中读出, 所以从特征标表可以读出 G 的全部正规子群. 由此, 我们能从 G 的特征标表中解读出 G 的一个主群列, 读出其中每个主因子的阶. 这表明: 我们可以通过 $\mathrm{CT}(G)$ 判断群 G 是否可解、是否超可解、是否为非交换单群等等.

(D) 因为 $G' = \bigcap_{\chi \in \mathrm{Lin}(G)} \ker \chi$, 所以可从 G 的特征标表中读出导群 G', 因此特征标表也决定了群 G 的交换性.

(E) 对于已经读出的 G 的正规子群 N, 通过 $\mathrm{CT}(G)$ 也能读出 G/N 的特征标表. 因此 $\mathrm{CT}(G)$ 也给出了 G 的所有商群的特征标表. 由定理 2.3.5, 我们能从 $\mathrm{CT}(G)$ 中读出 G 的中心 $\mathbf{Z}(G)$, 并进而读出 G 的上中心列, 因此特征标表也决定了群 G 的幂零性.

第 3 章　特征标的基本理论续

3.1　射影表示

设 (G,N,θ) 为特征标串. 当 G/N 可解时, 由命题 2.8.12, 对任意 $\chi\in\mathrm{Irr}(\theta^G)$ 都有 $e_\chi:=[\chi_N,\theta]\mid|G/N|$. 为了证明该结论对一般有限群都成立, 也为了进一步研究这个分歧指数 e_χ, 尤其是考察何时 e_χ 等于 1, 即在什么条件下 θ 可扩充到 G, 我们需要射影表示的一些基本理论.

3.1.1　射影表示和因子系

本小节中, 所有群都可为无限群.

定义 3.1.1　设 G 是任意群, $\mathbb{F}$ 是域, $\mathfrak{X}$ 为 G 到 $\mathrm{GL}(n,\mathbb{F})$ 的映射. 若对任意 $g,h\in G$, 都存在 $\alpha(g,h)\in\mathbb{F}$ 使得

$$\mathfrak{X}(g)\mathfrak{X}(h)=\mathfrak{X}(gh)\alpha(g,h).$$

则称 $\mathfrak{X}$ 为 G 上的一个 n 次 $\mathbb{F}$-射影表示, 函数 α 称为射影表示 $\mathfrak{X}$ 的相关因子系.

对上述定义我们作如下说明.

(A) 为了便于推演, 我们常将矩阵 $\mathfrak{X}(gh)$ 的 $\alpha(g,h)$ 倍 $\alpha(g,h)\mathfrak{X}(gh)$ 写成 $\mathfrak{X}(gh)\alpha(g,h)$.

(B) 在定义 3.1.1 中, 因为 $\mathfrak{X}(g),\mathfrak{X}(h),\mathfrak{X}(gh)$ 都是可逆矩阵, 所以因子系 α 都取非零值且被 $\mathfrak{X}$ 唯一决定. 特别地, α 是笛卡儿积 $G\times G$ 上的 $\mathbb{F}^\sharp$-值函数.

(C) 记 D 为 $\mathbb{F}$ 上非零的 n 级纯量矩阵构成的群, 显然 $D=\mathbf{Z}(\mathrm{GL}(n,\mathbb{F}))$, $\mathrm{GL}(n,\mathbb{F})/D=\mathrm{PGL}(n,\mathbb{F})$ 为域 $\mathbb{F}$ 上的 n 次一般射影线性群.

一方面, 假设 $\mathfrak{X}$ 为 G 上的一个 n 次 $\mathbb{F}$-射影表示, 容易验证: 将 $\mathfrak{X}$ 与自然群同态 $\tau:\mathrm{GL}(n,\mathbb{F})\to\mathrm{PGL}(n,\mathbb{F})$ 复合就得到群同态 $\mathfrak{X}_0:G\to\mathrm{PGL}(n,\mathbb{F})$.

另一方面, 假设有群同态 $\mathfrak{X}_0:G\to\mathrm{PGL}(n,\mathbb{F})$, 对每个 $g\in G$, $\mathfrak{X}_0(g)$ 是 $\mathrm{GL}(n,\mathbb{F})$ 关于 D 的一个右陪集, 在陪集 $\mathfrak{X}_0(g)$ 中取定一个元素 a_g (注意 $a_g\in\mathrm{GL}(n,\mathbb{F})$ 是矩阵), 定义 G 到 $\mathrm{GL}(n,\mathbb{F})$ 的对应法则 $\mathfrak{X}$ 使得 $\mathfrak{X}(g)=a_g$. 对每个 g, 因为 a_g 都是取定的, 所以 $\mathfrak{X}$ 是映射. 再者, 设 $g,g'\in G$, 因为 $a_ga_{g'}\in\mathfrak{X}_0(g)\mathfrak{X}_0(g')=\mathfrak{X}_0(gg')$ 且 $a_{gg'}\in\mathfrak{X}_0(gg')$, 所以存在 n 级纯量矩阵 $kE_n\in D$ 使得 $a_ga_{g'}=a_{gg'}kE_n=ka_{gg'}$. 改记这里的 k 为 $\alpha(g,g')$, 有

$$\mathfrak{X}(g)\mathfrak{X}(g')=a_ga_{g'}=\alpha(g,g')\mathfrak{X}(gg')=\mathfrak{X}(gg')\alpha(g,g'),$$

因此 $\mathfrak{X}$ 是 G 上的一个射影表示.

综上表明, G 上的 $\mathbb{F}$-射影表示与 G 到 $\mathbb{F}$ 上一般射影线性群的群同态是一回事, 这也是我们称之为射影表示的缘由.

(D) 在定义中, 似乎 $G\times G$ 上的 $\mathbb{F}^\sharp$-值函数 α 没有什么限制要求, 但实际并非如此. 因 $\mathrm{GL}(n,\mathbb{F})$ 中乘法运算有结合律, 故 $(\mathfrak{X}(x)\mathfrak{X}(y))\mathfrak{X}(z)=\mathfrak{X}(x)(\mathfrak{X}(y)\mathfrak{X}(z))$. 注意到

$$(\mathfrak{X}(x)\mathfrak{X}(y))\mathfrak{X}(z)=\mathfrak{X}(xy)\mathfrak{X}(z)\alpha(x,y)=\mathfrak{X}(xyz)\alpha(xy,z)\alpha(x,y),$$

$$\mathfrak{X}(x)(\mathfrak{X}(y)\mathfrak{X}(z))=\mathfrak{X}(x)\mathfrak{X}(yz)\alpha(y,z)=\mathfrak{X}(xyz)\alpha(x,yz)\alpha(y,z),$$

所以 α 满足下面的关系式

$$\alpha(xy,z)\alpha(x,y)=\alpha(x,yz)\alpha(y,z).\tag{3.1.1}$$

在后面的推论 3.1.6 中, 我们还将看到, 满足 (3.1.1) 式的 $G\times G$ 上的 $\mathbb{F}^\sharp$-值函数也一定是 G 上某个射影表示的相关因子系.

(E) 设 $\mathfrak{X}$ 为 G 的以 α 为相关因子系的 $\mathbb{F}$-射影表示, 显然 $\mathfrak{X}$ 为 G 的通常 $\mathbb{F}$-表示的充要条件是, α 为平凡映射, 即对任意 $g,g'\in G$ 都有 $\alpha(g,g')=1$.

(F) 设 $\mathfrak{X},\mathfrak{Y}$ 是 G 的两个射影表示. 与通常表示一样, 若存在可逆阵 P 使得 $P^{-1}\mathfrak{X}P=\mathfrak{Y}$, 则称 $\mathfrak{X}$ 与 $\mathfrak{Y}$ 相似. 容易验证相似表示必有相同的因子系.

(G) 设 $\mathfrak{X}$ 是群 G 的一个射影表示. 与通常表示一样, 若 $\mathfrak{X}$ 相似于一个非平凡的上三角分块矩阵形式的射影表示, 则称 $\mathfrak{X}$ 可约, 否则称 $\mathfrak{X}$ 不可约.

(H) 设 $\mathfrak{X}$ 和 $\mathfrak{Y}$ 是 G 的两个 $\mathbb{F}$-射影表示, 若存在函数 $\mu:G\to\mathbb{F}^\sharp$ 使得 $\mathfrak{X}\mu$ 与 $\mathfrak{Y}$ 相似, 则称 $\mathfrak{X}$ 与 $\mathfrak{Y}$ 等价, 参见例 3.1.3, 这里 $\mathfrak{X}\mu$ (自然地) 定义为 $(\mathfrak{X}\mu)(g)=\mathfrak{X}(g)\mu(g)$. 可以验证等价的射影表示有相同的不可约性.

下面再介绍群上一般因子系的相关概念.

注记 3.1.2　设 G 是任意群, A 是任意交换群.

(1) 设映射 $\alpha:G\times G\to A$, 若对任意 $x,y,z\in G$ 都有 $\alpha(xy,z)\alpha(x,y)=\alpha(x,yz)\alpha(y,z)$, 则称 α 是 G 上的一个 A-因子系.

由 (3.1.1) 式看到, 若 α 是群 G 上某个射影 $\mathbb{F}$-表示的相关因子系, 则 α 一定是 G 上的 $\mathbb{F}^\sharp$-因子系.

(2) 将 G 上 A-因子系的集合记为 $Z^2(G,A)$. 对 $\alpha,\beta\in Z^2(G,A)$, 自然地定义 $\alpha\beta:G\times G\to A$ 使得

$$(\alpha\beta)(x,y)=\alpha(x,y)\beta(x,y).$$

容易验证 $\alpha\beta\in Z^2(G,A)$, 且 $Z^2(G,A)$ 在上述乘法下构成一个交换群.

(3) 记 $\mathrm{Func}(G\to A)$ 为 G 上所有 A-值函数的集合, 对于 G 上两个 A-值函

数 μ,ν, 自然地定义

$$(\mu\nu)(g)=\mu(g)\nu(g),$$

则 $\mu\nu\in\mathrm{Func}(G\to A)$, 且在上述乘法下 $\mathrm{Func}(G\to A)$ 构成交换群.

(4) 任取 $\mu\in\mathrm{Func}(G\to A)$, 定义 $\delta(\mu):G\times G\to A$ 使得

$$\delta(\mu)(g,g')=\mu(g)\mu(g')\mu(gg')^{-1},$$

容易验证 $\delta(\mu)\in Z^2(G,A)$, 这样就从 G 上的一个 A-值函数 μ 导出了 G 上的一个 A-因子系 $\delta(\mu)$. 进一步可验证

$$\delta:\mu\mapsto\delta(\mu)$$

是交换群 $\mathrm{Func}(G\to A)$ 到交换群 $Z^2(G,A)$ 的群同态. 我们把 δ 的像记为 $B^2(G,A)$, 商群 $Z^2(G,A)/B^2(G,A)$ 称为 G 上 2 维上同调群, 记为 $H^2(G,A)$.

(5) 两个 A-因子系 α,β 称为等价的, 若 $\alpha\equiv\beta(\bmod B^2(G,A))$, 即存在 G 上 A-值函数 μ 使得 $\alpha=\beta\delta(\mu)$, 这就是说, 对任意 $g,g'\in G$ 都有 $\alpha(g,g')=\beta(g,g')\delta(\mu)(g,g')$. 因此 α 和 β 等价的充要条件是, 存在 $\mu\in\mathrm{Func}(G\to A)$, 使得对任意 $g,g'\in G$ 都有

$$\alpha(g,g')=\beta(g,g')\mu(g)\mu(g')\mu(gg')^{-1}.$$

特别地, $H^2(G,A)$ 恰是 G 上 A-因子系的等价类的集合.

例 3.1.3 设 $\mathfrak{X}$ 为群 G 上的 $\mathbb{F}$-射影表示, 相关因子系为 α, 设 $\mu\in\mathrm{Func}(G\to\mathbb{F}^\sharp)$, 则由

$$(\mathfrak{X}\mu)(g)=\mathfrak{X}(g)\mu(g)$$

定义了 G 上的一个射影表示 $\mathfrak{X}\mu$, 且 $\mathfrak{X}\mu$ 的相关因子系为 $\alpha\delta(\mu)$.

证 设 $\mathfrak{X}$ 为 G 上的 n 次射影表示, 显然 $\mathfrak{X}\mu$ 是 G 到 $\mathrm{GL}(n,\mathbb{F})$ 的映射, $\alpha\delta(\mu)$ 为 $G\times G$ 上的 $\mathbb{F}$-值函数. 任取 $g,h\in G$, 有

$$(\mathfrak{X}\mu)(g)(\mathfrak{X}\mu)(h)=\mathfrak{X}(g)\mathfrak{X}(h)\mu(g)\mu(h)=\mathfrak{X}(gh)\alpha(g,h)\mu(g)\mu(h),$$

$$\begin{aligned}(\mathfrak{X}\mu)(gh)(\alpha\delta(\mu))(g,h)&=\mathfrak{X}(gh)\mu(gh)\alpha(g,h)\mu(g)\mu(h)\mu(gh)^{-1}\\&=\mathfrak{X}(gh)\alpha(g,h)\mu(g)\mu(h),\end{aligned}$$

因此 $(\mathfrak{X}\mu)(g)(\mathfrak{X}\mu)(h)=(\mathfrak{X}\mu)(gh)(\alpha\delta(\mu))(g,h)$, 由射影表示的定义知, $\mathfrak{X}\mu$ 也是 G 上的 $\mathbb{F}$-射影表示, 且其相关因子系为 $\alpha\delta(\mu)$. □

在上例中, 因为对应的相关因子系 α 和 $\alpha\delta(\mu)$ 等价, 所以我们称 $\mathfrak{X}$ 和 $\mathfrak{X}\mu$ 这两个射影表示等价.

例 3.1.4 设 A,U 是两个交换群, G 是任意群, $\lambda\in\mathrm{Hom}(A,U)$, 对每个 $\alpha\in Z^2(G,A)$, 定义 $G\times G$ 到 U 的映射 $\lambda(\alpha)$ 使得 $\lambda(\alpha)(g_1,g_2)=\lambda(\alpha(g_1,g_2))$, 则 $\lambda(\alpha)\in Z^2(G,U)$.

证 任取 $x,y,z\in G$, 注意到 λ 为群同态且 $\alpha\in Z^2(G,A)$, 我们有

$$[\lambda(\alpha)(xy,z)][\lambda(\alpha)(x,y)]=\lambda(\alpha(xy,z)\alpha(x,y))=\lambda(\alpha(x,yz)\alpha(y,z))$$
$$=[\lambda(\alpha)(x,yz)][\lambda(\alpha)(y,z)],$$

所以 $\lambda(\alpha)\in Z^2(G,U)$. □

引理 3.1.5 *设 G 为任意群, A 是任意交换群. 若 α 是 G 上的一个 A-因子系, 则对所有 $g\in G$ 都有 $\alpha(1,g)=\alpha(1,1)=\alpha(g,1)$*[①].

证 因 $\alpha(1\cdot 1,g)\alpha(1,1)=\alpha(1,1\cdot g)\alpha(1,g)$, 两边消去 $\alpha(1,g)$ 得 $\alpha(1,1)=\alpha(1,g)$. 同理 $\alpha(g,1)=\alpha(1,1)$. □

上面已经看到, 群 G 上的 $\mathbb{F}$-射影表示的相关因子系一定是 G 上的 $\mathbb{F}^\sharp$-因子系, 我们来说明其逆也成立. 设 α 是 G 上的一个 $\mathbb{F}^\sharp$-因子系. 令 $\mathbb{F}^\alpha[G]$ 为以 $\{\overline{g},g\in G\}$ 为基底的 $\mathbb{F}$-向量空间, 定义其上的乘法为

$$\overline{g_1}\cdot\overline{g_2}=\overline{g_1g_2}\,\alpha(g_1,g_2),\quad g_1,g_2\in G,$$

并将它在结合律下自然扩充到整个 $\mathbb{F}^\alpha[G]$ 上. 简单验证知 $(\overline{g_1}\cdot\overline{g_2})\cdot\overline{g_3}=\overline{g_1}\cdot(\overline{g_2}\cdot\overline{g_3})$, 即 $\mathbb{F}^\alpha[G]$ 中乘法有结合律, 从而成为 $\mathbb{F}$-代数, 称之为 G 上关于 α 的**扭群代数**[②]. 下面我们来说明 $\overline{g}$ 在 $\mathbb{F}^\alpha[G]$ 中都可逆. 令 $v=\alpha(1,1)^{-1}\in\mathbb{F}^\sharp$, 因为 $\alpha(1,g)=\alpha(1,1)=\alpha(g,1)$ (引理 3.1.5), 根据 $\mathbb{F}^\alpha[G]$ 中的乘法定义有

$$(v\overline{1})\cdot\overline{g}=v(\overline{1}\cdot\overline{g})=v(\overline{g}\,\alpha(1,g))=v\overline{g}\alpha(1,1)=\overline{g},$$

所以 $v\overline{1}$ 是 $\mathbb{F}^\alpha[G]$ 中的左单位元; 简单验证又得 $\alpha(1,1)^{-1}(\alpha(g^{-1},g))^{-1}\overline{g^{-1}}$ 为 $\overline{g}$ 的左逆元. 这说明 $v\overline{1}$ 是单位元, $\alpha(1,1)^{-1}(\alpha(g^{-1},g))^{-1}\overline{g^{-1}}$ 为 $\overline{g}$ 在 $\mathbb{F}^\alpha[G]$ 中的逆元.

令 $\mathfrak{Y}$ 是代数 $\mathbb{F}^\alpha[G]$ 的一个通常意义下的 $\mathbb{F}$-矩阵表示, 定义 G 上的映射 $\mathfrak{X}$ 使得 $\mathfrak{X}(g)=\mathfrak{Y}(\overline{g})$. 因为 $\overline{g}$ 可逆, 所以 $\mathfrak{Y}(\overline{g})$ 可逆, 从而 $\mathfrak{X}(g)$ 可逆. 现在

$$\mathfrak{X}(g_1)\mathfrak{X}(g_2)=\mathfrak{Y}(\overline{g_1})\mathfrak{Y}(\overline{g_2})=\mathfrak{Y}(\overline{g_1}\cdot\overline{g_2})=\mathfrak{Y}(\overline{g_1g_2}\,\alpha(g_1,g_2))$$
$$=\mathfrak{Y}(\overline{g_1g_2})\,\alpha(g_1,g_2)=\mathfrak{X}(g_1g_2)\,\alpha(g_1,g_2),$$

这就说明 $\mathfrak{X}$ 是以 α 为相关因子系的 G 上的 $\mathbb{F}$-射影表示. 若上面的 $\mathfrak{Y}$ 取不可约表示, 可以证明按上述方式得到的射影表示 $\mathfrak{X}$ 也不可约. 这样就得到了下面的推论.

推论 3.1.6 *设 α 为群 G 上的 $\mathbb{F}^\sharp$-因子系, 则一定存在以 α 为因子系的 G 上的不可约 $\mathbb{F}$-射影表示.*

3.1.2 中心扩张和 Schur 乘子

本节余下部分, 我们主要在复数域上讨论, 并且 G 总表示有限群. 在 3.1.1 节介绍的 2 维上同调群 $H^2(G,A)$ 中, 当 $A=\mathbb{C}^\sharp$ 时, 我们给它一个更专门的名词.

---

① 注意 $\alpha(1,1)$ 不一定等于 A 的单位元 1.

② 若 α 是平凡 $\mathbb{F}^\sharp$-因子系, 即 α 的取值都是 1, 则 $\mathbb{F}^\alpha[G]=\mathbb{F}[G]$.

定义 3.1.7 设 G 是有限群, 2 维上同调群 $H^2(G,\mathbb{C}^\sharp)=Z^2(G,\mathbb{C}^\sharp)/B^2(G,\mathbb{C}^\sharp)$ 称为 G 的 Schur 乘子, 通常记之为 $\mathrm{Mul}(G)$.

定义 3.1.8 设 G 为有限群, 若存在群 Γ 及群满同态 $\pi:\Gamma\to G$ 使得 $\ker\pi\leqslant \mathbf{Z}(\Gamma)$, 则称 (Γ,π) 或 Γ 为 G 的一个中心扩张; 若 Γ 还是有限群, 则称 (Γ,π) 或 Γ 为 G 的有限中心扩张.

假设 3.1.9 设 (Γ,π) 是有限群 G 的有限中心扩张, 记 $A=\ker\pi$, 则 $A\leqslant \mathbf{Z}(\Gamma)$, $\Gamma/A\cong G$. 取 Γ 关于 A 的一个陪集代表系 $X=\{x_g|\, g\in G\}$, 使得对任意 $x_g\in X$ 都有 $\pi(x_g)=g$.

本小节主要讨论有限群的有限中心扩张, 即在上面的假设环境下讨论. 在假设 3.1.9 下, 我们再做以下说明.

(I) 显然 Γ 中每个元素 y 都能表示为 ax_g 的形式, 其中 $a\in A$, $g\in G$. 注意到 $g=\pi(x_g)=\pi(y)$ 被 y 唯一确定, 从而 a 也被 y 唯一确定, 这表明 Γ 中元素均能唯一地表示为 ax_g 的形式.

任取 $g,g'\in G$, 因为 $\pi(x_{gg'})=gg'=\pi(x_g)\pi(x_{g'})=\pi(x_gx_{g'})$, 所以存在唯一的 A 中元素, 记为 $\alpha(g,g')$, 使得 $\alpha(g,g')x_{gg'}=x_gx_{g'}$. 由此定义了 $G\times G$ 到 A 的一个映射 α. 直接验证知道

$$\alpha\in Z^2(G,A),$$

即 α 是 G 上的 A-因子系. 进一步, 假设 $Y=\{y_g,g\in G\}$ 也是 Γ 关于 A 的陪集代表系且满足 $\pi(y_g)=g$. 因为 $x_g\equiv y_g(\operatorname{mod}A)$, 所以存在 $\mu:G\to A$ 使得 $y_g=x_g\mu(g)$, 于是

$$\begin{aligned}y_gy_{g'}&=\mu(g)\mu(g')x_gx_{g'}=\mu(g)\mu(g')\alpha(g,g')x_{gg'}\\&=\mu(g)\mu(g')\mu(gg')^{-1}\alpha(g,g')y_{gg'}\\&=[\delta(\mu)(g,g')]\alpha(g,g')y_{gg'}=(\delta(\mu)\alpha)(g,g')y_{gg'},\end{aligned}$$

因此由 Y 定义的 G 上 A-因子系为 $\delta(\mu)\alpha$, 它与 α 等价. 这说明在等价意义下 α 与 X 的取法无关, 也即 α 在 $H^2(G,A)$ 中的像与 X 的选取无关.

(J) 任意取定 Γ 上的通常意义下的 n 次复矩阵表示 $\mathfrak{Y}$. 由定理 2.3.5 有 $\mathfrak{Y}_A=\lambda E_n$, 其中 $\lambda\in\mathrm{Lin}(A)$, 也即 $\lambda\in\mathrm{Hom}(A,\mathbb{C}^\sharp)$. 定义 G 上映射 $\mathfrak{X}$ 使得 $\mathfrak{X}(g)=\mathfrak{Y}(x_g)$, 注意 $\mathfrak{Y}(x_g)\in\mathrm{GL}(n,\mathbb{C})$. 因为

$$\mathfrak{X}(g)\mathfrak{X}(g')=\mathfrak{Y}(x_gx_{g'})=\mathfrak{Y}(x_{gg'}\alpha(g,g'))=\mathfrak{Y}(x_{gg'})\mathfrak{Y}(\alpha(g,g'))=\mathfrak{X}(gg')\lambda(\alpha(g,g')),$$

所以 $\mathfrak{X}$ 为 G 上的射影表示, 且其相关因子系为 $\lambda(\alpha)$ (参见例 3.1.4). 这说明: 由 Γ 上的通常表示 $\mathfrak{Y}$ 导出相应的 G 上的射影表示 $\mathfrak{X}$, 显然它们有相同的表示次数.

(J1) 若 $y=ax_g\in\Gamma$, 其中 $a\in A$, $x_g\in X$, 则有 $\pi(y)=\pi(x_g)=g$, 于是 $x_g=x_{\pi(y)}$, $a=y(x_g)^{-1}=y(x_{\pi(y)})^{-1}$. 作 $\mu:\Gamma\to\mathbb{C}^\sharp$ 使得 $\mu(y)=\lambda(y(x_{\pi(y)})^{-1})$,

则有

$$\mathfrak{Y}(y)=\mathfrak{Y}(x_g)\mathfrak{Y}(a)=\mathfrak{X}(g)\lambda(a)=\mathfrak{X}(\pi(y))\lambda(y(x_{\pi(y)})^{-1})=\mathfrak{X}(\pi(y))\mu(y). \quad (3.1.2)$$

特别地, $\mathfrak{X}(G)$ 和 $\mathfrak{Y}(\Gamma)$ 生成一样的矩阵空间, 这也表明: Γ 上的通常表示 $\mathfrak{X}$ 和它导出的 G 上射影表示 $\mathfrak{Y}$ 有相同的不可约性.

(J2) 再者, 假设 X' 是与 X 满足同样要求的 Γ 关于 A 的陪集代表系, 按照同样的做法得到 G 上的射影表示 $\mathfrak{X}'$. 由 (3.1.2) 式容易推出 $\mathfrak{X}'$ 与 $\mathfrak{X}$ 等价, 这说明在等价意义下由通常表示 $\mathfrak{Y}$ 导出的射影表示与 X 的选取无关.

(K) 我们知道 A 与 $\widehat{A}:=\mathrm{Irr}(A)$ 是同构的两个交换群. 下面来构造 $\widehat{A}$ 到 $\mathrm{Mul}(G)=H^2(G,\mathbb{C}^\sharp)$ 的群同态. 令 α 同 (I). 任取 $\lambda\in\widehat{A}$, 定义 $\lambda(\alpha)\in Z^2(G,\mathbb{C}^\sharp)$ 同例 3.1.4, 令 $\overline{\lambda(\alpha)}$ 为 $\lambda(\alpha)$ 在自然群同态 $Z^2(G,\mathbb{C}^\sharp)\to H^2(G,\mathbb{C}^\sharp)=\mathrm{Mul}(G)$ 下的像, 于是有群同态

$$\eta:\widehat{A}\to\mathrm{Mul}(G)$$

使得

$$\eta(\lambda)=\overline{\lambda(\alpha)},\qquad \lambda\in\widehat{A}.$$

若选择另外的代表系 Y, 用 (I) 中方法得到另外的因子系 β, 由 (I) 知 $\alpha\equiv\beta(\mathrm{mod}\ B^2(G,A))$, 从而

$$\lambda(\alpha)\equiv\lambda(\beta)\,(\mathrm{mod}\,B^2(G,\mathbb{C}^\sharp)),$$

即 $\lambda(\alpha)$ 与 $\lambda(\beta)$ 等价, 也即 $\overline{\lambda(\alpha)}=\overline{\lambda(\beta)}$. 这表明以上构造的群同态 η 与 X 的选择无关. 我们称 η 为 $\widehat{A}$ 到 $\mathrm{Mul}(G)$ 的**标准映射**.

定义 3.1.10 设 (Γ,π) 为有限群 G 的有限中心扩张, $\mathfrak{X}$ 为 G 上的射影 $\mathbb{C}$-表示. 若存在 Γ 的通常 $\mathbb{C}$-表示 $\mathfrak{Y}$ 以及映射 $\mu:\Gamma\to\mathbb{C}^\sharp$ 使得

$$\mathfrak{Y}(x)=\mathfrak{X}(\pi(x))\mu(x),\qquad x\in\Gamma,$$

则称 $\mathfrak{X}$ 可以提升到 Γ. 若 G 的所有射影 $\mathbb{C}$-表示都能提升到 Γ, 则称 (Γ,π) 对于 G 具有射影提升性质.

命题 3.1.11 设 (Γ,π) 为有限群 G 的有限中心扩张, 则以下结论成立.

(1) 若 G 的射影表示 $\mathfrak{X}$ 可以提升到 Γ 的通常表示 $\mathfrak{Y}$, 则 $\mathfrak{X}$ 与 $\mathfrak{Y}$ 有相同的不可约性和表示维数. 特别地, 若 $\mathfrak{X}$ 不可约且可以提升到 Γ 的通常表示, 则 $\deg\mathfrak{X}\mid|G|$.

(2) 若 (Γ,π) 具有射影提升性质, 则 G 的任一射影表示必等价于按照说明 (J) 所构造的某个射影表示.

(3) (Γ,π) 具有射影提升性质的充要条件是, 标准映射 $\eta:\widehat{A}\to\mathrm{Mul}(G)$ 是满同态.

证 我们保持假设 3.1.9 及其说明中的所有记号.

先证明 (1) 和 (2). 设有限群 G 上的射影表示 $\mathfrak{X}$ 可以提升到 Γ 上的通常表示 $\mathfrak{Y}$. 由定义 3.1.10, 存在 $\mu \in \mathrm{Func}(\Gamma \to \mathbb{C}^\sharp)$ 使得 $\mathfrak{Y}(x) = \mathfrak{X}(\pi(x))\mu(x)$, 这里 $x \in \Gamma$. 对于 Γ 上的通常表示 $\mathfrak{Y}$, 按照说明 (J) 中的方法, 我们可以构造 G 上的一个射影表示 $\mathfrak{X}'$ (及相应的 $\mu' \in \mathrm{Func}(\Gamma \to \mathbb{C}^\sharp)$), 由 (3.1.2) 式有

$$\mathfrak{X}'(\pi(x))\mu'(x) = \mathfrak{Y}(x) = \mathfrak{X}(\pi(x))\mu(x),$$

因此 $\mathfrak{X}$ 与 $\mathfrak{X}'$ 等价. 特别地, 结论 (2) 成立, 且 $\mathfrak{X}$ 和 $\mathfrak{X}'$ 有相同的不可约性和表示维数. 由说明 (J), $\mathfrak{Y}$ 和 $\mathfrak{X}'$ 也有相同的不可约性和表示维数, 故 $\mathfrak{X}$ 和 $\mathfrak{Y}$ 有相同的不可约性和表示维数. 进一步, 若 $\mathfrak{X}$ 不可约, 因为 $\deg \mathfrak{X} = \deg \mathfrak{Y}$ 且 $\deg \mathfrak{Y} \mid |\Gamma : \mathbf{Z}(\Gamma)|$, 即得 $\deg \mathfrak{X} \mid |G|$, 结论 (1) 成立.

下证 (3). 假设 (Γ, π) 具有射影提升性质. 任取 $d \in \mathrm{Mul}(G)$, 记 d 在 $Z^2(G, \mathbb{C}^\sharp)$ 中的一个原像为 γ, 按说明 (K) 中记号有 $\overline{\gamma} = d$. 由推论 3.1.6, 必存在以 γ 为因子系的 G 上射影表示 $\mathfrak{X}$. 由 (2) 知, 存在以 $\lambda(\alpha)$ (这里 λ 及 $\lambda(\alpha)$ 的定义同说明 (J)) 为因子系的射影表示 $\mathfrak{X}_0$ 使得 $\mathfrak{X}$ 与 $\mathfrak{X}_0$ 等价, 这说明 $\mathfrak{X}$ 和 $\mathfrak{X}_0$ 的因子系 γ 和 $\lambda(\alpha)$ 也等价, 即 $\overline{\gamma} = \overline{\lambda(\alpha)}$. 故 $\eta(\lambda) = \overline{\lambda(\alpha)} = \overline{\gamma} = d$, 这表明标准映射 η 为满射, 从而是满同态.

反之, 假设标准映射 η 是满同态. 任取 G 上的 n 维射影表示 $\mathfrak{X}$, 记它的相关因子系为 γ, 则 $\overline{\gamma} \in \mathrm{Mul}(G)$, 故有 $\lambda \in \widehat{A}$ 使得 $\overline{\lambda(\alpha)} = \overline{\gamma}$. 这说明两个因子系 $\lambda(\alpha)$ 和 γ 等价, 即有 G 上的 $\mathbb{C}^\sharp$-值函数 μ 使得

$$\lambda(\alpha(g, g')) = \gamma(g, g')\mu(g)\mu(g')\mu(gg')^{-1}.$$

定义 $\mathfrak{Y} : \Gamma \to \mathrm{GL}(n, \mathbb{C})$ 使得

$$\mathfrak{Y}(ax_g) = \lambda(a)\mathfrak{X}(g)\mu(g),$$

其中 $a \in A$, $g \in G$. 简单验证知道 $\mathfrak{Y}$ 保持乘法, 故它是 Γ 上的通常表示. 再者, 对 $y = ax_g$, 记 $\nu(y) = \lambda(a)\mu(g)$, 因为 $\pi(y) = g$, 我们有 $\mathfrak{Y}(y) = \mathfrak{X}(\pi(y))\nu(y)$ (这里的 a, g 是被 y 唯一确定的, 见 (I)), 由定义 3.1.10, $\mathfrak{Y}$ 是 G 上射影表示 $\mathfrak{X}$ 到 Γ 的一个提升. □

一个交换群 (一般是无限群) A 称为**可除**的, 若对任意 $x \in A$ 及任意正整数 n, 都存在 $y \in A$ 使得 $y^n = x$. 对于代数闭域 $\mathbb{F}$, 易见乘法群 $\mathbb{F}^\sharp$ 是可除的.

引理 3.1.12 设 H 是任意交换群, A 为 H 的可除子群. 若 $|H : A|$ 有限, 则 A 在 H 中可补.

证 对 $|H : A|$ 归纳. 不妨设 $H > A$, 取 $g \in H \setminus A$, 因 H/A 是有限群, 故 $o(gA) = n$ 有限, 此时 $u := g^n \in A$. 由 A 的可除性, 存在 $v \in A$ 使得 $v^n = u$. 记 $b = gv^{-1}$, 有 $b^n = 1$. 因为 $gA = bA$, 所以 $o(bA) = n$, 这表明 $\langle b \rangle \cap A = 1$. 记

$\overline{H} = H/\langle b\rangle$. 显然 $\overline{A} = A\langle b\rangle/\langle b\rangle \cong A$ 可除, 由归纳假设知 $\overline{A}$ 在 $\overline{H}$ 中可补, 即存在 $B \leqslant H$ 使得 $B\cap A\langle b\rangle = \langle b\rangle$ 且 $BA = H$. 此时 $B\cap A = A\cap A\langle b\rangle\cap B = A\cap\langle b\rangle = 1$, B 为 A 在 H 中的一个补子群. □

定理 3.1.13 (Schur)　设 $\mathbb{F}$ 为代数闭域, G 为有限群, 则 $H^2(G,\mathbb{F}^\sharp)$ 为有限群, 且其每个元素的阶都是 $|G|$ 的因子, 再者 $B^2(G,\mathbb{F}^\sharp)$ 在 $Z^2(G,\mathbb{F}^\sharp)$ 中可补.

证　由注记 3.1.2, $Z^2(G,\mathbb{F}^\sharp)$ 是交换群, 且 $B^2(G,\mathbb{F}^\sharp) \leqslant Z^2(G,\mathbb{F}^\sharp)$. 先证明 $B^2(G,\mathbb{F}^\sharp)$ 可除. 任取正整数 n, 任取 $\beta \in B^2(G,\mathbb{F}^\sharp)$, 有 G 上 $\mathbb{F}^\sharp$-值函数 μ 使得 $\beta = \delta(\mu)$ (见注记 3.1.2(4)). 注意到 $\mathbb{F}$ 是代数闭域, 对每个 $g \in G$, 可取到 $\nu(g) \in \mathbb{F}^\sharp$ 使得 $\nu(g)^n = \mu(g)$, 显然 $\nu \in \mathrm{Func}(G \to \mathbb{F}^\sharp)$, $\delta(\nu) \in B^2(G,\mathbb{F}^\sharp)$. 注意到

$$((\delta(\nu))^n)(g_1,g_2) = \nu(g_1)^n\nu(g_2)^n\nu(g_1g_2)^{-n} = \mu(g_1)\mu(g_2)\mu(g_1g_2)^{-1}$$

$$= \delta(\mu)(g_1,g_2) = \beta(g_1,g_2),$$

即得 $\beta = (\delta(\nu))^n$, 故 $B^2(G,\mathbb{F}^\sharp)$ 可除.

任意取定 $\alpha \in Z^2(G,\mathbb{F}^\sharp)$, 定义 $\mu(g) = \prod_{x\in G}\alpha(g,x)$, 显然 $\mu \in \mathrm{Func}(G \to \mathbb{F}^\sharp)$. 对于取定的 $g,h \in G$, 我们有 $\alpha(g,hx)\alpha(h,x) = \alpha(gh,x)\alpha(g,h)$, 将 x 取遍 G 并将这些式子连乘得

$$\mu(g)\mu(h) = \mu(gh)\alpha(g,h)^{|G|}.$$

这表明 $\alpha^{|G|} = \delta(\mu) \in B^2(G,\mathbb{F}^\sharp)$, 因此 $H^2(G,\mathbb{F}^\sharp) = Z^2(G,\mathbb{F}^\sharp)/B^2(G,\mathbb{F}^\sharp)$ 的方次数整除 $|G|$.

对于 $\alpha \in Z^2(G,\mathbb{F}^\sharp)$, 令 $A = \langle B^2(G,\mathbb{F}^\sharp),\alpha\rangle$. 注意 $H^2(G,\mathbb{F}^\sharp)$ 的方次数整除 $|G|$, 这表明 $|A : B^2(G,\mathbb{F}^\sharp)|$ 整除 $|G|$, 故由引理 3.1.12 知 $B^2(G,\mathbb{F}^\sharp)$ 在 A 中有补, 进一步, 这个补必是 $U := \{\beta \in Z^2(G,\mathbb{F}^\sharp) \mid \beta^{|G|} = 1\}$ 的子集, 这又说明 $\alpha \in B^2(G,\mathbb{F}^\sharp)U$, 从而

$$B^2(G,\mathbb{F}^\sharp)U = Z^2(G,\mathbb{F}^\sharp).$$

注意, U 中每个元素都是 $G\times G$ 到有限集合 $\{y \in \mathbb{F} \mid y^{|G|} = 1\}$ 的映射, 故 $|U| < \infty$, 从而 $|Z^2(G,\mathbb{F}^\sharp) : B^2(G,\mathbb{F}^\sharp)| < \infty$. 再次应用引理 3.1.12, 推出 $B^2(G,\mathbb{F}^\sharp)$ 在 $Z^2(G,\mathbb{F}^\sharp)$ 中可补. □

定理 3.1.14 (Schur)　设 G 是有限群, 则 $\mathrm{Mul}(G)$ 也是有限群, 且其方次数整除 $|G|$.

证　在定理 3.1.13 中取 $\mathbb{F}$ 为 $\mathbb{C}$ 即得, 注意 $H^2(G,\mathbb{C}^\sharp) = \mathrm{Mul}(G)$. □

下面继续考察有限群的具有射影提升性质的有限中心扩张. 假设 (Γ,π) 为有限群 G 的具有射影提升性质的有限中心扩张, 由命题 3.1.11 知道标准映射 $\eta : \widehat{\ker\pi} \to \mathrm{Mul}(G)$ 为群满同态, 因此

$$|G||\mathrm{Mul}(G)| = |G||\widehat{\ker\pi}/\ker\eta| = |\Gamma|/|\ker\eta|,$$

这也表明

$$|\Gamma| = |G||\mathrm{Mul}(G)| \Leftrightarrow \eta : \widehat{\ker\pi} \to \mathrm{Mul}(G) \text{ 为同构映射}$$

$$\Leftrightarrow \ker\pi \cong \mathrm{Mul}(G).$$

自然地, 我们要问: 是否一定存在 G 的具有射影提升性质的中心扩张 (Γ, π) 使得

$$|\Gamma| = |G||\mathrm{Mul}(G)|?$$

下面的定理 3.1.16 给出了肯定的回答, 它也是继定理 3.1.14 之后, 本节的第二个主要定理.

引理 3.1.15 设 G 为有限群, A 为任意交换群, $\alpha \in Z^2(G, A)$, 则存在 G 的中心扩张 (Γ, π) 满足下面性质:

(1) $\ker\pi = A$;

(2) 存在 Γ 关于 A 的陪集代表系 $\{x_g | g \in G\}$ 使得 $\pi(x_g) = g$ 并且 $x_g x_{g'} = \alpha(g, g')x_{gg'}$.

证 在笛卡儿积 $\Gamma := G \times A$ 上定义如下乘法

$$(g, a)(h, b) = (gh, \alpha(g, h)ab),$$

其中 $g, h \in G$, $a, b \in A$. 注意到 α 为 G 上 A-因子系, 直接验证知该乘法有结合律. 令 $z = \alpha(1, 1)^{-1}$, 容易验证 Γ 有单位元 $(1, z)$, 且每个元都可逆, 故 Γ 为群. 定义 $\pi : \Gamma \to G$ 使得

$$\pi(g, a) = g,$$

显然 π 是群同态且

$$\ker\pi = \{(1, a) | \, a \in A\} =: A^*.$$

因为 $\alpha(1, g) = \alpha(g, 1)$ (引理 3.1.5), 易见 $A^* \leqslant \mathbf{Z}(\Gamma)$. 因此 (Γ, π) 为 G 的中心扩张且满足 $\ker\pi = A^*$. 注意到 $(1, za)(1, zb) = (1, zab)$, 容易验证 $* : a \mapsto (1, za)$ 定义了 A 到 A^* 的群同构.

令 $X = \{(g, 1) | g \in G\}$, 显然 X 是 Γ 关于 A^* 的陪集代表系. 记 $\alpha^* \in Z^2(G, A^*)$ 为 α 的自然对应, 即 $\alpha^*(g_1, g_2) = (\alpha(g_1, g_2))^* = (1, z\alpha(g_1, g_2))$. 由 Γ 中的乘法定义得

$$(g_1, 1)(g_2, 1) = (g_1g_2, \alpha(g_1, g_2)) = (1, z\alpha(g_1, g_2))(g_1g_2, 1) = \alpha^*(g_1, g_2)(g_1g_2, 1),$$

引理成立. □

定理 3.1.16 (Schur) 对于有限群 G, 一定存在具有射影提升性质的有限中心扩张 (Γ, π) 使得 $\ker\pi := A \cong \mathrm{Mul}(G)$, 且此时标准映射 $\eta : \mathrm{Irr}(A) \to \mathrm{Mul}(G)$ 为同构映射.

证 由定理 3.1.13, 我们可设 $Z^2(G, \mathbb{C}^\sharp) = M \times B^2(G, \mathbb{C}^\sharp)$, 这里 $M \cong \mathrm{Mul}(G)$ 为交换群 $Z^2(G, \mathbb{C}^\sharp)$ 的有限子群. 令 $A = \mathrm{Irr}(M)$. 对任意 $g, g' \in G$, 定义 $\alpha(g, g') :$

$M \to \mathbb{C}^\sharp$ 使得

$$\alpha(g,g')(\gamma) = \gamma(g,g'), \qquad \gamma \in M,$$

直接验证知道 $\alpha(g,g')$ 为 M 到 $\mathbb{C}^\sharp$ 的群同态, 即 $\alpha(g,g') \in A$, 由此定义了 $G \times G$ 到 A 的映射 α. 再者, 因为

$$(\alpha(gh,k)\alpha(g,h))(\gamma) = [\alpha(gh,k)(\gamma)][\alpha(g,h)(\gamma)] = \gamma(gh,k)\gamma(g,h),$$

$$(\alpha(g,hk)\alpha(h,k))(\gamma) = [\alpha(g,hk)(\gamma)][\alpha(h,k)(\gamma)] = \gamma(g,hk)\gamma(h,k),$$

所以 $\alpha(gh,k)\alpha(g,h)=\alpha(g,hk)\alpha(h,k)$ (注意 $\gamma\in Z^2(G,\mathbb{C}^\sharp)$), 这表明 $\alpha\in Z^2(G,A)$, 即 α 为 G 上的 A-因子系. 对于这个 A-因子系 α, 令 (Γ,π) 为满足引理 3.1.15 性质的 G 的有限中心扩张, 我们有 $\ker\pi \cong \mathrm{Mul}(G)$. 此时, 由定理 3.1.14 下面的说明, 标准映射 η 必为同构映射. □

定理 3.1.16 中 Γ 称为 G 的 **Schur 表现群**. 上面的定理表明, 有限群 G 的 Schur 表现群必存在. 需要指出的是, Schur 表现群可以不唯一; 事实上, 可以验证 S_4 恰有两个不同构的 Schur 表现群.

下面给出 Schur 表现群的另一个特征描写, 它实际上也给出了 Schur 乘子 $\mathrm{Mul}(G)$ 的检验方法, 见推论 3.1.18.

定理 3.1.17　设 (Γ,π) 为有限群 G 的有限中心扩张 (不一定具有射影提升性质), 记 $A=\ker\pi$, 并设 η 为 $\widehat{A}$ 到 $\mathrm{Mul}(G)$ 的标准映射, 则

$$\ker\eta = \{\lambda \in \widehat{A} \mid A \cap \Gamma' \leqslant \ker\lambda\}. \tag{3.1.3}$$

特别地, η 为单同态当且仅当 $A \leqslant \Gamma'$.

证　保持假设 3.1.9 及其下面说明中的所有记号.

先设 $\lambda \in \ker\eta$, 则 $1=\eta(\lambda)=\overline{\lambda(\alpha)}$, 即 $\lambda(\alpha) \in B^2(G,\mathbb{C}^\sharp)$, 从而有 G 上 $\mathbb{C}^\sharp$-值函数 μ 使得 $\lambda(\alpha(g,g'))=\mu(g)\mu(g')\mu(gg')^{-1}$. 对于这个 λ, 定义 $\widehat{\lambda}:\Gamma\to\mathbb{C}$ 使得 $\widehat{\lambda}(ax_g)=\lambda(a)\mu(g)$. 由说明 (I) 可见 $\widehat{\lambda}$ 是定义好的映射. 又因为

$$\widehat{\lambda}(ax_g)\widehat{\lambda}(a'x_{g'}) = \lambda(a)\mu(g)\lambda(a')\mu(g') = \lambda(aa')\mu(g)\mu(g'),$$

$$\widehat{\lambda}(ax_ga'x_{g'}) = \widehat{\lambda}(aa'\alpha(g,g')x_{gg'}) = \lambda(aa')\lambda(\alpha(g,g'))\mu(gg') = \lambda(aa')\mu(g)\mu(g'),$$

所以 $\widehat{\lambda}(ax_ga'x_{g'}) = \widehat{\lambda}(ax_g)\widehat{\lambda}(a'x_{g'})$, 这表明 $\widehat{\lambda}:\Gamma\to\mathbb{C}^\sharp$ 为群同态, 即 $\widehat{\lambda}$ 是 Γ 上的线性特征标, 从而 $\Gamma' \leqslant \ker\widehat{\lambda}$. 不妨设 Γ 关于 A 的陪集代表系 X 中 $x_1=1$, 则

$$1=\widehat{\lambda}(1)=\widehat{\lambda}(1x_1)=\lambda(1)\mu(1)=\mu(1).$$

现对于 $a\in A\cap\Gamma'$, 有 $1=\widehat{\lambda}(a)=\widehat{\lambda}(ax_1)=\lambda(a)\mu(1)=\lambda(a)$, 这表明 $A\cap\Gamma' \leqslant \ker\lambda$, 从而 $\ker\eta \subseteq \{\lambda\in\widehat{A} \mid A\cap\Gamma' \leqslant \ker\lambda\}$.

反之, 假设 $\lambda \in \widehat{A}$ 满足 $A\cap\Gamma' \leqslant \ker\lambda$. 由定理 2.8.18 知 λ 可扩充到 $\lambda_1 \in$

Lin(Γ), 且有

$$\lambda_1(x_g)\lambda_1(x_{g'}) = \lambda_1(x_g x_{g'}) = \lambda_1(\alpha(g,g')\, x_{gg'}) = \lambda(\alpha(g,g'))\lambda_1(x_{gg'}).$$

定义 G 上 $\mathbb{C}^\sharp$-值函数 μ 使得 $\mu(g) = \lambda_1(x_g)$, 上式推出

$$\lambda(\alpha(g,g')) = \mu(g)\mu(g')\mu(gg')^{-1},$$

即 $\lambda(\alpha) \in B^2(G,\mathbb{C}^\sharp)$, 也即 $\lambda \in \ker\eta$. 故 (3.1.3) 式成立.

最后, 注意到 $\{\lambda \in \widehat{A} | A\cap\Gamma' \leqslant \ker\lambda\} = \mathrm{Irr}(A/(A\cap\Gamma'))$, 我们推出: η 为单同态的充要条件是, $\mathrm{Irr}(A/(A\cap\Gamma')) = \{1_A\}$, 即 $A \leqslant \Gamma'$. □

推论 3.1.18 *设 G, Γ, A 都为有限群. 若 $\Gamma/A \cong G$ 且 $A \leqslant \mathbf{Z}(\Gamma)\cap\Gamma'$, 则 $A \lesssim \mathrm{Mul}(G)$.*

证 令 π 为 Γ 到 G 的自然群同态, 显然 (Γ,π) 为 G 的有限中心扩张. 因 $A \leqslant \Gamma'$, 定理 3.1.17 推出标准映射 η 是单射, 故 $A \cong \widehat{A} \lesssim \mathrm{Mul}(G)$. □

推论 3.1.19 *设 G 为有限群. 若 p 是 $|\mathrm{Mul}(G)|$ 的素因子, 则 G 的 Sylow p-子群不能是循环群, 特别地, $p^2 \mid |G|$.*

证 令 (Γ,π) 为 G 的有限中心扩张使得 Γ 为 G 的 Schur 表现群, 此时标准映射是同构映射, 故由定理 3.1.17 推得 $\ker\pi \leqslant \Gamma'$. 再者, $\ker\pi \leqslant \mathbf{Z}(\Gamma)$, 故 $\mathrm{Mul}(G) \cong \ker\pi \leqslant \Gamma'\cap\mathbf{Z}(\Gamma)$. 反设 G 有循环的 Sylow p-子群 (包括 G 为 p'-群的情形), 则 Γ 有交换的 Sylow p-子群, 由例 2.4.9 得 $\Gamma'\cap\mathbf{Z}(\Gamma)$ 为 p'-群, 矛盾. □

例 3.1.20 *求 A_4 的 Schur 表现群.*

解 记 $G = \mathrm{A}_4$, 由推论 3.1.19, $\mathrm{Mul}(G)$ 为 2-群. 考察 $\Gamma_1 = \mathrm{SL}(2,3)$, 有 $\Gamma_1/\mathbf{Z}(\Gamma_1) \cong G$ 且 $\mathbf{Z}(\Gamma_1) \leqslant \Gamma_1'$, 故由推论 3.1.18 得 $\mathrm{C}(2) \cong \mathbf{Z}(\Gamma_1) \leqslant \mathrm{Mul}(G)$.

设 (Γ,π) 为 G 的具有射影提升性质的有限中心扩张使得 Γ 为 G 的 Schur 表现群, 则

$$A := \ker\pi \cong \mathrm{Mul}(G), \quad \Gamma/A = G, \quad A \leqslant \Gamma'\cap\mathbf{Z}(\Gamma).$$

记 $\Gamma' = B$, 易见 $B/A \cong G' \cong \mathrm{E}(2^2)$, $\Gamma/B \cong \mathrm{C}(3)$. 我们断言 $A = B'$. 否则, $B' < A$. 取线性 $\lambda \in \mathrm{Irr}^\sharp(A/B')$, 显然 λ 可以扩充到 B. 因为 $A \leqslant \mathbf{Z}(\Gamma)$, 所以 λ 在 Γ 中不变, 故 $\mathrm{Irr}(\lambda^B)$ 是 Γ-集 (命题 2.8.1(5)). 注意到 $\mathrm{Irr}(\lambda^B)$ 恰含有 4 个元素且其每个 Γ-轨道的长度都是 3 的因子, 故存在 λ 到 B 的扩充 μ 使得 μ 在 Γ 中不变, 再由特征标提升定理 (定理 2.8.14) 推出 μ 可扩充到 Γ. 这说明 A 的非主的线性特征标 λ 可扩充到 Γ. 此时由定理 2.8.18 得 $A\cap\Gamma' \leqslant \ker\lambda$. 注意到 $A \leqslant \Gamma'$, 得 $A \leqslant \ker\lambda$, 即 $\lambda = 1_A$, 矛盾. 故 $A = B'$, 断言成立.

注意 $A \cong \mathrm{Mul}(G)$ 为 2-群, B 亦然. 考察 2-群 B 的结构, 注意到 $|B/B'| = 4$, 由 [7, 第 3 章, 定理 11.9] 知, B 为 4 阶初等交换群、二面体群、广义四元素群或半二面体群. 又因为 $B' = A \leqslant \mathbf{Z}(B)$, 得 $|B| \leqslant 8$, 这说明 $\mathrm{Mul}(G) = A \lesssim \mathrm{C}(2)$.

再结合本例第一段的结论即得 $A = \mathrm{Mul}(G) = \mathrm{C}(2)$, 此时 $\Gamma \cong \mathrm{SL}(2,3)$, 即 A_4 的 Schur 表现群为 $\mathrm{SL}(2,3)$. □

3.1.3 特征标串环境下的射影表示和通常表示

设 (G,N,θ) 是特征标串, $\mathfrak{Y}$ 是提供特征标 θ 的不可约 $\mathbb{C}[N]$ 表示, 我们将证明存在 G 上的射影表示 $\mathfrak{X}$ (在某种意义下是唯一的), 它保留了 $\mathfrak{Y}$ 的全部表示信息.

引理 3.1.21 设 (G,N,θ) 是特征标串, 不可约 $\mathbb{C}[N]$-矩阵表示 $\mathfrak{Y}$ 提供特征标 θ, 则以下结论成立:

(1) 一定存在 G 上的射影 $\mathbb{C}$-矩阵表示 $\mathfrak{X}$, 使得对任意 $n \in N$ 和 $g \in G$ 都有

$$\mathfrak{X}(n) = \mathfrak{Y}(n), \quad \mathfrak{X}(ng) = \mathfrak{X}(n)\mathfrak{X}(g), \quad \mathfrak{X}(gn) = \mathfrak{X}(g)\mathfrak{X}(n).$$

(2) 进一步, 若 $\mathfrak{X}_0$ 也是 G 上的满足 (1) 要求的射影 $\mathbb{C}$-表示, 则存在 G 上 $\mathbb{C}^\sharp$-值函数 μ 使得

(2.1) 若 $g_1 \equiv g_2 \pmod N$, 则 $\mu(g_1) = \mu(g_2)$;

(2.2) $\mathfrak{X}_0(g) = \mathfrak{X}(g)\mu(g)$.

证 (1) 因为 θ 在 G 中不变, 所以对任意 $g \in G$, $\mathfrak{Y}$ 与 $\mathfrak{Y}^g$ 提供了 N 上相同的不可约特征标, 故它们必是相似表示. 令 T 为 G 关于 N 的右陪集代表系, 且 $1 \in T$. 对于每个 $t \in T$, 令可逆矩阵 P_t 使得 $P_t\mathfrak{Y}P_t^{-1} = \mathfrak{Y}^t$, 其中 P_1 为单位矩阵. 定义 G 上映射 $\mathfrak{X}$ 使得

$$\mathfrak{X}(nt) = \mathfrak{Y}(n)P_t,$$

其中 $n \in N$, $t \in T$. 此时 $\mathfrak{X}(n) = \mathfrak{Y}(n)$. 又因为

$$\mathfrak{X}(nn't) = \mathfrak{Y}(nn')P_t = \mathfrak{Y}(n)\mathfrak{Y}(n')P_t = \mathfrak{X}(n)\mathfrak{X}(n't),$$

所以 $\mathfrak{X}(ng) = \mathfrak{X}(n)\mathfrak{X}(g)$. 再者,

$$\begin{aligned}\mathfrak{X}(nt)\mathfrak{X}(n') &= \mathfrak{Y}(n)P_t\mathfrak{Y}(n') = \mathfrak{Y}(n)\mathfrak{Y}^t(n')P_t = \mathfrak{Y}(ntn't^{-1})P_t \\ &= \mathfrak{X}(ntn't^{-1}t) = \mathfrak{X}(ntn'),\end{aligned}$$

即有 $\mathfrak{X}(gn) = \mathfrak{X}(g)\mathfrak{X}(n)$, 故 $\mathfrak{X}$ 满足 (1) 中三款等式. 下面还需证明 $\mathfrak{X}$ 是 G 上的射影表示, 注意到

$$\mathfrak{X}(g)\mathfrak{Y}(n) = \mathfrak{X}(g)\mathfrak{X}(n) = \mathfrak{X}(gn) = \mathfrak{X}(gng^{-1}g) = \mathfrak{Y}(gng^{-1})\mathfrak{X}(g),$$

得

$$\mathfrak{X}(g)\mathfrak{Y}(n)\mathfrak{X}(g)^{-1} = \mathfrak{Y}(gng^{-1}). \tag{3.1.4}$$

特别地, $\forall g,h \in G$, $\forall n \in N$, 由 (3.1.4) 式推出下面两款等式

$$\mathfrak{X}(g)\mathfrak{X}(h)\mathfrak{Y}(n)\mathfrak{X}(h)^{-1}\mathfrak{X}(g)^{-1} = \mathfrak{X}(g)\mathfrak{Y}(hnh^{-1})\mathfrak{X}(g)^{-1} = \mathfrak{Y}(ghnh^{-1}g^{-1}),$$

$$\mathfrak{X}(gh)\mathfrak{Y}(n)\mathfrak{X}(gh)^{-1} = \mathfrak{Y}(ghnh^{-1}g^{-1}),$$

所以

$$\mathfrak{X}(g)\mathfrak{X}(h)\mathfrak{Y}(n)\mathfrak{X}(h)^{-1}\mathfrak{X}(g)^{-1}=\mathfrak{X}(gh)\mathfrak{Y}(n)\mathfrak{X}(gh)^{-1},$$

上式表明 $\mathfrak{X}(gh)^{-1}\mathfrak{X}(g)\mathfrak{X}(h)$ 与所有 $\mathfrak{Y}(n)$ 都交换, 由引理 2.1.7 知它必是纯量矩阵, 即

$$\mathfrak{X}(g)\mathfrak{X}(h)=\mathfrak{X}(gh)\alpha(g,h),$$

其中 $\alpha(g,h)\in\mathbb{C}^\sharp$, 因此 $\mathfrak{X}$ 是 G 上的射影表示.

(2) 若 G 上的射影表示 $\mathfrak{X}_0$ 也满足 (1) 中要求, 则同样有形如 (3.1.4) 的等式

$$\mathfrak{X}_0(g)\mathfrak{Y}(n)\mathfrak{X}_0(g)^{-1}=\mathfrak{Y}(gng^{-1}),$$

结合 (3.1.4) 式推出 $\mathfrak{X}_0(g)^{-1}\mathfrak{X}(g)$ 与所有 $\mathfrak{Y}(n)$ 乘法可交换, 故 $\mathfrak{X}_0(g)^{-1}\mathfrak{X}(g)$ 是纯量矩阵, 即有 G 上的 $\mathbb{C}^\sharp$-值函数 μ 使得 $\mathfrak{X}_0(g)=\mathfrak{X}(g)\mu(g)$. 再者, 对于 $n\in N$ 有 $\mathfrak{X}(n)=\mathfrak{X}_0(n)$, 故又有

$$\mathfrak{X}(n)\mathfrak{X}(g)\mu(g)=\mathfrak{X}_0(n)\mathfrak{X}_0(g)=\mathfrak{X}_0(ng)=\mathfrak{X}(ng)\mu(ng)=\mathfrak{X}(n)\mathfrak{X}(g)\mu(ng),$$

得 $\mu(g)=\mu(ng)$, 于是 (2) 成立. □

在上述引理环境下, 记 α 为 G 上射影表示 $\mathfrak{X}$ 的相关因子系, 注意到 $\mathfrak{X}(1)=\mathfrak{Y}(1)$ 是单位矩阵, 且 $\mathfrak{X}(1)=\mathfrak{X}(1\cdot 1)=\mathfrak{X}(1)\mathfrak{X}(1)\alpha(1,1)$, 故必有

$$\alpha(1,1)=1. \tag{3.1.5}$$

引理 3.1.22 设 (G,N,θ) 是特征标串, $\mathfrak{Y}$ 是提供 θ 的不可约 $\mathbb{C}[N]$-矩阵表示, $\mathfrak{X}$ 为 G 上的以 α 为因子系的射影表示且满足引理 3.1.21 中性质, 定义 $\alpha_0: G/N\times G/N\to\mathbb{C}^\sharp$ 使得

$$\alpha_0(gN,g'N)=\alpha(g,g'),$$

则 $\alpha_0\in Z^2(G/N,\mathbb{C}^\sharp)$, 且它在 $H^2(G/N,\mathbb{C}^\sharp)$ 中的像 $\overline{\alpha_0}$ 被 θ 唯一决定; 进一步, θ 可以扩充到 G 的充要条件是 $\overline{\alpha_0}=1$.

证 对 $n,n'\in N$, $g,g'\in G$, 由引理 3.1.21 有

$$\begin{aligned}\alpha(gn,g'n')\mathfrak{X}(gng'n')&=\mathfrak{X}(gn)\mathfrak{X}(g'n')=\mathfrak{X}(g)\mathfrak{X}(ng'n')\\&=\mathfrak{X}(g)\mathfrak{X}(g'n^{g'}n')=\mathfrak{X}(g)\mathfrak{X}(g')\mathfrak{X}(n^{g'}n')\\&=\alpha(g,g')\mathfrak{X}(gg')\mathfrak{X}(n^{g'}n')=\alpha(g,g')\mathfrak{X}(gng'n'),\end{aligned}$$

故 $\alpha(gn,g'n')=\alpha(g,g')$, 这说明 α_0 是定义好的. 进一步, 由 α 是 G 上 $\mathbb{C}^\sharp$-因子系, 得 α_0 是 G/N 上的 $\mathbb{C}^\sharp$-因子系, 即 $\alpha_0\in Z^2(G/N,\mathbb{C}^\sharp)$.

假设 G 上射影表示 $\mathfrak{Z}$ 满足与 $\mathfrak{X}$ 一样的性质, 由引理 3.1.21 有 $\mathfrak{Z}=\mathfrak{X}\mu$, 其中 G 上的 $\mathbb{C}^\sharp$-值函数 μ 在关于 N 的同一陪集上取值一致, 故可定义 $\nu\in\mathrm{Func}(G/N\to\mathbb{C}^\sharp)$ 使得 $\nu(gN)=\mu(g)$. 设 $\mathfrak{Z}$ 的相关因子系为 β, 并同样定义 $\beta_0\in Z^2(G/N,\mathbb{C}^\sharp)$.

因为 $\mathfrak{Z} = \mathfrak{X}\mu$, 所以

$$\beta(g,g') = \alpha(g,g')\mu(g)\mu(g')\mu(gg')^{-1} = \alpha_0(gN,g'N)\nu(gN)\nu(g'N)\nu(gg'N)^{-1},$$

这表明 $\overline{\beta_0} = \overline{\alpha_0}$, 故 $\overline{\alpha_0}$ 与 $\mathfrak{X}$ 的选择无关. 再者, 若将 $\mathfrak{Y}$ 用它的相似表示 $P\mathfrak{Y}P^{-1}$ 代替, 将 $\mathfrak{X}$ 替换成 $P\mathfrak{X}P^{-1}$, 此时因子系 $\alpha, \alpha_0, \overline{\alpha_0}$ 都没有变化. 因此 $\overline{\alpha_0}$ 被 θ 唯一决定.

下面证明: θ 可以扩充到 G 当且仅当 $\overline{\alpha_0} = 1$. 若 θ 可以扩充为 $\chi \in \mathrm{Irr}(G)$, 令 $\mathfrak{X}$ 为 G 的提供特征标 χ 的通常表示. 将 $\mathfrak{X}$ 看作相关因子系为 $\alpha = 1$ 的 G 上射影表示, 显然 $\mathfrak{X}$ 也满足引理 3.1.21 中性质, 故 $\overline{\alpha_0} = 1$. 反之, 若 $\overline{\alpha_0} = 1$, 则存在 $\nu \in \mathrm{Func}(G/N \to \mathbb{C}^\sharp)$ 使得

$$\alpha_0(gN, g'N) = \nu(gN)\nu(g'N)\nu(gg'N)^{-1}.$$

定义 $\mu \in \mathrm{Func}(G \to \mathbb{C}^\sharp)$ 使得 $\mu(g) = \nu(gN)$, 此时有

$$\alpha(g,g') = \mu(g)\mu(g')\mu(gg')^{-1}.$$

再定义 $\mathfrak{Z}$ 使得

$$\mathfrak{Z}(g) = \mathfrak{X}(g)\mu(g),$$

显然 $\mathfrak{Z}$ 为 G 上的射影表示, 且其因子系 γ 满足

$$\gamma(g,g') = \alpha(g,g')\mu(g)^{-1}\mu(g')^{-1}\mu(gg') = 1,$$

这表明 $\mathfrak{Z}$ 是 G 的通常意义下的表示. 再者, 由 (3.1.5) 式有 $1 = \alpha(1,1)$, 进而得 $1 = \alpha(1,1) = \mu(1)\mu(1)\mu(1)^{-1} = \mu(1)$, 注意到 $\mu(g) = \nu(gN)$, 有 $\mu(n) = \nu(1N) = \mu(1) = 1$, 从而

$$\mathfrak{Z}(n) = \mathfrak{X}(n)\mu(n)^{-1} = \mathfrak{X}(n) = \mathfrak{Y}(n),$$

即 $\mathfrak{Z}$ 是 $\mathfrak{Y}$ 到 G 的扩充. □

设 (G,N,θ) 是特征标串. 由推论 2.8.10 或推论 2.8.15 知道, 若 G/N 为素数阶群, 则 θ 可以扩充到 G. 这一结论可推广到 G/N 循环的情形.

推论 3.1.23 设 (G,N,θ) 为特征标串, 则以下结论成立:

(1) 若 $\mathrm{Mul}(G/N) = 1$, 则 θ 可扩充到 G.

(2) 若 G/N 循环, 则 θ 可扩充到 G.

证 当 G/N 循环时, 由推论 3.1.19 有 $\mathrm{Mul}(G/N) = 1$. 下面仅需证明 $\mathrm{Mul}(G/N) = 1$ 的情形. 令 $\mathfrak{X}$ 为满足引理 3.1.21 中要求的 G 上射影表示, 令相关因子系 $\alpha, \alpha_0, \overline{\alpha_0}$ 如同引理 3.1.22. 因为 $\mathrm{Mul}(G/N) = 1$, 所以 $\overline{\alpha_0} = 1$. 应用引理 3.1.22 推出 θ 可扩充到 G. □

3.2 特征标的扩充定理

本节将介绍特征标串的同构定理以及特征标的扩充定理.

3.2.1 同构特征标串

设 (G_1,N_1,λ_1) 是一个特征标串. 当 $\lambda_1(1)=1$ 时, 我们比较容易获得 $\lambda_1^{G_1}$ 的结构信息, 例如, 我们在 2.8 节中给出了线性特征标 λ_1 可以扩充到 G_1 的充要条件. 若 λ_1 非线性, 利用射影表示理论, 我们可以找到另一个特征标串 (G_2,N_2,λ_2) 使得 $\lambda_2(1)=1$, $G_2/N_2\cong G_1/N_1$, 并且 $\lambda_2^{G_2}$ 和 $\lambda_1^{G_1}$ 有"非常好"的对应关系. 这样, 要考察 $\lambda_1^{G_1}$ 的结构, 可以通过考察 $\lambda_2^{G_2}$ 的结构来实现. 这些内容构成了 Isaacs 的特征标串同构理论.

为了介绍两个特征标串同构的定义, 我们需要做一些准备.

(A) 设 τ 是从群 U 到群 V 的同构映射, $\varphi\in\mathrm{Ch}(U)$, 我们定义 V 上的特征标 φ^τ 使得

$$\varphi^\tau(u^\tau)=\varphi(u),$$

其中 u^τ 表示 $u\in U$ 在 τ 下的像. 易见 φ 不可约当且仅当 φ^τ 不可约.

(B) 设 (G,N,θ) 是特征标串, 我们用 $\mathrm{Ch}(G|\theta)$ 表示限制到 N 是 θ 的倍数的 G 上的特征标集合. 若 $N\leqslant H\leqslant G$, 则 (H,N,θ) 显然也是特征标串, 且 $\chi\in\mathrm{Ch}(G|\theta)$ 当且仅当 $\chi_H\in\mathrm{Ch}(H|\theta)$.

定义 3.2.1 设 (G,N,θ) 和 (G^*,N^*,θ^*) 都是特征标串, $\tau:G/N\to G^*/N^*$ 是同构映射. 对于满足 $N\leqslant H\leqslant G$ 的群 H, 记 $\tau(H/N)=H^*/N^*$, 对 $\beta\in\mathrm{Ch}(H/N)$, 记 $\beta^\tau\in\mathrm{Ch}(H^*/N^*)$ 为 β^*. 如果对于每个满足 $N\leqslant H\leqslant G$ 的子群 H, 都存在映射 $\sigma_H:\mathrm{Ch}(H|\theta)\to\mathrm{Ch}(H^*|\theta^*)$ 使得以下四款都成立:

(1) 任取 $\chi,\psi\in\mathrm{Ch}(H|\theta)$, 有 $\sigma_H(\chi+\psi)=\sigma_H(\chi)+\sigma_H(\psi)$;

(2) 任取 $\chi,\psi\in\mathrm{Ch}(H|\theta)$, 有 $[\chi,\psi]=[\sigma_H(\chi),\sigma_H(\psi)]$;

(3) 任取 $\chi\in\mathrm{Ch}(H|\theta)$, 任取子群 K 满足 $N\leqslant K\leqslant H$, 有 $\sigma_K(\chi_K)=(\sigma_H(\chi))_{K^*}$;

(4) 任取 $\chi\in\mathrm{Ch}(H|\theta)$, 任取 $\beta\in\mathrm{Irr}(H/N)$, 有 $\sigma_H(\chi\beta)=\sigma_H(\chi)\beta^*$,

那么称 (G,N,θ) 和 (G^*,N^*,θ^*) 为两个同构特征标串, 记为 $(G,N,\theta)\cong(G^*,N^*,\theta^*)$, 此时也称 (τ,σ) 为特征标串同构, 其中 σ 为所有这些 σ_H 的并.

在上面的定义下, 显然有 $\sigma_N(\theta)=\theta^*$.

引理 3.2.2 设 $(\tau,\sigma):(G,N,\theta)\to(G^*,N^*,\theta^*)$ 为特征标串同构, $N\leqslant H\leqslant G$, 将 σ_H 限制到 $\mathrm{Irr}(H|\theta)$ 上, 则 σ_H 为 $\mathrm{Irr}(H|\theta)$ 到 $\mathrm{Irr}(H^*|\theta^*)$ 的双射, 且对任意

$\chi \in \mathrm{Irr}(H|\theta)$ 都有

$$\frac{\chi(1)}{\theta(1)} = \frac{\sigma_H(\chi)(1)}{\theta^*(1)},$$

证　由 σ_H 保持内积, 易见 σ_H 是 $\mathrm{Irr}(H|\theta)$ 到 $\mathrm{Irr}(H^*|\theta^*)$ 的单射. 将 H 取为 N, 显然有 $\sigma_N(\theta) = \theta^*$. 任取 $\chi \in \mathrm{Irr}(H|\theta)$, 有

$$\chi_N = \frac{\chi(1)}{\theta(1)}\theta, \quad (\sigma_H(\chi))_{N^*} = \frac{\sigma_H(\chi)(1)}{\theta^*(1)}\theta^*,$$

再结合特征标串同构定义中的要求 (3) 和 (1) 有

$$\frac{\sigma_H(\chi)(1)}{\theta^*(1)}\theta^* = (\sigma_H(\chi))_{N^*} = \sigma_N(\chi_N) = \sigma_N\left(\frac{\chi(1)}{\theta(1)}\theta\right) = \frac{\chi(1)}{\theta(1)}\theta^*,$$

得 $\chi(1)/\theta(1) = \sigma_H(\chi)(1)/\theta^*(1)$. 因 σ_H 是 $\mathrm{Irr}(H|\theta)$ 到 $\mathrm{Irr}(H^*|\theta^*)$ 的单射, 结合命题 2.8.1(2) 有

$$\begin{aligned} |H/N| &= \sum_{\chi\in\mathrm{Irr}(H|\theta)} \left(\frac{\chi(1)}{\theta(1)}\right)^2 = \sum_{\chi\in\mathrm{Irr}(H|\theta)} \left(\frac{\sigma_H(\chi)(1)}{\theta^*(1)}\right)^2 \\ &\leqslant \sum_{\eta\in\mathrm{Irr}(H^*|\theta^*)} \left(\frac{\eta(1)}{\theta^*(1)}\right)^2 = |H^*/N^*|. \end{aligned}$$

这表明上式中都取等号, 故 σ_H 为 $\mathrm{Irr}(H|\theta)$ 到 $\mathrm{Irr}(H^*|\theta^*)$ 的双射. □

在上面的引理中, $\mathrm{Irr}(H|\theta)$ 即是 $\mathrm{Irr}(\theta^H)$, 见 2.4 节说明 (F). 在引理 3.2.2 环境下, 容易看到 σ_H 也是 $\mathrm{Ch}(H|\theta)$ 到 $\mathrm{Ch}(H^*|\theta^*)$ 的双射, 且对任意 $\chi \in \mathrm{Ch}(H|\theta)$ 都有 $\dfrac{\chi(1)}{\theta(1)} = \dfrac{\sigma_H(\chi)(1)}{\theta^*(1)}$.

不难证明同构关系是特征标串集合上的等价关系. 下面给出同构特征标串比较简明一些的例子, 它们将应用到本小节主要定理 (定理 3.2.3) 的证明中.

(C) 设 (G, N, θ) 是特征标串, Γ 为群, 且有 G 到 Γ 的群满同态 μ 使得 $\ker\mu \leqslant \ker\theta$. 记 $M = \mu(N)$, 因为 $N/\ker\mu \cong \mu(N) = M$, 必有 $\phi \in \mathrm{Irr}(M)$ 为 $\theta \in \mathrm{Irr}(N/\ker\mu)$ 在说明 (A) 意义下对应的不可约特征标, 此时 $(G, N, \theta) \cong (\Gamma, M, \phi)$.

证　事实上, 由群满同态 μ 导出自然的群同构 $\tau : G/N \to \Gamma/M$. 对于满足 $N \leqslant H \leqslant G$ 的群 H 及 $\chi \in \mathrm{Ch}(H|\theta)$, 因为 $\ker\mu \leqslant \ker\theta \leqslant \ker\chi$, 所以 χ 自然可以看成 $H/\ker\mu$ 的特征标. 令 $\sigma_H(\chi)$ 为在群同构 $H/\ker\mu \cong \mu(H)$ 下对应的 $\mu(H)$ 上的特征标. 逐条验证即知 (τ, σ) 为 (G, N, θ) 到 (Γ, M, ϕ) 的特征标串同构①. □

① 事实上, 有 $(G, N, \theta) \cong (G/\ker\mu, N/\ker\mu, \theta) \cong (\Gamma, M, \phi)$.

(D) 设 (G,N,θ) 是特征标串, 设 $\eta\in\mathrm{Irr}(G)$ 满足 $\eta_N\theta=\lambda\in\mathrm{Irr}(N)$. 对于 $N\leqslant H\leqslant G$, 定义 $\sigma_H:\mathrm{Ch}(H|\theta)\to\mathrm{Ch}(H|\lambda)$ 使得 $\sigma_H(\psi)=\psi\eta_H$, 则 $(\mathrm{id}_{G/N},\sigma):(G,N,\theta)\to(G,N,\lambda)$ 为特征标串同构, 这里 $\mathrm{id}_{G/N}$ 表示 G/N 上的恒等变换.

证 因 $\eta_N\theta$ 不可约, 故 $\eta_N\in\mathrm{Irr}(N)$, 这也表明 η_N 在 G 中不变且可扩充到 G. 特别地, λ 在 G 中也不变, 所以 (G,N,λ) 也是特征标串. 容易验证 σ_H 是 $\mathrm{Ch}(H|\theta)$ 到 $\mathrm{Ch}(H|\lambda)$ 的映射, 且满足定义 3.2.1 中的 (1), (2), (4) 三款. 再者, 由定理 2.8.4, σ_H 为 $\mathrm{Irr}(H|\theta)$ 到 $\mathrm{Irr}(H|\lambda)$ 的双射, 故定义 3.2.1 中的 (3) 也成立. □

定理 3.2.3 设 (G,N,θ) 是特征标串, (Γ,π) 为 G/N 的具有射影提升性质的有限中心扩张, 记 $A=\ker\pi$, 则存在 $\lambda\in\mathrm{Irr}(A)$ 使得 $(G,N,\theta)\cong(\Gamma,A,\lambda)$.

证 设 $\mathfrak{Y}$ 是提供特征标 θ 的 N 上的表示, 设 $\mathfrak{X}$ 为满足引理 3.1.21 要求的 G 上的对应 $\mathfrak{Y}$ 的射影表示. 设 α 是射影表示 $\mathfrak{X}$ 的相关因子系, 设 β 为 G/N 的对应于 α 的 (这里的 β 即为引理 3.1.22 中的 α_0) 的因子系. 由引理 3.1.22, 我们有

$$\beta\in Z^2(G/N,\mathbb{C}^\sharp),\quad \overline{\beta}\in H^2(G/N,\mathbb{C}^\sharp)=\mathrm{Mul}(G/N),$$

进一步, 这个 $\overline{\beta}$ 被特征标串 (G,N,θ) 唯一决定. 因为 Γ 对于 G/N 有射影提升性质, 所以标准映射 $\eta:\mathrm{Irr}(A)\mapsto\mathrm{Mul}(G/N)$ 是满同态, 故有 $\lambda\in\mathrm{Irr}(A)$ 使得 $\eta(\lambda)=\overline{\beta}^{-1}$.

将 G/N 中元素 gN 记为 $\overline{g}$, 定义 $G\times\Gamma$ 的子集 $G^*=\{(g,x)|\,\overline{g}=\pi(x),g\in G,x\in\Gamma\}$. 简单验证即知 G^* 为 $G\times\Gamma$ 的子群. 令 $L=N\times A$, 显然 $L\trianglelefteq G^*$. 在 L 上定义 θ^* 和 λ^* 分别为

$$\theta^*(n,a)=\theta(n),\quad \lambda^*(n,a)=\lambda(a),$$

易见 $\theta^*=\theta\times 1_A$ 和 $\lambda^*=1_N\times\lambda$ 都是 G^*-不变的 L 上的不可约特征标.

分别记 G^* 到 G 和 Γ 的投影映射为 μ_G 和 μ_Γ, 这是两个群满同态, 且

$$\ker\mu_G=1\times A\leqslant\ker\theta^*,\quad \ker\mu_\Gamma=N\times 1\leqslant\ker\lambda^*.$$

由前面的说明 (C) 得

$$(G^*,L,\theta^*)\cong(G,N,\theta),\quad (G^*,L,\lambda^*)\cong(\Gamma,A,\lambda).$$

因为特征标串同构是等价关系, 下面仅需证明 $(G^*,L,\lambda^*)\cong(G^*,L,\theta^*)$; 由上面的说明 (D), 这即是要证明 $\theta^*(\lambda^*)^{-1}$ 可以扩充到 G^*. 设 $\{x_{\overline{g}}|\,\overline{g}\in G/N\}$ 为 Γ 关于 A 的陪集代表系使得 $\pi(x_{\overline{g}})=\overline{g}$ 且 $x_{\overline{1}}=1$. 记

$$x_{\overline{g}}x_{\overline{h}}=\gamma(\overline{g},\overline{h})x_{\overline{gh}},$$

则 $\gamma\in Z^2(G/N,A)$ 且 $\gamma(\overline{1},\overline{1})=1$. 因为 $\eta(\lambda)=\overline{\beta}^{-1}$, 所以 $\lambda(\gamma)\beta\in B^2(G/N,\mathbb{C}^\sharp)$,

注意 $\beta(\overline{g},\overline{h})=\alpha(g,h)$, 从而有 $\nu\in\mathrm{Func}(G/N\to\mathbb{C}^\sharp)$ 使得

$$\lambda(\gamma(\overline{g},\overline{h}))\alpha(g,h)=\nu(\overline{g})^{-1}\nu(\overline{h})^{-1}\nu(\overline{gh}). \tag{3.2.1}$$

注意 G^* 中的每个元素都可以唯一地表示为 $(g,ax_{\overline{g}})$, 其中 $g\in G$, $a\in A$. 在 G^* 上定义 $\mathfrak{Z}$ 使得

$$\mathfrak{Z}(g,ax_{\overline{g}})=\mathfrak{X}(g)\lambda(a)^{-1}\nu(\overline{g}),$$

计算得

$$\mathfrak{Z}(g,ax_{\overline{g}})\mathfrak{Z}(h,bx_{\overline{h}})=\mathfrak{X}(gh)\lambda(ab)^{-1}\alpha(g,h)\nu(\overline{g})\nu(\overline{h}),$$

$$\mathfrak{Z}(gh,ab\gamma(\overline{g},\overline{h})x_{\overline{gh}})=\mathfrak{X}(gh)\lambda(ab)^{-1}\lambda(\gamma(\overline{g},\overline{h}))^{-1}\nu(\overline{gh}).$$

因为上面两式右边相等, 故左边也相等, 进而推出 $\mathfrak{Z}$ 保持乘法, 这就表明 $\mathfrak{Z}$ 为 G^* 上的通常群表示. 注意到 $\alpha(1,1)=1$ (见 (3.1.5) 式) 且 $\gamma(\overline{1},\overline{1})=1$, 由 (3.2.1) 式推出

$$\nu(\overline{n})=\nu(\overline{1})=1,\quad \forall n\in N.$$

于是

$$\mathfrak{Z}(n,a)=\mathfrak{X}(n)\lambda(a)^{-1}=\mathfrak{Y}(n)\lambda(a)^{-1},$$

$$\mathrm{Tr}(\mathfrak{Z}(n,a))=\mathrm{Tr}(\mathfrak{Y}(n))\,\lambda^{-1}(a)=\theta(n)\lambda^{-1}(a)=(\theta^*(\lambda^*)^{-1})(n,a),$$

因此 $\mathfrak{Z}_L$ 恰好提供特征标 $\theta^*(\lambda^*)^{-1}$, 这也就说明 $\theta^*(\lambda^*)^{-1}$ 可以扩充到 G^*, 定理证毕. □

下面我们来说明定理 3.2.3 是如何应用的. 设 (G,N,θ) 为特征标串, 由定理 3.1.16, 必存在具有射影提升性质的 G/N 的有限中心扩张 (Γ,π), 使得 $A:=\ker\pi=\mathrm{Mul}(G/N)$, 应用上面的定理, 必存在 $\lambda\in\mathrm{Irr}(A)$ 使得

$$(G,N,\theta)\cong(\Gamma,A,\lambda).$$

在 (G,N,θ) 环境下, N 的结构可能比较复杂甚至不清楚, θ 也可能是非线性的, 所以研究 θ^G 的结构比较困难. 在 (Γ,A,λ) 环境下, 因为 $A\leqslant\mathbf{Z}(\Gamma)$ 且 λ 线性, 所以研究 λ^Γ 的结构相对比较容易. 进一步, 记 $G^*=\Gamma/\ker\lambda$, $N^*=A/\ker\lambda$, 由说明 (C) 知 $(\Gamma,A,\lambda)\cong(G^*,N^*,\lambda)$, 因而

$$(G,N,\theta)\cong(G^*,N^*,\lambda).$$

注意在 (G^*,N^*,λ) 这个最为简化的环境下, 不但 $N^*\leqslant\mathbf{Z}(G^*)$, 而且 N^* 循环, λ 为 N^* 的忠实线性特征标. 上述说明导出下面的推论.

推论 3.2.4　设 (G,N,θ) 为特征标串, 则存在特征标串 (G^*,N^*,θ^*), 使得 $(G,N,\theta)\cong(G^*,N^*,\theta^*)$, 其中 $N^*\leqslant\mathbf{Z}(G^*)$, N^* 循环, 且 $\theta^*\in\mathrm{Lin}(N^*)$ 忠实.

下面来给出特征标串同构定理或推论 3.2.4 的一些应用. 首先, 我们可以去掉命题 2.8.12 中的 “G/N 可解” 条件, 得到下面的一般性的定理.

定理 3.2.5 设 $N \trianglelefteq G$, $\chi \in \mathrm{Irr}(G)$, $\theta \in \mathrm{Irr}(\chi_N)$, $e_\chi = [\chi_N, \theta]$, 则 $e_\chi \mid |\mathrm{I}_G(\theta) : N|$, 从而 $\chi(1)/\theta(1) \mid |G : N|$; 特别地, 若 $(\chi(1), |G/N|) = 1$, 则 χ_N 不可约.

证 记 $T = \mathrm{I}_G(\theta)$, 由 Clifford 定理, 我们仅需证明 e_χ 整除 $|T : N|$. 取 $\psi \in \mathrm{Irr}(\chi_T) \cap \mathrm{Irr}(\theta^T)$, 由 Clifford 定理有 $\psi^G = \chi$ 且 $e_\psi = [\psi_N, \theta] = [\chi_N, \theta] = e_\chi$. 假设 $T < G$, 由归纳得 $e_\psi \mid |T : N|$, 定理成立. 下设 $T = G$, 此时 (G, N, θ) 为特征标串, $\chi_N = e_\chi \theta$. 我们仅需证明 $e_\chi \mid |G : N|$.

令 (Γ, A, λ) 为定理 3.2.3 中的与 (G, N, θ) 同构的特征标串, 并取 $\xi \in \mathrm{Irr}(\lambda^\Gamma)$ 使得它与 $\chi \in \mathrm{Irr}(\theta^G)$ 对应, 由引理 3.2.2 有 $\xi(1) = \xi(1)/\lambda(1) = \chi(1)/\theta(1) = e_\chi$. 在 Γ 中应用命题 2.3.11, 有 $\xi(1) \mid |\Gamma : A|$, 注意到 $|\Gamma : A| = |G : N|$, 即得 e_χ 整除 $|G : N|$, 定理成立. □

推论 3.2.6 设 $\chi \in \mathrm{Irr}(G)$, 若 A 为 G 的次正规子群, θ 为 χ_A 的不可约成分, 则 $\theta(1) \mid \chi(1)$, 且 $\chi(1)/\theta(1) \mid |G : A|$.

证 对 $|G|$ 作归纳. 不妨设 $A < G$, 取 M 为 G 的正规子群使得 $A \leqslant M < G$, 再取 $\psi \in \mathrm{Irr}(\chi_M) \cap \mathrm{Irr}(\theta^M)$. 由定理 3.2.5, 得 $\chi(1)/\psi(1) \mid |G : M|$. 再在 M 中应用归纳假设得 $\theta(1) \mid \psi(1)$ 且 $\psi(1)/\theta(1) \mid |M : A|$. 综上即得结论. □

下面的推论进一步加强了命题 2.3.11 及定理 2.7.9.

推论 3.2.7 设 $\chi \in \mathrm{Irr}(G)$, 若 $A/\ker\chi$ 为 $G/\ker\chi$ 的次正规的交换子群, 则 $\chi(1) \mid |G : A|$.

证 由归纳可设 $\ker\chi = 1$, 再应用推论 3.2.6 即得结论. □

3.2.2 特征标的扩充

对于特征标串 (G, N, θ), 2.8 节给出了线性 θ 可扩充到 G 的充分必要条件, 下面将给出在一般情形下 θ 可扩充到 G 的若干充分条件. 回忆一下, 对于群 H 上的特征标 χ, 在 2.2 节中定义了它的行列式特征标 $\det(\chi)$, 这是 H 上的一个线性特征标, 将元素 $\det(\chi)$ 在交换群 $\mathrm{Irr}(H/H')$ 中的阶记为 $o(\chi)$. 在本小节推演中, 我们需要下面的基本事实: 设 $\chi \in \mathrm{Ch}(H)$, $\lambda \in \mathrm{Lin}(H)$, 则

$$\det(\lambda\chi) = \lambda^{\chi(1)}\det(\chi).$$

引理 3.2.8 设 $N \trianglelefteq G$, 若 $\theta \in \mathrm{Irr}(N)$ 可扩充到 G, 则 $\det(\theta)$ 也可扩充到 G.

证 设 $\chi \in \mathrm{Irr}(G)$ 是 θ 到 G 的一个扩充, 因为 $(\det(\chi))_N = \det(\chi_N) = \det(\theta)$, 所以 $\det(\theta)$ 可以扩充到 $\det(\chi) \in \mathrm{Irr}(G)$. □

下面给出关于特征标扩充极为重要的局部化定理.

定理 3.2.9 设 (G, N, θ) 是特征标串, 则 θ 可扩充到 G 的充分必要条件是, 任取素数 p, 任取 $P \in \mathrm{Syl}_p(G)$, θ 都能扩充到 PN.

证 由 2.8 节说明 (B), 我们仅需证明充分性. 显然 1_N 可扩充到 1_G, 故可设 $\theta \neq 1_N$.

情形 1. 假设 θ 线性.

此时 $\det\theta = \theta$. 若 $o(\theta)$ 是某个素数 p 的方幂, 令 $P \in \mathrm{Syl}_p(G)$, 令 ν 为 θ 到 PN 的一个扩充. 因为 $\nu^G(1) = |G : PN|$ 与 p 互素, 故有 $\chi \in \mathrm{Irr}(\nu^G)$ 使得 $p \nmid \chi(1)$ (例 2.8.3). 由 θ 的 G-不变性得 $\chi_N = \chi(1)\theta$, 从而

$$(\det\chi)_N = \det(\chi_N) = \det(\chi(1)\theta) = \theta^{\chi(1)}.$$

由 $\chi(1)$ 和 $o(\theta)$ 的互素性, 我们可取到整数 b 使得 $b\chi(1) \equiv 1 \pmod{o(\theta)}$, 此时 $((\det\chi)^b)_N = ((\det\chi)_N)^b = \theta^{b\chi(1)} = \theta$, 这表明 $(\det\chi)^b$ 就是 θ 到 G 的一个扩充.

对一般的线性特征标 θ, 考虑它在交换群 $\mathrm{Lin}(N)$ 中的分解, 可将 θ 表为 $\prod_{p|o(\theta)} \theta_p$, 其中 $\theta_p \in \mathrm{Lin}(N)$ 且 $o(\theta_p)$ 为 p 的方幂. 注意到 θ_p 是 θ 的方幂, 故 θ_p 也是 G-不变的, 并且 θ_p 也能扩充到 PN (事实上, 设 λ 为 θ 到 PN 的一个扩充, 且设 $\theta_p = \theta^k$, 则 λ^k 为 θ_p 到 PN 的扩充), 故由上段的推理知 θ_p 可扩充为 $\nu_p \in \mathrm{Lin}(G)$. 令 $\nu = \prod_{p|o(\theta)} \nu_p$, 有

$$\nu_N = \prod_{p|o(\theta)} (\nu_p)_N = \prod_{p|o(\theta)} \theta_p = \theta,$$

即 ν 为 θ 到 G 上的一个扩充, 结论也成立.

情形 2. 假设 θ 非线性.

令 (Γ, A, λ) 为定理 3.2.3 中的与 (G, N, θ) 同构的特征标串. 假设 $N \leqslant H \leqslant G$, $A \leqslant K \leqslant \Gamma$, 且 H 与 K 相对应, 由引理 3.2.2 知道: θ 可扩充到 H 当且仅当 λ 可扩充到 K. 记 G_p 为 G 的一个 Sylow p-子群, 则有 Γ 的一个 Sylow p-子群 Γ_p, 使得 G_pN 与 Γ_pA 相对应. 因为 θ 可扩充到 G_pN, 所以 λ 可扩充到 Γ_pA. 由情形 1 的结论推出 λ 可扩充到 Γ, 从而 θ 也可扩充到 G, 定理成立. □

设 (G, N, θ) 为特征标串, 取定 $P \in \mathrm{Syl}_p(G)$, 假设 θ 能扩充到 $\theta_0 \in \mathrm{Irr}(PN)$. 任取 $P^g \in \mathrm{Syl}_p(G)$, 易见 θ 可扩充到 $\theta_0^g \in \mathrm{Irr}(P^gN)$. 因此 θ 可扩充到 G 的充分必要条件是, 任取素数 p, 都存在 $P \in \mathrm{Syl}_p(G)$ 使得 θ 可扩充到 PN.

引理 3.2.10 设 (G, N, θ) 为特征标串, 若 θ 线性且 $(|G/N|, o(\theta)) = 1$, 则存在唯一的 θ 到 G 的扩充 μ 满足 $(|G : N|, o(\mu)) = 1$. 事实上, $o(\mu) = o(\theta)$.

证 注意到 $\ker\theta \trianglelefteq G$, 由归纳可设 $\ker\theta = 1$. 由命题 2.8.1(4) 有 $N \leqslant \mathbf{Z}(G)$ 且 N 循环. 因为 θ 忠实, 易见 $o(\theta) = |N|$, 故 N 为 G 的 Hall 子群, 从而有 G 的某个 Hall 子群 H 使得 $G = H \times N$. 显然 $\mu := 1_H \times \theta$ 为 θ 到 G 的扩充且满足 $o(\mu) = o(\theta)$. 再者, 设 ν 也是 θ 到 G 的扩充且满足 $(|G : N|, o(\nu)) = 1$. 由命题 2.5.3, 存在线性 $\tau \in \mathrm{Irr}(H)$ 使得 $\nu = \tau \times \theta$. 显然 $o(\tau)$ 与 $o(\theta)$ 互素, 由此依次推出 $o(\nu) = o(\tau)o(\theta)$, $o(\tau) = 1$, $\tau = 1_H$, $\nu = \mu$. □

下面讨论特征标串 (G,N,θ) 在 $(|G/N|,\theta(1))=1$ 条件下 θ 的扩充问题.

引理 3.2.11 设 (G,N,θ) 为特征标串满足 $(|G/N|,\theta(1))=1$, 则以下结论成立:

(1) 若 θ 可扩充到 G (此时 $\det(\theta)$ 一定可扩充到 G), 取 $\lambda_0\in\mathrm{Lin}(G)$ 为 $\det(\theta)$ 到 G 的一个扩充, 则存在唯一的 θ 到 G 的扩充 χ_0 使得 $\det(\chi_0)=\lambda_0$.

(2) 若 G/N 可解, 则 θ 可扩充到 G 当且仅当 $\det(\theta)$ 可扩充到 G.

证 (1) 令 η 为 θ 到 G 的一个扩充, 则 $\eta(1)=\theta(1)$, 且 $(\det(\eta))_N=\det(\theta)$. 先证明 χ_0 的存在性. 记 $\alpha=\lambda_0\overline{\det(\eta)}$. 显然 $\alpha\in\mathrm{Lin}(G)$ 且 $\alpha_N=1_N$. 注意到

$$\alpha^{|G:N|}(g)=\alpha(g^{|G:N|})=\alpha_N(g^{|G:N|})=1_N(g^{|G:N|})=1=1_G(g),$$

这表明 $\alpha^{|G:N|}=1_G$. 记 $\mathfrak{Y}$ 为提供特征标 η 的矩阵表示. 对于任意整数 b, 容易验证: 按

$$(\alpha^b\mathfrak{Y})(g)=\alpha(g)^b\mathfrak{Y}(g)$$

定义了 G 上的表示 $\alpha^b\mathfrak{Y}$, 并导出特征标 $\alpha^b\eta$. 进一步, 有

$$\det((\alpha^b\mathfrak{Y})(g))=\det(\alpha(g)^b\mathfrak{Y}(g))=\alpha(g)^{b\theta(1)}\det(\mathfrak{Y}(g)),$$

得 $\det(\alpha^b\eta)=\alpha^{b\theta(1)}\det\eta$. 因为 $\theta(1)$ 和 $|G/N|$ 互素, 所以存在整数 b_0 使得 $b_0\theta(1)\equiv 1\,(\mathrm{mod}|G:N|)$, 易见 $\alpha^{b_0\theta(1)}=\alpha$. 现取 $\chi_0=\alpha^{b_0}\eta$, 由 $\alpha_N=1_N$ 得 $(\chi_0)_N=\eta_N=\theta$, 这表明 χ_0 为 θ 到 G 的扩充, 并且有 $\det(\chi_0)=\alpha^{b_0\theta(1)}\det(\eta)=\alpha\det(\eta)=\lambda_0\overline{\det(\eta)}\det(\eta)=\lambda_0$.

再证明 χ_0 的唯一性. 假设 θ 到 G 的扩充 χ 也满足 $\det(\chi)=\lambda_0$. 由 Gallagher 定理 2.8.5, 有 $\beta\in\mathrm{Lin}(G/N)$ 使得 $\chi=\chi_0\beta$. 于是

$$\lambda_0=\det(\chi)=\det(\chi_0\beta)=\beta^{\chi_0(1)}\det(\chi_0)=\beta^{\theta(1)}\lambda_0,$$

推出 $\beta^{\theta(1)}=1_G$. 注意到 $o(\beta)\mid|G/N|$ 且 $(\theta(1),|G:N|)=1$, 得 $\beta=1_G$, 因此 $\chi=\chi_0$.

(2) 由引理 3.2.8, 仅需证明充分性. 对 $|G:N|$ 归纳. 设 $\det(\theta)$ 可扩充到 $\mu\in\mathrm{Lin}(G)$, 令 M 为 G 的极大正规子群满足 $N\leqslant M$. 注意到 $\det(\theta)$ 也可扩充到 M, 事实上 μ_M 即为 $\det(\theta)$ 到 M 上的一个扩充, 由归纳假设知 θ 可扩充到 M. 进一步, 由 (1) 知存在唯一的 θ 到 M 的扩充 χ_0 满足 $\det(\chi_0)=\mu_M$. 注意, 因为 μ_M 可扩充到 μ, 所以 μ_M 必 G-不变. 任取 $g\in G$, 易见 $\chi_0^g\in\mathrm{Irr}(M)$ 也是 θ 到 M 的扩充, 且满足

$$\det(\chi_0^g)=(\det(\chi_0))^g=(\mu_M)^g=\mu_M,$$

由 χ_0 的唯一性得 $\chi_0^g=\chi_0$, 即 χ_0 在 G 中不变. 注意到 $|G/M|$ 为素数, 由推论 2.8.10 推出 χ_0 可扩充到 G, 故 θ 可扩充到 G. □

定理 3.2.12 (Gallagher) 设 (G, N, θ) 为特征标串满足 $(|G/N|, \theta(1)) = 1$, 则 θ 可扩充到 G 的充分必要条件是 $\det(\theta)$ 可扩充到 G.

证 仅需证明充分性. 令 G_p 为 G 的任意 Sylow 子群, 因为 $\det(\theta)$ 可扩充到 G, 所以 $\det(\theta)$ 也能扩充到 G_pN. 由引理 3.2.11(2) 推出 θ 可扩充到 G_pN. 由定理 3.2.9 即得结论. □

定理 3.2.13 设 (G, N, θ) 为特征标串, 如果 $(|G/N|, o(\theta)\theta(1)) = 1$, 特别地, 如果 $(|G/N|, |N|) = 1$, 那么 θ 一定可以扩充到 G, 且存在唯一的 θ 到 G 的扩充 χ 使得 $(|G/N|, o(\chi)) = 1$, 且事实上 $o(\chi) = o(\theta)$.

证 首先, 因 $|G/N|$ 与 $o(\theta)$ 互素, 引理 3.2.10 推出: 存在 $\det(\theta)$ 到 G 的扩充 λ_0 使得 $o(\lambda_0) = o(\theta)$. 其次, 由 $|G/N|$ 和 $\theta(1)$ 的互素性, 定理 3.2.12 保证 θ 可扩充到 G. 再者, 由引理 3.2.11(1), 存在 θ 到 G 的扩充 χ 使得 $o(\chi) = o(\lambda_0) = o(\theta)$, 这样就证明了满足要求的 χ 的存在性.

进一步, 若 ψ 也是 θ 到 G 的扩充且满足 $(|G/N|, o(\psi)) = 1$. 由定理 2.8.5, 存在 $\alpha \in \mathrm{Lin}(G/N)$ 使得 $\psi = \alpha\chi$, 此时 $\det(\psi) = \alpha^{\theta(1)}\det(\chi)$. 注意到 $o(\alpha^{\theta(1)})$ 与 $o(\chi)$ 互素, 得 $o(\psi) = o(\alpha^{\theta(1)})o(\chi)$, 进而依次推出 $o(\alpha^{\theta(1)}) = 1$, $o(\alpha) = 1$, $\alpha = 1_G$, $\psi = \chi$, 唯一性成立. □

定理 3.2.13 中的 χ 称为 θ 到 G 的**典型扩充**. 综合应用推论 3.1.23, 定理 3.2.9 及定理 3.2.13, 即得下面的推论.

推论 3.2.14 设 (G, N, θ) 为特征标串, 如果对每 $p \in \pi(G/N)$ 都有以下之一成立:

(1) 存在子群 H 满足 $G_pN \leqslant H$ 使得 $\mathrm{Mul}(H/N) = 1$, 这里 $G_p \in \mathrm{Syl}_p(G)$[①],

(2) $o(\theta)\theta(1)$ 为 p'-数[②],

那么 θ 可扩充到 G.

例 3.2.15 设 (G, N, θ) 为特征标串, 若 $G/N \cong \mathrm{S}_4$, N' 交换且 N/N' 为奇阶群, 则 θ 可以扩充到 G.

证 $\pi(G/N) = \{2, 3\}$. 对于素数 3, G/N 有循环 Sylow 3-子群; 对于素数 2, $\theta(1)$ 和 $o(\theta)$ 都整除 $|N : N'|$, 故 $\theta(1)o(\theta)$ 为奇数. 应用推论 3.2.14 即得结论. □

3.3 群作用下的特征标与共轭类

设有限群 S 作用在有限群 G 上[③], 则存在群同态 $\mathfrak{X} : S \to \mathrm{Aut}(G)$, 此时我们可以构造 G 和 S 的半直积 $S \ltimes G$, 使得 g^s 等于 g 在 $\mathfrak{X}(s)$ 下的像, 这里 $s \in S$,

---

① 该条保证了 θ 可扩充到 H 从而可扩充到 G_pN; 若 G/N 有循环的 Sylow p-子群, 则该条自然成立.

② 若 N 为 p'-群, 则该条自然成立.

③ 若无特别说明, 群作用在群上都是指按自同构作用.

$g \in G$. 按照 2.4 节中的说明 (M), S 按下面的方式也自然地作用在 $\mathrm{Irr}(G)$ 和 $\mathrm{Con}(G)$ 上:

$$\chi^s(g) = \chi(g^{s^{-1}}), \quad (g^G)^s = (g^s)^G.$$

对于 S 的子集 Δ, 用 $\mathrm{Irr}_\Delta(G)$ 和 $\mathrm{Con}_\Delta(G)$ 分别表示 $\mathrm{Irr}(G)$ 和 $\mathrm{Con}(G)$ 的 Δ-不动点集合, 即

$$\mathrm{Irr}_\Delta(G) = \{\chi \in \mathrm{Irr}(G) \mid \chi^s = \chi, \forall s \in \Delta\},$$

$$\mathrm{Con}_\Delta(G) = \{K \in \mathrm{Con}(G) \mid K^s = K, \forall s \in \Delta\}.$$

任取 $s \in S$, 由 Brauer 置换引理 (定理 2.4.15) 有 $|\mathrm{Irr}_s(G)| = |\mathrm{Con}_s(G)|$, 即

$$|\mathrm{Irr}_{\langle s\rangle}(G)| = |\mathrm{Con}_{\langle s\rangle}(G)|, \tag{3.3.1}$$

也即, S 作用在集合 $\mathrm{Irr}(G)$ 和 $\mathrm{Con}(G)$ 上导出相同的置换特征标. 由引理 2.4.14, $\mathrm{Irr}(G)$ 和 $\mathrm{Con}(G)$ 是两个同构 G-集的充要条件是, 任取 $A \leqslant S$ 都有 $|\mathrm{Irr}_A(G)| = |\mathrm{Con}_A(G)|$, 由此得下面的推论.

推论 3.3.1 若循环群 S 作用在群 G 上, 则 $\mathrm{Irr}(G) \cong_S \mathrm{Con}(G)$, 即 $\mathrm{Irr}(G)$ 和 $\mathrm{Con}(G)$ 是两个同构 S-集.

本节主要考察 "S 互素作用在 G 上" 环境下, 也附带考察 "S 作用在初等交换群 G 上" 环境下, S-集 $\mathrm{Irr}(G)$ 和 S-集 $\mathrm{Con}(G)$ 的性质及两者之间的联系.

3.3.1 Glauberman 置换引理

下面给出著名的 Glauberman 置换引理, 它在互素群作用环境下具有基本的重要性.

定理 3.3.2 (Glauberman 引理) 设 $\{S, G, \Omega\}$ 满足以下条件: S 和 G 是两个有限群, Ω 是一个非空有限集合; 群 S 互素作用在群 G 上; S 作用在 Ω 上; G 可迁作用在 Ω 上; 且对任意 $s \in S$, $g \in G$, $\omega \in \Omega$ 都有

$$(\omega \cdot g) \cdot s = (\omega \cdot s) \cdot g^s, \tag{3.3.2}$$

则以下结论成立:

(1) Ω 中有 S-不动点, 即存在 $\alpha \in \Omega$ 使得对任意 $s \in S$ 都有 $\alpha \cdot s = \alpha$;

(2) $\mathbf{C}_G(S)$ 可迁作用在 Ω 中的 S 不动点集合上.

证 记 $\Gamma = G \rtimes S$ 为由所给群作用导出的半直积, 我们先说明 Γ 按自然的方式作用在 Ω 上. 任取 $gs \in \Gamma$ (这里 $g \in G$, $s \in S$) 和 $\omega \in \Omega$, 定义 $\omega \cdot (gs) = (\omega \cdot g) \cdot s$, 反复应用 (3.3.2) 式容易验证 $\omega \cdot (g_1 s_1 g_2 s_2) = (\omega \cdot (g_1 s_1)) \cdot (g_2 s_2)$, 因此上面定义了 Γ 在 Ω 上的作用, 故有

$$(\omega \cdot t_1) \cdot t_2 = \omega \cdot (t_1 t_2), \quad \forall t_1, t_2 \in \Gamma. \tag{3.3.3}$$

(1) 取 $\alpha \in \Omega$, 显然 $G_\alpha = \Gamma_\alpha \cap G$. 因 Ω 是可迁 G-集, 故 Ω 也是可迁 Γ-集, 得 $|G : G\cap\Gamma_\alpha| = |\Omega| = |\Gamma : \Gamma_\alpha|$. 这就推出 $|S| = |\Gamma_\alpha : G\cap\Gamma_\alpha|$, 特别地, $G\cap\Gamma_\alpha$ 为 Γ_α 的正规 Hall 子群, 由 Schur-Zassenhaus 定理 (Hall 子群存在性), 可取到 $G\cap\Gamma_\alpha$ 在 Γ_α 中的一个补子群 T. 再由 Schur-Zassenhaus 定理 (Hall 子群共轭性), 存在 $x \in G$ 使得 $S = T^x$. 此时 $S = T^x \leqslant (\Gamma_\alpha)^x = \Gamma_{\alpha^x}$, 这表明 S 稳定 α^x.

(2) 令 $\Delta = \{\omega \in \Omega | \omega\cdot s = \omega, \forall s \in S\}$, 即 Δ 为 Ω 中的 S 不动点集合. 任取 $\omega \in \Delta$, 任取 $g \in \mathbf{C}_G(S)$, 任取 $s \in S$, 有

$$(\omega\cdot g)\cdot s = \omega\cdot(gs) = \omega\cdot(sg) = (\omega\cdot s)\cdot g = \omega\cdot g,$$

得 $\omega\cdot g \in \Delta$, 因此 Δ 为 $\mathbf{C}_G(S)$-集. 考察 Δ 中任意取定的两个元素 α, β. 令 $X = \{g \in G | \alpha\cdot g = \beta\}$, 容易验证 X 是 S-不变的非空集合. 任取 $g \in G_\beta$, 任取 $s \in S$, 因为 β 为 S-不动点, 由 (3.3.3) 式得

$$\beta\cdot g^s = (\beta\cdot s^{-1})\cdot(gs) = \beta\cdot(gs) = (\beta\cdot g)\cdot s = \beta\cdot s = \beta,$$

这表明 G_β 是 G 的 S-不变子群; 再者, 易验证 G_β 按右乘可迁作用在 X 上. 现在, S (当然是按自同构) 作用在群 G_β 上, S 作用在 X 上, G_β 可迁作用在 X 上, 且同样满足 (3.3.2) 式. 由 (1) 的结论推出 S 必稳定 X 中某个元素, 即存在

$$x \in \mathbf{C}_G(S) \cap \{g \in G | \alpha\cdot g = \beta\}.$$

这说明, 对任意 $\alpha, \beta \in \Delta$, 都存在 $x \in \mathbf{C}_G(S)$ 使得 $\alpha\cdot x = \beta$, 即 $\mathbf{C}_G(S)$ 可迁作用在 Δ 上. □

推论 3.3.3 若群 S 互素作用在群 G 上, 记 $C = \mathbf{C}_G(S)$, 则 $K \mapsto K\cap C$ 是 $\mathrm{Con}_S(G)$ 到 $\mathrm{Con}(C)$ 的双射①.

证 令 $K = k^G \in \mathrm{Con}_S(G)$, 将 K 看作定理 3.3.2 中的集合 Ω. 在群 $S \ltimes G$ 中, 显然 S 和 G 都共轭作用在 K 上, 且 G 可迁作用在 K 上, 进一步有

$$(k\circ g)\circ s = (k^g)^s = k^{gs} = k^{sg^s} = (k\circ s)\circ g^s,$$

这里 $g \in G$, $s \in S$. 这表明 $\{S, G, K\}$ 满足定理 3.3.2 条件, 因而推出 $C = \mathbf{C}_G(S)$ 可迁作用在 $\mathbf{C}_K(S)$ 上. 注意到 $\mathbf{C}_K(S) = K\cap C$ 且 C 可迁作用在 $\mathbf{C}_K(S)$ 上, 故 $K\cap C$ 恰是一个 C-共轭类. 因此 $K \mapsto K\cap C$ 是 $\mathrm{Con}_S(G)$ 到 $\mathrm{Con}(C)$ 的映射.

因为两个不同的 G-共轭类没有公共元素, 所以 $K \mapsto K\cap C$ 是单射. 又若 $c \in C$, 则 c^G 是 S-不变的 G-类, 且 $c^G \mapsto c^G \cap C = c^C$, 故 $K \mapsto K\cap C$ 还是满射, 结论成立. □

例 3.3.4 设 $N \trianglelefteq G$, $S < G$ 满足 $(|S|, |N|) = 1$, 则 S 稳定 N-共轭类 n^N 的充要条件是, S 中心化 n^N 中的某元素, 这里 $n \in N$.

① 该推论可看作定理 3.3.7 的共轭类版本.

证 若 S 中心化 n^N 中某元素, 不妨设 S 中心化 n. 任取 $n' \in N$, $s \in S$, 有

$$(n^{n'})^s = (n^s)^{s^{-1}n's} = n^{s^{-1}n's} \in n^N,$$

故 S 稳定 n^N. 反之, 若 S 稳定 n^N, 将 S, N 和 n^N 分别看作定理 3.3.2 中的 S, G 和 Ω, 显然它们满足定理 3.3.2 条件, 由此推出 n^N 中有 S-不动点, 即 S 中心化 n^N 中的某个元素. □

例 3.3.5 设群 S 互素作用在群 G 上, 则以下命题等价:

(1) S 中心化 G;

(2) S 稳定 G 的每个不可约特征标;

(3) S 稳定 G 的每个共轭类.

证 (1) $\Rightarrow$ (2). 显然.

(2) $\Rightarrow$ (3). 任取 $s \in S$, 由条件有 $|\mathrm{Irr}_s(G)| = |\mathrm{Irr}(G)|$, 由 Brauer 置换引理又有 $|\mathrm{Irr}_s(G)| = |\mathrm{Con}_s(G)|$. 这就推出 $|\mathrm{Con}_s(G)| = |\mathrm{Irr}(G)| = |\mathrm{Con}(G)|$, 即 s 稳定 G 的所有共轭类.

(3) $\Rightarrow$ (1). 任取 $s \in S$, 记 $\Gamma = \langle s \rangle \ltimes G$. 因为 s 稳定 G 的每个共轭类, 由例 3.3.4 知 $G = \bigcup_{g \in G} (\mathbf{C}_G(s))^g$. 此时①熟知 $\mathbf{C}_G(s) = G$, 即 s 中心化 G, 从而 S 中心化 G. □

3.3.2 Glauberman-Isaacs 特征标对应

本小节介绍著名的 Glauberman-Isaacs 特征标对应定理, 鉴于其证明比较复杂, 我们略去其证明, 转而重点介绍其应用.

定理 3.3.6 (Glauberman 对应) 设可解群 S 互素作用在群 G 上, 则一定存在唯一定义的双射

$$\pi(G,S) : \mathrm{Irr}_S(G) \to \mathrm{Irr}(\mathbf{C}_G(S))$$

满足下面的性质:

(1) 若 $T \trianglelefteq S$, 则 $\pi(G,T)$ 为 $\mathrm{Irr}_S(G)$ 到 $\mathrm{Irr}_S(\mathbf{C}_G(T))$ 的满射, 且

$$\pi(G,S) = \pi(G,T)\pi(\mathbf{C}_G(T), S/T). \tag{3.3.4}$$

(2) 假设 S 是 p-群, 若 $\chi \in \mathrm{Irr}_S(G)$ 且 $\psi = \chi^{\pi(G,S)}$, 则 ψ 恰是 χ 限制到 $\mathbf{C}_G(S)$ 的满足 $p \nmid [\chi_{\mathbf{C}_G(S)}, \psi]$ 的唯一不可约成分.

注意, $\chi \in \mathrm{Irr}_S(G)$ 在 $\pi(G,S)$ 下的像记为 $\chi^{\pi(G,S)}$. 对上述定理, 我们作以下说明.

(A) 我们先说明等式 (3.3.4) 的合理性. 设 $T \trianglelefteq S$, 显然可解群 T 也互素作用在 G 上, 由此得到唯一定义的双射

$$\pi(G,T) : \mathrm{Irr}_T(G) \to \mathrm{Irr}(\mathbf{C}_G(T)).$$

---

① 事实上, 若 $H \leqslant G$ 满足 $G = \bigcup_{g \in G} H^g$, 则 $G = H$.

因为 $\mathrm{Irr}_S(G) \subseteq \mathrm{Irr}_T(G)$, 所以 $\pi(G,T)$ 限制到 $\mathrm{Irr}_S(G)$ 上定义了 $\mathrm{Irr}_S(G)$ 到 $\mathrm{Irr}(\mathbf{C}_G(T))$ 的映射. 因为 $\pi(G,T)$ 是满射, 所以

$$(\mathrm{Irr}_S(G))^{\pi(G,T)} = \mathrm{Irr}_S(\mathbf{C}_G(T)).$$

进一步, 由 $T \trianglelefteq S$ 知 $\mathbf{C}_G(T)$ 必是 G 的 S-不变子群, 故 S 作用在 $\mathbf{C}_G(T)$ 上, 注意到 T 包含在该作用的核中, 这又导出 S/T 在 $\mathbf{C}_G(T)$ 上的互素作用, 于是又有双射

$$\pi(\mathbf{C}_G(T), S/T) : \mathrm{Irr}_{S/T}(\mathbf{C}_G(T)) \to \mathrm{Irr}(\mathbf{C}_{\mathbf{C}_G(T)}(S/T)).$$

不难看到

$$\mathrm{Irr}_S(\mathbf{C}_G(T)) = \mathrm{Irr}_{S/T}(\mathbf{C}_G(T)),$$

$$\mathbf{C}_{\mathbf{C}_G(T)}(S/T) = \mathbf{C}_{\mathbf{C}_G(T)}(S) = \mathbf{C}_G(S),$$

因此 $\pi(\mathbf{C}_G(T), S/T)$ 为 $\mathrm{Irr}_S(\mathbf{C}_G(T))$ 到 $\mathrm{Irr}(\mathbf{C}_G(S))$ 的双射. 综上表明

$$\begin{aligned}(\mathrm{Irr}_S(G))^{\pi(G,T)\pi(\mathbf{C}_G(T),S/T)} &= (\mathrm{Irr}_S(\mathbf{C}_G(T)))^{\pi(\mathbf{C}_G(T),S/T)} \\ &= \mathrm{Irr}(\mathbf{C}_G(S)) \\ &= (\mathrm{Irr}_S(G))^{\pi(G,S)},\end{aligned}$$

这部分说明了等式 (3.3.4) 的合理性.

(B) 我们再证明定理中 $\pi(G,S)$ 的唯一性. 假设双射 $\pi_0(G,S)$ 也满足定理要求. 若 S 是 p-群, 由性质 (2) 立得 $\pi_0(G,S) = \pi(G,S)$. 下设 S 不是素数幂阶群, 取 T 为 S 的极大正规子群, 且令 $B = \mathbf{C}_G(T)$. 对 $|S|$ 归纳得

$$\pi(B, S/T) = \pi_0(B, S/T), \pi(G,T) = \pi_0(G,T),$$

从而由 (3.3.4) 式得 $\pi(G,S) = \pi_0(G/S)$.

设群 S 互素作用在群 G 上. 若 S 不可解, 则由奇阶群的可解性定理得 G 必定可解, 此时不同于 Glauberman 的构造方法, Isaacs 也成功地构造了一个 $\mathrm{Irr}_S(G)$ 到 $\mathrm{Irr}(\mathbf{C}_G(S))$ 的 "自然的" 特征标对应. 这样就得到了下面的定理.

定理 3.3.7 (Glauberman-Isaacs 对应)　*若群 S 互素作用在群 G 上, 则一定存在 $\mathrm{Irr}_S(G)$ 到 $\mathrm{Irr}(\mathbf{C}_G(S))$ 的双射.*

本小节余下部分, 我们重点考察 Glauberman 引理和 Glauberman-Isaacs 特征标对应定理的应用.

定理 3.3.8　*设群 S 互素作用在群 G 上, 则以下结论成立:*

(1) $|\mathrm{Irr}_S(G)| = |\mathrm{Con}_S(G)|$.

(2) *S 在 $\mathrm{Irr}(G)$ 及 $\mathrm{Con}(G)$ 上的作用置换同构, 即 $\mathrm{Irr}(G) \cong_S \mathrm{Con}(G)$.*

证 (1) 由 Glauberman-Isaacs 特征标对应定理, $|\mathrm{Irr}_S(G)| = |\mathrm{Irr}(\mathbf{C}_G(S))| = |\mathrm{Con}(\mathbf{C}_G(S))|$. 再由推论 3.3.3 有 $|\mathrm{Con}_S(G)| = |\mathrm{Con}(\mathbf{C}_G(S))|$. 因此 $|\mathrm{Irr}_S(G)| = |\mathrm{Con}_S(G)|$.

(2) 任取 $S_1 \leqslant S$, 考察 S_1 在 G 上的互素作用, 由 (1) 有 $|\mathrm{Irr}_{S_1}(G)| = |\mathrm{Con}_{S_1}(G)|$. 再应用引理 2.4.14 即得结论. □

假设群 S 作用在群 G 上, N 是 G 的 S-不变正规子群 (即 N 既是 G 的 S-不变子群又是 G 的正规子群), 且满足 $(|G:N|, |S|) = 1$, 我们考察下面一对对偶问题:

(i) 若 $\chi \in \mathrm{Irr}_S(G)$, 问 χ_N 中是否存在 S-不变的不可约成分?

(ii) 若 $\theta \in \mathrm{Irr}_S(N)$, 问 θ^G 中是否存在 S-不变的不可约成分?

命题 3.3.9 设群 S 作用在群 G 上, N 是 G 的 S-不变正规子群, 且满足 $(|G:N|, |S|) = 1$. 若 $\chi \in \mathrm{Irr}_S(G)$, 则 χ_N 必定有 S-不变的不可约成分.

证 令 $\Omega = \mathrm{Irr}(\chi_N)$. 由 Clifford 定理 2.7.2, G 可迁作用在 Ω 上, 注意到 N 包含在该作用的核中, 故导出 G/N 在 Ω 上的可迁作用. 设 $s \in S$, $\theta \in \Omega$, 因 θ 在 χ 的下方, 故 θ^s 在 $\chi^s = \chi$ 的下方, 即 $\theta^s \in \Omega$, 这表明 S 也作用在 Ω 上. 另外, S 自然地作用在 G/N 上. 任取 $\theta \in \Omega$, $s \in S$, $\overline{g} \in \overline{G} := G/N$ 以及 $n \in N$, 有

$$\theta^{\overline{g}} = \theta^g,$$

$$(\theta^{\overline{g}})^s(n^s) = (\theta^g)^s(n^s) = \theta^g(n) = \theta(gng^{-1}),$$

$$(\theta^s)^{\overline{g}^s}(n^s) = (\theta^s)^{g^s}(n^s) = \theta^s(g^s n^s (g^s)^{-1}) = \theta(gng^{-1}),$$

故 $(\theta^{\overline{g}})^s = (\theta^s)^{\overline{g}^s}$, 即

$$(\theta \circ \overline{g}) \circ s = (\theta \circ s) \circ \overline{g}^s.$$

综上表明 $\{S, \overline{G}, \Omega\}$ 满足 Glauberman 置换引理条件, 由此推出 Ω 中有 S 不动点, 即得结论. □

命题 3.3.9 给出了问题 (i) 的肯定回答, 进一步, 我们有下面更细致的定理. 容易看到命题 3.3.9 是定理 3.3.10 的直接推论.

定理 3.3.10 设 $N \trianglelefteq G \trianglelefteq \Gamma$, $N \trianglelefteq \Gamma$, $(|\Gamma:G|, |G:N|) = 1$, $\chi \in \mathrm{Irr}(G)$ 在 Γ 作用下不变. 取 $S \leqslant \Gamma$ 使得 $\Gamma/N = (S/N) \ltimes (G/N)$, 则以下结论成立:

(1) χ_N 中必有 S-不变的不可约成分.

(2) 若 $\mathbf{C}_{G/N}(S/N) = 1$, 则 χ_N 只有唯一一个 S-不变的不可约成分.

(3) 若 $\mathbf{C}_{G/N}(S/N) = G/N$, 则 χ_N 的所有不可约成分都 S-不变.

证 先作些说明. 由 Schur-Zassenhaus 定理, G/N 在 Γ/N 中必有补子群 S/N, 故定理中的子群 S 必存在. 再者, 对于 $\psi \in \mathrm{Irr}(G)$, 易见 ψ 是 S-不变的当且仅当 ψ 是 Γ-不变的.

令 $\Omega = \mathrm{Irr}(\chi_N)$. 类似于命题 3.3.9 的证明, 我们看到: G/N 可迁作用在 Ω 上; 因为 χ 在 S 作用下不变, 所以 S 也作用在 Ω 上, 由此又导出 S/N 在 Ω 上的作用 (注意 N 平凡作用在 Ω 上); 再者 S/N 互素作用在群 G/N 上. 易见 $\{S/N, G/N, \Omega\}$ 满足定理 3.3.2 中条件, 故 Ω 中有 S/N-不动点, 即 χ_N 中必有 S/N-不变的不可约成分, 也即 χ_N 中有 S-不变的不可约成分, 结论 (1) 成立. 进一步, 由 Glauberman 引理, $\mathbf{C}_{G/N}(S/N)$ 可迁作用在 Ω 中的 S/N-不动点集合上, 也即 $\mathbf{C}_{G/N}(S/N)$ 可迁作用在 χ_N 中的 S-不变的不可约成分集合 Ω_0 上. 这就推出如下事实:

若 $\mathbf{C}_{G/N}(S/N) = 1$, 则 $|\Omega_0| = 1$, 结论 (2) 成立.

若 $\mathbf{C}_{G/N}(S/N) = G/N$, 则 G/N 可迁作用在 Ω_0 上. 取 $\alpha \in \Omega_0$, 有 $|\Omega_0| = |G/N : (G/N)_\alpha|$. 注意到 $(G/N)_\alpha = G_\alpha/N = \mathrm{I}_G(\alpha)/N$, 得 $|\Omega_0| = |G : \mathrm{I}_G(\alpha)| = |\Omega|$, 这表明 $\Omega_0 = \Omega$, 即 χ_N 的不可约成分均 S-不变, 结论 (3) 成立. □

下面将给出问题 (ii) 的肯定回答.

引理 3.3.11 设可解群 S 互素作用在群 G 上, N 是 G 的 S-不变正规子群, $\chi \in \mathrm{Irr}_S(G)$, $\theta \in \mathrm{Irr}_S(N)$, π 为 Glauberman 对应, 并记 $\xi = \chi^{\pi(G,S)}$, $\phi = \theta^{\pi(N,S)}$, 则 $[\theta^G, \chi] \neq 0$ 当且仅当 $[\phi^{\mathbf{C}_G(S)}, \xi] \neq 0$.

证 如图 3.1 所示. 记 $C = \mathbf{C}_G(S)$, 有 $\mathbf{C}_N(S) = C \cap N$. 首先考察 S 是 p-群的情形. 记 $\chi_C = a\xi + \sum b_i\nu_i$, 其中 $a \in \mathbb{Z}^+$, $\nu_i \in \mathrm{Irr}(C)$ 满足 $[\nu_i, \xi] = 0$. 注意到 ξ 是 χ_C 中的满足 $[\chi_C, \xi] \not\equiv 0 \pmod p$ 的唯一不可约成分 (定理 3.3.6 中的性质 (2)), 因此 $b_i \equiv 0 \pmod p$, 由此得

$$\begin{aligned}[\chi_{C\cap N}, \phi] &= [a\xi_{C\cap N} + \textstyle\sum b_i(\nu_i)_{C\cap N}, \phi] \equiv a[\xi_{C\cap N}, \phi] \\ &\equiv [\chi_C, \xi]\,[\xi_{C\cap N}, \phi] \pmod p.\end{aligned} \tag{3.3.5}$$

因为 χ 在 S 作用下不变, 所以 $\mathrm{Irr}(\chi_N)$ 是 S-集, 故可记 $\chi_N = \sum b_\Delta \Delta$, 这里每个 Δ 均为 S-轨道和, 即有 $\mathrm{Irr}(\chi_N)$ 的一个 S-轨道 $\mathcal{O}$ 使得 $\Delta = \sum_{\mu\in\mathcal{O}} \mu$. 注意到 $\phi \in \mathrm{Irr}(\mathbf{C}_N(S)) = \mathrm{Irr}(C \cap N)$ 在 S 作用下不变, 故对 $s \in S$ 和 $\beta \in \mathrm{Ch}(C \cap N)$ 都有 $[\beta, \phi] = [\beta^s, \phi^s] = [\beta^s, \phi]$, 特别地,

$$[\Delta_{C\cap N}, \phi] = |\mathcal{O}|[\mu_{C\cap N}, \phi],$$

其中 $\mu \in \mathcal{O}$. 若 $|\mathcal{O}| > 1$, 因 S 为 p-群, 故显然有 $p \mid |\mathcal{O}|$, 从而 $[\Delta_{C\cap N}, \phi] \equiv 0 \pmod p$; 而当 $\mathcal{O}$ 只含有一个元素 η 时, 这个 η 必是 S-不变的, 即 $\eta \in \mathrm{Irr}_S(N)$. 由此不难推出

$$[\chi_{C\cap N}, \phi] = [(\chi_N)_{C\cap N}, \phi] \equiv \sum_{\eta\in\mathrm{Irr}_S(N)} [\chi_N, \eta][\eta_{C\cap N}, \phi] \pmod p.$$

进一步, 对于 $\eta \in \mathrm{Irr}_S(N)$, 考察 S 在 N 上的互素作用, 由定理 3.3.6 中的性质

(2), 我们看到只有当 $\eta=\theta$ 时才有 $[\eta_{C\cap N},\phi]\not\equiv 0\ (\mathrm{mod}\, p)$, 因此

$$[\chi_{C\cap N},\phi]\equiv[\chi_N,\theta][\theta_{C\cap N},\phi]\ (\mathrm{mod}\, p). \tag{3.3.6}$$

比较 (3.3.5) 和 (3.3.6) 两式得

$$[\chi_C,\xi][\xi_{C\cap N},\phi]\equiv[\chi_N,\theta][\theta_{C\cap N},\phi]\ (\mathrm{mod}\, p).$$

因为 $[\chi_C,\xi]$ 和 $[\theta_{C\cap N},\phi]$ 模 p 后均不等于零, 由上式即推出 $p\mid[\chi_N,\theta]\Leftrightarrow p\mid[\xi_{C\cap N},\phi]$. 注意到由定理 3.2.5 有

$$p\mid[\chi_N,\theta]\Leftrightarrow[\chi_N,\theta]=0,$$

$$p\mid[\xi_{C\cap N},\phi]\Leftrightarrow[\xi_{C\cap N},\phi]=0,$$

因此 $[\chi_N,\theta]=0\Leftrightarrow[\xi_{C\cap N},\phi]=0$, 也即 $[\theta^G,\chi]\neq 0\Leftrightarrow[\phi^{\mathbf{C}_G(S)},\xi]\neq 0$, 结论成立.

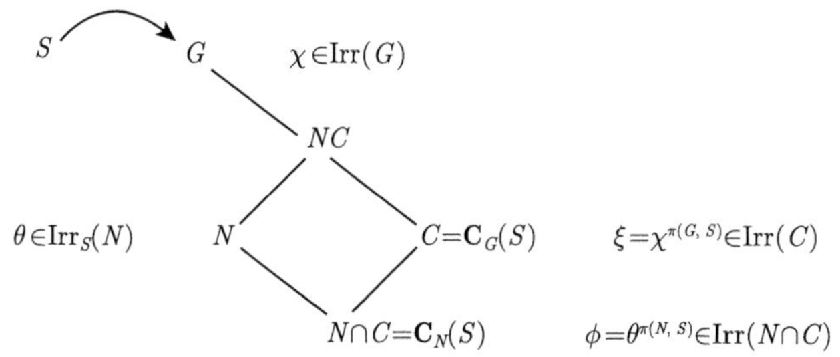

图 3.1

当 S 不是素数幂阶群时, 对 $|S|$ 作归纳. 取 $T\trianglelefteq S$ 使得 S/T 为素数阶群, 记 $B=\mathbf{C}_G(T)$. 由 Glauberman 对应定理有 $\pi(G,S)=\pi(G,T)\pi(B,S/T)$; 类似地, 又有 $\pi(N,S)=\pi(N,T)\ \pi(B\cap N,S/T)$. 由归纳假设有 $[\theta^G,\chi]\neq 0\Leftrightarrow[(\theta^{\pi(N,T)})^B,\chi^{\pi(G,T)}]\neq 0$, 由上段的结论并结合上面的关系式即得定理结论. □

下面给出定理 3.3.10 的对偶形式.

定理 3.3.12 设 $\{\Gamma,G,S,N,\theta\}$ 满足以下条件: $N\trianglelefteq G\trianglelefteq\Gamma$, $N\trianglelefteq\Gamma$, $(|\Gamma:G|,|G:N|)=1$, $S\leqslant\Gamma$ 使得 $\Gamma/N=(S/N)\ltimes(G/N)$, 且 $\theta\in\mathrm{Irr}(N)$ 在 S 作用下不变, 则以下结论成立:

(1) θ^G 中必有 S-不变 (也即 Γ-不变) 的不可约成分.

(2) 若 $\mathbf{C}_{G/N}(S/N)=1$, 则 θ^G 中恰有唯一一个 Γ-不变的不可约成分.

(3) 若 $\mathbf{C}_{G/N}(S/N)=G/N$, 则 θ^G 中的所有不可约成分都 Γ-不变.

证 我们先对 $|G/N|$, 再对 $\theta(1)$, 最后对 $|N|$ 做三级归纳. 记 θ^G 中的 S-不变的不可约成分集合为 $\mathrm{Irr}_S(\theta^G)$.

(a) 可设 G/N 为 Γ 的主因子.

假设 G/N 不是 Γ 的主因子, 取 Γ 的主因子 G/U 使得 $U > N$. 易见 $\{SU, U, S, N, \theta\}$ 仍满足定理条件, 由归纳假设, 存在 $\psi \in \mathrm{Irr}_S(\theta^U)$. 再者, $\{\Gamma, G, SU, U, \psi\}$ 也满足定理条件, 由归纳假设得 ψ^G 中有 S-不变的不可约成分, 故 θ^G 中有 S-不变的不可约成分.

若 $\mathbf{C}_{G/N}(S/N) = 1$, 则 $\mathbf{C}_{U/N}(S/N) = 1$ 且 $\mathbf{C}_{G/U}(SU/U) = 1$. 由归纳 θ^U 中恰有唯一的 S-不变的不可约成分, 记为 ψ, 且 ψ^G 中也有唯一 S-不变的不可约成分, 记为 χ. 假设 $\xi \in \mathrm{Irr}_S(\theta^G)$, 由定理 3.3.10, ξ_U 中的 S-不变的不可约成分有且仅有一个, 显然这个唯一的 S-不变的不可约成分只能是 ψ, 这表明 $\xi \in \mathrm{Irr}_S(\psi^G)$, 故 $\xi = \chi$.

若 $\mathbf{C}_{G/N}(S/N) = G/N$, 则 $\mathbf{C}_{U/N}(S/N) = U/N$ 且 $\mathbf{C}_{G/U}(SU/U) = G/U$. 任取 $\psi \in \mathrm{Irr}(\theta^U)$, 任取 $\chi \in \mathrm{Irr}(\psi^G)$, 应用两次归纳假设得 $\psi \in \mathrm{Irr}_S(U)$ 且 $\chi \in \mathrm{Irr}_S(G)$, 这表明 θ^G 中的所有不可约成分都 S-不变, 定理成立.

(b) 可设 θ 在 Γ 中不变.

假设 $T := \mathrm{I}_\Gamma(\theta) < \Gamma$. 显然 $\mathrm{I}_G(\theta) = T \cap G \trianglelefteq T$, 且 $N \leqslant S \leqslant T = T \cap (SG) = S{\cdot}(T \cap G)$, 此时定理条件对 $\{T, T\cap G, S, N, \theta\}$ 仍成立. 注意, $\beta \mapsto \beta^G$ 是 $\mathrm{Irr}(\theta^{\mathrm{I}_G(\theta)})$ 到 $\mathrm{Irr}(\theta^G)$ 的双射, 再者容易验证: $\beta \in \mathrm{Irr}(\theta^{\mathrm{I}_G(\theta)})$ 在 S 作用下不变的充要条件是, β^G 在 S 作用下不变.

由归纳假设, 存在 $\beta \in \mathrm{Irr}_S(\theta^{\mathrm{I}_G(\theta)})$, 故 $\beta^G \in \mathrm{Irr}_S(\theta^G)$. 再者, 若 $\mathbf{C}_{G/N}(S/N) = 1$, 则 $\mathbf{C}_{\mathrm{I}_G(\theta)/N}(S/N) = 1$, 由归纳假设推出 $\mathrm{Irr}_S(\theta^{\mathrm{I}_G(\theta)})$ 只含有一个元素, 故 $\mathrm{Irr}_S(\theta^G)$ 中也只含有一个元素. 又若 $\mathbf{C}_{G/N}(S/N) = G/N$, 则 $\mathbf{C}_{\mathrm{I}_G(\theta)/N}(S/N) = \mathrm{I}_G(\theta)/N$, 由归纳假设同样可得所要结论.

(c) 可设 G/N 为 Γ 的非交换的主因子.

假设 G/N 可解, 由 (a) 和 (b) 知, G/N 为 Γ 的交换主因子且 θ 在 Γ 中不变. 首先, S/N 互素作用在交换群 $\mathrm{Irr}(G/N)$ 上; 再者, 由 θ 的 S-不变性推出 S/N 作用在集合 $\mathrm{Irr}(\theta^G)$ 上; 又由定理 2.8.14, 容易验证交换群 $\mathrm{Irr}(G/N)$ 按乘法可迁作用在 $\mathrm{Irr}(\theta^G)$ 上. 对于 $\chi \in \mathrm{Irr}(\theta^G)$, $\lambda \in \mathrm{Irr}(G/N)$ 及 $\overline{s} \in \overline{S} := S/N$, 我们有

$$(\chi \circ \lambda) \circ \overline{s} = (\chi\lambda)^s = \chi^s \lambda^s = (\chi \circ \overline{s}) \circ \lambda^{\overline{s}},$$

这样 $\{S/N, \mathrm{Irr}(G/N), \mathrm{Irr}(\theta^G)\}$ 满足定理 3.3.2 条件. 由 Glauberman 引理推出:

(c1) θ^G 中必有 S/N-不变的不可约成分, 记为 χ_0, 也即 $\chi_0 \in \mathrm{Irr}_S(\theta^G)$.

(c2) $\mathbf{C}_{\mathrm{Irr}(G/N)}(S/N)$ 可迁作用在 $\mathrm{Irr}_S(\theta^G)$ 上. 注

$$\mathbf{C}_{\mathrm{Irr}(G/N)}(S/N) = \mathrm{Irr}_{S/N}(G/N).$$

假设 $\mathbf{C}_{G/N}(S/N) = 1$. 由定理 3.3.8, $\mathbf{C}_{\mathrm{Irr}(G/N)}(S/N) = 1_G$. 因 1_G 可迁作用在 $\mathrm{Irr}_S(\theta^G)$ 上, 得 $|\mathrm{Irr}_S(\theta^G)| = 1$, (2) 成立.

假设 $\mathbf{C}_{G/N}(S/N) = G/N$. 任取 $\chi \in \mathrm{Irr}(\theta^G)$, 因为 $\mathrm{Irr}(G/N)$ 可迁作用在

$\mathrm{Irr}(\theta^G)$ 上, 所以有 $\lambda \in \mathrm{Irr}(G/N)$ 使得 $\chi = \lambda\chi_0$. 注意到 S/N 平凡作用在 G/N 上, λ 必 S-不变, 因而 χ 也 S-不变, (3) 成立.

(d) 可设 θ 为 N 的忠实线性特征标, 此时 N 循环且 $N \leqslant \mathbf{Z}(\Gamma)$.

注意, 由 (b) 知 (Γ, N, θ) 为特征标串. 由特征标串同构定理或推论 3.2.4 知, 存在与 (Γ, N, θ) 同构的特征标串 $(\Gamma_1, N_1, \theta_1)$, 其中 $\theta_1 \in \mathrm{Lin}(N_1)$ 忠实, N_1 循环且 $N_1 \leqslant \mathbf{Z}(\Gamma_1)$. 记相应的同构映射对为 (τ, σ), 设 G/N 和 S/N 在 τ 下的像分别为 G_1/N_1 和 S_1/N_1, 因此定理条件对于 $\{\Gamma_1, G_1, S_1, N_1, \theta_1\}$ 仍成立.

假设定理在 $\{\Gamma_1, G_1, S_1, N_1, \theta_1\}$ 环境下成立, 记 ψ_1 是 $\theta_1^{G_1}$ 中的 Γ_1-不变的不可约成分. 取 $\psi \in \mathrm{Irr}(G)$ 使得 $\sigma_G(\psi) = \psi_1$, 由特征标串同构的定义不难验证: ψ 在 Γ 中也不变, 这表明定理中的结论 (1) 在 $(\Gamma, G, S, N, \theta)$ 环境下也成立. 同样可验证, 在 $\{\Gamma, G, S, N, \theta\}$ 环境下结论 (2) 和 (3) 也成立. 综上, 我们可将 $\{\Gamma, G, S, N, \theta\}$ 替换为 $\{\Gamma_1, G_1, S_1, N_1, \theta_1\}$, 故 (d) 成立.

(e) 可设 $(|\Gamma : G|, |G|) = 1$.

记 $\pi = \pi(G/N)$. 因为 $N \leqslant \mathbf{Z}(\Gamma)$, 所以 N, G 可分别表为

$$N = N_1 \times Z, \quad G = G_1 \times Z,$$

其中 $G_1 \trianglelefteq \Gamma$ 为 G 的正规 Hall π 子群, $N_1 = G_1 \cap N = \mathbf{O}_\pi(N) \leqslant \mathbf{Z}(\Gamma)$, $Z = \mathbf{O}_{\pi'}(G) = \mathbf{O}_{\pi'}(N) \leqslant \mathbf{Z}(\Gamma)$. 将 θ (唯一地) 表为 $\theta = \theta_1 \times \lambda$, 其中 $\theta_1 \in \mathrm{Irr}(N_1)$, $\lambda \in \mathrm{Irr}(Z)$. 容易验证 $\{SG_1, G_1, S, N_1, \theta_1\}$ 仍满足定理条件.

若 $N_1 < N$, 则由归纳假设知定理在 $\{SG_1, G_1, S, N_1, \theta_1\}$ 环境下成立. 注意: 由定理 2.8.4, $\beta \mapsto \beta\lambda$ 是 $\mathrm{Irr}(\theta_1^{G_1})$ 到 $\mathrm{Irr}(\theta^G)$ 的双射; 且因为 $Z \leqslant \mathbf{Z}(\Gamma)$, 所以

$$\beta \in \mathrm{Irr}_S(\theta_1^{G_1}) \Leftrightarrow \beta\lambda \in \mathrm{Irr}_S(\theta^G).$$

由此我们容易推出定理在 $\{\Gamma, G, S, N, \theta\}$ 环境下仍成立. 故可设 $N_1 = N$, 即 $(|\Gamma : G|, |G|) = 1$.

(f) 最后的证明.

由 (d) 和 (e), 存在 $S_0 \leqslant S$ 使得 $S = S_0 \times N$ 且 $(|S_0|, |G|) = 1$. 注意 $\mathrm{Irr}_S(\theta^G) = \mathrm{Irr}_{S_0}(\theta^G)$. 显然 $\Gamma = S_0 \ltimes G$, S_0 互素作用在 G 上. 因 G 不可解 (见 (c)), 故 S_0 为奇阶群从而可解. 现在可应用 Glauberman 特征标对应定理, 令 $C = \mathbf{C}_G(S_0)$, π 为 Glauberman 对应. 因为 $\theta \in \mathrm{Irr}_{S_0}(N)$, 由 Glauberman 对应定理得

$$\psi := \theta^{\pi(N, S_0)} \in \mathrm{Irr}(\mathbf{C}_N(S_0)) = \mathrm{Irr}(C \cap N).$$

令 ξ 为 ψ^C 的不可约成分, 再由 Glauberman 对应定理得

$$\chi := \xi^{\pi(G, S_0)^{-1}} \in \mathrm{Irr}_{S_0}(G).$$

注意到 $[\xi, \psi^C] \neq 0$, 由引理 3.3.11 得 $[\theta^G, \chi] \neq 0$, 即 $\chi \in \mathrm{Irr}_{S_0}(\theta^G)$, 结论 (1) 成立.

若 $\mathbf{C}_{G/N}(S/N)=1$, 即 $\mathbf{C}_{G/N}(S_0)=1$, 则 $C\leqslant N$, $N\cap C=C$, 故 $|\mathrm{Irr}(\psi^C)|=1$, 再由引理 3.3.11 得 $|\mathrm{Irr}_{S_0}(\theta^G)|=|\mathrm{Irr}(\psi^C)|=1$, 结论 (2) 成立.

若 $\mathbf{C}_{G/N}(S/N)=G/N$, 此时 S_0 互素且平凡作用在 G/N 及 N 上, 推出 S_0 中心化 G, 结论 (3) 显然成立, 定理证毕. □

在定理 3.3.12 的证明中, 我们主要使用了约化的方法, 将问题归结到最核心或简明的环境中, 请读者细细体会之. 下面的推论给出了问题 (ii) 的肯定回答.

推论 3.3.13 *设群 S 作用在群 G 上, N 是 G 的 S-不变正规子群且满足 $(|G:N|,|S|)=1$. 若 $\theta\in\mathrm{Irr}_S(N)$, 则 θ^G 中一定存在 S-不变的不可约成分.*

证 设 $\Gamma=S\ltimes G$, 即 Γ 是由 S 在 G 上作用导出的半直积. 易见 (Γ,G,SN,N,θ) 满足定理 3.3.12 条件, 由此推出结论. □

3.3.3 群在交换群上的作用

定义 3.3.14 *设群 S 作用在群 K 上. 若 K 没有非平凡的 S-不变子群, 则称 S 不可约地作用在 K 上, 也称 K 为不可约 S-群; 若 K 能写成若干不可约 S-群的直积, 则称 S 完全可约地作用在 K 上.*

下面总设 V 是交换群, 并且群 S 作用在交换群 V 上. 记导出的半直积群为 $G=S\ltimes V$, 此时 G 与 S 都共轭作用在 V 上, 也作用在 $\mathrm{Irr}(V)$ 上. 对于交换群 $\mathrm{Irr}(V)$, 同样定义它的 S-不可约性及 S-完全可约性. 设 $S_1\subseteq S$, $\widehat{W}\subseteq\mathrm{Irr}(V)$. 因为 S_1 和 $\widehat{W}$ 可以看作是同一个群 (由 S 作用在群 $\mathrm{Irr}(V)$ 上导出的半直积群) 的两个子集, 所以

- $\widehat{W}$ 中的 S_1-不动点集合可以记为 $\mathbf{C}_{\widehat{W}}(S_1)$.
- 稳定 $\widehat{W}$ 中所有元素的 S_1 中元素之集合可以记为 $\mathbf{C}_{S_1}(\widehat{W})$.

下面考察 S-群 V (注意 $V=\mathrm{Con}(V)$) 和 S-群 $\mathrm{Irr}(V)$ 之间的关系.

引理 3.3.15 *设群 S 作用在交换群 V 上, 则 $\sigma: T\mapsto\mathrm{Irr}(V/T)$ 是 V 的 S-不变子群集合到 $\mathrm{Irr}(V)$ 的 S-不变子群集合的双射.*

证 对于 V 的任意子群 T, 显然 $\mathrm{Irr}(V/T)$ 是 $\mathrm{Irr}(V)$ 的子群. 首先, 若 T 为 V 的 S-不变子群, 取 $\lambda\in\mathrm{Irr}(V/T)$, $s\in S$, 易见 $\lambda^s\in\mathrm{Irr}(V^s/T^s)=\mathrm{Irr}(V/T)$, 这说明 $\mathrm{Irr}(V/T)$ 为 $\mathrm{Irr}(V)$ 的 S-不变子群. 再者, 若 T_1,T_2 为 V 的两个 S-不变子群, 易见 $T_1=T_2$ 当且仅当 $\mathrm{Irr}(V/T_1)=\mathrm{Irr}(V/T_2)$, 故 σ 是单射. 最后, 若 $\widehat{W}$ 为 $\mathrm{Irr}(V)$ 的 S-不变子群, 由命题 2.2.6(6) 知存在 $T\leqslant V$ 使得 $\widehat{W}=\mathrm{Irr}(V/T)$. 对于 $\lambda\in\widehat{W}$, 由 $\widehat{W}$ 得 S-不变性推出, 对任意 $s\in S$ 都有 $\lambda^s\in\widehat{W}$, 即 $\ker\lambda^s\geqslant T$. 注意到 $T=\bigcap_{\lambda\in\widehat{W}}\ker\lambda$ (命题 2.3.3), 得

$$T^s=\left(\bigcap_{\lambda\in\widehat{W}}\ker\lambda\right)^s=\bigcap_{\lambda\in\widehat{W}}\ker(\lambda^s)\geqslant T,$$

故 $T^s = T$, 即 T 为 V 的 S-不变子群, 因此 σ 为满射, 结论成立. □

若群 V 能写成若干个初等交换 p_i-群的直积, 这里的素数 p_i 不要求都相同, 则称 V 为**初等交换群**.

(C) 设群 S 完全可约地作用在交换群 V 上, 注意到交换群 V 的 S-不可约子群必是初等交换群, 故 V 必是初等交换群.

(D) 设群 S 作用在初等交换群 V 上, 记 $V = V_1 \times \cdots \times V_d$, 其中 V_i 为初等交换的 p_i-群, 显然 V_i 可看作 $\mathbb{F}_{p_i}[S]$-模, 故 V 也可看作 S-模 (定义域的特征可能不同). 显然, V 是完全可约 S-模当且仅当 V 是完全可约 S-群. 类似地, 群 S 完全可约地作用在交换群 $\mathrm{Irr}(V)$ 上当且仅当 $\mathrm{Irr}(V)$ 是完全可约 S-模.

命题 3.3.16 *设群 S 作用在交换群 V 上, 则以下命题成立:*

(1) V 是不可约 S-群当且仅当 $\mathrm{Irr}(V)$ 是不可约 S-群.

(2) $\mathbf{C}_S(V) = \mathbf{C}_S(\mathrm{Irr}(V))$, 特别地, S 平凡 (忠实) 作用在 V 上当且仅当 S 平凡 (忠实) 作用在 $\mathrm{Irr}(V)$ 上.

(3) V 是完全可约 S-群当且仅当 $\mathrm{Irr}(V)$ 是完全可约 S-群.

证 (1) 由引理 3.3.15 即得.

(2) 任取 $s \in S$, 由 Brauer 置换引理知 $|\mathbf{C}_V(s)| = |\mathbf{C}_{\mathrm{Irr}(V)}(s)|$, 这推出

$$\begin{aligned}\mathbf{C}_S(V) &= \{s \in S \mid |\mathbf{C}_V(s)| = |V|\} \\ &= \{s \in S \mid |\mathbf{C}_{\mathrm{Irr}(V)}(s)| = |\mathrm{Irr}(V)|\} \\ &= \mathbf{C}_S(\mathrm{Irr}(V)).\end{aligned}$$

(3) 由上面的说明 (C) 和 (D), 我们仅需证明 V 是完全可约 S-模当且仅当 $\mathrm{Irr}(V)$ 是完全可约 S-模. 注意: $\mathrm{Irr}(V)$ 的 S-子模即为 $\mathrm{Irr}(V)$ 的 S-不变子群, V 的 S-子模即为 V 的 S-不变子群.

假设 V 是完全可约 S-模. 任取 $\mathrm{Irr}(V)$ 的 S-子模, 由引理 3.3.15, 这个子模可表示为 $\mathrm{Irr}(V/T)$, 其中 T 为 V 的 S-不变子群. 因为 V 完全可约, 所以存在 V 的 S-不变子群 W 使得 $V = T \times W$. 再由引理 3.3.15 知, $\mathrm{Irr}(V/W)$ 是 $\mathrm{Irr}(V)$ 的 S-子模. 由命题 2.2.6(5) 有 $\mathrm{Irr}(V) = \mathrm{Irr}(V/T) \times \mathrm{Irr}(V/W)$, 这表明 $\mathrm{Irr}(V)$ 是 $\mathrm{Irr}(V/T)$ 和 $\mathrm{Irr}(V/W)$ 的直和 (将乘法改写成加法), 因此 $\mathrm{Irr}(V)$ 是完全可约 S-模, 必要性成立. 同理可证得充分性. □

推论 3.3.17 *设群 S 作用在初等交换群 V 上, 则以下结论成立:*

(1) V 是不可约 (忠实、完全可约) S-模当且仅当 $\mathrm{Irr}(V)$ 是不可约 (忠实、完全可约) S-模.

(2) 若 $(|S|, |V|) = 1$, 则 S 完全可约地作用在 V 上.

证 (1) 是命题 3.3.16 的直接推论. 又若 $(|S|,|V|)=1$, 则 V 是完全可约 S-模 (见定理 1.3.17, 这里定义域的特征可不同), 因此 S 完全可约地作用在 V 上. □

命题 3.3.18 设交换群 S 忠实且完全可约地作用在初等交换群 V 上, 则存在 $v\in V$ 使得 $\mathbf{C}_S(v)=1$.

证 不妨设 $S>1$. 假设 V 可约, 则 V 有两个非平凡的 S-不变子群 U_1,U_2 使得 $V=U_1\times U_2$. 显然, $S/\mathbf{C}_S(U_i)$ 忠实且完全可约地作用在初等交换群 U_i 上, 由归纳假设, 存在 $v_i\in U_i$ 使得 $\mathbf{C}_{S/\mathbf{C}_S(U_i)}(v_i)=1$, 即

$$\mathbf{C}_S(v_i)=\mathbf{C}_S(U_i),\quad i=1,2.$$

注意 $\mathbf{C}_S(U_1)\cap\mathbf{C}_S(U_2)=\mathbf{C}_S(V)=1$. 记 $v=v_1v_2$, 有 $\mathbf{C}_S(v)=\mathbf{C}_S(v_1)\cap\mathbf{C}_S(v_2)=\mathbf{C}_S(U_1)\cap\mathbf{C}_S(U_2)=\mathbf{C}_S(V)=1$, 命题成立.

假设 V 为不可约 S-群. 反设有 $s\in S^\sharp$ 和 $v\in V^\sharp$ 使得 s 中心化 v, 则 $\mathbf{C}_V(s)>1$. 因 S 交换, $\mathbf{C}_V(s)$ 必为 V 的 S-不变子群, 故由 V 的不可约性推得 $\mathbf{C}_V(s)=V$, 这与作用的忠实性矛盾. 这表明 S 无不动点作用在 V 上, 故 $SV=\mathrm{Fro}(S,V)$. 此时, $\mathbf{C}_S(v)=1$ 对所有 $v\in V^\sharp$ 都成立. □

命题 3.3.19 若 $G/\mathbf{F}(G)$ 为交换群, 则存在 $\lambda\in\mathrm{Irr}(\mathbf{F}(G)/\Phi(G))$ 使得 $\mathrm{I}_G(\lambda)=\mathbf{F}(G)$; 特别地, 存在 $\chi\in\mathrm{Irr}(G)$ 使得 $\chi(1)=|G:\mathbf{F}(G)|$.

证 注意 $\mathbf{F}(G/\Phi(G))=\mathbf{F}(G)/\Phi(G)$, 由归纳可设 $\Phi(G)=1$. 此时 $G=S\ltimes\mathbf{F}(G)$, 其中 $S\cong G/\mathbf{F}(G)$ 交换, 且 S 忠实完全可约地作用在初等交换群 $\mathbf{F}(G)$ 上 (参见例 2.1.15). 由命题 3.3.16, S 也忠实完全可约地作用在 $\mathrm{Irr}(\mathbf{F}(G))$ 上. 应用命题 3.3.18, 可取到 $\lambda\in\mathrm{Irr}(\mathbf{F}(G))$ 使得 $\mathbf{C}_S(\lambda)=1$, 即 $\mathrm{I}_G(\lambda)=\mathbf{F}(G)$. 由推论 2.7.6 得 $\lambda^G\in\mathrm{Irr}(G)$, 显然 $\lambda^G(1)=|G:\mathbf{F}(G)|$, 命题成立. □

例 3.3.20 设 $N\trianglelefteq G$, $F_1/N=\mathbf{F}(G/N)$, $F_2/F_1=\mathbf{F}(G/F_1)$, 则存在 $\chi\in\mathrm{Irr}(G)$ 使得 $\pi(F_2/F_1)\subseteq\pi(\chi(1))$.

证 由归纳可设 $N=1$, 此时 $F_1=\mathbf{F}(G)$, $F_2\trianglelefteq G$ 且 F_2/F_1 幂零. 取 $U/F_1=\mathbf{Z}(F_2/F_1)$, 则 $\pi(U/F_1)=\pi(F_2/F_1)$, 且 $\mathbf{F}(U)=F_1$. 注意到 $U/\mathbf{F}(U)$ 交换, 由命题 3.3.19, 存在 $\theta\in\mathrm{Irr}(U)$ 使得 $\theta(1)=|U/F_1|$. 取 $\chi\in\mathrm{Irr}(\theta^G)$, 显然 χ 满足要求. □

3.4 特征标的张量积诱导和圈积的表示

特征标的和与积、特征标的限制与诱导以及特征标的 Galois 共轭, 这些都是构造特征标的常用方法. 本节介绍特征标的又一种构造方法, 即特征标的张量积诱导, 并由此给出圈积的表示.

3.4.1 特征标的张量积诱导定理

假设 3.4.1 设 U 为群 G 的指数为 m 的子群, $G=\bigcup_{i=1}^{m}Ur_i$ 为陪集分解, $\Omega=\{1,\cdots,m\}$.

在上述假设下, 我们作以下说明.

(A) 显然 G 按右乘可迁作用在 $\Omega(G:U)=\{Ur_1,\cdots,Ur_m\}$ 上. 对于任意取定的 $g\in G$ 及 r_i, 必存在唯一的 $u_i(g)\in U$ 及唯一的 $ig\in\Omega$ 使得 $r_ig=u_i(g)r_{ig}$, 由此导出 Ω 上的置换: $i\mapsto ig$, 这样 G 作用在 Ω 上. 事实上, $\Omega(G:U)$ 和 Ω 是两个同构 G-集.

(B) 任意取定 $g\in G$, 则 Ω 必为若干 $\langle g\rangle$-轨道之并, 记 Ω 的 $\langle g\rangle$-轨道数为 $\mathfrak{z}(g)$; 再设 $b_1,b_2,\cdots,b_{\mathfrak{z}(g)}$ 为轨道代表元, 又设 b_i 所在的 $\langle g\rangle$-轨道之长度为 f_i, 则 $b_ig^{f_i}=b_i$ 且 Ω 有划分

$$\Omega=\bigcup_{i=1}^{\mathfrak{z}(g)}\{b_i,b_ig,\cdots,b_ig^{f_i-1}\}.$$

命题 3.4.2 在假设 3.4.1下, $g\in G$, 且设 $r_ig=u_i(g)r_{ig}$ 同说明 (A). 若 V 为 $\mathbb{C}[U]$-模, W 为 m 个 V 做成的张量积, 定义

$$(v_1\otimes\cdots\otimes v_m)g=v_{1g^{-1}}u_{1g^{-1}}(g)\otimes\cdots\otimes v_{mg^{-1}}u_{mg^{-1}}(g),$$

则 W 成为 $\mathbb{C}[G]$-模.

证 任取 $g\in G$, 记 $\tau(g):v_1\otimes\cdots\otimes v_m\mapsto(v_1\otimes\cdots\otimes v_m)g$. 注意到 $u_i(g_1g_2)r_{ig_1g_2}=r_ig_1g_2=u_i(g_1)r_{ig_1}g_2=u_i(g_1)u_{ig_1}(g_2)r_{ig_1g_2}$, 故

$$u_i(g_1g_2)=u_i(g_1)u_{ig_1}(g_2). \tag{3.4.1}$$

由定义, $(v_1\otimes\cdots\otimes v_m)g_1$ 的第 i 个张量因子为

$$w_i=v_{ig_1^{-1}}u_{ig_1^{-1}}(g_1), \tag{3.4.2}$$

同样由定义知 $(w_1\otimes\cdots\otimes w_m)g_2$ 的第 c 个张量因子 $\gamma_c=w_{cg_2^{-1}}u_{cg_2^{-1}}(g_2)$, 在 (3.4.2) 式中用 cg_2^{-1} 代替 i 得 $w_{cg_2^{-1}}$, 然后代入 γ_c 并应用 (3.4.1) 式得

$$\begin{aligned}\gamma_c&=w_{cg_2^{-1}}u_{cg_2^{-1}}(g_2)=v_{cg_2^{-1}g_1^{-1}}u_{cg_2^{-1}g_1^{-1}}(g_1)u_{cg_2^{-1}}(g_2)\\&=v_{c(g_1g_2)^{-1}}u_{c(g_1g_2)^{-1}}(g_1)u_{cg_2^{-1}}(g_2)\\&=v_{c(g_1g_2)^{-1}}u_{c(g_1g_2)^{-1}}(g_1g_2),\end{aligned}$$

这表明 $((v_1\otimes\cdots\otimes v_m)g_1)g_2$ 的第 c 个张量因子等于 $(v_1\otimes\cdots\otimes v_m)(g_1g_2)$ 的第 c 个张量因子, 故

$$((v_1\otimes\cdots\otimes v_m)g_1)g_2=(v_1\otimes\cdots\otimes v_m)(g_1g_2),$$

即

$$\tau(g_1g_2)=\tau(g_1)\tau(g_2).$$

又因为 $(v_1\otimes\cdots\otimes v_n)1=v_1\otimes\cdots\otimes v_n$, 得 $\tau(1)=\mathrm{id}_W$, 故 τ 为 G 到 $\mathrm{GL}(W)$ 的群同态, W 成为 $\mathbb{C}[G]$-模. □

命题 3.4.3 条件同命题 3.4.2, 并设 $b_i, f_i, \mathfrak{z}(g)$ 同说明 (B), 若 V 提供的 U 上的特征标为 ψ, W 提供的 G 上的特征标为 χ, 则

$$\chi(g)=\prod_{i=1}^{\mathfrak{z}(g)}\psi(u_{b_i}(g)u_{b_ig}(g)\cdots u_{b_ig^{f_i-1}}(g)).$$

证 设 $\{v_1,\cdots,v_n\}$ 为 V 的基底, 则 $\{v_{j_1}\otimes\cdots\otimes v_{j_m}|\,j_i=1,\cdots,n,i=1,\cdots,m\}$ 为 W 的基底. 假设

$$v_iu=\sum_{j=1}^{n}a_{ij}(u)v_j,\qquad u\in U.$$

为方便计算 $\chi(g)$, 我们可调整 Ω 中文字的排列次序使得 Ω 的 $\mathfrak{z}(g)$ 个 $\langle g\rangle$-轨道为

$$\{1,\cdots,f_1\};\ \{f_1+1,\cdots,f_1+f_2\};\ \cdots;\ \left\{\left(\sum_{i=1}^{\mathfrak{z}(g)-1}f_i\right)+1,\cdots,\sum_{i=1}^{\mathfrak{z}(g)}f_i=n\right\}.$$

此时 $W=W_1\otimes\cdots\otimes W_{\mathfrak{z}(g)}$, 其中 W_i 为 f_i 个 V 做成的张量积, 且 W_i 都是 $\langle g\rangle$-不变的.

取定 $i\in\{1,\cdots,\mathfrak{z}(g)\}$, 并记 $f_i=k$. 取 $v_{j_1}\otimes v_{j_2}\otimes\cdots\otimes v_{j_k}\in W_i$, 我们有

$$\begin{aligned}&(v_{j_1}\otimes v_{j_2}\otimes\cdots\otimes v_{j_k})g\\&=v_{j_k}u_{j_k}(g)\otimes v_{j_1}u_{j_1}(g)\otimes\cdots\otimes v_{j_{k-1}}u_{j_{k-1}}(g)\\&=\sum_{i_1,\cdots,i_n}[a_{j_k,i_1}(u_{j_k}(g))a_{j_1,i_2}(u_{j_1}(g))\cdots a_{j_{k-1},i_k}(u_{j_{k-1}}(g))v_{i_1}\otimes\cdots\otimes v_{i_k}].\end{aligned}$$

因此, 由 W_i 贡献给 $\chi(g)$ 的取值为

$$\begin{aligned}d_i&=\sum_{j_1,\cdots,j_k}a_{j_k,j_1}(u_{j_k}(g))a_{j_1,j_2}(u_{j_1}(g))\cdots a_{j_{k-1},j_k}(u_{j_{k-1}}(g))\\&=\sum_{j_k}a_{j_k,j_k}(u_{j_k}(g)u_{j_1}(g)\cdots u_{j_{k-1}}(g))\\&=\psi(u_{j_k}(g)u_{j_1}(g)\cdots u_{j_{k-1}}(g))\\&=\psi(u_{j_1}(g)u_{j_2}(g)\cdots u_{j_k}(g)),\end{aligned}$$

即 $d_i = \psi(u_{b_i}(g)u_{b_ig}(g)\cdots u_{b_ig^{f_i-1}}(g))$, 从而

$$\chi(g) = \prod_{i=1}^{\mathfrak{z}(g)} d_i = \prod_{i=1}^{\mathfrak{z}(g)} \psi(u_{b_i}(g)u_{b_ig}(g)\cdots u_{b_ig^{f_i-1}}(g)). \qquad \square$$

命题 3.4.2 和命题 3.4.3 合称为张量积诱导定理, 其中 G-模 W 和 G 上的特征标 χ 分别记为 $V^{\otimes^G}$ 和 $\psi^{\otimes^G}$. 显然

$$\dim(V^{\otimes^G}) = (\dim V)^{|G:U|}, \quad (\psi^{\otimes^G})(1) = \psi(1)^{|G:U|}.$$

注意, 对于通常意义下的诱导模 V^G 和诱导特征标 ψ^G, 有 $\dim(V^G) = \psi^G(1) = |G:U|\dim V$, 这也表明 $V^{\otimes^G}$ 和 $\psi^{\otimes^G}$ **不是通常意义下的诱导模和诱导特征标**.

推论 3.4.4 设 U 为 G 的指数为 m 的子群, G 有陪集分解 $G = \bigcup_{i=1}^m Ur_i$, $N \trianglelefteq G$ 满足 $N \leqslant U$. 若 ψ 为 U 上的特征标, 则对任意 $n \in N$ 都有 $(\psi^{\otimes^G})(n) = \prod_{i=1}^m \psi(r_inr_i^{-1})$.

证 任意取定 $n \in N$, 因为 $N \trianglelefteq G$, 所以对每个 r_i 都存在唯一一个 $u_i(n) \in N \subseteq U$ 使得 $r_in = u_i(n)r_i$, 这表明

$$in = i, \quad \forall i = 1, \cdots, m,$$

即每个 i 都是一个 $\langle n\rangle$-轨道. 注意 $u_i(n) = r_inr_i^{-1}$. 应用命题 3.4.3 得

$$(\psi^{\otimes^G})(n) = \prod_{i=1}^m \psi(u_i(n)) = \prod_{i=1}^m \psi(r_inr_i^{-1}). \qquad \square$$

假设 3.4.5 设 $S = S_1 \times \cdots \times S_n \trianglelefteq G$, G 按共轭可迁作用在 $\Omega = \{S_1, \cdots, S_n\}$ 上. 此时可取 $T = \{1 = t_1, t_2, \cdots, t_n\}$ 为 G 关于 $\mathbf{N}_G(S_1)$ 的一个右陪集代表系, 使得对所有 i 都有 $S_1^{t_i} = S_i$.

下面给出本小节的主要定理, 即定理 3.4.6, 其假设环境为假设 3.4.5. 鉴于这个假设环境比较复杂, 我们先稍加分析之.

(C) 显然 S_i 在 G 中的稳定子群为 $\mathbf{N}_G(S_i)$, 故 $n = |G:\mathbf{N}_G(S_i)|$, 且必存在 G 关于 $\mathbf{N}_G(S_1)$ 的右陪集代表系 $T = \{1 = t_1, t_2, \cdots, t_n\}$ 使得 $S_1^{t_i} = S_i$. 易见该共轭作用的核为

$$\bigcap_{i=1}^n \mathbf{N}_G(S_i) = \bigcap_{i=1}^n \mathbf{N}_G(S_1)^{t_i} = \mathrm{Core}_G(\mathbf{N}_G(S_1)).$$

(D) 任取 $\lambda_1 \in \mathrm{Irr}(S_1)$, λ_1 可自然地扩充到 $\widehat{\lambda_1} := \lambda_1 \times 1_{S_2} \times \cdots \times 1_{S_n} \in \mathrm{Irr}(S)$, 类似地, 每个 $\lambda_i \in \mathrm{Irr}(S_i)$ 可自然扩充到 $\widehat{\lambda_i} \in \mathrm{Irr}(S)$. 注意: 在很多文献中 λ_i 和 $\widehat{\lambda_i}$ 是等同看待的, 且使用相同的记号. 若 λ_1 非主, 我们断言 $\mathrm{I}_G(\widehat{\lambda_1}) \leqslant \mathbf{N}_G(S_1)$. 否则, 存在 $g \in \mathrm{I}_G(\widehat{\lambda_1}) \setminus \mathbf{N}_G(S_1)$, 不妨设 $S_1^{g^{-1}} = S_2$. 任取 $s_1 \in S_1 \leqslant S$, 有

$$\lambda_1(s_1) = \widehat{\lambda_1}(s_1) = (\widehat{\lambda_1})^g(s_1) = \widehat{\lambda_1}(1 \times gs_1g^{-1} \times 1 \times \cdots \times 1)$$

$$= \lambda_1(1) \times 1_{S_2}(gs_1g^{-1}) \times 1_{S_3}(1) \times \cdots \times 1_{S_n}(1) = \lambda_1(1),$$

这导出 $S_1 \leqslant \ker(\lambda_1)$, $\lambda_1 = 1_{S_1}$, 矛盾. 因此 $\mathrm{I}_G(\widehat{\lambda_1}) \leqslant \mathbf{N}_G(S_1)$, 这也表明 λ_1 及 $\widehat{\lambda_1}$ 不可能扩充到比 $\mathbf{N}_G(S_1)$ 更大的 G 的子群上.

(E) 对于 $\lambda_1 \in \mathrm{Irr}(S_1)$, 记 $\lambda_i = \lambda_1^{t_i}$, 显然 $\lambda_i \in \mathrm{Irr}(S_i)$, 且对任意 $s_1^{t_i} \in S_i$ (这里 $s_1 \in S_1$) 都有 $\lambda_i(s_1^{t_i}) = \lambda_1^{t_i}(s_1^{t_i}) = \lambda_1(s_1)$. 按说明 (D), 每个 λ_i 可自然扩充成 $\widehat{\lambda_i} \in \mathrm{Irr}(S)$, 由 2.5 节说明 (A) 及命题 2.5.3 有

$$\prod_{i=1}^{n} \lambda_i = \prod_{i=1}^{n} \widehat{\lambda_i} \in \mathrm{Irr}(S).$$

定理 3.4.6　*设 G 满足假设 3.4.5, $\lambda_1 \in \mathrm{Irr}(S_1)$, λ_i 和 $\widehat{\lambda_i}$ 同上面的说明 (E), 若 $\widehat{\lambda_1}$ 可扩充到 $\mathbf{N}_G(S_1)$, 则 $\lambda = \prod_{i=1}^n \widehat{\lambda_i} = \prod_{i=1}^n \lambda_i$ 可扩充到 G.*

证　设 σ 为 $\widehat{\lambda_1}$ 到 $\mathbf{N}_G(S_1)$ 的扩充. 任取 $s = \prod_{i=1}^n s_i \in S$ (这里 $s_i \in S_i$), 由推论 3.4.4 有

$$\sigma^{\otimes G}(s) = \prod_{i=1}^{n} \sigma(t_ist_i^{-1}) = \prod_{i=1}^{n} \sigma_S(t_ist_i^{-1}) = \prod_{i=1}^{n} \widehat{\lambda_1}(t_ist_i^{-1}).$$

注意到

$$\widehat{\lambda_1}(t_ist_i^{-1}) = (\widehat{\lambda_1})^{t_i}(s) = \widehat{\lambda_i}(s) = \lambda_i(s_i),$$

推出 $\sigma^{\otimes G}(s) = \prod_{i=1}^n \lambda_i(s_i) = \lambda(s)$, 这表明 $\sigma^{\otimes G}|_S = \lambda$, 故 $\sigma^{\otimes G}$ 为 λ 到 G 的一个扩充. □

关于定理 3.4.6, 我们作两点说明.

(F) 因为 $\widehat{\lambda_1}$ 可扩充到 $\mathbf{N}_G(S_1)$, 所以 $\mathbf{N}_G(S_1) \leqslant \mathrm{I}_G(\widehat{\lambda_1})$, 再结合说明 (D) 得 $\mathrm{I}_G(\widehat{\lambda_1}) = \mathbf{N}_G(S_1)$, 这表明 $\{\widehat{\lambda_1}, \widehat{\lambda_2}, \cdots, \widehat{\lambda_n}\}$ 恰是一个 G-轨道, 即 λ 是 $\widehat{\lambda_1}$ 的所有两两不同 G-共轭的积.

(G) 在定理的证明中, 因为张量积诱导特征标 $\sigma^{\otimes G}$ 是 $\lambda \in \mathrm{Irr}(S)$ 到 G 的扩充, 所以 $\sigma^{\otimes G} \in \mathrm{Irr}(G)$.

推论 3.4.7 (Bianchi-Chillag-Lewis-Pacifici)　*设 $S = S_1 \times \cdots \times S_n$ 为 G 的极小正规子群, 其中 S_i 为非交换单群. 若 $\lambda_1 \in \mathrm{Irr}(S_1)$ 可扩充到 $\mathbf{N}_G(S_1)$, 则 $\lambda = \prod_{i=1}^n \lambda_i$ 可扩充到 G, 这里 λ_i 同说明 (E).*

证　在本推论环境下, 熟知 G 可迁作用在 $\{S_1, \cdots, S_n\}$ 上. 记 $\widehat{\lambda_1} = \lambda_1 \times 1_{S_2} \times \cdots \times 1_{S_n}$, 显然 $\{G, S, \widehat{\lambda_1}\}$ 满足定理 3.4.6 条件, 从而 λ 可扩充到 G. □

推论 3.4.7 被广泛应用到非可解群的特征标问题研究中. 注意到"$\lambda_1 \in \mathrm{Irr}(S_1)$ 可扩充到 $\mathrm{Aut}(S_1)$"比"λ_1 可扩充到 $\mathbf{N}_G(S_1)$"更加方便直接验证, 由下面的说明 (H), 我们可将推论 3.4.7 改写为下面的形式.

推论 3.4.8 (Bianchi-Chillag-Lewis-Pacifici) 设 $S = S_1 \times \cdots \times S_n$ 为 G 的极小正规子群, 其中 S_i 为非交换单群. 若 $\lambda_1 \in \mathrm{Irr}(S_1)$ 可扩充到 $\mathrm{Aut}(S_1)$, 则 $\lambda = \prod_{i=1}^n \lambda_i$ 可扩充到 G, 这里 λ_i 同说明 (E).

(H) 设 $W \leqslant G$, 其中 W 为非交换单群, 若 $\lambda \in \mathrm{Irr}(W)$ 可扩充到 $\mathrm{Aut}(W)$, 则 λ 可扩充到 $\mathbf{N}_G(W)$.

证 将 W 看作 $\mathrm{Aut}(W)$ 的子群. 易见 $\mathbf{C}_G(W) \cap W = 1$, 故 $W\mathbf{C}_G(W) = W \times \mathbf{C}_G(W)$. 记 $\mu = \lambda \times 1_{\mathbf{C}_G(W)}$, 显然

$$\mu \in \mathrm{Irr}(W\mathbf{C}_G(W)/\mathbf{C}_G(W)) \subseteq \mathrm{Irr}(W\mathbf{C}_G(W)).$$

记 $\overline{G} = G/\mathbf{C}_G(W)$. 因为 $\lambda \in \mathrm{Irr}(W)$ 可扩充到 $\mathrm{Aut}(W)$, 所以 $\mu \in \mathrm{Irr}(\overline{W})$ 可扩充到 $\mathrm{Aut}(\overline{W})$. 注意到

$$\overline{W} \leqslant \mathbf{N}_{\overline{G}}(\overline{W}) = \mathbf{N}_{\overline{G}}(\overline{W})/\mathbf{C}_{\overline{G}}(\overline{W}) \leqslant \mathrm{Aut}(\overline{W}),$$

这就推出 μ 可扩充到 $\nu \in \mathrm{Irr}(\mathbf{N}_G(\overline{W}))$. 因 $\mathbf{N}_{\overline{G}}(\overline{W}) = \mathbf{N}_G(W)/\mathbf{C}_G(W)$, ν 可自然地看作 $\mathbf{N}_G(W)$ 上的不可约特征标, 此时 ν 即为 λ 到 $\mathbf{N}_G(W)$ 的扩充. □

3.4.2 圈积的表示

圈积是构造群的最方便的方法之一, 我们先回忆圈积的构造.

设 H 为有限集合 Ω 上的置换群, 即存在 H 到 S_Ω 的单同态, 记之为 α. 为方便叙述, 不妨设 $\Omega = \{1, \cdots, n\}$, 我们用 jh 表示 $j \in \Omega$ 在 $\alpha(h)$ 下的像. 现设 $B = G \times \cdots \times G$ 为 n 个 G 做成的外直积, 由 $\alpha(h) \in \mathrm{S}_\Omega$, 我们导出 B 上的置换 $\beta(h)$ 使得

$$(g_1, \cdots, g_n)^h = (g_{1h^{-1}}, \cdots, g_{nh^{-1}}), \qquad g_i \in G, \tag{3.4.3}$$

这里 $(g_1, \cdots, g_n)^h$ 表示 $(g_1, \cdots, g_n)$ 在 $\beta(h)$ 下的像. 显然, $\beta(h) \in \mathrm{Aut}(B)$. 进一步, 对于任意取定的 $h', h \in H$, 按照命题 3.4.2 的证明不难验证

$$((g_1, \cdots, g_n)^{h'})^h = (g_1, \cdots, g_n)^{h'h},$$

因此 $\beta(h'h) = \beta(h')\beta(h)$, 这表明 $\beta : h \mapsto \beta(h)$ 为 H 到 $\mathrm{Aut}(B)$ 的群同态, 即 H 按自同构作用在 B 上, 从而可以构造 B 和 H 的半直积群.

定义 3.4.9 设 G 是有限群, B 为 n 个 G 做成的外直积, H 为 n 元集合 Ω 上的置换群. 不妨设 $\Omega = \{1, \cdots, n\}$, β 的定义同上, 记 $G \wr H = B \rtimes_\beta H$, 称之为以 B 为基础群的关于 G 和 H 的圈积, 此时 $G \wr H = \{(g_1, \cdots, g_n; h) |\, g_i \in G, h \in H\}$, 其上的乘法为

$$(g_1, \cdots, g_n; h)(g_1', \cdots, g_n'; h') = (g_1 g_{1h}', \cdots, g_n g_{nh}', hh'). \tag{3.4.4}$$

关于圈积, 我们作以下说明.

(I) 在上述圈积定义下, 显然 $|G \wr H| = |G|^n |H|$. 记 $\hat{B} = \{(g_1, \cdots, g_n; 1) | g_i \in$

$G\}$, $\hat{H}=\{(1,\cdots,1;h)\,|\,h\in H\}$, 则 $\hat{B}\cong B$, $\hat{H}\cong H$, 且 $G\wr H=\hat{B}\rtimes\hat{H}$. 我们经常把 $B,\hat{B}$ 以及 $H,\hat{H}$ 等同看待, 即将 B 和 H 直接看作 $G\wr H$ 的子群, 此时

$$G\wr H=B\rtimes H,$$

其上的乘法由 (3.4.3) 式描写的共轭作用决定.

(J) 记 G_i 为第 i 个分量外都是 1 的 B 的子群, 例如 $G_1=\{(g,1,\cdots,1)\,|\,g\in G\}$, 则 $B=G_1\times\cdots\times G_n$ 为 $G_1,\cdots,G_n$ 的内直积. 我们说 H 也自然地作用在 n-元集合 $\Delta=\{G_1,\cdots,G_n\}$ 上. 事实上, 不难验证 $(G_i)^h=G_{ih}$, 因此 H 作用在 Δ 上. 进一步, 我们有

(J1) 若 Δ_0 是 Δ 的若干 H-轨道之并, 则 $\prod_{G_i\in\Delta_0}G_i$ 为 B 的 H-不变子群, 因此

$$\prod_{G_i\in\Delta_0}G_i\trianglelefteq G\wr H.$$

(J2) 显然 G_i 在 H 中的稳定子群为 $\mathbf{N}_H(G_i)$. 取 $h\in\mathbf{N}_H(G_1)$, 因为 $(g,1,\cdots,1)^h$ 在 G_1 中且它又是 $g,1,\cdots,1$ 的一个重排列, 必有 $(g,1,\cdots,1)^h=(g,1,\cdots,1)$, 这说明 h 中心化 G_1, 即 $\mathbf{N}_H(G_1)=\mathbf{C}_H(G_1)$. 一般地, 我们有 $\mathbf{N}_H(G_i)=\mathbf{C}_H(G_i)$, 故又有

$$\mathbf{N}_{G\wr H}(G_i)=B\rtimes\mathbf{N}_H(G_i)=B\rtimes\mathbf{C}_H(G_i).$$

(J3) 若 Δ 能分解成两个子集 Δ_a 和 Δ_b 的不交并, 记 $G_u=\prod_{G_i\in\Delta_u}G_i$, 其中 $u\in\{a,b\}$, 则易见 $\mathbf{N}_H(G_a)=\mathbf{N}_H(G_b)$.

引理 3.4.10　设 $S=S_1\times\cdots\times S_n\trianglelefteq G$, G 作用在 $\{S_1,\cdots,S_n\}$ 上. 设 $\lambda_i\in\mathrm{Irr}(S_i)$, 如同说明 (D) 令 $\widehat{\lambda_i}$ 为 λ_i 到 S 的自然扩充, 记 $\theta=\prod_{i=1}^n\widehat{\lambda_i}\in\mathrm{Irr}(S)$, $\Omega=\{\lambda_1,\cdots,\lambda_n\}$, $\widehat{\Omega}=\{\widehat{\lambda_1},\cdots,\widehat{\lambda_n}\}$, 则以下结论成立:

(1) 假设 G 可迁作用在 $\{S_1,\cdots,S_n\}$ 上, 则 θ 在 G 中不变的充分必要条件是, Ω 是一个可迁 G-集, 也即 $\widehat{\Omega}$ 是一个可迁 G-集.

(2) θ 在 G 中不变的充分必要条件是, Ω 是一个 G-集, 也即 $\widehat{\Omega}$ 是一个 G-集.

证　(1) 若 $\{\widehat{\lambda_1},\cdots,\widehat{\lambda_n}\}$ 构成一个 G-轨道, 则对任意 $g\in G$ 都有 $\{\widehat{\lambda_1},\cdots,\widehat{\lambda_n}\}=\{\widehat{\lambda_1}^g,\cdots,\widehat{\lambda_n}^g\}$, 这表明 $\theta^g=\theta$, 即 θ 在 G 中不变.

反之, 设 θ 在 G 中不变, 我们需要证明 $\widehat{\lambda_1}$ 和 $\widehat{\lambda_k}$ 在 G 中共轭, 其中 $k\in\{2,\cdots,n\}$. 因为 G 可迁作用在 $\{S_1,\cdots,S_n\}$ 上, 我们可取 $g^{-1}\in G$ 使得 $(S_1)^{g^{-1}}=S_k$. 任取 $a\in S_1$, 由 θ 的 G-不变性有 $\theta(a)=\theta^g(a)$, 即 $\theta(a)=\theta(a^{g^{-1}})$. 因为 $a\in S_1, a^{g^{-1}}\in S_k$, 所以

$$\theta(a)=\prod_{i=1}^n\widehat{\lambda_i}(a)=\lambda_1(a)\prod_{i=2}^m\lambda_i(1),$$

$$\theta(a^{g^{-1}}) = \lambda_k(a^{g^{-1}}) \prod_{i \neq k} \lambda_i(1) = (\lambda_k)^g(a) \prod_{i \neq k} \lambda_i(1),$$

注意, 由 $(S_k)^g = S_1$ 且 $\lambda_k \in \mathrm{Irr}(S_k)$ 推出 $(\lambda_k)^g \in \mathrm{Irr}(S_1)$, 综上表明存在有理数 d 使得 $(\lambda_k)^g = d\lambda_1$, 再由 λ_1 和 $(\lambda_k)^g$ 的不可约性推出 $(\lambda_k)^g = \lambda_1$, 从而又有 $(\widehat{\lambda_k})^g = \widehat{\lambda_1}$, 结论成立.

(2) 由 (1) 得到, 参见定理 3.4.11 的证明. □

定理 3.4.11 设圈积 $G \wr H$ 以 B 为基础群, 若 $\psi \in \mathrm{Irr}(B)$, 则 ψ 可以扩充到 $\mathrm{I}_{G \wr H}(\psi)$.

证 记 $T = G \wr H$. 设 H 为 $\Omega = \{1, \cdots, n\}$ 上的置换群, 将 H, B 都看作 T 的子群, 则 $T = B \rtimes H$, 其中 $B = G_1 \times \cdots \times G_n$, G_i 的定义同说明 (J).

首先考察 $\mathrm{I}_T(\psi) < T$ 的情形. 因 $\mathrm{I}_T(\psi) \geqslant B$, 得 $\mathrm{I}_T(\psi) = \mathrm{I}_T(\psi) \cap (B \rtimes H) = B \rtimes (\mathrm{I}_T(\psi) \cap H) = B \rtimes \mathrm{I}_H(\psi)$. 注意到 $\mathrm{I}_H(\psi)$ 也是 Ω 上的置换群, 故 $\mathrm{I}_T(\psi) = B \rtimes \mathrm{I}_H(\psi) = G \wr \mathrm{I}_H(\psi)$. 将归纳假设应用到 $G \wr \mathrm{I}_H(\psi)$, 即得结论.

下面考察 $\mathrm{I}_T(\psi) = T$ 的情形. 设 Ω 的 H-轨道为 $\Omega_1, \cdots, \Omega_d$, 记

$$\Delta_i = \{G_j, j \in \Omega_i\}, \quad D_i = \prod_{j \in \Omega_i} G_j,$$

由说明 (J1) 知道 $D_i \trianglelefteq T$, H 可迁作用在 Ω_i 和 Δ_i 上. 因为 $B = D_1 \times \cdots \times D_d$, 我们可取 $\psi_i \in \mathrm{Irr}(D_i)$ 使得 $\psi = \prod_{i=1}^d \psi_i$. 记 $\widehat{\psi_i} \in \mathrm{Irr}(B)$, 其意义同说明 (D), 则 $\psi = \prod_{i=1}^d \widehat{\psi_i}$. 因为 ψ 在 T 中不变, 由例 2.7.13 得每个 $\widehat{\psi_i}$ 均在 T 中不变.

不妨设 $\Omega_1 = \{1, \cdots, m\}$, 则 $\psi_1 = \prod_{i=1}^m \lambda_i$, 其中 $\lambda_i \in \mathrm{Irr}(G_i)$. 记 $\widehat{\lambda_i} \in \mathrm{Irr}(B)$, 其意义同说明 (D), 则 $\widehat{\psi_1} = \prod_{i=1}^m \widehat{\lambda_i}$. 由 $\widehat{\psi_1}$ 的 T-不变性并应用引理 3.4.10 推出: $\{\widehat{\lambda_1}, \cdots, \widehat{\lambda_m}\}$ 必构成一个 T-轨道. 计算 G_1 和 $\widehat{\lambda_1}$ 所在的 T-轨道长, 得

$$|T : \mathbf{N}_T(G_1)| = m = |T : \mathrm{I}_T(\widehat{\lambda_1})|,$$

注意由说明 (D) 有 $\mathrm{I}_T(\widehat{\lambda_1}) \leqslant \mathbf{N}_T(G_1)$, 这又推出 $\mathrm{I}_T(\widehat{\lambda_1}) = \mathbf{N}_T(G_1)$. 考察 $\mathbf{N}_T(G_1)$ 的结构, 见说明 (J2), 易见 $\widehat{\lambda_1}$ 可扩充到 $\mathbf{N}_T(G_1)$. 现在, $T, D_1, \{G_1, \cdots, G_m\}, \widehat{\lambda_1}, \widehat{\psi_1}$ 分别对应定理 3.4.6 中的 $G, S, \{S_1, \cdots, S_n\}, \widehat{\lambda_1}, \lambda$, 由此推出 $\widehat{\psi_1}$ 可扩充到 T. 同理每个 $\widehat{\psi_i}$ 都可扩充到 T. 记 χ_i 为 $\widehat{\psi_i}$ 到 T 的扩充, 再令 $\chi = \prod_{i=1}^d \chi_i$, 注意到 $\chi_B = \prod_{i=1}^d (\chi_i)_B = \prod_{i=1}^d \widehat{\psi_i} = \psi$, 这表明 χ 为 ψ 到 T 的一个扩充. □

结合 Clifford 定理 2.7.4 和 Gallagher 定理 2.8.5, 我们就得到了定理 3.4.11 环境下 ψ^G 的完整结构.

定义 3.4.9 中的圈积定义虽然比较直观, 但容易造成下标混淆和推演困难, 尤其是当 Ω 是抽象集合时更是无法推演 (参见例 3.4.12). 为解决这些问题, 我们介绍圈积的另外一种描写. 在圈积 $G \wr H$ 中, 对于 $f = (g_1, \cdots, g_n) \in B = G \times \cdots \times G$, 我们用 $f(i)$ 表示 f 的第 i 个分量 g_i, 因此 f 也可自然地看作 Ω 到 G 的一个映

射. 此时,

$$B = \mathrm{Func}(\Omega \to G),$$

$$G \wr H = \{(f,h) |\, f \in B, h \in H\},$$

其上的乘法为

$$(f,h)(f',h') = (\mu, hh'), \tag{3.4.5}$$

这里 $\mu \in \mathrm{Func}(\Omega \to G)$ 满足

$$\mu(i) = f(i)f'(ih). \tag{3.4.6}$$

一般地, 如果 Ω 是一个抽象集合, 那么上面的 f, f', μ 应理解为 Ω 到 G 的映射. 注意此时 $G \wr H$ 的单位元为 $(\mathfrak{e}, 1)$, 其中 $\mathfrak{e}$ 将 Ω 中任何元素都映到 G 的单位元 1.

我们知道任意有限群 A 按右乘都忠实 (可迁) 作用在 $A = \Omega$ 上, 因此 A 可以看作 A 上的 (可迁) 置换群. 现设 $N \trianglelefteq G$, 并记 $\Omega = \{Ng |\, g \in G\} = G/N$, 则 G/N 按右乘忠实 (可迁) 作用在 Ω 上, 由此给出圈积 $N \wr (G/N)$, 其基础群为 $|\Omega| = |G/N|$ 个 N 做成的直积.

例 3.4.12 设 $N \trianglelefteq G$, 则 $G \lesssim N \wr (G/N)$, 这里圈积 $N \wr (G/N)$ 的意义同上面的说明.

证 记 $\overline{G} = G/N$, 取定 G 关于 N 的一个右陪集代表系 T. 任取 $g \in G$, 存在唯一的 $t \in T$ 使得 $g \in Nt$, 我们记这个 t 为 $r(\overline{g})$. 注意, 若 $g_1N = g_2N$, 则 $r(\overline{g_1}) = r(\overline{g_2})$, 这表明 $\overline{g} \mapsto r(\overline{g})$ 是 $\overline{G}$ 到 T 的定义好的双射. 取定 $\overline{g}$, 对于任意 $y \in G$, 总有唯一的 $h(\overline{g}, y) \in N$ 及 $t' \in T$ 使得 $r(\overline{g})y = h(\overline{g}, y)t'$, 简单验证得 $t' = r(\overline{gy})$, 于是

$$r(\overline{g})y = h(\overline{g}, y)r(\overline{gy}).$$

因为

$$h(\overline{g}, y_1y_2)r(\overline{gy_1y_2}) = r(\overline{g})y_1y_2 = h(\overline{g}, y_1)r(\overline{gy_1})y_2 = h(\overline{g}, y_1)h(\overline{gy_1}, y_2)r(\overline{gy_1y_2}),$$

所以

$$h(\overline{g}, y_1y_2) = h(\overline{g}, y_1)h(\overline{gy_1}, y_2). \tag{3.4.7}$$

定义 $\tau : G \to N \wr (G/N)$ 使得

$$y^{\tau} = (f_y, \overline{y}),$$

这里 $f_y \in \mathrm{Func}(\overline{G} \to N)$ 使得对任意 $\overline{g} \in \overline{G}$ 都有 $f_y(\overline{g}) = h(\overline{g}, y)$.

下面仅需证明 τ 是单的群同态. 因为 $y_1^{\tau} = (f_{y_1}, \overline{y_1})$, $y_2^{\tau} = (f_{y_2}, \overline{y_2})$, $(y_1y_2)^{\tau} = (f_{y_1y_2}, \overline{y_1y_2})$, 且由 (3.4.7) 式有

$$f_{y_1}(\overline{g})f_{y_2}(\overline{gy_1}) = h(\overline{g}, y_1)h(\overline{gy_1}, y_2) = h(\overline{g}, y_1y_2) = f_{y_1y_2}(\overline{g}),$$

所以由 (3.4.5) 和 (3.4.6) 两式又推出

$$(f_{y_1},\overline{y_1})(f_{y_2},\overline{y_2})=(f_{y_1y_2},\overline{y_1y_2}),$$

即得 $(y_1^\tau)(y_2^\tau)=(y_1y_2)^\tau$, 这说明 τ 是群同态. 又若 $y^\tau=(f_y,\overline{y})$ 是单位元, 则 $\overline{y}=1$ 且 $f_y=\mathfrak{e}$, 故对任意 $\overline{g}\in\overline{G}$ 都有

$$1=\mathfrak{e}(\overline{g})=f_y(\overline{g})=h(\overline{g},y),$$

故 $r(\overline{g})y=h(\overline{g},y)r(\overline{gy})=r(\overline{g})$, 得 $y=1$. 因此 τ 是 G 到 $N\wr(G/N)$ 的单同态, 结论成立. □

3.5 $\mathcal{M}$-群

在 2.4 节中, 我们介绍了单项特征标的概念. 设 $\chi\in\mathrm{Irr}(G)$, 若存在 $H\leqslant G$ 及 $\lambda\in\mathrm{Lin}(H)$ 使得 $\chi=\lambda^G$, 则称 χ 为单项特征标, 单项特征标也称为 $\mathcal{M}$-特征标. 若 G 的所有不可约特征标都是单项的, 则称 G 为**单项群**或 **$\mathcal{M}$-群**.

我们用 $\mathrm{cd}(G)$ 表示 G 的不可约特征标的次数之集合, 即 $\mathrm{cd}(G)=\{\chi(1)|\chi\in\mathrm{Irr}(G)\}$.

3.5.1 $\mathcal{M}$-群及 $\mathcal{M}$-特征标的基本性质

定理 3.5.1 (Taketa) *设 G 是 $\mathcal{M}$-群, $\mathrm{cd}(G)=\{n_1,n_2,\cdots,n_k\}$, 其中 $1=n_1<\cdots<n_k$, 则对任意 $i=1,\cdots,k$, 都有*

$$G^{(i)}\leqslant\bigcap_{\chi\in\mathrm{Irr}(G),\chi(1)\leqslant n_i}\ker\chi,$$

这里 $G^{(i)}$ 表示 G 的第 i 次导群; 特别地, $\mathcal{M}$-群 G 必可解且其导长 $\mathrm{dl}(G)$ 不超过 $|\mathrm{cd}(G)|$.

证 我们仅需证明如下断言: 若 $\chi\in\mathrm{Irr}(G)$ 满足 $\chi(1)=n_i$, 则 $G^{(i)}\leqslant\ker\chi$. 对 i 作归纳, 当 $i=1$ 时, 断言显然成立. 现设 $i\geqslant 2$, 因 χ 为 $\mathcal{M}$-特征标, 存在 $H\leqslant G$ 及 $\lambda\in\mathrm{Lin}(H)$ 使得 $\chi=\lambda^G$, 特别地有 $1<n_i=\chi(1)=|G:H|$. 考察置换特征标 $(1_H)^G$ 中的非主不可约成分 ψ, 因为 1_G 也是 $(1_H)^G$ 的成分, 所以 $\psi(1)<(1_H)^G(1)=|G:H|$, 由归纳假设得 $G^{(i-1)}\leqslant\ker\psi$, 结合引理 2.3.1 推出 $G^{(i-1)}\leqslant\ker(1_H)^G=\bigcap_{g\in G}H^g$. 注意到 $\lambda\in\mathrm{Lin}(H)$, 有 $H'\leqslant\ker\lambda$, 故

$$G^{(i)}\leqslant\bigcap_{g\in G}(H')^g\leqslant\bigcap_{g\in G}(\ker\lambda)^g=\ker(\lambda^G)=\ker\chi,$$

断言成立, 因而定理成立. □

Taketa 定理指出了两个方向的事实, 一是 $\mathcal{M}$-群必可解, 二是 $\mathcal{M}$-群的导长 (这是可解群的重要数量特征) 被该群的不可约特征标次数之个数所界定. 该定理

是许多特征标次数问题的主要出发点.

下面的例题可看作 Taketa 定理 (可解性方向) 的推广, 其证明需要以下基本事实.

(A) 若 G 有唯一极小正规子群 N, 则 $\mathrm{Irr}(G|N)$ 中的成员都是 G 的忠实特征标.

(B) 若 G 有不可解的极小正规子群 N, 则 N 是若干两两同构的非交换单群的直积, 注意到 1_N 是 N 的唯一线性特征标, 故 $\mathrm{Irr}(G|N)$ 中的成员都是 G 的非线性不可约特征标.

例 3.5.2 (Berkovich)　*如果对每 $\chi\in\mathrm{Irr}(G)$, 都存在 $H\leqslant G$ 及 $\lambda\in\mathrm{Irr}(H)$, 使得 $\chi=\lambda^G$ 且 $\lambda(1)$ 不超过 $|H|$ 的最小素因子, 那么 G 可解.*

证　令 G 为极小反例. 任取 $1<N\trianglelefteq G$, 易见命题条件对商群 G/N 保持, 故由归纳得 G/N 可解. 若 G 有两个不同的极小正规子群 N_1,N_2, 则 G/N_1 和 G/N_2 都可解, 故 G 亦可解, 因此我们可作如下假设: G 有唯一极小正规子群 N; G/N 可解; 且 $N=S_1\times\cdots\times S_n$ 为若干非交换单群 S_i 的直积①.

取 $\chi\in\mathrm{Irr}(G|N)$ 使得 $\chi(1)$ 极小, 由 N 的唯一极小正规性推出 χ 必忠实. 对于这个 χ 应用本例条件, 存在 $H\leqslant G$ 及 $\lambda\in\mathrm{Irr}(H)$ 使得 $\chi=\lambda^G$ 且 $\lambda(1)\leqslant\min\pi(H)$. 注意到 $(1_H)^G$ 中的不可约成分的次数都严格小于 $\chi(1)$, 故由 $\chi(1)$ 的极小性推得 $(1_H)^G$ 的不可约成分都在 $\mathrm{Irr}(G/N)$ 中, 这就导出 $N\leqslant\ker(1_H)^G$, 特别地, $N\leqslant H$. 考察 λ_N, 由 $\chi\in\mathrm{Irr}(G|N)$ 得 $[\lambda_N,1_N]=0$; 再由 $\lambda(1)\leqslant\min\pi(H)\leqslant\min\pi(N)$ 且 N 没有非主的线性特征标, 推出

$$\lambda_N:=\theta\in\mathrm{Irr}(N),\ \text{且}\ \theta(1)=p=\min\pi(N).$$

将 θ 表示为 $\theta=\prod_{i=1}^n\theta_i$, 其中 $\theta_i\in\mathrm{Irr}(S_i)$, 因为 $\theta(1)$ 为素数, 所以必存在某个 S_i, 不妨设为 S_1, 使得 $\theta_1=\theta|_{S_1}\in\mathrm{Irr}(S_1)$. 现在 θ_1 为非交换单群 S_1 的 (忠实) p 次不可约特征标, 应用例 2.6.15 得, $p\mid|\mathbf{Z}(S_1)|$ 或 S_1 有正规 p-补, 显然矛盾. □

下面讨论 $\mathcal{M}$-群的遗传性. 显然 $\mathcal{M}$-群的商群必是 $\mathcal{M}$-群. 有例子表明, $\mathcal{M}$-群的 Hall 子群未必是 $\mathcal{M}$-群; 另外, $\mathcal{M}$-群的正规子群也未必是 $\mathcal{M}$-群, 见 [31].

命题 3.5.3 (Dornhoff)　*$\mathcal{M}$-群的正规 Hall 子群必是 $\mathcal{M}$-群*②.

证　设 G 是 $\mathcal{M}$-群, N 是 G 的正规 Hall 子群, 任取 $\theta\in\mathrm{Irr}(N)$, 下证 θ 是 $\mathcal{M}$-特征标. 取 $\chi\in\mathrm{Irr}(\theta^G)$, 因为 χ 是 $\mathcal{M}$-特征标, 所以有 $U\leqslant G$ 及 $\lambda\in\mathrm{Lin}(U)$ 使得 $\chi=\lambda^G$.

记 $\lambda^{UN}=\xi$, 则 $\xi^G=\lambda^G=\chi$. 因 ξ_N 是 χ_N 的成分, 故必有 θ 的某个 G-共

---

① 至此的证明属于标准的归纳程序, 读者应熟练掌握之.

② 我们实际上证明了单项特征标限制到正规 Hall 子群上的不可约成分仍是单项特征标.

轭 θ^g 使得 $[\xi_N, \theta^g] > 0$. 注意到

$$\left.\frac{\xi(1)}{\theta^g(1)}\right| |UN:N|, \quad \xi(1) = \lambda^{UN}(1) = |UN:U| = |N:N\cap U|,$$

由 $|UN:N|$ 和 $|N|$ 的互素性推出 $\xi(1) = \theta^g(1)$, 故 $\xi_N = \theta^g$. 由 Mackey 引理 (定理 2.4.8(5)), 有 $\theta^g = \xi_N = (\lambda^{UN})_N = (\lambda_{U\cap N})^N$, 这表明 θ^g 是 $\mathcal{M}$-特征标, θ 亦然. □

例 3.5.4 (Waall) *若存在 $N \trianglelefteq G$ 使得 $N \cong \mathrm{SL}(2,3)$, 则 G 一定不是 $\mathcal{M}$-群.*

证 记 $D = N'$, 显然 $\mathrm{Q}_8 \cong D \trianglelefteq G$, 且 D 有唯一一个 2 次不可约特征标 μ. 由 μ 的唯一性推出 μ 是 G-不变的. 应用定理 3.2.13, 存在唯一的 μ 到 N 的扩充 θ 使得 $o(\theta) = o(\mu)$. 注意到 G 作用在 $\mathrm{Irr}(\mu^N)$ 上, 由 θ 的唯一性推出 θ 也是 G-不变的. 取 $\chi \in \mathrm{Irr}(\theta^G)$, 显然 $\chi_N = e\theta$, $e \in \mathbb{Z}^+$, 下面仅需证明 χ 不是单项特征标.

反设 $\chi = \lambda^G$, 这里 $\lambda \in \mathrm{Lin}(U)$, $U \leqslant G$. 注意 λ^{UN} 必是不可约的, 由

$$1 = [\lambda^G, \lambda^G] = [\lambda^G, (\lambda^{UN})^G] = [(\lambda^G)_{UN}, \lambda^{UN}]_{UN},$$

推出 λ^{UN} 是 $(\lambda^G)_{UN}$ 的不可约成分, 从而 $(\lambda^{UN})_N$ 是 $(\lambda^G)_N$ 的成分, 因此

$$e\theta = \chi_N = (\lambda^G)_N = ((\lambda^G)_{UN})_N = (\lambda^{UN})_N + \cdots = (\lambda_{U\cap N})^N + \cdots,$$

这表明

$$(\lambda_{U\cap N})^N = f\theta, \quad f \in \mathbb{Z}^+.$$

因为 $\theta(1) = 2$ 且由反转律得 $\theta_{U\cap N} = f\lambda_{U\cap N} + \cdots$, 所以 $f = 1$ 或 2. 特别地,

$$|N : U\cap N| = (\lambda_{U\cap N})^N(1) = f\theta(1) \in \{2, 4\}.$$

注意到 $N \cong \mathrm{SL}(2,3)$ 没有指数为 2 的子群, 推出

$$f = 2, \quad |U\cap N| = 6, \quad \theta_{N\cap U} = 2\lambda_{N\cap U}.$$

取 $U \cap N$ 中的 3 阶元 y, 有 $|\theta(y)| = 2|\lambda(y)| = 2$, 故 $y \in \mathbf{Z}(\theta)$. 注意 $\theta \in \mathrm{Irr}(N)$ 忠实, 推出 $y \in \mathbf{Z}(N)$. 但 $\mathbf{Z}(N) \cong \mathrm{C}(2)$, 矛盾. □

为给出 $\mathcal{M}$-群的一些充分条件, 我们先讨论本原特征标的基本性质. 回忆一下, $\chi \in \mathrm{Irr}(G)$ 称为本原的, 若 χ 不能由 G 的任何真子群上的 (不可约) 特征标诱导得到.

对于任意 $\chi \in \mathrm{Irr}(G)$, 一定存在极小的 G 的子群 H 使得 χ 可以由 H 的不可约特征标诱导得到, 现假设 $\xi \in \mathrm{Irr}(H)$ 使得 $\chi = \xi^G$, 由 H 的极小性知, ξ 不能由 H 的任何真子群的不可约特征标诱导得到, 故 ξ 必是 H 的本原特征标. 这就说明了本原特征标的普遍存在性. 显然, 一个不可约特征标既是单项的又是本原的充分必要条件是该特征标为线性特征标.

引理 3.5.5 *设 $\chi \in \mathrm{Irr}(G)$ 本原, 则 χ 限制到 G 的任何正规子群上都是某个不可约特征标的整数倍.*

证 设 $N \trianglelefteq G$, $\lambda \in \mathrm{Irr}(\chi_N)$, 由 Clifford 定理 2.7.4, 存在 $\psi \in \mathrm{Irr}(\mathrm{I}_G(\lambda))$ 使得 $\chi = \psi^G$. 因为 χ 本原, 所以 $\mathrm{I}_G(\lambda) = G$, 故 χ_N 必是 λ 的整数倍. □

若一个特征标恰是某个不可约特征标的整数倍, 则称它是**齐次特征标**. 若一个不可约特征标限制到任何正规子群上都齐次, 则称它为**拟本原特征标**. 拟本原特征标可以用模的语言来解释: 设 $\chi \in \mathrm{Irr}(G)$ 由 $\mathbb{C}[G]$-模 V 提供, 由 Clifford 定理 2.7.16, 我们看到 χ 是拟本原的充分必要条件是, 对于 G 的任意正规子群 N, V_N 均是齐次 $\mathbb{C}[N]$-模.

本原特征标都是拟本原的 (引理 3.5.5); 其逆一般不成立. 但对于可解群, 本原和拟本原等价, 参见 [9, 第 11 章].

命题 3.5.6 (Berger) 设 G 可解, $\chi \in \mathrm{Irr}(G)$ 拟本原, 则 χ 必本原.

引理 3.5.7 若 G 有一个忠实拟本原特征标, 则 G 的正规交换子群都在 $\mathbf{Z}(G)$ 中, 且 $\mathbf{Z}(G)$ 循环.

证 设 $\chi \in \mathrm{Irr}(G)$ 忠实且拟本原, N 为 G 的正规交换子群. 因为 χ_N 是 λ 的整数倍, 这里 $\lambda \in \mathrm{Lin}(N)$, 所以 $N \leqslant \mathbf{Z}(\chi)$. 应用定理 2.3.5(2) 得 $\mathbf{Z}(\chi) = \mathbf{Z}(G)$ 循环, 结论成立. □

引理 3.5.8 若可解群 G 有非线性的忠实拟本原特征标 χ, 则以下结论成立:

(1) $\mathbf{F}(G)$ 的幂零类等于 2, 且 $\mathbf{F}(G)' \leqslant \mathbf{Z}(G)$.

(2) 若 $P \in \mathrm{Syl}_p(\mathbf{F}(G))$ 非交换, 则 $|P'| = p$, $P/\mathbf{Z}(P) \cong \mathrm{E}(p^{2m})$, $\mathbf{Z}(P) = P \cap \mathbf{Z}(G)$, 且 $p^m \mid \chi(1)$.

(3) G 必有阶为平方数的主因子.

证 因 $\chi(1) > 1$, G 非交换. 由引理 3.5.7 得 $\mathbf{Z}(G)$ 循环. 记 $F = \mathbf{F}(G)$.

(1) 对于非交换的可解群 G 总有 $\mathbf{F}(G) > \mathbf{Z}(G)$, 故由引理 3.5.7 得 $F = \mathbf{F}(G)$ 非交换. 设 F 的幂零类 $c(F) = c$, 记 F_i 为 F 的第 i 次下降中心, 即

$$F_1 = F, \quad F_i = [F_{i-1}, F],$$

显然 $F_c > F_{c+1} = 1$ 且 F_i 都是 G 的正规子群. 反设 $c \neq 2$, 则 $c \geqslant 3$. 因为 $[F_{c-1}, F_{c-1}] \leqslant F_{2c-2} \leqslant F_{c+1} = 1$, 所以 F_{c-1} 交换, 此时由引理 3.5.7 得 $F_{c-1} \leqslant \mathbf{Z}(G)$, 从而 $F_c = 1$, 矛盾. 因此 $c(F) = 2$, 此时 F' 交换, 由引理 3.5.7 又得 $F' \leqslant \mathbf{Z}(G)$.

(2) 设 $P \in \mathrm{Syl}_p(F)$ 非交换, 由 (1) 有 $P' \leqslant \mathbf{Z}(G)$ 循环. 反设 $|P'| = p^k > p$, 则存在 $y_1, y_2 \in P$ 使得 $[y_1, y_2]^{p^{k-1}} \neq 1$ 但 $[y_1, y_2]^{p^k} = 1$. 任取 $x_1, x_2 \in P$, 因 $c(P) = 2$, 由 [7, 第 3 章, 引理 1.3] 有

$$[x_1^{p^{k-1}}, x_2^{p^{k-1}}] = [x_1, x_2]^{p^{2k-2}} = 1,$$

这表明 $\langle x^{p^{k-1}} | x \in P \rangle$ 为 G 的正规交换子群, 从而在 $\mathbf{Z}(G)$ 中. 由此又推出 $[y_1, y_2]^{p^{k-1}} = [y_1^{p^{k-1}}, y_2] = 1$, 矛盾. 因此必有 $|P'| = p$. 注意到 $[x_1^p, x_2] =$

$[x_1, x_2]^p = 1$, 得 $x_1^p \in \mathbf{Z}(P)$, 即 $P/\mathbf{Z}(P)$ 为初等交换 p-群. 由 χ 的拟本原性, 存在 $\psi \in \mathrm{Irr}(P)$ 及 $m \in \mathbb{Z}^+$ 使得 $\chi_P = m\psi$. 易见

$$\mathbf{Z}(P) \leqslant \mathbf{Z}(\psi) = \mathbf{Z}(\chi) \cap P = \mathbf{Z}(G) \cap P \leqslant \mathbf{Z}(P),$$

故 $\mathbf{Z}(\psi) = \mathbf{Z}(P)$. 应用命题 2.3.7 得 $\psi(1)^2 = |P : \mathbf{Z}(P)|$, 因此 $P/\mathbf{Z}(P) \cong \mathrm{E}(p^{2m})$, 且 $p^m = \psi(1)$ 整除 $\chi(1)$.

(3) 沿用 (2) 中的记号. 由命题 2.3.7, ψ 零化 $P \setminus \mathbf{Z}(P)$. 取 P/E 为 $P/\mathbf{Z}(P)$ 的 G 的主因子, 取 $\theta \in \mathrm{Irr}(\psi_E)$. 一方面, 由 χ 的拟本原性得 $\psi_E = e\theta$; 另一方面, 由命题 2.7.8 有 $\theta^P = e\psi$, 综上推出 $|P : E| = \theta^P(1)/\theta(1) = e^2$, 因此 P/E 为满足要求的 G-主因子. □

命题 3.5.9 *若可解群 G 满足以下条件之一:*

(1) 存在 G 的正规子群 N 使得 G/N 超可解, 且 N 的所有 Sylow 子群都交换.

(2) 任取 $H \leqslant G$, H 的任何主因子的阶都不是平方数.

则 G 是 $\mathcal{M}$-群.

证 (1) 和 (2) 的证明方法完全相同, 仅证 (1). 注意, 命题条件对 G 的子群和商群都保持. 设 $\chi \in \mathrm{Irr}(G)$.

若 χ 不忠实, 由归纳知 χ 为 $G/\ker\chi$ 的 $\mathcal{M}$-特征标, 即 χ 为 G 的 $\mathcal{M}$-特征标.

若 χ 非本原, 则有 $H < G$ 及 $\psi \in \mathrm{Irr}(H)$ 使得 $\chi = \psi^G$. 由归纳得 ψ 是 H 的 $\mathcal{M}$-特征标, 所以 ψ 可由线性特征标 λ 诱导得到, 此时 $\chi = \lambda^G$, χ 为 $\mathcal{M}$-特征标.

若 χ 是 G 的忠实本原特征标, 此时 $\mathbf{Z}(G)$ 循环且 G 的正规交换子群都在 $\mathbf{Z}(G)$ 中. 因为 N 的 Sylow 子群都交换, 故 $\mathbf{F}(N)$ 为 G 的正规交换子群, 从而 $\mathbf{F}(N) \leqslant \mathbf{Z}(G)$, 这说明 $N = \mathbf{F}(N) \leqslant \mathbf{Z}(G)$. 由 G/N 超可解得 G 超可解, 特别地, G 的主因子的阶都是素数. 由引理 3.5.8(3) 得 χ 线性, 故 χ 是 G 的 $\mathcal{M}$-特征标. □

由上面的命题推出, 超可解群 (包括幂零群) 都是 $\mathcal{M}$-群.

定义 3.5.10 *设 $N \trianglelefteq G$, $\chi \in \mathrm{Irr}(G)$, 若存在子群 H 满足 $N \leqslant H \leqslant G$ 及 $\psi \in \mathrm{Irr}(H)$, 使得 $\chi = \psi^G$ 且 $\psi_N \in \mathrm{Irr}(N)$, 则称 χ 为关于 N 的相对 $\mathcal{M}$-特征标. 若 G 的所有不可约特征标都是关于 N 的相对 $\mathcal{M}$-特征标, 则称 G 是关于 N 的相对 $\mathcal{M}$-群.*

显然, G 是 $\mathcal{M}$-群当且仅当 G 是关于 1 的相对 $\mathcal{M}$-群. 若 G 是关于 N 的相对 $\mathcal{M}$-群, 则 G/N 必是 $\mathcal{M}$-群, 但不能保证 G 是 $\mathcal{M}$-群.

下面的定理给出了相对 $\mathcal{M}$-群的充分条件, 由该定理可直接推出命题 3.5.9(2). 注意, 当 G/N 超可解 (幂零、交换) 时, 定理 3.5.11 条件自然成立, 这也是该定理的主要应用环境.

定理 3.5.11　设 $N \trianglelefteq G$ 使得 G/N 可解, 若 G/N 的任意子群的任意主因子的阶都不是平方数, 则 G 是关于 N 的相对 $\mathcal{M}$-群.

证　设 $\chi \in \mathrm{Irr}(G)$, 下证 χ 是关于 N 的相对 $\mathcal{M}$-特征标. 若 χ_N 不可约, 则结论自然成立, 下设 χ_N 可约. 取 $K \trianglelefteq G$ 极小使得 $\chi_K \in \mathrm{Irr}(K)$ 且 $N \leqslant K$. 因 χ_N 可约, 有 $N < K$, 故可取到 K/N 的一个 G-主因子 K/L. 注意到 $|K/L|$ 不是平方数, 对于 $\chi_K \in \mathrm{Irr}(K)$ 应用特征标下降定理 (定理 2.8.9) 得

$$\chi_L = (\chi_K)_L = \sum_{i=1}^{t} \phi_i,$$

其中 $t = |K:L|$, $\phi_1, \cdots, \phi_t$ 构成一个 G-轨道. 记 $T = \mathrm{I}_G(\phi_1)$, 由 Clifford 定理 2.7.4, 存在 $\mu \in \mathrm{Irr}(T)$ 使得 $\chi = \mu^G$. 注意到 $N \leqslant T < G$ 且定理条件对 $\{T, N\}$ 仍成立, 由归纳假设得 μ 是关于 N 的相对 $\mathcal{M}$-特征标, 即存在子群 $H \geqslant N$ 以及 $\nu \in \mathrm{Irr}(H)$ 使得 $\mu = \nu^T$ 且 ν_N 不可约. 此时 $\chi = \nu^G$ 且 ν_N 不可约, 故 χ 是关于 N 的相对 $\mathcal{M}$-特征标. □

例 3.5.12　设 $N \trianglelefteq G$, $\lambda \in \mathrm{Irr}(N)$ 可扩充到 $\mathrm{I}_G(\lambda)$. 若 $\mathrm{I}_G(\lambda)/N$ 是 $\mathcal{M}$-群, 则 λ^G 的不可约成分都是关于 N 的相对 $\mathcal{M}$-特征标.

证　任取 $\chi \in \mathrm{Irr}(\lambda^G)$, 由 Clifford 定理, 存在 $\chi_1 \in \mathrm{Irr}(\mathrm{I}_G(\lambda))$ 使得 $\chi = \chi_1^G$. 假设 $\mathrm{I}_G(\lambda) < G$, 显然命题条件对 $\mathrm{I}_G(\lambda)$ 也成立, 由归纳假设得 χ_1 是关于 N 的相对 $\mathcal{M}$-特征标, 故 χ 亦然. 下设 $\mathrm{I}_G(\lambda) = G$, 取 $\lambda_0 \in \mathrm{Irr}(G)$ 为 λ 到 G 的一个扩充. 由 Gallagher 定理 2.8.5, 对于 $\chi \in \mathrm{Irr}(\lambda^G)$, 存在 $\psi \in \mathrm{Irr}(G/N)$ 使得 $\chi = \lambda_0\psi$. 因为 G/N 是 $\mathcal{M}$-群, 所以存在 $T/N \leqslant G/N$ 及线性 $\mu \in \mathrm{Irr}(T/N)$ 使得 $\psi = \mu^G$. 记 $(\lambda_0)_T = \nu$, $\theta = \mu\nu$, 显然 $\theta \in \mathrm{Ch}(T)$. 因为

$$[\chi, \theta^G] = [\chi_T, \theta] = [\nu\psi_T, \mu\nu] = [\psi_T, \overline{\nu}\nu\mu] \geqslant [\psi_T, \mu] = [\psi, \mu^G] = 1,$$

所以 χ 是 θ^G 的不可约成分. 再者, 简单计算得 $\chi(1) = \theta^G(1)$, 这表明 $\chi = \theta^G$, 注意此时 θ 必不可约. 又因为 $\theta_N = \mu_N\nu_N = 1_N(\lambda_0)_N = \lambda$, 所以 χ 是关于 N 的相对 $\mathcal{M}$-特征标. □

例 3.5.13　设 $\mathbf{F}(G)$ 和 $G/\mathbf{F}(G)$ 都交换. 若 $\chi \in \mathrm{Irr}(G)$ 忠实, 则 $\chi(1) = |G : \mathbf{F}(G)|$.

证　由定理 3.5.11, χ 是关于 $\mathbf{F}(G)$ 的相对 $\mathcal{M}$-特征标, 故有子群 $H \geqslant \mathbf{F}(G)$ 及 $\lambda \in \mathrm{Irr}(H)$ 使得 $\chi = \lambda^G$ 且 $\lambda_{\mathbf{F}(G)}$ 不可约. 注意到 $\mathbf{F}(G)$ 交换, 有 $\lambda(1) = 1$. 因 $H \trianglelefteq G$, 故对任意 $g \in G$ 都有 $H' \leqslant \ker(\lambda^g)$, 这就推出

$$H' \leqslant \bigcap_{g \in G} \ker(\lambda^g) = \ker(\lambda^G) = \ker\chi = 1.$$

因此 H 为 G 的正规交换子群, 得 $H = \mathbf{F}(G)$, $\chi(1) = |G : \mathbf{F}(G)|$. □

(C) 关于上例我们作如下说明.

首先, $\mathbf{F}(G)$ 和 $G/\mathbf{F}(G)$ 都交换不能保证 G 有忠实不可约特征标. 其次, 即使仅有条件 $G/\mathbf{F}(G)$ 交换, 由命题 3.3.19, G 也必有 $|G:\mathbf{F}(G)|$ 次不可约特征标. 再者, 在仅有 $\mathbf{F}(G)$ 交换条件下, 定理 2.7.9 指出 G 的不可约特征标次数都是 $|G:\mathbf{F}(G)|$ 的因子.

3.5.2 可解群与 $\mathcal{M}$-群

本段主要目的是证明下面的 Dade 定理.

定理 3.5.14 (Dade) *任意可解群必同构于某个 $\mathcal{M}$-群的子群.*

引理 3.5.15 (Kerber) *设 G 为 $\mathcal{M}$-群, H 为 $\Omega=\{1,\cdots,n\}$ 上的置换群. 若 H 及其所有子群都是 $\mathcal{M}$-群, 则 $G\wr H$ 也是 $\mathcal{M}$-群.*

证 我们先确定一些符号. 设外直积 $B=B_1\times\cdots\times B_n$, 其中 $B_i=G$. 任取 $\chi\in\mathrm{Irr}(G\wr H)$, 设 ψ 为 χ_B 的不可约成分, 则有 $\psi_i\in\mathrm{Irr}(G)$ 使得 $\psi=\prod_{i=1}^n\psi_i$. 因为 G 是 $\mathcal{M}$-群, 所以存在 $U_i\leqslant G$ 及 $\lambda_i\in\mathrm{Lin}(U_i)$ 使得 $\psi_i=\lambda_i^G$. 我们约定: 如果 $\psi_i=\psi_j$, 那么取 $U_i=U_j$ 且 $\lambda_i=\lambda_j$. 记 $\lambda=\prod_{i=1}^n\lambda_i$, 易见 $\lambda\in\mathrm{Lin}(\prod_{i=1}^n U_i)$, 且 $\psi=\lambda^B$. 记 I 和 H_0 分别为 ψ 在 $G\wr H$ 以及在 H 中的稳定子群, 有 $I=B\rtimes H_0$. 下面证明 χ 是 $\mathcal{M}$-特征标.

因 H_0 稳定 $\psi=\prod_{i=1}^n\psi_i$, 由引理 3.4.10 推出 H_0 置换作用在 $\{\psi_1,\cdots,\psi_n\}$ 上, 故 H_0 也置换作用在 $\{\lambda_1,\cdots,\lambda_n\}$ 以及 $\{U_1,\cdots,U_n\}$ 上. 这表明

$$T:=(U_1\times\cdots\times U_n)\rtimes H_0\leqslant G\wr H,$$

且 λ 在群 T 中不变. 注意到 T 在 $U_1\times\cdots\times U_n$ 处分裂, 应用命题 2.8.21 推出, λ 可扩充到 $\nu\in\mathrm{Lin}(T)$. 因为

$$I=B\rtimes H_0=TB,\quad T\cap B=U_1\times\cdots\times U_n,$$

由 Mackey 引理得

$$(\nu^I)_B=(\nu_{T\cap B})^B=\lambda^B=\psi,$$

这说明 $\eta:=\nu^I\in\mathrm{Irr}(I)$, 且它是 $\psi\in\mathrm{Irr}(B)$ 到 I 的一个扩充. 由推论 2.8.6, 存在 $\theta\in\mathrm{Irr}(I/B)$ 使得 $\chi=(\eta\theta)^{G\wr H}$. 因为 I/B 是 $\mathcal{M}$-群, 所以 θ 是 $\mathcal{M}$-特征标, 故有子群 $D/B\leqslant I/B$ 及 $\mu\in\mathrm{Lin}(D/B)$ 使得 $\theta=\mu^I$. 显然

$$\xi:=\mu_{T\cap D}\nu_{T\cap D}\in\mathrm{Lin}(T\cap D).$$

因为 $(\eta\theta)^{G\wr H}=\chi$ 不可约, 所以 $\eta\theta\in\mathrm{Irr}(I)$; 又因为 η,θ 分别在 ν 和 μ 的上方, 所以 $\eta\theta$ 是 ξ^I 的不可约成分. 注意到

$$(\eta\theta)(1)=\eta(1)\theta(1)=\nu^I(1)\mu^I(1)=|I:T||I:D|\geqslant|I:T\cap D|=\xi^I(1),$$

推出 $\eta\theta=\xi^I$, 从而 $\chi=(\eta\theta)^{G\wr H}=\xi^{G\wr H}$, χ 为 $\mathcal{M}$-特征标. □

定理 3.5.14 的证明　设 G 为可解群, 对群阶 $|G|$ 作归纳. 取 N 为 G 的一个指数为素数 p 的正规子群, 由归纳存在 $\mathcal{M}$-群 A 使得 $N \lesssim A$. 将 $G/N \cong \mathrm{C}(p)$ 自然地看作 p 个文字上的置换群, 由引理 3.5.15 知 $A \wr (G/N)$ 为 $\mathcal{M}$-群. 显然 $N \wr (G/N) \lesssim A \wr (G/N)$. 又由例 3.4.12 有 $G \lesssim N \wr (G/N)$, 因此 G 同构于 $\mathcal{M}$-群 $A \wr (G/N)$ 的子群. □

由 Taketa 定理 3.5.1和 Dade 定理 3.5.14, 我们看到: 一方面, 任意 $\mathcal{M}$-群都可解; 另一方面, 任意可解群都是某个 $\mathcal{M}$-群的子群. 因此可解群的范围和 $\mathcal{M}$-群的范围大致相当, 这也表明

(D) 对于 $\mathcal{M}$-群, 我们很难得到除了可解性外的其他结构性质.

(E) 可解群中有“大量的”单项特征标, 下面的命题是一个例证.

命题 3.5.16　*设 G 为 p-可解群, M 为 G 的指数为 p 的方幂的极大子群, 则置换特征标 $(1_M)^G$ 中的不可约成分都是 G 的单项特征标.*

证　由归纳可设 $\mathrm{Core}_G(M) = 1$. 取 L 为 G 的极小正规子群, 因为 M 的核为 1, 所以 L 不在 M 中, 再由 M 的极大性得 $G = LM$. 注意到 G 为 p-可解群且 M 在 G 中指数为 p 的方幂, 易见 L 为初等交换 p-群, 进而又有 $G = L \rtimes M$. 由 Mackey 引理和反转律得

$$((1_M)^G)_L = ((1_M)_{M\cap L})^L = \rho_L = \sum_{\eta\in \mathrm{Irr}(L)} \eta.$$

任取 $\chi \in \mathrm{Irr}((1_M)^G)$, 取 λ 为 χ_L 的不可约成分, 则

$$1 \leqslant [\chi_L, \lambda] \leqslant [((1_M)^G)_L, \lambda] = \left[\sum_{\eta\in \mathrm{Irr}(L)} \eta, \lambda\right] = 1,$$

这说明 $[\chi_L, \lambda] = 1$. 记 $T = \mathrm{I}_G(\lambda)$, 则存在 λ^T 的不可约成分 μ 使得 $\mu^G = \chi$. 因 λ 在 T 中不变, 故 μ_L 为 λ 的倍数; 又因为 $[\mu_L, \lambda] \leqslant [\chi_L, \lambda] = 1$, 所以 $\mu_L = \lambda$. 这表明 μ 线性, $\chi = \mu^G$ 是单项特征标. □

关于 $\mathcal{M}$-群方面的工作, 参见 [100],[102] 及其参考文献.

3.6 特征标环上的 Brauer 定理

构造群上类函数方法有很多, 也比较容易判断群上的复值函数是否是类函数; 但是, 对于给定的群 G 上的一个类函数 θ, 我们很难判断它是否是特征标, 其主要困难在于很难判定 θ 是否是 G 上的广义特征标, 即很难判定 θ 是否在 $\mathbb{Z}[\mathrm{Irr}(G)]$ 中.

设环 $\mathcal{R}$ 满足 $\mathbb{Z} \subseteq \mathcal{R} \subseteq \mathbb{C}$, $\mathrm{Irr}(G)$ 的任意一个 $\mathcal{R}$-线性组合都称为 G 的 $\mathcal{R}$-广

义特征标. G 上的 $\mathcal{R}$-广义特征标集合记为 $\mathcal{R}[\mathrm{Irr}(G)]$, 显然它是一个以 1_G 为单位元的交换环.

设 $\mathcal{K}$ 是由群 G 的若干子群构成的集合. 若 $\theta \in \mathcal{R}[\mathrm{Irr}(G)]$, 则对任意子群 $K \in \mathcal{K}$, θ_K 一定是 K 上的 $\mathcal{R}$-广义特征标. 自然地, 我们希望能找到尽可能小的 G 的子群集合 $\mathcal{K}$ (且 $\mathcal{K}$ 中的子群有简单的群论结构), 使得上述命题的逆命题对所有 $\theta \in \mathrm{CF}(G)$ 都成立, 这就是本节将介绍的 Brauer 定理.

3.6.1 Brauer 定理

设环 $\mathcal{R}$ 满足 $\mathbb{Z} \subseteq \mathcal{R} \subseteq \mathbb{C}$, $\mathcal{K}$ 是由群 G 的若干子群构成的集合, 为方便叙述, 记

$$\mathcal{U}_{\mathcal{R}}(G,\mathcal{K}) = \{\theta \in \mathrm{CF}(G) \mid \theta_K \in \mathcal{R}[\mathrm{Irr}(K)], \forall K \in \mathcal{K}\}.$$

注意 " $\mathcal{U}_{\mathcal{R}}(G,\mathcal{K}) = \mathcal{R}[\mathrm{Irr}(G)]$" 的含义为: "对于 G 上的任意一个类函数 θ, θ 是 G 上的 $\mathcal{R}$-广义特征标的充分必要条件是, 对任意 $K \in \mathcal{K}$, θ_K 都为 K 上的 $\mathcal{R}$-广义特征标." 再记

$$\mathcal{V}_{\mathcal{R}}(G,\mathcal{K}) = \left\{ \sum_{K \in \mathcal{K}} (\psi_{(K)})^G \mid \psi_{(K)} \in \mathcal{R}[\mathrm{Irr}(K)] \right\}.$$

当 $\mathcal{R} = \mathbb{Z}$ 时, 我们简记 $\mathcal{U}(G,\mathcal{K}) = \mathcal{U}_{\mathbb{Z}}(G,\mathcal{K})$, $\mathcal{V}(G,\mathcal{K}) = \mathcal{V}_{\mathbb{Z}}(G,\mathcal{K})$.

引理 3.6.1 设环 $\mathcal{R}$ 满足 $\mathbb{Z} \subseteq \mathcal{R} \subseteq \mathbb{C}$, $\mathcal{K}$ 是由 G 的若干子群构成的集合, 我们有

(1) $\mathcal{V}(G,\mathcal{K}) \subseteq \mathcal{V}_{\mathcal{R}}(G,\mathcal{K}) \subseteq \mathcal{R}[\mathrm{Irr}(G)] \subseteq \mathcal{U}_{\mathcal{R}}(G,\mathcal{K})$.

(2) $\mathcal{U}_{\mathcal{R}}(G,\mathcal{K})$ 是环, 且 $\mathcal{V}_{\mathcal{R}}(G,\mathcal{K})$ 是环 $\mathcal{U}_{\mathcal{R}}(G,\mathcal{K})$ 的理想.

(3) $\mathcal{V}_{\mathcal{R}}(G,\mathcal{K}) = \mathcal{R}[\mathrm{Irr}(G)] \Leftrightarrow 1_G \in \mathcal{V}_{\mathcal{R}}(G,\mathcal{K}) \Leftrightarrow \mathcal{V}_{\mathcal{R}}(G,\mathcal{K}) = \mathcal{R}[\mathrm{Irr}(G)] = \mathcal{U}_{\mathcal{R}}(G,\mathcal{K})$.

证 (1) 由定义立得, (3) 由 (1) 和 (2) 立得, 下证 (2). 显然, 对任意 $K \in \mathcal{K}$, $\mathcal{R}[\mathrm{Irr}(K)]$ 都是环. 任取 $\phi, \theta \in \mathcal{U}_{\mathcal{R}}(G,\mathcal{K})$, 因为 ϕ_K 和 θ_K 都在 $\mathcal{R}[\mathrm{Irr}(K)]$ 中, 所以 $(\phi\theta)_K = \phi_K\theta_K \in \mathcal{R}[\mathrm{Irr}(K)]$. 这说明 $\phi\theta \in \mathcal{U}_{\mathcal{R}}(G,\mathcal{K})$. 同理, $\phi - \theta \in \mathcal{U}_{\mathcal{R}}(G,\mathcal{K})$, 故 $\mathcal{U}_{\mathcal{R}}(G,\mathcal{K})$ 是环 $\mathrm{CF}(G)$ 的子环, 特别地 $\mathcal{U}_{\mathcal{R}}(G,\mathcal{K})$ 是环.

取 $\phi \in \mathcal{V}_{\mathcal{R}}(G,\mathcal{K})$, $\theta \in \mathcal{U}_{\mathcal{R}}(G,\mathcal{K})$, 则 $\phi = \sum_{K \in \mathcal{K}} (\psi_{(K)})^G$, 其中 $\psi_{(K)}$ 是 K 上的 $\mathcal{R}$-广义特征标, 由反转律得

$$\phi\theta = \sum_{K \in \mathcal{K}} (\psi_{(K)})^G \theta = \sum_{K \in \mathcal{K}} (\psi_{(K)}\theta_K)^G \in \mathcal{V}_{\mathcal{R}}(G,\mathcal{K}).$$

易见 $\mathcal{V}_{\mathcal{R}}(G,\mathcal{K})$ 关于减法封闭, 故它是环 $\mathcal{U}_{\mathcal{R}}(G,\mathcal{K})$ 的理想. □

若群 E 能表示为一个循环群和一个 p-群的直积 (p 素数), 则称 E 是 **p-初等群**. 若 E 能表示成一个循环群和一个素数幂阶群的直积, 则称 E 是**初等群**. 显然,

初等群必是某个 p-初等群, 我们用 $\mathcal{E}(G)$ 表示 G 的初等子群做成的集合.

定理 3.6.2 (Brauer)　*设环 $\mathcal{R}$ 满足 $\mathbb{Z} \subseteq \mathcal{R} \subseteq \mathbb{C}$, G 为有限群, 则以下结论成立:*

(1) 对于 $\theta \in \mathrm{CF}(G)$, $\theta \in \mathcal{R}[\mathrm{Irr}(G)]$ 的充分必要条件是, 对 G 的任意初等子群 E 都有 $\theta_E \in \mathcal{R}[\mathrm{Irr}(E)]$.

(2) 任意 $\chi \in \mathrm{Irr}(G)$ 都能表示成若干 λ^G 的 $\mathbb{Z}$-线性组合, 这里的 λ 都是 G 的初等子群上的线性特征标.

对上述 Brauer 定理, 我们作如下说明.

(A) 定理 3.6.2(1) 实际上说的就是

$$\mathcal{R}[\mathrm{Irr}(G)] = \mathcal{U}_{\mathcal{R}}(G, \mathcal{E}(G)),$$

这一条通常称为**特征标的特征定理**. 特别地, 取 $\mathcal{R} = \mathbb{Z}$, 得 $\mathbb{Z}[\mathrm{Irr}(G)] = \mathcal{U}(G, \mathcal{E}(G))$.

(B) 注意到初等子群的子群仍是初等子群, 且初等子群都是 $\mathcal{M}$-群. 因此, 定理 3.6.2(2) 等价于说, G 上的任意不可约特征标都能表示成 μ^G 的 $\mathbb{Z}$-线性组合, 这里的 μ 都是 G 的初等子群上的不可约特征标. 因此定理 3.6.2(2) 的意思即为

$$\mathbb{Z}[\mathrm{Irr}(G)] = \mathcal{V}(G, \mathcal{E}(G)).$$

这一条通常称为**特征标的诱导定理**, 它比 Artin 定理 (定理 2.6.8) 更便于应用.

由引理 3.6.1, 要证明 Brauer 定理, 我们仅需证明 $1_G \in \mathcal{V}(G, \mathcal{E}(G))$, 为此我们需要下面几条引理.

引理 3.6.3 (Banaschewski)　*设 S 是一个非空集合, $\mathcal{D}$ 是 S 上的一些 $\mathbb{Z}$-值函数构成的集合, 记 1_S 为在 S 上取定值 1 的函数. 若 $\mathcal{D}$ 在通常的函数加法、乘法下做成环, 且 $1_S \notin \mathcal{D}$, 则存在 $x \in S$ 及素数 p 使得对任意 $f \in \mathcal{D}$ 都有 $p \mid f(x)$.*

证　对每个 $x \in S$, 令 $I_x = \{f(x) | f \in \mathcal{D}\}$, 由 $\mathcal{D}$ 是环, 易见 I_x 是 $\mathbb{Z}$ 的理想. 假设对所有 $x \in S$ 都有 $I_x = \mathbb{Z}$, 则对每个 $x \in S$ 都存在 $f_x \in \mathcal{D}$ 使得 $f_x(x) = 1$, 故 $\prod_{x \in S}(f_x - 1_S) = 0$, 将 $\prod_{x \in S}(f_x - 1_S)$ 展开即得 $1_S \in \mathcal{D}$, 矛盾. 故存在 $x \in S$ 使得 $I_x < \mathbb{Z}$, 此时 I_x 包含在 $\mathbb{Z}$ 的某个主理想 (p) 中, 这里 p 为素数, 结论成立. □

引理 3.6.4　*设 $H, K \leqslant G$, 则 $(1_H)^G(1_K)^G$ 可表为 $\sum_{U \leqslant H} a_U (1_U)^G$, 这里 $a_U \in \mathbb{N}$.*

证　记 $\theta = (1_K)^G$, 由反转律得 $(1_H)^G(1_K)^G = (1_H)^G\theta = (1_H\theta_H)^G = (\theta_H)^G$. 记 Ω 为 G 关于子群 K 的右陪集集合, G 按右乘作用在 Ω 上并得到相应的置换特征标 $(1_K)^G = \theta$, 显然 H 也按同样的方式作用在 Ω 上并导出置换特征标 π, 因此 $\theta_H = \pi$, 由命题 2.4.11(2)[①] 得 $\theta_H = \pi = \sum_{U \leqslant H} a_U (1_U)^H$, 其中 $a_U \in \mathbb{N}$. 因此 $(1_H)^G(1_K)^G = (\theta_H)^G = \sum_{U \leqslant H} a_U (1_U)^G$. □

① 应用 2.4 节说明 (J) 中的 Mackey 引理可直接推出该处结论.

记

$$\mathcal{P}(G)=\left\{\sum_{U\leqslant G}a_U(1_U)^G|\, a_U\in\mathbb{Z}\right\},$$

$$\mathcal{P}(G,\mathcal{K})=\left\{\sum_{H\in\mathcal{K}}a_H(1_H)^G|\, a_H\in\mathbb{Z}\right\},$$

其中 $\mathcal{K}$ 为 G 的若干子群构成的集合.

引理 3.6.5 $\mathcal{P}(G)$ 是环; 且若 $\mathcal{K}$ 关于子群封闭, 则 $\mathcal{P}(G,\mathcal{K})$ 是环 $\mathcal{P}(G)$ 的理想.

证 显然 $\mathcal{P}(G)$ 关于减法封闭, 且由引理 3.6.4 知它关于乘法也封闭, 故为 $\mathbb{Z}[\mathrm{Irr}(G)]$ 的子环.

假设 $\mathcal{K}$ 关于子群封闭. 任取 $K\in\mathcal{K}$, $U\leqslant G$, 注意到 K 的子群仍在 $\mathcal{K}$ 中, 由引理 3.6.4 得 $(1_K)^G(1_U)^G\in\mathcal{P}(G,\mathcal{K})$, 故 $\mathcal{P}(G,\mathcal{K})$ 是环 $\mathcal{P}(G)$ 的理想. □

若群 H 具有正规且循环的 p'-Hall 子群 (p 素数), 则称 H 是 **p-拟初等群**; 若对某素数 p, 群 H 是 p-拟初等的, 则称 H 是**拟初等群**. 显然, p-初等群一定是 p-拟初等群, 初等群一定是拟初等群.

我们将看到, Brauer 定理的证明最终归结到 G 是拟初等群的情形.

若 $\mathcal{K}$ 为 G 的拟初等子群 (或 p-拟初等子群) 的集合, 则 $\mathcal{K}$ 关于子群封闭, 由引理 3.6.5 知 $\mathcal{P}(G,\mathcal{K})$ 是环.

引理 3.6.6 设 $x\in G$, p 为素数, 则一定存在 G 的 p-拟初等子群 H 使得 $p\nmid(1_H)^G(x)$.

证 令 U 为循环群 $\langle x\rangle$ 的 Hall p'-子群, 记 $N=\mathbf{N}_G(U)$. 取 $H/U\in\mathrm{Syl}_p(N/U)$ 使得 $x\in H$, 则 U 为 H 的正规循环 Hall p'-子群, 故 H 是 p-拟初等群. 计算置换特征标 $(1_H)^G$ 在 x 上的取值, 有 $(1_H)^G(x)=|\{Hy|\, y\in G, Hyx=Hy\}|$. 注意, 若 $Hy=Hyx$, 则 $x^{y^{-1}}\in H$, 从而依次推出 $U^{y^{-1}}\leqslant H$, $U^{y^{-1}}=U$, $y\in N$, 这表明

$$(1_H)^G(x)=|\{Hn|\, n\in N, Hnx=Hn\}|.$$

考察 N 在 $\Omega:=\{Hn|\, n\in N\}$ 上的右乘作用, 因为 $U\trianglelefteq N$ 且 $U\leqslant H$, 所以 U 包含在该作用的核中. 因为 $\langle x\rangle/U$ 是 p-群, 所以不被 x 稳定的陪集 Hn 的轨道长都是 p 的倍数, 从而不被 x 稳定的陪集总数必是 p 的倍数. 再注意到 $|\Omega|=|N:H|$, 得 $(1_H)^G(x)\equiv|N:H|\ (\mathrm{mod}\, p)$. 又因为 $|N:H|$ 是 p'-数, 故 $p\nmid(1_H)^G(x)$. □

引理 3.6.7 (Solomon) 设 $\mathcal{K}$ 和 $\mathcal{K}_p$ 分别是 G 的拟初等子群和 p-拟初等子群的集合, 这里 p 是任意取定的素数, 则

(1) $1_G\in\mathcal{P}(G,\mathcal{K})$.

(2) 存在与 p 互素的某个整数 m 使得 $m1_G \in \mathcal{P}(G,\mathcal{K}_p)$.

证　(1) 由引理 3.6.5, $\mathcal{P}(G,\mathcal{K})$ 是环. 注意 $\mathcal{P}(G,\mathcal{K})$ 中元素都是 G 上的 $\mathbb{Z}$-值函数. 反设 $1_G \notin \mathcal{P}(G,\mathcal{K})$, 由引理 3.6.3, 存在 $x \in G$ 和素数 p 使得对所有 $f \in \mathcal{P}(G,\mathcal{K})$ 都有 $p \mid f(x)$, 这与引理 3.6.6 矛盾.

(2) 记 $\mathcal{D} = \{\phi + np1_G | \phi \in \mathcal{P}(G,\mathcal{K}_p), n \in \mathbb{Z}\}$. 因为 $\mathcal{P}(G,\mathcal{K}_p)$ 是环 (引理 3.6.5), 易见 $\mathcal{D}$ 也是环. 若 $1_G \notin D$, 由引理 3.6.3, 我们可找到 $x \in G$ 和素数 q, 使得对所有 $f \in \mathcal{D}$ 都有 $q \mid f(x)$. 但是 $p1_G \in \mathcal{D}$, 推出 $q \mid (p1_G)(x)$, 得 $q = p$, 这与引理 3.6.6 矛盾. 故 $1_G \in \mathcal{D}$, (2) 成立. □

引理 3.6.8　设 $G = P \ltimes U$, 其中 $P \in \mathrm{Syl}_p(G)$. 若 $\lambda \in \mathrm{Lin}(U)$ 在 G 中不变且满足 $\mathbf{C}_U(P) \leqslant \ker(\lambda)$, 则 $\lambda = 1_U$.

证　注意到 P 互素作用在 U 上, 由引理 2.9.10 有 $U = [U,P]\mathbf{C}_U(P)$. 由命题 2.8.1(4) 知 P 平凡作用在 $U/\ker(\lambda)$ 上, 这表明 $[U,P] \leqslant \ker(\lambda)$. 再结合条件 $\mathbf{C}_U(P) \leqslant \ker(\lambda)$, 得 $U = [U,P]\mathbf{C}_U(P) \leqslant \ker(\lambda)$, 即 $\lambda = 1_U$. □

现在给出经 Solomon 改进后的 Brauer 定理的证明.

定理 3.6.2 的证明　如前所述, 我们仅需证明 $1_G \in \mathcal{V}(G,\mathcal{E}(G))$, 这里 $\mathcal{E}(G)$ 表示 G 的初等子群之集合. 对 $|G|$ 归纳, 我们可设:

$$\text{对任意 } H < G \text{ 都有 } 1_H \in \mathcal{V}(H,\mathcal{E}(H)),$$

从而对 G 的所有真子群 H 都有 $\mathbb{Z}[\mathrm{Irr}(H)] = \mathcal{V}(H,\mathcal{E}(H))$. 对于 $\phi \in \mathcal{V}(H,\mathcal{E}(H))$, 显然 $\phi^G \in \mathcal{V}(G,\mathcal{E}(H)) \subseteq \mathcal{V}(G,\mathcal{E}(G))$, 因此我们仅需证明 1_G 可表为真子群上的诱导特征标的 $\mathbb{Z}$-线性组合, 即存在 G 的一些真子群 H 及 H 上的特征标 $\phi_{(H)}$, 使得 1_G 为这些诱导特征标 $(\phi_{(H)})^G$ 的 $\mathbb{Z}$-线性组合.

若 G 不是拟初等的, 即 G 的拟初等子群都是 G 的真子群, 利用引理 3.6.7(1) 即推出结论. 以下我们假设 G 是 p-拟初等群, 即 $G = P \ltimes C$, 其中 $P \in \mathrm{Syl}_p(G)$, C 为 G 的正规循环 p-补. 注意, 当 G 是初等群时定理自然成立, 故可设 G 不是初等群, 此时有

$$Z := \mathbf{C}_C(P) < C, \quad Z \trianglelefteq G, \quad E := PZ < G.$$

记 $(1_E)^G = 1_G + \Theta$, 这里 Θ 是 G 上的特征标.

任取 $\chi \in \mathrm{Irr}(\Theta)$, 我们断言 χ 一定非本原. 因为 $G = CE$ 且 $C \cap E = Z$, 由 Mackey 引理得 $((1_E)^G)_C = (1_Z)^C$, 从而

$$1_C + \Theta_C = ((1_E)^G)_C = (1_Z)^C,$$

$$1 = [(1_Z)^C, 1_C] = [1_C + \Theta_C, 1_C],$$

得 $[\Theta_C, 1_C] = 0$, 故 $[\chi_C, 1_C] = 0$, 这表明 χ_C 中有非主的不可约成分 λ. 注意到

$$Z \leqslant \mathrm{Core}_G(E) = \ker((1_E)^G) = \ker(\Theta) \leqslant \ker \chi,$$

故 $Z \leqslant \ker\chi \cap C = \ker(\chi_C) \leqslant \ker\lambda$. 注意 λ 为循环群 C 上的非主的线性特征标, 引理 3.6.8 推出 $I_G(\lambda) < G$, 进而由 Clliﬀord 定理推出 χ_C 非齐次, 故 χ 非本原, 断言成立.

注意到 $1_G = (1_E)^G - \Theta$, 而 Θ 中的不可约成分都不是本原的, 这表明 1_G 可表为真子群上诱导特征标的 $\mathbb{Z}$-线性组合, 定理成立. □

推论 3.6.9 设 $\chi \in \mathrm{CF}(G)$, 若对 G 的任意初等子群 E 都有 $\chi_E \in \mathbb{Z}[\mathrm{Irr}(G)]$, 且 $[\chi,\chi] = 1$, $\chi(1) \geqslant 0$, 则 $\chi \in \mathrm{Irr}(G)$.

证 由 Brauer 的关于特征标的特征定理, 有 $\chi \in \mathbb{Z}[\mathrm{Irr}(G)]$. 因 $[\chi,\chi] = 1$, 故 χ 和 $-\chi$ 中必有一个在 $\mathrm{Irr}(G)$ 中, 再由 $\chi(1) \geqslant 0$ 推得 $\chi \in \mathrm{Irr}(G)$. □

推论 3.6.10 对于任意素数 p, 一定存在与 p 互素的整数 m 使得 $m1_G \in \mathcal{V}(G, \mathcal{E}_p(G))$, 其中 $\mathcal{E}_p(G)$ 为 G 的 p-初等子群集合.

证 由引理 3.6.7(2), 存在与 p 互素的整数 m 使得 $m1_G \in \mathcal{P}(G, \mathcal{K}_p)$, 即 $m1_G$ 能表示成若干 $(1_H)^G$ 的 $\mathbb{Z}$-线性组合, 这里的 H 都是 p-拟初等子群. 由 Brauer 定理, $1_H \in \mathcal{V}(H, \mathcal{E}(H))$. 对于每个 p-拟初等子群 H, H 的初等子群必是 p-初等的, 因此 $\mathcal{E}(H) = \mathcal{E}_p(H) \subseteq \mathcal{E}_p(G)$, 于是 $(1_H)^G \in \mathcal{V}(G, \mathcal{E}(H)) \subseteq \mathcal{V}(G, \mathcal{E}_p(G))$, 故 $m1_G \in \mathcal{V}(G, \mathcal{E}_p(G))$. □

3.6.2 Brauer 定理的应用

若 $\chi \in \mathrm{Irr}(G)$ 满足 $\chi(1)_p = |G|_p$, 即 $\chi(1)$ 的 p-部分达到可能的最大值 $|G|_p$, 则称 χ 为 G 的 **p-亏零特征标**. 关于 p-亏零特征标, 我们有下面的定理, 它在特征标理论中有广泛的应用.

定理 3.6.11 设 p 是素数, 若 $\chi \in \mathrm{Irr}(G)$ 满足 $\chi(1)_p = |G|_p$, 则对所有满足 $p \mid o(g)$ 的元素 $g \in G$ 都有 $\chi(g) = 0$.

证 定义 G 上的复值类函数 θ 使得

$$\theta(g) = \begin{cases} 0, & \text{若} \quad p \mid o(g), \\ \chi(g), & \text{若} \quad p \nmid o(g). \end{cases}$$

先证明 θ 是 G 上的广义特征标. 设 E 为 G 的初等子群, 则 E 幂零, 故 $E = P \times Q$, 其中 P 为 p-群, Q 为幂零 p'-群. 注意, 由 θ 的定义有 $\theta_Q = \chi_Q$. 任取 $\psi \in \mathrm{Irr}(E)$, 有

$$|E|[\theta_E, \psi]_E = \sum_{x \in Q} \chi(x)\overline{\psi(x)} = |Q|[\chi_Q, \psi_Q]_Q,$$

特别地,

$$|P|[\theta_E, \psi] = [\chi_Q, \psi_Q] \in \mathbb{Z}.$$

任取 $g\in G$, 记 K_g 为共轭类 g^G 中元素的和, 令 $\omega=\omega_\chi$ 为 $\mathbf{Z}(\mathbb{C}[G])$ 到 $\mathbb{C}$ 的代数同态使得 $\omega(K_g)=\chi(g)|g^G|/\chi(1)$. 记 $\omega_0(g)=\omega(K_g)$, 有 $\chi(g)=\chi(1)\omega_0(g)|\mathbf{C}_G(g)|/|G|$, 又有

$$|E|[\theta_E,\psi]=\sum_{x\in Q}\chi(x)\overline{\psi(x)}=\frac{\chi(1)}{|G|}\sum_{x\in Q}\omega_0(x)\overline{\psi(x)}|\mathbf{C}_G(x)|,$$

将上式改写为

$$\frac{|G||Q|}{\chi(1)}[\theta_E,\psi]=\sum_{x\in Q}\omega_0(x)\overline{\psi(x)}|\mathbf{C}_G(x):P|. \tag{3.6.1}$$

注意到 P 中心化 Q, (3.6.1) 式右边 $|\mathbf{C}_G(x):P|$ 都是正整数, 再者 $\omega_0(x)$ 和 $\overline{\psi(x)}$ 也都是代数整数, 故 (3.6.1) 式右边是一个代数整数. 注意到 $|P|[\theta_E,\psi]\in\mathbb{Z}$, (3.6.1) 式左边是一个有理数. 这说明

$$|G||Q|[\theta_E,\psi]/\chi(1)\in\mathbb{Z}.$$

现在 $|G||Q|[\theta_E,\psi]/\chi(1)$ 和 $|P|[\theta_E,\psi]$ 都是整数, 且 $|G||Q|/\chi(1)$ 和 $|P|$ 互素, 推得 $[\theta_E,\psi]\in\mathbb{Z}$, 因此 θ_E 为 E 上的广义特征标. 由 Brauer 定理得 $\theta\in\mathbb{Z}[\mathrm{Irr}(G)]$, 特别地, $[\theta,\chi]\in\mathbb{Z}$. 进一步, 因为

$$0<\frac{1}{|G|}\sum_{g\in G,p\nmid o(g)}|\chi(g)|^2=[\theta,\chi]=\frac{1}{|G|}\sum_{g\in G,p\nmid o(g)}|\chi(g)|^2\leqslant[\chi,\chi]=1,$$

必有 $[\theta,\chi]=[\chi,\chi]=1$, 这又推出 $0=[\chi-\theta,\chi]=\dfrac{1}{|G|}\sum_{g\in G,p|o(g)}|\chi(g)|^2$, 定理成立. □

设 (G,N,θ) 是特征标串. 由定理 3.2.9, θ 可扩充到 G 的充分必要条件是, 对 G 的任意 Sylow 子群 P, θ 都能扩充到 PN. 因此, 要讨论 θ 的可扩充性, 核心的环境是 G/N 为 p-群的情形. 下面介绍此环境下 Dade 给出的一个特征标扩充定理.

引理 3.6.12 *设 (G,N,θ) 为特征标串, G/N 为 p-群. 则一定存在 p-初等子群 E 及 $\phi\in\mathrm{Irr}(E\cap N)$ 使得 $G=NE$, E 稳定 ϕ, 且 $p\nmid[\theta_{E\cap N},\phi]$.*

证 由推论 3.6.10, 存在 p'-整数 m 使得

$$m1_G=\sum_\lambda a_\lambda\lambda^G, \tag{3.6.2}$$

这里 $a_\lambda\in\mathbb{Z}$, λ 为 G 的 p-初等子群 E_λ 上的不可约特征标. 考察 (3.6.2) 式中的 λ. 对于 N 上的任意 G-不变的类函数 β, 有

$$(\beta^G)_N=|G:N|\beta,\quad(\beta^{E_\lambda N})_N=|E_\lambda N:N|\beta.$$

再者, 由诱导类函数的定义知 β^G 和 $\beta^{E_\lambda N}$ 在 $E_\lambda N \setminus N$ 上都取零值, 综上推出

$$(\beta^G)_{E_\lambda N} = |G : E_\lambda N|\beta^{E_\lambda N}.$$

由上式和反转律得

$$\begin{aligned}[\beta, (\lambda^G)_N] &= [\beta^G, \lambda^G] = [(\beta^G)_{E_\lambda N}, \lambda^{E_\lambda N}] = |G : E_\lambda N|[\beta^{E_\lambda N}, \lambda^{E_\lambda N}] \\ &= |G : E_\lambda N|[\beta, (\lambda^{E_\lambda N})_N] = |G : E_\lambda N|[\beta, (\lambda_{E_\lambda \cap N})^N].\end{aligned}$$

特别地, 取 $\beta = \theta\bar{\theta}$, 得

$$\begin{aligned}m = [\theta\bar{\theta}, m1_N] &= [\theta\bar{\theta}, (m1_G)_N] = \sum_\lambda a_\lambda[\theta\bar{\theta}, (\lambda^G)_N] \\ &= \sum_\lambda a_\lambda |G : NE_\lambda| [\theta\bar{\theta}, (\lambda_{E_\lambda\cap N})^N].\end{aligned}$$

因 $p \nmid m$, 故必存在 p-初等子群 $E := E_\lambda$ 及 $\lambda \in \mathrm{Irr}(E)$ 使得

$$p \nmid |G : NE| [\theta\bar{\theta}, (\lambda_{E\cap N})^N]. \tag{3.6.3}$$

注意到 G/N 是 p-群, 得 $G = NE$.

记 $L = E \cap N$, 因 $[\theta\bar{\theta}, (\lambda_L)^N] = [\theta_L\bar{\theta}_L, \lambda_L] = [\theta_L, \lambda_L\theta_L]$, 故由 (3.6.3) 式得 $([\theta_L, \lambda_L\theta_L], p) = 1$. 由 θ 的 G-不变性得 θ_L 的 E-不变性, 故 θ_L 可表为 $\theta_L = \sum_\Delta e_\Delta \Delta$, 这里 Δ 为 $\mathrm{Irr}(L)$ 的 E-轨道和, $e_\Delta \in \mathbb{N}$. 显然 $\lambda \in \mathrm{Irr}(E)$ 限制到 L 也是 E-不变的, 故 $\lambda_L\theta_L$ 在 E 作用下不变. 现在 p'-整数 $[\theta_L, \lambda_L\theta_L]$ 可表为 $\sum_\Delta e_\Delta[\Delta, \lambda_L\theta_L]$, 所以存在某 Δ 使得

$$p \nmid e_\Delta, \quad p \nmid [\Delta, \lambda_L\theta_L].$$

记轨道和 $\Delta = \phi_1 + \cdots + \phi_t$, 其中 $\phi_1, \cdots, \phi_t \in \mathrm{Irr}(L)$ 恰构成一个 E-轨道. 因为 $\lambda_L\theta_L$ 在 E 作用下不变, 所以

$$[\phi_1, \lambda_L\theta_L] = \cdots = [\phi_t, \lambda_L\theta_L],$$

从而

$$[\Delta, \lambda_L\theta_L] = t[\phi_1, \lambda_L\theta_L].$$

因为 $p \nmid [\Delta, \lambda_L\theta_L]$, 且 t 为 $|E : L|$ 的因子从而是 p 的方幂, 所以 $t = 1$, 即 $\Delta = \{\phi_1\}$, $\phi := \phi_1$ 在 E 中不变. 注意到 $[\theta_L, \phi] = e_\Delta$ 且 $p \nmid e_\Delta$, 得 $p \nmid [\theta_L, \phi]$, 故这里的 ϕ 满足引理要求. □

定理 3.6.13 (Dade)　*设 (G, N, θ) 为特征标串, 其中 G/N 为 p-群, 记 $P \in \mathrm{Syl}_p(G)$. 若 $P \cap N \leqslant \mathbf{Z}(P)$ 且 $P \cap N$ 的线性特征标都能扩充到 P, 则 θ 一定能扩充到 G.*

证　由引理 3.6.12, 存在 G 的 p-初等子群 E 及 $\phi \in \mathrm{Irr}(E\cap N)$, 使得 $G = EN$ 且 $p \nmid [\theta_{E\cap N}, \phi]$. 令 $E = Q \times C$, 其中 Q 为 p-群, C 为循环 p'-群. 注意到 $C \leqslant N$,

得

$$E \cap N = (Q \cap N) \times C,$$

故存在 $\alpha \in \mathrm{Irr}(Q \cap N)$, $\beta \in \mathrm{Irr}(C)$ 使得 $\phi = \alpha \times \beta$. 不妨设 $Q \leqslant P$, 此时 $Q \cap N \leqslant P \cap N \leqslant \mathbf{Z}(P)$ 交换, 故 α 线性且可扩充到交换群 $P \cap N$ 上, 从而由条件知 α 可扩充到 P. 特别地, α 可扩充到 $\alpha' \in \mathrm{Irr}(Q)$, 故 $\phi' := \alpha' \times \beta$ 为 ϕ 到 E 的一个扩充, 即 $\phi'_{E\cap N} = \phi$. 因为 $G = EN$, 所以 $((\phi')^G)_N = (\phi'_{E\cap N})^N = \phi^N$, 从而

$$[((\phi')^G)_N, \theta] = [\phi^N, \theta] = [\phi, \theta_{E\cap N}]$$

是一个 p'-整数. 这表明可取到 $\chi \in \mathrm{Irr}((\phi')^G)$ 使得 $p \nmid [\chi_N, \theta]$. 特别地, $[\chi_N, \theta] > 0$, 故 θ 是 χ_N 的不可约成分. 因 θ 在 G 中不变且 $[\chi_N, \theta] \mid |G : N|$ (定理 3.2.5), 推出 $[\chi_N, \theta] = 1$, $\chi_N = \theta$, 即 χ 为 θ 到 G 的一个扩充. □

上述定理最主要的应用环境是 $P' \cap N = 1$ 的情形, 此时定理中关于 $P, P \cap N$ 的假设条件自然成立.

推论 3.6.14　设 (G, N, θ) 为特征标串, 其中 G/N 为 p-群, 记 $P \in \mathrm{Syl}_p(G)$. 若 $P' \cap N = 1$, 特别地, 若 P 交换, 则 θ 一定能扩充到 G.

设 (G, N, θ) 为特征标串, 推论 3.1.23, 定理 3.2.9, 定理 3.2.13 及推论 3.6.14 给出了 θ 可扩充到 G 的判别准则. 当 θ 线性时, 我们常用的判别定理是定理 2.8.18 和命题 2.8.21.

3.7　域扩张下的群表示和特征标

本节介绍在域扩张 $\mathbb{F} \subseteq \mathbb{L}$ 下, 有限群的不可约 $\mathbb{F}$-表示与不可约 $\mathbb{L}$-表示之间的关系, 并给出若干重要的应用. 本节中, $\mathbb{F}$, $\mathbb{L}$ 及 $\mathbb{E}$ 等等均表示域.

3.7.1　基本事实

设 $\mathfrak{X}$ 是群 G 的 n 次 $\mathbb{F}$-矩阵表示, 若 $\mathbb{F} \subseteq \mathbb{L}$, 因为 $\mathrm{GL}(n, \mathbb{F}) \subseteq \mathrm{GL}(n, \mathbb{L})$, 所以 $\mathfrak{X}$ 可自然地看作 G 上的 $\mathbb{L}$-表示. 显然 $\mathfrak{X}$ 作为 $\mathbb{F}$-表示和作为 $\mathbb{L}$-表示提供了 G 上的相同特征标. 下面我们用模的语言再来解释一下.

引理 3.7.1　设 A 为有限维 $\mathbb{F}$-代数, $\mathbb{F} \subseteq \mathbb{L}$ 为域扩张, V 为右 A-模, 则以下结论成立.

(1) $V \otimes_{\mathbb{F}} \mathbb{L}$ 是一个 $\mathbb{F}$-向量空间, 且在下述数乘运算下成为 $\mathbb{L}$-向量空间

$$(v \otimes l')l = v \otimes l'l,$$

其中 $l, l' \in \mathbb{L}, v \in V$; 再者, 若 $\{\epsilon_1, \cdots, \epsilon_n\}$ 为 V 的 $\mathbb{F}$-基底, 则 $\{\epsilon_1 \otimes 1, \cdots, \epsilon_n \otimes 1\}$ 为 $V \otimes_{\mathbb{F}} \mathbb{L}$ 的 $\mathbb{L}$-基底, 故 $\dim_{\mathbb{F}}(V) = \dim_{\mathbb{L}}(V \otimes_{\mathbb{F}} \mathbb{L})$.

(2) 在自然的加法及按下面规定的乘法和数乘下 $A\otimes_{\mathbb{F}}\mathbb{L}$ 成为 $\mathbb{L}$-代数

$$(a\otimes l)(a'\otimes l')=aa'\otimes ll',\quad (a\otimes l')l=a\otimes l'l,$$

其中 $l,l'\in\mathbb{L},a,a'\in A$, 且 $\dim_{\mathbb{L}}(A\otimes_{\mathbb{F}}\mathbb{L})=\dim_{\mathbb{F}}(A)$.

(3) 按规定 $(v\otimes l_1)(a\otimes l_2)=va\otimes l_1l_2$, 其中 $l_1,l_2\in\mathbb{L},v\in V,a\in A$, $V\otimes_{\mathbb{F}}\mathbb{L}$ 成为一个右 $A\otimes_{\mathbb{F}}\mathbb{L}$-模.

证 (1) 略, 参见 (2) 的证明.

(2) 显然 $\mathbb{L}$ 也可看成 $\mathbb{F}$-向量空间, 由定理 1.1.14 知 $A\otimes_{\mathbb{F}}\mathbb{L}$ 是 $\mathbb{F}$-向量空间, 从而在上面定义的数乘运算下成为 $\mathbb{L}$-向量空间. 注意到 $\mathbb{L}$ 也可看成 $\mathbb{F}$-代数, 由命题 1.2.16 知 $A\otimes_{\mathbb{F}}\mathbb{L}$ 在乘法 $(a_1\otimes l_1)(a_2\otimes l_2)=a_1a_2\otimes l_1l_2$ 下成为 $\mathbb{F}$-代数, 特别地成为有单位元的环. 进而易验证 $A\otimes_{\mathbb{F}}\mathbb{L}$ 成为一个 $\mathbb{L}$-代数. 设 $\{a_1,\cdots,a_s\}$ 为 A 的一个 $\mathbb{F}$-基底, 由命题 1.1.9 知

$$A\otimes_{\mathbb{F}}\mathbb{L}=\left(\bigoplus_{i=1}^{s}\mathbb{F}a_i\right)\otimes_{\mathbb{F}}\mathbb{L}=\bigoplus_{i=1}^{s}A_i,$$

其中 $A_i=\{a_i\otimes l\,|\,l\in\mathbb{L}\}=\{(a_i\otimes 1)l\,|\,l\in\mathbb{L}\}$, 故 $\{a_1\otimes 1,\cdots,a_s\otimes 1\}$ 为 $A\otimes_{\mathbb{F}}\mathbb{L}$ 的 $\mathbb{L}$-基底.

(3) 由命题 1.2.16 得. □

在上面的引理中, 我们把 $l\in\mathbb{L}$ 和 $v\otimes l'\in V\otimes_{\mathbb{F}}L$ 的数乘写成 $(v\otimes l')l$. 当然这个数乘也可以写成 $l(v\otimes l')$, 此时 $l(v\otimes l')=(v\otimes l')l$.

引理 3.7.2 设 $\mathbb{F}\subseteq\mathbb{L}$ 为域扩张, 则 $\mathbb{F}[G]\otimes_{\mathbb{F}}\mathbb{L}\cong\mathbb{L}[G]$.

证 在引理 3.7.1 的证明中, 已经看到 $\{g\otimes 1\,|\,g\in G\}$ 为 $\mathbb{F}[G]\otimes_{\mathbb{F}}\mathbb{L}$ 的 $\mathbb{L}$-基底, 显然 $g\otimes 1\mapsto g$ (并线性扩充) 定义了 $\mathbb{F}[G]\otimes_{\mathbb{F}}\mathbb{L}$ 到 $\mathbb{L}[G]$ 的代数同构. □

设 $\mathbb{F}\subseteq\mathbb{L}$, V 是 $\mathbb{F}[G]$-模, 对应表示 $\mathfrak{X}_0$、矩阵表示 $\mathfrak{X}$ 并提供特征标 χ. 由引理 3.7.1 和引理 3.7.2, 我们知道 $V\otimes_{\mathbb{F}}\mathbb{L}$ 是 $\mathbb{L}[G]$-模, 其模作用为

$$(v\otimes 1)g:=(v\otimes 1)(g\otimes 1)=vg\otimes 1,\tag{3.7.1}$$

其中 $g\otimes 1\in\mathbb{F}[G]\otimes_{\mathbb{F}}\mathbb{L}$. 我们把 $\mathbb{L}[G]$-模 $V\otimes_{\mathbb{F}}\mathbb{L}$ 所对应的表示、矩阵表示及提供的特征标分别记为

$$\mathfrak{X}_0\otimes_{\mathbb{F}}\mathbb{L},\quad \mathfrak{X}\otimes_{\mathbb{F}}\mathbb{L},\quad \chi\otimes_{\mathbb{F}}\mathbb{L}.$$

取 V 的 $\mathbb{F}$-基底 $\{\epsilon_1,\cdots,\epsilon_n\}$, 任取 $g\in G$, 由 (3.7.1) 式易见, 线性变换 $\mathfrak{X}_0(g)$ 在基底 $\epsilon_1,\cdots,\epsilon_n$ 下的矩阵与线性变换 $(\mathfrak{X}_0\otimes_{\mathbb{F}}\mathbb{L})(g)$ 在基底 $\{\epsilon_1\otimes 1,\cdots,\epsilon_n\otimes 1\}$ 下的矩阵完全相同, 即 $(\mathfrak{X}\otimes_{\mathbb{F}}\mathbb{L})(g)=\mathfrak{X}(g)$. 因此

$$(\mathfrak{X}\otimes_{\mathbb{F}}\mathbb{L})|_G=\mathfrak{X}|_G,\quad (\mathfrak{X}\otimes_{\mathbb{F}}\mathbb{L})|_{\mathbb{F}[G]}=\mathfrak{X},\tag{3.7.2}$$

$$(\chi\otimes_{\mathbb{F}}\mathbb{L})|_{\mathbb{F}[G]}=\chi.\tag{3.7.3}$$

显然, 若 $\mathfrak{X}\otimes_{\mathbb{F}}\mathbb{L}$ 是 G 上的不可约 $\mathbb{L}$-表示, 则 $\mathfrak{X}$ 当然是 G 上的不可约的 $\mathbb{F}$-表示; 但其逆一般不成立.

显然, 若 $\mathfrak{X}_1, \mathfrak{X}_2$ 是 G 上的两个相似 $\mathbb{F}$-表示, 则 $\mathfrak{X}_1\otimes_{\mathbb{F}}\mathbb{L}$ 和 $\mathfrak{X}_2\otimes_{\mathbb{F}}\mathbb{L}$ 也是 G 上的两个相似 $\mathbb{L}$-表示.

引理 3.7.3　设 $\mathbb{F}\subseteq\mathbb{L}$ 为域扩张, 若 $\mathfrak{Y}$ 是 G 的一个不可约 $\mathbb{L}$-表示, 则存在 G 的不可约 $\mathbb{F}$-表示 $\mathfrak{X}$ 使得 $\mathfrak{Y}$ 是 $\mathfrak{X}\otimes_{\mathbb{F}}\mathbb{L}$ 的不可约成分.

证　将正则 $\mathbb{F}[G]$-模 $\mathbb{F}[G]$ 作合成列分解: $\mathbb{F}[G]=V_n>V_{n-1}>\cdots>V_1>V_0=0$, 得到 $\mathbb{L}[G]$ 的相应的因子列

$$\mathbb{L}[G]=V_n\otimes_{\mathbb{F}}\mathbb{L}>V_{n-1}\otimes_{\mathbb{F}}\mathbb{L}>\cdots>V_1\otimes_{\mathbb{F}}\mathbb{L}>V_0\otimes_{\mathbb{F}}\mathbb{L}=0.$$

将上述因子列加细成 $\mathbb{L}[G]$ 的合成列 $\mathbb{L}[G]=W_m>\cdots>W_0=0$. 设 W 是对应于不可约 $\mathbb{L}$-表示 $\mathfrak{Y}$ 的不可约 $\mathbb{L}[G]$-模, 则 W 与某个 W_i/W_{i-1} 同构 (参见 2.1 节的说明 (G) 及命题 1.3.9). 令 $V_j\otimes_{\mathbb{F}}\mathbb{L}\geqslant W_i>W_{i-1}\geqslant V_{j-1}\otimes_{\mathbb{F}}\mathbb{L}$, 则 W 是 $(V_j\otimes\mathbb{L})/(V_{j-1}\otimes\mathbb{L})\cong(V_j/V_{j-1})\otimes\mathbb{L}$ 的不可约成分. 取 $\mathfrak{X}$ 是对应不可约 $\mathbb{F}[G]$-模 V_j/V_{j-1} 的不可约表示, 则 $\mathfrak{Y}$ 是 $\mathfrak{X}\otimes_{\mathbb{F}}\mathbb{L}$ 的不可约成分. □

引理 3.7.4　设 $\mathfrak{X}$ 是 G 上的不可约 $\mathbb{F}$-矩阵表示, $a\in\mathbb{F}[G]$, 则必定存在 $b\in\mathbb{F}[G]$ 使得

(1) $\mathfrak{X}(b)=\mathfrak{X}(a)$;

(2) 对任意一个与 $\mathfrak{X}$ 不相似的 G 上的不可约 $\mathbb{F}$-表示 $\mathfrak{Y}$, 都有 $\mathfrak{Y}(b)=0$.

证　令 $\{\mathfrak{X}_1,\cdots,\mathfrak{X}_k\}$ 为 $\mathbb{F}[G]$ 的不可约 $\mathbb{F}$-矩阵表示相似类代表系, 令 $I_i=\{x\in\mathbb{F}[G]\mid \mathfrak{X}_i(x)=0\}$, 即 I_i 是代数同态 $\mathfrak{X}_i$ 的核, 故 I_i 必是 $\mathbb{F}[G]$ 的理想. 由 1.3 节中定义, $J(\mathbb{F}[G])=\bigcap_{i=1}^k I_i$. 令 $A=\mathbb{F}[G]/J(\mathbb{F}[G])$, 易见 $\mathfrak{X}_i$ 也可看成代数 A 上的不可约表示, 且 $\mathfrak{X}_1,\cdots,\mathfrak{X}_k$ 仍是 A 上的不可约表示相似类代表系. 特别地 $J(A)=0$, 因此 A 半单 (引理 1.3.13). 在 A 的极小理想分解中 (定理 1.3.11), 令 $\mathfrak{X}_i$ 对应极小理想 $M_i(A)$, 不妨设 $\mathfrak{X}=\mathfrak{X}_1$, 则有

$$\mathfrak{X}_2(M_1(A))=\cdots=\mathfrak{X}_k(M_1(A))=0,\quad \mathfrak{X}_1(M_1(A))=\mathfrak{X}_1(A)=\mathfrak{X}_1(\mathbb{F}[G]).$$

设 a 在 A 中的自然同态像为 a', 记 a' 在 M_1 中的投影为 b', 再取 b 为 b' 在 $\mathbb{F}[G]$ 中的一个原像, 则 b 满足要求. □

引理 3.7.5　设 $\mathbb{F}\subseteq\mathbb{L}$ 为域扩张, $\mathfrak{X}_1,\mathfrak{X}_2$ 是 G 上的两个不可约 $\mathbb{F}$-表示. 若 $\mathfrak{X}_1\otimes_{\mathbb{F}}\mathbb{L}$ 中有不可约成分 $\mathfrak{Y}_1$, $\mathfrak{X}_2\otimes_{\mathbb{F}}\mathbb{L}$ 中有不可约成分 $\mathfrak{Y}_2$, 使得 $\mathfrak{Y}_1$ 和 $\mathfrak{Y}_2$ 相似, 则 $\mathfrak{X}_1$ 与 $\mathfrak{X}_2$ 相似.

证　反设 $\mathfrak{X}_1$ 与 $\mathfrak{X}_2$ 不相似. 取 $a=1$, 由引理 3.7.4, 可取到 $b\in\mathbb{F}[G]$ 使得

$$\mathfrak{X}_1(1)=\mathfrak{X}_1(b),\quad \mathfrak{X}_2(b)=0.$$

由 (3.7.2) 式有 $(\mathfrak{X}_1\otimes_{\mathbb{F}}\mathbb{L})(b)=\mathfrak{X}_1(b)$, 故 $(\mathfrak{X}_1\otimes_{\mathbb{F}}\mathbb{L})(b)=\mathfrak{X}_1(1)$ 为单位矩阵, 从而

$\mathfrak{Y}_1(b)$ 是单位矩阵. 此时 $\mathfrak{Y}_2(b)$ 也是单位矩阵, 因此 $\mathfrak{X}_2(b)$ 就不可能是零矩阵 (见 (2.1.3) 式), 矛盾. □

上面简单介绍了域扩张下群表示的基本概念. 作为应用, 接下来我们介绍关于 Frobenius 群的一个经典定理, 该定理被广泛地应用到群结构和群表示的研究中.

定理 3.7.6 设 $G = \mathrm{Fro}(H, N)$, $\mathbb{K}$ 为特征不整除 $|N|$ 的域, V 为 $\mathbb{K}[G]$-模且满足 $\mathbf{C}_V(N) = 0$, 则 H 置换作用在 V 的某组基底上, 且该作用下的所有轨道长度都是 $|H|$. 特别地, 任取 $H_0 \leqslant H$, 都有

$$\dim(\mathbf{C}_V(H_0)) = \dim(V)/|H_0|,$$

更特别地, $\dim(\mathbf{C}_V(H)) = \dim(V)/|H|$.

我们先对定理中的符号 $\mathbf{C}_V(N)$ 稍作说明. 设 V 是任意域 $\mathbb{F}$ 上的 G-模, $N \trianglelefteq G$, 定义

$$\mathbf{C}_V(N) := \{v \in V \,|\, vn = v, \forall n \in N\},$$

易见它是 V 的 $\mathbb{F}[G]$-子模. 若 $\mathbf{C}_V(N) > 0$, 则 $\mathbf{C}_V(N)$ 是 V 的平凡 $\mathbb{F}[N]$-子模, 即为若干主 $\mathbb{F}[N]$-模的直和 (主模定义见 2.1 节说明 (F)), 这表明 " $\mathbf{C}_V(N) = 0$" 当且仅当 "V_N 中没有主 $\mathbb{F}[N]$-模作为其成分". 注意 "$\mathbf{C}_V(N) = 0$" 与 "V 是忠实 N-模" 是两回事! 后者的意思是指 $\mathrm{Ker}_N(V) = 1$, 即 $\mathbf{C}_N(V) = 1$.

引理 3.7.7 设 $G = \mathrm{Fro}(H, N)$, $\mathbb{E}$ 是特征不整除 $|N|$ 的代数闭域. 令 $\mathfrak{Y}$ 为非主的不可约 $\mathbb{E}[N]$-表示, 对 $h \in H$ 定义 $\mathfrak{Y}$ 的共轭表示 $\mathfrak{Y}^h$, 即对所有 $n \in N$ 都有 $\mathfrak{Y}^h(n^h) = \mathfrak{Y}(n)$. 若 h_1, h_2 是 H 中两个不同元素, 则 $\mathfrak{Y}^{h_1}$ 和 $\mathfrak{Y}^{h_2}$ 是 N 的两个不相似的不可约 $\mathbb{E}$-表示.

证 考察 $\mathfrak{Y}$ 和 $\mathfrak{Y}^h$ 的表示空间, 由引理 2.4.3 的证明, 易见 $\mathfrak{Y}^h$ 与 $\mathfrak{Y}$ 有相同的不可约性, 故 $\mathfrak{Y}^{h_1}$ 和 $\mathfrak{Y}^{h_2}$ 都是 N 上的不可约 $\mathbb{E}$-表示. 因为 $\mathbb{E}$ 是特征不整除 $|N|$ 的代数闭域, 所以 $\mathbb{E}[N]$ 半单, 故 $|\mathrm{Irr}(\mathbb{E}[N])| = |\mathrm{Con}(N)|$. 任取 $h \in H^\sharp$, 考察 h 在 $\mathrm{Con}(N)$ 及 $\mathrm{Irr}(\mathbb{E}[N])$ 上的作用, 用与定理 2.4.15 完全相同的方法可证: h-不变的 N-共轭类的类数等于 h-不变的不可约 $\mathbb{E}[N]$-特征标个数. 因为 G 是 Frobenius 群, h 仅能稳定 N 的平凡共轭类 $\{1\}$, 所以 h 也仅能稳定 N 的主特征标 1_N.

设 $\mathfrak{Y}$ 提供不可约 $\mathbb{E}[N]$-特征标 λ, 则 $\mathfrak{Y}^{h_1}$ 和 $\mathfrak{Y}^{h_2}$ 分别提供 N 上的不可约 $\mathbb{E}$-特征标 λ^{h_1} 和 λ^{h_2}. 反设 $\mathfrak{Y}^{h_1}$ 和 $\mathfrak{Y}^{h_2}$ 为 N 的两个相似表示, 则 $\lambda^{h_1} = \lambda^{h_2}$, 这就推出 $\lambda^{h_1 h_2^{-1}} = \lambda$, 即 $h_1 h_2^{-1}$ 稳定 λ. 注意到 $\lambda \neq 1_N$ 且 $h_1 h_2^{-1} \in H^\sharp$, 这与上段的推理结果矛盾. □

定理 3.7.6 的证明

(1) 先证明定理的前半部分, 即证明 H 置换作用在 V 的某组基底上.

(1.1) 首先考察 $\mathbb{K}$ 是代数闭域的情形. 由引理 3.7.7, H 作用在不可约 $\mathbb{K}[N]$-表示的相似类集合上, 因此 H 也作用在不可约 $\mathbb{K}[N]$-模的同构类集合上. 令 $\mathfrak{Irr}_0$ 为 $\mathfrak{Irr}(\mathbb{K}[N])$ 中的非主的不可约 $\mathbb{K}[N]$-模的 H-轨道代表系. 对于每个 $M \in \mathfrak{Irr}_0$, 令 $M(V)$ 为 V 中的 M-齐次分支, 再令

$$W = \sum_{M \in \mathfrak{Irr}_0} M(V) \subseteq V.$$

我们断言 $V = \dot{+}_{h\in H} Wh$, 即 V 是子空间 Wh 的直和. 事实上, $\mathfrak{Irr}(\mathbb{K}[N]) = \bigcup_{h\in H} (\mathfrak{Irr}_0)^h \cup \{U\}$, 其中 U 为主 $\mathbb{K}[N]$-模. 若 h_1, h_2 是 H 中两个不同元素, 则由引理 3.7.7 知道 $(\mathfrak{Irr}_0)^{h_1} \cap (\mathfrak{Irr}_0)^{h_2} = \varnothing$. 由 $\mathbf{C}_V(N) = 0$ 知 V_N 没有主成分 U; 再者, 因为 $\mathbb{K}[N]$ 半单, 所以 V_N 是完全可约 $\mathbb{K}[N]$-模, 这就推出断言

$$V_N = \sum_{M \in \bigcup_{h\in H} (\mathfrak{Irr}_0)^h} M(V) = \sum_{h \in H} \left(\sum_{M \in (\mathfrak{Irr}_0)^h} M(V) \right) = \dot{+}_{h \in H} Wh.$$

现取 W 的一组基底 $\varepsilon_1, \cdots, \varepsilon_s$, 则 $\{\varepsilon_1 h, \cdots, \varepsilon_s h \mid h \in H\}$ 为 V 的基底, 显然 H 置换作用在该组基底上, 且对每个基底元素 $\varepsilon_i h$, 它所在的 H-轨道为 $\{\varepsilon_i h' \mid h' \in H\}$, 结论成立.

注意: 对每个 W 中的基底元素 ε_i, 记 V_i 为由 $\{\varepsilon_i h' \mid h' \in H\}$ 生成的 $\mathbb{K}$-向量空间, 则 V_i 同构于正则 $\mathbb{K}[H]$-模, 故此时 V_H 是 s 个正则 $\mathbb{K}[H]$-模 V_i 的直和.

(1.2) 再考察 $\mathbb{K}$ 不是代数闭域的情形.

令 $\mathbb{E}$ 为 $\mathbb{K}$ 的代数闭包, 设 $\mathfrak{X}$ 为 $\mathbb{K}[G]$-模 V 对应的 $\mathbb{K}[G]$ 上的矩阵表示. 对于 $\mathbb{E}[G]$-模 $V \otimes_{\mathbb{K}} \mathbb{E}$, 显然也有 $\mathbf{C}_{V\otimes_{\mathbb{K}}\mathbb{E}}(N) = 0$. 由 (1.1) 中的推理, 定理前半部分结论对 $V \otimes_{\mathbb{K}} \mathbb{E}$ 成立, 即 $(V \otimes_{\mathbb{K}} \mathbb{E})|_H$ 为若干正则 $\mathbb{E}[H]$-模的直和. 因此 $(\mathfrak{X} \otimes_{\mathbb{K}} \mathbb{E})|_H$ 相似于这样一个 $\mathbb{E}[H]$-表示 $\mathfrak{Y}$,

$$\mathfrak{Y} = \operatorname{diag}(\mathfrak{Y}_1, \cdots, \mathfrak{Y}_s),$$

其中 $\mathfrak{Y}_i$ 都是 $\mathbb{E}[H]$ 上的正则表示. 此时容易证明, 存在 $\mathbb{K}[H]$ 上的正则表示 $\mu_1, \cdots, \mu_s$, 使得 $\mathfrak{Y}$ 相似于 $\operatorname{diag}(\mu_1, \cdots, \mu_s) \otimes_{\mathbb{K}} \mathbb{E}$, 且 $\mathfrak{X}_H$ 相似于 $\operatorname{diag}(\mu_1, \cdots, \mu_s)$. 将 $\mathfrak{X}_H$ 相似于 $\operatorname{diag}(\mu_1, \cdots, \mu_s)$ 转换成模的语言, 即 V_H 为若干正则 $\mathbb{K}[H]$-模的直和, 因此 H 置换作用在 V 的某组基底上, 且该作用下每个 H-轨道长都是 $|H|$, 结论成立.

(2) 再证明定理的后半部分.

设 H 作用在 V 的一组基底 Ω 上, 且轨道长都是 $|H|$, 则 Ω 中任意元素在 H 中的稳定子群都是 1. 考察 $H_0 \leqslant H$ 在 Ω 上的作用, 假设 Ω 恰是 t 个 H_0-轨道 $\Omega_1, \cdots, \Omega_t$ 的并, 并令 $v_i = \sum_{\omega \in \Omega_i} \omega$, $i = 1, \cdots, t$. 显然对任意 $h_0 \in H_0$ 都有 $v_i h_0 = \sum_{\omega \in \Omega_i} \omega h_0 = v_i$, 这表明 $v_i \in \mathbf{C}_V(H_0)$. 进一步, 对 $v \in V$, 容易验证

$v \in \mathbf{C}_V(H_0)$ 当且仅当 v 是 $v_1, \cdots, v_t$ 的线性组合, 故

$$\mathbf{C}_V(H_0) = \left\{ \sum_{i=1}^{t} c_i v_i \,|\, c_i \in \mathbb{K} \right\}.$$

这又推出 $\{v_1, \cdots, v_t\}$ 为 $\mathbf{C}_V(H_0)$ 的基底. 注意到每个 H_0-轨道 Ω_i 的长度都是 $|H_0|$, 因此

$$\dim(\mathbf{C}_V(H_0)) = t = |\Omega|/|H_0| = \dim(V)/|H_0|,$$

定理证毕. □

下面的推论被应用到 [88] 及其随后一系列研究元素阶的文章中.

推论 3.7.8 设 $G/V = \mathrm{Fro}(A/V, B/V)$, $B = N \ltimes V$, 其中 V 为 G 的正规 p-子群, N 为 p'-群, 且设 N 非平凡地作用在 V 上. 若 A/V 中有 h 阶元, 则 G 中必有 ph 阶元.

证 我们先将问题约化到最简明的环境. 注意到 N 非平凡且互素作用在 p-群 V 上, 不难推出 N 也非平凡地作用在某个 G-主因子 V/D 上 (否则, N 平凡作用在 $V/(V \cap \Phi(G))$ 上, 又推出 N 平凡作用在 V 上). 若 $D > 1$, 在 G/D 中应用归纳假设即得结论, 故可设 $D = 1$. 此时 V 为 G 的极小正规子群, 且 $V \cap \Phi(G) = 1$ (否则, $B = N \times V$), 所以 V 在 G 中有补, 这表明存在 G 的子群 $\mathrm{Fro}(H, N)$ 使得 $G = \mathrm{Fro}(H, N) \ltimes V$, 其中 $\mathrm{Fro}(H, N) \cong \mathrm{Fro}(A/V, B/V)$, $H \cong A/V$, $N \cong B/V$. 再者, 同样由归纳可设 $H = \langle x \rangle$ 为 h 阶循环群.

因为 N 是 H-不变群, 所以 $\mathbf{C}_V(N) \trianglelefteq G$. 注意到 V 极小正规且 N 非平凡作用在 V 上, 推出 $\mathbf{C}_V(N) = 1$. 显然 V 是 (不可约)$\mathbb{F}_p[\mathrm{Fro}(H, N)]$-模, 且群 V 中的单位元即为模 V 中的零元, 故可应用定理 3.7.6. 此时 H 置换作用在向量空间 V 的一组基底 Ω 上, 且该作用下每个 H-轨道的长度都是 $|H|$. 特别地, 有 $v \in \Omega$ 使得 $\{v = v^{x^h}, v^x, \cdots, v^{x^{h-1}}\}$ 为一个 H-轨道. 下面来计算 $o(vx)$. 首先, 考察 vxV 在 G/V 中的阶, 有 $o(vxV) = o(xV) = h$, 因此 $h \mid o(vx)$. 再者, 简单计算有

$$(vx)^h = x^h \prod_{j=1}^{h} v^{x^j} = \prod_{j=1}^{h} v^{x^j};$$

注意 $\{v, v^x, \cdots, v^{x^{h-1}}\}$ 为 V 中的线性无关向量组, 故它们在向量空间的加法下不能为 0, 因此它们在群的乘法下不能为 1, 即 $\prod_{j=1}^{h} v^{x^j} \neq 1$. 显然 $(vx)^{ph} = 1$, 综上即推出 $o(vx) = ph$. □

例如, 令 $G = \mathrm{S}_4$, 则 $G = \mathrm{Fro}(A, B) \ltimes V$, 其中 $\mathrm{Fro}(A, B) \cong \mathrm{S}_3$, $|A| = 2$, $V \cong \mathrm{E}(2^2)$. 由定理 3.7.6 有 $\dim_{\mathbb{F}_2}(\mathbf{C}_V(A)) = 1$, 即 $|\mathbf{C}_V(A)| = 2$. 再由推论 3.7.8 知 AV 中有 4 阶元.

3.7.2 分裂域

设 $\mathbb{F} \subseteq \mathbb{L}$ 为域扩张, $\dim_{\mathbb{F}}(L)$ 也记为 $|\mathbb{L}:\mathbb{F}|$. 若 $|\mathbb{L}:\mathbb{F}| < \infty$, 则称 $\mathbb{L}$ 为 $\mathbb{F}$ 的**有限扩域或有限维扩域**.

设 $\mathfrak{X}$ 为 G 的不可约 $\mathbb{F}$-表示, 若对 $\mathbb{F}$ 的任意扩域 $\mathbb{L}$, $\mathfrak{X} \otimes_{\mathbb{F}} \mathbb{L}$ 都不可约, 则称 $\mathfrak{X}$ **绝对不可约**. 绝对不可约表示对应的模和特征标也称为**绝对不可约模**和**绝对不可约特征标**. 下面给出绝对不可约表示的一些充要条件.

命题 3.7.9 设 $\mathfrak{X}$ 是 G 上的 n 次不可约 $\mathbb{F}$-矩阵表示, 则以下命题等价:

(1) $\mathfrak{X}$ 绝对不可约.

(2) 对 $\mathbb{F}$ 的任何有限扩域 $\mathbb{L}$, $\mathfrak{X} \otimes_{\mathbb{F}} \mathbb{L}$ 都不可约.

(3) $\mathfrak{X}(G)$ 在 $\mathrm{M}_n(\mathbb{F})$ 中的中心化子恰由纯量矩阵构成.

(4) $\mathfrak{X}(\mathbb{F}[G]) = \mathrm{M}_n(\mathbb{F})$.

证 (1) $\Rightarrow$ (2). 显然.

(2) $\Rightarrow$ (3). 任取 $M \in \mathbf{C}_{\mathrm{M}_n(\mathbb{F})}(\mathfrak{X}(G))$, 令 $\mathbb{L}$ 为 $\mathbb{F}$ 的有限扩域使得 $\mathbb{L}$ 含有 M 的一个特征值. 注意 $\mathfrak{X}(G) = (\mathfrak{X} \otimes_{\mathbb{F}} \mathbb{L})(G)$. 因 $\mathfrak{X} \otimes_{\mathbb{F}} \mathbb{L}$ 不可约, 由引理 2.1.7 知 M 为纯量矩阵.

(3) $\Rightarrow$ (4). 记 $A = \mathbb{F}[G]$, 令 V 为对应于矩阵表示 $\mathfrak{X}$ 的 $\mathbb{F}[G]$-模. 注意, 将矩阵语言的命题 (3) 改述为线性变换的语言即是说, A_V 在 $\mathrm{End}(V)$ 中的中心化子为 $\mathbb{F} \cdot \mathrm{id}_V$, 再由双中心化子定理 (定理 1.3.15) 推出 $A_V = \mathrm{End}(V)$. 将 “$A_V = \mathrm{End}(V)$” 改述为矩阵语言即得 $\mathfrak{X}(\mathbb{F}[G]) = \mathrm{M}_n(\mathbb{F})$.

(4) $\Rightarrow$ (1). 设 $\mathbb{L}$ 是 $\mathbb{F}$ 的任意扩域, 注意到 $\mathbb{L}$ 是 $\mathbb{F}$-向量空间, $\mathrm{M}_n(\mathbb{L})$ 中任意元素都可写成 $\mathrm{M}_n(\mathbb{F})$ 中元素的 $\mathbb{L}$-线性组合, 故由 $\mathfrak{X}(\mathbb{F}[G]) = \mathrm{M}_n(\mathbb{F})$ 推出 $\mathfrak{X}(\mathbb{L}[G]) = \mathrm{M}_n(\mathbb{L})$, 也即 $(\mathfrak{X} \otimes_{\mathbb{F}} \mathbb{L})(\mathbb{L}[G]) = \mathrm{M}_n(\mathbb{L})$. 注意到全矩阵代数 $\mathrm{M}_n(\mathbb{L})$ 是单代数 (其唯一不可约表示的维数为 n), 而且 $\mathbb{L}$-表示 $\mathfrak{X} \otimes_{\mathbb{F}} \mathbb{L}$ 维数等于 n, 故 $\mathfrak{X} \otimes_{\mathbb{F}} \mathbb{L}$ 不可约. □

(A) 设 $\mathfrak{X}$ 为 G 上的 n 次不可约 $\mathbb{F}$-矩阵表示, 且 $\mathfrak{X} \otimes_{\mathbb{F}} \mathbb{E}$ 绝对不可约, 其中 $\mathbb{F} \subseteq \mathbb{E}$. 由上面的命题, $\mathbf{C}_{\mathrm{M}_n(\mathbb{E})}((\mathfrak{X} \otimes_{\mathbb{F}} \mathbb{E})(G))$ 由纯量矩阵构成. 注意到 $\mathfrak{X}(G) = (\mathfrak{X} \otimes_{\mathbb{F}} \mathbb{E})(G)$, 故 $\mathbf{C}_{\mathrm{M}_n(\mathbb{F})}(\mathfrak{X}(G))$ 也由纯量矩阵构成, 这表明 $\mathfrak{X}$ 也绝对不可约.

定义 3.7.10 若 G 的不可约 $\mathbb{F}$-表示都绝对不可约, 则称 $\mathbb{F}$ 为 G 的分裂域.

因为代数闭域没有真正的有限维扩域, 由命题 3.7.9 即得下面的命题.

命题 3.7.11 任何代数闭域都是 G 的分裂域.

因为任意域都有代数闭包, 所以上面的命题给出了有限群分裂域的普遍存在性. 下面的命题告诉我们, 分裂域上再做扩域, 即使考虑可约性, 也不会产生新的表示.

命题 3.7.12 设 $\mathbb{F}$ 是 G 的分裂域, $\mathbb{F} \subseteq \mathbb{L}$, $\{\mathfrak{X}_i\}$ 为 G 的不可约 $\mathbb{F}$-表示相似类代表系, 则 $\{\mathfrak{X}_i \otimes \mathbb{L}\}$ 就是 G 的不可约 $\mathbb{L}$-表示相似类代表系. 特别地 $\mathrm{Irr}(\mathbb{F}[G]) = \mathrm{Irr}(\mathbb{L}[G])$.

证 设 $\mathfrak{X}$ 是 G 的一个不可约 $\mathbb{F}$-表示, 因为 $\mathbb{F}$ 是分裂域, 所以 $\mathfrak{X} \otimes_{\mathbb{F}} \mathbb{L}$ 也不可约. 反之, 若 $\mathfrak{Y}$ 是 G 的不可约 $\mathbb{L}$-表示, 由引理 3.7.3 存在 G 上的不可约 $\mathbb{F}$-表示 $\mathfrak{X}$ 使得 $\mathfrak{Y}$ 是 $\mathfrak{X} \otimes_{\mathbb{F}} \mathbb{L}$ 的不可约成分, 因 $\mathfrak{X} \otimes_{\mathbb{F}} \mathbb{L}$ 不可约, 得 $\mathfrak{X} \otimes_{\mathbb{F}} \mathbb{L} = \mathfrak{Y}$. 再由引理 3.7.5 知, $\mathfrak{X} \to \mathfrak{X} \otimes_{\mathbb{F}} \mathbb{L}$ 是 G 的不可约 $\mathbb{F}$-表示相似类代表系到 G 的不可约 $\mathbb{L}$-表示相似类代表系的双射. □

在上面的命题中, $\mathrm{Irr}(\mathbb{F}[G]) = \mathrm{Irr}(\mathbb{L}[G])$ 的意思是说, G (不是代数 $\mathbb{F}[G]$) 上的不可约 $\mathbb{E}$-特征标集合等于 G (不是代数 $\mathbb{L}[G]$) 上的不可约 $\mathbb{F}$-特征标集合.

下面来考察有限群的分裂域的子域何时也能成为该群的分裂域.

命题 3.7.13 设 $\mathbb{L}$ 是有限群 G 的分裂域, $\mathbb{F} \subseteq \mathbb{L}$, 则 $\mathbb{F}$ 仍是 G 的分裂域的充要条件是, 对于 G 的任意不可约 $\mathbb{L}$-表示 $\mathfrak{Y}$, 都有 G 的不可约 $\mathbb{F}$-表示 $\mathfrak{X}$ 使得 $\mathfrak{X} \otimes \mathbb{L}$ 与 $\mathfrak{Y}$ 相似.

证 命题 3.7.12 推出必要性, 下证充分性. 任取 G 的不可约 $\mathbb{F}$-表示 $\mathfrak{X}$, 我们需要证明 $\mathfrak{X}$ 的绝对不可约性. 取 $\mathfrak{Y}$ 是 $\mathfrak{X} \otimes_{\mathbb{F}} \mathbb{L}$ 的不可约成分, 由条件有 G 的不可约 $\mathbb{F}$-表示 $\mathfrak{X}_1$ 使得 $\mathfrak{Y}$ 与 $\mathfrak{X}_1 \otimes_{\mathbb{F}} \mathbb{L}$ 相似, 于是 $\mathfrak{X} \otimes_{\mathbb{F}} \mathbb{L}$ 和 $\mathfrak{X}_1 \otimes_{\mathbb{F}} \mathbb{L}$ 中都有相似于 $\mathfrak{Y}$ 的不可约成分. 由引理 3.7.5, $\mathfrak{X}$ 与 $\mathfrak{X}_1$ 相似. 因为 $\mathfrak{Y}$ 绝对不可约, 即 $\mathfrak{X}_1 \otimes_{\mathbb{F}} \mathbb{L}$ 绝对不可约, 所以 $\mathfrak{X}_1$ 绝对不可约 (见命题 3.7.9下的说明 (A)), $\mathfrak{X}$ 亦然. □

推论 3.7.14 复数域的子域 $\mathbb{L}$ 是 G 的分裂域的充要条件是, G 的任意不可约 $\mathbb{C}$-特征标都可以由 $\mathbb{L}$-表示提供.

证 ($\Rightarrow$) 任取 G 的不可约复特征标 χ, 令 $\mathfrak{Y}$ 为提供 χ 的复表示, 由命题 3.7.12, 存在 G 的不可约 $\mathbb{L}$-表示 $\mathfrak{X}$ 使得 $\mathfrak{Y} = \mathfrak{X} \otimes_{\mathbb{L}} \mathbb{C}$, 此时由 (3.7.2) 式易见 χ 由 G 的 $\mathbb{L}$-表示 $\mathfrak{X}$ 提供.

($\Leftarrow$) 设 $\mathfrak{X}$ 为 G 的不可约 $\mathbb{C}$-表示, 由条件存在 G 的 $\mathbb{L}$-表示 $\mathfrak{Y}$ 使得 $\mathfrak{X}$ 和 $\mathfrak{Y}$ 提供相同的特征标. 因为 $\mathfrak{Y} \otimes_{\mathbb{L}} \mathbb{C}$ 和 $\mathfrak{Y}$ 也提供相同的特征标, 所以 $\mathfrak{X}$ 和 $\mathfrak{Y} \otimes_{\mathbb{L}} \mathbb{C}$ 也提供相同的特征标, 这说明 $\mathfrak{X}$ 和 $\mathfrak{Y} \otimes_{\mathbb{L}} \mathbb{C}$ 相似 (推论 2.2.2). 应用命题 3.7.13 即知 $\mathbb{L}$ 是 G 的分裂域. □

若 $\mathbb{L} \subset \mathbb{C}$, 且 G 的不可约复特征标都是 $\mathbb{L}$-值特征标, 此时 $\mathbb{L}$ 未必是 G 的分裂域. 例如, Q_8 的不可约复特征标都是实值特征标, 但它的 2 次不可约特征标不能由实表示提供 (例 2.3.14), 由推论 3.7.14 知实数域 $\mathbb{R}$ 不是 Q_8 的分裂域.

例 3.7.15 设 $\mathbb{F}$ 是域, G 是有限群, 则以下结论成立:

(1) 存在 $\mathbb{F}$ 的有限代数扩张 $\mathbb{E}$ 使得 $\mathbb{E}$ 为 G 的分裂域.

(2) 若 $\mathbb{F} \subseteq \mathbb{E}$, $\mathbb{E}$ 为 G 的分裂域, 则存在 $\mathbb{F}$ 的有限代数扩张 $\mathbb{L}$, 使得 $\mathbb{L}$ 为 G 的分裂域且 $\mathbb{F} \subseteq \mathbb{L} \subseteq \mathbb{E}$.

证 因为 $\mathbb{F}$ 的代数闭包即为 G 的分裂域, 所以 G 的分裂域一定存在. 下面仅需证明 (2). 令 $\{\mathfrak{X}_i | i = 1, \cdots, k\}$ 为 G 的不可约 $\mathbb{E}$-表示的相似代表系. 令 D_{ig} 为矩阵 $\mathfrak{X}_i(g)$ 中所有位置上的元素构成的集合, 令 $\mathbb{L}$ 是由 $\mathbb{F}$ 及所有 D_{ig}, $g \in G$, $i = 1, \cdots, k$ 生成的域. 显然 $\mathbb{L}$ 是 $\mathbb{F}$ 上的有限代数扩张, 并由命题 3.7.13 知 $\mathbb{L}$ 是 G 的分裂域. 显然 D_{ig} 都在 $\mathbb{E}$ 中, 因此 $\mathbb{F} \subseteq \mathbb{L} \subseteq \mathbb{E}$. □

定理 3.7.16 (Brauer) 设 G 的方次数为 n, 则 $\mathbb{Q}_n$ 是 G 的分裂域.

Brauer 定理 3.7.16 的证明参见 [9, 定理 10.3]. 关于分裂域, 我们还有下面的结论, 见 [9, 推论 9.15]: 设 G 的方次数为 n, 若 $\mathbb{F}$ 含有全部 n 次单位根且 $\mathrm{Char}(\mathbb{F})$ 为素数, 则 $\mathbb{F}$ 为 G 的分裂域.

3.7.3 不可约表示提升到分裂域时的结构定理

我们先给出几点说明.

(B) 设 σ 是 $\mathbb{E}$ 上的一个域自同构. 对于 G 上的一个 $\mathbb{E}$-矩阵表示 $\mathfrak{X}$, 定义 $\mathfrak{X}^\sigma$ 使得对任意 $g \in G$, $\mathfrak{X}^\sigma(g)$ 中所有元素都是 $\mathfrak{X}(g)$ 中相应位置元素在 σ 下的像, 自然地 $\mathfrak{X}^\sigma$ 为 G 上的一个 $\mathbb{E}$-表示. 注意这里的 $\mathfrak{X}$ 与 $\mathfrak{X}^\sigma$ 必有相同的不可约性但未必相似.

(C) 设 σ 是 $\mathbb{E}$ 上的一个域自同构. 对于 G 上的 $\mathbb{E}$-值函数 θ, 定义 θ^σ 使得对任意 $g \in G$ 都有 $\theta^\sigma(g) = \sigma(\theta(g))$, 这样 θ^σ 也是 G 上的 $\mathbb{E}$-值函数.

引理 3.7.17 设 $\mathbb{E}$ 是 G 的分裂域, $\chi \in \mathrm{Irr}(\mathbb{E}[G])$, 若 χ 是 $\mathbb{F}$-值特征标, 这里 $\mathbb{F} \subseteq \mathbb{E}$, 则对任意 $\tau \in \mathrm{Aut}(\mathbb{F})$, 都有 $\chi^\tau \in \mathrm{Irr}(\mathbb{E}[G])$.

证 令 $\overline{\mathbb{E}}$ 为 $\mathbb{E}$ 的代数闭包, $\overline{\mathbb{F}} \subseteq \overline{\mathbb{E}}$ 为 $\mathbb{F}$ 的代数闭包. 由命题 3.7.12, $\mathrm{Irr}(\mathbb{E}[G]) = \mathrm{Irr}(\overline{\mathbb{E}}[G]) = \mathrm{Irr}(\overline{\mathbb{F}}[G])$. 注意到 $\overline{\mathbb{F}}$ 代数闭, τ 可扩充到 $\tau_1 \in \mathrm{Aut}(\overline{\mathbb{F}})$ (见 [6, 定理 49.3]). 易见 $\chi^{\tau_1} \in \mathrm{Irr}(\overline{\mathbb{F}}[G])$ 且 $\chi^{\tau_1} = \chi^\tau$, 这表明 $\chi^\tau \in \mathrm{Irr}(\overline{\mathbb{F}}[G]) = \mathrm{Irr}(\mathbb{E}[G])$. □

我们知道 Galois 扩张是一类特殊的代数扩张. 对于有限扩张 $\mathbb{K} \subseteq \mathbb{L}$ 而言, $\mathbb{L}$ 是 $\mathbb{K}$ 上的 Galois 扩张等价于说, $\mathbb{L}$ 是某个没有重根的 $\mathbb{K}$-系数多项式在 $\mathbb{K}$ 上的分裂域, 此时有相应的 **Galois 群**

$$\mathrm{Gal}(\mathbb{L}/\mathbb{K}) = \{\sigma \in \mathrm{Aut}(\mathbb{L}) | \sigma|_{\mathbb{K}} = \mathrm{id}_{\mathbb{K}}\},$$

这是一个阶为 $|\mathbb{L} : \mathbb{K}|$ 的有限群.

设 $\mathbb{F} \subseteq \mathbb{E}$, $n = \exp(G)$, 记 $\mathbb{F}_n$ 是 $\mathbb{F}$ 上的关于多项式 $x^n - 1$ 的分裂域, 则 $\mathbb{F}_n$ 为 $\mathbb{F}$ 上的 Galois 扩张, 且有交换的 Galois 群 $\mathrm{Gal}(\mathbb{F}_n/\mathbb{F})$. 现取 G 上的 $\mathbb{E}$-特征标 χ, 记 $\mathbb{F}(\chi)$ 为由 $\mathbb{F}$ 及 χ 的所有取值生成的域, 显然

$$\mathbb{F} \subseteq \mathbb{F}(\chi) \subseteq \mathbb{F}_n.$$

因为 $\mathrm{Gal}(\mathbb{F}_n/\mathbb{F})$ 交换, 由 Galois 理论知道 $\mathbb{F}(\chi)$ 也是 $\mathbb{F}$ 上的有限 Galois 扩张, 而且有交换的 Galois 群 $\mathrm{Gal}(\mathbb{F}(\chi)/\mathbb{F})$.

定义 3.7.18 设 $\mathbb{E}$ 是 G 的分裂域, $\mathbb{F} \subseteq \mathbb{E}$, $\chi, \psi \in \mathrm{Irr}(\mathbb{E}[G])$. 若 $\mathbb{F}(\chi) = \mathbb{F}(\psi)$, 且存在 $\sigma \in \mathrm{Gal}(\mathbb{F}(\chi)/\mathbb{F})$ 使得 $\chi^\sigma = \psi$, 则称 χ, ψ 在 $\mathbb{F}$ 上 Galois 共轭.

显然 Galois 共轭是集合 $\mathrm{Irr}(\mathbb{E}[G])$ 上的等价关系. 不难看到, 这里定义的 Galois 共轭与 2.6 节中定义是一致的.

命题 3.7.19 设 $\mathbb{E}$ 是 G 的分裂域, $\mathbb{F} \subseteq \mathbb{E}$, $\chi \in \mathrm{Irr}(\mathbb{E}[G])$, 令 Λ 是域 $\mathbb{F}$ 上的 χ 所在的 Galois 共轭类, 则 $|\Lambda| = |\mathbb{F}(\chi) : \mathbb{F}|$.

证 因为 χ 在 $\mathrm{Gal}(\mathbb{F}(\chi)/\mathbb{F})$ 中的稳定子群为 1, 所以 $|\Lambda| = |\mathrm{Gal}(\mathbb{F}(\chi)/\mathbb{F})| = |\mathbb{F}(\chi) : \mathbb{F}| = \dim_{\mathbb{F}}(\mathbb{F}(\chi))$. □

设 V 是群 G 的交换 p-主因子, 我们知道 V 是 p-元域 $\mathbb{F}_p$ 上的不可约 G-模, 但 V 一般不是绝对不可约 G-模. 很多时候, 我们需要考察 V 作为 $\mathbb{E}[G]$-模的结构, 这里 $\mathbb{E}$ 是 $\mathbb{F}_p$ 的代数闭包. 下面给出本段的主要定理, 其证明参见 [9, 第 9 章].

定理 3.7.20 设 $\mathbb{E}$ 是 G 的分裂域, $\mathbb{F} \subseteq \mathbb{E}$, $\mathfrak{Y}$ 是 G 的不可约 $\mathbb{F}$-表示, 则以下结论成立:

(1) $\mathfrak{Y} \otimes_{\mathbb{F}} \mathbb{E}$ 中的所有不可约成分在 $\mathfrak{Y} \otimes_{\mathbb{F}} \mathbb{E}$ 中出现的重数都相同, 记这个重数为 m; 进一步, 若 $\mathrm{Char}(\mathbb{E}) \neq 0$, 则 $m = 1$.

(2) 记 $\mathfrak{Y} \otimes_{\mathbb{F}} \mathbb{E}$ 的不可约成分集合为 $\{\mathfrak{X}_1, \cdots, \mathfrak{X}_d\}$, 并设 $\mathfrak{X}_i$ 提供 G 上的不可约 $\mathbb{E}$-特征标 χ_i, 则 $\{\chi_1, \cdots, \chi_d\}$ 恰好构成 $\mathbb{F}$ 上的一个 Galois 共轭类; 特别地, $\mathbb{F}(\chi_1) = \cdots = \mathbb{F}(\chi_d)$.

(3) 记上面的 $\mathbb{F}(\chi_i)$ 为 $\mathbb{L}$, 则 $\mathfrak{Y} \otimes_{\mathbb{F}} \mathbb{L}$ 中的不可约成分的重数都是 1; 又若 $\mathfrak{Z}$ 是 $\mathfrak{Y} \otimes_{\mathbb{F}} \mathbb{L}$ 的一个不可约成分, 则 $\mathfrak{Z} \otimes_{\mathbb{L}} \mathbb{E}$ 具有唯一不可约成分, 且该成分的重数为 m.

(4) $\mathfrak{Y} \otimes_{\mathbb{F}} \mathbb{L}$ 以及 $\mathfrak{Y} \otimes_{\mathbb{F}} \mathbb{E}$ 都完全可约.

(D) 沿用定理 3.7.20 中的记号, 令 V 为 $\mathfrak{Y}$ 对应的不可约 $\mathbb{F}[G]$-模, V_i 为 $V \otimes_{\mathbb{F}} \mathbb{E}$ 的子模, 且 V_i 对应 $\mathfrak{X}_i$, 我们作如下说明.

- 当 $\mathbb{F} = \mathbb{F}_p$ 时, 常取 $\mathbb{E}$ 为 $\mathbb{F}$ 的代数闭包, 这也是定理 3.7.20 的主要应用环境之一.

- 若 $\mathbb{F} = \mathbb{F}_p$, 则 $V \otimes_{\mathbb{F}} \mathbb{E} = V_1 \oplus \cdots \oplus V_d$, 其中这些 V_i 是互不同构的绝对不可约 $\mathbb{E}[G]$- 模.

- 记 $\mathbb{F}(\chi_i) = \mathbb{L}$ 的代数闭包为 $\widehat{\mathbb{L}}$. 因 χ_i 和 χ_1 在 $\mathbb{F}$ 上 Galois 共轭, 存在 $\sigma_i \in \mathrm{Gal}(\mathbb{L}/\mathbb{F})$ 使得 $\chi_i = \chi_1^\sigma$. 将 $\sigma_i \in \mathrm{Aut}(\mathbb{L})$ 扩充到 $\widehat{\sigma_i} \in \mathrm{Aut}(\widehat{\mathbb{L}})$. 于是, 对所有 $g \in G$, 都有 $\mathfrak{X}_i(g) = \mathfrak{X}_1^{\widehat{\sigma_i}}(g)$. 注意到 $\mathfrak{X}_1(g)$ 是单位矩阵当且仅当 $\mathfrak{X}_1^{\widehat{\sigma_i}}(g)$ 是单位矩

阵, 故 $\ker\mathfrak{X}_i=\ker\mathfrak{X}_1$, 从而

$$\ker(\mathfrak{Y}\otimes_{\mathbb{F}}\mathbb{E})=\ker\mathfrak{X}_i.$$

再者 $\ker\mathfrak{Y}=\ker(\mathfrak{Y}\otimes_{\mathbb{F}}\mathbb{E})$, 推出 $\ker\mathfrak{Y}=\ker\mathfrak{X}_i$. 因此又有 $\mathrm{Ker}_G(V)=\mathrm{Ker}_G(V_i)$. 特别地, 若 V 是忠实 $\mathbb{F}[G]$-模, 则 V_i 也都是忠实 $\mathbb{E}[G]$-模.

推论 3.7.21 由 G 的互不相似的不可约 $\mathbb{F}$-表示提供的不可约 $\mathbb{F}$-特征标必定 $\mathbb{F}$-线性无关.

证 令 $\{\mathfrak{X}_i\}$ 是 G 的不可约 $\mathbb{F}$-表示相似代表系, 令 χ_i 是由 $\mathfrak{X}_i$ 提供的不可约 $\mathbb{F}$-特征标. 先证明 $\mathbb{F}$ 是 G 的分裂域的情形, 此时由命题 3.7.9, $\mathfrak{X}_1(\mathbb{F}[G])$ 是 $\mathbb{F}$ 上的全矩阵环, 故可取到 $a\in\mathbb{F}[G]$ 使得 $\chi_1(a)=1$. 进一步, 由引理 3.7.4 可设: 对所有 $j\geqslant 2$ 都有 $\chi_j(a)=0$, 因此 $\{\chi_i\}$ 必定 $\mathbb{F}$-线性无关.

对于一般情形, 令 $\mathbb{E}\supseteq\mathbb{F}$ 为 G 的分裂域. 由定理 3.7.20, 每个 χ_i 都是若干两两不同的不可约 $\mathbb{E}$-特征标之和的一个非零整数倍, 且由引理 3.7.5 知道不同的 χ_i,χ_j 中没有公共的不可约 $\mathbb{E}$-特征标成分. 这样由不可约 $\mathbb{E}$-特征标的 $\mathbb{E}$-线性无关性就推出不可约 $\mathbb{F}$-特征标 $\{\chi_i\}$ 的 $\mathbb{F}$-线性无关性. □

例 3.7.22 设 $\mathbb{F}\subseteq\mathbb{E}$, 它们的特征不为零, 令 $\mathfrak{X}$ 是 G 的一个不可约 $\mathbb{E}$-表示并提供特征标 χ, 令 $\mathfrak{Y}$ 是 G 的不可约 $\mathbb{F}$-表示使得 $\mathfrak{X}$ 是 $\mathfrak{Y}\otimes_{\mathbb{F}}\mathbb{E}$ 的不可约成分. 则

$$\deg\mathfrak{Y}=|\mathbb{F}(\chi):\mathbb{F}|\deg\mathfrak{X}.$$

特别地, 若 $\mathbb{F}(\chi)=\mathbb{F}$, 则 $\mathfrak{X}$ 与 $\mathfrak{Y}\otimes_{\mathbb{F}}\mathbb{E}$ 相似.

证 设 $\mathbb{L}$ 为 G 的分裂域使得 $\mathbb{E}\subseteq\mathbb{L}$. 令 $\zeta\in\mathrm{Irr}(\mathbb{L}[G])$ 为 $\mathfrak{X}\otimes_{\mathbb{E}}\mathbb{L}$ 的某个不可约成分提供的特征标. 令 $\mathfrak{G}_{\mathbb{E}}$ 和 $\mathfrak{G}_{\mathbb{F}}$ 分别是 ζ 的关于 $\mathbb{E}$ 和关于 $\mathbb{F}$ 的 Galois 共轭类. 我们断言 $|\mathfrak{G}_{\mathbb{E}}|=|\mathbb{F}(\zeta):\mathbb{F}(\chi)|$. 注意 χ 和 $\chi\otimes_{\mathbb{E}}\mathbb{L}$ 是 G 上的相同特征标. 因为 $\mathrm{Char}(\mathbb{L})\neq 0$, 所以由定理 3.7.20(1) 推出

$$\chi\otimes_{\mathbb{E}}\mathbb{L}=\sum_{\eta\in\mathfrak{G}_{\mathbb{E}}}\eta,$$

注意到每个 $\eta\in\mathfrak{G}_{\mathbb{E}}$ 的取值都在 $\mathbb{F}(\zeta)$ 中, 故 χ 的取值在 $\mathbb{F}(\zeta)$ 中, 即 $\mathbb{F}(\chi)\subseteq\mathbb{F}(\zeta)$, 这也推出

$$\sum_{\eta\in\mathfrak{G}_{\mathbb{E}}}\eta=\chi=\chi^{\sigma}=\sum_{\eta\in\mathfrak{G}_{\mathbb{E}}}\eta^{\sigma},\ \forall\sigma\in\mathrm{Gal}(\mathbb{F}(\zeta)/\mathbb{F}(\chi)).$$

由 $\mathrm{Irr}(\mathbb{L}[G])$ 的线性无关性, 上式推出 $\mathrm{Gal}(\mathbb{F}(\zeta)/\mathbb{F}(\chi))$ 作用在 $\mathfrak{G}_{\mathbb{E}}$ 上. 注意到 $\mathrm{Gal}(\mathbb{F}(\zeta)/\mathbb{F}(\chi))$ 中仅有单位元稳定 $\zeta\in\mathfrak{G}_{\mathbb{E}}$, 所以

$$|\mathfrak{G}_{\mathbb{E}}|\geqslant|\mathrm{Gal}(\mathbb{F}(\zeta)/\mathbb{F}(\chi))|=|\mathbb{F}(\zeta):\mathbb{F}(\chi)|.$$

再者, $\mathbb{F}(\chi)\subseteq\mathbb{E}\cap\mathbb{F}(\zeta)$, 且由命题 3.7.19 有 $|\mathfrak{G}_{\mathbb{E}}|=|\mathbb{E}(\zeta):\mathbb{E}|$, 因此

$$|\mathfrak{G}_{\mathbb{E}}|=|\mathbb{E}(\zeta):\mathbb{E}|=|\mathbb{F}(\zeta):\mathbb{E}\cap\mathbb{F}(\zeta)|\leqslant|\mathbb{F}(\zeta):\mathbb{F}(\chi)|.$$

故 $|\mathfrak{G}_{\mathbb{E}}| = |\mathbb{F}(\zeta) : \mathbb{F}(\chi)|$, 断言成立.

两次应用定理 3.7.20, 有 $\deg\mathfrak{Y} = \deg(\mathfrak{Y} \otimes \mathbb{L}) = \zeta(1)|\mathfrak{G}_{\mathbb{F}}| = \zeta(1)|\mathbb{F}(\zeta) : \mathbb{F}|$, 又有 $\deg\mathfrak{X} = \deg(\mathfrak{X} \otimes_{\mathbb{E}} \mathbb{L}) = \zeta(1)|\mathfrak{G}_{\mathbb{E}}|$, 结合上面的断言即得 $\deg\mathfrak{Y} = |\mathbb{F}(\chi) : \mathbb{F}|\deg\mathfrak{X}$. □

下面给出定理 3.7.20 的两条重要推论, 它们是群表示理论中的基础性结论.

推论 3.7.23 设 $\mathrm{Char}(\mathbb{F}) = p$, 则以下结论成立:

(1) 若存在忠实完全可约 $\mathbb{F}[G]$-模 V, 则 $\mathbf{O}_p(G) = 1$.

(2) 若 V 为完全可约 $\mathbb{F}[G]$-模, 特别地, 若 V 为不可约 $\mathbb{F}[G]$-模, 则 $\mathbf{O}_p(G) \leqslant \mathrm{Ker}_G(V)$.

证 (2) 由 (1) 立得, 下证 (1). 设 $\mathbb{E}$ 为 $\mathbb{F}$ 的代数闭包. 由定理 3.7.20, $V \otimes_{\mathbb{F}} \mathbb{E}$ 仍是忠实完全可约 $\mathbb{E}[G]$-模, 故可设 $\mathbb{F} = \mathbb{E}$. 反设命题不成立, 令 G, V 为反例使得 $|G| + \dim V$ 极小. 取 N 为 G 的极小正规 p-子群. 由 Clifford 定理 2.7.16, V_N 完全可约, 由极小反例假设得, $G = N \cong \mathrm{C}(p)$. 现在 G 必忠实作用在 V 的某个不可约成分 W 上, 故又得 $V = W$ 不可约. 设 $\mathfrak{X}$ 是对应于忠实不可约 $\mathbb{F}[G]$-模 V 的不可约表示, 由命题 2.1.9 得 $\deg\mathfrak{X} = 1$, 即 $\mathfrak{X}$ 为 G 到 $\mathbb{F}^\sharp$ 的群同态. 任取 $g \in G^\sharp$, 因为 $(\mathfrak{X}(g))^p = \mathfrak{X}(g^p) = 1$ 且 $\mathbb{F}$ 中的 p 次单位根仅有 1, 这表明 $\mathfrak{X}(g) = 1$, 即 $G \leqslant \ker\mathfrak{X}$, 矛盾. □

推论 3.7.24 设 $H \leqslant G$, V 既是忠实不可约 $\mathbb{F}[G]$-模也是不可约 $\mathbb{F}[H]$-模. 如果 $\mathbb{F}$ 是代数闭域或者 $\mathrm{Char}(\mathbb{F}) \neq 0$, 那么 $\mathbf{C}_G(H)$ 循环.

证 将 G, H, V 替换成 $H\mathbf{C}_G(H), H, V$, 假设条件仍成立, 故可设 $G = H\mathbf{C}_G(H)$, 特别地 $H \trianglelefteq G$. 记 $\mathbb{K}$ 为 $\mathbb{F}$ 的代数闭包. 由定理 3.7.20 及随后的说明,

$$V \otimes_{\mathbb{F}} \mathbb{K} = V_1 \oplus \cdots \oplus V_t,$$

其中 $V_1, \cdots, V_t$ 为互不同构的绝对不可约 $\mathbb{K}[G]$-模; 类似地,

$$V_H \otimes_{\mathbb{F}} \mathbb{K} = W_1 \oplus \cdots \oplus W_l,$$

其中 $W_1, \cdots, W_l$ 为互不同构的绝对不可约 $\mathbb{K}[H]$-模①. 考察 $(V_1)_H$, 首先, 因 $V_H \otimes \mathbb{K} = (V \otimes \mathbb{K})_H$, 故 $(V_1)_H$ 同构于若干 W_i 的直和; 再者, 由例 2.7.17 又知 $(V_1)_H$ 为齐次模. 综上表明 $(V_1)_H := W$ 恰是一个绝对不可约 $\mathbb{K}[H]$-模. 由 Schur 引理得 $\mathrm{End}_{\mathbb{K}[H]}(W) = \mathbb{K}$.

因为 V 是忠实 G-模, V_1 也是忠实 G-模 (见说明 (D)), 所以有 $H \leqslant G \leqslant \mathrm{GL}(V_1) \subseteq \mathrm{End}(V_1)$, 这表明 $\mathbf{C}_G(H) \subseteq \mathbf{C}_{\mathrm{End}(V_1)}(H)$, 从而又有 $\mathbf{C}_G(H) \subseteq \mathbf{C}_{\mathrm{End}(W)}(H)$. 对于 $\mathbb{K}[H]$-模 W, 由命题 1.2.9(1) 有 $\mathrm{End}_{\mathbb{K}[H]}(W) = \mathbf{C}_{\mathrm{End}(W)}(H)$. 综上推出 $\mathbf{C}_G(H) \leqslant \mathbb{K}^\sharp$, 因此作为 $\mathbb{K}^\sharp$ 的有限乘法子群, $\mathbf{C}_G(H)$ 必循环. □

① 当 $\mathbb{F}$ 代数闭时, $\mathbb{K} = \mathbb{F}$, 故 $t = l = 1$.

3.7.4 p-Brauer 特征标的基本概念

即便是讨论常特征标问题, 也无法完全回避模表示理论. 这里的目的仅仅是引入关于 Brauer 特征标的最基本的几个术语 (参见 [13, 第 2 章]), 使得我们能较好地理解本小节最后给出的几个命题.

本小节总假设 p 是一个给定的素数. 设 $\mathcal{R}$ 是 $\mathbb{C}$ 中全部代数整数构成的环, 取 $\mathcal{R}$ 的极大理想 M 使得 $M \supseteq p\mathcal{R}$. 记 $\mathbb{F} = \mathcal{R}/M$, 则 $\mathbb{F}$ 为特征为 p 的域. 记 $^* : \mathcal{R} \to \mathbb{F}$ 为自然环同态. 令 $U = \{\xi \in \mathbb{C} |$ 存在 p'-整数 m 使得 $\xi^m = 1\}$.

引理 3.7.25 设 $\mathcal{R}, M, \mathbb{F}, U$ 及 * 同上, 则

(1) 将 * 限制到 U, 这个限制映射 $^*|_U$ 是从乘法群 U 到乘法群 $\mathbb{F}^\sharp$ 的同构映射.

(2) $\mathbb{F}$ 是其素子域 $\mathbb{Z}^* \cong \mathbb{Z}_p$ 上的代数闭包①.

证 显然 $U \subseteq \mathcal{R}$, 故 * 在 U 上有定义. 若存在 $m \in M \cap \mathbb{Z}$ 使得 $p \nmid m$, 则有整数 a, b 使得 $ap + bm = 1$, 推出 $1 \in M$, 矛盾, 这表明 $M \cap \mathbb{Z} \subseteq p\mathbb{Z}$. 显然又有 $p\mathbb{Z} \subseteq M \cap \mathbb{Z}$, 因此 $M \cap \mathbb{Z} = p\mathbb{Z}$. 特别地, $\mathbb{Z}$ 在 * 下的像 $\mathbb{Z}^* \cong \mathbb{Z}/p\mathbb{Z} = \mathbb{Z}_p$.

取 $1 \neq \alpha \in U$, 则 α 是一个 n 次本原单位根, 其中 $n \geqslant 2$ 且 n 与 p 互素, 因此

$$1 + x + \cdots + x^{n-1} = \frac{x^n - 1}{x - 1} = \prod_{i=1}^{n-1}(x - \alpha^i).$$

在上式中取 $x = 1$, 可见 $1 - \alpha$ 在 $\mathcal{R}$ 中整除 n. 若 $\alpha^* = 1$, 则 $(1-\alpha)^* = 0$, 从而 $n^* = 0$, 推出 $n \in \mathbb{Z} \cap M = p\mathbb{Z}$, 矛盾. 因此 $^*|_U$ 是单射, 因而是从群 U 到群 $\mathbb{F}^\sharp$ 的单同态.

任取 $b \in \mathbb{F}$, 存在 $a \in \mathcal{R}$ 使得 $a^* = b$. 令 $f(x) = x^n + a_{n-1}x^{n-1} + \cdots + a_1 x + a_0 \in \mathbb{Z}[X]$ 使得 $f(a) = 0$, 则

$$0 = b^n + a_{n-1}^* b^{n-1} + \cdots + a_1^* b + a_0^*,$$

这表明 b 是 $\mathbb{Z}^*$ 上的代数数. 因此 $\mathbb{F}$ 是 $\mathbb{Z}^*$ 上的代数扩域.

任取 $\mathbb{F}$ 的代数扩域 $\mathbb{E}$, 有 $U^* \subseteq \mathbb{F}^\sharp \subseteq \mathbb{E}^\sharp$. 令 $\beta \in \mathbb{E}^\sharp$, 则 β 是 $\mathbb{F}$ 上代数元, 从而也是 $\mathbb{Z}^* \cong \mathbb{Z}_p$ 上的代数元. 记 $m = |\mathbb{Z}^*(\beta)| - 1$, 则 $\beta^m = 1$. 注意到域 $\mathbb{Z}^*(\beta)$ 的特征为 p, 故有 $p \nmid m$, 因而 U^* 包含 $x^m - 1$ 的全部 m 个根. 这说明 $\beta \in U^*$, 从而 $\mathbb{E}^\sharp \subseteq U^*$, 得

$$U^* = \mathbb{F}^\sharp = \mathbb{E}^\sharp,$$

这既表明 $\mathbb{F}$ 是 $\mathbb{Z}^*$ 的代数闭包, 又表明 $^*|_U$ 是 U 到 $\mathbb{F}^\sharp$ 的群同构. □

我们常将 p'-元, 即阶为 p'-数的元, 称为 **p-正则元**, 记群 G 中的 p-正则元集合为 G^0.

---

① 这里 $\mathbb{Z}_p$ 即为 p 元域 $\mathbb{F}_p$.

设 $\mathbb{F}$ 同上, 则 $\mathbb{F}$ 是 $\mathbb{Z}^* \cong \mathbb{Z}_p \cong \mathbb{F}_p$ 的代数闭包. 设 $\mathfrak{X}: G \to \mathrm{GL}(n, \mathbb{F})$ 为 G 的表示. 若 $g \in G^0$, 由引理 3.7.25, $\mathfrak{X}(g)$ 的 n 个非零特征值可表为

$$\xi_1^*, \cdots, \xi_n^*,$$

这里 $\xi_1, \cdots, \xi_n \in U$ 被 $\mathfrak{X}(g)$ 唯一确定. 现在定义 $\varphi: G^0 \to \mathbb{C}$ 使得

$$\varphi(g) = \xi_1 + \cdots + \xi_n,$$

称 φ 为由表示 $\mathfrak{X}$ 提供的 p-Brauer 特征标 (简称为 Brauer 特征标). 若 $\mathfrak{X}$ 提供的 $\mathbb{F}$-特征标为 χ, 则也称 φ 为由 χ 提升得到 (或提供) 的 Brauer 特征标. 若 $\mathfrak{X}$ 不可约, 则它提供的 Brauer 特征标 φ 称为不可约的 Brauer 特征标. G 的不可约 Brauer 特征标集合记为 $\mathrm{IBr}_p(G)$.

G 中任何元素 g 都能唯一地表为 $g = g_p g_{p'} = g_{p'} g_p$, 其中 g_p 为 p-元, $g_{p'}$ 为 p-正则元. 对于 G 上的 $\mathbb{F}$-特征标 χ, 可以证明 $\chi(g) = \chi(g_{p'})$, 这表明: 将 Brauer 特征标 φ 仅仅定义在 G^0 上既没有丢失信息, 同时又避免了一些技术上的困难.

若 $\mathfrak{X}_1, \cdots, \mathfrak{X}_r$ 为 G 的不可约 $\mathbb{F}$-表示相似代表系, 它们分别对应不可约 $\mathbb{F}[G]$-模 $V_1, \cdots, V_r$, 分别提供不可约 $\mathbb{F}$-特征标 $\chi_1, \cdots, \chi_r$, 又分别提升为 G 的不可约 Brauer 特征标 $\varphi_1, \cdots, \varphi_r$, 则

$$\deg \mathfrak{X}_i = \dim_{\mathbb{F}} V_i = \varphi_i(1);$$

$$\mathrm{IBr}_p(G) = \{\varphi_1, \cdots, \varphi_r\}.$$

进一步, 可以证明:

- $\{\varphi_1, \cdots, \varphi_r\}$ 必定 $\mathbb{C}$-线性无关, 故 $\chi_i \mapsto \varphi_i$ 为 $\mathrm{Irr}(\mathbb{F}[G])$ 到 $\mathrm{IBr}_p(G)$ 的双射.
- G^0 上复值类函数 f 为 G 的 Brauer 特征标的充要条件是, f 是 $\mathrm{IBr}_p(G)$ 的非负的不全为零的整系数线性组合; 另外 $|\mathrm{IBr}_p(G)|$ 恰好为 G 的 p-正则元之共轭类数目.

对于 p-可解群, 我们有如下经典的 Fong-Swan 定理, 见 [13, 定理 10.1].

定理 3.7.26 设 G 为 p-可解群, 若 $\varphi \in \mathrm{IBr}_p(G)$, 则存在 $\chi \in \mathrm{Irr}(G)$ 使得 $\chi^0 = \varphi$, 这里 χ^0 表示 χ 在 G^0 上的限制. 特别地, 当 G 为 p'-群时, 有 $\mathrm{Irr}(G) = \mathrm{IBr}_p(G)$.

设 V 为不可约 $\mathbb{E}[G]$-模, 其中 $\mathbb{E}$ 是特征 p 的代数闭域. 显然 $\mathbb{Z}_p$ 的代数闭包 $\mathbb{F}$ 同构于 $\mathbb{E}$ 的子域. 不妨将 $\mathbb{F}$ 看作 $\mathbb{E}$ 的子域, 由命题 3.7.12, 存在不可约 $\mathbb{F}[G]$-模 W 使得 $W \otimes_{\mathbb{F}} \mathbb{E} = V$, 因此 V 和 W 提供 G 上相同的特征标, 特别地, V 和 W 提供了 G 上相同的 Brauer 特征标.

命题 3.7.27 设 G 是 p-可解群, V 为忠实不可约 $\mathbb{E}[G]$-模, 这里 $\mathbb{E}$ 是特征为 p 的代数闭域, 则存在忠实 $\chi \in \mathrm{Irr}(G)$ 使得 $\chi(1) = \dim(V)$.

证 由推论 3.7.23 有 $\mathbf{O}_p(G) = 1$. 设 V 提供的不可约 p-Brauer 特征标为 φ,

由定理 3.7.26, 存在 $\chi \in \mathrm{Irr}(G)$ 使得 $\chi^0 = \varphi$. 因为 V 忠实, 所以对于 p-正则元 $x \neq 1$ 都有 $\varphi(x) \neq \varphi(1)$, 即 $\chi(x) \neq \chi(1)$. 再因为 $\mathbf{O}_p(G) = 1$, 推出 χ 忠实. 显然 $\chi(1) = \varphi(1) = \dim(V)$, 命题成立. □

推论 3.7.28 设 G 是 p-可解群, V 为忠实不可约 $\mathbb{E}[G]$-模, 其中 $\mathrm{Char}(\mathbb{E}) = p$, 则存在忠实 $\chi \in \mathrm{Irr}(G)$ 使得 $\chi(1) \mid \dim_{\mathbb{E}}(V)$.

证 记 $\mathbb{K}$ 为 $\mathbb{E}$ 的代数闭包. 由定理 3.7.20, $V \otimes_{\mathbb{E}} \mathbb{K} = V_1 \oplus \cdots \oplus V_t$ 为互不同构的绝对不可约 G-模 V_i 的直和. 因 V 忠实, V_1 也忠实. 由命题 3.7.27, 存在忠实 $\chi \in \mathrm{Irr}(G)$ 使得 $\chi(1) = \dim_{\mathbb{K}}(V_1)$, 得 $\chi(1) \mid \dim_{\mathbb{K}}(V \otimes_{\mathbb{E}} \mathbb{K}) = \dim_{\mathbb{E}}(V)$, 结论成立. □

推论 3.7.29 设 G 可解, $V = V_1 \oplus \cdots \oplus V_t$ 为不可约 $\mathbb{F}_{p_i}[G]$-模 V_i 的直和, 其中 p_i 均为素数. 若 $\mathbf{C}_G(V) = 1$, 则存在忠实 $\chi \in \mathrm{Ch}(G)$, 使得 $\chi(1) \leqslant \dim V := \sum_{i=1}^{t} \dim_{\mathbb{F}_{p_i}}(V_i)$.

证 当 $t = 1$ 时, 由推论 3.7.28 得结论. 当 $t \geqslant 2$ 时, 记 $U_1 = V_1, U_2 = V_2 \oplus \cdots \oplus V_t$. 显然 U_i 为忠实完全可约 $G/\mathbf{C}_G(U_i)$-模, 由归纳假设, 存在忠实 $\chi_i \in \mathrm{Ch}(G/\mathbf{C}_G(U_i))$ 使得 $\chi_i(1) \leqslant \dim U_i$. 将 χ_i 看作 G 上的特征标, 则 $\ker \chi_1 = U_1$, $\ker \chi_2 = U_2$. 此时 $\chi := \chi_1 + \chi_2$ 为 G 上的忠实特征标且满足 $\chi(1) \leqslant \dim V$. □

3.8 本 原 群

若有限群 G 同构于 $\mathrm{GL}(n, \mathbb{F})$ 的一个子群, 也即 G 有一个忠实 n 次 $\mathbb{F}$-表示, 则称 G 为域 $\mathbb{F}$ 上的一个 n 次或 n 维**线性群**; 若该忠实 $\mathbb{F}$-表示对应 $\mathbb{F}[G]$-模 V, 则也记 $G \leqslant \mathrm{GL}(V)$; 进一步, 若 V 为忠实完全可约 (不可约)G-模, 则称 G 为 V 上的**完全可约 (不可约) 线性群**.

例如, 若 V 为 G 的 p^d 阶主因子, 则 V 为忠实不可约 $\mathbb{F}_p[G/\mathbf{C}_G(V)]$-模, 即 $G/\mathbf{C}_G(V)$ 为 V 上的一个 d 次不可约线性群. 由此可见线性群在群论中的重要性.

对于线性群 $G \leqslant \mathrm{GL}(V)$, 我们经常要考察 V 完全可约的情形, 此时 $V = \bigoplus_{i=1}^{k} V_i$ 为不可约 $\mathbb{F}[G]$-模 V_i 的直和. 注意到 V_i 是忠实不可约 $G/\mathbf{C}_G(V_i)$-模, 这里 $\mathbf{C}_G(V_i)$ 表示 G-模 V_i 的核, 即 $\mathrm{Ker}_G(V_i)$, 故 $G/\mathbf{C}_G(V_i) \leqslant \mathrm{GL}(V_i)$, 又因为 $\bigcap_{i=1}^{k} \mathbf{C}_G(V_i) = \mathbf{C}_G(V) = 1$, 所以

$$G \lesssim G/\mathbf{C}_G(V_1) \times \cdots \times G/\mathbf{C}_G(V_k) \leqslant \mathrm{GL}(V_1) \times \cdots \times \mathrm{GL}(V_k). \tag{3.8.1}$$

以上分析表明, 研究线性群尤其是完全可约线性群的关键是研究不可约线性群. 事实上, 绝大部分线性群问题都能归结到不可约的情形.

回忆一下, 一个不可约 $\mathbb{F}[G]$-模 V 称为非本原的, 若 V 能表为 $n \geqslant 2$ 个子空间 V_i 的直和, 且 G 可迁作用在这些子空间 V_i 上; 此时 $V \cong V_1^G$, 其中 V_1 为

$\mathbb{F}[\mathrm{Stab}_G(V_1)]$-模. 若不可约 $\mathbb{F}[G]$-模 V 不是非本原的, 即 V 不能由 G 的任何真子群上的任何模诱导得到, 则称 V 本原. 若 G 有忠实本原 $\mathbb{F}[G]$-模, 则称 G 为域 $\mathbb{F}$ 上的**本原线性群**. 由 2.4 节之说明 (B), 任何不可约 $\mathbb{F}[G]$-模 V 都可由某个子群 H 上的本原模 W 诱导得到, 且此时 $H = \mathrm{Stab}_G(W)$.

一个不可约 $\mathbb{F}[G]$-模 V 称为**拟本原**的, 若对任意 $N \trianglelefteq G$ 都有 V_N 齐次, 即 V_N 为若干个两两同构的不可约 $\mathbb{F}[N]$-模的直和. 若 G 有忠实拟本原 $\mathbb{F}[G]$-模, 则称 G 为**拟本原线性群**. 由定理 2.7.16, 本原模必拟本原, 故本原线性群必是拟本原线性群. 对于可解群, 因为它有 "大量的" 正规子群, 所以相比较讨论本原模, 我们更多地讨论拟本原模.

由定义, 本原或拟本原线性群都是不可约线性群.

如前所述, 线性群的问题大都可归结到不可约线性群的情形; 进一步, 不可约线性群, 尤其是不可约的可解线性群问题也大都能归结到拟本原的情形, 所以拟本原线性群在可解群理论中具有基本的重要性.

设 $G \leqslant \mathrm{GL}(n, \mathbb{F})$, V 为相应的 n 维忠实 $\mathbb{F}[G]$-模, 若 V 不可约 (完全可约、本原、拟本原), 则也称 G 为 $\mathrm{GL}(n, \mathbb{F})$ 或 $\mathrm{GL}(V)$ 的不可约 (完全可约、本原、拟本原) 子群. 若 $\mathbb{F}$ 为 q-元域, 则 $\mathrm{GL}(n, \mathbb{F})$ 也记为 $\mathrm{GL}(n, q)$.

3.8.1 半线性群 $\Gamma(q^m)$

下面介绍半线性和仿射半线性群的一些基本概念. 设 q 为素数方幂, $\mathbb{F}_q$ 为 q 元域, $\mathbb{F}_{q^m}$ 为 q^m 阶 Galois 域, 即 $\mathbb{F}_q$ 上的 m 次扩域. 显然 $\mathbb{F}_{q^m}$ 也是域 $\mathbb{F}_q$ 上的 m 维向量空间, 在接下来的定义 3.8.1 中, 当 $\mathbb{F}_{q^m}$ 看作向量空间时我们记之为 V. 任意取定

$$a \in (\mathbb{F}_{q^m})^\sharp, \quad w \in V, \quad \sigma \in \mathcal{G} := \mathrm{Gal}(\mathbb{F}_{q^m}/\mathbb{F}_q),$$

定义 V 上的变换 T 使得

$$T(x) = ax^\sigma + w, \quad x \in V.$$

显然 $T \in \mathrm{Sym}(V)$, 即 T 是 V 上的置换; 再者, 易见 $T = \mathrm{id}_V \Leftrightarrow a = 1, \sigma = 1, w = 0$.

定义 3.8.1 设 $q, \mathbb{F}_{q^m}, V$ 及 $\mathcal{G}$ 同上, 定义

(1) $A(V) = \{x \mapsto x + w | w \in V\}$, 即 V 上全体平移构成的集合.

(2) 半线性群 $\Gamma(V) = \{x \mapsto ax^\sigma | a \in (\mathbb{F}_{q^m})^\sharp, \sigma \in \mathcal{G}\}$.

(3) $\Gamma(V)$ 的子群 $\Gamma_0(V) = \{x \mapsto ax | a \in (\mathbb{F}_{q^m})^\sharp\}$.

(4) 仿射半线性群 $A\Gamma(V) = \{x \mapsto ax^\sigma + w | a \in (\mathbb{F}_{q^m})^\sharp, \sigma \in \mathcal{G}, w \in V\}$.

关于上述定义, 我们作以下说明.

(A) 易见 $A(V), \Gamma(V), \Gamma_0(V)$ 及 $A\Gamma(V)$ 关于乘法都封闭, 故它们都是对称群 $\mathrm{Sym}(V)$ 的子群. 特别地, V 是这四个群上的忠实 $\mathbb{F}_q$-模.

(A1) $A(V)$ 和 V 是两个同构的 $\mathbb{F}_q$-向量空间; 在群 $A\Gamma(V)$ 中, 子群 $\Gamma(V)$ 正规化 $A(V)$, 故 $\Gamma(V)$ 按共轭作用在 $A(V)$ 上, 此时 $A(V)$ 成为 $\Gamma(V)$-模; 进一步, 不难验证 $A(V)$ 和 V 是两个同构的 $\mathbb{F}_q[\Gamma(V)]$-模.

(A2) 注意到 $\Gamma(V)$(甚至 $\Gamma_0(V)$) 可迁作用在 V 上, 而 V 中零元素在 $A\Gamma(V)$ 中的稳定子群等于 $\Gamma(V)$, 这表明 $A\Gamma(V)$ 为 V 上的 2-可迁置换群 (参见 2.4 节).

(A3) $A(V)\cap\Gamma(V)=1$, 这里的 1 即为群 $A\Gamma(V)$ 的单位元, 也即是 id_V, 并且

$$A\Gamma(V)=A(V)\rtimes\Gamma(V),\quad \Gamma(V)=\Gamma_0(V)\rtimes\mathcal{G},$$

其中

$$\Gamma(V)/\Gamma_0(V)\cong\mathcal{G}\cong\mathrm{C}(m),\quad \Gamma_0(V)\cong\mathrm{C}(q^m-1),\quad A(V)\cong V.$$

(A4) 若 $\sigma\in\mathcal{G}$ 为 n 阶元, 可验证 $|\mathbf{C}_V(\sigma)|=|\mathbf{C}_{A(V)}(\sigma)|=q^{m/n}$, $|\mathbf{C}_{\Gamma_0(V)}(\sigma)|=q^{m/n}-1$.

(A5) 为书写简便, 我们直接将 $\Gamma(V)$ 记为 $\Gamma(q^m)$. 注意 $\Gamma(8^2)$ 和 $\Gamma(4^3)$ 是 $\Gamma(2^6)$ 的两个不同的真子群, 读者应注意这里可能产生的混淆. 当然, 应用最多的环境是 q 为素数的情形, 此时就不会产生歧义.

(A6) 这里的记号同 [12], 但与 [7, 第 2 章, 引理 3.11] 不同.

(A7) 设 $G\leqslant\Gamma(q^m)$, 虽然 $\Gamma(q^m)$ 的 Fitting 子群为 $\Gamma_0(q^m)\cong\mathrm{C}(q^m-1)$, 但 $\mathbf{F}(G)$ 未必等于 $G\cap\Gamma_0(q^m)$, 故 $\mathbf{F}(G)$ 未必循环. 注意到 $\mathbf{F}(G)\geqslant G\cap\Gamma_0(V)$, 故 $G/\mathbf{F}(G)\lesssim\Gamma(q^m)/\Gamma_0(q^m)\cong\mathrm{C}(m)$.

半线性群 $\Gamma(V)$ 有非常简单的群结构. 在可解拟本原线性群的理论中, $\Gamma(V)$ 具有基本的重要性. 下面给出 $G\leqslant\Gamma(V)$ 的一些充分条件.

命题 3.8.2 设 V 为忠实不可约 $\mathbb{F}_q[G]$-模, 这里 q 为素数方幂. 若 G 有正规交换子群 A 使得 V_A 不可约, 则 $G\leqslant\Gamma(V)$, 且 $A\leqslant\Gamma_0(V)$.

证 由 Schur 引理, $D:=\mathrm{End}_A(V)$ 为有限除环故必为域. 由 $\mathrm{End}_A(V)$ 的定义及 A 的交换性得 $A\leqslant\mathbf{C}_G(A)\leqslant D^\sharp$, 故 $\mathbf{C}_G(A)$ 为 G 的正规循环子群. 显然 V 限制到 $\mathbf{C}_G(A)$ 也不可约, 故可不妨设 $A=\mathbf{C}_G(A)$. 记 $\dim_{\mathbb{F}_q}(V)=m$. 因为 $A\leqslant D^\sharp$, 所以 V 的 D-不变子空间都是 A-不变的; 注意到 V_A 不可约, V 必是不可约 D-向量空间, 这表明 $\dim_D(V)=1$, 特别地, $D=\mathbb{F}_{q^m}$.

下面我们来建立向量空间 V 中元素和域 D 中元素的一一对应关系, 取定 V 中的非零元 w_0, 显然 V 中每个元素 v 能唯一地表示为 $v=w_0d$ (其中 $d\in D$), 此时 $v\in V$ 就唯一对应到 $d\in D$. 注意, 若 v 对应到 d, 则任取 $f\in D$, 向量 vf (即 v 的 f 倍) 就对应到 df, 这表明 V 中的纯量乘法和 D 中的乘法保持一致, 再由 $\Gamma_0(V)$ 的定义得 $D^\sharp\leqslant\Gamma_0(V)$, 从而 $A\leqslant\Gamma_0(V)$.

记 1_D 为域 D 中的单位元. 任取 $t\in\mathrm{GL}(V)$, w_0 在 t 下的像 w_0t 也等于 $w_0(1_Dt)$, 故可将 w_0t 在 D 中对应的元素简记为 1_Dt; 特别地, 对于 $g\in G\leqslant$

$\mathrm{GL}(V)$, w_0g 在 D 中对应的元素为 1_Dg. 为证明 $G \leqslant \Gamma(V)$, 下面仅需说明 $g \in \Gamma(V)$.

记 $b = 1_Dg \in D^\sharp$, 再令 $h = gb^{-1}$, 显然 $h \in \mathrm{GL}(V)$. 因为 $w_0h = (w_0g)(1_Dg)^{-1} = w_0$, 所以 $1_Dh = 1_D$. 注意到 $g = hb$ 且 $b \in D^\sharp \leqslant \Gamma_0(V) \leqslant \Gamma(V)$, 因此要证明 $g \in \Gamma(V)$, 仅需证明 $h \in \Gamma(V) = \Gamma(q^m)$, 事实上我们将证明 $h \in \mathrm{Gal}(\mathbb{F}_{q^m}/\mathbb{F}_q)$. 由定义易见 $D^\sharp = \mathbf{C}_{\mathrm{GL}(V)}(A)$, 由 $A \trianglelefteq G$ 知, $D^\sharp$ 是 G-不变的因而也是 $\langle h\rangle$-不变的. 记乘法循环群 $D^\sharp = \langle a\rangle$, 并设 $h^{-1}ah = a^k$, 这里 $k \in \mathbb{Z}^+$. 任取 $x = a^s, y = a^t \in D^\sharp$. 因为 $1_Dh = 1_D$, 所以 $1_Dh^{-1} = 1_D$, 从而

$$xh = (1_Da^s)h = 1_Dh^{-1}a^sh = 1_D(h^{-1}a^sh) = 1_Da^{sk} = a^{sk},$$

同理得 $yh = a^{tk}$, $(xy)h = a^{(s+t)k}$. 这表明 $(xy)h = (xh)(yh)$, 即 h 在 $D = \mathbb{F}_{q^m}$ 上的作用保持乘法. 再由 V 和 D 中元素的对应关系, 易见 h 在 D 上的作用可逆且有 $\mathbb{F}_q$-线性性, 综上得 $h \in \mathrm{Gal}(\mathbb{F}_{q^m}/\mathbb{F}_q) \leqslant \Gamma(V)$, 命题成立. □

命题 3.8.3 设 V 为忠实不可约 $\mathbb{F}_q[G]$-模, 其中 q 为素数方幂, 则以下命题成立:

(1) 若 A 为 G 的自中心化的正规交换子群且 V_A 齐次, 则 V_A 不可约, $A \leqslant \Gamma_0(V)$, $G \leqslant \Gamma(V)$.

(2) 若 G 可解, $\mathbf{F}(G)$ 交换且 $V_{\mathbf{F}(G)}$ 齐次, 则 $V_{\mathbf{F}(G)}$ 不可约, $A \leqslant \Gamma_0(V)$, $G \leqslant \Gamma(V)$.

证 (2) 是 (1) 的特殊情形, 我们仅需证明 (1). 设 $V_A = eW$, 其中 $e \in \mathbb{Z}^+$, W 为 V_A 的不可约 $\mathbb{F}_q[A]$-子模. 因为 V_A 是忠实 A-模, 再注意到同构 A-模有相同的核, 所以 W 必是忠实不可约 $\mathbb{F}_q[A]$-模, 由命题 2.1.8 推出 $A = \langle x\rangle$ 循环. 设 $\mathbb{K}$ 为 $\mathbb{F}_q$ 的代数闭包, 由定理 3.7.20,

$$V \otimes_{\mathbb{F}_p} \mathbb{K} = V_1 \oplus \cdots \oplus V_t; \quad W \otimes_{\mathbb{F}_p} \mathbb{K} = W_1 \oplus \cdots \oplus W_s,$$

其中 V_i 为互不同构的绝对不可约 $\mathbb{K}[G]$-模, W_j 为互不同构的绝对不可约 $\mathbb{K}[A]$-模. 此时

$$(V_1 \oplus \cdots \oplus V_t)_A = (V \otimes_{\mathbb{F}_p} \mathbb{K})_A = V_A \otimes_{\mathbb{F}_p} \mathbb{K} = e(W_1 \oplus \cdots \oplus W_s).$$

我们断言 $\mathrm{Stab}_G(W_1) = A$. 事实上, 假设 $g \in G$ 稳定 $\mathbb{K}[A]$-模 W_1, 即 $g_{W_1} \in \mathrm{GL}(W_1) \subseteq \mathrm{End}_{\mathbb{K}}(W_1)$. 因为 W_1 绝对不可约, 将命题 3.7.9(4) 中的矩阵语言转述成线性变换的语言得: $\mathrm{End}_{\mathbb{K}}(W_1) = \{a_{W_1}|, a \in \mathbb{K}[A]\}$, 所以线性变换 g_{W_1} 可表为线性变换 $(x^i)_{W_1}$ 的 $\mathbb{K}$-线性组合, 这表明 g_{W_1} 和 x_{W_1} 乘法可交换, 即

$$[g, x]_{W_1} = \mathrm{id}_{W_1}.$$

注意到 W 为忠实 A-模, W_1 亦然 (见 3.7 节的说明 (D)), 因此有 $[g, x] = 1$, 即得 $g \in \mathbf{C}_G(A) = A$, 断言成立.

因为 $\mathrm{Stab}_G(W_1) = A$, 所以由 Clifford 定理得 $W_1{}^G$ 不可约, 且 W_1 恰有 $k := |G:A|$ 个 G-共轭. 不妨设 W_1 的全部 G-共轭为 $W_1, \cdots, W_k$, 不妨设 $W_1{}^G = V_1$, 此时对所有 $j \leqslant k$ 都有 $W_j{}^G = V_1$. 因为 $\dim_{\mathbb{K}}(V_1) = \dim_{\mathbb{K}}(W_1{}^G) = k\dim_{\mathbb{K}}(W_1)$, 所以

$$(V_1)_A = W_1 \oplus \cdots \oplus W_k.$$

类似地, 对于 $i \geqslant 2$, 若 $(V_i)_A$ 中也有不可约成分 W_1, 则 $V_i = W_1{}^G$, 但 $W_1{}^G = V_1$, 矛盾. 这表明: 只要 $i \geqslant 2$, W_1 不可能是 $(V_i)_A$ 的成分, 因此 $e = 1$, 即 $V_A = W$ 不可约. 其余结论由命题 3.8.2 得到. □

3.8.2 可解拟本原线性群

命题 3.8.4 设 G 为 $\mathbb{F}$ 上的拟本原线性群, 则 G 的正规交换子群都循环.

证 设 V 为相应的忠实拟本原 $\mathbb{F}[G]$-模, N 为 G 的正规交换子群. 由拟本原定义有 $V_N = eW$, 其中 W 为不可约 $\mathbb{F}[N]$-模. 因 V_N 忠实, W 也忠实, 由命题 2.1.8 推出 N 必循环. □

上面的命题给出了拟本原线性群的核心性质. 如何应用上述命题获取拟本原可解线性群 G 的结构? 因为 G 的正规交换子群都在 G 的 Fitting 子群 $\mathbf{F}(G)$ 内, 所以我们首先要考察 $\mathbf{F}(G)$ 的结构, 这也相当于考察 $\mathbf{F}(G)$ 的 Sylow p-子群 P 的结构. 注意 $\mathbf{F}(G)$ 或 P 的正规子群未必是 G 的正规子群, 而 P 的特征子群能够保证其在 G 中的正规性. 利用 P. Hall 关于 "特征交换子群均循环的 p-群" 的结构定理, 见 [7, 第 3 章, 定理 13.10], 可以证明下面的命题, 详见 [12, 定理 1.2].

命题 3.8.5 设 p-群 $P > 1$, 其特征交换子群都循环, 记 Z 为 P 的唯一 p 阶正规子群, 则存在 $E, T \trianglelefteq P$ 使得

(1) $P = ET$, $E \cap T = Z$, $T = \mathbf{C}_P(E)$;

(2) E 是超特殊群, 或 $E = Z$;

(3) $\exp(E) = p$ 或 4;

(4) T 循环, 或者 $p = 2$, $|T| \geqslant 16$, T 是二面体群、广义四元素群或半二面体群;

(5) 存在 P 的特征循环子群 U 使得 $U \leqslant T$ 且 $|T:U| \leqslant 2$, 并且 $U = \mathbf{C}_T(U)$;

(6) $EU = \mathbf{C}_P(U)$ 为 P 的特征子群.

上面的命题 3.8.5 给出了拟本原线性群 (不需要可解) 的 Fitting 子群的结构. 为了较好地叙述和应用可解拟本原线性群的结构定理, 我们需要非退化辛空间和辛群的一些基本事实.

定义 3.8.6 设 q 为素数方幂, V 为 m 维 $\mathbb{F}_q$-向量空间, 若在 $V \times V$ 上定义了一个 $\mathbb{F}_q$-值函数 $(-,-)$, 使得对任意 $a_1, a_2 \in \mathbb{F}_q$, 任意 $v_1, v_2, w \in V$, 都有

(1) $(a_1v_1+a_2v_2,w)=a_1(v_1,w)+a_2(v_2,w)$, $(w,a_1v_1+a_2v_2)=a_1(w,v_1)+a_2(w,v_2)$, 即 $(-,-)$ 为双线性函数;

(2) $(w,w)=0$;

(3) $(v_1,v_2)=-(v_2,v_1)$;

(4) $\{v\in V\mid (v,w)=0,\ \forall w\in V\}=\{0\}$,

则称 V 为 $\mathbb{F}_q$ 上的非退化辛空间, 其中 $(-,-)$ 称为非退化的内积.

在定义 3.8.6 下, 容易验证 $m=2n$ 必为偶数; 由 V 上全体保持内积的可逆线性变换构成的乘法群称为 $\mathbb{F}_q$ 上的 $2n$ 维**辛群**, 记为 $\mathrm{Sp}(2n,q)$, 即

$$\mathrm{Sp}(2n,q)=\{\sigma\in \mathrm{GL}(V)\mid (v_1^\sigma,v_2^\sigma)=(v_1,v_2),\ \forall v_1,v_2\in V\},$$

其中 v_i^σ 表示 v_i 在 σ 下的像. 特别地, $\mathrm{Sp}(2n,q)\leqslant \mathrm{GL}(V)\cong \mathrm{GL}(2n,q)$. 比较辛群 $\mathrm{Sp}(2n,q)$ 和线性群 $\mathrm{GL}(2n,q)$ 的结构, 前者要简明不少. 我们知道

$$|\mathrm{Sp}(2n,q)|=q^{n^2}\prod_{i=1}^{n}(q^{2i}-1).$$

引理 3.8.7 设 V 是 $\mathbb{F}_q$ 上的 $2n$ 维非退化辛空间, q 为素数方幂. 若 C 是 $\mathrm{Sp}(2n,q)$ 的循环子群且 V 是不可约的 $\mathbb{F}_q[C]$-模, 则 $|C|\mid q^n+1$.

证 见 [7, 第 2 章, 定理 9.23]. □

引理 3.8.8 设 P 为 p^{2n+1} 阶超特殊 p-群, 记 $\overline{P}=P/\mathbf{Z}(P)$, 则以下结论成立:

(1) 设 $\mathbf{Z}(P)=\langle c\rangle$, 在 $\overline{P}\times\overline{P}$ 上定义 f 使得: 对于 $x,y\in P$, 当 $[x,y]=c^a$ 时, $f(\overline{x},\overline{y})=a$, 则 $\overline{P}$ 成为 $\mathbb{F}_p$ 上的一个非退化的 $2n$ 维辛空间.

(2) 若 $P\trianglelefteq G$ (这里 G 不一定是 p-群), $A\leqslant \mathbf{C}_G(\mathbf{Z}(P))$, 则 $A/\mathbf{C}_A(\overline{P})\leqslant \mathrm{Sp}(2n,p)$.

证 由超特殊 p-群的结构, 我们有 $P'=\mathbf{Z}(P)=\Phi(P)\cong \mathrm{C}(p)$, $P/\mathbf{Z}(P)\cong \mathrm{E}(p^{2n})$. 自然地, $\overline{P}$ 成为 $\mathbb{F}_p$ 上的 $2n$ 维向量空间.

(1) 显然 f 是 $\overline{P}\times\overline{P}$ 上的定义好的 $\mathbb{F}_p$-值函数. 任取 $x,x_1,x_2,y,y_1,y_2\in P$, 因为 $[x,y]=[y,x]^{-1}$ 及 $[x,x]=1$, 有

$$f(\overline{x},\overline{y})=-f(\overline{y},\overline{x}),\quad f(\overline{x},\overline{x})=0;$$

再者, 由 $[x_1x_2,y]=[x_1,y][x_2,y]$ 及 $[x,y_1y_2]=[x,y_1][x,y_2]$ 推出 f 是双线性函数; 进一步, 若对所有 $\overline{y}\in\overline{P}$ 都有 $f(\overline{x},\overline{y})=0$, 则 $[x,P]=1$, 即 $x\in\mathbf{Z}(P)$, 也即 $\overline{x}$ 为向量空间 $\overline{P}$ 中的零元, 综上表明 f 满足定义 3.8.6 中非退化内积 $(-,-)$ 的所有要求, 因此 $\overline{P}$ 为 $\mathbb{F}_p$ 上的非退化的 $2n$ 维辛空间.

(2) 显然 A 共轭作用在 P 及 $\overline{P}$ 上, 且平凡作用在 $\mathbf{Z}(P)$ 上. 易见 $A/\mathbf{C}_A(\overline{P})\leqslant \mathrm{GL}(\overline{P})$. 再者, $\overline{P}$ 在上面定义的 f 下成为非退化的辛空间. 进一步, 任取 $x,y\in P$,

任取 $a\in A$, 有 $[x^a,y^a]=[x,y]^a=[x,y]$, 这表明 $f(\overline{x}^a,\overline{y}^a)=f(\overline{x},\overline{y})$, 因此 $A/\mathbf{C}_A(\overline{P})\leqslant \mathrm{Sp}(2n,p)$. □

记 $\mathrm{ES}(p^{2m+1})$ 为 p^{2m+1} 阶超特殊 p-群, $\mathrm{Soc}(H)$ 表示群 H 的所有极小正规子群的乘积. 利用命题 3.8.5并进一步推演 ①, 我们有下面的定理 3.8.9.

定理 3.8.9 设 $G>1$ 可解, G 的正规交换子群都循环, 记 $F=\mathbf{F}(G)$, $Z=\mathrm{Soc}(\mathbf{Z}(F))$, 再记 $A=\mathbf{C}_G(Z)$, 则存在 $E,T\trianglelefteq G$ 满足以下性质:

(1) $F=ET$, $Z=E\cap T$, 且 $T=\mathbf{C}_F(E)$, $Z=\prod_{p\in\pi(F)}\mathrm{C}(p)$.

(2) 若 $P\in\mathrm{Syl}_p(E)$ 满足 $|P|\geqslant p^2$, 则 P 是方次数为 p 或 4 的超特殊 p-群.

(3) $E/Z=E_1/Z\times\cdots\times E_n/Z$ 为 G 的主因子 E_i/Z 的直积, 且当 $i\neq j$ 时总有 $E_i\leqslant \mathbf{C}_G(E_j)$.

(4) 对于每个 E_i, $\mathbf{Z}(E_i)=Z$, $E_i/Z\cong \mathrm{E}(p_i^{2m_i})$, E_i 的 Sylow p_i-子群 $\cong \mathrm{ES}(p_i^{2m_i+1})$.

(5) 存在 T 的循环子群 U 使得 $|T:U|\leqslant 2$, $U\trianglelefteq G$, $U=\mathbf{C}_T(U)$; 又若 $|T:U|=2$, 则 T 的 Sylow 2-子群为广义四元素群、二面体群或半二面条群.

(6) G 幂零当且仅当 $G=T$.

(7) $T=\mathbf{C}_G(E)$, $F=\mathbf{C}_A(E/Z)$.

(8) E/Z 和 F/T 是两个同构的完全可约 G/F-模, 它们也是两个同构的忠实完全可约 A/F-模 (定义域特征可不同).

(9) 对于 (3) 中的每个 E_i 都有 $A/\mathbf{C}_A(E_i/Z)\lesssim \mathrm{Sp}(2m_i,p_i)$.

(10) 若 G 的正规交换子群都在 $\mathbf{Z}(F)$ 中, 则 $T=\mathbf{Z}(F)$.

上述定理中的子群关系参见图 3.2. 我们再作以下说明.

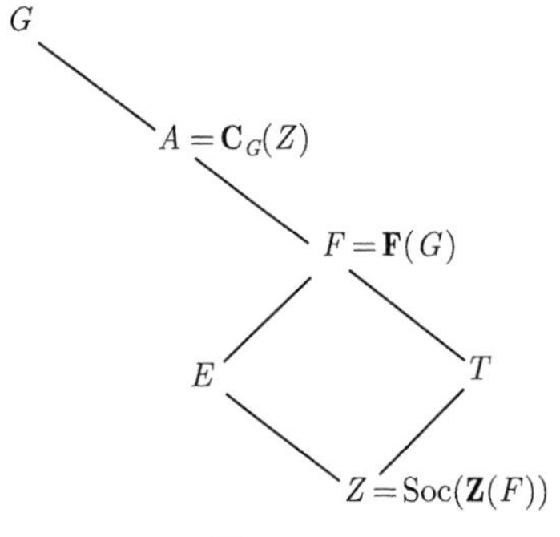

图 3.2

(B) 若 $E_0\trianglelefteq G$ 使得 $1<E_0/Z$ 是 E/Z 的 p-子群, 则 E_0 的 Sylow p-子群也是超特殊群. 进一步, $A/\mathbf{C}_A(E_0/Z)\leqslant \mathrm{Sp}(2k,p)$, 其中 $2k=\log_p(|E_0/Z|)$.

① 详见 [12, 推论 1.10], 也可参见命题 3.9.15 的证明.

证 记 D_0 和 D 分别为 E_0 和 E 的 Sylow p-子群. 由性质 (2), D 是超特殊群, 故有 $D' = \Phi(D) = \mathbf{Z}(D) \cong \mathrm{C}(p)$. 若 $D_0' = 1$, 则 D_0 为 G 的正规交换子群, 从而 D_0 循环, 这与性质 (4) 矛盾, 因此 $D_0' \cong \mathrm{C}(p)$. 同理可证 $\Phi(D_0) = \mathbf{Z}(D_0) \cong \mathrm{C}(p)$. 因此 D_0 为超特殊 p-群. 进一步, 由引理 3.8.8 得 $A/\mathbf{C}_A(E_0/Z) \leqslant \mathrm{Sp}(2k, p)$, 其中 $2k = \log_p(|E_0/Z|)$. □

(C) 我们说 $\mathbf{F}(G)$ 的结构可以很好地控制 $G/\mathbf{F}(G)$ 的结构, 下面给出其中的一条技术线路.

• 首先, Z 是阶无平方因子的循环群, 注意到 $G/A = G/\mathbf{C}_G(Z) \leqslant \mathrm{Aut}(Z)$, 这样就控制了 G/A 的结构.

• 再者, $E/Z = E_1/Z \times \cdots \times E_n/Z$, 由性质 (7) 得 $F = \mathbf{C}_A(E/Z) = \bigcap_{i=1}^n \mathbf{C}_A(E_i/Z)$, 由性质 (9) 有 $A/\mathbf{C}_A(E_i/Z) \leqslant \mathrm{Sp}(2m_i, p_i)$, 因此 $A/F \leqslant \mathrm{Sp}(2m_1, p_1) \times \cdots \times \mathrm{Sp}(2m_n, p_n)$, 这样也控制了 A/F 的结构.

(D) 假设 $F_0 \trianglelefteq G$ 使得 $1 < F_0/T$ 为 F/T 的 p-子群, 记 $B = \mathbf{C}_G(T)$, 则 $B/\mathbf{C}_B(F_0/T) \leqslant \mathrm{Sp}(2k, p)$, 其中 $2k = \log_p(|F_0/T|)$.

证 记 $E_0 = F_0 \cap E$, 则 $F_0/T \cong E_0/Z$ 且 $F_0 = E_0T$. 注意到 $Z \leqslant T$, 故 $B \leqslant \mathbf{C}_G(Z) = A$. 一方面, 若 $b \in \mathbf{C}_B(E_0/Z)$, 则 $[b, T] = 1$ 且 $[b, E_0] \leqslant Z$, 推出 $[b, F_0] = [b, E_0T] \leqslant Z \leqslant T$, 这表明 $b \in \mathbf{C}_B(F_0/T)$, 从而 $\mathbf{C}_B(E_0/Z) \leqslant \mathbf{C}_B(F_0/T)$. 另一方面, 若 $b \in \mathbf{C}_B(F_0/T)$, 则 $[b, E_0] \leqslant [b, F_0] \cap E_0 \leqslant T \cap E_0 = Z$, 这表明 $b \in \mathbf{C}_B(E_0/Z)$, 从而 $\mathbf{C}_B(F_0/T) \leqslant \mathbf{C}_B(E_0/Z)$, 综上得 $\mathbf{C}_B(F_0/T) = \mathbf{C}_B(E_0/Z)$. 因此

$$
\begin{aligned}
B/\mathbf{C}_B(F_0/T) &= B/\mathbf{C}_B(E_0/Z) = B/(B \cap \mathbf{C}_A(E_0/Z)) \cong B\mathbf{C}_A(E_0/Z)/\mathbf{C}_A(E_0/Z) \\
&\leqslant A/\mathbf{C}_A(E_0/Z) \leqslant \mathrm{Sp}(2k, p),
\end{aligned}
$$

其中最后一个 "$\leqslant$" 由说明 (B) 得到. □

引理 3.8.10 设 G 可解, V 为忠实拟本原 $\mathbb{F}_q[G]$-模, 这里 q 为素数方幂. 若 $\mathbf{F}(G) = T$, 这里的符号 T 同定理 3.8.9, 则 $G \leqslant \Gamma(V)$.

证 应用定理 3.8.9, 因为 $\mathbf{F}(G) = T$, 由 (1) 和 (5) 有 $E = Z \leqslant U$. 由 (7) 有 $\mathbf{C}_G(Z) = \mathbf{C}_G(E) = T$. 再由 (5) 有 $U = \mathbf{C}_T(U)$, 所以 $\mathbf{C}_G(U) = \mathbf{C}_G(U) \cap \mathbf{C}_G(Z) = \mathbf{C}_G(U) \cap T = \mathbf{C}_T(U) = U$. 这表明 U 为 G 的自中心化的循环子群. 因为 V 拟本原, 所以 V_U 齐次, 由命题 3.8.3 得 V_U 不可约且 $G \leqslant \Gamma(V)$. □

例 3.8.11 设 U 为 G 的正规循环子群, V 为任意域上的忠实不可约 G-模. 若 V_U 齐次, 则以下结论成立:

(1) 任取 $v \in V^\sharp$, v 所在的 U-轨道长为 $|U|$, 即 U 无不动点作用在 $V^\sharp$ 上.

(2) 若 W 为 V_U 的不可约子模且 $|W|$ 有限, 则 $|U| \mid (|W| - 1)$.

证　(2) 是 (1) 的直接推论, 下证 (1). 反设存在 $v_0 \in V^\sharp$ 及 $u \in U^\sharp$ 使得 u 平凡作用在 v_0 上, 则易验证 $\mathbf{C}_V(u) := \{v \in V \mid vu = v\}$ 为 V 的非零 U-子模. 取 W 为 $\mathbf{C}_V(u)$ 的不可约 U-子模, 易见 u 平凡作用在 W 上, 从而平凡作用在 V_U 上, 这与 V 为忠实 G-模矛盾. 这表明 v 所在的 U-轨道长为 $|U|$. □

定理 3.8.12　设 G 可解, V 为忠实拟本原 $\mathbb{F}[G]$-模, $\mathbb{F}$ 为有限域, 则存在 G 的正规子群 A, F, E, T, U, Z 满足定理 3.8.9 的性质; 进一步, 记正整数

$$e_V = \sqrt{|E : Z|},$$

也即 $e_V = \sqrt{|F : T|} = \sqrt{|EU : U|}$, 再设 W 为 V_U 的一个不可约子模, 并设齐次模 V_{EU} 为 t 个同构不可约子模的直和, 则以下结论成立:

(1) $|U| \mid (|W| - 1)$.

(2) $\dim(V) = te_V \dim(W)$.

(3) 若 V_Z 为 e_V 个同构不可约 Z-模的直和, 则 $T = \mathbf{Z}(F) = \mathbf{C}_G(E) = U$ 循环.

(4) 若 $\dim(V) = e_V$, 则 $T \leqslant \mathbf{Z}(\mathrm{GL}(V))$, 从而又有 $T = \mathbf{Z}(G) = U = \mathbf{Z}(F)$, $A = G$, $F/T \cong E/Z$ 为忠实完全可约 G/F-模.

(5) 若 $e_V = 1$, 则 $G \leqslant \Gamma(V)$.

(6) 若 $\dim(V)$ 是素数, 则 $\dim(V) = e_V$, 或者 $e_V = 1$ 因而 $G \leqslant \Gamma(V)$.

证　仅需证明定理的后半部分. 由例 3.8.11 得结论 (1), 由 [12, 推论 2.6] 得 (2), 由引理 3.8.10 得 (5), 其他结论由 [12, 引理 2.10] 得到. □

对于可解群上的拟本原模 V, e_V 这个数量特征非常重要. 有趣的是, 在实际问题的研究中, e_V 较大的情形反而是简单的情形.

3.8.3　本原素因子和本原线性群

回忆一下, 素数 z 称为 $a^n - 1$ 的本原素因子, 若 $z \mid (a^n - 1)$, 但对小于 n 的正整数 n' 都有 $z \nmid (a^{n'} - 1)$. 下面的结论是熟知的, 如见 [12, 定理 6.2].

引理 3.8.13 (Zsigmody)　设 a, n 为两个正整数, 且 $a > 1$, 则 $a^n - 1$ 除了以下例外都有本原素因子:

(1) $n = 2$, $a = 2^k - 1$, 这里 $k \in \mathbb{Z}^+$;

(2) $n = 6$, $a = 2$.

假设 p 是 $a^n - 1$ 的本原素因子, 因为 n 是 $a \,(\mathrm{mod}\, p)$ 的阶, 所以

$$n \mid (p - 1), \tag{3.8.2}$$

特别地, $n \leqslant p - 1$ 且 $(n, p) = 1$.

引理 3.8.14　设 V 为 n 维 $\mathbb{F}_q[G]$-模, q 为素数方幂. 若 $q^n - 1$ 有本原素因子 p, 使得 $p \mid |G/\mathbf{C}_G(V)|$, 则 V 为不可约 $\mathbb{F}_q[G]$-模.

证 由归纳可设 $\mathbf{C}_G(V)=1$, 此时 V 为忠实 $\mathbb{F}_q[G]$-模. 取 $\mathrm{C}(p)\cong D\leqslant G$, 因 $(p,\mathrm{Char}(\mathbb{F}_q))=1$, V 为忠实完全可约 $\mathbb{F}_q[D]$-模, 故 D 必忠实不可约地作用在 V 的某个 $\mathbb{F}_q[D]$-子模 V_0 上. 记 $d=\dim_{\mathbb{F}_q}(V_0)$, 由定理 2.1.12 知 $p\mid(q^d-1)$. 因 p 是 q^n-1 的本原因子, 推出 $d=n$, 这表明 $V=V_0$ 为不可约 $\mathbb{F}_q[D]$-模, 因而也必是不可约 $\mathbb{F}_q[G]$-模. □

例 3.8.15 设 $G\leqslant\Gamma(q^n)$, q 为素数方幂, 则 $|G/\mathbf{F}(G)|$ 中不含有 q^n-1 的本原素因子.

证 设 p 为 q^n-1 的本原素因子. 注意到 $\Gamma(q^n)=\mathrm{C}(n)\ltimes\mathrm{C}(q^n-1)$ 且 $(p,n)=1$, 故 $\Gamma(q^n)$ 有正规 Sylow p-子群, G 亦然, 命题成立. □

命题 3.8.16 设 $G\leqslant\mathrm{GL}(n,q)$, q 为素数方幂, 若存在 q^n-1 的本原素因子 p 使得 $p\in\pi(G)$, 则以下结论成立:

(1) G 是 $\mathrm{GL}(n,q)$ 的本原子群, 此时 G 必是 $\mathrm{GL}(n,q)$ 的不可约子群.

(2) 若 D 是 G 的 p 阶子群, 则 $\mathbf{C}_G(D)$ 循环, 特别地, $P\in\mathrm{Syl}_p(G)$ 是循环群.

证 设 V 为相应的 n 维忠实 $\mathbb{F}_q[G]$-模 V, 由引理 3.8.14 得 V 不可约.

(1) 反设 V 非本原, 则 V 可表为 $m\geqslant 2$ 个子空间 V_i 的直和, 且 G 可迁作用在这些 V_i 上. 记 $H=\mathrm{Stab}_G(V_1)$. 显然 $|G:H|=m$, $\dim_{\mathbb{F}_q}(V)=n$, $m\mid n$. 因为 p 与 n 互素 ((3.8.2) 式), 所以 $p\mid |H|$. 一方面, 显然 V_1 为 V 的 H-真子模; 另一方面, 引理 3.8.14 推出 H 不可约作用在 V 上, 矛盾. 故 V 为本原 $\mathbb{F}_q[G]$-模.

(2) 由引理 3.8.14, V 是忠实不可约 $\mathbb{F}_q[D]$-模. 再由推论 3.7.24 得 $\mathbf{C}_G(D)$ 循环. □

下面进一步考察命题 3.8.16 环境下本原可解线性群 G 的结构. 我们分两种情形讨论, 一是本原素因子整除 $|\mathbf{F}(G)|$ 的情形, 二是本原素因子整除 $|G/\mathbf{F}(G)|$ 的情形. 注意, 若可解群 G 有一个忠实拟本原 (或本原) 模, 则 G 的正规交换子群都循环 (命题 3.8.4), 从而定理 3.8.9 和定理 3.8.12 都成立.

命题 3.8.17 设可解群 $G\leqslant\mathrm{GL}(n,q)$, q 为素数方幂. 如果存在 q^n-1 的本原素因子 p 使得 $p\mid|\mathbf{F}(G)|$, 那么以下结论成立:

(1) $G\leqslant\Gamma(q^n)$;

(2) $\mathbf{F}(G)=\mathbf{F}(\Gamma(q^n))\cap G\leqslant\mathrm{C}(q^n-1)$;

(3) $G/\mathbf{F}(G)\leqslant\mathrm{C}(n)$.

证 令 V 为相应的 n 维忠实 $\mathbb{F}_q[G]$-模. 由命题 3.8.16, V 是本原 G-模. 取 $P\in\mathrm{Syl}_p(G)$, $\mathrm{C}(p)\cong D\leqslant P$. 因为 $p\mid|\mathbf{F}(G)|$ 且 P 循环 (命题 3.8.16), 所以 $D\leqslant\mathbf{F}(G)$, 继之又推出: $D\leqslant\mathbf{Z}(\mathbf{F}(G))$, 且 $D\trianglelefteq G$. 现在 $\mathbf{F}(G)\leqslant\mathbf{C}_G(D)\trianglelefteq G$, 由 $\mathbf{C}_G(D)$ 的循环性 (命题 3.8.16) 推出: $\mathbf{F}(G)=\mathbf{C}_G(D)$ 循环, 且 $P\leqslant\mathbf{F}(G)$.

将命题 3.8.16 应用到 $\mathbf{F}(G)$, 得 V 为不可约 $\mathbf{F}(G)$-模, 再由命题 3.8.3 得 $G \leqslant \Gamma(q^n)$. 因为 $\Gamma(q^n)/\Gamma_0(q^n) \cong \mathrm{C}(n)$, 所以 $p \nmid |\Gamma(q^n)/\Gamma_0(q^n)|$, 从而 $D \leqslant \Gamma_0(q^n) \cong \mathrm{C}(q^n-1)$. 将 V 看作自然的忠实 $\Gamma(q^n)$-模, 并将上段的推理平移到 $\Gamma(q^n)$ 上, 得 $\mathbf{C}_{\Gamma(q^n)}(D) = \mathbf{F}(\Gamma(q^n))$, 因此

$$\mathbf{F}(G) = \mathbf{C}_G(D) = \mathbf{C}_{\Gamma(q^n)}(D) \cap G = \mathbf{F}(\Gamma(q^n)) \cap G \leqslant \mathrm{C}(q^n-1).$$

显然 $G/\mathbf{F}(G) \leqslant \mathrm{C}(n)$, 命题成立. □

对于有限群 G, 定义它的特征子群 $\mathbf{F}_i(G)$ 如下: $\mathbf{F}_0(G) = 1$; $\mathbf{F}_1(G) = \mathbf{F}(G)$; 当 $i \geqslant 2$ 时, $\mathbf{F}_i(G)$ 为 $\mathbf{F}(G/\mathbf{F}_{i-1}(G))$ 在 G 中的原像, 这里的 $\mathbf{F}_i(G)$ 称为 G 的第 i 次 Fitting 子群.

命题 3.8.18 *设可解群 $G \leqslant \mathrm{GL}(n,q)$, q 为素数方幂. 如果存在 q^n-1 的本原素因子 p 使得 $p \mid |G:\mathbf{F}(G)|$, 那么以下结论成立:*

(1) $p \nmid |\mathbf{F}(G)|$, $n = p-1 = 2^m$, 这里 $m = 2^k \geqslant 1$.

(2) $\mathbf{F}(G) = ET$, 这里 $E \trianglelefteq G$, $E \cong \mathrm{ES}(2^{2m+1}) \times \prod_{r\in\pi(\mathbf{F}(G))\setminus\{2\}} \mathrm{C}(r)$, $T = \mathbf{Z}(G)$ 循环, $T \cap E = \mathbf{Z}(E)$.

(3) $T \leqslant \mathbf{Z}(\mathrm{GL}(n,q))$, 特别地 $|T| \mid (q-1)$.

(4) $\mathbf{F}_2(G)/\mathbf{F}(G) \cong \mathrm{C}(p)$, $G/\mathbf{F}_2(G)$ 是循环 2-群且 $|G/\mathbf{F}_2(G)| \mid 2m$.

证 记 $F = \mathbf{F}(G)$, $F_2 = \mathbf{F}_2(G)$, V 为相应的 n 维忠实 $\mathbb{F}_q[G]$-模. 由例 3.8.15 和命题 3.8.17 知, $G \not\leqslant \Gamma(q^n)$ 且 q^n-1 的本原素因子都不在 $\pi(F)$ 中, 特别地, 我们有

$$p \notin \pi(F),\ n > 1,\ p > 2.$$

因为 V 本原 (命题 3.8.16), 所以定理 3.8.9 及定理 3.8.12 成立, 沿用这两个定理中的所有记号. 由 $G \not\leqslant \Gamma(q^n)$ 得 $e_V > 1$, 故 F 不循环, 因而 F 不交换. 取 $P \in \mathrm{Syl}_p(G)$, 再取 P_0 为 P 的 p 阶子群.

我们断言: 若 L 为 G 的正规交换子群, 则 PL 循环. 事实上, L 循环 (因 G 本原) 且 P 也循环 (命题 3.8.16), 所以 $\mathbf{F}(PL)$ 循环. 注意到 V 也为忠实本原 PL-模 (命题 3.8.16), 由 $\mathbf{F}(PL)$ 的循环性推出 $PL \leqslant \Gamma(q^n)$. 由例 3.8.15, $P \leqslant \mathbf{F}(PL)$, 故 $PL = P \times L$ 循环, 断言成立.

取 $R \in \mathrm{Syl}_r(F)$ 非交换, 由定理 3.8.9, 我们有 $R = E_rT_r$, 其中 $E_r = E\cap R \trianglelefteq G$, $T_r = T \cap R \trianglelefteq G$, 且 $E_r \cap T_r = E \cap T \cap R = Z \cap R =: Z_r \cong \mathrm{C}(r)$; 进一步, $E_r \cong \mathrm{ES}(r^{2m+1})$, $|T_r : U_r| \mid (2,r)$, 其中 $U_r = U \cap R$ 为 G 的正规循环 r-子群. 注意到以下事实: P 互素作用在 R 上; P 中心化 T_r/U_r (因为 $T_r/U_r \leqslant \mathrm{C}(2)$); 且由上面的断言知 P 平凡作用在 U_r 上, 这表明 P 中心化 T_r. 进一步, 由命题 3.8.16(2) 得 T_r 循环, 特别地, $T_r = U_r$ 循环.

记 $H = E_r \rtimes P$. 由命题 3.8.16, V 也是忠实本原 H-模. 注意到 P_0 忠实作用在 E_r/Z_r 上 (否则, P_0 平凡作用在 E_r/Z_r 及 Z_r 上, 推出 P_0 平凡作用在 E_r 上, 特别地有 $p \mid |\mathbf{F}(H)|$, 由命题 3.8.17 得 $\mathbf{F}(H)$ 循环, 但 $E_r \cong \mathrm{ES}(r^{2m+1})$, 矛盾), 故可取到 H 的 r-主因子 E_1/Z_r 使得 P_0 忠实作用在 E_1/Z_r 上. 将定理 3.8.9 应用到 H 上, E_1 仍为超特殊 r-群. 记 $|E_1/Z_r| = r^{2l}$. 因 E_1/Z_r 是 H 的主因子且 P 平凡作用在 Z_r 上, 故由引理 3.8.8(2) 推出: P 是 $\mathrm{Sp}(2l, r)$ 的子群且是循环不可约子群 (这里的不可约性由 E_1/Z_r 为 H-主因子推出), 由引理 3.8.7 得

$$|P| \mid (r^l + 1).$$

将定理 3.8.12 应用到 PR 上, 我们有 $n = \dim(V) = tr^m \dim(W)$, 其中 $r^{2m} = |E_r/Z_r| = |R : T_r|$, W 为 V_{U_r} 的一个不可约成分. 于是

$$n \leqslant p - 1 \leqslant |P| - 1 \leqslant r^l \leqslant r^m \leqslant tr^m \dim(W) = \dim(V) = n,$$

其中第一个 "$\leqslant$" 由 (3.8.2) 式得到, 这表明上式中的 "$\leqslant$" 都取等号, 推出 $|P| = p = r^m + 1$, 因而得 $r = 2$ 且 m 是 2 的方幂; 再者, $\dim(V) = n = 2^m$, 且由 $l = m$ 知 $E_r/Z_r = E_2/Z_2$ 为 G 的一个 2-主因子.

由上面的推演看到: $\mathbf{O}_2(F)$ 不交换但 $\mathbf{O}_{2'}(F)$ 循环; P 非平凡地作用在 $\mathbf{O}_2(F)$ 上但平凡作用在 $\mathbf{O}_{2'}(F)$ 上; $e_V = \sqrt{|F : T|} = 2^m$, 得

$$\dim V = 2^m = \sqrt{|F : T|} = e_V,$$

由定理 3.8.12(4) 并结合定理 3.8.9 得结论 (1)–(3).

注意: $F/T \cong E/\mathbf{Z}(E) \cong E_2/Z_2 \cong \mathrm{E}(2^{2m})$ 为 G 的主因子. 因为 $T = \mathbf{Z}(G)$, 所以 $\mathbf{F}(G/T) = \mathbf{F}(G)/T = F/T$, 这表明 G/F 忠实不可约作用在 $E/\mathbf{Z}(E)$ 上, 特别地, $G/F \leqslant \mathrm{GL}(E/\mathbf{Z}(E)) \cong \mathrm{GL}(2m, 2)$. 由 $p = 2^m + 1$ 知, p 也是 $2^{2m} - 1$ 的本原素因子. 反设 $p \nmid |F_2/F|$, 将上面的结果应用到 G/F 推出: F_2/F 有非交换的 Sylow 2-子群; 但 $E/\mathbf{Z}(E)$ 为 2-群, 由推论 3.7.23 得 $\mathbf{O}_2(G/F) = 1$, 矛盾. 因此 $p \mid |F_2/F|$, 进而由命题 3.8.17 推得 F_2/F 循环. 注意 F_2/F 也不可约地作用在 $E/\mathbf{Z}(E)$ 上 (将命题 3.8.16 应用到 F_2/F 上), 且 F_2/F 平凡作用在 $\mathbf{Z}(E)$ 的 2 阶 Sylow 2-子群上, 而 E 的 Sylow 2-子群为 2^{2m+1} 阶超特殊 2-群, 这表明 F_2/F 为 $\mathrm{Sp}(2m, 2)$ 的循环不可约子群 (见引理 3.8.8), 再次应用引理 3.8.7 推得 $|F_2/F| \mid (2^m + 1)$. 因为 $p = 2^m + 1$ 整除 $|F_2/F|$, 所以 $F_2/F \cong \mathrm{C}(2^m + 1) = \mathrm{C}(p)$. 考察线性群 $G/F \leqslant \mathrm{GL}(2m, 2)$, 注意到 p 是 $2^{2m} - 1$ 的本原因子, 应用命题 3.8.17 得 $G/F_2 \leqslant \mathrm{C}(2m)$, 结论 (4) 成立. □

3.8.4 可解置换群在幂集上的正则轨道存在性

设有限群 G 作用在非空有限集合 Ω 上, 我们先约定一些记号. 对于 $g \in G$, $\alpha \in \Omega$, 本小节我们**改用** α^g 表示 α 在 g 下的像. 对于 $\Omega_0 \subseteq \Omega$, $g \in G$, 记

$\Omega_0^g = \{\alpha^g | \alpha \in \Omega_0\}$. 显然集合 Ω_0 在 G 中的稳定子群为

$$\mathrm{Stab}_G(\Omega_0) = \{g \in G | \Omega_0^g = \Omega_0\}.$$

再定义 $\Omega_0 \subseteq \Omega$ 在 G 中的中心化子为

$$\mathbf{C}_G(\Omega_0) = \{g \in G | \alpha^g = \alpha, \forall \alpha \in \Omega_0\}.$$

显然 $\mathbf{C}_G(\Omega_0) \leqslant \mathrm{Stab}_G(\Omega_0)$, 且当 Ω_0 只含有一个元素 α 时, 有 $\mathrm{Stab}_G(\alpha) = \mathbf{C}_G(\alpha)$. 易见 G 作用在 Ω 上的核为 $\mathbf{C}_G(\Omega)$, 因此 $G/\mathbf{C}_G(\Omega)$ 为 Ω 上的置换群.

记 $\beta(\Omega)$ 为 Ω 的所有子集作为元素构成的集合, 称为 Ω 的**幂集**. 由 G 在 Ω 上的作用自然地导出 G 在 $\beta(\Omega)$ 上的作用.

现设 G 为非空有限集合 Ω 上的置换群, 我们来考察 G-集 $\beta(G)$ 中正则轨道的存在性问题, 即

$$\text{是否存在 } \Omega \text{ 的子集 } \Delta \text{ 使得 } \mathrm{Stab}_G(\Delta) = 1?$$

有时甚至要考察更强一点的问题: 是否存在 $\Delta \subseteq \Omega$ 使得 $|\Delta| \neq \frac{1}{2}|\Omega|$ 且 $\mathrm{Stab}_G(\Delta) = 1$? 这样的正则轨道 Δ^G 称为**强正则轨道**. 对于可解本原置换群, Gluck 对于上述问题给出了完整的回答, 见 [12, 定理 5.6]. 我们用 D_k 和 F_k 分别表示 k 阶二面体群和 k 阶 Frobenius 群.

定理 3.8.19 (Gluck)　设 G 是非空有限集合 Ω 上的可解本原置换群, 则除了以下例外, G-集 $\beta(\Omega)$ 中都存在正则轨道:

(1) $|\Omega| = 3$, 且 $G \cong \mathrm{S}_3 \cong \mathrm{D}_6 \cong \mathrm{F}_6$;

(2) $|\Omega| = 4$, 且 $G \cong \mathrm{A}_4 \cong \mathrm{F}_{12}$, 或 $G \cong \mathrm{S}_4$;

(3) $|\Omega| = 5$, 且 $G \cong \mathrm{F}_{10} \cong \mathrm{D}_{10}$, 或 $G \cong \mathrm{F}_{20}$;

(4) $|\Omega| = 7$, 且 $G \cong \mathrm{F}_{42}$;

(5) $|\Omega| = 8$, 且 $G \cong A\Gamma(2^3)$;

(6) $|\Omega| = 9$, 且 $G = V \rtimes H$, $V \cong \mathrm{E}(3^2)$, $H \in \{\mathrm{D}_8, \mathrm{SD}_{16}, \mathrm{SL}(2,3), \mathrm{GL}(2,3)\}$, 这里 SD_{16} 表示 16 阶半二面体群, 且 $H \leqslant \mathrm{GL}(2,3)$ 按自然的方式作用在 V 上.

对于上述例外情形, 正则轨道不存在; 进一步, 若 $\{G, \Omega\}$ 不是例外情形且 $|\Omega| \neq 2$, 则 G 在 $\beta(\Omega)$ 上存在强正则轨道.

对于上述定理, 我们指出: 因为 G 是 Ω 上的可解本原置换群, 所以点 $\alpha \in \Omega$ 在 G 中的稳定子群 S 必是 G 的极大子群; 进一步, 考察可解本原置换群的结构 (命题 2.7.21), 我们有 $|\Omega| = |G : S|$ 必为某个素数方幂, 也即 $|\Omega|$ 等于 G 中唯一极小正规子群的阶.

文献 [112] 给出了一般本原置换群 (去掉可解条件) 在幂集上正则轨道的存在性定理.

推论 3.8.20 设 G 是非空有限集合 Ω 上的可解本原置换群, $q \in \pi(G)$, 并且 Ω 的任意子集都被 G 的某个 Sylow q-子群所稳定, 则三元组 $(|\Omega|, q, G)$ 只能是以下三种情形:

$$(3, 2, \mathrm{D}_6); \quad (5, 2, \mathrm{D}_{10}); \quad (8, 3, A\Gamma(2^3)).$$

证 由条件看到, G-集 $\beta(\Omega)$ 中没有正则轨道. 由定理 3.8.19, 我们需要考察六个例外情形, 并证明 $(|\Omega|, q, G)$ 只能是所述三情形.

显然 $\mathbf{O}_q(G)$ 必稳定 Ω 的所有子集, 特别地, $\mathbf{O}_q(G) \leqslant \bigcap_{\alpha\in\Omega} \mathrm{Stab}_G(\alpha) = \mathbf{C}_G(\Omega)$. 因为 G 忠实作用在 Ω 上, 所以 $\mathbf{O}_q(G) = 1$.

若定理 3.8.19 之情形 (1) 发生, 因为 $\mathbf{O}_3(G) > 1$, 所以 $q = 2$, 此时易见 $(|\Omega|, q, G) = (3, 2, \mathrm{D}_6)$. 对于情形 (2)–(5), 也可容易验证或仿照情形 (6) 排除之, 下面来排除情形 (6).

反设定理 3.8.19 之情形 (6) 发生, 则 G 为 $\{2, 3\}$-群, 因为 $\mathbf{O}_3(G) > 1$, 所以 $q = 2$. 取定 $Q \in \mathrm{Syl}_2(G)$. 注意: 对任意 $\alpha \in \Omega$, $\mathrm{Stab}_G(\alpha)$ 都是极大子群 H 的某个共轭. 显然 Ω 中必有一个 Q-不动点, 且 Ω 恰构成一个 V-轨道. 假若 Q 稳定 Ω 中两个点 α, α^v, 这里 $v \in V^\sharp$, 由 $\mathrm{Stab}_V(\alpha^v) = 1 = \mathrm{Stab}_V(\alpha)$, 得

$$Q = \mathrm{Stab}_{QV}(\alpha^v) = (\mathrm{Stab}_{QV}(\alpha))^v = Q^v,$$

推出 $1 \neq v \in \mathbf{N}_{QV}(Q)$; 但由情形 (6) 中的群结构知 $\mathbf{N}_{QV}(Q) = Q$, 矛盾. 这表明 Ω 中有且仅有一个 Q-不动点, 即 Ω 中长度为 1 的 Q-轨道恰有一个. 考察 Q 在 Ω 上的作用, 注意到对任意 $j \in \{1, \cdots, 9\}$, Q 必稳定 Ω 中的某个 j-元子集 (这是因为 Ω 的每个 j-元子集必被某个 Q^g 稳定), 容易看到 Ω 的全部 Q-轨道长只能是以下两情形:

$$1, 2, 2, 2, 2; \quad 1, 2, 2, 4.$$

(例如, 当 Q-轨道长为 $1, 4, 4$ 时, Q 不可能稳定 Ω 的 6 元子集.) 记被 Q 稳定的 Ω 的 4-元子集之个数为 t, 显然 $t \leqslant 6$ (事实上, t 只能是 6 或 2). 因为 Ω 的每个 4 元子集都被 G 的某个 Sylow 2-子群所稳定且 Ω 有 C_9^4 个 4 元子集, 所以

$$t|\mathrm{Syl}_2(G)| \geqslant C_9^4;$$

再由 $|\mathrm{Syl}_2(G)| = |G : \mathbf{N}_G(Q)| \mid 3^3$, 推出 $|\mathrm{Syl}_2(G)| = 3^3$ 且 $t \geqslant 5$. 由 $|\mathrm{Syl}_2(G)| = 3^3$ 及 G 的结构推出 $G \cong \mathrm{GL}(2, 3)$. 由 $t \geqslant 5$ 推出 Ω 恰有 5 个长度分别为 $1, 2, 2, 2, 2$ 的 Q-轨道 $\Omega_1, \Omega_2, \Omega_3, \Omega_4, \Omega_5$. 进一步考察 Q 在 Ω 上的忠实作用, 因为

$$Q = Q \Big/ \left(\bigcap_{i=1}^{5} \mathbf{C}_Q(\Omega_i)\right) \lesssim Q/\mathbf{C}_Q(\Omega_1) \times \cdots \times Q/\mathbf{C}_Q(\Omega_5) \lesssim \mathrm{S}_{\Omega_1} \times \cdots \times S_{\Omega_5},$$

且 $|\Omega_i| \leqslant 2$, 这表明 Q 为初等交换 2-群, 显然矛盾. □

下面将去掉定理 3.8.19 中的本原条件, 考察可解置换群在幂集上的"大轨道问题". 我们用 $H<\cdot G$ 表示 H 为 G 的极大子群.

推论 3.8.21 设 G 是非空有限集合 Ω 上的可解置换群, 若 G 为奇阶群, 则 G-集 $\beta(\Omega)$ 中存在正则轨道, 即存在 $\Delta\subseteq\Omega$ 使得 $\mathrm{Stab}_G(\Delta)=1$, 进一步, 可使得这里的 Δ 与 Ω 的每个 G-轨道都有非空的交集.

证 假设我们已找到 $\Delta_1\subseteq\Omega$ 使得 $\mathrm{Stab}_G(\Delta_1)=1$. 若 Δ_1 与 Ω 的某个 G-轨道 Ω_1 没有公共元素, 取 $\alpha_1\in\Omega_1$, $\Delta=\{\alpha_1\}\cup\Delta_1$. 注意到 $\mathrm{Stab}_G(\Delta)=\mathrm{Stab}_G(\Delta_1)\cap\mathrm{Stab}_G(\alpha_1)$, 故仍有 $\mathrm{Stab}_G(\Delta)=1$. 这表明我们仅需证明正则轨道的存在性. 对 $|G|+|\Omega|$ 作归纳.

假设 G 在 Ω 上的作用不可迁. 此时 Ω 能写成两个非空 G-集 Ω_1 和 Ω_2 的不交并, 于是 $G/\mathbf{C}_G(\Omega_i)$ 为 Ω_i 上的置换群. 由归纳假设, 存在 $\Delta_i\subseteq\Omega_i$ 使得 $\mathrm{Stab}_{G/\mathbf{C}_G(\Omega_i)}(\Delta_i)=1$, 即 $\mathrm{Stab}_G(\Delta_i)=\mathbf{C}_G(\Omega_i)$. 记 $\Delta=\Delta_1\cup\Delta_2$, 则 $\mathrm{Stab}_G(\Delta)=\mathrm{Stab}_G(\Delta_1)\cap\mathrm{Stab}_G(\Delta_2)=\mathbf{C}_G(\Omega_1)\cap\mathbf{C}_G(\Omega_2)=\mathbf{C}_G(\Omega)=1$, 结论成立.

若 G 可迁作用在 Ω 上且 G 本原, 应用定理 3.8.19 知, G 在 $\beta(\Omega)$ 上有强正则轨道, 即存在 Ω 的子集 Δ 使得 $\mathrm{Stab}_G(\Delta)=1$ 且 $|\Delta|\neq|\Omega|/2$, 结论也成立. 注意, 对于 Ω 的任意子集 Y, 总有 $\mathrm{Stab}_G(Y)=\mathrm{Stab}_G(\Omega\setminus Y)$, 故根据需要可取上面的 Δ 使得 $|\Delta|$ 大于或小于 $|\Omega|/2$.

最后, 我们来考察 G 非本原但可迁作用在 Ω 上的情形. 取定 $\alpha\in\Omega$, 记 H 为 α 在 G 中的稳定子群. 因为 G 非本原, 所以 H 不是 G 的极大子群 (引理 2.7.19), 故能找到 G 的真子群 J 使得 H 在 J 中极大, 即

$$H<\cdot J<G.$$

取 G 关于 J 的一个右陪集代表系 $\{g_1=1,g_2,\cdots,g_t\}$, 并记 $J_i=J^{g_i}$, 再令 Δ_i 为 J_i-轨道使得 $\alpha^{g_i}\in\Delta_i$. 因为 G 可迁作用在 Ω 上, 所以 $\Omega=\Delta_1\cup\cdots\cup\Delta_t$; 再者容易验证这些 Δ_i 两两不交, 故 Ω 有划分

$$\Omega=\Delta_1\cup\cdots\cup\Delta_t.$$

易见 $\mathrm{Stab}_G(\Delta_i)=J_i$, G 可迁作用在 $\overline{\Omega}=\{\Delta_1,\cdots,\Delta_t\}$ 上并且该作用的核为 $K=\bigcap_{i=1}^t J_i$, 因此 G/K 为 $\overline{\Omega}$ 上的可迁置换群. 因为 $|\overline{\Omega}|<|\Omega|$, 所以由归纳假设存在 $\overline{\Omega}$ 的子集, 不妨设为 $T=\{\Delta_1,\cdots,\Delta_s\}$, 使得 $\mathrm{Stab}_{G/K}(T)=1$, 即 $\mathrm{Stab}_G(T)=K$. 注意 J_i 可迁作用在 Δ_i 上, 点 $\alpha^{g_i}\in\Delta_i$ 在 J_i 中的稳定子群为 H^{g_i}, 并且 H^{g_i} 在 $J_i=J^{g_i}$ 中极大, 这表明 J_i 本原作用在 Δ_i 上, 也即 $J_i/\mathbf{C}_{J_i}(\Delta_i)$ 为 Δ_i 上的本原置换群. 由上段的结论及说明, 存在 $D_i\subseteq\Delta_i$ 使得 $\mathrm{Stab}_{J_i}(D_i)=\mathbf{C}_{J_i}(\Delta_i)$, 且满足

$$\text{当}\, i=1,\cdots,s\,\text{时}, |D_i|>|\Delta_i|/2;\quad \text{当}\, j=s+1,\cdots,t\,\text{时}, |D_j|<|\Delta_j|/2. \quad (3.8.3)$$

由 $\mathrm{Stab}_{J_i}(D_i) = \mathbf{C}_{J_i}(\Delta_i)$ 推出 $\mathrm{Stab}_K(D_i) = \mathbf{C}_K(\Delta_i)$. 现取 $D = \bigcup_{i=1}^t D_i$, 显然 D 为 Ω 中的非空集合. 因为每个 Δ_i 都是 K-不变的且 $D_i \subseteq \Delta_i$, 所以

$$\mathrm{Stab}_K(D) = \bigcap_{i=1}^t \mathrm{Stab}_K(D_i) = \bigcap_{i=1}^t \mathbf{C}_K(\Delta_i) = \mathbf{C}_K(\Omega) = 1.$$

若 $g \in \mathrm{Stab}_G(D)$, 由 (3.8.3) 式看到 $(\bigcup_{i=1}^s D_i)^g = \bigcup_{i=1}^s D_i$, 因此

$$T^g = \left(\bigcup_{i=1}^s \Delta_i\right)^g = \bigcup_{i=1}^s \Delta_i = T,$$

这表明 $\mathrm{Stab}_G(D) \leqslant \mathrm{Stab}_G(T) = K$, 因此 $\mathrm{Stab}_G(D) = \mathrm{Stab}_G(D) \cap K = \mathrm{Stab}_K(D) = 1$, 命题成立. □

完全仿照推论 3.8.21 的证明, 可证得下面的结论, 见 [12, 推论 5.7].

命题 3.8.22 设 G 是有限集合 Ω 上的可解置换群, 则存在 $\Delta \subseteq \Omega$ 使得 $\mathrm{Stab}_G(\Delta)$ 为 $\{2,3\}$-群, 且 Δ 与 Ω 的每个 G-轨道都有非空交集.

3.9 线 性 群

设 G 为域 $\mathbb{F}$ 上的一个 n 维线性群, 即 $G \leqslant \mathrm{GL}(n, \mathbb{F})$, 自然地, 我们关心这个数量特征 n 在多大程度上决定了 G 的结构性质. 本节将介绍这方面的结果.

3.9.1 有限域上可解线性群的阶

假设 G 可解, V 为有限域 $\mathbb{F}$ 上的忠实 G-模, 即 $G \leqslant \mathrm{GL}(V)$. 显然 $|G| \leqslant |\mathrm{GL}(V)|$, 而 $|\mathrm{GL}(V)|$ 是被 V 唯一确定的有限值, 这说明必存在函数 f 使得 $|G| \leqslant f(|V|)$. 下面的定理将给出群阶 $|G|$ 的基于 $|V|$ 的比较精确的上界估计, 其中 log 表示以 10 为底的对数.

定理 3.9.1 设 G 可解, V_i 是不可约 $\mathbb{F}_i[G]$-模, $\mathbb{F}_i$ 均为有限域, $i = 1, \cdots, k$, 并设 G 忠实作用在 $V = V_1 \oplus \cdots \oplus V_k$ 上, 则

$$|G| \leqslant |V|^\alpha / \lambda^k,$$

其中, $\alpha = (3 \cdot \log(48) + \log(24))/(3 \cdot \log(9))$, $\lambda = 2 \cdot 3^{1/3}$.

证 事实上, $9^\alpha = 48 \cdot (24)^{1/3}$, $11/5 < 2.24 < \alpha < 2.25 = 9/4$, $\lambda < 3$. 对 $|G| + |V|$ 作归纳.

(1) 可设 V 不可约.

假设 $k \geqslant 2$. 注意到 V_i 为忠实不可约 $\mathbb{F}_i[G/\mathbf{C}_G(V_i)]$-模, 由归纳假设得 $|G/\mathbf{C}_G(V_i)| \leqslant |V_i|^\alpha/\lambda$. 因为 $\bigcap_{i=1}^k \mathbf{C}_G(V_i) = \mathbf{C}_G(V) = 1$, 所以 $G \lesssim G/\mathbf{C}_G(V_1) \times \cdots \times G/\mathbf{C}_G(V_k)$, 因而 $|G| \leqslant \prod_{i=1}^k |G/\mathbf{C}_G(V_i)| \leqslant \prod_{i=1}^k (|V_i|^\alpha/\lambda) = |V|^\alpha/\lambda^k$, 定理成立.

以下总设 V 为忠实不可约 $\mathbb{F}[G]$-模, $\mathbb{F}$ 为 q-元域, q 为素数方幂, 再设 $\dim_{\mathbb{F}}(V) = n$, 此时 $|V| = q^n$. 注意下面仅需证明 $|G| \leqslant |V|^\alpha/\lambda$.

(2) 可设 V 拟本原.

否则, 取 $N \trianglelefteq G$ 极大使得 V_N 非齐次, 并记 $V_N = U_1 \oplus \cdots \oplus U_m$ 为 $m \geqslant 2$ 个齐次分支 U_i 的直和. 由定理 2.7.20, G/N 为 $\{U_1, \cdots, U_m\}$ 上的 m 次可解本原置换群. 取 M/N 为 G 的主因子, 由命题 2.7.21 有 $|M/N| = m$; 再者, M/N 也为忠实不可约 G/M-模, 故由归纳假设得 $|G/M| \leqslant m^\alpha/\lambda$. 注意到 V_N 是忠实完全可约 $\mathbb{F}[N]$-模且至少为 m 个不可约子模的直和, 再由归纳得 $|N| \leqslant |V|^\alpha/\lambda^m$. 综上有

$$|G| = |G/N||N| \leqslant |G/N||V|^\alpha/\lambda^m \leqslant m^{\alpha+1}|V|^\alpha/\lambda^{m+1}. \tag{3.9.1}$$

当 $m^{10/3} \leqslant \lambda^m$ 时, 由 $\alpha + 1 < 10/3$ 得 $m^{\alpha+1} < \lambda^m$, 代入 (3.9.1) 式即得结论. 下设 $m^{10/3} > \lambda^m$, 即 $m^{10} > 24^m$, 此时 $m \in \{2, 3, 4, 5\}$. 由 (3.9.1) 式, 我们仅需证明 $|G/N| \leqslant \lambda^{m-1}$. 当 $m = 2, 3, 5$ 时, G/N 是素数 m 次可解本原置换群, 由例 2.9.12 得 $G/N \leqslant \mathrm{C}(m) \rtimes \mathrm{C}(m-1)$, 故 $|G/N| \leqslant m(m-1) \leqslant \lambda^{m-1}$, 结论成立. 当 $m = 4$ 时, $G/N \leqslant \mathrm{S}_4$, 得 $|G/N| \leqslant 24 = \lambda^3$, 结论成立.

(3) 可设: $n \geqslant 4$; $G \not\leqslant \Gamma(q^n)$; 且当 $q = 2$ 时, 有 $|V| \geqslant 2^8$.

(3.1) 我们先验证一些特殊情形.

若 $n = 1$, 则 $G \leqslant \mathrm{GL}(V) \cong \mathrm{C}(q-1)$, 结论显然成立. 故可设 $n \geqslant 2$.

若 $|V| = 4$, 则 $|G| \leqslant |\mathrm{GL}(V)| = |\mathrm{GL}(2,2)| = 6$, 结论成立.

若 $|V| = 8$, 则 $G \leqslant \mathrm{GL}(3,2)$, 注意到 G 可解且 $\mathbf{O}_2(G) = 1$ (推论 3.7.23), 考察 $\mathrm{GL}(3,2)$ 的可解子群, 容易验证 $|G| \leqslant 21 \leqslant |V|^2/\lambda$, 结论成立.

若 $|V| = 9$, 则 $|G| \leqslant |\mathrm{GL}(2,3)| = 48 = 9^\alpha/\lambda = |V|^\alpha/\lambda$, 结论成立.

若 $G \leqslant \Gamma(q^n)$, 则 $|G| \leqslant |\Gamma(q^n)| = n(q^n - 1) < nq^n$. 当 $nq^n \leqslant q^{2n}/\lambda$ 时, 结论显然成立; 当 $nq^n > q^{2n}/\lambda$ 时, 有 $3n > \lambda n > q^n \geqslant qn$, 进而推出 $q = 2, n \leqslant 3$, 上面的推理已经保证此时结论也成立.

因为 V 是忠实拟本原 G-模, 所以可应用定理 3.8.12, 以下的证明中, 我们沿用该定理中的所有记号: A, F, E, T, U, Z, $e := e_V$, t, W. 为证明 (3) 中其余结论, 可设 $G \not\leqslant \Gamma(q^n)$, 且 $|V| \notin \{q, 4, 8, 9\}$.

(3.2) 若 $n \in \{2, 3\}$, 由定理 3.8.12 有 $n = \dim(V) = e$, 故 F/T 为 G 的 n^2 阶主因子. 再由定理 3.8.12(4) 知, F/T 为忠实不可约 G/F-模 (事实上是辛模, 见定理 3.8.9(9) 或 3.8 节之说明 (D)), 因而 $G/F \leqslant \mathrm{Sp}(2, n)$. 注意此时 $\dim W = 1$, 故 $|T| = |U| \mid (q-1)$.

当 $n = 2$ 时, $|G/F| \leqslant |\mathrm{Sp}(2,2)| = 6$; 由 $2 \mid |F|$ 依次推出: q 为奇素数方幂 (推论 3.7.23), $q \geqslant 5$, 故 $|V| = q^2 \geqslant 5^2$. 于是 $|G| = |G/F||F/T||T| \leqslant 6 \cdot 4 \cdot (q-1) \leqslant$

$|V|^2/\lambda$.

当 $n=3$ 时, $|G/F| \leqslant |\mathrm{Sp}(2,3)|=24$, $|V|=q^3$; 由 $3 \mid |F|$ 得 $q \neq 3$, 且已设 $q^3 \neq 8$, 故 $q \neq 2$, 得 $q \geqslant 4$. 因此 $|G|=|G/F||F/T||T| \leqslant 24 \cdot 9 \cdot (q-1) < q^6/3 < |V|^2/\lambda$.

综上, 当 $n \in \{2,3\}$ 时, 结论成立.

(3.3) 假设 $q=2$ 且 $4 \leqslant n \leqslant 7$. 由推论 3.7.23 得 F 为奇阶群, 特别地 $T=U$. 注意 $G \not\leqslant \Gamma(V)$, 得 $e>1$; 再者 e 为奇数, 推出 $e \geqslant 3$. 显然奇阶循环群 $U=T$ 的阶至少为 3, 注意到 $|U| \mid (|W|-1)$, 必有 $|W| \geqslant 4$, 即 $\dim(W) \geqslant 2$. 由定理 3.8.12 有 $n=\dim(V)=te\dim(W)$, 推出

$$n=6, \quad e=3, \quad \dim(W)=2;$$

进而又推出 $|T|=3$, $|F|=3^3$, $|G/F| \leqslant |\mathrm{GL}(2,3)|=48$, 故 $|G| \leqslant 48 \cdot 3^3 \leqslant 2^{12}/3 < |V|^2/\lambda$, 结论成立.

(4) 最后的证明.

因为 $A=\mathbf{C}_G(Z)$, 所以 $G/A \leqslant \mathrm{Aut}(Z)$, 特别地, $|G/A| < |Z| \leqslant |U|$. 若 $T>U$, 则 $|T/U|=2$ 且 $|Z|$ 为偶数, 得 $|G/A| \leqslant |\mathrm{Aut}(Z)| < |Z|/2$. 因此不论 T 是否等于 U 都有

$$|G/A||T| \leqslant |U|^2.$$

注意, $|U| \mid (|W|-1)$, $n=\dim(V)=te\dim(W)$, 即 $|V|=|W|^{te}>|U|^{te}$, 且 F/T 是忠实完全可约 A/F-模.

(4.1) 假设 $e \leqslant 2$. 因 $G \not\leqslant \Gamma(V)$, 得 $e=2$, 此时 $F/T \cong \mathrm{E}(2^2)$, $|A/F| \leqslant |\mathrm{GL}(2,2)|=6$. 注意 $|F|$ 为偶数, 故 q 为奇数, 再由 (3) 有 $n \geqslant 4$, 故 $|V|=q^n \geqslant 81$, 推出 $|G|=|G/A||T||A/F||F/T| \leqslant |U|^2 \cdot 6 \cdot 4 \leqslant 24|V| \leqslant |V|^2/\lambda$.

(4.2) 假设 $e=3$. 因 $\mathbf{O}_3(G)>1$, 得 $q \neq 3$, 从而由 (3) 得 $|V| \geqslant \min\{2^8, 5^4\}=256$. 此时 $F/T \cong \mathrm{E}(3^2)$, 故 $|A/F| \leqslant |\mathrm{GL}(2,3)|=48$, 推出

$$|G|=|G/A||T||A/F||F/T| \leqslant |U|^2 \cdot 48 \cdot 9 \leqslant 432 \cdot |V|^{2/3} \leqslant |V|^2/3.$$

(4.3) 假设 $e \geqslant 4$. 因为 F/T 是忠实完全可约 A/F-模, 所以由归纳假设有 $|A/F| \leqslant |F/T|^\alpha/\lambda = e^{2\alpha}/\lambda$. 注意到 $|G/A||T| \leqslant |U|^2 < |W|^2$, 推出

$$|G|=|G/A||T||A/F||F/T| < |W|^2 e^{2\alpha+2}/\lambda.$$

若 $e^{2\alpha+2}|W|^2 \leqslant |W|^{te\alpha}$, 由上式及已知等式 $|V|=|W|^{te}$ 即推得结论 $|G| \leqslant |V|^\alpha/\lambda$. 以下设 $e^{2\alpha+2}|W|^2 > |W|^{te\alpha}$, 即 $e^{2+2/\alpha} > |W|^{te-2/\alpha}$. 因 $\alpha>2$, 又有

$$e^3 > |W|^{te-1}. \tag{3.9.2}$$

注意到 $|U| \mid (|W|-1)$, 得 $|W| \geqslant 3$, 因此 $e^3 > 3^{te-1} \geqslant 3^{e-1}$, 这表明 $e \leqslant 5$, 从而 $e=4,5$.

若 $e=5$, 由 (3.9.2) 式得 $|W|=3$, 故 $|U|=2$, 这表明 F 为 2-群, 但 $e=5$ 整除 $|F|$, 矛盾.

最后考察 $e=4$ 的情形. 由 $2 \mid |F|$ 得 $q>2$, 再结合 (3.9.2) 式推出: $|W|=3$, $t=1$, $|V|=|W|^{et}=3^4$; 进而推出 $|U|=2$, $Z=U=T$, 且 F 是 2^5 阶超特殊 2-群. 此时 $T=\mathbf{Z}(G)$, F/T 是忠实完全可约 G/F-模, 由引理 3.8.8(2) 或 3.8 节说明 (D) 得 $G/F \leqslant \mathrm{Sp}(4,2)$, 后者的最大可解子群的阶为 72, 因此 $|G| \leqslant 72 \cdot 2^5 < 3^{4\alpha}/\lambda = |V|^\alpha/\lambda$. 定理证毕. □

要证明类似于定理 3.9.1 的命题, 我们一般是对 $|G|+|V|$ 或 $|G|+\dim(V)$ 作归纳, 其技术线路大致如下:

第一步, 将 V 归纳到不可约的情形, 这基本上只需应用归纳假设即可. 本定理中已经假设了 V 完全可约; 对于 V 不是完全可约的情形, 其约化方法参见命题 3.9.23 的证明.

第二步, 将 V 归纳到拟本原的情形. 这一步除了需要归纳假设, 还需考察可解本原置换群.

第三步, 考察 V 拟本原的情形. 首先需要掌握拟本原可解线性群的结构, 如定理 3.8.9 和定理 3.8.12, 并能应用到定理证明中; 其次, 也许是最困难的是, 需要验证或排除一些特殊情形, 如本定理证明中的步骤 (3) 以及步骤 (4) 中的部分推演, 这要求我们至少熟悉低维线性群, 如素数次线性群的一些结论; 最后归结到一般情形, 如本定理证明中, $|V|$ 比较大并且 e_V 比较大的情形.

推论 3.9.2 设 G 是可解群, α, λ 同定理 3.9.1, 我们有以下结论:

(1) 若 G 是非空有限集合 Ω 上的本原置换群, 则 $|G| \leqslant |\Omega|^{\alpha+1}/\lambda$.

(2) 若 V 是有限域上的忠实完全可约 G-模, 则 $|G| \leqslant |V|^\alpha/\lambda$.

(3) 若 $|\mathbf{F}(G)|=n$, 则 $|G| \leqslant n^{\alpha+1}/\lambda$.

证 (1) 取 G 的极小正规子群 M, 由命题 2.7.21 有 $|M|=|\Omega|$. 再者, G/M 忠实不可约作用在 M 上, 故由定理 3.9.1 得 $|G/M| \leqslant |M|^\alpha/\lambda$. 因此 $|G| \leqslant |\Omega|^{\alpha+1}/\lambda$.

(2) 这是定理 3.9.1 的直接推论.

(3) 因为 $\mathbf{F}(G)/\Phi(G)$ 是忠实完全可约 $G/\mathbf{F}(G)$-模, 应用定理 3.9.1 即得结论. □

推论 3.9.2(3) 告诉我们, 可解群 G 的阶被 $|\mathbf{F}(G)|$ 界定.

对于 n 次可解置换群及 n 次可解线性群 G, Huppert 和 Dixon 给出了导长 $\mathrm{dl}(G)$ 的基于 n 的对数级函数之上界估计, 其证明见 [12, 定理 3.9 和推论 3.12].

定理 3.9.3 设 G 可解.

(1) 若 $G \leqslant \mathrm{S}_n$, 则 $\mathrm{dl}(G) \leqslant \dfrac{5}{2}\log_3(n) \leqslant 2\log_2(n)$.

(2) 若 G 有 n 维忠实完全可约 $\mathbb{F}[G]$-模 V, 其中 $\mathbb{F}$ 为任意域, 则 $\mathrm{dl}(G) \leqslant 8+\frac{5}{2}\log_3(n/8)$, 也有 $\mathrm{dl}(G) \leqslant 2\log_2(2n)$.

接下来, 我们将给出有限域上幂零线性群的阶的上界估计.

命题 3.9.4 设 P 是 p-群, 若 P 的正规交换子群都循环, 则 P 循环, 或是广义四元素群 Q_{2^n}、二面体群 D_{2^n} 或半二面体群 SD_{2^n}, 但 $P \not\cong \mathrm{D}_8$. 特别地, P 有指数不超过 2 的正规循环子群.

证 见 [12, 推论 1.3]. □

称 2^m+1 $(m \in \mathbb{Z}^+)$ 型素数为**费马素数**, 记费马素数之集合为 $\mathfrak{F}$; 称 2^m-1 型素数为**梅森素数**, 记梅森素数之集合为 $\mathfrak{M}$.

引理 3.9.5 设 p, q 为素数, m, n 为正整数.

(1) 若 $q^n-1=p^m$, 则以下之一成立: $n=1, q\in\mathfrak{F}, p=2$; $m=1$, $p\in\mathfrak{M}$, $q=2$; $q^n=3^2$, $p^m=2^3$.

(2) 若 $q^m-1=3\cdot 2^n$ 且 $m\geqslant 2$, 则 $m=2$ 且 $q\in\{5,7\}$.

证 (1) 是熟知的初等数论结果, 下证 (2). 显然 q 为奇素数且 $t:=1+q+\cdots+q^{m-1}$ 整除 $3\cdot 2^n$. 若 $m=2k+1$, 则 t 为奇数, 得 $t \mid 3$, 矛盾, 故 $m=2k$. 因 $(q^k+1, q^k-1)=2$, 故 $6=q^k+1$ 或 q^k-1, 得 $q\in\{5,7\}$ 且 $m=2$. □

定理 3.9.6 设 G 幂零, 有限域 $\mathbb{F}$, 若 V 是 m 个不可约 $\mathbb{F}[G]$-模的直和且 $\mathbf{C}_G(V)=1$, 则

$$|G| \leqslant |V|^{\beta}/2^m, \tag{3.9.3}$$

这里, $3/2<\beta=\log(32)/\log(9)\approx 1.575<8/5$. 进一步, 设 $\mathbb{F}$ 的特征为 q, 且假设 G 是 p-群且 $(p,q)\notin(\mathfrak{M},2)\cup(2,\mathfrak{F})\cup(2,7)$, 则 $|G|\leqslant|V|/2^m$.

证 设 $\mathbb{F}$ 的特征为 q. 由推论 3.7.23, 有 $(|G|,q)=1$. 对 $|G|+\dim(V)$ 作归纳. 我们称附加条件 "G 是 p-群且 $(p,q)\notin(\mathfrak{M},2)\cup(2,\mathfrak{F})\cup(2,7)$" 为 $(*)$ 条件.

(1) 若 V 是 $m\geqslant 2$ 个不可约 G-模 V_i 的直和, 由归纳得 $|G/\mathbf{C}_G(V_i)|\leqslant |V_i|^{\beta}/2$, 且在 $(*)$ 条件下有 $|G/\mathbf{C}_G(V_i)|\leqslant|V_i|/2$. 因 $G=G/\bigcap_{i=1}^m \mathbf{C}_G(V_i)\leqslant G/\mathbf{C}_G(V_1)\times\cdots\times G/\mathbf{C}_G(V_m)$, 故 $|G|\leqslant\prod_{i=1}^m|G/\mathbf{C}_G(V_i)|\leqslant|V|^{\beta}/2^m$, 且在 $(*)$ 条件下有 $|G|\leqslant|V|/2^m$. 故可设 V 不可约.

(2) 假设 V 不是拟本原的. 由推论 2.7.22, G 有指数为素数 p 的正规子群 C, 使得 $V_C=V_1\oplus\cdots\oplus V_p$ 为 p 个不可约 C-模 V_i 的直和. 由归纳假设有 $|C|\leqslant|V|^{\beta}/2^p$, 故 $|G|=p|C|\leqslant p|V|^{\beta}/2^p\leqslant|V|^{\beta}/2$. 类似地, 在 $(*)$ 条件下有 $|G|\leqslant p|V|/2^p\leqslant|V|/2$. 故可设 V 拟本原.

(3) 因为 V 拟本原, G 的正规交换子群都循环, 由命题 3.9.4 得 $G=S\times P$, 这里 S 为奇阶循环群, P 为循环 2-群或是广义四元素群、二面体群、半二面体群.

特别地, G 有指数 $\leqslant 2$ 的正规循环子群 U. 注意 $(|G|,|V|)=1$, 且由例 3.8.11 有 $|V|-1=k|U|$, $k\in\mathbb{Z}^+$.

先证 (3.9.3) 式. 若 $G=U$, 注意到对所有 $x\geqslant 2$ 都有 $x^{3/2}-2x+2\geqslant 0$, 故 $|G|\leqslant|V|-1\leqslant|V|^{3/2}/2\leqslant|V|^\beta/2$. 若 $G>U$ 且 $|V|\geqslant 16$, 注意到对所有 $x\geqslant 16$ 都有 $x^{3/2}-4x+4\geqslant 0$, 推出 $|G|=2|U|\leqslant 2(|V|-1)\leqslant V^{3/2}/2<|V|^\beta/2$. 若 $G>U$ 且 $|V|<16$, 注意到 $|V|$ 为奇数但不能是素数 (若 $|V|$ 是素数, 则 G 交换因而循环, 矛盾), 推出 $|V|=3^2$, 故 G 是 $\mathrm{GL}(2,3)$ 的幂零子群, 得 $|G|\leqslant 16=|V|^\beta/2$.

再证 $(*)$ 条件下的结论. 由 $(*)$ 条件及引理 3.9.5(1) 知, 等式 $|V|-1=k|U|$ 中的正整数 $k\geqslant 2$. 若 $G=U$, 则 $|G|=|U|=(|V|-1)/k<|V|/2$, 结论成立. 若 $G>U$, 则 G 为 2-群, $p=2$. 记 $|G|=2|U|=2^{a+1}$, $|V|=q^n$, 则 $q^n-1=k2^a$. 由 $(*)$ 条件得 $k\geqslant 3$. 当 $k=3$ 时, 由引理 3.9.5(2) 得 $q\in\{5,7\}$, 与 $(*)$ 条件矛盾; 当 $k\geqslant 4$ 时, 有 $|G|=2|U|=2(|V|-1)/k<|V|/2$, 结论成立. □

3.9.2 Blichfeldt 定理

本小节在复数域上讨论. 显然, G 为复数域上的 n 次线性群 (即 $G\leqslant\mathrm{GL}(n,\mathbb{C})$) 的充要条件是, G 有 n 次忠实 (复) 特征标.

设有限群 G 的阶为 $n=p^am$, 这里 p 为素数, m 与 p 互素. 由定理 2.2.10 知, G 上任意特征标都是 $\mathbb{Q}_n$-值特征标. 若 G 上特征标 χ 的取值均在 $\mathbb{Q}_m$ 中, 则称 χ 为 p-**有理特征标**. 注意到

$$\mathrm{Gal}(\mathbb{Q}_n/\mathbb{Q}_m)\cong\mathrm{Gal}(\mathbb{Q}_{p^a}/\mathbb{Q})$$

且限制映射即为相应的同构映射, 容易看到: $\chi\in\mathrm{Ch}(G)$ 是 p-有理的充要条件是, 对任意 $\sigma\in\mathrm{Gal}(\mathbb{Q}_{p^a}/\mathbb{Q})$ 都有 $\chi^\sigma=\chi$.

引理 3.9.7　设 p,q 为不同素数, 若 G 中没有 pq 阶元, 则 G 中的每个不可约特征标必是 p-有理的或 q-有理的.

证　记 $|G|_p=p^a, |G|_q=q^b$. 反设 $\chi\in\mathrm{Irr}(G)$ 既不是 p-有理也不是 q-有理的, 则存在 $\sigma\in\mathrm{Gal}(\mathbb{Q}_{p^a}/\mathbb{Q})$ 以及 $\tau\in\mathrm{Gal}(\mathbb{Q}_{q^b}/\mathbb{Q})$, 使得 $\chi^\sigma\neq\chi$ 且 $\chi^\tau\neq\chi$. 任取 $g\in G$, 由条件有 $pq\nmid o(g)$. 若 $p\nmid o(g)$, 则 $\chi(g)\in\mathbb{Q}_m$, 这里 $m=|G|_{p'}$, 因此 $\chi^\sigma(g)=(\chi(g))^\sigma=\chi(g)$; 类似地, 若 $q\nmid o(g)$, 则 $\chi^\tau(g)=\chi(g)$. 这就推出 $[\chi-\chi^\sigma,\chi-\chi^\tau]=0$, 显然矛盾. □

注意, 对于任意正整数 u,v 都有 $\mathbb{Q}_u\cap\mathbb{Q}_v=\mathbb{Q}_w$, 这里 $w=(u,v)$. 下面引理的证明方法类似于命题 2.6.18.

引理 3.9.8　设 $p\in\pi(G)$, 若 χ 为 G 上的忠实 p-有理特征标, 则 $\chi(1)\geqslant p-1$.

证　设 $|G|=p^am$, 这里 $m=|G|_{p'}$, 取定 p 次本原单位根 ϵ, 再取 g 为 G 中

的 p 阶元. 易见

$$\chi(g)=\sum_{i=0}^{p-1}m_i\epsilon^i\in\mathbb{Q}_p,$$

其中 $m_i\in\mathbb{N}$ 满足 $\sum_{i=0}^{p-1}m_i=\chi(1)$. 因为 χ 是 p-有理的, 所以 $\chi(g)\in\mathbb{Q}_p\cap\mathbb{Q}_m=\mathbb{Q}$; 注意到 $\chi(g)$ 又是代数整数, 推出 $k:=\chi(g)\in\mathbb{Z}$.

因 χ 忠实, 故 $m_1,\cdots,m_{p-1}$ 不全为零. 注意到 ϵ 为 $f(x):=m_{p-1}x^{p-1}+\cdots+m_1x+(m_0-k)\in\mathbb{Z}[x]$ 的根, 这表明 $f(x)$ 是 ϵ 的最小多项式 $\Phi_p(x)=x^{p-1}+\cdots+x+1$ 的倍式, 因此 $m_{p-1}=\cdots=m_1=m_0-k\in\mathbb{Z}^+$, 推出 $\chi(1)=\sum_{i=0}^{p-1}m_i=(p-1)m_{p-1}+m_0\geqslant p-1$. □

定理 3.9.9 (Blichfeldt) 设 $G\leqslant\mathrm{GL}(n,\mathbb{C})$, 记 $\sigma=\{素数\,p\,|\,p\geqslant n+1\}$, $\pi=\{素数\,p\,|\,p\geqslant n+2\}$, 则以下结论成立:

(1) G 的任意 σ-子群都交换.

(2) G 有交换的 Hall π-子群.

证 设 χ 为 G 上的忠实 n 次特征标.

(1) 设 H 为 G 的 σ-子群. 记 $\chi_H=\sum_{i=1}^{t}\lambda_i$, 这里 λ_i 均不可约. 因 $\lambda_i(1)\mid|H|$ 且 $\lambda_i(1)\leqslant n$, 由 σ 的定义知 λ_i 均线性, 故 $H/\ker\lambda_i$ 均循环. 由引理 2.3.1 及 χ 的忠实性得, $1=\ker\chi_H=\bigcap_{i=1}^{t}\ker\lambda_i$, 这就推出 $H\lesssim(H/\ker\lambda_1)\times\cdots\times(H/\ker\lambda_t)$ 为交换群.

(2) 由 (1), 我们仅需证明 G 有 Hall π-子群. 反设定理不成立, 令 G 是反例使得 $|G|+n$ 极小. 以下分五步来推导矛盾.

(2.1) χ 不可约.

否则, $\chi=\chi_1+\chi_2$, 这里 $\chi_i\in\mathrm{Ch}(G)$, $\chi_i(1)=n_i<n$. 记 $\ker\chi_i=K_i$, $\pi_i=\{素数\,p\,|\,p\geqslant n_i+2\}$. 显然 $G/K_i\leqslant\mathrm{GL}(n_i,\mathbb{C})$, 因此 G/K_i 有交换的 Hall π_i-子群. 注意到 $\pi\subseteq\pi_i$, 故 G/K_i 也有交换 Hall π-子群 H_i/K_i, $i=1,2$. 若存在 $i\in\{1,2\}$ 满足 $H_i<G$, 显然 $H_i\leqslant\mathrm{GL}(n,\mathbb{C})$, 故 H_i 有 Hall π-子群 H, 易见 H 即为 G 的 Hall π-子群, 矛盾. 若 $H_1=H_2=G$, 则 G/K_i 均为交换 π-群. 注意到 $K_1\cap K_2=\ker\chi=1$, 推出 G 本身即为交换的 π-群, 矛盾.

(2.2) 不存在 $M\trianglelefteq G$ 使得 $|G:M|=p\in\pi$.

否则, 由 $M\leqslant\mathrm{GL}(n,\mathbb{C})$ 知 M 有交换的 Hall π-子群 H. 若 $H\trianglelefteq G$, 取 $P\in\mathrm{Syl}_p(G)$, 则 $HP\in\mathrm{Hall}_\pi(G)$, 矛盾. 若 H 在 G 中不正规, 则有 H 的某个 Sylow 子群 Q 使得 $\mathbf{N}_G(Q)<G$. 由 Frattini 论断有 $G=M\mathbf{N}_G(Q)$, 进而推得 $|G:\mathbf{N}_G(Q)|_\pi=1$. 由极小反例假设推得: $\mathbf{N}_G(Q)$ 有 Hall π-子群, G 亦然, 矛盾.

(2.3) $|\mathbf{Z}(G)|_\pi=1$.

否则, 取 $Z \leqslant \mathbf{Z}(G)$ 使得 $|Z| = p \in \pi$. 显然 $\chi_Z = n\lambda$, 这里 $\lambda \in \mathrm{Irr}^\sharp(Z)$. 因为 $o(\lambda) = p$ 与 n 互素, 所以 $(\det\chi)_Z = \lambda^n \neq 1_Z$. 这说明 $Z \cap \ker(\det\chi) = 1$, 从而 $p \mid |G : \ker(\det\chi)|$. 注意到 $G/\ker(\det\chi)$ 循环, 推出 G 有指数为 p 的正规子群, 与 (2.2) 矛盾.

(2.4) 存在不同的 $p, q \in \pi$ 使得 G 没有 pq 阶元.

取 H 为 G 的最大阶 π-子群, 显然 $H > 1$. 因为 G 是反例, 所以存在 $q \in \pi$ 使得 $q \mid |G : H|$. 任取 $r \in \pi(H)$, 任取 H 中的 r 阶元 x, 由 (2.3) 及 H 的交换性 (结论 (1)) 得

$$H \leqslant \mathbf{C}_G(x) < G.$$

因 $\mathbf{C}_G(x)$ 有交换 Hall π-子群 (因 G 是极小反例), 由 H 的最大性推出 $H \in \mathrm{Hall}_\pi(\mathbf{C}_G(x))$. 注意到 G 有交换的 Sylow r-子群 (结论 (1)), 得 $|H|_r = |G|_r$; 由 r 的任意性推出 H 为 G 的 Hall 子群. 特别地, $|H|$ 与 q 互素, $|\mathbf{C}_G(x)|$ 与 q 互素.

取定 $p \in \pi(H)$, 任取 G 的 p 阶元 g, 因为 $|H|_p = |G|_p$, 所以 g 与 H 中的某个 p 阶元 x 共轭. 由上段的结论知 $|\mathbf{C}_G(x)|_q = 1$, 故 $|\mathbf{C}_G(g)|_q = 1$, 即 g 不能中心化 G 中任意 q 阶元. 这表明 G 中没有 pq 阶元.

(2.5) 最后的矛盾.

由 (2.1) 得 $\chi \in \mathrm{Irr}(G)$, 再由 (2.4) 及引理 3.9.7 推得, 存在 $p \in \pi$ 使得 χ 是 p-有理特征标. 应用引理 3.9.8 推出 $\chi(1) \geqslant p - 1 \geqslant n + 1$, 矛盾. □

关于定理 3.9.9, 我们作如下说明.

(A) 设 χ 为 G 上的 n 次忠实特征标, 在考察 n 次复线性群 G 的结构及其类似问题时, 我们通常是对 $|G| + n$ 作归纳 (本定理证明所采用的极小反例方法, 其本质就是对 $|G| + n$ 归纳). 首先, 可以对商群归纳, 记 $\chi = \sum_{i=1}^{b} \chi_i$, 其中 χ_i 均不可约, 注意到

$$G \leqslant (G/\ker\chi_1) \times \cdots \times (G/\ker\chi_b),$$

而 $G/\ker\chi_i$ 为 $\chi_i(1)$ 次不可约线性群, 故在 $G/\ker\chi_i$ 上可做归纳假设, 由此我们大都可将 χ 约化到不可约的情形. 再者, 也可对子群归纳, 对于 G 的任意真子群 H, 注意到 χ_H 为 H 上的忠实 n 次特征标, 故对 H 也可作归纳假设. 利用以上两种归纳, 我们经常可将问题约化到非常特殊的, 当然也是本质的、核心的环境.

(B) 在定理 3.9.9 环境下, G 的 σ-子群都交换; 但 G 的 Hall σ-子群未必存在, 例如, $\mathrm{SL}(2,5)$ 有 2 次忠实不可约特征标, 但它没有 Hall $\{3,5\}$-子群.

3.9.3 复线性群中正规 Sylow 子群的存在性

下面我们考察复线性群中正规 Sylow 子群的存在性. 称 G 为 p-**闭群**, 若 G 有正规的 Sylow p-子群.

定理 3.9.10 (Winter) 设 G 是 $\mathrm{GL}(n,\mathbb{C})$ 的可解不可约子群, p 为素数. 若 n 的大于 1 的且为素数方幂的因子, 它们模 p 后均不等于 $1,-1$ 或 0, 则 G 为 p-闭群.

证 设 χ 为 G 的 n 次忠实不可约特征标. 反设定理不成立, 令 G 为极小反例.

断言 $(*)$. 若 $M \trianglelefteq G$ 且 $M < G$, 则 $p \mid |G:M|$ 且 M 为 p-闭群.

设 $\chi_M = \theta_1 + \cdots + \theta_t$, 其中 $\theta_i \in \mathrm{Irr}(M)$, $\theta_i(1) = m$. 显然 $m \mid n$, m 的大于 1 的素数幂因子模 p 后均不等于 $1,-1$ 或 0. 注意到 $M/\ker\theta_i$ 是 $\mathrm{GL}(m,\mathbb{C})$ 的不可约子群, 推出 $M/\ker\theta_i$ 为 p-闭群, 因而 $M = M/(\bigcap_{i=1}^{t}\ker\theta_i)$ 为 p-闭群. 因 G 是反例, 必有 $p \mid |G:M|$, 断言成立.

由断言 $(*)$, 可取到 $K \trianglelefteq G$ 使得 $|G/K| = p$ 且 K 为 p-闭群. 因为 K 不是 p-群, 所以存在 G 的主因子 $K/L \cong \mathrm{E}(q^f)$, 这里 q 为异于 p 的素数. 再由断言 $(*)$ 知 G/L 不交换, 进而由定理 2.1.12 得 $q^f \equiv 1 \pmod p$. 注意, 由定理条件有 $(p,n) = 1$.

(1) 假设 χ_L 不可约.

取 $P \in \mathrm{Syl}_p(G)$, 显然 $\chi|_{PL} := \theta$ 也是 PL 上的不可约特征标, 注意到 $PL < G$ 且定理条件对 $\{PL, \theta\}$ 也成立, 得 $P \trianglelefteq PL$. 考察 χ_P 的不可约成分 λ, 一方面, 由于 $\lambda \in \mathrm{Irr}(P)$, 故 $\lambda(1)$ 为 p 的方幂; 另一方面, λ 是 $\theta \in \mathrm{Irr}(PL)$ 限制到正规子群 P 的不可约成分, $\lambda(1)$ 必整除 $\theta(1) = n$, 推出 $\lambda(1) = 1$. 这表明 χ_P 的不可约成分均线性. 因 χ 忠实, P 必交换. 注意到 $P_0 := P \cap L \trianglelefteq G$, 推出

$$P \leqslant \mathbf{C}_G(P_0) \trianglelefteq G.$$

由断言 $(*)$ 有 $\mathbf{C}_G(P_0) = G$, 即 $P_0 \leqslant \mathbf{Z}(G)$, 特别地 $L = P_0 \times N$, 其中 $N = \mathbf{O}_{p'}(L) \trianglelefteq G$. 注意到 $P \trianglelefteq PL$, 又有 $PN = P \times N$, 这表明 $p \nmid |G:\mathbf{C}_G(N)|$, 再次应用断言 $(*)$ 得 $N \leqslant \mathbf{Z}(G)$, 故 $L = P_0N \leqslant \mathbf{Z}(G)$. 因 χ_L 不可约, 得 $n = 1$, G 交换, G 为 p-闭群, 矛盾.

(2) 假设 χ_L 可约.

由 $\chi(1)$ 和 p 的互素性知 χ_K 不可约. 考察 χ_K 在 L 上的限制, 对于特征标串 (G, K, χ_K) 应用特征标下降定理, 我们需要讨论定理 2.8.9 的情形 (2) 和情形 (3). 若情形 (2) 成立, 则 $\chi_L = e\psi$, 其中 $e^2 = |K/L| = q^f \equiv 1 \pmod p$, 此时 $e \mid n$, 且 $e = q^{f/2} \equiv \pm 1 \pmod p$, 与定理条件矛盾. 若情形 (3) 发生, 则 $q^f \mid n$ 且 $q^f \equiv 1 \pmod p$, 也与条件矛盾. □

设 G 是 $\mathrm{GL}(n,\mathbb{C})$ 的可解不可约子群, 若素数 $p \geqslant n+2$, 则 n 的大于 1 的素数方幂因子模 p 后均不能等于 $1,-1$ 或 0, 故由定理 3.9.10 推出 G 为 p-闭群. 更一般地, 我们有下面的定理.

定理 3.9.11 (Itô)　设 p-可解群 $G \leqslant \mathrm{GL}(n,\mathbb{C})$, 其中 $p \geqslant n+1$, 则任意以下条件之一均能推出 G 为 p-闭群:

(1) G 可约;

(2) $p \geqslant n+2$;

(3) $p = n+1$ 但 n 不是 2 的方幂.

证　对 $|G|+n$ 作归纳. 假设 G 可约, 即 G 有可约的忠实 n 次特征标 χ, 记 $\chi = \chi_1 + \chi_2$, 其中 $\chi_1, \chi_2 \in \mathrm{Ch}(G)$. 注意到 $G/\ker\chi_i$ 必满足条件 (2), 故由归纳知 $G/\ker\chi_i$ 均为 p-闭群, G 亦然, 定理成立. 以下我们总假设 G 不可约, 因此条件 (2) 或 (3) 成立.

(1) 先考察 G 可解的情形.

若 G 不满足定理 3.9.10 条件, 即 n 有素数方幂因子 $q^f > 1$ 使得 $q^f \equiv 0, \pm 1 \pmod p$, 这推出 $p-1 \geqslant n \geqslant q^f \geqslant p-1$, 得 $p-1 = n = q^f = 2^f$, 此时定理条件之 (2) 和 (3) 都不成立, 矛盾. 因此 G 满足定理 3.9.10 条件, 从而 G 为 p-闭群.

(2) 再考察 G 为 p-可解群的情形.

取 M 为 G 的极大正规子群, 则 $|G/M| = p$ 或为 p'-数. 因为条件 (2) 或 (3) 对 M 仍成立, 所以由归纳得 M 有正规 Sylow p-子群 P_0. 当 $|G:M|$ 为 p'-数, 或者 $|G/M| = p$ 且 $M = P_0$ 时, 易见 G 为 p-闭群, 定理成立. 下设 $|G/M| = p$, $M > P_0$.

取 $Q/P_0 \in \mathrm{Syl}_q(M/P_0)$, 这里素数 $q \neq p$, 由 Frattini 论断有 $G = M\mathbf{N}_G(Q)$, 由此得 $|G:\mathbf{N}_G(Q)| = |M:\mathbf{N}_M(Q)|$, 注意到等式右边为 p'-数, 故 $|\mathbf{N}_G(Q)|_p = |G|_p$. 取 $P \in \mathrm{Syl}_p(\mathbf{N}_G(Q)) \subseteq \mathrm{Syl}_p(G)$. 注意到 PQ 可解且仍满足定理之条件 (2) 或 (3), 由情形 (1) 的结论得 $P \trianglelefteq PQ$. 最后, 由 Q 的任意性即得 $P \trianglelefteq G$. □

在定理 3.9.11 条件下, 由定理 3.9.9(1) 我们看到: G 不但是 p-闭群, 而且有正规交换的 Sylow p-子群.

若去掉上述定理中的 "p-可解" 条件, Feit 和 Thompson 证明了下面的定理 3.9.12, 见 [40]. 我们指出, 定理 3.9.12 中条件 "$p > 2n+1$" 不能再做改进, 例如, $\mathrm{SL}(2,5)$ 有忠实 2 次不可约特征标, 故 $\mathrm{SL}(2,5) \leqslant \mathrm{GL}(2,\mathbb{C})$, 但对于 $5 = 2\times 2+1$, $\mathrm{SL}(2,5)$ 不是 5-闭群.

定理 3.9.12　若 $G \leqslant \mathrm{GL}(n,\mathbb{C})$ 且素数 $p > 2n+1$, 则 G 为 p-闭群.

3.9.4　复数域上的本原线性群

设 G 为复数域上的本原线性群, 即存在忠实本原 $\mathbb{C}[G]$-模, 也即 G 有忠实本原特征标, 则 G 的正规交换子群不但循环而且都在 G 的中心中 (引理 3.5.7). 这表明复数域上的可解本原线性群有比定理 3.8.9 更简明的结构.

引理 3.9.13 设 A 为交换群, Z 为循环群, 则 $|\mathrm{Hom}(A,Z)| \mid |A|$.

证 当 A 循环时, 易验证 $|\mathrm{Hom}(A,Z)| = (|A|,|Z|)$. 将交换群 A 写成循环群的直积 $A = A_1 \times A_2 \times \cdots \times A_t$, 有 $\mathrm{Hom}(A,Z) \cong \prod_{i=1}^t \mathrm{Hom}(A_i,Z)$, 故 $|\mathrm{Hom}(A,Z)| \mid |A|$. □

引理 3.9.14 设 $Z \leqslant E \leqslant G$, $Z = \mathbf{Z}(E)$ 循环, E/Z 交换, 记 $A = \mathbf{C}_G(Z)$, $B = \mathbf{C}_G(E)$, $C = \mathbf{C}_A(E/Z)$, 则 $EB = C$ 且 $E \cap B = Z$.

证 显然 $E \cap B = E \cap \mathbf{C}_G(E) = \mathbf{Z}(E) = Z$, 因此 $EB/B \cong E/Z$. 显然 $EB \leqslant C \leqslant A$. 由 C 和 B 的定义, 不难看到 C/B 平凡作用在 E/Z 和 Z 上, 但 C/B 忠实作用在 E 上. 对于 $cB \in C/B$, 定义 $\phi_{cB} : E/Z \to Z$ 使得

$$\phi_{cB}(eZ) = [c,e].$$

由条件容易验证 ϕ_{cB} 是定义好的映射, 且 $\phi_{cB} \in \mathrm{Hom}(E/Z,Z)$. 进一步, 注意到 C/B 忠实作用在 E 上 (但平凡作用在 Z 上), 简单验证知 $cB \mapsto \phi_{cB}$ 为群 C/B 到群 $\mathrm{Hom}(E/Z,Z)$ 的单射 (事实上是群单同态). 由引理 3.9.13 得

$$|C/B| \leqslant |\mathrm{Hom}(E/Z,Z)| \leqslant |E/Z| = |EB/B|.$$

比较 C 和 EB 的群阶得 $C = EB$. □

命题 3.9.15 设 G 为复数域上的 $n \geqslant 2$ 维可解本原线性群, 则以下结论成立:

(1) G 的正规交换子群都在 $\mathbf{Z}(G)$ 中, 且 $\mathbf{Z}(G)$ 循环.

(2) $\mathbf{F}(G)/\mathbf{Z}(G)$ 为 e^2 阶初等交换群, 其中 $e \mid n$.

(3) $\mathbf{F}(G)$ 为类 2 幂零群.

(4) 若 $P = \mathbf{O}_p(G)$ 不交换, 则 $P = E_0\mathbf{Z}(P)$, 其中 $E_0 \cong \mathrm{ES}(p^{2m+1})$, $p^m \mid n$, $E_0 \trianglelefteq G$ 且其方次数或为奇素数 p 或为 4.

(5) $\mathbf{F}(G)/\mathbf{Z}(G)$ 是忠实完全可约 $G/\mathbf{F}(G)$-模.

证 由引理 3.5.7 和引理 3.5.8 得结论 (1)–(3). 记 $Z = \mathbf{Z}(G)$, $F = \mathbf{F}(G)$.

(4) 设 $P = \mathbf{O}_p(G)$ 不交换. 由定理 3.8.9 得 $F = ET$, 其中 E, T 同定理 3.8.9. 注意到 G 的正规交换子群都在中心中, 得 $T = \mathbf{Z}(G)$ (定理 3.8.9(10)). 记 $E_0 = E \cap P$, $T_0 = T \cap P$, 则 $E_0 \trianglelefteq G$, $T_0 = \mathbf{Z}(P)$, $P = E_0\mathbf{Z}(P)$. 进一步, 由定理 3.8.9(2), $E_0 \cong \mathrm{ES}(p^{2m+1})$ 且其方次数为奇素数 p 或 4. 再者, 由 (2) 得 $p^m \mid n$.

(5) 任取 $E \trianglelefteq G$ 满足 $Z < E \leqslant F$, 记 $B = \mathbf{C}_G(E)$, $C = \mathbf{C}_G(E/Z)$, 易见 $\mathbf{Z}(E) = Z$, 由引理 3.9.14 有

$$EB = C, \quad E \cap B = Z.$$

因 F/Z 交换, 得 $F \leqslant C$, 故 $F = C \cap F = EB \cap F = E(B \cap F)$, 从而 $F/Z = E/Z \times (B \cap F)/Z$, 这表明 F/Z 为完全可约 G/F-模. 又因为 $F/Z = \mathbf{F}(G)/\mathbf{Z}(G) =$

$\mathbf{F}(G/\mathbf{Z}(G))$, 所以 $\mathbf{C}_G(F/Z) \leqslant F$, 这表明 F/Z 是忠实 G/F-模. □

(C) 关于命题 3.9.15, 我们作如下说明.

• 该命题中的结论 (5) 也可应用定理 3.8.9 直接得到. 沿用定理 3.8.9 中记号, 因为 G 的正规交换子群都在 $\mathbf{Z}(G)$ 中, 所以 $T = U = \mathbf{Z}(G)$, $A = \mathbf{C}_G(Z) = G$, 由定理 3.8.9(8) 得 $\mathbf{F}(G)/\mathbf{Z}(G)$ 是忠实完全可约 $G/\mathbf{F}(G)$-模.

• 将 $\mathbf{F}(G)/\mathbf{Z}(G)$ 表示为 $E_1/\mathbf{Z}(G) \times \cdots \times E_d/\mathbf{Z}(G)$, 其中 $E_i/\mathbf{Z}(G)$ 为 G 的主因子. 由 3.8 节之说明 (D), 我们有 $E_i/\mathbf{Z}(G) \cong \mathrm{E}(p_i^{2m_i})$, $G/\mathbf{C}_G(E_i/\mathbf{Z}(G)) \leqslant \mathrm{Sp}(2m_i, p_i)$, 其中 p_i 均为素数, 于是

$$G/\mathbf{F}(G) \leqslant \mathrm{Sp}(2m_1, p_1) \times \cdots \times \mathrm{Sp}(2m_d, p_d).$$

显然 (任意域上) 一维线性群都循环, 本小节最后考察二维复线性群.

例 3.9.16 设 G 为复数域上的二维线性群, 则以下结论成立:

(1) 若 G 可约, 则 G 交换.

(2) 若 G 不可约且非本原, 则 G 有指数为 2 的正规交换子群.

证 设 χ 为 G 上的忠实 2 次特征标.

(1) 若 χ 可约, 则 $\chi = \lambda_1 + \lambda_2$, 其中 $\lambda_i \in \mathrm{Lin}(G)$, 此时 $G/\ker\lambda_i$ 循环, 故 G 交换.

(2) 若 χ 不可约且非本原, 则存在 $H < G$ 及 $\lambda \in \mathrm{Lin}(H)$ 使得 $\chi = \lambda^G$. 显然 χ_H 必是 H 上的两个线性特征标的和, 这表明 $H \leqslant \mathrm{GL}(2, \mathbb{C})$ 可约, 由 (1) 得 H 交换, 即 H 为 G 的指数为 2 的正规交换子群. □

例 3.9.17 若 G 为复数域上的 2 维可解本原线性群, 则 $G/\mathbf{Z}(G) \cong \mathrm{A}_4$ 或 S_4.

证 由命题 3.9.15 易见 $\mathbf{F}(G)/\mathbf{Z}(G) \cong \mathrm{E}(2^2)$, 故 $G/\mathbf{F}(G) \leqslant \mathrm{Sp}(2,2) \cong \mathrm{GL}(2,2) \cong \mathrm{S}_3$. 进而有 $G/\mathbf{F}(G) \cong \mathrm{C}(3)$ 或 S_3, 即 $G/\mathbf{Z}(G) \cong \mathrm{A}_4$ 或 S_4. □

3.9.5 p-可解线性群

本小节中总假设 p 是任意给定的素数. 对于 $n \in \mathbb{Z}^+$, 定义

$$\lambda_p(n) = \sum_{i=1}^{\infty} \left[\frac{n}{p^i}\right],$$

$$\beta_p(n) = \sum_{i=0}^{\infty} \left[\frac{n}{(p-1)p^i}\right],$$

其中 $[x]$ 表示不超过 x 的最大整数[①]. 由初等的数论知识有

$$\lambda_p(n) = \log_p((n!)_p) = \log_p(|\mathrm{S}_n|_p) \leqslant \frac{n-1}{p-1}, \tag{3.9.4}$$

① 这里的函数 $\lambda_p(n)$, $\beta_p(n)$ 与本节前面的定值 λ, β 没有关系.

并且等号成立当且仅当 n 是 p 的方幂.

本小节目的是证明下面的定理.

定理 3.9.18 设 G 是 p-可解群, 且是 p-元域 $\mathbb{F}_p$ 上的 n 维线性群, 即 $G \leqslant \mathrm{GL}(n,p)$, 则

$$\log_p(|G/\mathbf{O}_p(G)|_p) \leqslant \begin{cases} \lambda_2(n), & p=2, \\ \beta_p(n), & p \geqslant 3. \end{cases} \tag{3.9.5}$$

为证明定理 3.9.18, 我们需要作一些准备工作, 其中前两条引理本身也有独立的意义.

引理 3.9.19 (Glauberman) 设群 A 互素作用在群 G 上, $\xi \in \mathrm{Irr}_A(G)$, 则存在 ξ 到 AG 的唯一一个扩充 χ 使得 $o(\chi)=o(\xi)$, 且 χ_A 为 A 上的有理特征标.

证 由定理 3.2.13, 存在 ξ 到 AG 的唯一扩充 χ 使得 $(o(\chi),|A|)=1$, 且事实上有 $o(\chi)=o(\xi)$. 记 $|G|=m$, $|A|=n$. 任取 $\sigma \in \mathrm{Gal}(\mathbb{Q}_{mn}/\mathbb{Q}(\xi))$, 易见 $\chi^\sigma \in \mathrm{Irr}(AG)$ 且满足 $\chi^\sigma|_G=\xi^\sigma=\xi$, 这表明 χ^σ 也是 ξ 到 AG 的扩充. 因为 $o(\chi)=o(\xi)$ 与 $|A|$ 互素, 而 $\det(\chi_A)=(\det\chi)_A$ 为 A 上的线性特征标, 所以必有 $\det(\chi_A)=1_A$, 这也推出 $\det(\chi^\sigma)|_A=1_A$, 故 $\det(\chi^\sigma)$ 在交换群 $\mathrm{Irr}(AG/(AG)')$ 中的阶与 $|A|$ 互素. 由 χ 的唯一性得 $\chi^\sigma=\chi$, 这表明 χ 是 $\mathrm{Gal}(\mathbb{Q}_{mn}/\mathbb{Q}(\xi))$-不变的. 由 Galois 理论, χ 为 $\mathbb{Q}(\xi)$-值特征标. 现在, 任取 $a \in A$ 都有 $\chi(a) \in \mathbb{Q}_n \cap \mathbb{Q}(\chi) = \mathbb{Q}_n \cap \mathbb{Q}(\xi) \subseteq \mathbb{Q}_n \cap \mathbb{Q}_m = \mathbb{Q}$, 即 χ_A 为有理特征标. □

引理 3.9.20 (Schur) 设 P 为 p-群, 若 P 有一个忠实的 n 次有理特征标, 则 $\log_p(|P|) \leqslant \beta_p(n)$.

证 设 χ 为 P 上的 n 次忠实有理特征标, 记 $|P|=p^m$, $q=p^{m-1}$, 取 ϵ 为一本原 p^m 次单位根. 任取 $g \in P$, 显然有

$$\chi(g)=\sum_{u=0}^{p^m-1} x_u\epsilon^u,$$

其中 $\sum_{u=0}^{p^m-1} x_u = n$, $x_u \in \mathbb{N}$.

注意到 $\{\epsilon^{iq} | 1 \leqslant i \leqslant p-1\}$ 恰为全部 p 次本原单位根, $\chi(g)$ 为整数, 并且 $\mathrm{Gal}(\mathbb{Q}_p/\mathbb{Q})$ 可迁作用在这些 p 次本原单位根上, 我们有

$$x_q = x_{2q} = \cdots = x_{(p-1)q}.$$

类似地, 我们有下面 $q-1$ 个等式

$$x_\lambda = x_{\lambda+q} = x_{\lambda+2q} = \cdots = x_{\lambda+(p-1)q}, \qquad \lambda = 1,2,\cdots,q-1.$$

显然, 全部 p 次本原单位根的和等于 -1, 即 $\epsilon^q+\epsilon^{2q}+\cdots+\epsilon^{(p-1)q}=-1$, 因此又

有

$$\epsilon^{\lambda}+\epsilon^{\lambda+q}+\epsilon^{\lambda+2q}+\cdots+\epsilon^{\lambda+(p-1)q}=0, \qquad \lambda=1,2,\cdots,q-1.$$

这就推出

$$n=\chi(1)=\sum_{u=0}^{p^m-1}x_u=x_0+(p-1)x_q+px_1+px_2+\cdots+px_{q-1},$$

$$\chi(g)=x_0-x_q.$$

记 $y=x_q+x_1+x_2+\cdots+x_{q-1}$, 则又有 $\chi(g)=n-py$. 记 $\left[\dfrac{n}{p-1}\right]=\nu$, 注意到 $n-(p-1)y=x_0+x_1+\cdots+x_{q-1}\in\mathbb{N}$, 推出 $y\leqslant\nu$, 因此 $\chi(g)$ 的取值只能是 $n,n-p,n-2p,\cdots,n-\nu p$.

设 χ 恰在 l_i 个元素上取值 $n-ip$, $i=0,1,\cdots,\nu$. 显然 $l_0+l_1+\cdots+l_\nu=p^m$. 对于 $\lambda=1,\cdots,\nu$, 我们看到 χ^λ 在 P 上全部取值之和为

$$\sum_{g\in P}\chi^\lambda(g)=l_0n^\lambda+l_1(n-p)^\lambda+\cdots+l_\nu(n-\nu p)^\lambda.$$

注意到 $\sum_{g\in P}\chi^\lambda(g)=|P|[\chi^\lambda,1_P]\equiv 0\,(\mathrm{mod}\,p^m)$, 故

$$\begin{cases} l_0+l_1+\cdots+l_\nu\equiv 0, \\ l_0n+l_1(n-p)+\cdots+l_\nu(n-\nu p)\equiv 0, \\ \cdots\cdots \\ l_0n^\nu+l_1(n-p)^\nu+\cdots+l_\nu(n-\nu p)^\nu\equiv 0. \end{cases} \quad (\mathrm{mod}\,p^m) \tag{3.9.6}$$

由 (3.9.6) 式, 我们不难归纳证得 (用计算范德蒙德行列式的方法)

$$l_\alpha\prod_{\beta=0,\cdots,\nu,\beta\neq\alpha}[(n-\alpha p)-(n-\beta p)]\equiv 0.$$

考察 $\alpha=0$ 的情形, 因 χ 忠实, 得 $l_0=1$, 从而有

$$\prod_{j=1}^{\nu}(jp)\equiv 0\,(\mathrm{mod}\,p^m),$$

即 $p^m\mid p^\nu(\nu!)$, 得

$$m\leqslant\nu+\log_p((\nu!)_p)=\nu+\lambda_p(\nu),$$

故又有 $\log_p(|P|)\leqslant\beta_p(n)$. □

引理 3.9.21　设 $m,d\in\mathbb{Z}^+$, $\mu_p(x)=\lambda_p(x)$ 或 $\beta_p(x)$, 则以下结论成立:

(1) $\mu_p(m+d)\geqslant\mu_p(m)+\mu_p(d)$.

(2) $\mu_p(md)\geqslant d\mu_p(m)+\lambda_p(d)$.

证 结论 (1) 可由定义简单验证得到, 下证 (2). 对于 $p=2$ 的情形, 按定义直接验证即得, 下设 $p>2$. 当 $\mu_p(x)=\lambda_p(x)$ 时, 取 $p'=p$; 当 $\mu_p(x)=\beta_p(x)$ 时, 取 $p'=p-1$. 若 $m<p'$, 则 $\mu_p(m)=0$, 结论显然成立. 故可设 $m\geqslant p'$, 此时可取到整数 $j\geqslant 0$ 使得 $p^jp'\leqslant m<p^{j+1}p'$. 我们有 $\mu_p(x)=\sum_{i=0}^{\infty}\left[\dfrac{x}{p^ip'}\right]$, 于是

$$\lambda_p(d)=\sum_{i=1}^{\infty}\left[\frac{d}{p^i}\right]\leqslant\sum_{i=1}^{\infty}\left[\frac{md}{p^{i+j}p'}\right]=\sum_{i=j+1}^{\infty}\left[\frac{md}{p^ip'}\right],$$

$$d\mu_p(m)=d\sum_{i=0}^{\infty}\left[\frac{m}{p^ip'}\right]=d\sum_{i=0}^{j}\left[\frac{m}{p^ip'}\right]=\sum_{i=0}^{j}d\left[\frac{m}{p^ip'}\right]\leqslant\sum_{i=0}^{j}\left[\frac{md}{p^ip'}\right],$$

两式相加即得结论. □

设 π 为由若干素数构成的集合, 若 G 存在主群列使得其每个主因子或是 π-群或是 π'-群, 则称 G 为 **π-可分群**. 由奇阶群的可解性, π-可分群必是 π-可解群或 π'-可解群. 关于 π-可分群, 除了 Hall π-子群的存在性、共轭性及包含性定理外, 还有下面的基本事实.

引理 3.9.22 设 G 是 π-可分群, 则 $\mathbf{C}_G(\mathbf{O}_{\pi',\pi}(G)/\mathbf{O}_{\pi'}(G))\leqslant\mathbf{O}_{\pi',\pi}(G)$, 这里 $\mathbf{O}_{\pi',\pi}(G)$ 表示 $\mathbf{O}_{\pi}(G/\mathbf{O}_{\pi'}(G))$ 在 G 中的原像.

下面将证明定理 3.9.18, 我们分别讨论 $p>2$ 和 $p=2$ 这两种情形.

命题 3.9.23 (Winter) 设 $p\geqslant 3$, p-可解群 $G\leqslant \mathrm{GL}(n,\mathbb{F})$, 其中 $\mathbb{F}=\mathbb{C}$ 或 $\mathrm{Char}(\mathbb{F})=p$, 则 $\log_p(|G/\mathbf{O}_p(G)|_p)\leqslant\beta_p(n)$.

证 设 V 为 n 维忠实 $\mathbb{F}[G]$-模. 记 $\Xi(G)=\log_p(|G/\mathbf{O}_p(G)|_p)$, 简记 $\beta_p(n)$ 为 $\beta(n)$, $\lambda_p(n)$ 为 $\lambda(n)$. 易见 $\Xi(G_1\times\cdots\times G_t)=\sum_{i=1}^{t}\Xi(G_i)$, 且对 G 的任意子群 H 都有 $\Xi(H)\leqslant\Xi(G)$. 对 $|G|+n$ 作归纳.

(1) 可设 V 为不可约 G-模.

假设 V 可约且 $\mathrm{Char}(\mathbb{F})=p$. 令 V 的 G-子模列 $0=W_0<W_1<\cdots<W_r=V$ 使得 W_i/W_{i-1} $(i=1,\cdots,r)$ 均为不可约 G-模. 记

$$C_i=\mathbf{C}_G(W_i/W_{i-1}),\quad G_i=G/C_i,\quad d_i=\dim(W_i/W_{i-1}),\quad i=1,\cdots,r.$$

显然 $r\geqslant 2$, 所有 $d_i<n$, 注意到 W_i/W_{i-1} 为 d_i 维忠实不可约 $\mathbb{F}[G_i]$-模, 即 $G_i\leqslant\mathrm{GL}(d_i,\mathbb{F})$, 故由归纳假设得 $\Xi(G_i)\leqslant\beta(d_i)$. 考察 $C:=\bigcap_{i=1}^{r}C_i$. 首先, 因为 $\mathbf{O}_p(G_i)=1$ (推论 3.7.23), 所以 $\mathbf{O}_p(G)\leqslant C_i$, 从而 $\mathbf{O}_p(G)\leqslant C$; 再者, 若 $C>\mathbf{O}_p(G)$, 注意到 $C\trianglelefteq G$, 故可取到 p'-元 $x\in C^{\sharp}$, 此时 p'-元 x 平凡作用在 $V/W_{r-1},W_{r-1}/W_{r-2},\cdots,W_1/W_0$ 上, 推出 x 平凡作用在 V 上, 这与 V 的忠实

性矛盾, 因此 $C=\mathbf{O}_p(G)$. 这也表明

$$G/\mathbf{O}_p(G)=G\Big/\left(\bigcap_{i=1}^{r}C_i\right)\lesssim G_1\times\cdots\times G_r,$$

故 $\Xi(G)\leqslant\sum_{i=1}^{r}\Xi(G_i)\leqslant\sum_{i=1}^{r}\beta(d_i)\leqslant\beta(\sum_{i=1}^{r}d_i)=\beta(n)$, 其中最后一个 "$\leqslant$" 由引理 3.9.21 得到, 结论成立.

假设 V 可约且 $\mathbb{F}=\mathbb{C}$, 则完全可约 G-模 $V=V_1\oplus\cdots\oplus V_r$, 其中 V_i 为 n_i 维不可约 $\mathbb{C}[G]$-模. 因 $G_i:=G/\mathbf{C}_G(V_i)\leqslant\mathrm{GL}(n_i,\mathbb{C})$, 故由归纳得 $\Xi(G_i)\leqslant\beta(n_i)$. 再者 $\bigcap_{i=1}^{r}\mathbf{C}_G(V_i)=\mathbf{C}_G(V)=1$, 得 $G\leqslant G_1\times\cdots\times G_r$, $\Xi(G)\leqslant\sum_{i=1}^{r}\beta(n_i)\leqslant\beta(n)$, 结论也成立.

(2) 可设 $\mathbb{F}=\mathbb{C}$, 且 V 为本原 $\mathbb{C}[G]$-模.

若 $\mathrm{Char}(\mathbb{F})=p$, 取 $\mathbb{E}$ 为 $\mathbb{F}$ 的代数闭包, 由定理 3.7.20 知 $V\otimes_{\mathbb{F}}\mathbb{E}$ 仍是 n 维忠实 $\mathbb{E}[G]$-模, 因此可设 $\mathbb{F}=\mathbb{E}$ 为代数闭域. 由 (1), V 为忠实不可约 $\mathbb{F}[G]$-模. 对于 p-可解群 G 应用 Fong-Swan 定理 (命题 3.7.27) 得, G 有 n 次忠实不可约复特征标, 故可设 $\mathbb{F}$ 为复数域.

现在 V 为 n 维忠实不可约 $\mathbb{C}[G]$-模. 假设 V 非本原, 则 V 有子空间的直和分解 $V=V_1\dotplus\cdots\dotplus V_d$ $(d\geqslant 2)$, 使得 G 可迁作用在这些子空间 V_i 上; 设该作用的核为 N, 并记 $\dim(V_i)=m$. 显然 $G/N\leqslant\mathrm{S}_d$, 故 $|G/N|_p\leqslant|\mathrm{S}_d|_p=p^{\lambda(d)}$. 再者, 注意到 V_i 均为 $\mathbb{C}[N]$-模, 故 $N_i:=N/\mathbf{C}_N(V_i)\leqslant\mathrm{GL}(m,\mathbb{C})$, 由归纳假设得 $\Xi(N_i)\leqslant\beta(m)$. 因为 $\bigcap_{i=1}^{d}\mathbf{C}_N(V_i)=\mathbf{C}_N(V)=1$, 所以 $N\leqslant N_1\times\cdots\times N_d$, 这又推出 $\Xi(N)=\Xi(N_1)+\cdots+\Xi(N_d)\leqslant d\beta(m)$. 注意到 $|G/\mathbf{O}_p(G)|_p\leqslant|G/N|_p\cdot|N/\mathbf{O}_p(N)|_p$, 综上即得 $\Xi(G)\leqslant\lambda(d)+d\beta(m)$. 应用引理 3.9.21 得 $\Xi(G)\leqslant\beta(dm)=\beta(n)$, 结论成立. 故可设 V 本原.

(3) 可设 $\mathbf{O}_{p,p'}(G)=\mathbf{O}_p(G)\times N$, 其中 N 为 G 的正规 p-补.

取 $P\in\mathrm{Syl}_p(G)$, 令 $H=P\mathbf{O}_{p,p'}(G)$. 考察 $\mathbf{O}_p(H)$, 显然 $\mathbf{O}_p(H)\geqslant\mathbf{O}_p(G)$ 且 $\mathbf{O}_p(H)/\mathbf{O}_p(G)\trianglelefteq H/\mathbf{O}_p(G)$, 这表明 $\mathbf{O}_p(H)/\mathbf{O}_p(G)$ 中心化 $\mathbf{O}_{p,p'}(G)/\mathbf{O}_p(G)$. 由引理 3.9.22 推出 $\mathbf{O}_p(H)\leqslant\mathbf{O}_{p,p'}(G)$, 故 $\mathbf{O}_p(H)=\mathbf{O}_p(G)$. 特别地, $\Xi(H)=\Xi(G)$. 若 $H<G$, 则 $H\leqslant\mathrm{GL}(n,\mathbb{C})$, 由归纳假设推得 $\Xi(H)\leqslant\beta(n)$, 即 $\Xi(G)\leqslant\beta(n)$, 结论成立. 故可设 $H=G$, 即 $G/\mathbf{O}_{p,p'}(G)$ 为 p-群.

假设存在 G 的极大子群 M 使得 M 不包含 $\mathbf{O}_p(G)$, 则 $G=M\mathbf{O}_p(G)$. 因为 M 和 $\mathbf{O}_p(G)$ 都正规化 $\mathbf{O}_p(G)\mathbf{O}_p(M)$, 必有 $\mathbf{O}_p(G)\mathbf{O}_p(M)\trianglelefteq G$, 从而 $\mathbf{O}_p(M)\leqslant\mathbf{O}_p(G)$, 又有

$$G/\mathbf{O}_p(G)=M\mathbf{O}_p(G)/\mathbf{O}_p(G)\cong M/(M\cap\mathbf{O}_p(G))=M/\mathbf{O}_p(M),$$

这表明 $\Xi(G)=\Xi(M)$. 因为 $M<G\leqslant\mathrm{GL}(n,\mathbb{C})$, 所以由归纳假设得 $\Xi(M)\leqslant\beta(n)$, 结论成立. 故可设 G 的极大子群都包含 $\mathbf{O}_p(G)$, 即 $\mathbf{O}_p(G)\leqslant\Phi(G)$, 此时易

见 $\mathbf{O}_{p,p'}(G) = \mathbf{O}_p(G) \times N$, 其中 N 为 $\mathbf{O}_{p,p'}(G)$ 的从而也是 G 的正规 p-补.

(4) 记 χ 为 $\mathbb{C}[G]$-模 V 提供的特征标, 则 $\chi_N := \xi$ 不可约; 再者, $\mathbf{O}_p(G) = 1$.

由于 V 是忠实本原 $\mathbb{C}[G]$-模, 故 χ 是 G 的忠实本原特征标. 注意到 G/N 为 p-群 (见 (3)), 由定理 3.5.11 推出 χ 是关于 N 的相对 $\mathcal{M}$-特征. 因 χ 本原, 得 $\chi_N := \xi \in \mathrm{Irr}(N)$.

应用推论 3.7.24 得 $\mathbf{C}_G(N)$ 循环. 注意到由 (3) 有 $D := \mathbf{O}_p(G) \leqslant \mathbf{C}_G(N)$, 推出 D 循环. 因为 G 有忠实本原特征标, 所以 G 的正规交换子群都在 $\mathbf{Z}(G)$ 中, 这表明 $D \leqslant \mathbf{Z}(G)$, 从而 $\chi_D = \chi(1)\lambda$, 其中 $\lambda \in \mathrm{Lin}(D)$ 忠实. 因为 $\chi(1) = \xi(1)$ 是 p'-数, 所以 χ 限制到 $P \in \mathrm{Syl}_p(G)$ 必有线性成分 μ, 显然 $\mu_D = \lambda$. 如同 2.8 节之说明 (C), 令 ν 为 $\mu \in \mathrm{Lin}(P)$ 到 G 的自然扩充, 即 $\nu \in \mathrm{Irr}(G)$ 使得 $\nu(an) = \mu(a)$, 其中 $a \in P, n \in N$. 显然 $\nu, \overline{\nu} \in \mathrm{Lin}(G)$, 且 $\overline{\nu}\chi \in \mathrm{Irr}(G)$.

考察 $K := \ker(\overline{\nu}\chi)$. 一方面, 若 p'-元 $x \in K$, 则 $x \in N \cap K$, 得 $\chi(1) = \overline{\nu}(x)\chi(x) = \chi(x)$, 故 $x = 1$, 这表明 K 为 p-群, 因而 $K \leqslant D$. 另一方面, $(\overline{\nu}\chi)_D = \overline{\mu}_D\chi_D = \chi(1)\overline{\lambda}\lambda = \chi(1)1_D$, 这表明 $D \leqslant K$, 因此 $K = D$. 现在 G/D 有忠实特征标 $\overline{\nu}\chi$, 故 $G/D \leqslant \mathrm{GL}(n,\mathbb{C})$. 假若 $D > 1$, 由归纳假设得 $\Xi(G/D) \leqslant \beta(n)$, 即 $\Xi(G) \leqslant \beta(n)$, 结论成立. 故可设 $D = 1$, 即 $\mathbf{O}_p(G) = 1$.

(5) 最后的证明.

由 (3) 和 (4) 有 $G = P \ltimes N$, 其中 $P \in \mathrm{Syl}_p(G)$, $N = \mathbf{O}_{p'}(G)$, $\mathbf{O}_p(G) = 1$, 且 $\chi_N = \xi \in \mathrm{Irr}(N)$. 取 χ_0 为 ξ 到 G 的典型扩充 (见定理 3.2.13), 由 Gallagher 定理 2.8.5, 必存在 $\lambda \in \mathrm{Lin}(G/N)$ 使得 $\chi_0 = \lambda\chi$. 因为 $(\chi_0)_N = \chi_N$ 忠实且 $\mathbf{O}_p(G) = 1$, 所以 χ_0 也是 G 上的忠实 n 次不可约特征标. 由引理 3.9.19, $(\chi_0)|_P$ 为 P 上的 n 次忠实有理特征标. 最后, 应用引理 3.9.20 得 $\log_p(|P|) \leqslant \beta(n)$, 命题成立. □

引理 3.9.24 设 $G = \mathrm{Sp}(2m, q)$, 其中 q 奇素数, $m \in \mathbb{Z}^+$, $q^m > 3$, 则 $\log_2(|G|_2) \leqslant \lambda_2(q^m)$.

证 取 $P \in \mathrm{Syl}_2(G)$, 因 $|G| = (q^{2m}-1)(q^{2m-2}-1)\cdots(q^2-1)q^{m^2}$, 故 $|P|$ 整除

$$(q^m+1)(q^m-1)(q^{m-1}+1)(q^{m-1}-1)\cdots(q+1)(q-1). \tag{3.9.7}$$

注意 (3.9.7) 式中的乘积项两两不同.

若 q^m+1 不是 2 的方幂, 并设 $(q^m+1)|_2 = 2^i$, 则 2^i 和 2^{i+1} 都小于 q^m, 且必有 $2^{i'} \in \{2^i, 2^{i+1}\}$ 使得 $2^{i'}$ 不等于 (3.9.7) 式中的任一乘积项, 这表明 $|P| \leqslant (q^m!)|_2$, 即 $\log_2(|P|) \leqslant \lambda_2(q^m)$.

若 $q^m+1 = 2^a$, 由引理 3.9.5 得 $q^m = q$, 此时 $|P| = ((q+1)(q-1))|_2 = 2^{a+1}$, $a \geqslant 3$, 简单验证即得结论. □

命题 3.9.25 (Wolf) 设可解群 $G \leqslant \mathrm{GL}(n, 2)$, 则 $\log_2(|G/\mathbf{O}_2(G)|_2) \leqslant \lambda_2(n)$.

证　对 $|G|+n$ 作归纳. 设 V 为 n 维忠实 $\mathbb{F}_2[G]$-模, 简记 $\lambda_2(n)$ 为 $\lambda(n)$. 完全相同于命题 3.9.23 的证明, 可设 V 为本原 G-模, 故定理 3.8.9 和定理 3.8.12 成立, 我们保持这两个定理中的所有记号. 注意: 由推论 3.7.23, 有 $\mathbf{O}_2(G)=1$, 特别地, $F:=\mathbf{F}(G)$ 为奇阶群, 此时 $U=T=\mathbf{Z}(F)$ 循环.

假设 $F=T$, 此时 F 循环故 G/F 交换. 一方面, 由推论 3.7.28, 存在忠实 $\chi\in\mathrm{Irr}(G)$ 使得 $\chi(1)\mid n$; 另一方面, 由例 3.5.13 知 G 的忠实不可约特征标的次数只能等于 $|G:\mathbf{F}(G)|$. 这表明 $|G:F|\mid n$, 于是 $\log_2(|G|_2)\leqslant\log_2(n|_2)\leqslant\lambda(n)$, 命题成立.

下面考察 $F>T$ 的情形, 此时 $e:=e_V=\sqrt{|F/T|}\geqslant 3$. 记 $F/T=Q_1/T\times\cdots\times Q_k/T$, 其中

$$\mathrm{E}(q_i^{2m_i})\cong Q_i/T\in\mathrm{Syl}_{q_i}(F/T),\quad q_1<\cdots<q_k.$$

记 $H=\mathbf{C}_G(T)$, $C_i=\mathbf{C}_H(Q_i/T)$. 由定理 3.8.9 (参见 3.8 节之说明 (D)) 得 $H/C_i\lesssim\mathrm{Sp}(2m_i,q_i)$. 考察 H, 显然 $F\leqslant H\trianglelefteq G$, $T\leqslant\mathbf{Z}(H)$, $\mathbf{F}(H)=F$; 故又有 $\mathbf{F}(H/T)=\mathbf{F}(H)/T=F/T$, 得 $\mathbf{C}_{H/T}(F/T)=F/T$, 即 $\mathbf{C}_H(F/T)=F$, 这就依次推出

$$\bigcap_{i=1}^k C_i=\bigcap_{i=1}^k\mathbf{C}_H(Q_i/T)=\mathbf{C}_H(F/T)=F,$$

$$H/F\lesssim H/C_1\times\cdots\times H/C_k,$$

$$\log_2(|H|_2)=\log_2(|H/F|_2)\leqslant\log_2\left(\prod_{i=1}^k|H/C_i|_2\right)\leqslant\log_2\left(\prod_{i=1}^k|\mathrm{Sp}(2m_i,q_i)|_2\right).$$

由引理 3.9.24 有

$$\log_2(|\mathrm{Sp}(2m_i,q_i)|_2)\leqslant\lambda(q_i^{m_i}),\quad 或者\ q_i^{m_i}=3,$$

注意, 当这个例外情形 $q_i^{m_i}=3$ 发生时, 必有 $i=1$ 且 $Q_1/T\cong\mathrm{E}(3^2)$. 注意到 $\lambda(ab)\geqslant\lambda(a)+\lambda(b)$ (引理 3.9.21), 容易验证总有

$$\log_2(|H|_2)\leqslant 2+\lambda(e),$$

这里 $e=\prod_{i=1}^k q_i^{m_i}$. 对于 V_T 的不可约成分 W, 记 $|W|=2^l$, 由定理 3.8.12 有 $n=\dim(V)=te\dim(W)=tel$. 因为 $|T|$ 整除 $(|W|-1)$, 所以 $l\geqslant 2$. 注意到 $|G/H|\leqslant|\mathrm{Aut}(T)|<|T|<|W|$, 得 $\log_2(|G/H|_2)\leqslant l-1$.

当 $\lambda(e)\geqslant 3$ 时, 有

$$\begin{aligned}\log_2(|G|_2)&=\log_2(|G/H|_2)+\log_2(|H|_2)\leqslant(l-1)+2+\lambda(e)\\&\leqslant l\lambda(e)\leqslant\lambda(le)\leqslant\lambda(tle)=\lambda(n).\end{aligned}$$

当 $\lambda(e) \leqslant 2$ 时, 因奇数 $e \geqslant 3$, 得 $e = 3$, 此时 $H/F \leqslant \mathrm{Sp}(2,3)$, $|H|_2 = |H/F|_2 \leqslant 8$, 推出

$$\begin{aligned}\log_2(|G|_2) = \log_2(|G/H|_2) + \log_2(|H|_2) &\leqslant (l-1)+3 \\ &\leqslant \lambda(2l+2) \leqslant \lambda(3l) = \lambda(le) \leqslant \lambda(n).\end{aligned}$$

命题证毕! □

注意 2-可解群即为可解群, 由命题 3.9.23 和命题 3.9.25 立得定理 3.9.18, 由此我们又有下面的重要推论.

定理 3.9.26 设 G 为 p-可解群, 则 $|G/\mathbf{O}_{p',p}(G)|_p < |\mathbf{O}_{p',p}(G)|_p$. 特别地, 若 $\mathbf{O}_{p'}(G) = 1$, 则 $|G/\mathbf{O}_p(G)|_p < |\mathbf{O}_p(G)|$.

证 对 $|G|$ 作归纳. 令 D 为 $\Phi(G/\mathbf{O}_{p'}(G))$ 在 G 中的原像. 显然 $D \trianglelefteq G$, 且易见 $\mathbf{O}_{p',p}(G/D) = \mathbf{O}_{p',p}(G)/D$, 故由归纳可设 $D = 1$. 此时易见

$$\Phi(G) = \mathbf{O}_{p'}(G) = 1, \quad \mathbf{O}_{p',p}(G) = \mathbf{O}_p(G),$$

且 $\mathbf{O}_p(G)$ 为 G 的初等交换的正规 p-子群. 由引理 3.9.22 又有 $\mathbf{C}_G(\mathbf{O}_p(G)) = \mathbf{O}_p(G)$, 这表明 $\mathbf{O}_p(G)$ 是忠实 (完全可约) 的 $\mathbb{F}_p[G/\mathbf{O}_p(G)]$-模. 记 $|\mathbf{O}_p(G)| = p^n$, 则 $G/\mathbf{O}_p(G) \leqslant \mathrm{GL}(n,p)$, 下面仅需证明 $|G/\mathbf{O}_p(G)|_p < p^n$. 若 $p > 2$, 由命题 3.9.23 有

$$\log_p(|G/\mathbf{O}_p(G)|_p) \leqslant \beta_p(n) = \sum_{i=0}^{\infty}\left[\frac{n}{(p-1)p^i}\right] < \frac{n}{p-1}\sum_{i=0}^{\infty}\frac{1}{p^i} = \frac{np}{(p-1)^2} < n,$$

定理成立. 若 $p = 2$, 命题 3.9.25 推出 $\log_2(|G/\mathbf{O}_2(G)|_2) \leqslant \lambda_2(n) \leqslant n-1$, 定理也成立. □

设 $\mathrm{GL}(n,p)$ 自然作用在 $V = \mathrm{E}(p^n)$ 上, 得到半直积群 G. 显然 $\mathbf{O}_{p',p}(G) = \mathbf{O}_p(G) = V$, 当 $n \geqslant 3$ 时有 $|\mathrm{GL}(n,p)|_p \geqslant |V|$, 这表明定理 3.9.26 中的 p-可解条件不能去掉.

第 4 章　特征标次数

自 Isaacs 和 Huppert 开创特征标次数的理论研究以来, 特征标次数研究一直是特征标理论中最活跃的研究领域, 本章将介绍这方面的部分结果. 如前约定, G 总表示一个有限群, $\mathrm{cd}(G)$ 表示 G 中的不可约特征标次数集合.

4.1　特征标次数的素因子

本节主要介绍关于特征标次数的 Thompson 定理和 Itô-Michler 定理, 这两个定理以及前面的 Taketa 定理 3.5.1 是绝大部分特征标次数问题的出发点.

要研究 $\mathrm{cd}(G)$ 的构成信息或研究它与群 G 的结构性质之间的联系, 首要的一点是确定 $\mathrm{cd}(G)$ 中成员的素因子, 即确定下面的素数集合

$$\rho(G) = \{素数\, p \mid 存在\, m \in \mathrm{cd}(G)\, 使得\, p \mid m\}.$$

因为不可约特征标的次数都是群阶的因子, 所以 $\rho(G) \subseteq \pi(G)$. 易见 $\rho(G) = \varnothing$ 的充要条件是 $\mathrm{cd}(G) = \{1\}$, 即 G 为交换群. 对于 $N \trianglelefteq G$, 显然 $\rho(G/N) \subseteq \rho(G)$.

4.1.1　Itô-Michler 定理

对于可解群 G, Itô 定理 2.8.13 指出: 素数 $p \notin \rho(G)$ 的充要条件是, G 有正规交换的 Sylow p-子群. 事实上, 这一定理对所有有限群都成立.

设 S 为非交换单群, 熟知 S 有以下三型: 零散单群、交错型单群以及李型单群. 若 S 为零散单群, [4] 给出了 S 的特征标表. 若 S 为交错型单群, 其不可约特征标由 n 的划分决定. 若 S 为李型单群, 其不可约特征标可由 Lusztig 理论大致确定. 利用单群分类定理, Michler 证明了下面的定理, 参见 [89].

定理 4.1.1 [∗]① (Michler)　*若 G 是非交换单群, 则 $\rho(G) = \pi(G)$.*

定理 4.1.2 [∗] (Itô-Michler)　*素数 $p \notin \rho(G)$ 的充要条件是, G 有正规交换的 Sylow p-子群, 即*

$$\rho(G) = \pi(G/\mathbf{F}(G)) \cup \pi(\mathbf{F}(G)').$$

证　充分性由推论 3.2.7 得到, 下证必要性. 由定理 4.1.1, 可设 G 非单. 显然条件 "$p \notin \rho(G)$" 对 G 的正规子群和商群都保持. 取 $P \in \mathrm{Syl}_p(G)$, 取 N 为 G 的一个极小正规子群, 由归纳 PN/N 为 G/N 的正规交换子群. 假若 $PN < G$,

---

① 标注有 [∗] 记号的定理、命题或引理依赖于单群分类定理.

由归纳假设 P 也为 PN 的正规交换子群, 从而 G 有正规交换的 Sylow p-子群 P, 定理成立. 下设 $G = PN > N$.

若 $p \in \pi(N)$, 由归纳假设得 $1 < P \cap N \trianglelefteq N$, 故 $G = P$. 因为 $p \notin \rho(G)$, 所以 G 的不可约特征标都线性, 推出 G 为交换 p-群, 定理成立.

若 $p \notin \pi(N)$, 则 $G = P \ltimes N$, 其中 $N = \mathbf{O}_{p'}(G)$. 因为 $p \notin \rho(G)$, 所以由 Clifford 定理易见 P 稳定 N 的全部不可约特征标. 注意到 P 置换同构地作用在 $\mathrm{Irr}(N)$ 和 $\mathrm{Con}(N)$ 上 (定理 3.3.8), 故 P 也稳定 N 的全部共轭类, 再应用例 3.3.5 即得 $G = P \times N$. 因 $\rho(P) \subseteq \rho(G)$, 得 $p \notin \rho(P)$, 故 P 交换, 定理成立. □

对于 G 的子群 A, 由 Itô-Michler 定理得 $\rho(A) \subseteq \rho(G)$.

设 G 是非交换单群, $p \in \pi(G)$. 由 Itô-Michler 定理, 必存在 $\chi \in \mathrm{Irr}(G)$ 使得 $p \mid \chi(1)$. 事实上, 在绝大部分情形下都存在 $\chi \in \mathrm{Irr}(G)$ 使得 $\chi(1)_p = |G|_p$, 即存在 p-亏零的不可约特征标 χ, 见 [47]. 下面定理及全书中出现的单群记号同文献 [4].

定理 4.1.3 [*] (Michler-Willems-Granville-Ono) *设 G 为非交换单群, $p \in \pi(G)$, 若 G 不存在 p-亏零的不可约特征标, 则以下之一成立:*

(1) $p = 2$, $G \cong \mathrm{M}_{12}$, M_{22}, M_{24}, J_2, HS, Suz, Ru, Co_1, Co_3, BM, 或某个交错型单群.

(2) $p = 3$, $G \cong$ Suz, Co_3, 或某个交错型单群.

鉴于 Itô-Michler 定理的重要性, 人们对它作了多种推广, 例如有下面的 Malle-Navarro 定理.

定理 4.1.4 [*] (Malle-Navarro) *设 $P \in \mathrm{Syl}_p(G)$, 则 $P \trianglelefteq G$ 的充分必要条件是, 任取 $\chi \in \mathrm{Irr}((1_P)^G)$ 都有 $p \nmid \chi(1)$.*

这里仅给出 $p \geqslant 5$ 时的证明. 当 $p \in \{2, 3\}$ 时, 交错型单群 A_n 的 p-亏零特征标不一定存在, 故需要对 A_n 作更细致的讨论, 参见 [86].

当 $p \geqslant 5$ 时定理 4.1.4 的证明

($\Rightarrow$) 因为 $P \trianglelefteq G$, 所以 $\mathrm{Irr}((1_P)^G) = \mathrm{Irr}(G/P)$. 注意到 G/P 的不可约特征标都有 p'-次数, 必要性成立.

($\Leftarrow$) 反设结论不成立, 并令 G 为极小反例. 取 N 为 G 的极小正规子群, 将 G/N 的特征标自然看作 G 上的特征标, 易见

$$\mathrm{Irr}((1_{PN/N})^{G/N}) = \mathrm{Irr}((1_{PN})^G) \subseteq \mathrm{Irr}((1_P)^G),$$

故假设条件对 G/N 仍保持. 这表明: 对 G 的任意极小正规子群 N 都有 $PN/N \trianglelefteq G/N$, 即都有 $PN \trianglelefteq G$. 若 G 有两个不同的极小正规子群 N_1, N_2, 则 PN_1, PN_2 都在 G 中正规, 得 $P = PN_1 \cap PN_2 \trianglelefteq G$, 矛盾. 故可设 N 为 G 的唯一极小正规子群, 且 $PN \trianglelefteq G$.

假设 $PN < G$, 任取 $\theta \in \mathrm{Irr}((1_P)^{PN})$ 并取 χ 为 θ^G 的不可约成分, 显然 χ

在 1_P 的上方, 故由定理条件有 $p \nmid \chi(1)$. 注意到 $\theta(1) \mid \chi(1)$ (因 $PN \trianglelefteq G$), 得 $p \nmid \theta(1)$, 这表明定理条件对 PN 仍保持, 因此 $P \trianglelefteq PN$, 从而 $P \trianglelefteq G$, 矛盾. 故可设 $G = PN$ 且 $G > P$.

(1) 假设 $p \notin \pi(N)$, 此时 $G = P \ltimes N$. 记 $(1_P)^G = e_1\mu_1 + \cdots + e_k\mu_k$, 其中 $e_i \in \mathbb{Z}^+$, 且 $\mu_1, \cdots, \mu_k \in \mathrm{Irr}(G)$ 两两不同. 因为 G/N 是 p-群且 $\mu_i(1)$ 为 p'-数, 所以 $(\mu_i)_N$ 均不可约. 再由 Mackey 引理有

$$\sum_{i=1}^{k} e_i((\mu_i)_N) = ((1_P)^G)_N = ((1_P)^{PN})_N = (1_{P\cap N})^N = \rho_N = \sum_{\nu \in \mathrm{Irr}(N)} \nu(1)\nu,$$

这表明: 每个 $\nu \in \mathrm{Irr}(N)$ 恰是某个 μ_i 在 N 上的限制. 因此每个 $\nu \in \mathrm{Irr}(N)$ 均可扩充到 G, 由例 3.3.5 推出 $G = P \times N$, 矛盾.

(2) 假设 $p \in \pi(N)$. 记 $P_0 = P \cap N$, 则 $P_0 > 1$. 因 G 不是 p-群, 故 $N = S_1 \times \cdots \times S_n$ 是两两同构的非交换单群 S_i 的直积. 因为 $5 \leqslant p \in \pi(S_i)$, 所以由定理 4.1.3 知存在 $\theta_i \in \mathrm{Irr}(S_i)$ 使得 $\theta_i(1)_p = |S_i|_p$. 记 $\theta = \prod_{i=1}^n \theta_i$, 则 $\theta \in \mathrm{Irr}(N)$ 且 $\theta(1)_p = |N|_p = |P_0|$. 注意到 θ 零化 $P_0^\sharp$ (定理 3.6.11), 由引理 2.6.12 得 $\theta_{P_0} = a\rho_{P_0}$, 这里 $a = \theta(1)/|P_0| \in \mathbb{Z}^+$; 特别地, $\theta \in \mathrm{Irr}((1_{P_0})^N)$. 由 Mackey 引理有 $((1_P)^G)_N = (1_{P_0})^N$, 故存在 $\chi \in \mathrm{Irr}((1_P)^G)$ 使得 θ 为 χ_N 的不可约成分, 此时 $|P_0| \mid \theta(1)$, $\theta(1) \mid \chi(1)$, 矛盾. □

下面给出 Itô-Michler 定理的另一类推广. 设 $M <\cdot\, G$, 即 M 为 G 的极大子群, $(1_M)^G$ 中的不可约成分称为 G 的关于极大子群 M 的 **$\mathcal{P}$-特征标**; 进一步, 若 $|G:M|$ 为 π-数 (这里 π 是素数集合), 则 $(1_M)^G$ 中的不可约成分称为 G 上的关于极大子群 M 的 **$\mathcal{P}_\pi$-特征标**. G 上的 $\mathcal{P}$-特征标集合、$\mathcal{P}$-特征标次数集合、$\mathcal{P}_\pi$-特征标集合以及 $\mathcal{P}_\pi$-特征标次数集合分别记为

$$\mathrm{Irr}_{\mathcal{P}}(G), \quad \mathrm{cd}_{\mathcal{P}}(G), \quad \mathrm{Irr}_{\mathcal{P}_\pi}(G), \quad \mathrm{cd}_{\mathcal{P}_\pi}(G).$$

在命题 3.5.16 中, 我们已经证明: p-可解群上的 $\mathcal{P}_p$-特征标都是单项特征标. 下面进一步考察可解群的 $\mathcal{P}$-特征标次数与群结构之间的联系.

我们先给出关于 p-可解群的极大子群的基本事实.

引理 4.1.5 *设 G 是 p-可解群, $M <\cdot\, G$, 则 M 在 G 中的指数或为 p 的方幂或为 p'-数. 进一步, 若 $\mathrm{Core}_G(M) = 1$ 且 $|G:M|$ 为 p 的方幂, 则 G 有唯一极小正规子群, 设为 N, 此时 $G = M \ltimes N$, $\Phi(G) = 1$, $N = \mathbf{O}_p(G) = \mathbf{F}(G) = \mathbf{C}_G(N)$.*

证 前半部分的结论是熟知的, 下证后半部分结论. 假设 $\mathrm{Core}_G(M) = 1$ 且 $|G:M|$ 为 p 的方幂, 考察 G 的极小正规子群 N. 显然 $G = MN$ 且 N 必为初等交换 p-群. 注意到 $M \cap N \trianglelefteq G$, 易见 $G = M \ltimes N$. 反设 G 有异于 N 的极小正规

子群 S, 则

$$NS = N \times S \leqslant \mathbf{C}_G(N) = \mathbf{C}_G(N) \cap MN = N(\mathbf{C}_G(N) \cap M) = N \times \mathbf{C}_M(N),$$

这表明 M 含有非平凡的 G-不变子群 $\mathbf{C}_M(N)$, 与 $\mathrm{Core}_G(M) = 1$ 矛盾. 故 N 为 G 的唯一极小正规子群. 由 $\mathrm{Core}_G(M) = 1$ 得 $\Phi(G) = 1$, 进而又有 $N = \mathbf{O}_p(G) = \mathbf{F}(G) = \mathbf{C}_G(N)$. □

引理 4.1.6 设 G 是 p-可解群, $M < \cdot G$ 满足 $\mathrm{Core}_G(M) = 1$ 且 $|G : M|$ 为 p 的方幂, 则以下结论成立:

(1) 设 N 为 G 的极小正规子群, 任取 $\lambda \in \mathrm{Irr}(N)$, 必存在唯一一个 $\chi \in \mathrm{Irr}((1_M)^G)$ 使得 $\lambda \in \mathrm{Irr}(\chi_N)$.

(2) $(1_M)^G$ 恰是若干两两不同的不可约特征标之和.

(3) 若 $\chi \in \mathrm{Irr}((1_M)^G)$, 则 $\chi(1) = |G : \mathrm{I}_G(\lambda)|$, 其中 $\lambda \in \mathrm{Irr}(\chi_N)$.

(4) 若 $1_G \neq \chi \in \mathrm{Irr}((1_M)^G)$, 则 χ 忠实.

(5) $\mathrm{Irr}((1_M)^G)$ 的不可约成分都是 G 的单项特征标.

证 由引理 4.1.5 有 $G = M \ltimes N$, 其中 N 为 G 的唯一极小正规子群且为初等交换 p-群. 由 Mackey 引理,

$$((1_M)^G)_N = ((1_M)_{M\cap N})^N = \rho_N = \sum_{\eta \in \mathrm{Irr}(N)} \eta,$$

这表明 (1) 成立. 任取 $\chi \in \mathrm{Irr}((1_M)^G)$, 记 $(1_M)^G = e\chi + \tau$, 其中 $\tau \in \mathrm{Ch}(G)$ 满足 $[\chi, \tau] = 0$, 再取 $\lambda \in \mathrm{Irr}(\chi_N)$, 我们有

$$e \leqslant e[\chi_N, \lambda] = [(e\chi)_N, \lambda] \leqslant [((1_M)^G)_N, \lambda] = \left[\sum_{\eta \in \mathrm{Irr}(N)} \eta, \lambda\right] = 1, \tag{4.1.1}$$

这表明 $[(1_M)^G, \chi] = e = 1$, (2) 成立. 再者, (4.1.1) 式也表明 $[\chi_N, \lambda] = 1$, 从而由 Clifford 定理 2.7.2 推出 $\chi(1) = |G : \mathrm{I}_G(\lambda)|\lambda(1) = |G : \mathrm{I}_G(\lambda)|$, (3) 成立.

若 $1_G \neq \chi \in \mathrm{Irr}((1_M)^G)$, 取 $\lambda \in \mathrm{Irr}(\chi_N)$, 由 (1) 得 $\lambda \neq 1_N$, 因此 $\ker \chi \cap N = 1$, 再由 N 的唯一极小正规性得 χ 忠实, (4) 成立. 由命题 3.5.16 得 (5). □

例 4.1.7 设 G 是可解群, p 为素数, 则以下命题等价:

(1) G 为 p-闭群, 即 G 有正规 Sylow p-子群.

(2) p 不整除 $\mathrm{cd}_{\mathcal{P}}(G)$ 中任何成员.

(3) p 不整除 $\mathrm{cd}_{\mathcal{P}_{p'}}(G)$ 中任何成员.

证 取 $P \in \mathrm{Syl}_p(G)$, 显然可设 $P > 1$. 任取 $M < \cdot G$, 将 $G/\mathrm{Core}_G(M)$ 的特征标看作 G 上的特征标, 易见

$$(1_M)^G = (1_{M/\mathrm{Core}_G(M)})^{G/\mathrm{Core}_G(M)}. \tag{4.1.2}$$

(1) ⇒ (2). 任取 $M<\cdot G$, 任取 $\chi\in \mathrm{Irr}((1_M)^G)$, 我们需要证明 $p\nmid\chi(1)$. 由归纳及 (4.1.2) 式可设 $\mathrm{Core}_G(M)=1$. 由引理 4.1.5 得 $G=M\ltimes N$, 其中 $N=P$ 为 G 的唯一极小正规子群. 此时 G 有正规交换的 Sylow p-子群, 故 $p\nmid\chi(1)$.

(2) ⇒ (3). 显然.

(3) ⇒ (1). 取 N 为 G 的一个极小正规子群, 由 (4.1.2) 式, 命题 (3) 对商群 G/N 仍成立, 故由归纳假设得 $PN\trianglelefteq G$. 现反设命题 (1) 不成立并令 G 为极小反例, 由标准的归纳程序我们有: $\Phi(G)=1$; G 有唯一极小正规子群 N; $\mathbf{F}(G)=N$ 为初等交换 r-群, 这里素数 $r\neq p$; $PN\trianglelefteq G$.

在上述环境下, 必存在 $M<\cdot G$ 使得 $G=M\ltimes N$; 因为 $|G:M|$ 为 p'-数, 所以由 (3) 之假设条件知 $(1_M)^G$ 中的不可约成分都有 p'-次数. 注意到 P 非平凡作用在 N 上, 必存在 $\lambda\in\mathrm{Irr}(N)$ 使得 $\mathrm{I}_{PN}(\lambda)<PN$, 由 $PN\trianglelefteq G$ 又推出 $p\mid|G:\mathrm{I}_G(\lambda)|$. 由引理 4.1.6, 可取到 $\chi\in\mathrm{Irr}((1_M)^G)$ 使得 $[\chi_N,\lambda]>0$ 且 $\chi(1)=|G:\mathrm{I}_G(\lambda)|$, 这就导出 $p\mid\chi(1)$, 矛盾. □

由上例及引理 4.1.6 立得下面的推论.

推论 4.1.8　设 G 可解, 若素数 p 不整除 G 的任何单项特征标之次数, 则 G 为 p-闭群.

我们指出, 例 4.1.7 中结论对一般有限群不成立. 例如, 对于 $G=\mathrm{A}_5$, 任取 $M<\cdot G$, 任取 $\chi\in\mathrm{Irr}((1_M)^G)$, 不难验证 $\chi(1)\in\{1,4,5\}$, 即 $\mathrm{cd}_{\mathcal{P}}(G)=\{1,4,5\}$, 但 G 不是 3-闭群.

下面我们列出两条重要的定理, 参见 [45] 和 [46], 它们在有限群表示理论中有不少重要的应用.

定理 4.1.9 (Gluck-Wolf)　设 G 可解, $N\trianglelefteq G$, $\lambda\in\mathrm{Irr}(N)$, π 为素数集合. 如果对于 λ^G 的任意不可约成分 χ, $\chi(1)/\lambda(1)$ 都是 π'-数, 那么 G/N 有交换的 Hall π-子群.

定理 4.1.10 [*] (Gluck-Wolf)　设 $N\trianglelefteq G$, G/N 为 p-可解群, $\lambda\in\mathrm{Irr}(N)$. 如果对于 λ^G 的任意不可约成分 χ, $\chi(1)/\lambda(1)$ 都是 p'-数, 那么 G/N 有交换的 Sylow p-子群.

4.1.2 Thompson 定理

Itô-Michler 定理考察的是 p 不整除 G 的任何不可约特征标次数的情形, 下面考察与之相反的极端情形, 即素数 p 整除 G 的所有非线性不可约特征标次数.

对于给定的素数集合 π, 我们用 $\mathbf{O}^\pi(G)$ 表示 G 的 (唯一) 最小正规子群使得 $G/\mathbf{O}^\pi(G)$ 为 π-群. 显然 G 有正规 π-补当且仅当 $\mathbf{O}^\pi(G)$ 为 G 的 Hall π'-子群. 特别地, G 有正规 p-补, 即 G 为 p-幂零群, 当且仅当 $\mathbf{O}^p(G)$ 为 G 的 Hall p'-子群.

定理 4.1.11 (Isaacs)　设 p 为素数, 记 $\Delta(G)=\{\chi\in\mathrm{Irr}(G)|\,p\nmid o(\chi)\chi(1)\}$,

则 $|\mathbf{O}^p(G)| \equiv \sum_{\chi\in\Delta(G)}\chi(1)^2 \pmod p$.

证 记 $N=\mathbf{O}^p(G)$. 显然 $\mathrm{Irr}(N/N')\cong N/N'$ 为 p'-群, 故对所有 $\psi\in\mathrm{Irr}(N)$ 都有 $p\nmid o(\psi)$, 这表明 $\Delta(N)=\{\psi\in\mathrm{Irr}(N)\,|\,p\nmid\psi(1)\}$, 因而

$$|N|=\sum_{\psi\in\mathrm{Irr}(N)}\psi(1)^2\equiv\sum_{\psi\in\Delta(N)}\psi(1)^2 \pmod p.$$

下面仅需证明 $\sum_{\psi\in\Delta(N)}\psi(1)^2\equiv\sum_{\chi\in\Delta(G)}\chi(1)^2 \pmod p$.

显然 $\Delta(N)$ 是 G-集, 考察 G 在 $\Delta(N)$ 上的作用. 记 Δ_0 为 $\Delta(N)$ 中 G-不变的成员构成的集合. 注意到 G/N 是 p-群, $\Delta(N)$ 的每个 G-轨道长都是 p 的方幂 (包括 $p^0=1$ 的情形), 由 Clifford 定理易见

$$\sum_{\psi\in\Delta(N)}\psi(1)^2\equiv\sum_{\psi\in\Delta_0}\psi(1)^2 \pmod p.$$

再者, 我们来说明 $\sigma:\chi\mapsto\chi_N$ 是 $\Delta(G)$ 到 Δ_0 的双射. 事实上, 若 $\chi\in\Delta(G)$, 则 $(\chi(1),|G/N|)=1$, 从而 $\chi_N\in\mathrm{Irr}(N)$ (定理 3.2.5), 得 $\chi_N\in\Delta_0$, 这表明 σ 是映射. 再者, 任取 $\psi\in\Delta_0$, 因为 ψ 在 G 中不变且 $|G/N|$ 和 $o(\psi)\psi(1)$ 互素, 所以由定理 3.2.13 知 ψ 可扩充到 G, 且有唯一的扩充 $\chi\in\mathrm{Irr}(G)$ 使得 $\chi\in\Delta(G)$, 这表明 σ 是双射. 因此 $\sum_{\chi\in\Delta(G)}\chi(1)^2=\sum_{\psi\in\Delta_0}\psi(1)^2$, 定理成立. □

定理 4.1.12 (Thompson) *若素数 p 整除 G 的所有非线性不可约特征标次数, 则 G 有正规 p-补.*

证 沿用定理 4.1.11 中的记号, 由条件 $\Delta(G)=\{\lambda\in\mathrm{Lin}(G)\,|\,p\nmid o(\lambda)\}$, 从而 $\Delta(G)=\mathrm{Irr}(G/G'\mathbf{O}^{p'}(G))$. 由定理 4.1.11 有

$$|\mathbf{O}^p(G)|\equiv\sum_{\lambda\in\Delta(G)}\lambda(1)^2\equiv|G/G'\mathbf{O}^{p'}(G)| \pmod p,$$

这表明 $|\mathbf{O}^p(G)|$ 与 p 互素, 即 G 有正规 p-补 $\mathbf{O}^p(G)$. □

回忆一下, 对 $N\trianglelefteq G$, 我们用 $\mathrm{Irr}(G|N)$ 表示集合 $\{\chi\in\mathrm{Irr}(G)\,|\,N\not\leq\ker\chi\}$, 并记 $\mathrm{cd}(G|N)=\{\chi(1)\,|\,\chi\in\mathrm{Irr}(G|N)\}$. 显然 $\mathrm{Irr}(G)$ 是 $\mathrm{Irr}(G/N)$ 和 $\mathrm{Irr}(G|N)$ 的不交并, 但 $\mathrm{cd}(G/N)\cap\mathrm{cd}(G|N)$ 不一定是空集.

例 4.1.13 *设 $P\in\mathrm{Syl}_p(G)$, 则 p 整除 G 的所有非线性不可约特征标次数的充要条件是, G 有正规 p-补, 记为 N, 且 $\mathbf{C}_{N'}(P)=1$.*

证 ($\Rightarrow$) 由 Thompson 定理 4.1.12, $G=P\ltimes N$, 其中 N 为 G 的正规 p-补. 反设 $\mathbf{C}_{N'}(P)>1$, 注意到 P 置换同构地作用在 $\mathrm{Con}(N')$ 及 $\mathrm{Irr}(N')$ 上 (定理 3.3.8), 推出 P 稳定某 $\lambda\in\mathrm{Irr}^\sharp(N')$. 应用推论 3.3.13, 存在 $\theta\in\mathrm{Irr}(\lambda^N)$ 使得 P 稳定 θ. 注意 λ 非主, 得 θ 非线性. 进一步, 由定理 3.2.13 知 θ 可扩充到 $\chi\in\mathrm{Irr}(G)$. 显然 $\chi(1)=\theta(1)>1$ 且 $p\nmid\theta(1)$, 矛盾.

(⇐) 任取非线性 $\chi \in \mathrm{Irr}(G)$. 当 $\chi \in \mathrm{Irr}(G/N')$ 时, 因为 G/N' 有正规交换的 Hall p'-子群 N/N', 所以 $\chi(1)$ 必为 p 的方幂, 结论成立. 下设 $\chi \in \mathrm{Irr}(G|N')$ 且取 $\lambda \in \mathrm{Irr}(\chi_{N'})$, 则 λ 非主. 因 $\mathbf{C}_{N'}(P) = 1$, 从而 $\mathbf{C}_{N'}(P^g) = 1$ 对所有 $g \in G$ 都成立, 这表明 P 及其所有 G-共轭均不能稳定 N' 中的任何非平凡的共轭类 (例 3.3.4). 注意到 P (及其所有 G-共轭) 置换同构地作用在 $\mathrm{Con}(N')$ 及 $\mathrm{Irr}(N')$ 上, 推出 $|\mathrm{I}_G(\lambda)|_p < |G|_p$, 再由 Clifford 定理 2.7.4 得 $p \mid \chi(1)$. □

下面的定理 4.1.14 推广了定理 4.1.12, 它在特征标理论中有广泛的应用.

定理 4.1.14 (Berkovich-Isaacs-Knutson)　*设 $N \trianglelefteq G$, 若素数 p 整除所有 $m \in \mathrm{cd}(G|N')$, 则*

(1) N 有正规 p-补.

(2) [*] N 可解.

在定理 4.1.14 中取 $N = G$, 即得到 Thompson 定理 4.1.12, 且表明此时 G 不但 p-幂零而且可解.

为证明定理 4.1.14 中群 N 的可解性, 我们需要下面的引理 4.1.15, 它是单群分类定理的比较简单的推论, 参见 [60] 或本节定理 4.1.19.

引理 4.1.15 [*]　*设 $G = A \ltimes B$ 且 $(|A|, |B|) = 1$, 若 $\mathbf{C}_B(A) = 1$, 则 B 可解.*

定理 4.1.14 的证明　(1) 先证 N 有正规 p-补. 反设 N 没有正规 p-补, 取 $S \in \mathrm{Syl}_p(G)$, 令 $P = S \cap \mathbf{O}^p(N)$, 显然 $1 < P \in \mathrm{Syl}_p(\mathbf{O}^p(N))$ 且 $P \trianglelefteq S$. 由引理 2.8.23, 可取到非主的 $\lambda \in \mathrm{Lin}(P)$ 使得 λ 在 S 中不变, 从而 S 作用在 $\mathrm{Irr}(\lambda^{\mathbf{O}^p(N)})$ 上. 现考察 S 在 $\mathrm{Irr}(\lambda^{\mathbf{O}^p(N)})$ 上的作用, 注意到 $\lambda^{\mathbf{O}^p(N)}(1) = |\mathbf{O}^p(N) : P|$ 是 p'-数且每个 S-轨道长度都是 p 的方幂, 必存在 S-不变的 $\alpha \in \mathrm{Irr}(\lambda^{\mathbf{O}^p(N)})$ 使得 $\alpha(1)$ 是 p'-数. 因为

$$\mathrm{Irr}(\mathbf{O}^p(N)/(\mathbf{O}^p(N))') \cong \mathbf{O}^p(N)/(\mathbf{O}^p(N))'$$

是 p'-群, 所以线性特征标 $\det(\alpha)$ 的阶 $o(\alpha)$ 为 p'-数, 推出

$$(|S\mathbf{O}^p(N)/\mathbf{O}^p(N)|, o(\alpha)\alpha(1)) = 1,$$

由定理 3.2.13 知 α 可扩充到 $\beta \in \mathrm{Irr}(\mathbf{O}^p(N)S)$. 注意到

$$\beta^G(1) = \beta(1)|G : \mathbf{O}^p(N)S| = \alpha(1)|G : \mathbf{O}^p(N)S|$$

也是一个 p'-数, 故必有 $\chi_0 \in \mathrm{Irr}(\beta^G)$ 使得 $\chi_0(1)$ 为 p'-数. 由定理条件得 $\chi_0 \in \mathrm{Irr}(G/N')$, 据此依次推出: χ_0 限制到 N 的不可约成分都线性; χ_0 限制到 $\mathbf{O}^p(N)$ 的不可约成分都线性; α 线性, $\lambda = \alpha|_P$, 这表明 $o(\lambda) \mid o(\alpha)$, 但 $p \mid o(\lambda)$, 而 $p \nmid o(\alpha)$, 矛盾.

(2) 再证 N 的可解性. 记 $M = N' \cap \mathbf{O}^p(N)$, 因为 $\mathbf{O}^p(N)$ 是 N 的正规 p-补, 所以 M 是 G 的正规 p'-子群. 我们断言 $S \in \mathrm{Syl}_p(G)$ 不能稳定 M 的任何一个非主不可约特征标. 否则, 若 S 稳定某个 $\mu \in \mathrm{Irr}^\sharp(M)$, 因为 $(|S|, |M|) = 1$, 所以 μ

必定能扩充到 SM, 再由例 2.8.3 可找到 $\chi\in\mathrm{Irr}(\mu^G)$ 使得 $\chi(1)/\mu(1)$ 为 p'-数, 显然 $\chi\in\mathrm{Irr}(G|N')$ 且 $\chi(1)$ 为 p'-数, 矛盾, 断言成立. 注意到 $\mathrm{Irr}(M)$ 和 $\mathrm{Con}(M)$ 是两个同构 S-集, 故 S 也不能稳定 M 的任意非平凡共轭类, 即 $\mathbf{C}_M(S)=1$ (例 3.3.4), 再由引理 4.1.15 推出 M 可解, 从而 N 可解. □

Thompson 定理还有不少其他有趣的推广, 下例既是定理 4.1.12 的推广又可视为例 4.1.7 的对偶命题.

例 4.1.16 设 G 是 p-可解群, 若 p 整除 G 的所有非线性的 $\mathcal{P}_p$-特征标之次数, 则 G 有正规 p-补.

证 反设 G 没有正规 p-补, 并设 G 为极小反例. 由 (4.1.2) 式看到本例条件对商群保持, 应用标准的归纳程序可设: $\Phi(G)=1$; G 有唯一极小正规子群 N; $N=\mathbf{O}_p(G)$; 且有 $M<\cdot G$ 使得 $G=M\ltimes N$. 因 $|\mathrm{Irr}^\sharp(N)|=|N|-1$ 与 p 互素, 故必有 $\lambda\in\mathrm{Irr}^\sharp(N)$ 使得 $|G:\mathrm{I}_G(\lambda)|$ 与 p 互素. 由引理 4.1.6, 存在 $\mathcal{P}_p$-特征标 $\chi\in\mathrm{Irr}((1_M)^G)$ 使得 $\chi(1)=|G:\mathrm{I}_G(\lambda)|$, 显然 $p\nmid\chi(1)$ 且易见 $\chi(1)>1$, 矛盾. □

由上例及引理 4.1.6(5) 推出: 若 G 是 p-可解群且 p 整除 G 的所有非线性的单项特征标之次数, 则 G 有正规 p-补.

例 4.1.17 p-可解群 G 有正规 p-补的充要条件是, G 的所有 $\mathcal{P}_p$-特征标均线性.

证 由例 4.1.16 得充分性, 下证必要性. 任取 G 中的指数为 p 方幂的极大子群 M, 因为 G 有正规 p-补, 所以 $M\trianglelefteq G$, 这表明 $(1_M)^G$ 即为 G/M 上的正则特征标. 显然 $G/M\cong\mathrm{C}(p)$ 交换, 故 $(1_M)^G$ 中的不可约成分均线性. □

下面的命题可看作定理 4.1.11 的对偶命题.

命题 4.1.18 (Isaacs) 设 p 为素数, 则 $|G/\mathbf{O}^p(G)|=\left(\sum_\chi\chi(1)^2\right)|_p$, 这里 χ 取遍所有次数为 p 的方幂 (包括 $p^0=1$) 的 G 的不可约特征标.

证 记 $A_p(G)$ 为次数为 p 方幂的 G 的不可约特征标集合, 记 $\alpha(G)=\sum_{\chi\in A_p(G)}\chi(1)^2$. 若 $G=\mathbf{O}^p(G)$, 则 $p\nmid|G/G'|$, 故

$$\alpha(G)=|G/G'|+\sum_{\chi\in A_p(G),\chi(1)>1}\chi(1)^2$$

必与 p 互素, 命题成立. 下设 $\mathbf{O}^p(G)<G$. 取 $N\trianglelefteq G$ 使得 $|G/N|=p$, 记

$$a=\sum_{\chi\in A_p(G),\chi_N\in\mathrm{Irr}(N)}\chi(1)^2,\quad b=\sum_{\chi\in A_p(G),\chi_N\notin\mathrm{Irr}(N)}\chi(1)^2,$$

显然 $\alpha(G)=a+b$, 下面分别计算 a 和 b.

先考察 $\chi\in A_p(G)$ 且 χ_N 不可约的情形. 记 $\theta=\chi_N$, 则 $\theta\in A_p(N)$, $\mathrm{I}_G(\theta)=G$, 且由特征标提升定理知 θ 到 G 恰有 p 个扩充, 这表明 $a=p\sum_{\theta\in A_p(N),\mathrm{I}_G(\theta)=G}\theta(1)^2$.

再考察 $\chi \in A_p(G)$ 且 χ_N 可约的情形. 此时 $\chi_N = \theta_1 + \cdots + \theta_p$, 其中 $\theta_1, \cdots, \theta_p \in A_p(N)$ 两两不同, 且 $\theta_i^G = \chi$, 这表明 $b = p\sum_{\theta \in A_p(N), \mathrm{I}_G(\theta)=N} \theta(1)^2$.

综上得 $\alpha(G) = p\sum_{\theta \in A_p(N)} \theta(1)^2 = p\alpha(N)$. 注意到 $\mathbf{O}^p(N) = \mathbf{O}^p(G)$, 且由归纳假设得 $\alpha(N)|_p = |N/\mathbf{O}^p(N)|$, 这就推出 $|G/\mathbf{O}^p(G)| = p|N/\mathbf{O}^p(N)| = \alpha(G)|_p$, 命题成立. □

4.1.3 非交换单群的不可约特征标

我们先陈述关于非交换单群的不可约特征标的一些经典结果.

(A) 若 S 为零散单群, 由 [4] 知必存在 $\theta \in \mathrm{Irr}^\sharp(S)$ 使得 θ 可扩充到 $\mathrm{Aut}(S)$, 事实上, 这样的 θ 不止一个.

(B) 若 S 为交错型单群 A_n, $n \geqslant 5$ 且 $n \neq 6$, 熟知 $\mathrm{Aut}(S) = \mathrm{S}_n$. 因为 S_n 有一个次数为 $n-1$ 的不可约特征标 χ, 且 $\chi_S := \theta \in \mathrm{Irr}(S)$, 故 θ 可扩充到 $\mathrm{Aut}(S) = \mathrm{S}_n$. 对于 A_6, 其 9 次及 10 次不可约特征标都能可扩充到 $\mathrm{Aut}(\mathrm{A}_6) = \mathrm{A}_6 \cdot 2^2$. 因为 $\mathrm{A}_5 \cong \mathrm{PSL}(2,4) \cong \mathrm{PSL}(2,5)$, $\mathrm{A}_6 \cong \mathrm{PSL}(2,9)$, 所以常将它们纳入李型单群中一并讨论.

(C) 若 S 为特征 p 域上的李型单群, 一个经典定理表明: 存在 $\mathrm{ST} \in \mathrm{Irr}(S)$ 使得 $\mathrm{ST}(1) = |S|_p \geqslant 4$ 且 ST 可扩充到 $\mathrm{Aut}(S)$. 我们称 ST 为李型单群 S 的 **Steinberg 特征标**.

综上, 对于非交换单群 S, 总存在 $\theta \in \mathrm{Irr}^\sharp(S)$ 使得 θ 可扩充到 $\mathrm{Aut}(S)$.

在定理 4.1.14 的关于 N 的可解性证明中, 我们使用了依赖于单群分类定理的引理 4.1.15. 由互素作用下的置换同构定理 (定理 3.3.8), 该引理等价于说, 若群 A 互素作用在非可解群 B 上, 则必有 $\theta \in \mathrm{Irr}^\sharp(B)$ 使得 A 稳定 θ. 事实上, 不但该引理中的互素条件可去掉, 而且结论还可加强, 即有下面的定理 4.1.19.

定理 4.1.19 [*] *设 $B \trianglelefteq G$, 若 B 不可解, 则存在 $\lambda \in \mathrm{Irr}^\sharp(B)$ 使得 λ 可扩充到 G.*

证 记 S/V 为 G 的非交换主因子满足 $1 \leqslant V < S \leqslant B$. 由归纳可设 $V = 1$, 即 S 为 G 的极小正规子群, 此时 $S = S_1 \times \cdots \times S_n$ 为若干两两同构的非交换单群 S_i 的直积. 由上面的说明, 我们可取到 $\theta_1 \in \mathrm{Irr}^\sharp(S_1)$ 使得 θ_1 可扩充到 $\mathrm{Aut}(S_1)$, 再取 $\theta_i \in \mathrm{Irr}^\sharp(S_i)$ 使得 θ_i 为 θ_1 的 G-共轭 (参见 3.4 节), 由推论 3.4.8, $\theta := \prod_{i=1}^n \theta_i \in \mathrm{Irr}^\sharp(S)$ 可扩充到 G. 这也表明: 存在 $\lambda \in \mathrm{Irr}(\theta^B)$ 使得 λ 可扩充到 G. □

关于定理 4.1.19 的进一步推广, 参见定理 4.1.22 及 [102]. 李型单群的特征标次数比较复杂. 但交错型单群的不可约特征标次数在理论上是比较清楚的, 详见 [10].

我们先介绍正整数 n 的划分及对应于这个划分的 Young 图. 若 $n = \sum_{i=1}^m \lambda_i$, 其中 $\lambda_1 \geqslant \lambda_2 \geqslant \cdots \geqslant \lambda_m$ 且 λ_i 都是正整数, 则称

$$\lambda = (\lambda_1, \lambda_2, \cdots, \lambda_m)$$

为 n 的一个**划分**. 在上述 n 的划分 λ 中, λ_i 称为 λ 的**部分**, m 称为 λ 的**长度**. 例如, $(5,5,4,1)$ 为 15 的一个长为 4 的划分, 这个划分简记为 $(5^2,4,1)$.

对于 n 的划分 $\lambda = (\lambda_1, \lambda_2, \cdots, \lambda_m)$, 定义它对应的 **Young 图**如下: 该图恰由 n 个**格点** (或称为点、结点等) 组成, 它共有 m 行, 且其第 i 行恰有 λ_i 个格点. 图 4.1 即为 15 的划分 $(5^2,4,1)$ 对应的 Young 图.

我们用矩阵中的符号表示结点, 即 (i,j) 格点位于图中第 i 行和第 j 列. Young 图的 (i,j)-**钩**为该图中由 (i,j) 格点正右面和正下面的格点 (包含 (i,j) 格点自己) 构成的图. (i,j)-钩中格点的个数称为这个钩的**钩长**, 记作 h_{ij}. 例如在图 4.1 中, $(2,3)$-钩是 Young 图中 $(2,3)$ 格点右面和下面的格点 (包含它自己) 构成的图, 即图 4.2 中黑点组成的图, 该 $(2,3)$-钩的钩长为 $h_{23} = 4$.

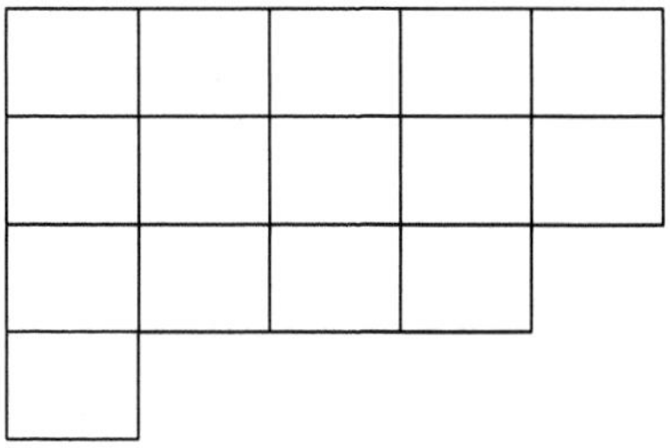

图 4.1

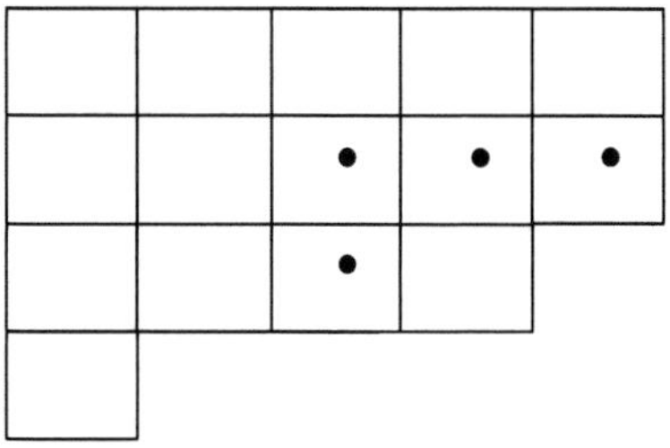

图 4.2

对于 n 的划分 $\lambda = (\lambda_1, \lambda_2, \cdots, \lambda_m)$, 我们定义 n 的另一个划分 $\lambda^0 = (\lambda_1^0, \lambda_2^0, \cdots, \lambda_k^0)$, 其中 $k = \lambda_1$,

$$\lambda_i^0 = |\{j | \lambda_j \geqslant i\}|, \quad i = 1, \cdots, k.$$

称 λ^0 为 λ 的**相关划分**. 若 $\lambda = \lambda^0$, 则称 λ 是**自相关的或对称的**; 否则, 称 λ 为**非自相关的或不对称的**. 不难看到, 划分 λ 是对称的充要条件是, 其 Young 图 (关于主对角线) 是对称图. 例如上面图 4.1 给出的 15 的划分是不对称的.

定理 4.1.20 对称群 S_n 的每个不可约特征标都唯一对应到 n 的一个划分, 反之, n 的任一划分也唯一决定了 S_n 的一个不可约特征标. 进一步, 如果 $\chi \in \mathrm{Irr}(S_n)$ 对应 n 的划分 λ, 那么

$$\chi(1) = \frac{n!}{\prod\limits_{i,j} h_{ij}},$$

其中 h_{ij} 为 λ 的 Young 图中的 (i,j)-钩长. 又, 记 χ^0 为 λ^0 决定的 S_n 的不可约特征标, 则

(1) 若 $\lambda \neq \lambda^0$, 即 λ 不对称, 则 $\chi \neq \chi^0$, $\chi|_{A_n} = \chi^0|_{A_n} \in \mathrm{Irr}(A_n)$.

(2) 若 $\lambda = \lambda^0$, 即 λ 对称, 则 $\chi = \chi^0$, $\chi|_{A_n}$ 恰是 2 个不同的不可约特征标之和.

例 4.1.21　求 A_5 的所有不可约特征标的次数.

解　正整数 5 有如下 4 对共 7 个划分: $\mu_1 = (1^5), \mu_1^0 = (5)$; $\mu_2 = (2, 1^3), \mu_2^0 = (4, 1)$; $\mu_3 = (2^2, 1), \mu_3^0 = (3, 2)$; $\mu_4 = \mu_4^0 = (3, 1^2)$. 这表明 $|\mathrm{Irr}(S_5)| = 7$.

对应于划分 μ_1 及 μ_1^0, S_5 有两个不可约特征标 χ_1, χ_1^0, 它们的次数都为 $\dfrac{5!}{5!} = 1$. 它们限制到 A_5 不可约, 且得到同一个不可约特征标 θ_1, 即 $\theta_1 = 1_{A_5}$.

对应于划分 μ_2 及 μ_2^0, S_5 有两个不可约特征标 χ_2, χ_2^0, 它们的次数都为 $\dfrac{5!}{5\cdot 3\cdot 2} = 4$, 它们限制到 A_5 不可约, 且得到同一个 4 次不可约特征标 θ_2.

对应于划分 μ_3 及 μ_3^0, 类似地得到 A_5 的 5 次不可约特征标 θ_3.

对应于划分 $\mu_4 = \mu_4^0$, S_5 有不可约特征标 χ_4, 它的次数为 $\dfrac{5!}{5\cdot 2\cdot 2} = 6$, 它限制到 A_n 可约, 故得到 A_5 的两个不同的 3 次不可约特征标 θ_4, θ_5. □

定理 4.1.22　设 G 为非交换单群, 则以下结论成立.

(1) 若 G 为特征 p 域上的李型单群, 则 G 的 Steinberg 特征标 ST 可扩充到 $\mathrm{Aut}(G)$.

(2) 若 G 为零散单群或 Tits 群, 则存在非线性 $\theta_a, \theta_b \in \mathrm{Irr}(G)$ 使得 $(\theta_a(1), \theta_b(1)) = 1$, 且 θ_a 和 θ_b 都能扩充到 $\mathrm{Aut}(G)$.

(3) 若 $G = A_n$, $n \geqslant 7$, 则有 $\theta_a, \theta_b \in \mathrm{Irr}(G)$ 使得它们都能扩充到 $\mathrm{Aut}(G)$, 其中 $\theta_a(1) = (n-1)(n-2)/2$, $\theta_b(1) = n(n-3)/2$, 注意这里的 $\theta_a(1)$ 和 $\theta_b(1)$ 互素.

证　结论 (1) 见前面的说明 (C), 结论 (2) 可查阅 [4] 直接得到, 下面来验证结论 (3). 因为 $n \geqslant 7$, 所以 $\mathrm{Aut}(G) = S_n$. 分别令 χ_a 和 χ_b 为 S_n 的对应于划分 $\lambda_a = (n-2, 1, 1)$ 和 $\lambda_b = (n-2, 2)$ 的不可约特征标. 由定理 4.1.20 有

$$\chi_a(1) = \frac{n!}{n\cdot(n-3)!\cdot 2} = \frac{(n-1)(n-2)}{2},$$
$$\chi_b(1) = \frac{n!}{(n-1)\cdot(n-2)\cdot(n-4)!\cdot 2} = \frac{n(n-3)}{2}.$$

因 $n \geqslant 7$, 划分 λ_a, λ_b 都不是对称的, 故 $\theta_a := (\chi_a)|_G \in \mathrm{Irr}(G)$, $\theta_b := (\chi_b)|_G \in \mathrm{Irr}(G)$. □

4.2　特征标次数的个数

Taketa 定理指出, $\mathcal{M}$-群必可解且其导长不超过不可约特征标次数的个数, 这部分地表明不可约特征标次数的个数能约束有限群的结构, 本节将介绍这方面的结果.

4.2.1 可解的极小非交换商群

如果 G/N 不交换但 G/N 的真商群都交换, 那么称 G/N 为 G 的**极小非交换商群**. 显然, G/N 为 G 的极小非交换商群的充分必要条件是, G/N 的导群 $G'N/N$ 为 G/N 的唯一极小正规子群. 注意, G 的极小非交换商群一般不唯一, 也不一定可解. 容易看到, G 有可解的极小非交换商群的充要条件是 $G' > G''$. 假设 $\mathcal{P}$ 是 $\mathrm{cd}(G)$ 上赋予的某个算术性质, 因为对任意 $M \trianglelefteq G$ 都有 $\mathrm{cd}(G/M) \subseteq \mathrm{cd}(G)$, 所以性质 $\mathcal{P}$ 在很多情形下对商群 G/M 保持. 这告诉我们, 要研究 $\mathrm{cd}(G)$ 具有某个给定性质的有限群 G 的结构 (或猜测 G 的结构性质), 第一步通常是考察 G 的极小非交换商群.

对于 $\chi \in \mathrm{Irr}(G)$, 定义

$$\mathrm{V}(\chi) = \langle g \in G |\ \chi(g) \neq 0 \rangle.$$

因为 χ 是 G 上的类函数, 所以 $\mathrm{V}(\chi)$ 必是 G 的正规子群. 注意, 一般而言 $\mathrm{V}(\chi) \neq \{g \in G | \chi(g) \neq 0\}$. 容易看到: $\mathrm{V}(\chi)$ 恰是 G 的最小正规子群使得 χ 零化 $G \backslash \mathrm{V}(\chi)$. 回忆一下, 我们用 $\mathrm{ann}(\chi)$ 表示 G 的子集 $\{g \in G | \chi(g) = 0\}$, 需要注意的是 $\mathrm{V}(\chi) \cap \mathrm{ann}(\chi)$ 不一定是空集. 若 λ 是 χ 限制到 $\mathrm{V}(\chi)$ 上的不可约成分, 由命题 2.7.8 有

$$|G : \mathrm{V}(\chi)|\lambda(1)^2 \mid \chi(1)^2. \tag{4.2.1}$$

对于 $m \in \mathrm{cd}(G)$, 定义 $\mathrm{M}_G(m) = |\{\chi \in \mathrm{Irr}(G) | \chi(1) = m\}|$, 称之为**特征标次数 m 在 G 中的重数**. 当正整数 $m \notin \mathrm{cd}(G)$ 时, 规定 $\mathrm{M}_G(m) = 0$.

引理 4.2.1 设 G 可解, 若 G' 是 G 的唯一极小正规子群, 则以下之一成立:

(1) G 是 p-群, 此时

(1.1) $\mathbf{Z}(G) \cong \mathrm{C}(p^b)$, $\mathrm{C}(p) \cong G' \leqslant \mathbf{Z}G)$, $G/\mathbf{Z}(G) \cong \mathrm{E}(p^{2m})$;

(1.2) $\mathrm{cd}(G) = \{1, p^m\}$, $\mathrm{M}_G(p^m) = p^{b-1}(p-1)$;

(1.3) 若 $\chi \in \mathrm{Irr}(G|G')$, 即 χ 为 G 的非线性不可约特征标, 则 $\mathbf{V}(\chi) = \mathbf{Z}(G)$, $\mathrm{ann}(\chi) = G \setminus \mathbf{Z}(G)$, 且对 $\lambda \in \mathrm{Irr}(\chi_{\mathbf{Z}(G)})$ 有 $\lambda^G = p^m\chi$.

(2) $G = \mathrm{Fro}(H, G')$, 此时

(2.1) $H \cong \mathrm{C}(h)$, $G' \cong \mathrm{E}(p^m)$;

(2.2) $\mathrm{cd}(G) = \{1, h\}$, $\mathrm{M}_G(h) = (p^m - 1)/h$;

(2.3) 若 $\chi \in \mathrm{Irr}(G|G')$, 则 $\mathbf{V}(\chi) = G'$, $\mathrm{ann}(\chi) = G \setminus G'$, 且对 $\lambda \in \mathrm{Irr}(\chi_{G'})$ 有 $\lambda^G = \chi$.

证 (1) 假设 $\mathbf{Z}(G) > 1$. 因为 G' 是 G 的唯一极小正规子群, 所以 $\mathbf{Z}(G)$ 必是循环 p-群 $\mathrm{C}(p^b)$, G' 必是 $\mathbf{Z}(G)$ 的 p 阶子群. 这也推出 G 是类 2 的 p-群. 任取 $\chi \in \mathrm{Irr}(G|G')$, 由 G' 的唯一极小正规性得 χ 忠实, 故 $\mathbf{Z}(\chi) = \mathbf{Z}(G)$. 再由命题 2.3.7 得 $\chi(1)^2 = |G : \mathbf{Z}(G)| = p^{2m}$, 这表明 $\mathrm{cd}(G) = \{1, p^m\}$. 任取 $x, y \in G$,

有 $[x,y]\in G'$, 故 $[x^p,y]=[x,y]^p=1$, 即 $x^p\in\mathbf{Z}(G)$, 这说明 $G/\mathbf{Z}(G)$ 初等交换, 故 $G/\mathbf{Z}(G)\cong\mathrm{E}(p^{2m})$. 因

$$p^{2m+b}=|G|=|G/G'|+\sum_{\chi\in\mathrm{Irr}(G|G')}\chi(1)^2=p^{2m+b-1}+\mathrm{M}_G(p^m)p^{2m},$$

得 $\mathrm{M}_G(p^m)=p^{b-1}(p-1)$. 取 $\lambda\in\mathrm{Irr}(\chi_{\mathbf{Z}(G)})$, 因 χ 零化 $G\setminus\mathbf{Z}(G)$ (命题 2.3.7), 故 $\lambda^G=p^m\chi$ (命题 2.7.8). 显然 χ 不能零化 $\mathbf{Z}(G)$ 中的任意元素, 这表明 $\mathrm{ann}(\chi)=G\setminus\mathbf{Z}(G)$ 且 $\mathrm{V}(\chi)=\mathbf{Z}(G)$.

(2) 假设 $\mathbf{Z}(G)=1$, 并设 $G'\cong\mathrm{E}(p^m)$. 注意到 $\Phi(G)=1$ (否则, $G'\leqslant\Phi(G)$, G 幂零, $\mathbf{Z}(G)>1$, 矛盾), 且 G 为 p-闭群, 易见 $G'=\mathbf{F}(G)$ 为 G 的正规 Sylow p-子群, 且有交换的 $H\in\mathrm{Hall}_{p'}(G)$ 使得 $G=H\ltimes G'$. 任取 $x\in H^\sharp$, 显然 $\mathbf{C}_{G'}(x)\trianglelefteq G$, 故由 G' 的唯一极小正规性推知 $\mathbf{C}_{G'}(x)=1$, 应用命题 2.9.4 即得 $G=\mathrm{Fro}(H,G')$. 由定理 2.9.6 或定理 2.1.12 得 $H\cong\mathrm{C}(h)$ 循环; 再者, 由定理 2.9.14 有 $\mathrm{cd}(G)=\{1,h\}$. 简单计算得 $\mathrm{M}_G(h)=(p^m-1)/h$.

设 $\chi\in\mathrm{Irr}(G)$ 非线性, $\lambda\in\mathrm{Irr}(\chi_{G'})$, 则 $\chi=\lambda^G$. 一方面, χ 零化 $G\setminus G'$; 另一方面, 由命题 2.6.18, χ 不能零化 G' 中的任意元素, 这表明 $\mathrm{ann}(\chi)=G\setminus G'$, $\mathrm{V}(\chi)=G'$. □

例 4.2.2 (Seitz)　*G 恰有一个非线性不可约特征标的充要条件是, G 是下述群之一:*

(1) $G\cong\mathrm{ES}(2^{2m+1})$;

(2) *G 是以 G' 为核的 2-可迁 Frobenius 群, 即 $G=\mathrm{Fro}(H,G')$, 其中 $G'\cong\mathrm{E}(p^n)$, $H\cong\mathrm{C}(p^n-1)$.*

证　($\Rightarrow$) 由例 2.8.20, G 可解且 G' 是 G 的唯一极小正规子群, 故引理 4.2.1 成立.

假设 G 是 p-群, 则 $G/\mathbf{Z}(G)\cong\mathrm{E}(p^{2m})$, $\mathbf{Z}(G)\cong\mathrm{C}(p^b)$, $G'\cong\mathrm{C}(p)$, $\mathrm{cd}(G)=\{1,p^m\}$. 由 $1=\mathrm{M}_G(p^m)=p^{b-1}(p-1)$, 得 $p=2$, $b=1$, $\mathbf{Z}(G)=G'\cong\mathrm{C}(2)$. 注意到 $G/\mathbf{Z}(G)$ 为初等交换群, 有 $\Phi(G)=G'$, 故 $G\cong\mathrm{ES}(2^{2m+1})$.

假设 $G=\mathrm{Fro}(H,G')$, 注意到 $1=\mathrm{M}_G(|H|)=(|G'|-1)/|H|$, 得 $|G'|=|H|+1$, 故 G 是以 G' 为核的 2-可迁 Frobenius 群, 参见例 2.9.9.

($\Leftarrow$) 若 $G=\mathrm{ES}(2^{2m+1})$, 由引理 4.2.1(1) 知 $\mathrm{cd}(G)=\{1,2^m\}$, 且 G 恰有一个 2^m 次不可约特征标. 若 G 是以 $G'\cong\mathrm{E}(p^n)$ 为核的 2-可迁 Frobenius 群, 易见 $\mathrm{cd}(G)=\{1,p^n-1)$ 且 G 有唯一非线性不可约特征标. □

下面的例题是引理 4.2.1 的推广, 它也给出了引理 4.2.1 的基本应用环境.

例 4.2.3　*设 G'/E 为 G 的可解主因子, 取 $L\trianglelefteq G$ 极大使得 $G'\cap L=E$, 再记 $\overline{G}=G/L$, 则 $\overline{G}$ 满足引理 4.2.1 条件, 且以下之一成立:*

(1) $\overline{G} = \mathrm{Fro}(\overline{H}, \overline{K})$, $\overline{H} \cong \mathrm{C}(h)$, $\overline{K} \cong \mathrm{E}(p^m)$, $\mathrm{cd}(G/E) = \mathrm{cd}(\overline{G}) = \{1, h\}$.

(2) $\overline{G}$ 为 p-群, $\mathrm{C}(p) \cong \overline{G}' \leqslant \mathbf{Z}(\overline{G}) \cong \mathrm{C}(p^b)$, $\overline{G}/\mathbf{Z}(\overline{G}) \cong \mathrm{E}(p^{2m})$, $\mathrm{cd}(G/E) = \mathrm{cd}(\overline{G}) = \{1, p^m\}$.

证 由归纳可设 $E = 1$. 显然 $\overline{G}' = (G/L)' = G'L/L \cong G'/E$ 为 $\overline{G}$ 的极小正规子群. 反设 $\overline{G}$ 有异于 $\overline{G}'$ 的极小正规子群 $\overline{T}$, 则 $(T/L) \cap (G'L/L) = 1$, 即 $T \cap G'L = L$, 这就推出 $T \cap G' = T \cap G'L \cap G' = L \cap G' = 1$, 这与 L 的极大性矛盾. 因此 $\overline{G}'$ 是 $\overline{G}$ 的唯一极小正规子群. 应用引理 4.2.1 即得 $\overline{G}$ 的结构及 $\mathrm{cd}(\overline{G})$ 的描写. 注意到 $L \cap G' = 1$, 由推论 2.8.19 得 $\mathrm{cd}(G) = \mathrm{cd}(\overline{G})$, 结论成立. □

引理 4.2.4 (Isaacs) 设 $K \trianglelefteq G$, G/K 是以初等交换 p-群 N/K 为核的 Frobenius 群, $\theta \in \mathrm{Irr}(N)$, 则以下之一成立:

(1) 存在 $\lambda \in \mathrm{Irr}(N/K)$ 使得 $(\lambda\theta)^G$ 不可约, 特别地, $|G:N|\theta(1) \in \mathrm{cd}(G)$.

(2) θ 零化 $N \setminus K$, 特别地, $|N/K| \mid \theta(1)^2$.

证 若 θ 零化 $N \setminus K$, 由 (4.2.1) 式得 $|N/K| \mid \theta(1)^2$.

反设 (1) 和 (2) 都不成立, 我们来推矛盾. 对 $\lambda \in \mathrm{Lin}(N/K) = \mathrm{Irr}(N/K)$, 显然 $\lambda\theta \in \mathrm{Irr}(N)$. 记 $W = \mathrm{V}(\theta)K$, 则 W 和 $\mathrm{V}(\theta)$ 都是 N 的正规子群.

(a) 任取 $\lambda \in \mathrm{Irr}(N/K)$ 都有 $N < \mathrm{I}_G(\lambda\theta) \leqslant \mathbf{N}_G(W)$.

事实上, 因为 (1) 不成立, 所以由 Clifford 定理有 $N < \mathrm{I}_G(\lambda\theta)$. 再者, 若 $g \in \mathrm{I}_G(\lambda\theta)$, 即 $(\lambda\theta)^g = \lambda\theta$, 注意到 $\mathrm{V}(\lambda\theta) = \mathrm{V}(\theta)$ 且 $\mathrm{V}((\lambda\theta)^g) = (\mathrm{V}(\lambda\theta))^g$, 得 $(\mathrm{V}(\theta))^g = (\mathrm{V}(\lambda\theta))^g = \mathrm{V}((\lambda\theta)^g) = \mathrm{V}(\lambda\theta) = \mathrm{V}(\theta)$, 这表明 $g \in \mathbf{N}_G(\mathrm{V}(\theta)) \leqslant \mathbf{N}_G(W)$, 因此 $\mathrm{I}_G(\lambda\theta) \leqslant \mathbf{N}_G(W)$.

(b) $N/K = W/K \times U/K$, 其中 $K < W$, $U \trianglelefteq \mathbf{N}_G(W)$ 且 $U < N$.

因为 (2) 不成立, 所以 $K < W$. 注意到 N/K 为初等交换 p-群, 而 $\mathbf{N}_G(W)/N$ 为 p'-群, 故 N/K 为完全可约 $\mathbb{F}_p[\mathbf{N}_G(W)/N]$-模. 因为 W/K 是 N/K 的子模, 所以有 N/K 的 $\mathbf{N}_G(W)$-不变子群 U/K 使得 $N/K = W/K \times U/K$. 由 $K < W$ 得 $U < N$.

下面分两种情形来推导矛盾.

(c) 假设对任意两个不同的 $\mu_1, \mu_2 \in \mathrm{Irr}(N/U)$ 都有 $\mathrm{I}_G(\mu_1\theta) \cap \mathrm{I}_G(\mu_2\theta) = N$. 此时

$$\left| \bigcup_{\lambda \in \mathrm{Irr}(N/U)} (\mathrm{I}_G(\lambda\theta)/N) \right| = 1 + \sum_{\lambda \in \mathrm{Irr}(N/U)} (|\mathrm{I}_G(\lambda\theta)/N| - 1).$$

再结合 (a) 推出

$$|\mathbf{N}_G(W)/N| - 1 \geqslant \left| \bigcup_{\lambda \in \mathrm{Irr}(N/U)} (\mathrm{I}_G(\lambda\theta)/N) \right| - 1$$

$$= \sum_{\lambda \in \mathrm{Irr}(N/U)} (|\mathrm{I}_G(\lambda\theta)/N| - 1)$$

$$\geqslant |\mathrm{Irr}(N/U)| = |N/U|.$$

但 $\mathbf{N}_G(W)/U$ 是以 N/U 为核的 Frobenius 群 (命题 2.9.19), 必有 $|\mathbf{N}_G(W)/N| \mid (|N/U| - 1)$, 矛盾.

(d) 假设存在不同的 $\lambda, \mu \in \mathrm{Irr}(N/U)$ 使得 $\mathrm{I}_G(\lambda\theta) \cap \mathrm{I}_G(\mu\theta) > N$.

取 $x \in (\mathrm{I}_G(\lambda\theta) \cap \mathrm{I}_G(\mu\theta)) \setminus N$. 记 $\nu = \lambda\overline{\mu}$. 首先, 由 (a) 和 (b) 知 $x \in \mathbf{N}_G(W)$ 正规化 U, 故 $U \leqslant \ker\nu \cap \ker\nu^x$, 从而 $U \leqslant \ker(\overline{\nu}\nu^x)$. 再者, 因为

$$\theta\nu^x = \theta\lambda^x\overline{\mu}^x = (\theta\mu)\overline{\mu}\lambda^x\overline{\mu}^x = (\theta\mu)^x\overline{\mu}\lambda^x\overline{\mu}^x = \theta^x\mu^x\overline{\mu}\lambda^x\overline{\mu}^x$$

$$= \theta^x\overline{\mu}\lambda^x\mu^x\overline{\mu}^x = \theta^x\overline{\mu}\lambda^x = (\theta\lambda)^x\overline{\mu} = \theta\lambda\overline{\mu} = \theta\nu,$$

所以 $\theta\overline{\nu}\nu^x = \theta$, 从而 $\mathrm{V}(\theta) \leqslant \ker(\overline{\nu}\nu^x)$. 由此依次得出

$$N = WU = \mathrm{V}(\theta)U \leqslant \ker(\overline{\nu}\nu^x); \quad \overline{\nu}\nu^x = 1_N; \quad \nu^x = \nu.$$

注意到以下事实: $\nu \in \mathrm{Irr}(N/U) \subseteq \mathrm{Irr}(N/K)$, G/K 是以 N/K 为核的 Frobenius 群, 因此 ν 必是 N/K 的主特征标, 即 $\nu = 1_{N/K} = 1_N$, 从而 $\lambda = \mu$, 矛盾. □

4.2.2　$|\mathrm{cd}(G)| \leqslant 4$ 的有限群

易见 $|\mathrm{cd}(G)| = 1$ 当且仅当 $\mathrm{cd}(G) = \{1\}$, 这也等价于说 G 是交换群. 接下来, 我们给出 $|\mathrm{cd}(G)| = 2$ 的有限群 G 的结构描写.

定理 4.2.5　若 $\mathrm{cd}(G) = \{1, m\}$, 则 G 可解, $\mathrm{dl}(G) = 2$, 且以下之一成立:

(1) $|G : \mathbf{F}(G)| = m$ 是素数, $\mathbf{F}(G)$ 交换.

(2) $G' \cap \mathbf{Z}(G) = 1$, $G/\mathbf{Z}(G) = \mathrm{Fro}(H/\mathbf{Z}(G), G'\mathbf{Z}(G)/\mathbf{Z}(G))$, 且 $H/\mathbf{Z}(G) \cong \mathrm{C}(m)$, $\mathbf{F}(G) = G'\mathbf{Z}(G)$ 交换.

(3) $m = p^e$ 为素数方幂, G 是非交换 p-群 P 和交换 p'-群的直积, $\mathrm{cd}(P) = \mathrm{cd}(G)$.

证　(a) 假设 G 有极小非交换商群 G/K 为 Frobenius 群.

记 $G/K = \mathrm{Fro}(H/K, N/K)$, 由 G/K 的极小非交换性得 G/N 交换, 再由 N/K 幂零得 G/K 可解, 这表明 G/K 满足引理 4.2.1(2) 条件, 此时

$$G/N \cong H/K \cong \mathrm{C}(m), \quad G'K/K = (G/K)' = N/K \cong \mathrm{E}(q^d),$$

这里 q 为素数且 $(m, q) = 1$.

我们断言 $N = \mathbf{F}(G)$ 且是交换群. 反设 N 不交换, 取非线性 $\psi \in \mathrm{Irr}(N)$, 取 $\chi \in \mathrm{Irr}(\psi^G)$, 我们有 $\psi(1) \mid \chi(1)$ 且 $\chi(1) = m$, 故 $\psi(1)$ 与 q 互素, 由引理 4.2.4 得 $|G : N|\psi(1) \in \mathrm{cd}(G)$, 但 $|G : N|\psi(1) > |G : N| = m$, 矛盾, 因此 N 必交换, 特别地, $N \leqslant \mathbf{F}(G)$. 注意到 $G/K = \mathrm{Fro}(H/K, N/K)$, 必有 $\mathbf{F}(G/K) = N/K$, 这表明

$\mathbf{F}(G) \leqslant N$, 因而 $N = \mathbf{F}(G)$, 断言成立.

任取非线性 $\chi \in \mathrm{Irr}(G)$, 由上面的断言知 χ_N 的不可约成分 λ 都线性. 因为 $\lambda^G(1) = |G:N| = m = \chi(1)$, 所以

$$\lambda^G = \chi, \quad \mathrm{V}(\chi) \leqslant N. \tag{4.2.2}$$

假设 G 有某个 Sylow 子群 (设为 Sylow p-子群) 不交换. 因为 G/N 和 N 都交换, 所以 p 为 $|G/N| = m$ 和 $|N|$ 的公共素因子. 令 $E = \mathbf{O}_{p'}(N)$, 显然 G/E 可解但不交换, 故可取 $E \leqslant T \trianglelefteq G$ 使得 G/T 为 G 的极小非交换商群, 现在 G/T 满足引理 4.2.1 条件. 因为 G/N 交换, 所以 G/T 的唯一极小正规子群 $G'T/T$ 必同构于 N/E 的子群, 这表明 $G'T/T$ 为初等交换 p-群. 取 $\chi_0 \in \mathrm{Irr}(G/T|(G/T)')$. 若 G/T 是以 $G'T/T$ 为核的 Frobenius 群, 则

$$|G:G'T| = \chi_0(1) = m = |G:N|,$$

此时 Frobenius 群 G/T 的核与补的阶都是 p 的倍数, 矛盾. 因此 G/T 必为素数幂阶群, G/T 为 p-群并且 $m = \chi_0(1)$ 为 p 的方幂. 令 Z 为 $\mathbf{Z}(G/T)$ 在 G 中的原像, 由引理 4.2.1 有 $\mathrm{V}(\chi_0) = Z$; 再者, 由 (4.2.2) 式有 $\mathbf{V}(\chi_0) \leqslant N$, 这表明 $Z \leqslant N$. 注意到 G/Z 是初等交换 p-群, 而 G/N 是 m 阶循环群, 必有 $m = p$, 情形 (1) 成立.

假设 G 的所有 Sylow 子群都交换, 用群结构理论不难证明 $N = \mathbf{F}(G) = G' \times \mathbf{Z}(G)$. 为证明情形 (2) 成立, 我们仅需证明 $G/\mathbf{Z}(G)$ 是以 $G'\mathbf{Z}(G)/\mathbf{Z}(G)$ 为核的 Frobenius 群. 任取非主 $\lambda \in \mathrm{Irr}(G'\mathbf{Z}(G)/\mathbf{Z}(G)) \subseteq \mathrm{Irr}(G'\mathbf{Z}(G)) = \mathrm{Irr}(N)$, 显然 λ^G 的不可约成分都是非线性的, 故由 (4.2.2) 式推出 λ^G 不可约. 由 Frobenius 群的特征标刻画 (定理 2.9.14) 推知 $G/\mathbf{Z}(G)$ 是以 $G'\mathbf{Z}(G)/\mathbf{Z}(G)$ 为核的 Frobenius 群, 情形 (2) 成立.

(b) 假设 G 的极小非交换商群都不是 Frobenius 群.

记 $\pi = \pi(m)$. 由 Thompson 定理 4.1.12, 对任意 $p \in \pi$, G 都有正规 p-补, 故 G 有正规 π-补 N 并且 G/N 幂零. 此时 N 必为交换群 (否则, 取 $\chi \in \mathrm{Irr}(G|N')$, 必有 $\chi(1) \neq m$, 矛盾), 特别地, G 可解. 此时 G 的极小非交换商群必是素数幂阶群, 故 m 必是某个素数方幂. 设 $m = p^e$, 则 $G = P \ltimes N$, 其中 N 为 G 的正规交换的 Hall p'-子群, 且由 (b) 之假设条件知 $P \in \mathrm{Syl}_p(G)$ 非交换.

任取 $\lambda \in \mathrm{Irr}(N)$, 记 $T = \mathrm{I}_G(\lambda)$. 注意到 λ 可扩充到 T, 由推论 2.8.6 易得 $|G:T| \in \mathrm{cd}(G)$, 从而 $|G:T| \in \{1, p^e\}$. 此时 $(1_T)^G$ 的不可约成分的次数都小于 p^e, 故 $(1_T)^G$ 仅含有线性不可约成分, 推出 $G' \leqslant \ker((1_T)^G) \leqslant T$. 再由 λ 的任意性得 $G' \leqslant \bigcap_{\lambda \in \mathrm{Irr}(N)} \mathrm{I}_G(\lambda) =: D$. 注意 $N \leqslant D \trianglelefteq G$ 且

$$D = D \cap PN = (P \cap D) \ltimes N.$$

现在 $R := P \cap D$ 稳定 N 的所有不可约特征标, 由例 3.3.5 推知 R 中心化 N. 特

别地, $R \trianglelefteq G$.

考察 G/R, 我们看到 RN/R 是 G/R 的正规交换 p'-子群, $(G/R)/(RN/R) \cong G/RN = G/D$ 是交换 p-群, 这表明 G/R 的 Sylow 子群都交换, 因此 G/R 的极小非交换商群不可能是素数幂阶群. 由 (b) 之假设条件推出 G/R 为交换群, 从而 $G = G/(R \cap N) \lesssim G/R \times G/N$ 为幂零群, 这表明 $G = P \times N$. 显然 $\mathrm{cd}(P) = \mathrm{cd}(G)$, 情形 (3) 成立. □

推论 4.2.6 若 G 非幂零, 则 $|\mathrm{cd}(G)| = 2$ 当且仅当定理 4.2.5 中情形 (1) 或 (2) 发生.

证 若定理 4.2.5 中的情形 (1) 成立, 由推论 3.2.7 有 $\mathrm{cd}(G) = \{1, |G : \mathbf{F}(G)|\}$. 若定理 4.2.5 中的情形 (2) 成立, 显然 $\mathrm{cd}(G/\mathbf{Z}(G)) = \{1, m\}$, 再由推论 2.8.19 得 $\mathrm{cd}(G) = \mathrm{cd}(G/\mathbf{Z}(G))$. □

对于 G 幂零的情形, $|\mathrm{cd}(G)| = 2$ 的特征刻画还是一个尚未解决的问题. 但若 $\mathrm{cd}(G) = \{1, p\}$, 我们有下面的特征描写.

命题 4.2.7 设 G 非交换, p 为素数, 则 $\mathrm{cd}(G) = \{1, p\}$ 当且仅当以下之一成立:

(1) 存在 G 的正规交换子群 A 使得 $|G : A| = p$.

(2) $|G : \mathbf{Z}(G)| = p^3$.

证 我们仅证必要性. 假设 (1) 不成立, 即 G 没有指数为 p 的正规交换子群, 由定理 4.2.5, G 是非交换 p-群和交换 p'-群的直积. 为证明 $|G : \mathbf{Z}(G)| = p^3$, 由归纳可设 G 为 p-群.

我们先证明 G 有指数为 p^2 的正规交换子群. 令 G/N 为 G 的极小非交换商群, 再设 $A/N = \mathbf{Z}(G/N)$, 由引理 4.2.1 得 $|G/A| = p^2$. 反设 A 不交换, 取 $\theta \in \mathrm{Irr}(A)$ 非线性, 显然 $\theta(1) = p$ 且 θ 可扩充到 $\theta_0 \in \mathrm{Irr}(G)$. 再取 $\eta \in \mathrm{Irr}(G/N)$ 使得 $\eta(1) = p$, 令 λ 为 η_A 的不可约成分, 显然 $\lambda, \theta, \lambda\theta$ 都是 A 的 G-不变的不可约特征标, 由定理 2.8.4 得 $\eta\theta_0 \in \mathrm{Irr}((\lambda\theta)^G)$, 但 $(\eta\theta_0)(1) = p^2$, 矛盾, 故 A 一定是交换群.

因 A 交换, 每个 $\chi \in \mathrm{Irr}(G)$ 限制到 A 必是 $\chi(1)$ 个线性特征标的和, 从而 $[\chi_A, \chi_A] \geqslant \chi(1)$, 这就推出

$$\frac{1}{|A|}\sum_{a\in A}|\mathbf{C}_G(a)| = \frac{1}{|A|}\sum_{\chi\in\mathrm{Irr}(G)}\sum_{a\in A}|\chi(a)|^2 = \sum_{\chi\in\mathrm{Irr}(G)}[\chi_A, \chi_A]$$

$$\geqslant \sum_{\chi\in\mathrm{Irr}(G)}\chi(1) > \sum_{\chi\in\mathrm{Irr}(G)}\frac{\chi(1)^2}{p} = \frac{|G|}{p}.$$

考察 A 在集合 $G \setminus A$ 上的共轭作用, 设 π 为相应的置换特征标, 由置换特征标

的定义易见 $\pi(a) = |\mathbf{C}_G(a)| - |A|$, 因此集合 $G \setminus A$ 的 A-轨道数 d 满足 (参见命题 2.4.11(2))

$$d = [\pi, 1_A] = \frac{1}{|A|}\sum_{a\in A}(|\mathbf{C}_G(a)| - |A|) > \frac{|G|}{p} - |A|,$$

这也表明 $G \setminus A$ 的平均 A-轨道长度 α 满足

$$\alpha < \frac{|G| - |A|}{|G|/p - |A|} = p + 1,$$

这表明 $G \setminus A$ 中存在某个长度为 1 或 p 的 A-轨道, 记之为 x^A. 注意我们已经假设 G 没有指数为 p 的正规交换子群, 所以 $A = \mathbf{C}_G(A)$, 故 A-轨道 x^A 的长只能是 p. 记 $K = \langle x, A\rangle$. 显然

$$\mathbf{Z}(K) = \mathbf{C}_A(x), \quad |A : \mathbf{Z}(K)| = |x^A| = p, \quad |G : \mathbf{Z}(K)| = p^3, \quad K' > 1.$$

下面仅需证明 $\mathbf{Z}(K) = \mathbf{Z}(G)$. 记 $Z = \mathbf{Z}(K)$. 任取 $\chi \in \mathrm{Irr}(G)$, 若 χ_K 不可约, 则 $Z \leqslant \mathbf{Z}(\chi_K) \leqslant \mathbf{Z}(\chi)$, 从而 $[G, Z] \leqslant \ker\chi$. 若 χ_K 可约, 则 χ_K 的不可约成分均线性, 得 $K' \leqslant \ker\chi$. 综上表明 $\ker\chi$ 必定包含 $[G, Z]$ 或者 K', 特别地,

$$K' \cap [G, Z] \leqslant \bigcap_{\chi\in\mathrm{Irr}(G)} \ker\chi = 1,$$

即 $K'[G, Z] = K' \times [G, Z]$. 反设 $[G, Z] > 1$, 取 $\theta = \mu \times \nu \in \mathrm{Irr}(K' \times [G, Z])$, 其中 μ, ν 分别是 K' 和 $[G, Z]$ 上的非主不可约特征标, 再取 χ 为 θ^G 的不可约成分, 容易看到 $\ker\chi$ 既不能包含 $[G, Z]$ 也不能包含 K', 矛盾. 因此 $[G, Z] = 1$, 得 $Z \leqslant \mathbf{Z}(G)$. 注意到 $|G : Z| = p^3$ 且 G 没有指数为 p 的正规交换子群, 故必有 $Z = \mathbf{Z}(G)$, $|G : \mathbf{Z}(G)| = p^3$. □

下面考察 $|\mathrm{cd}(G)| = 3$ 的有限群 G 的结构, 我们需要两条引理.

引理 4.2.8 设 N 为 G 的正规 Hall 子群, 则以下结论成立:

(1) $|\mathrm{cd}(N)| \leqslant |\mathrm{cd}(G)|$.

(2) 若 G 可解, G/N 超可解, 且 $\mathrm{dl}(N) \leqslant |\mathrm{cd}(N)|$, 则 $\mathrm{dl}(G) \leqslant |\mathrm{cd}(G)|$.

证 记 $\pi = \pi(N)$, 取 $\psi_i \in \mathrm{Irr}(N)$ 使得 $\mathrm{cd}(N) = \{\psi_1(1), \cdots, \psi_k(1)\}$ 并且 $1 = \psi_1(1) < \psi_2(1) < \cdots < \psi_{k-1}(1) < \psi_k(1)$, 再取 $\chi_i \in \mathrm{Irr}(\psi_i^G)$, 显然 $\psi_i(1) = \chi_i(1)|_\pi$.

(1) 易见 $\chi_1(1), \cdots, \chi_k(1)$ 两两不同, 这表明 $|\mathrm{cd}(N)| \leqslant |\mathrm{cd}(G)|$.

(2) 由命题 3.5.9, G/N' 为 $\mathcal{M}$-群, 故由 Taketa 定理推出

$$\mathrm{dl}(G/N') \leqslant |\mathrm{cd}(G/N')|.$$

注意到 $\mathrm{dl}(G) \leqslant \mathrm{dl}(G/N') + \mathrm{dl}(N')$, 且由条件得 $\mathrm{dl}(N') + 1 = \mathrm{dl}(N) \leqslant |\mathrm{cd}(N)|$, 我们有

$$\mathrm{dl}(G) \leqslant |\mathrm{cd}(G/N')| + |\mathrm{cd}(N)| - 1.$$

任取 $f \in \operatorname{cd}(G/N')$, 因为 G/N' 有正规交换的 Hall π-子群 N/N', 所以 $f|_\pi = 1$; 另一方面, $\operatorname{cd}(G|N')$ 中成员都有非平凡的 π-部分, 这表明

$$\operatorname{cd}(G) = \operatorname{cd}(G/N') \cup \operatorname{cd}(G|N'), \quad \operatorname{cd}(G/N') \cap \operatorname{cd}(G|N') = \varnothing.$$

当 $i \geqslant 2$ 时, 有 $\chi_i(1)|_\pi > 1$, 故 $\chi_i(1) \in \operatorname{cd}(G|N')$, 这表明 $|\operatorname{cd}(N)|-1 \leqslant |\operatorname{cd}(G|N')|$. 综上得 $\operatorname{dl}(G) \leqslant |\operatorname{cd}(G/N')| + |\operatorname{cd}(G|N')| = |\operatorname{cd}(G)|$. □

引理 4.2.9 设 $N \trianglelefteq G$. 若 $|\operatorname{cd}(G|N)| \leqslant 1$, 或 $\operatorname{cd}(G|N) = \{a, b\}$ 且 $(a, b) = 1$, 则 N 可解.

证 反设 N 不可解, 令 $\{G, N\}$ 为反例使得 $|G| + |N|$ 极小. 任取 G 的极小正规子群 E, 有 $\operatorname{Irr}(G/E|\, NE/E) \subseteq \operatorname{Irr}(G|N)$, 从而

$$\operatorname{cd}(G/E|\, NE/E) \subseteq \operatorname{cd}(G|N),$$

这表明引理条件对 $\{G/E, NE/E\}$ 仍成立, 故由极小反例假设得 NE/E 可解. 如果 E 不包含在 N 中, 那么 $N \cong NE/E$ 可解, 矛盾, 故可设 G 的任意极小正规子群 E 都在 N 中, 且 N/E 可解. 再者, 若 G 有两个不同的极小正规子群 E_1, E_2, 则 N/E_1 和 N/E_2 都可解, 得 N 可解, 矛盾. 因此可设 G 有唯一极小正规子群 E 且 N/E 可解. 若 $E < N$, 注意到 $\operatorname{cd}(G|E) \subseteq \operatorname{cd}(G|N)$, 故引理条件对 $\{G, E\}$ 仍成立, 从而 E 可解, 由此又得 N 的可解性, 矛盾. 综上表明 N 是 G 的唯一极小正规子群. 特别地, N 是若干两两同构的非交换单群的直积, 且所有 $\operatorname{Irr}(G|N)$ 中成员都是 G 的忠实特征标.

若 $|\operatorname{cd}(G|N)| = 0$, 则 $N = 1$, 矛盾.

若 $\operatorname{cd}(G|N) = \{a\}$, 取 $\theta \in \operatorname{Irr}^\sharp(N)$, 再取 $\chi \in \operatorname{Irr}(\theta^G)$, 则 $\chi(1) = a$, 故有 $\theta(1)$ 的也是 $|N|$ 的素因子 p 使得 p 整除 a. 因为 $\operatorname{cd}(G|N) = \operatorname{cd}(G|N') = \{a\}$, 所以由定理 4.1.14(1) 得 N 有正规 p-补, 矛盾.

以下考察 $\operatorname{cd}(G|N) = \{a, b\}$ 且 $(a, b) = 1$ 的情形, 不妨设 $a < b$.

(1) 设 $\chi_1, \chi_2 \in \operatorname{Irr}(G|N)$ 是两个 a 次特征标, 若 $(\overline{\chi_1})_N$ 不是 $(\chi_2)_N$ 的倍数, 则 $\chi_1\chi_2$ 必为 a 个属于 $\operatorname{Irr}(G|N)$ 中的 a 次不可约特征标的和.

因 $(\overline{\chi_1})_N$ 不是 $(\chi_2)_N$ 的倍数, 故 $(\overline{\chi_1})_N$ 和 $(\chi_2)_N$ 没有公共不可约成分, 即 $[(\overline{\chi_1})_N, (\chi_2)_N] = 0$. 反设存在 $\lambda \in \operatorname{Irr}(G/N)$ 使得 $\lambda \in \operatorname{Irr}(\chi_1\chi_2)$, 即 $[\lambda, \chi_1\chi_2] \geqslant 1$, 则

$$1 \leqslant [\lambda_N, (\chi_1\chi_2)_N] = [\lambda_N(\overline{\chi_1})_N, (\chi_2)_N] = \lambda(1)[(\overline{\chi_1})_N, (\chi_2)_N] = 0,$$

矛盾. 这表明 $\chi_1\chi_2$ 中的不可约成分都在 $\operatorname{Irr}(G|N)$ 中, 故 $\chi_1\chi_2$ 可表示为 s 个 a 次特征标以及 t 个 b 次特征标的和 (这里 s, t 均为非负整数), 计算次数有 $a^2 = sa + tb$, 由此推出: $a \mid t$, $t = 0$, 断言 (1) 成立.

(2) 两个 $\operatorname{Irr}(G|N)$ 中的 a 次特征标的乘积中, 没有属于 $\operatorname{Irr}(G|N)$ 的 b 次不可约成分.

否则, 存在 $\chi, \xi, \psi \in \mathrm{Irr}(G|N)$ 使得 $\chi(1) = \xi(1) = a$, $\psi(1) = b$ 且满足 $[\chi\overline{\xi}, \overline{\psi}] \geqslant 1$. 考察 $\chi\psi$ 的不可约成分. 首先, $[\chi\psi, \xi] = [\chi\overline{\xi}, \overline{\psi}] \geqslant 1$, 这表明 $\xi \in \mathrm{Irr}(\chi\psi)$. 其次, 若存在 $\lambda \in \mathrm{Irr}(G/N)$ 使得 $\lambda \in \mathrm{Irr}(\chi\psi)$, 则 $1 \leqslant [(\chi\psi)_N, \lambda_N] = [\chi_N, \lambda(1)\overline{\psi_N}]$, 这说明 χ_N 和 $\overline{\psi}_N$ 有公共不可约成分, 记为 μ, 注意 $\mu \neq 1_N$, 此时

$$(a, b) = (\chi(1), \overline{\psi}(1)) \geqslant \mu(1) > 1,$$

矛盾, 因此 $\chi\psi$ 的不可约成分都在 $\mathrm{Irr}(G|N)$ 中. 将 $\chi\psi$ 表为 r 个 a 次特征标及 t 个 b 次特征标的和, 其中这 $r + t$ 个特征标均属于 $\mathrm{Irr}(G|N)$, 且 $r \geqslant 1$. 比较次数得 $ab = ra + tb$, 进而推出 $a \mid t$, $t = 0$, $r = b$, 故

$$\chi\psi = \sum_{i=1}^{b} \xi_i, \tag{4.2.3}$$

其中 $\xi_i \in \mathrm{Irr}(G|N)$, $\xi_1(1) = \cdots = \xi_b(1) = a$. 由反转律, (4.2.3) 式也表明 $\chi\overline{\xi_i}$ 中均含有 b 次不可约成分 $\overline{\psi}$, 由断言 (1) 有

$$(\xi_i)_N = e_i\chi_N, \quad e_i \in \mathbb{Q}^\sharp,$$

$$(\chi_N)(\psi_N) = \sum_{i=1}^{b} (\xi_i)_N = \sum_{i=1}^{b} e_i\chi_N = f\chi_N, \tag{4.2.4}$$

其中 $f = \psi(1)$. 注意到 $\psi \in \mathrm{Irr}(G|N)$ 是 G 的忠实特征标, 因而 ψ 在 $N^\sharp$ 上取不到值 $\psi(1)$, 这样 (4.2.4) 式推出 χ 零化 $N^\sharp$, 这显然是不可能的 (见引理 2.6.12).

(3) 最后的矛盾.

取 $\chi \in \mathrm{Irr}(G|N)$ 使得 $\chi(1) = a$. 由定理 2.5.8, 可取到最小的正整数 e, 使得 χ^e 中含有属于 $\mathrm{Irr}(G|N)$ 的 b 次不可约成分, 即有 $\xi \in \mathrm{Irr}(\chi^{e-1})$ 使得 $\chi\xi$ 中含有某个属于 $\mathrm{Irr}(G|N)$ 的 b 次不可约成分 ψ.

若 $\xi \in \mathrm{Irr}(G/N)$, 则 $1 \leqslant [(\chi\xi)_N, \psi_N] = \xi(1)[\chi_N, \psi_N]$, 这说明 χ_N 和 ψ_N 有公共不可约成分, 于是 $(a, b) = (\chi(1), \psi(1)) > 1$, 矛盾.

若 $\xi \in \mathrm{Irr}(G|N)$, 则由 e 的最小性得 $\xi(1) = a$, 这与断言 (2) 矛盾. □

定理 4.2.10 若 $|\mathrm{cd}(G)| \leqslant 3$, 则 G 可解且 $\mathrm{dl}(G) \leqslant |\mathrm{cd}(G)| \leqslant 3$.

证 由定理 4.2.5, 我们仅需证明 $|\mathrm{cd}(G)| = 3$ 的情形. 设 $\mathrm{cd}(G) = \{1, m, n\}$, 其中 $m \neq n$.

(1) 先考察 $(m, n) > 1$ 的情形. 令 p 为 m, n 的公共素因子. 由 Thompson 定理 4.1.12, G 有正规 p-补 N. 由引理 4.2.8(1) 有 $|\mathrm{cd}(N)| \leqslant |\mathrm{cd}(G)| = 3$, 进而由归纳假设得 N 可解且 $\mathrm{dl}(N) \leqslant |\mathrm{cd}(N)|$. 应用引理 4.2.8(2) 即得结论.

(2) 再考察 $(m, n) = 1$ 的情形. 易见 $\mathrm{cd}(G|G') = \{m, n\}$, 故由引理 4.2.9 得 G' 可解, 从而 G 也可解. 取 G/K 为 G 的极小非交换商群, 不妨设 $n \in \mathrm{cd}(G/K)$, 再取 $\chi \in \mathrm{Irr}(G)$ 使得 $\chi(1) = m$.

若 G/K 是素数幂阶群, 因为 $\chi(1) = m$ 与 $|G/K|$ 互素, 所以由定理 3.2.5 推出 χ_K 不可约, 再由 Gallagher 定理 2.8.5 推出 $mn \in \mathrm{cd}(G)$, 矛盾. 因此 G/K 是以初等交换 p-群 $N/K = G'K/K$ 为核的 Frobenius 群. 由 $n \in \mathrm{cd}(G/K)$, 得 G/N 必为 n 阶循环群. 注意 N 不可能为交换群 (否则, m 整除 $|G:N| = n$, 矛盾). 任取非线性 $\psi \in \mathrm{Irr}(N)$, 显然 $n\psi(1) = |G/N|\psi(1) \notin \mathrm{cd}(G)$, 故由引理 4.2.4 推出 $p \mid \psi(1)$. 注意到 $(n,p) = 1$, 所有这些 ψ 都是 G 的 m 次不可约特征标在 N 上的限制, 这表明 $\mathrm{cd}(N) = \{1, m\}$, 从而 $\mathrm{dl}(N) = 2$, $\mathrm{dl}(G) \leqslant 3$, 定理证毕. □

关于定理 4.2.5 和定理 4.2.10, 我们再作以下说明.

(A) 这两个定理不依赖单群分类定理, 它们的证明回避了依赖于单群分类定理的定理 4.1.2 及定理 4.1.14(2).

(B) 对于 $|\mathrm{cd}(G)| = 2$ 的有限群迄今还没有完整的刻画. 由推论 4.2.6, 我们还需要对 $|\mathrm{cd}(G)| = 2$ 的 p-群 G 做详细的描写. 鉴于 p-群的结构比较单一, 无法借助群作用等技术手段, 所以 p-群上的特征标问题往往都是困难的.

(C) 在 [92] 中, Noritzsch 对 $|\mathrm{cd}(G)| = 3$ 的有限群 G 做了更细致的描写.

下面给出定理 4.2.10 的一些推广.

定理 4.2.11 [*] (Isaacs-Knutson)　*设 $N \trianglelefteq G$, 若 $|\mathrm{cd}(G|N)| \leqslant 2$, 则 N 可解且 $\mathrm{dl}(N) \leqslant 2$.*

证　我们略去“$\mathrm{dl}(N) \leqslant 2$”的证明 (参见 [60]), 仅证 N 的可解性. 若 $\mathrm{cd}(G|N)$ 中成员有公共素因子 p, 注意到 $\mathrm{cd}(G|N') \subseteq \mathrm{cd}(G|N)$, 推出 p 整除 $\mathrm{cd}(G|N')$ 中所有成员, 应用定理 4.1.14 即得 N 的可解性. 若 $\mathrm{cd}(G|N)$ 中成员没有公共素因子, 由引理 4.2.9 也得 N 的可解性. □

(D) 定理 4.2.11 的证明依赖单群分类定理. 我们说定理 4.2.10 是定理 4.2.11 的特例. 事实上, 若 $|\mathrm{cd}(G)| \leqslant 3$, 则 $|\mathrm{cd}(G|G')| \leqslant 2$, 应用定理 4.2.11 得 G' 是导长不超过 2 的可解群, 这说明 G 是导长不超过 3 的可解群.

(E) 按照 Berkovich [19] 的定义, 若 $G = 1$ 或 G 有唯一极小正规子群, 则称 G 为**单柱群**; 称 $\chi \in \mathrm{Irr}(G)$ 为**单柱特征标**, 若 $G/\ker\chi$ 为单柱群. 例如, 由引理 4.1.5 和引理 4.1.6 易见, 可解群的 $\mathcal{P}$-特征标都是单柱特征标. 由归纳及定理 4.2.11 容易验证下面的推论: *若 G 的单柱不可约特征标次数之个数不超过 3, 则 G 必可解.*

对于 $|\mathrm{cd}(G)| = 4$ 的有限群 G, 我们仅陈述一些结果.

(F) (Garrison) 若 G 可解且 $|\mathrm{cd}(G)| = 4$, 则 $\mathrm{dl}(G) \leqslant 4$.

对于可解群 G, 若 G 的第 n 次 Fitting 子群 $\mathbf{F}_n(G) = G$ 但第 $n-1$ 次 Fitting 子群 $\mathbf{F}_{n-1}(G)$ 小于 G, 则称 G 的 Fitting 高或幂零长为 n, 记为 $\ell_{\mathbf{F}}(G) = n$. 显然 $\ell_{\mathbf{F}}(G) \leqslant \mathrm{dl}(G)$.

(G) (Riedl) 若 G 可解且 $|\mathrm{cd}(G)| = 4$, 则 G 的 Fitting 高 $\ell_{\mathbf{F}}(G) \leqslant 3$.

(H) 在 [71] 中, Lewis 提出下面的问题: 若 G 可解且 $\mathrm{cd}(G)=\{1,m,n,mn\}$, 其中 m,n 互素, 问是否 $\mathrm{dl}(G)\leqslant 3$? 我们在 [105] 中给出了该问题的完整回答.

命题 4.2.12 若 $\mathrm{cd}(G)=\{1,m,n,mn\}$, 则 G 可解且以下情形之一成立:

(1) $\mathrm{dl}(G)\leqslant 3$.

(2) $\mathrm{cd}(G)=\{1,3,13,39\}$, 且 $\mathrm{dl}(G)=4$.

(3) $\mathrm{cd}(G)=\{1,p^{r_1},p^{r_2},p^{r_1+r_2}\}$, 特别地, $\ell_{\mathbf{F}}(G)\leqslant 2$.

鉴于以上结果, 满足 $\mathrm{dl}(G)=|\mathrm{cd}(G)|=4$ 的可解群 G 应该有比较特殊的群论结构, 文 [37] 对这样的可解群作了部分描写, 但给出完整的刻画似乎十分困难.

定理 4.2.10 告诉我们, 若 G 不可解, 则 $|\mathrm{cd}(G)|\geqslant 4$. 自然地, 我们希望能给出 $|\mathrm{cd}(G)|=4$ 的非可解群 G 的结构描写.

定理 4.2.13 [*] (Malle-Moretó) 设 G 非可解, 则 $|\mathrm{cd}(G)|=4$ 当且仅当以下之一成立:

(1) $G=\mathrm{PSL}(2,2^n)\times A$, 其中 $n\geqslant 2$, A 为交换群; 此时 $\mathrm{cd}(G)=\{1,2^n-1,2^n,2^n+1\}$.

(2) 存在 $U\trianglelefteq G$ 使得 $U\cong\mathrm{PSL}(2,q)$ 或 $\mathrm{SL}(2,q)$, 其中 $q\geqslant 5$ 是奇素数方幂, 且满足 $\mathbf{C}_G(U)\leqslant\mathbf{Z}(G)$, $G/\mathbf{C}_G(U)\cong\mathrm{PGL}(2,q)$; 此时 $\mathrm{cd}(G)=\{1,q-1,q,q+1\}$.

(3) $G/\mathbf{Z}(G)\cong\mathrm{M}_{10}$, 且 $\mathbf{Z}(G)\cap G'=1$; 此时 $\mathrm{cd}(G)=\{1,9,10,16\}$.

该定理证明中, 关键步骤之一是证明下例之结果.

例 4.2.14 [*] 设 N 为 G 的非可解的正规子群, 若 $|\mathrm{cd}(G|N)|\leqslant 3$, 则 $|\mathrm{cd}(G|N)|=3$, 且 G 的每条合成列中有且仅有一个非交换的合成因子.

证 因 N 不可解, 由定理 4.2.11 得 $|\mathrm{cd}(G|N)|=3$. 我们仅需证明下面的断言 (1) 和 (2).

(1) 若 L/E 为 G 的非交换的主因子满足 $L\leqslant N$, 则 L/E 单.

显然 $\{G/E,N/E\}$ 继承了 $\{G,N\}$ 的假设条件, 故由归纳可设 $E=1$. 注意到将 N 替换为 L 假设条件也成立, 故由归纳还可设 $N=L$, 此时 N 为 G 的非交换的极小正规子群. 进一步, 若 G 有异于 N 的极小正规子群 W, 将 G,N 分别替换成 G/W 和 WN/W, 并由归纳假设即得结论. 综上, 我们可设 $N=L$ 是 G 的唯一极小正规子群.

反设 N 非单, 则 $N=S_1\times\cdots\times S_n$ 为 $n\geqslant 2$ 个非交换单群 S 的直积, 此时 G 可迁作用在 $\{S_1,\cdots,S_n\}$ 上, 故 $n=|G:\mathbf{N}_G(S_1)|$. 由定理 4.1.19, 可取 $\sigma\in\mathrm{Irr}^\sharp(S)$ 使得 σ 可扩充到 $\mathrm{Aut}(S)$. 设 p 为 $\sigma(1)$ 的一个素因子, 由 Thompson 定理 4.1.12, 我们还可取到 $\tau\in\mathrm{Irr}^\sharp(S)$ 使得 $\tau(1)$ 与 p 互素. 令

$$\eta_1=\underbrace{\sigma\times\sigma\times\cdots\times\sigma}_{n\text{个}\sigma},\quad \eta_2=\sigma\times\underbrace{1\times\cdots\times 1}_{n-1\text{个}1},\quad \eta_3=\sigma\times\tau\times\underbrace{1\times\cdots\times 1}_{n-2\text{个}1}.$$

显然 $\eta_1, \eta_2, \eta_3 \in \mathrm{Irr}^\sharp(N)$. 由推论 3.4.8 知 η_1 可扩充到 G, 故 $\sigma(1)^n \in \mathrm{cd}(G|N)$. 注意到 η_2 的稳定子群为 $\mathbf{N}_G(S_1)$, 且 η_2 可扩充到 $\mathbf{N}_G(S_1)$ (见 3.4 节), 这表明 $n\sigma(1) \in \mathrm{cd}(G|N)$. 再考察 $\mathrm{I}_G(\eta_3)$, 易见

$$\mathrm{I}_G(\eta_3) \leqslant \mathbf{N}_G(S_1) \cap \mathbf{N}_G(S_2) \leqslant \mathbf{N}_G(S_1),$$

应用 Clifford 定理知 ${\eta_3}^G$ 中有次数为 $\sigma(1)\tau(1)mn$ 的不可约成分, 其中 $m \mid |\mathbf{N}_G(S_1) : N|$. 简单验证知 $\sigma(1)^n, n\sigma(1), \sigma(1)\tau(1)mn$ 两两不同, 这样就有

$$\{\sigma(1)^n, n\sigma(1), \sigma(1)\tau(1)mn\} = \mathrm{cd}(G|N).$$

此时, $\sigma(1)$ 的素因子 p 整除 $\mathrm{cd}(G|N)$ 中所有成员, 应用定理 4.1.14 得 N 有正规 p-补, 但 $p \in \pi(N)$, 显然矛盾, 断言 (1) 成立.

(2) G 的每条主列中有且仅有一个非交换的主因子.

若存在 G 的极小正规子群 E 使得 E 可解且 $E \leqslant N$, 则 $\{G/E, N/E\}$ 仍满足条件, 故由归纳假设即得结论. 现设 N 中的极小 G-不变子群都不可解, 并取 W 为 N 中的一个极小 G-不变子群. 由断言 (1) 知 W 为非交换单群. 由定理 4.1.19, 可取到 $\alpha \in \mathrm{Irr}^\sharp(W)$ 使得 α 可扩充到 $\mathrm{Aut}(W)$, 于是由 3.4 节说明 (H) 推知 α 可扩充到 G. 由 Gallagher 定理 2.8.5, α^G 中不可约成分之次数 (均大于 1) 的个数恰等于 $|\mathrm{cd}(G/W)|$, 这表明 $|\mathrm{cd}(G/W)| \leqslant 3$, 故 G/W 可解, 断言 (2) 成立. □

下面的两条结论可看作定理 4.2.13 的推广或补充.

命题 4.2.15 [*] ([53]) 设 $N \trianglelefteq G$ 且 N 不可解, 则 $|\mathrm{cd}(G|N)| = 3$ 当且仅当 $|\mathrm{cd}(G)| = 4$.

定理 4.2.16 [*] (Malle-Moretó) 设 G 为非交换单群, 则以下结论成立:

(1) 若 $|\mathrm{cd}(G)| = 4$, 则 $G \cong \mathrm{PSL}(2, 2^f)$, $f \geqslant 2$.

(2) 若 $|\mathrm{cd}(G)| = 5$, 则 $G \cong \mathrm{PSL}(2, p^f)$, $p \geqslant 3$, $p^f > 5$.

(3) 若 $|\mathrm{cd}(G)| = 6$, 则 $G \cong {}^2B_2(2^{2f+1})$, $f \geqslant 1$, 或 $\mathrm{PSL}(3, 4)$.

(I) 关于 $|\mathrm{cd}(G)| = 5$ 的非可解群 G, 参见 [54].

(J) 对于 $|\mathrm{cs}(G)|$ 很小的有限群, 也有很多研究, 这里 $\mathrm{cs}(G)$ 表示 G 的共轭类的类长集合. 若 $|\mathrm{cs}(G)| = 2$, Ishikawa [62] 证明了 G 必是类不超过 3 的 p-群和一个交换群的直积; 若 $|\mathrm{cs}(G)| = 3$, Itô 证明 G 必可解; 对于 $|\mathrm{cs}(G)| = 4$ 的情形, 目前有很多工作, 但对 G 的结构尚无比较完整的描写.

下面我们转到另外一个自然而又重要的问题: 什么样的 (含有 1) 正整数集合 A 可以作为某个有限群的不可约特征标次数集合? 该问题的完整回答看来是没有希望的, 但当 $|A|$ 很小时, 也许可以得到较好的答案.

例 4.2.17 任取正整数 $m \geqslant 2$, 必存在有限群 G 使得 $\mathrm{cd}(G) = \{1, m\}$.

证 由引理 2.6.3, 存在正整数 k 使得 $1 + km$ 等于某个素数 p. 取 $V \cong \mathrm{C}(p)$, H 为 $\mathrm{Aut}(V)$ 中的 m 阶循环子群, 记 $G = H \ltimes V$. 易见 $G = \mathrm{Fro}(H, V)$, $\mathrm{cd}(G) =$

$\{1, m\}$. □

命题 4.2.18 (Isaacs) 若 A 为由素数 p 的某些方幂构成的正整数集合, $1 \in A$, $|A| \geqslant 2$, 则存在一个幂零类为 2 的 p-群 G 使得 $\mathrm{cd}(G) = A$.

4.2.3 特征标次数的个数与可解群的 Fitting 高

经典的 Garrison 定理指出, 若 G 可解, 则 $\ell_{\mathbf{F}}(G) \leqslant |\mathrm{cd}(G)|$. 为证明该定理, 需要做一些准备工作. 我们用 $b(G)$ 表示群 G 的最大不可约特征标次数. 若 D 是 G 的子群或商群, 则显然有 $b(D) \leqslant b(G)$.

例 4.2.19 设 $T \leqslant G$, 则 $b(G) \leqslant |G:T|b(T)$. 进一步, 当 $b(G) = |G:T|b(T)$ 时, 对任意一个次数为 $b(G)$ 的 G 上的不可约特征标 χ, 都有 $\mathrm{V}(\chi) \leqslant \mathrm{Core}_G(T)$, 即 χ 零化 $G \setminus \mathrm{Core}_G(T)$.

证 取 $\chi \in \mathrm{Irr}(G)$ 使得 $\chi(1) = b(G)$, 取 $\psi \in \mathrm{Irr}(\chi_T)$, 设 $e = [\psi^G, \chi] = [\psi, \chi_T]$, 则

$$|G:T|b(T) \geqslant |G:T|\psi(1) = \psi^G(1) \geqslant e\chi(1) = eb(G) \geqslant b(G),$$

故 $b(G) \leqslant |G:T|b(T)$. 进一步, 若 $b(G) = |G:T|b(T)$, 上式推出 $e = 1, \psi(1) = b(T)$, 这也说明 $\chi_T = \psi_1 + \cdots + \psi_s$, 其中 $\psi_1, \cdots, \psi_s \in \mathrm{Irr}(T)$ 两两不同且有相同的特征标次数 $b(T)$. 此时

$$[\chi_T, \chi_T] = s = b(G)/b(T) = |G:T|,$$

由引理 2.3.6 推出 χ 零化 $G \setminus T$, 即 $\mathrm{V}(\chi) \leqslant T$. 注意到 $\mathrm{V}(\chi) \trianglelefteq G$, 得 $\mathrm{V}(\chi) \leqslant \mathrm{Core}_G(T)$. □

引理 4.2.20 设 $G = H \ltimes N$ 可解, 其中 N 为 G 的极小正规子群 $V_1, \cdots, V_n$ 的直积, 取 $\lambda_i \in \mathrm{Irr}^\sharp(V_i)$ 并令 $\lambda = \prod_{i=1}^n \lambda_i$. 若 H 忠实作用在 N 上, 则以下结论成立:

(1) $\mathrm{Core}_G(\mathrm{I}_G(\lambda)) = N$, 也即 $\mathrm{Core}_H(\mathrm{I}_H(\lambda)) = 1$.

(2) 当 $H > 1$ 时, 存在 $\chi \in \mathrm{Irr}(\lambda^G)$ 使得 $\chi(1) > b(H)$, 特别地, $b(G) > b(H)$.

证 (1) 注意到 $\mathrm{I}_G(\lambda) = \mathrm{I}_H(\lambda) \ltimes N$, 易见 $\mathrm{Core}_G(\mathrm{I}_G(\lambda)) = N \Leftrightarrow \mathrm{Core}_H(\mathrm{I}_H(\lambda)) = 1$.

先考察 $n \geqslant 2$ 的情形. 记 $U_1 = V_1, \mu_1 = \lambda_1$; $U_2 = \prod_{i=2}^n V_i$, $\mu_2 = \prod_{i=2}^n \lambda_i$. 显然 $H/\mathbf{C}_H(U_i)$ 忠实作用在 U_i 上, 由归纳得 $\mathrm{Core}_{H/\mathbf{C}_H(U_i)}(\mathrm{I}_{H/\mathbf{C}_H(U_i)}(\mu_i)) = 1$, 即

$$\mathrm{Core}_H(\mathrm{I}_H(\mu_i)) = \mathbf{C}_H(U_i),$$

这表明

$$\mathrm{Core}_H(\mathrm{I}_H(\mu_1) \cap \mathrm{I}_H(\mu_2)) \leqslant \mathbf{C}_H(U_1) \cap \mathbf{C}_H(U_2) = \mathbf{C}_H(N) = 1.$$

注意到 $\mathrm{I}_H(\lambda) = \mathrm{I}_H(\mu_1) \cap \mathrm{I}_H(\mu_2)$, 即得 $\mathrm{Core}_H(\mathrm{I}_H(\lambda)) = 1$.

再考察 $n=1$ 的情形. 此时 H 忠实不可约作用在初等交换群 N 上. 反设结论不成立, 取 D 为 $\mathrm{Core}_H(\mathrm{I}_H(\lambda))$ 中的极小 H-不变子群. 注意 $|D|$ 和 $|N|$ 必互素 (推论 3.7.23), 故 D 置换同构地作用在 $\mathrm{Irr}(N)$ 和 $N=\mathrm{Con}(N)$ 上. 因为 D 稳定 $\lambda\in\mathrm{Irr}^\sharp(N)$, 所以 $\mathbf{C}_N(D)>1$. 注意到 $D\trianglelefteq H$, 得 $\mathbf{C}_N(D)\trianglelefteq G$, 推出 $\mathbf{C}_N(D)=N$, D 平凡作用在 N 上, 矛盾.

(2) 记 $T=\mathrm{I}_G(\lambda)$, 则 $\lambda\in\mathrm{Lin}(N)$ 可扩充到 T(命题 2.8.21). 取 $\chi\in\mathrm{Irr}(\lambda^G)$ 使得 $\chi(1)$ 极大, 由推论 2.8.6 和例 4.2.19 得

$$\chi(1)=|G:T|b(T/N)=|G/N:T/N|b(T/N)\geqslant b(G/N)=b(H). \tag{4.2.5}$$

反设 $b(H)=\chi(1)$, 取 $\sigma\in\mathrm{Irr}(G/N)$ 使得 $\sigma(1)=b(G/N)=b(H)$. 记 $\overline{G}=G/N$, 由 (4.2.5) 式有 $b(\overline{G})=|\overline{G}:\overline{T}|\cdot b(\overline{T})$, 由 (1) 得 $\mathrm{Core}_{\overline{G}}(\overline{T})=\overline{1}$. 应用例 4.2.19 结论推出: σ 零化 $\overline{G}^\sharp$, 这显然是不可能的. 故 $\chi(1)>b(H)$. □

定理 4.2.21 (Garrison) 设 G 可解, 则以下结论成立:

(1) 若 $G>\mathbf{F}(G)$, 则 $b(G)>b(G/\mathbf{F}(G))$.

(2) $\ell_{\mathbf{F}}(G)\leqslant|\mathrm{cd}(G)|$.

证 (1) 因 $\mathbf{F}(G)/\Phi(G)=\mathbf{F}(G/\Phi(G))$ 是 $G/\Phi(G)$ 的若干极小正规子群的直积, 且 $G/\Phi(G)$ 在 $\mathbf{F}(G)/\Phi(G)$ 处分裂, 故由引理 4.2.20(2) 有 $b(G/\Phi(G))>b(G/\mathbf{F}(G))$, 得 $b(G)>b(G/\mathbf{F}(G))$.

(2) 显然可设 $G>\mathbf{F}(G)$, 因此 $b(G)>b(G/\mathbf{F}(G))$, 特别地, $|\mathrm{cd}(G)|\geqslant|\mathrm{cd}(G/\mathbf{F}(G))|+1$. 由归纳假设得 $\ell_{\mathbf{F}}(G/\mathbf{F}(G))\leqslant|\mathrm{cd}(G/\mathbf{F}(G))|$, 故 $\ell_{\mathbf{F}}(G)=1+\ell_{\mathbf{F}}(G/\mathbf{F}(G))\leqslant|\mathrm{cd}(G)|$. □

推论 4.2.22 (Riedl) 若 G 可解且 $|\mathrm{cd}(G)|\geqslant 4$, 则 $\ell_{\mathbf{F}}(G)\leqslant|\mathrm{cd}(G)|-1$.

证 若 $|\mathrm{cd}(G)|=4$, 由说明 (G) 推得结论. 以下设 $|\mathrm{cd}(G)|\geqslant 5$. 若 $|\mathrm{cd}(G/\mathbf{F}(G))|\leqslant 3$, 由定理 4.2.21 得 $\ell_{\mathbf{F}}(G/\mathbf{F}(G))\leqslant 3$, 故 $\ell_{\mathbf{F}}(G)\leqslant 4\leqslant|\mathrm{cd}(G)|-1$. 若 $|\mathrm{cd}(G/\mathbf{F}(G))|\geqslant 4$, 由归纳得 $\ell_{\mathbf{F}}(G/\mathbf{F}(G))\leqslant|\mathrm{cd}(G/\mathbf{F}(G))|-1$, 因而 $\ell_{\mathbf{F}}(G)\leqslant|\mathrm{cd}(G/\mathbf{F}(G))|\leqslant|\mathrm{cd}(G)|-1$. □

关于 Garrison 定理, 我们作以下说明.

(K) 由引理 4.1.6, 可解群 G 上的 $\mathcal{P}$-特征标既是单项特征标又是单柱特征标, 因此一般来说 $|\mathrm{cd}_{\mathcal{P}}(G)|$ 比 $|\mathrm{cd}(G)|$ 要小很多. 我们在 [108] 中证明了

$$\ell_{\mathbf{F}}(G)\leqslant|\mathrm{cd}_{\mathcal{P}}(G)|.$$

特别地, 可解群的 Fitting 高既不能超过其单项特征标次数的个数, 也不能超过其单柱特征标次数的个数.

(L) 在 [70] 中, Keller 证明: 对于任意可解群 G 都有 $\ell_{\mathbf{F}}(G)\leqslant 8\log_2|\mathrm{cd}(G)|+80$. 显然, 当 $|\mathrm{cd}(G)$ 很大时, Keller 的界远优于 Garrison 给出的线性界 $\ell_{\mathbf{F}}(G)\leqslant|\mathrm{cd}(G)|$.

4.2.4 特征标次数的个数与可解群的导长

本小节目的是考察特征标次数的个数与可解群的导长之间的关系. 一方面, Taketa 定理指出 $\mathcal{M}$-群一定是可解群. 另一方面, Dade 定理 3.5.14 告诉我们, 任意一个可解群一定是某个 $\mathcal{M}$-群的子群. 因此, 虽然可解群不一定是 $\mathcal{M}$-群, 如 $\mathrm{SL}(2,3)$, 但 $\mathcal{M}$-群类与可解群类还是大致相当的. 注意到对任意 $\mathcal{M}$-群 G 总有 $\mathrm{dl}(G) \leqslant |\mathrm{cd}(G)|$, 故有下面的猜想.

猜想 4.2.23 (Seitz) *对于任意可解群 G, 都有 $\mathrm{dl}(G) \leqslant |\mathrm{cd}(G)|$.*

上述猜想目前尚未解决. 对于可解群 G, Isaacs [57] 第一个给出了 $\mathrm{dl}(G)$ 和 $|\mathrm{cd}(G)|$ 的一般关系, 他的结果是

$$\mathrm{dl}(G) \leqslant 3|\mathrm{cd}(G)| - 2. \tag{4.2.6}$$

Isaacs 的证明最终归结到 G 有忠实本原特征标的情形, 此时命题 3.9.15 成立.

对于 $\chi \in \mathrm{Irr}(G)$, 定义

$$D(\chi) = \begin{cases} \bigcap\limits_{\psi \in \mathrm{Irr}(G), \psi(1) < \chi(1)} \ker\psi, & 若\ \chi(1) > 1, \\ G, & 若\ \chi(1) = 1. \end{cases}$$

引理 4.2.24 *设 $\chi \in \mathrm{Irr}(G)$, $\theta \in \mathrm{Irr}(H)$, $H \leqslant G$. 若 $\chi = \theta^G$, 则 $D(\chi) \leqslant D(\theta)$.*

证 显然可设 $H < G$. 当 $\theta(1) = 1$ 时, 由定义有 $D(\theta) = H$, 注意到 $(1_H)^G$ 中不可约成分的次数都小于 $\chi(1)$, 这表明 $D(\chi) \leqslant \ker((1_H)^G) \leqslant H = D(\theta)$. 当 $\theta(1) > 1$ 时, 任取 $\lambda \in \mathrm{Irr}(H)$ 使得 $\lambda(1) < \theta(1)$, 显然 $\lambda^G(1) < \theta^G(1) = \chi(1)$, 因此 λ^G 中不可约成分的次数都小于 $\chi(1)$, 故 $D(\chi) \leqslant \ker(\lambda^G) \leqslant \ker\lambda$, 再由 λ 的任意性推出 $D(\chi) \leqslant D(\theta)$. □

命题 4.2.25 *设 G 可解, $\chi \in \mathrm{Irr}(G)$, 则 $D(\chi)''' \leqslant \ker\chi$.*

证 当 $\chi(1) = 1$ 时, 命题显然成立. 下设 $\chi(1) > 1$, 且由归纳可设 χ 忠实, 下证 $D(\chi)''' = 1$.

若 χ 非本原, 则有 $H < G$ 及 $\theta \in \mathrm{Irr}(H)$ 使得 $\chi = \theta^G$. 由归纳假设得 $D(\theta)''' \leqslant \ker\theta$, 又由引理 4.2.24 有 $D(\chi)''' \leqslant \ker\theta$. 注意到 $D(\chi)''' \trianglelefteq G$, 得 $D(\chi)''' \leqslant \bigcap_{g\in G}(\ker\theta)^g = \ker(\theta^G) = \ker\chi = 1$, 命题成立.

若 χ 为 G 上的忠实本原特征标, 此时命题 3.9.15 成立. 记 $F = \mathbf{F}(G)$, $Z = \mathbf{Z}(F)$, 注意此时 $Z = \mathbf{Z}(G)$. 由命题 3.9.15, G/F 忠实完全可约地作用在初等交换群 F/Z 上, 且 $|F/Z| = \prod_{i=1}^k p_i^{2m_i}$, 其中 $p_1 < p_2 < \cdots < p_k$ 均为素数, m_i 均为正整数. 若 $D(\chi) \leqslant F$, 则 $D(\chi)'' = 1$, 命题成立, 下设 $D(\chi) \nleqslant F$. 注意到 G/F 忠实完全可约地作用在初等交换群 F/Z 上, 由推论 3.7.29, 我们可取到 $\xi \in \mathrm{Ch}(G)$ 使得

$$\ker\xi = F \quad 且 \quad \xi(1) \leqslant \dim(F/Z) = \sum_{i=1}^{k}(2m_i).$$

因 $D(\chi) \nleqslant F = \ker\xi$, 故存在 $\lambda \in \mathrm{Irr}(\xi)$ 使得 $\lambda(1) \geqslant \chi(1)$. 再者, 由命题 3.9.15 有 $|F/Z| \mid \chi(1)^2$, 这就推出

$$\prod_{i=1}^{k} p_i^{m_i} = |F/Z|^{1/2} \leqslant \chi(1) \leqslant \lambda(1) \leqslant \xi(1) \leqslant 2\sum_{i=1}^{k} m_i,$$

故 $p_1 = 2$, $m_1 \leqslant 2$, $k = 1$, 因而又有

$$\chi(1) = \lambda(1) = \xi(1) = |F/Z|^{1/2} \in \{2, 4\}, \quad \xi = \lambda \in \mathrm{Irr}(G/F).$$

此时 $F/Z = \mathbf{F}(G/\mathbf{Z}(G))$ 为 2-群, 故 $\mathbf{O}_2(G/F) = 1$, 因此 $K/F := \mathbf{O}_{2'}(G/F) > 1$. 注意到 $\xi \in \mathrm{Irr}(G/F)$ 且其次数为 2 的方幂, 故 ξ 限制到 K/F 的不可约成分都线性, 这表明 $(K/F)' \leqslant \ker\xi$. 进一步, 因 ξ 为 G/F 的忠实特征标, 得 K/F 交换, 从而 $K/F = \mathbf{F}(G/F)$.

现在 K/F 为 G/F 的自中心化的正规交换子群, 且 G/F 有一个次数为 2 或 4 的忠实不可约特征标 ξ. 由例 2.7.14, G/K 忠实置换作用在 $\mathrm{Irr}(\xi|_{K/F})$ 上. 易见 $|\mathrm{Irr}(\xi|_{K/F})| =: n$ 整除 4, 这表明 $G/K \lesssim \mathrm{S}_n$, 其中 $n \in \{1, 2, 4\}$. 任取 $\psi \in \mathrm{Irr}(G/K)$, 简单验证得 $\psi(1) < \xi(1) = \chi(1)$, 这说明 $D(\chi) \leqslant K$, 从而 $D(\chi)''' \leqslant K''' = 1$, 命题成立. □

定理 4.2.26 设 G 可解, 则 $\mathrm{dl}(G) \leqslant 3|\mathrm{cd}(G)| - 2$.

证 设 $1 = f_1 < f_2 < \cdots < f_m$ 为 $\mathrm{cd}(G)$ 的全部成员. 记

$$\Theta_i(G) = \bigcap_{\chi \in \mathrm{Irr}(G), \chi(1) \leqslant f_i} \ker\chi,$$

显然 $\Theta_1(G) = G'$, $\Theta_m(G) = \bigcap_{\chi \in \mathrm{Irr}(G)} \ker\chi = 1$. 由命题 4.2.25 有

$$\Theta_1(G)''' \leqslant \Theta_2(G), \cdots, \Theta_i(G)''' \leqslant \Theta_{i+1}(G), \cdots, \Theta_{m-1}(G)''' \leqslant \Theta_m(G) = 1,$$

这表明 G 的 $3m - 2$ 次导群等于 1, 定理成立. □

沿用 Isaacs 的证明方法, 并对复数域上的可解本原线性群作更精细一点的分析, Gluck 和 Berger 分别证明了下面的定理, 见 [12, §16].

定理 4.2.27 (Gluck) 若 G 可解, 则 $\mathrm{dl}(G) \leqslant 2|\mathrm{cd}(G)|$.

定理 4.2.28 (Berger) 若 G 为奇阶群, 则 $\mathrm{dl}(G) \leqslant |\mathrm{cd}(G)|$.

利用可解线性群结构和深入的线性群计算技术, Keller 进一步证明了下面的定理, 见 [70].

定理 4.2.29 (Keller) 若 G 可解, 则 $\mathrm{dl}(G/\mathbf{F}_2(G)) \leqslant 8\log_2|\mathrm{cd}(G)| + 78$.

4.2.5 特征标次数的重数

本节最后, 我们简单介绍一下特征标次数的重数问题. 在抽象群论中, 也有不少经典的重数问题. 例如, "同阶元必共轭的有限群", 说的就是"同阶元的共轭类重数均为 1 的有限群"; "不同共轭类有不同类长的有限群", 即是指"类长重数均为 1 的有限群". 关于特征标次数的重数, 最经典的是下面的定理.

定理 4.2.30 [*] (Berkovich-Chillag-Herzog) 设 G 是非交换群. 若 G 中不同的非线性不可约特征标必有不同的特征标次数, 则 G 为下述群之一, 且反之也成立:

(1) $G \cong \mathrm{ES}(2^{2m+1})$;

(2) $G \cong \mathrm{Fro}(\mathrm{C}(p^r-1), \mathrm{E}(p^r))$, 即 G 是以 G' 为核的 2-可迁的 Frobenius 群;

(3) $G \cong \mathrm{Fro}(\mathrm{Q}_8, \mathrm{E}(3^2))$.

在定理 4.2.30 中, "G 中不同的非线性不可约特征标必有不同的特征标次数"用重数的语言来叙述即为, "对任意 $1 < m \in \mathrm{cd}(G)$ 都有 $\mathrm{M}_G(m) = 1$".

引理 4.2.31 设 $\chi \in \mathrm{Irr}(G)$ 非线性, 若 $\mathrm{M}_G(\chi(1)) = 1$, 则 χ 有理且零化 $G \setminus G'$.

证 任取 $\sigma \in \mathrm{Gal}(\mathbb{Q}_n/\mathbb{Q})$, 其中 $n = |G|$. 因为 $\chi^\sigma \in \mathrm{Irr}(G)$ 且 $\chi^\sigma(1) = \chi(1)$, 所以由条件有 $\chi^\sigma = \chi$, 故 χ 有理. 再者, 任取 $\lambda \in \mathrm{Lin}(G)$, 因为 $\lambda\chi \in \mathrm{Irr}(G)$ 且与 χ 有相同的次数, 所以 $\lambda\chi = \chi$, 从而 (见例 2.5.6 的证明) χ 零化 $G \setminus G'$. □

定理 4.2.30 的证明 仅证必要性. 先考察 G 幂零的情形. 由幂零群不可约特征标的结构 (推论 2.5.5) 及重数条件, 易见此时 G 必为 p-群. 设 $1 < p^{e_1} < \cdots < p^{e_s}$ 为 $\mathrm{cd}(G)$ 中全部成员, 有

$$|G| = \sum_{\chi \in \mathrm{Irr}(G)} \chi(1)^2 = p^b + p^{2e_1} + \cdots + p^{2e_s},$$

其中 $p^b = |G/G'|$. 比较上式两边 p-部分, 依次得 $p^b = p^{2e_1}$; $s = 1, p = 2$; $|G| = 2^b + 2^{2e_1} = 2^{2e_1+1}$. 再应用引理 4.2.1 得 $G \cong \mathrm{ES}(2^{2e_1+1})$, (1) 成立.

以下设 G 非幂零, 注意定理条件对商群保持. 我们断言 $G > G'$. 否则 $G = G'$, 为导出矛盾, 可设 $G' = 1$, 即 G 是非交换单群. 由引理 4.2.31 知 G 是非交换的有理单群 (参见 2.6 节), 利用有理单群的分类定理 ([39]) 得 $G \in \{\mathrm{Sp}_6(2), \mathrm{O}_8^+(2)\}$, 查阅 [4] 即得矛盾, 断言成立.

记 $\pi = \pi(G/G')$, 任取 $p \in \pi(G/G')$, 再取 p-元 $g \in G \setminus G'$, 因为 G 的非线性不可约特征标都零化 g (引理 4.2.31), 所以由命题 2.6.18 推出 p 整除 G 的所有非线性不可约特征标次数, 再应用定理 4.1.12 推出 G 有正规 p-补. 因此 $G = H \ltimes N$, 其中 $H \in \mathrm{Hall}_\pi(G)$ 幂零, $N = \mathbf{O}_{\pi'}(G)$, 且 $1 < N \leqslant G'$.

我们断言 $G = \mathrm{Fro}(H, N)$. 事实上, 任取 $\lambda \in \mathrm{Irr}^\sharp(N)$, 易见 λ^G 中的不可约

成分均非线性. 反设 $\mathrm{I}_G(\lambda) > N$, 因 $|G/N|$ 和 $|N|$ 互素, 故 λ 可扩充到 $\mathrm{I}_G(\lambda)$, 从而由推论 2.8.6 得: λ^G 中至少有两个不同的非线性不可约成分且它们有相同次数 $|G:\mathrm{I}_G(\lambda)|\lambda(1)$, 矛盾. 因此 $\mathrm{I}_G(\lambda) = N$, 这表明 $G = \mathrm{Fro}(H, N)$. 特别地, H 和 N 都幂零.

(a) 假设 H 交换. 此时 $N = G'$, 且 H 循环 (定理 2.9.6), 设 $|H| = h$. 注意 $G/N' = \mathrm{Fro}(HN'/N', N/N')$, $\mathrm{cd}(G/N') = \{1, h\}$, 因此 $|G/N'| = h + h^2 = h(h+1)$. 由此容易推出 N/N' 为 G 的主因子 (参见例 4.2.2), 故 $N/N' \cong \mathrm{E}(p^r)$, $H \cong \mathrm{C}(h)$, 且 $h = p^r - 1$.

下证 $N' = 1$. 反设 $N' > 1$, 为推矛盾, 可不妨设 N' 为 G 的极小正规子群. 注意到 N 幂零且 $N/N' \cong \mathrm{E}(p^r)$ 为 G 主因子, 故 N 必是 p-群, 且 $\mathrm{E}(p^d) \cong N' = \mathbf{Z}(N)$. 这表明, 对任意 $p^e \in \mathrm{cd}(N)$ 都有 $p^{2e} \mid p^r$. 令 $\mathrm{cd}(N|N') = \{p^{e_1}, \cdots, p^{e_s}\}$, 其中 $1 \leqslant e_1 < \cdots < e_s$, 则

$$\mathrm{cd}(G|N') = \{hp^{e_1}, \cdots, hp^{e_s}\}.$$

注意到 $|G| = |G/N'| + \sum_{i=1}^{s}(hp^{e_i})^2$, 即 $p^{r+d} = p^r + hp^{2e_1} + \cdots + hp^{2e_s}$, 简单验证即得 $p^{2e_1} = p^r = |N : \mathbf{Z}(N)|$, 从而又有 $s = 1$, $|\mathbf{Z}(N)| = p^r$. 任取非线性 $\theta \in \mathrm{Irr}(N)$, 因 $\theta(1)^2 = p^r = |N : \mathbf{Z}(N)|$, 推出 θ 零化 $N \setminus N'$ (命题 2.3.7). 现取 $n \in N \setminus N'$, 有 $|\mathbf{C}_N(n)| = \sum_{\theta \in \mathrm{Irr}(N)} |\theta(n)|^2 = |N/N'| = p^r$; 但 $\mathbf{C}_N(n) \geqslant \langle n \rangle \mathbf{Z}(N)$, 得 $|\mathbf{C}_N(n)| \geqslant p^{r+1}$, 矛盾.

(b) 假设 H 不交换. 注意到 H 幂零且 $H \cong G/N$ 仍满足定理条件, 由前面的推演知 $H \cong \mathrm{ES}(2^{2m+1})$. 因为 H 也是 Frobenius 群 G 的补, 所以 H 为广义四元数群, 从而 $H \cong \mathrm{Q}_8$. 最后用与 (a) 完全相同的方法可证: $N/N' \cong \mathrm{E}(3^2)$, $N' = 1$, 情形 (3) 成立. □

定理 4.2.30 有不少推广, 满足下面性质的有限群 G 都得到了分类或比较完整的描写.

(M) (Berkovich-Kazarin) $|\mathrm{Irr}(G|G')| \leqslant |\mathrm{cd}(G|G')| + 1$, 见 [21].

(N) (Liu-Lu) $|\mathrm{Irr}(G|G')| \leqslant |\mathrm{cd}(G|G')| + 2$, 见 [81].

(O) (Chillag-Herzog) 任取非线性 $\chi, \psi \in \mathrm{Irr}(G)$, 若 $\chi(1) = \psi(1)$, 则 $\psi \in \{\chi, \overline{\chi}\}$, 见 [29].

(P) (Dolfi-Navarro-Tiep) 任取 $1 < m \in \mathrm{cd}(G)$, G 的 m 次不可约特征标构成一个 Galois 共轭类, 见 [35].

(Q) G 可解, 任取 $1 < m \in \mathrm{cd}(G)$ 都有 $\mathrm{M}_G(m) \leqslant 2$, 见 [106].

(R) G 可解, G 中不同的非线性 $\mathcal{M}$-特征标必有不同的特征标次数, 见 [109].

命题 4.2.32 [*] 若对任意 $1 < m \in \mathrm{cd}(G)$ 都有 $\mathrm{M}_G(m) < |G/G'|$, 则 G 必可解.

证 反设 G 不可解, 由定理 4.1.19, 存在 $\theta \in \mathrm{Irr}^\sharp(G')$ 使得 θ 可扩充到 G. 注意 $m := \theta(1) > 1$. 由 Gallagher 定理 2.8.5, 得 $m \in \mathrm{cd}(G)$, 且 $\mathrm{M}_G(m) \geqslant |\mathrm{Irr}(\theta^G)| = |G/G'|$, 矛盾. □

在 [90] 和 [30] 中, Moretó 和 Craven 证明了有限群的阶能被该群的特征标次数的最大重数所界定, 即有下面的定理.

定理 4.2.33 (Moretó-Craven) *存在函数 f 使得, 对于任意有限群 G 都有 $|G| \leqslant f(\mathrm{BM}(G))$, 其中 $\mathrm{BM}(G) = \max\{\mathrm{M}_G(m) \mid m \in \mathrm{cd}(G)\}$.*

4.3 特征标次数图

设 X 为反映有限群 G 性质的一个数量集合, 例如, G 中元素阶的集合 $\pi_e(G)$, G 中共轭类之类长集合 $\mathrm{cs}(G)$, 以及 G 中不可约特征标次数集合 $\mathrm{cd}(G)$. 为了方便地表述并研究 X 中各成员之间的关系, 我们引入如下无向简单图.

定义 4.3.1 *设 X 为由若干正整数构成的集合, 定义 X 上无向简单图 $\Gamma(X)$ 如下:*

(1) 其顶点集为 $\{$素数 $p \mid p$ 整除 X 中某成员$\}$.

(2) 两不同顶点 p, q 之间有边相连当且仅当 pq 整除 X 中某个成员, 此时记 $p \sim q$.

对于 $X = \pi_e(G), \mathrm{cs}(G)$ 以及 $\mathrm{cd}(G)$ 这三个情形, 图 $\Gamma(X)$ 都有大量的研究, 其研究内容大致如下: 一是对于一般有限群或某个大类的有限群, 研究 $\Gamma(X)$ 的图论性质, 注意, 其目的不是研究图论, 而是借助图的语言描写 X 的性质. 二是在 $\Gamma(X)$ 的某种图论语言的假设条件下, 给出群 G 的结构描写.

下面我们用 $\Gamma(G)$ 表示 G 的特征标次数图 $\Gamma(\mathrm{cd}(G))$. 对于素数 p, 我们用 $p \in \Gamma(G)$ 表示 p 为 $\Gamma(G)$ 的顶点, 显然

$$p \in \Gamma(G) \Leftrightarrow p \in \rho(G);$$

由 Itô-Michler 定理, $p \notin \Gamma(G)$ 的充分必要条件是, G 有正规交换的 Sylow p-子群.

设 $p, q \in \Gamma(G)$, 我们用 $\mathrm{d}(p,q)$ 表示 $\Gamma(G)$ 中 p, q 两点之间的距离, 即 p, q 之间最短路的长度. 显然, $\mathrm{d}(p,q) = 0 \Leftrightarrow p = q$; $\mathrm{d}(p,q) = 1 \Leftrightarrow p \sim q$; $\mathrm{d}(p,q) = \infty$ 当且仅当 p, q 属于 $\Gamma(G)$ 的不同连通分支.

对于 $N \trianglelefteq G$, 易见 $\Gamma(G/N)$ 和 $\Gamma(N)$ 都是 $\Gamma(G)$ 的子图. 设 Λ 为 $\Gamma(G)$ 的一个连通分支, 其直径 $\mathrm{diam}(\Lambda)$ 定义为 $\max\{\mathrm{d}(p,q) \mid p, q \in \Lambda\}$. $\Gamma(G)$ 的直径定义为 $\Gamma(G)$ 中所有连通分支直径中的最大值. $\Gamma(G)$ 的连通分支数记为 $n(\Gamma(G))$.

本节包括六部分内容. 一是围绕 "Sylow 中心化问题" 作一些准备工作, 这部分内容自身也有独立的意义, 且有很多其他的应用. 二是给出特征标次数图 $\Gamma(G)$ 的图论性质, 包括确定 $\Gamma(G)$ 的连通分支数及直径的上界. 三是给出 $\Gamma(G)$ 不连通

时有限群 G 的结构. 四是当 $\Gamma(G)$ 不是完全图时, 给出可解群 G 的比较详细的结构描写. 五是简单介绍以特征标次数为顶点的另一类特征标次数图. 六是讨论共轭类长图 $\Gamma(\mathrm{cs}(G))$ 与特征标次数图 $\Gamma(G)$ 之间的关系.

4.3.1 准备工作

我们需要一系列准备工作. 首先讨论“Sylow 中心化问题”.

引理 4.3.2 设群 G 作用在群 $V>1$ 上, q 为素数, 如果对任意 $v\in V^\sharp$, $\mathbf{C}_G(v)$ 均含有 G 的唯一一个 Sylow q-子群, 那么 $\mathbf{C}_G(V)$ 为 q-闭群, 且 $\mathbf{O}_q(G/\mathbf{C}_G(V))=1$.

证 取 $v\in V^\sharp$, 由条件有 $Q\in \mathrm{Syl}_q(G)$ 使得 $Q\leqslant \mathbf{C}_G(v)$. 因 $\mathbf{C}_G(v)$ 为 q-闭群, 故 $\mathbf{C}_G(v)$ 的子群 $\mathbf{C}_G(V)$ 也是 q-闭群. 记 T 为 $\mathbf{O}_q(G/\mathbf{C}_G(V))$ 在 G 中的原像, 由 $T\trianglelefteq G$ 得 $Q\cap T\in \mathrm{Syl}_q(T)$, 故 $T=(Q\cap T)\mathbf{C}_G(V)$, $T\leqslant \mathbf{C}_G(v)$. 由 v 的任意性得 $T\leqslant \mathbf{C}_G(V)$, 即 $\mathbf{O}_p(G/\mathbf{C}_G(V))=1$. □

假设 4.3.3 设 $\{G,V,q\}$ 满足以下条件:

(1) 群 G 作用在群 V 上, 且素数 q 整除 $|G/\mathbf{C}_G(V)|$.

(2) 任取 $v\in V^\sharp$, $\mathbf{C}_G(v)$ 均含有 G 的唯一一个 Sylow q-子群.

命题 4.3.4 (张继平) 若 $\{G,V,q\}$ 满足假设 4.3.3, 则以下结论成立:

(1) $\mathbf{C}_G(V)$ 为 q-闭群, $\mathbf{O}_q(G/\mathbf{C}_G(V))=1$.

(2) V 必为初等交换 p-群, 这里 p 为某素数, 且 G 不可约作用在 V 上.

(3) 取 $Q\in \mathrm{Syl}_q(G)$, 记 $|\mathbf{C}_V(Q)|=p^a$, 则 $|V|=p^{at}$, 这里 $a\in\mathbb{Z}^+$, $2\leqslant t\in\mathbb{Z}^+$, 且

$$|\mathrm{Syl}_q(G)|=(p^{at}-1)/(p^a-1)=1+p^a+\cdots+p^{a(t-1)}. \tag{4.3.1}$$

证 由引理 4.3.2, 我们仅需证明结论 (2) 和 (3). 任取 $Q_1,Q_2\in \mathrm{Syl}_q(G)$, 由 Sylow q-子群的共轭性易见 $|\mathbf{C}_V(Q_1)|=|\mathbf{C}_V(Q_2)|$; 进一步, 因为 $V^\sharp$ 中的每个元素恰好被 G 的唯一一个 Sylow q-子群中心化, 所以 $\mathbf{C}_V(Q_1)\cap\mathbf{C}_V(Q_2)>1\Leftrightarrow Q_1=Q_2$, 这表明 $V^\sharp=\bigcup_{Q\in\mathrm{Syl}_q(G)}\mathbf{C}_V(Q)^\sharp$ 是 $V^\sharp$ 的一个阶相同的划分. 应用 Isaacs 的同阶划分定理 ([56]), V 必为素数幂阶群, 下设 V 为 p-群. 取 $Q\in\mathrm{Syl}_q(G)$, 因 $q\mid |G/\mathbf{C}_G(V)|$, 即 Q 非平凡作用在 V 上, 有 $|\mathbf{C}_V(Q)|:=p^a<|V|$, 由上面的分析得

$$|\mathrm{Syl}_q(G)|=(|V|-1)/(|\mathbf{C}_V(Q)|-1),$$

特别地, $(p^a-1)\mid(|V|-1)$, 故 $|V|=p^{at}$, 这里 a,t 都是正整数且 $t\geqslant 2$, 即 (4.3.1) 式成立.

取 $V_0>1$ 为 V 的 G-不变的正规子群, 显然 $V_0^\sharp$ 中的每个元素也被 G 的唯一一个 Sylow q-子群中心化. 反设 $q\nmid|G/\mathbf{C}_G(V_0)|$, 则有 $Q\in\mathrm{Syl}_q(G)$ 及 $v\in V_0^\sharp$ 使得 $Q\leqslant\mathbf{C}_G(V_0)\leqslant\mathbf{C}_G(v)$, 由条件知 Q 为 $\mathbf{C}_G(v)$ 的因而也为 $\mathbf{C}_G(V_0)$ 的正规 Sylow q-子群. 再由 $\mathbf{C}_G(V_0)\trianglelefteq G$, 得 $Q\trianglelefteq G$, 由结论 (1) 得 $Q\leqslant\mathbf{C}_G(V)$, 这与假设 4.3.3(1) 矛盾. 这表明 $\{G,V_0,q\}$ 也满足假设 4.3.3, 故同样得到

$$|\mathrm{Syl}_q(G)| = (|V_0|-1)/(|\mathbf{C}_{V_0}(Q)|-1) = 1 + p^{a'} + \cdots + p^{a'(t'-1)},$$

其中 $|\mathbf{C}_{V_0}(Q)| = p^{a'}$, $|V_0| = p^{a't'}$. 由上式及 (4.3.1) 式推出 $a = a'$, $t = t'$, 即 $V = V_0$. 这表明 G 不可约作用在初等交换 p-群 V 上. □

下面对假设 4.3.3 作一些补充说明.

(A) 若 $\{G, V_1, q\}$ 和 $\{G, V_2, q\}$ 都满足假设 4.3.3, 由 (4.3.1) 式易见 $V_1 \cong V_2$.

(B) 若 $\{G, V, q\}$ 满足假设 4.3.3, 则易见 $\{G/\mathbf{C}_G(V), V, q\}$ 也满足假设 4.3.3. 进一步, 取 $Q \in \mathrm{Syl}_q(G)$, 取 $v_0 \in V^\sharp$ 使得 $Q \in \mathrm{Syl}_q(\mathbf{C}_G(v_0))$, 因 Q 在 $\mathbf{C}_G(v_0)$ 中正规, 得 $\mathbf{C}_G(V) \leqslant \mathbf{C}_G(v_0) \leqslant \mathbf{N}_G(Q)$, 这表明

$$|\mathrm{Syl}_q(G)| = |\mathrm{Syl}_q(G/\mathbf{C}_G(V))|.$$

另外, 也易验证 $\mathbf{C}_V(Q) = \mathbf{C}_V(Q\mathbf{C}_G(V)/\mathbf{C}_G(V))$.

(C) 在假设 4.3.3 中, “$q \mid |G/\mathbf{C}_G(V)|$” 等价于说 “$G$ 的 Sylow q-子群非平凡地作用在 V 上”. 若 $\{G, V, q\}$ 满足假设 4.3.3, 取 G_1 为 G 的次正规子群, 若 $q \mid |G_1/\mathbf{C}_{G_1}(V)|$, 则易见 $\{G_1, V, q\}$ 也满足假设 4.3.3.

下面的引理给出了命题 4.3.4 的主要应用环境.

引理 4.3.5 如果 $\{G, L\}$ 满足以下条件:

(1) L 为 G 的正规交换子群;

(2) 任意 $\lambda \in \mathrm{Lin}(L)$ 都能扩充到 $\mathrm{I}_G(\lambda)$ ①;

(3) 素数 $q \mid |G/\mathbf{C}_G(L)|$, 并且对任意 $\chi \in \mathrm{Irr}(G|L)$ 都有 $q \nmid \chi(1)$,

那么 $\{G/L, \mathrm{Irr}(L), q\}$ 满足假设 4.3.3, 且 $Q \in \mathrm{Syl}_q(G/L)$ 交换.

证 显然 $\mathrm{Irr}(L) \cong L$ 为交换群. 考察 G/L 在 L 和 $\mathrm{Irr}(L)$ 上的作用, 由命题 3.3.16 有 $\mathbf{C}_{G/L}(L) = \mathbf{C}_{G/L}(\mathrm{Irr}(L))$. 注意到 $\mathbf{C}_G(L)/L = \mathbf{C}_{G/L}(L)$, 推出 $q \mid |(G/L)/\mathbf{C}_{G/L}(\mathrm{Irr}(L))|$. 再者, 任取 $\lambda \in \mathrm{Irr}^\sharp(L)$, 因为 λ 可扩充到 $\mathrm{I}_G(\lambda)$ 且 q 不能整除 λ^G 中的任何不可约成分之次数, 所以由推论 2.8.6 得 $q \nmid |G : \mathrm{I}_G(\lambda)|$, 即 $\mathrm{I}_G(\lambda)/L$ 含有 G/L 的一个 Sylow q-子群 Q; 进一步, 由推论 2.8.6 还能推出: q 不能整除 $\mathrm{cd}(\mathrm{I}_G(\lambda)/L)$ 中的任何成员, 故由 Itô-Michler 定理知, Q 必是 $\mathrm{I}_G(\lambda)/L$ 的正规交换的 Sylow q-子群. □

引理 4.3.6 ([12, 推论 2.15]) 设 G 为 $\mathrm{GL}(6,2)$ 的可解不可约子群, 则以下情形之一成立:

(1) $G \leqslant \Gamma(2^3) \wr \mathrm{C}(2)$;

(2) $G \leqslant \mathrm{S}_3 \wr S$, 这里 $\mathrm{C}(3) \leqslant S \leqslant \mathrm{S}_3$;

(3) $\mathbf{F}(G) \cong \mathrm{ES}(3^3)$, $\mathrm{C}(2) \leqslant G/\mathbf{F}(G) \leqslant \mathrm{GL}(2,3)$;

(4) $G \leqslant \Gamma(2^6)$.

进一步, 若 G 拟本原, 则上述情形 (3) 或 (4) 成立.

① 若 G 在 L 处分裂, 则该条自然成立.

命题 4.3.7 (Palfy)　设 $\{G,V,q\}$ 满足假设 4.3.3, G 可解, $Q\in \mathrm{Syl}_q(G)$ 交换且 $\mathbf{C}_G(V)=1$, 则 G 忠实不可约作用在 V 上, 且以下之一成立:

(1) $G\leqslant \Gamma(p^n)$, $V\cong \mathrm{E}(p^n)$;

(2) $|V|=3^2$, $p=q=3$, $\mathrm{SL}(2,3)\leqslant G\leqslant \mathrm{GL}(2,3)$.

证　由命题 4.3.4, G 忠实不可约作用在 $V\cong \mathrm{E}(p^n)$ 上; 设 $|\mathbf{C}_V(Q)|=p^a$, 则 $1\leqslant a<n$ 且

$$X:=|\mathrm{Syl}_q(G)|=(p^n-1)/(p^a-1). \tag{4.3.2}$$

(a) 先考察 $n=2$ 的情形. 此时 $|\mathbf{C}_V(Q)|=p$, $X=p+1$, $G\leqslant \mathrm{GL}(2,p)$. 由 Sylow 定理有 $X\equiv 1\,(\mathrm{mod}\,q)$, 故 $p=q$. 因为 $\mathbf{O}_p(G)=1$ (推论 3.7.23), 所以 G 中至少含有 2 个 Sylow p-子群. 注意到 $\mathrm{GL}(2,p)$ 的任意两个不同 Sylow p-子群都生成 $\mathrm{SL}(2,p)$ (由 [7, 第 2 章, 定理 8.27] 不难推得), 这表明 $\mathrm{SL}(2,p)\leqslant G\leqslant \mathrm{GL}(2,p)$. 进一步, 由 G 的可解性推出 $p=q=2, 3$. 若 $p=2$, 则 $G\leqslant \mathrm{GL}(2,2)=\Gamma(2^2)$, (1) 成立; 若 $p=3$, 则 (2) 成立.

(b) 再考察 $n\geqslant 3$ 且 $p^n\neq 2^6$ 的情形. 由引理 3.8.13 知 p^n-1 必有本原素因子 r, 再者 (4.3.2) 式表明 $r\mid X$, 特别地, $r\in\pi(G)$.

反设 $r\nmid |\mathbf{F}(G)|$. 取 $R\in \mathrm{Syl}_r(G)$, 由命题 3.8.18 得 $R\cong \mathbf{F}_2(G)/\mathbf{F}(G)\cong \mathrm{C}(r)$, 且 $G/\mathbf{F}_2(G)$ 为 2-群. 当 $q=2$ 时, 命题 3.8.18 推出 Q 不交换, 矛盾. 当 $q\neq 2$ 时, 同样由命题 3.8.18 得 $q=r$ 或者 $Q\leqslant \mathbf{F}(G)$, 此时易见 $\mathbf{N}_G(Q)$ 必包含 G 的一个 Sylow r-子群, 故 $r\nmid X$, 矛盾. 因此 $r\mid |\mathbf{F}(G)|$, 进而由命题 3.8.17 推得 $G\leqslant \Gamma(p^n)$.

(c) 最后考察 $p^n=2^6$ 的情形. 由 (4.3.2) 式, $X=(2^6-1)/(2^a-1)$, 故二元组 $(a,X)\in\{(1,63),(2,21),(3,9)\}$. 记 M 为 $\mathrm{GL}(6,2)$ 中的极大可解子群使得 $G\leqslant M$, 由引理 4.3.6 得

$$|M|=21^2\cdot 2,\ 6^3\cdot 6,\ 3^3\cdot 48, \text{或}\, 6\cdot(2^6-1).$$

因为 $q\mid (X-1)$ (Sylow 定理) 且 $q\mid |M|$, 所以由上面的信息推出 $q=2$. 下面仅需处理 G 为引理 4.3.6 中的前三种情形.

若 G 满足引理 4.3.6 之情形 (1), 则 $G\leqslant M=\Gamma(2^3)\wr \mathrm{C}(2)$, $|M|=2\cdot 21^2$. 显然 V 也是不可约 M-模 (因为 V 是不可约 G-模), 且 V 不是拟本原的 M-模 (因为 M 的正规交换 Sylow 7-子群不循环). 令 $D\trianglelefteq M$ 极大使得 V_D 非齐次, 则 M/D 为 V_D 的齐次分支集合上的本原置换群 (定理 2.7.20). 因为 $|V|=2^6$, 所以 V_D 恰有 2 个或 3 个齐次分支. 取 V_1 为 V_D 的一个齐次分支, 有 $|M:\mathrm{Stab}_M(V_1)|\in\{2,3\}$. 注意到 M 没有指数为 3 的子群, 得 $|M:\mathrm{Stab}_M(V_1)|=2$. 这表明 G 中对合 t 可迁作用在 V_M 的两个齐次分支上 (注意 $|G|_2=|M|_2=2$), 因此 t 不可能中心化 $V_1^\sharp$ 中元素, 这与假设 4.3.3 矛盾.

下面考察引理 4.3.6 中的情形 (2) 和情形 (3), 此时 $G\leqslant M$ 为 $\{2,3\}$-群. 令

$S \trianglelefteq\trianglelefteq G$ 极小使得 $2 \mid |S|$, 则 $|S/S'| = 2$ 且 S' 为 3-群; 进一步, 因为定理假设条件对 $\{S, V, q\}$ 仍成立 (见本节说明 (C)), 所以 V 是不可约 S-模. 取 $Q_0 \in \mathrm{Syl}_2(S)$, 记 $|\mathbf{C}_V(Q_0)| = 2^{a_0}$, $X_0 = |S : \mathbf{N}_S(Q_0)|$, 同样有 $X_0 = (2^6-1)/(2^{a_0}-1) \in \{63, 21, 9\}$, 因为 S 为 $\{2,3\}$-群, 所以 $X_0 = 9$, $|\mathbf{C}_V(Q_0)| = 2^3$, 这也表明

$$9 = |S : \mathbf{N}_S(Q_0)| = |S' : \mathbf{N}_{S'}(Q_0)| = |S' : \mathbf{C}_{S'}(Q_0)|.$$

注意 $|S'| = |S|_3 \leqslant |G|_3 \leqslant 3^4$.

先考察 S' 不交换的情形, 此时 $|S'| = 3^3$ 或 3^4. 对于前者易见 $|S'/S''| = 9$; 对于后者, 考察引理 4.3.6 中 (2),(3) 型群的结构, 也有 $|S'/S''| = 9$. 因为 Q_0 无不动点作用在 S'/S'' 上 (例 2.9.11) 且 $|S' : \mathbf{C}_{S'}(Q_0)| = 9$, 所以 $\mathbf{C}_{S'}(Q_0) = S''$. 注意到 $\mathbf{C}_S(S'') \trianglelefteq S$ 且 $|S : \mathbf{C}_S(S'')|$ 为 3 的方幂, 由 S 的极小性推出 $\mathbf{C}_S(S'') = S$, 即 $S'' \leqslant \mathbf{Z}(S)$. 由例 2.1.16 知, S'' 无不动点作用在 V 上; 注意 $\mathbf{C}_V(Q_0)$ 显然是 S''-不变的, 这又表明 S'' 无不动点作用在 $\mathbf{C}_V(Q_0)$ 上, 故 $|S''| \mid (|\mathbf{C}_V(Q_0)|-1)$, 即 $|S''| \mid 7$, 矛盾.

再考察 S' 交换的情形. 若 $V_{S'}$ 非齐次, 则 $V_{S'}$ 为两个齐次分支 V_1 和 V_2 的直和, S/S' 忠实可迁作用在 $\{V_1, V_2\}$ 上, 此时 $V_1^{\sharp}$ 中元素不能被 S 的任何 Sylow 2-子群中心化, 矛盾. 因此 $V_{S'}$ 齐次. 注意到 V_S 不可约, 且 $S' = \mathbf{F}(S)$ 为 S 的自中心化的交换子群, 由命题 3.8.3 得 $V_{S'}$ 不可约, $S' \leqslant \Gamma_0(2^6)$, $S \leqslant \Gamma(2^6)$. 显然 S' 循环, 且由 $V_{S'}$ 的不可约性及定理 2.1.12 推出 S' 为 9 阶循环群. 下面归纳证明 $G \leqslant \Gamma(2^6)$. 令 T 为 G 的极大正规子群使得 $S \leqslant T$, 由归纳 $T \leqslant \Gamma(2^6)$. 简单验证知 $S' = \mathbf{O}_3(T')$, 这表明 $S' \trianglelefteq G$. 现在 $\mathbf{C}_G(S')$ 循环 (推论 3.7.24), 因此是 G 的自中心化的正规循环子群; 再者, 因 $V|_{S'}$ 不可约, 故 $V|_{\mathbf{C}_G(S')}$ 也不可约, 应用命题 3.8.3 得 $G \leqslant \Gamma(2^6)$. □

推论 4.3.8 设可解群 G 忠实作用在 $V \cong \mathrm{E}(p^n)$ 上, $\pi \subseteq \pi(G)$ 且 $|\pi| \geqslant 2$. 若对每 $q \in \pi$, G 有交换的 Sylow q-子群, 且 $\{G, V, q\}$ 满足假设 4.3.3, 则 $G \leqslant \Gamma(p^n)$, 且有 $\chi \in \mathrm{Irr}(G)$ 使得 $\chi(1)_\pi = |G|_\pi$.

证 因 $|\pi| \geqslant 2$, 由命题 4.3.7 得 $G \leqslant \Gamma(p^n)$, 特别地, $G/\mathbf{F}(G)$ 循环. 由命题 4.3.4(1) 有 $\mathbf{O}_\pi(G) = 1$, 故 $|G/\mathbf{F}(G)|_\pi = |G|_\pi$. 由命题 3.3.19, 必存在 $\chi \in \mathrm{Irr}(G)$ 使得 $\chi(1)_\pi = |G|_\pi$. □

设群 H 互素作用在群 N 上, 此时可应用 3.3 节中的结果, 特别地, N 中的 H-不变的不可约特征标个数和 N 中的 H-不变的共轭类类数必相等, 即 $|\mathrm{Irr}_H(N)| = |\mathrm{Con}_H(N)|$. 若 H 稳定 N 的所有不可约特征标, 我们知道 (例 3.3.5) H 平凡作用在 N 上. 自然要问: 若 H 稳定 N 的所有非线性不可约特征标, 此时的情形又如何? 下面的定理 4.3.9 给出了该问题的回答, 这一结果将应用到"特征标次数图不连通的可解群"的研究中, 当然其自身也有独立的意义.

定理 4.3.9 (Isaacs) 设 $\{H, N\}$ 满足以下条件, 群 H 互素且非平凡作用在群 N 上, H 稳定 N 的所有非线性不可约特征标, 记 $M = [N, H]$, 则 $N' = M'$, N 可解, $\ell_{\mathbf{F}}(N) \leqslant 2$, 且以下之一成立:

(1) N 交换;

(2) (M, M') 是 Camina 对, M 是类 2 的 p-群, 且 $N' \leqslant \mathbf{Z}(HN)$;

(3) M 是以 M' 为核的 Frobenius 群.

证 如果能证明 $N' = M'$ 且 (1)–(3) 之一成立, 那么 $N' = M'$ 必是幂零群, 因此 N 可解且 N 的 Fitting 高 $\ell_{\mathbf{F}}(N) \leqslant 2$. 下面通过若干断言来证明该定理.

(a) 任取 $\alpha \in \mathrm{Irr}(N'M|\, N')$, α 必定 H-不变.

显然 $N'M$ 是 H-不变的, 故 H 作用在 $\mathrm{Irr}(N'M)$ 上. 任取 $\alpha \in \mathrm{Irr}(N'M|\, N')$, 取 $\chi \in \mathrm{Irr}(\alpha^N)$, 易见 $\chi \in \mathrm{Irr}(N|N')$, 即 χ 为 N 的非线性不可约特征标, 由条件知 χ 是 H-不变的. 注意到 H 中心化 $N/N'M$, 由定理 3.3.10(3) 知 χ 限制到 $N'M$ 的所有不可约成分均 H-不变, 特别地, α 必 H-不变, 断言 (a) 成立.

(b) 任取 $\nu \in \mathrm{Irr}^\sharp(N')$, ν 不能扩充到 $N'M$.

反设存在 $\nu \in \mathrm{Irr}^\sharp(N')$ 使得 ν 可扩充到 $\nu^* \in \mathrm{Irr}(N'M)$, 显然 $\nu^* \in \mathrm{Irr}(N'M|\, N')$. 任取 $\lambda \in \mathrm{Irr}(N'M/N')$, 由 Gallagher 定理 2.8.5 有 $\lambda\nu^* \in \mathrm{Irr}(N'M|\, N')$. 再由断言 (a) 知 ν^* 和 $\lambda\nu^*$ 均 H-不变, 这表明对任意 $h \in H$ 都有

$$\lambda\nu^* = (\lambda\nu^*)^h = \lambda^h(\nu^*)^h = \lambda^h\nu^*,$$

即 $\nu^* = (\overline{\lambda}\lambda^h)\nu^*$. 这表明 ν^* 和 $(\overline{\lambda}\lambda^h)\nu^*$ 是 ν 到 $N'M$ 的两个相同的扩充, 由定理 2.8.5 推出 $\overline{\lambda}\lambda^h = 1_{N'M}$, 即 $\lambda^h = \lambda$. 因此 H 稳定所有的 $\lambda \in \mathrm{Irr}(N'M/N')$, 应用定理 3.3.8 推出 H 中心化 $N'M/N'$. 现在, H 不但平凡作用在 $N/N'M$ 上而且平凡作用在 $N'M/N'$ 上, 故 H 平凡作用在 N/N' 上. 这又推出: H 稳定 N 的所有线性特征标, H 稳定 N 的所有不可约特征标, 从而 H 平凡作用在 N 上 (例 3.3.5), 矛盾, 断言 (b) 成立.

(c) $N' = M'$.

因为 $N'M/(N' \cap M) = (N'/(N' \cap M)) \times (M/(N' \cap M))$, 所以任意 $\nu \in \mathrm{Irr}(N'/(N' \cap M))$ 均能扩充到 $N'M/(N' \cap M)$, 由断言 (b) 得 $N' \cap M = N'$, 即 $N' \leqslant M$. 再者, 因为 $M' = [N, H]' \leqslant N' \leqslant M$, 所以 N'/M' 的不可约特征标均线性且均可扩充到 $M/M' = MN'/M'$, 再次应用断言 (b) 即推出 $N' = M'$, 断言 (c) 成立.

下面假设 N 不是交换群, 并且 M 也不是以 M' 为核的 Frobenius 群, 我们需证明 HN 为定理中的 (2) 型群.

(d) $\{H, M\}$ 也满足定理假设, 且 $1 < M' < M = [M, H]$, (M, M') 为 Camina 对.

由引理 2.9.10, 有 $[M, H] = [N, H, H] = [N, H] = M$, 特别地, H 非平凡 (且互素) 地作用在 M 上; 再者, 由 $M' = N'$ 并结合断言 (a) 知 H 稳定 $M = N'M$

的所有非线性不可约特征标, 即定理假设条件对 $\{H, M\}$ 仍成立. 因为 $N' = M'$ 且 N 非交换, 所以必有 $1 < M'$. 若 $M' = M$, 则 H 稳定 M 的所有不可约特征标, 推出 H 平凡作用在 M 上, 矛盾, 因此 $1 < M' < M$. 由引理 2.9.10, 有

$$M/M' = [M/M', H] \times \mathbf{C}_{M/M'}(H) = [M, H]/M' \times \mathbf{C}_{M/M'}(H)$$

$$= M/M' \times \mathbf{C}_{M/M'}(H),$$

故 $\mathbf{C}_{M/M'}(H) = 1$. 由定理 3.3.8, H-不变的 M 的线性特征标有且只有 1_M. 这表明: 在 H 作用下发生变化的 M 中的不可约特征标之个数恰为 $|\mathrm{Irr}^\sharp(M/M')| = |M/M'| - 1$, 在 H 作用下发生变化的 M 中的共轭类之个数也为 $|M/M'| - 1$ (定理 3.3.8).

因为 $\mathbf{C}_{M/M'}(H) = 1$, 所以包含在 $M \setminus M'$ 中的 M-共轭类在 H 作用下都发生变化, 这表明 $k_M(M \setminus M') \leqslant |M/M'| - 1$, 这里 $k_M(\Delta)$ 表示 M-不变子集 Δ 中含有的 M-共轭类之个数. 注意到

$$|M/M'| - 1 = k_{\overline{M}}(\overline{M} \setminus \overline{M'}) \leqslant k_M(M \setminus M'),$$

其中 $\overline{M} = M/M'$, 这表明 $k_M(M \setminus M') = k_{\overline{M}}(\overline{M} \setminus \overline{M'})$. 进而由引理 2.9.24 推出 (M, M') 为 Camina 对, 断言 (d) 成立.

(e) $M = P \ltimes Q$, 其中 $P \in \mathrm{Syl}_p(M)$ 非交换, $Q = \mathbf{O}_{p'}(M) < M' = P'Q$, 且 $[M', H] \leqslant Q$.

因 (M, M') 是 Camina 对且 M 不是以 M' 为核的 Frobenius 群, 由命题 2.9.27 推出: M/M' 为 p-群, 且 M 有正规 p-补 $Q < M'$. 取 $P \in \mathrm{Syl}_p(M)$, 显然 $M = P \ltimes Q$, $M' = P'Q$, 其中 $P' > 1$. 下证 $[M', H] \leqslant Q$.

考察半直积群 $G := H \ltimes M$, 取 M'/Q 的任意 G-主因子 U/V, 则 U/V 为 G/V 的极小正规 p-子群, 故 $U/V \leqslant \mathbf{Z}(M/V)$. 任取 $\lambda \in \mathrm{Irr}^\sharp(U/V)$, 任取 $\chi \in \mathrm{Irr}(\lambda^M)$, 易见 χ 非线性因而 H-不变. 注意到 χ_U 为 λ 的 $\chi(1)$ 倍, 故 λ 也 H-不变, 这表明 H 稳定 U/V 的所有不可约特征标, 进而依次推出: H 中心化 U/V; H 中心化 M'/Q 的任意 G-主因子; H 中心化 M'/Q, 即 $[M', H] \leqslant Q$, 断言 (e) 成立.

(f) $c(P) = 2$, 且当 $Q = 1$ 时, HN 为定理中的 (2) 型群.

由断言 (e) 有 $[M', H] \leqslant Q$, 故 $[M', H, M] \leqslant [Q, M] \leqslant Q$, 又有 $[M, M', H] \leqslant [M', H] \leqslant Q$, 故由三子群引理 ([7, 第 3 章, 引理 1.10]) 推出 $[H, M, M'] \leqslant Q$. 注意到由断言 (d) 有 $M = [M, H] = [H, M]$, 这又推出 $[M, M'] \leqslant Q$, 故 $P \cong M/Q$ 的类不超过 2. 再者, P 非交换, 必有 $c(P) = 2$.

当 $Q = 1$ 时, $M = P$ 为类 2 的 p-群, 故 $N' = M' \leqslant \mathbf{Z}(M)$. 由引理 2.9.10, $N/N' = N/M' = M/M' \times C/M'$, 其中 $C/M' = \mathbf{C}_{N/M'}(H)$. 再由 $[M, C] \leqslant M' \leqslant \mathbf{Z}(M)$, 推出 $[M, C, M] = 1 = [C, M, M]$, 故由三子群引理得 $M' \leqslant \mathbf{Z}(C)$. 又因为 $N = MC$ 且 $M' \leqslant \mathbf{Z}(M)$, 所以 $M' \leqslant \mathbf{Z}(N)$. 再者, 由断言 (e) 有

$[M', H] = 1$, 综上得 M' 既中心化 N 又中心化 H, 即有 $M' \leqslant \mathbf{Z}(HN)$, HN 为定理中的 (2) 型群.

(g) $Q = 1$, 因而 HN 为定理中的 (2) 型群.

反设 $Q > 1$, 取 Q/E 为一个 HN-主因子, 注意到所有假设对 $\{H, N/E\}$ 仍成立, 为推矛盾可不妨设 $E = 1$. 注意 (M, M') 为 Camina 对, 且 M 不是以 $M'(= P'Q)$ 为核的 Frobenius 群. 由命题 2.9.27, 任取 $x \in Q^\sharp$ 都有 $\mathbf{C}_P(x) \leqslant P \cap M' = P'$. 由 $c(P) = 2$ 及例 2.9.21 得 $M = \mathrm{Fro}(P, Q)$, 其中 $P \cong \mathrm{Q}_8$. 现在 Q 是幂零群, 所以 Q 作为 HN 的极小正规子群必是某个初等交换 q-群, 这里素数 $q \neq 2$.

显然假设条件对 $\{H/\mathbf{C}_H(N), N\}$ 仍成立, 且 $[N, H/\mathbf{C}_H(N)] = M$, 故可设 $\mathbf{C}_H(N) = 1$, 即 H 忠实作用在 N 上.

假设 $H_0 := \mathbf{C}_H(M/M') > 1$, 则 H_0 平凡作用在 N/M 及 M/M' 上, 因而平凡作用在 $N/M' = N/N'$ 上, 此时 H_0 稳定 N 的全部线性特征标因而稳定 N 的全部不可约特征标, 这推出 H_0 平凡作用在 N 上, 但是我们已假设 H 忠实作用在 N 上, 矛盾.

假设 $\mathbf{C}_H(M/M') = 1$. 注意到 $M/M' \cong P/P' \cong \mathrm{E}(2^2)$, 有 $H \leqslant \mathrm{GL}(2,2) \cong \mathrm{S}_3$, 故奇阶群 $H \cong \mathrm{C}(3)$. 不妨设 H 作用在 P 上, 并记 $G = HM$, 则

$$G = H \ltimes M = H \ltimes (P \ltimes Q) = (H \ltimes P) \ltimes Q,$$

其中 $H \cong \mathrm{C}(3)$, $M = P \ltimes Q = \mathrm{Fro}(P, Q)$, $P \cong \mathrm{Q}_8$, $M' = P'Q$, Q 为初等交换 q-群, $q \notin \{2, 3\}$. 注意 $\{H, M\}$ 也满足定理条件 (见断言 (d)). 任取 $\lambda \in \mathrm{Irr}^\sharp(Q)$, 显然 $\chi := \lambda^M \in \mathrm{Irr}(M)$ 非线性, 故 H 稳定 χ. 应用定理 3.3.10, 我们看到 H 必稳定 χ_Q 的某个不可约成分 ξ, 而 ξ 必为 λ 的某个 PQ-共轭, 故有 $x \in P$ 使得 $\xi = \lambda^x$. 现在 H 稳定 λ^x, 得 $H^{x^{-1}}$ 稳定 λ, 即 $H^{x^{-1}} \leqslant \mathrm{I}_{HP}(\lambda)$, 注意到 $\mathrm{I}_P(\lambda) = 1$, 推出 $\mathrm{I}_{HP}(\lambda) = H^{x^{-1}}$. 这表明: $\mathrm{Irr}^\sharp(Q)$ 中的每个成员在 HP 中的稳定子群恰是 HP 中的一个 Sylow 3-子群. 再者, 由群 G 的结构易见 $H \in \mathrm{Syl}_3(HP)$ 非平凡作用在 Q 上, 从而非平凡作用在 $\mathrm{Irr}(Q)$ 上, 现在 $\{HP, \mathrm{Irr}(Q), 3\}$ 满足假设 4.3.3. 易见 $|\mathrm{Syl}_3(HP)| = 4$, 应用命题 4.3.4 得

$$4 = |\mathrm{Syl}_3(HP)| = (q^{ad} - 1)/(q^a - 1),$$

其中 $q^a = |\mathbf{C}_{\mathrm{Irr}(Q)}(H)|$, $|Q| = q^{ad}$, $d \geqslant 2$; 进而得 $q^a \leqslant 3$, 但 $q \notin \{2, 3\}$, 矛盾. 定理证毕. □

4.3.2 特征标次数图的图论性质

对于可解群 G, 下面的定理给出了特征标次数图 $\Gamma(G)$ 最重要的图论性质.

定理 4.3.10 (Palfy) *设 G 可解, $\pi \subseteq \rho(G)$ 且 $|\pi| \geqslant 3$, 则必存在不同的 $p, q \in \pi$ 及 $\chi \in \mathrm{Irr}(G)$ 使得 $pq \mid \chi(1)$; 换言之, 在可解群 G 的特征标次数图 $\Gamma(G)$*

中, 任意三个不同顶点之间必存在一条边.

证 显然可设 $|\pi| = 3$. 对 $|G|$ 作归纳.

(1) 若 N 为 G 的极小正规子群, 则存在 $p \in \pi$ 使得 G/N 有正规交换的 Sylow p-子群 P/N; 进一步, $P' = N$, 且对任意 $\chi \in \mathrm{Irr}(G|N)$ 都有 $p \mid \chi(1)$.

注意 $\Gamma(G/N)$ 是 $\Gamma(G)$ 的子图. 若 $\pi \subseteq \rho(G/N)$, 则归纳假设即得定理. 故可设 $\pi \not\subseteq \rho(G/N)$, 此时由 Itô 定理 2.8.13 推出, 存在 $p \in \pi$ 使得 G/N 有正规交换的 Sylow p-子群 P/N. 进一步, 因 $p \in \rho(G)$, P 不可能是交换群, 故由 N 的极小正规性推出 $P' = N$. 再者, 任取 $\chi \in \mathrm{Irr}(G|N)$, 取 θ 为 χ 限制到 P 的不可约成分. 显然 θ 非线性且 $p \mid \theta(1)$, 得 $p \mid \chi(1)$.

(2) G 有唯一极小正规子群, 记为 N.

假设 G 有两个不同的极小正规子群 N_1, N_2, 由 (1) 知 G/N_i 有正规交换的 Sylow p_i-子群 P_i/N_i, 这里 $p_i \in \pi$, P_i 不交换, $i = 1, 2$.

若 $p_1 \neq p_2$, 则 $P_1 \cap P_2 = 1$, $P_1P_2 = P_1 \times P_2 \trianglelefteq G$. 取 $\theta_i \in \mathrm{Irr}(P_i)$ 非线性, 记 $\theta = \theta_1 \times \theta_2$, 再取 $\chi \in \mathrm{Irr}(\theta^G)$, 易见 $p_1p_2 \mid \theta(1)$, 从而 $p_1p_2 \mid \chi(1)$, 定理成立.

若 $p_1 = p_2 =: p$, 则 G/N_i 均有正规交换的 Sylow p-子群. 注意到 $G = G/(N_1 \cap N_2) \leqslant G/N_1 \times G/N_2$, 推出 G 也有正规交换的 Sylow p-子群, $p \notin \rho(G)$, 矛盾.

(3) $G = H \ltimes P$, 其中 $H \in \mathrm{Hall}_{p'}(G)$, $P = \mathbf{F}(G) \in \mathrm{Syl}_p(G)$, $p \in \pi$ 且 $P' = N \leqslant \mathbf{Z}(P)$.

对于 G 的唯一极小正规子群 N, G/N 有正规交换的 Sylow p-子群 P/N, $p \in \pi$. 先考察 $\Phi(G) = 1$ 的情形, 此时有 $M < \cdot G$ 使得 $G = M \ltimes N$, 且由 N 的唯一极小正规性知 M 忠实不可约作用在 N 上. 对任意 $\chi \in \mathrm{Irr}(G|N)$, 因为总有 $p \mid \chi(1)$ (断言 (1)), 所以可不妨设 $\pi(\chi(1)) \cap \pi = \{p\}$ (否则, 定理成立). 注意到 G 在 N 处分裂, 由引理 4.3.5 推出: 对任意 $q \in \pi \setminus \{p\}$, $\{M, \mathrm{Irr}(N), q\}$ 都满足假设 4.3.3, 且 M 有交换的 Sylow q-子群. 注意 M 也忠实作用在 $\mathrm{Irr}(N)$ 上, 由推论 4.3.8, 存在 $\theta \in \mathrm{Irr}(M)$ 使得 $\pi \setminus \{p\} \subseteq \pi(\theta(1))$. 又因为 $M \cong G/N$, 所以存在 $\chi \in \mathrm{Irr}(G/N)$ 使得 $\chi(1) = \theta(1)$, 定理成立.

故可设 $\Phi(G) > 1$. 由 N 的唯一极小正规性知 $N \leqslant \Phi(G)$, 从而又推出 $P = \mathbf{F}(G)$ 为 G 的正规 Sylow p-子群, 且 $P' = N \leqslant \mathbf{Z}(P)$.

• 在继续推演之前, 先确定一些记号. 保持 (3) 中的所有记号, 并记 $\pi = \{p, q, r\}$, $\sigma = \{q, r\}$, 再取 $Q \in \mathrm{Syl}_q(H)$, $R \in \mathrm{Syl}_r(H)$, 使得 $U := RQ \in \mathrm{Hall}_\sigma(H)$.

(4) U 交换, $Q \leqslant \mathbf{C}_H(N)$, $Q \trianglelefteq H$, $\{H, \mathrm{Irr}(N), r\}$ 满足假设 4.3.3, $r \nmid |\mathbf{F}(H)|$.

任取 $\lambda \in \mathrm{Irr}^\sharp(N)$, 考察 $\mathrm{I}_H(\lambda)$ 在 P 上的互素作用, 由定理 3.3.12, 存在 $\theta \in \mathrm{Irr}(\lambda^P)$ 使得 $\mathrm{I}_H(\lambda)$ 稳定 θ, 即 $\mathrm{I}_H(\lambda) \leqslant \mathrm{I}_H(\theta)$. 注意到 $N \leqslant \mathbf{Z}(P)$, λ 为 θ_N 的唯一不可约成分. 对于上述 θ, 考察 $\mathrm{I}_H(\theta)$ 在 P 上的互素作用, 由定理 3.3.10, 存

在 θ_N 的不可约成分, 即为 λ, 使得 $\mathrm{I}_H(\theta) \leqslant \mathrm{I}_H(\lambda)$. 这表明, 对任意 $\lambda \in \mathrm{Irr}^\sharp(N)$, 均存在 $\theta_\lambda \in \mathrm{Irr}(\lambda^P)$ 使得

$$\mathrm{I}_H(\lambda) = \mathrm{I}_H(\theta_\lambda).$$

显然, $\theta_\lambda \in \mathrm{Irr}(P)$ 非线性, 故 $p \mid \theta_\lambda(1)$. 因为 $(|H|, |P|) = 1$, 所以 θ_λ 可扩充到 $\mathrm{I}_G(\theta_\lambda) = \mathrm{I}_H(\theta_\lambda)P$. 如果有 $\chi \in \mathrm{Irr}((\theta_\lambda)^G)$ 使得 q 或 r 整除 $\chi(1)$, 那么 pq 或 pr 整除 $\chi(1)$, 定理成立. 故我们可设: 任取 $\chi \in \mathrm{Irr}((\theta_\lambda)^G)$ 都有 $(qr, \chi(1)) = 1$. 如同引理 4.3.5 的证明, 我们推出: $\mathrm{I}_H(\lambda) = \mathrm{I}_H(\theta_\lambda)$ 必含有 H 的唯一一个 Hall σ-子群, 且 H 的 Hall σ-子群 U 必交换. 特别地, $\{H, \mathrm{Irr}(N), q\}$ 和 $\{H, \mathrm{Irr}(N), r\}$ 都满足引理 4.3.2 条件.

显然 $\mathbf{F}_2(G) = \mathbf{F}(H)P \trianglelefteq G$. 若 $qr \mid |\mathbf{F}(H)|$, 由例 3.3.20, 存在 $\psi \in \mathrm{Irr}(\mathbf{F}_2(G))$ 使得 $\sigma \subseteq \pi(\psi(1))$, 定理成立. 故可不妨设 $r \nmid |\mathbf{F}(H)|$, 于是 $r \nmid |\mathbf{C}_H(\mathrm{Irr}(N))|$ (否则, 由引理 4.3.2 知 $\mathbf{C}_H(\mathrm{Irr}(N))$ 是 r-闭群, 而且 $\mathbf{C}_H(\mathrm{Irr}(N)) = \mathbf{C}_H(N) \trianglelefteq H$, 推出 $r \mid |\mathbf{F}(H)|$, 矛盾). 特别地, $r \mid |H/\mathbf{C}_H(\mathrm{Irr}(N))|$, 因此 $\{H, \mathrm{Irr}(N), r\}$ 满足假设 4.3.3.

如果 q 也整除 $|H/\mathbf{C}_H(N)|$, 那么 $\{H, \mathrm{Irr}(N), q\}$ 也满足假设 4.3.3, 由推论 4.3.8, 我们可找到 $\theta \in \mathrm{Irr}(H/\mathbf{C}_H(N)) \subseteq \mathrm{Irr}(H)$ 使得 $qr \mid \theta(1)$, 定理成立. 因此可设 $q \nmid |H/\mathbf{C}_H(N)|$, 此时 $Q \leqslant \mathbf{C}_H(N) = \mathbf{C}_H(\mathrm{Irr}(N))$, 且由引理 4.3.2 得 $Q \trianglelefteq H$.

(5) 最后的证明.

考察 q-群 Q 在 p-群 P 及交换 p-群 P/N 上的互素作用. 记 $C = \mathbf{C}_P(Q)$, $M = [P, Q]$. 因 $\mathbf{C}_G(P) = \mathbf{C}_G(\mathbf{F}(G)) \leqslant \mathbf{F}(G)$, 故 $C < P$, $M > 1$. 因为 $Q \trianglelefteq H$, 所以 $M \trianglelefteq G$, 再由 N 的唯一极小正规性得 $N \leqslant M$, 进而推出 $M/N = [P/N, Q]$. 类似地, C 必是 P 的 H-不变子群; 因为由 (4) 有 $Q \leqslant \mathbf{C}_H(N)$, 得 $C = \mathbf{C}_P(Q) \geqslant N = P'$, 所以 C 也是 P-不变子群因而是 G 的正规子群; 进一步, 容易看到 $C/N = \mathbf{C}_{P/N}(Q)$. 由引理 2.9.10 推出

$$P/N = P/P' = [P/P', Q] \times \mathbf{C}_{P/P'}(Q) = M/N \times C/N.$$

易见 $\mathbf{C}_{P/C}(Q) = 1$, 这也表明 $(QP/C)' = P/C$.

记 $V = \mathrm{Irr}(P/C)$. 任取 $\lambda \in V^\sharp$, 任取 $\chi \in \mathrm{Irr}(\lambda^G)$, 因为 $(QP/C)' = P/C$, 所以 λ^{QP} 的不可约成分的次数都被 q 整除, 这又推出 q 整除 $\chi(1)$. 我们可设 $r \nmid \chi(1)$ (否则, 定理已经成立), 即可设: r 不整除 $\mathrm{Irr}(G/C|P/C)$ 中的任何不可约特征标之次数. 注意到任意 $\lambda \in V^\sharp$ 均可扩充到 $\mathrm{I}_G(\lambda) = \mathrm{I}_H(\lambda)P$, 按引理 4.3.5 的证明同样可得: $V^\sharp$ 中的每个元素都恰好被 H 的唯一一个 Sylow r-子群中心化. 假若 $r \nmid |H/\mathbf{C}_H(V)|$, 则 $R \leqslant \mathbf{C}_H(V)$, 由引理 4.3.2 推出 $R \trianglelefteq H$, 与 (4) 矛盾. 因此 $r \mid |H/\mathbf{C}_H(V)|$, $\{H, V, r\}$ 满足假设 4.3.3. 现在, $\{H, V, r\}$ 和 $\{H, \mathrm{Irr}(N), r\}$ 都

满足假设 4.3.3, 由本节说明 (A) 得 $V \cong \mathrm{Irr}(N)$, 于是 $N \cong P/C \cong M/N$.

注意 $QP \trianglelefteq G$, 下面仅需证明: 存在 $\theta \in \mathrm{Irr}(QP)$ 使得 $pq \mid \theta(1)$. 反设不存在这样的 θ, 则 Q 稳定 P 的所有非线性不可约特征标, 应用定理 4.3.9 推出 (M, M') 是 Camina 对, 其中 $M = [P, Q]$, $M' = P' = N$. 取 $g \in M \setminus M'$, 由引理 2.9.24 有 $|\mathbf{C}_M(g)| = |\mathbf{C}_{M/M'}(gM')| = |M/M'| = |M/N| = |N|$. 另一方面, 因 $N \leqslant \mathbf{Z}(P)$, 又有 $|\mathbf{C}_M(g)| \geqslant |\langle g\rangle N| > |N|$, 矛盾. 定理证毕. □

定理 4.3.11 设 G 可解, 则以下结论成立:

(1) 若 $\Gamma(G)$ 不连通, 则 $n(\Gamma(G)) = 2$, 且每个连通分支都是完全图.

(2) 若 $\Gamma(G)$ 为连通图, 则 $\mathrm{diam}(\Gamma(G)) \leqslant 3$.

证 这是定理 4.3.10 的直接推论. □

我们指出, 对于可解群的共轭类长图 $\Gamma(\mathrm{cs}(G))$ 和元素阶图 $\Gamma(\pi_e(G))$, 也有平行于定理 4.3.10 的结果, 这里先给出关于 $\pi_e(G)$ 的平行结果.

注记 4.3.12 设 G 可解, $\pi \subseteq \pi(G)$ 且 $|\pi| \geqslant 3$, 则存在不同的 $p, q \in \pi$ 使得 $pq \in \pi_e(G)$.

证 显然可设 $\pi = \{p, q, r\}$, 且可设 G 为 π-群. 进一步, 由归纳还可设: 对 G 的任意不等于 G 的截断 H, 都有 $|\pi(H)| \leqslant 2$. 在此约化环境下, 易见 G 的 Sylow 子群均同构于 G 的某个主因子, 即 G 恰有长度为 3 的主群列

$$1 \lhd P \lhd PQ \lhd PQR = G,$$

其中 P, Q, R 分别为 G 的 Sylow p-子群, Sylow q-子群和 Sylow r-子群. 假设 G 中没有 pr 阶元也没有 qr 阶元, 易见 R 无不动点作用在 PQ 上, 即 G 是以 PQ 为核的 Frobenius 群. 此时 PQ 幂零, 故 G 有 pq 阶元, 命题成立. □

下面介绍一般有限群的特征标次数图的图论性质.

命题 4.3.13[*] 设 $K, L \trianglelefteq G$, K/L 为若干非交换单群的直积, G/K 可解, 则 $n(\Gamma(G)) \leqslant n(\Gamma(K/L))$.

证 对 $|G| + |G/K|$ 归纳. 记 $C = \mathbf{C}_G(K/L)$, 显然 $L \leqslant C \trianglelefteq G$. 注意到 $\mathbf{Z}(K/L) = 1$, 有 $C \cap K = L$. 若 $C > L$, 则 $CK > K$, G/CK 可解, $CK/C \cong K/L$, 故由归纳假设得 $n(\Gamma(G)) \leqslant n(\Gamma(CK/C)) = n(\Gamma(K/L))$, 命题成立. 故可设 $\mathbf{C}_G(K/L) = L$. 注意此时 G/L 没有非平凡的可解正规子群, 故由 Itô-Michler 定理得 $\pi(G/L) = \rho(G/L) \subseteq \rho(G)$.

(1) 先考察 $G = K$ 的情形.

我们仅需证明下面的断言: 任取 $q \in \rho(G) \setminus \rho(G/L)$, 必存在 $p \in \rho(G/L) = \pi(G/L)$ 使得 q, p 在 $\Gamma(G)$ 中有边相连. 取 $\theta \in \mathrm{Irr}(G)$ 使得 $q \mid \theta(1)$. 若 θ_L 可约, 则 $\theta(1)$ 中有素因子 $p \in \pi(G/L)$, 得 $pq \mid \theta(1)$, 断言成立. 若 θ_L 不可约, 取

$\lambda \in \mathrm{Irr}(G/L)$ 非线性, 必有 $p \in \pi(G/L)$ 使得 $p \mid \lambda(1)$, 由 Gallagher 定理 2.8.5 得 $\theta\lambda \in \mathrm{Irr}(G)$, 故有 $pq \mid (\theta\lambda)(1)$, 断言也成立.

(2) 再考察 $K < G$ 的情形.

取 $N \trianglelefteq G$ 极大使得 $N \geqslant K$, 则 $|G/N|$ 为某素数 p. 由归纳假设, $n(\Gamma(N)) \leqslant n(\Gamma(K/L))$. 若 $p \in \rho(N)$, 由 Itô-Michler 定理易见 $\rho(G) = \rho(N)$, 此时 $\Gamma(N)$ 为 $\Gamma(G)$ 的子图且两者有相同的顶点集, 得 $n(\Gamma(G)) \leqslant n(\Gamma(N))$, 命题成立. 下设 $p \notin \rho(N)$, 此时 $\mathbf{O}_p(N)$ 必是 N 的正规交换的 Sylow p-子群. 取 $P \in \mathrm{Syl}_p(G)$, 则 p 阶群 $P/\mathbf{O}_p(N)$ 互素作用在 $N/\mathbf{O}_p(N)$ 上.

假设 $P/\mathbf{O}_p(N)$ 稳定 $N/\mathbf{O}_p(N)$ 的所有非线性不可约特征标. 因为 $\mathbf{C}_G(K/L) = L$, 所以 $P/\mathbf{O}_p(N)$ 非平凡作用在 $N/\mathbf{O}_p(N)$ 上, 再由定理 4.3.9 得 $N/\mathbf{O}_p(N)$ 可解, 从而 N 可解, 矛盾. 这说明存在非线性 $\theta \in \mathrm{Irr}(N/\mathbf{O}_p(N)) \subseteq \mathrm{Irr}(N)$ 使得 $\mathrm{I}_G(\theta) = N$, 故 $\chi := \theta^G \in \mathrm{Irr}(G)$. 取 $\theta(1)$ 的素因子 q, 显然 $q \in \rho(N)$ 且 $pq \mid \chi(1)$, 即在 $\Gamma(G)$ 中 p, q 之间有边相连, 这表明 $n(\Gamma(G)) \leqslant n(\Gamma(N))$. 因此 $n(\Gamma(G)) \leqslant n(\Gamma(K/L))$, 命题成立. □

设 G 非可解, 必有 G 的非交换主因子 K/L 使得 G/K 可解. 取 S 为 K/L 的合成因子, 显然 S 为非交换单群且 $n(\Gamma(K/L)) \leqslant n(\Gamma(S))$. 再结合命题 4.3.13 推出

$$n(\Gamma(G)) \leqslant n(\Gamma(S)).$$

这表明, 要考察非可解群的特征标次数图的连通分支数的上界, 仅需考察非交换单群, 由此可得下面的定理, 见 [87].

定理 4.3.14 (Manz-Staszewski-Willems)　对于非可解群 G, 有 $n(\Gamma(G)) \leqslant 3$.

类似地, 要确定非可解群 G 的特征标次数图的直径之上界, 也可归结到 G 为非交换单群的情形, 由此可得下面的定理, 见 [77].

定理 4.3.15 (Lewis-White)　设 G 不可解, 若 $\Gamma(G)$ 连通, 则 $\mathrm{diam}(\Gamma(G)) \leqslant 3$.

4.3.3 $\Gamma(G)$ 不连通的有限群 G 的结构

定理 4.3.16　设 G 可解, 若 $\Gamma(G)$ 不连通, 则以下之一成立:

(1) $G/\mathbf{F}(G)$ 交换.

(2) $G/\mathbf{F}(G) \leqslant \Gamma(p^d)$, 这里 p 为素数, $d > 1$, 特别地, $G/\mathbf{F}(G)$ 为亚循环群.

(3) $G/\mathbf{F}(G) \cong \mathrm{SL}(2,3)$ 或 $\mathrm{GL}(2,3)$.

证　(a) 先考察 $\Gamma(G/\Phi(G))$ 连通的情形.

由定理 4.3.11, $\Gamma(G)$ 恰有两个连通分支. 显然 $\Gamma(G/\Phi(G))$ 是 $\Gamma(G)$ 的某个连通分支的子图, 记 σ 为 $\Gamma(G)$ 的另一个连通分支的顶点集合. 注意到 $\rho(G/\Phi(G)) = \pi(G/\mathbf{F}(G))$ (定理 4.1.2), 所以 $\sigma \subseteq \pi(\mathbf{F}(G))$, 且 $|\mathbf{F}(G)|_\sigma = |G|_\sigma$. 我们记 $N = \prod_{r\in\sigma} \mathbf{O}_r(G)$, 则 N 为 G 的正规幂零的 Hall σ-子群, 且 $\mathbf{O}_r(G)$ 均不交换. 任取非

线性 $\theta \in \mathrm{Irr}(N)$, 任取 $\chi \in \mathrm{Irr}(\theta^G)$, 易见 $\chi(1)$ 中已含有 σ 中的素因子, 故 $\chi(1)$ 只能为 σ-数. 由 Clifford 定理得 $\mathrm{I}_G(\theta) = G$. 又因为 $(|G/N|, |N|) = 1$, 故 θ 可扩充到 G, 进而由定理 2.8.5 推出 G/N 交换, (1) 成立.

(b) 再考察 $\Gamma(G/\Phi(G))$ 不连通的情形.

由归纳可设 $\Phi(G) = 1$, 此时有子群 $H \leqslant G$ 使得 $G = H \ltimes \mathbf{F}(G)$, 且 $F := \mathbf{F}(G)$ 为 G 的极小正规子群 $F_1, \cdots, F_d$ 的直积. 注意到以下事实: 若 L 为 G 的中心直因子, 则 $\mathbf{F}(G/L) = \mathbf{F}(G)/L$ 且 $\mathrm{cd}(G) = \mathrm{cd}(G/L)$, 从而 $\Gamma(G) = \Gamma(G/L)$. 因此由归纳又可设: G 没有非平凡的中心直因子, 此时 H 非平凡地作用在每个 F_i 上. 记 σ 为 $\mathrm{cd}(G|F)$ 中成员的素因子集合.

我们断言: σ 在 $\Gamma(G)$ 的同一个连通分支中. 对每个 F_i, 取定 $H/\mathbf{C}_H(F_i)$ 的一个极小正规子群 $K_i/\mathbf{C}_H(F_i)$, 并设 $K_i/\mathbf{C}_H(F_i)$ 为 p_i-群. 显然 F_i 为忠实不可约 $H/\mathbf{C}_H(F_i)$-模, 故由推论 3.7.23 得 $(p_i, |F_i|) = 1$. 因为 $K_i/\mathbf{C}_H(F_i)$ 忠实作用在 F_i 上且 $\mathbf{C}_{F_i}(K_i/\mathbf{C}_H(F_i)) = \mathbf{C}_{F_i}(K_i) \trianglelefteq G$, 所以 $\mathbf{C}_{F_i}(K_i/\mathbf{C}_H(F_i)) = 1$; 对偶地, 由定理 3.3.8 推出 $\mathbf{C}_{\mathrm{Irr}(F_i)}(K_i/\mathbf{C}_H(F_i)) = 1_{F_i}$. 这表明: 对任意 $\lambda_i \in \mathrm{Irr}^\sharp(F_i)$, 都有 $p_i \mid |K_i : \mathrm{I}_{K_i}(\lambda_i)|$, 因而也都有 $p_i \mid |H : \mathrm{I}_H(\lambda_i)|$. 不妨设 $p_1, \cdots, p_r$ 为 $p_1, \cdots, p_d$ 中的全部两两不同素数. 一方面, 取 $\lambda_i \in \mathrm{Irr}^\sharp(F_i)$, 令 $\lambda_0 = \prod_{i=1}^d \lambda_i \in \mathrm{Irr}^\sharp(F)$, 因为 $\mathrm{I}_H(\lambda_0) = \bigcap_{i=1}^d \mathrm{I}_H(\lambda_i)$, 所以

$$\prod_{i=1}^r p_i \mid |H : \mathrm{I}_H(\lambda_0)|, \quad \text{即} \quad \prod_{i=1}^r p_i \mid |G : \mathrm{I}_G(\lambda_0)|,$$

这说明存在 $\chi \in \mathrm{Irr}((\lambda_0)^G) \subseteq \mathrm{Irr}(G|F)$ 使得 $\prod_{i=1}^r p_i \mid \chi(1)$, 特别地, $\{p_1, \cdots, p_r\}$ 在 $\Gamma(G)$ 的同一个连通分支中. 另一方面, 任取 $\chi \in \mathrm{Irr}(G|F)$, 取 λ 为 χ 限制到 F 的一个不可约成分, 显然 $\lambda \in \mathrm{Irr}^\sharp(F)$ 且可表为 $\prod_{i=1}^d \lambda_i$, 其中 $\lambda_i \in \mathrm{Irr}(F_i)$ 且其中至少有一个非主. 因此 $|G : \mathrm{I}_G(\lambda)| = |H : \mathrm{I}_H(\lambda)|$ 必是某个 p_i 的倍数, 故 $\chi(1) \in \mathrm{cd}(G|F)$ 为这个 p_i 的倍数. 综上推出 σ 在 $\Gamma(G)$ 的同一个连通分支中.

记与 σ 不连通的另一连通分支的顶点集为 π. 由上面的断言知道, 任取 $\chi \in \mathrm{Irr}(G|F)$, $\chi(1)$ 都是 π'-数. 现取 $q \in \pi$, 由引理 4.3.5 推出 $\{H, \mathrm{Irr}(F), q\}$ 满足假设 4.3.3, 且 H 有交换的 Sylow q-子群. 由命题 4.3.7, (2) 或 (3) 必成立. □

若可解群 G 的特征标次数图不连通, 上面的定理已经表明 G 的 Fitting 高至多为 4, $G/\mathbf{F}(G)$ 的导长至多为 4. 事实上, 我们还可以说得更细致一些, 见 [122], [96] 以及 [72].

注记 4.3.17 设 G 可解, $\Gamma(G)$ 不连通, 则以下结论成立:

(1) 若 $\ell_{\mathbf{F}}(G) = 4$, 则 $G/\mathbf{Z}(G)$ 为 $\mathrm{GL}(2,3)$ 自然作用在 $\mathrm{E}(3^2)$ 上得到的半直积, 此时 $\rho(G) = \{2, 3\}$, $\mathrm{cd}(G) = \{1, 2, 3, 4, 8, 16\}$.

(2) 若 $\Gamma(G)$ 的两个连通分支分别有 n, m 个顶点, 并设 $n \leqslant m$, 则 $m \geqslant 2^n - 1$.

例 4.3.18 (Manz) 若 $G' > G''$, 则 $n(\Gamma(G)) \leqslant 2$.

证 由于 $G' > G''$, 我们可取到 G 的可解的极小非交换商群 G/N. 由引理 4.2.1, 我们需讨论以下两种情形.

(1) 设 G/N 为 p-群. 取 $\sigma \in \mathrm{Irr}(G/N)$ 非线性. 若有 $\chi \in \mathrm{Irr}(G)$ 使得 $p \nmid \chi(1)$, 则 $\chi_N \in \mathrm{Irr}(N)$. 应用 Gallagher 定理得 $\chi\sigma \in \mathrm{Irr}(G)$, $p \mid (\chi\sigma)(1)$. 这表明, 对所有 $q \in \rho(G)$ 都有 $\mathrm{d}(p,q) \leqslant 1$, 故 $\Gamma(G)$ 是连通图 (且 $\mathrm{diam}(\Gamma(G)) \leqslant 2$).

(2) 设 G/N 是以初等交换 p-群 M/N 为核的 Frobenius 群. 取定 $q \in \pi(G/M)$, 显然 $q \neq p$. 任取 $r \in \rho(G)$, 若 $\mathrm{d}(p,r) \geqslant 2$, 则有 $\chi \in \mathrm{Irr}(G)$ 使得 $r \mid \chi(1)$ 但 $p \nmid \chi(1)$. 取 σ 为 χ_M 的不可约成分, 由引理 4.2.4 得 $\sigma(1)|G/M| \in \mathrm{cd}(G)$, 故 $\mathrm{d}(r,q) \leqslant 1$. 这表明, 对任意 $r \in \rho(G)$ 总有 $\mathrm{d}(r,p) \leqslant 1$ 或 $\mathrm{d}(r,q) \leqslant 1$, 因此 $n(\Gamma(G)) \leqslant 2$. □

对于非可解群 G, 定理 4.3.14 已经指出其特征标次数图的连通分支数至多为 3; 上例表明, 若 $n(\Gamma(G)) = 3$, 则 $G' = G''$. 进一步, 我们有下面的定理, 见 [75, 定理 6.4].

定理 4.3.19 (Lewis-White) *对于非可解群 G, 以下结论成立:*

(1) $n(\Gamma(G)) = 3$ 的充分必要条件是, G 是 $\mathrm{PSL}(2, 2^f)$, $f \geqslant 2$, 和一个交换群的直积.

(2) 若 $n(\Gamma(G)) = 2$, 则 G 有正规子群 N 和 K 使得

(2.1) $K/N \cong \mathrm{PSL}(2, p^m)$, 其中 $p^m \geqslant 4$;

(2.2) G/K 为交换群, $N'' = 1$;

(2.3) $\{p\}$ 构成 $\Gamma(G)$ 的一个连通分支.

4.3.4 特征标次数图不是完全图的可解群

对于可解群 G, 必有 $\mathrm{diam}(\Gamma(G)) \leqslant 3$. 人们曾经怀疑直径 3 是否真的能够取到, 但 Lewis 在 [73] 中给出了 $\mathrm{diam}(\Gamma(G)) = 3$ 的可解群例子. 随后, 人们又进一步研究了 $\mathrm{diam}(\Gamma(G)) = 3$ 的可解群 G 的结构, 证明了这样的可解群的 Fitting 高恰为 3, 见 [28].

下面将讨论 $\Gamma(G)$ 不为完全图的可解群 G 的结构. 显然, $\Gamma(G)$ 不为完全图等价于说, 存在不同的 $p, q \in \rho(G)$ 使得 pq 不能整除 G 的任何不可约特征标次数.

定理 4.3.20 (张继平) *设 G 可解, $\{p,q\} \subseteq \rho(G)$. 若 pq 不整除 $\mathrm{cd}(G)$ 中的任何成员, 则 $\ell_p(G) \leqslant 2$, $\ell_q(G) \leqslant 2$; 进一步, 若 $\ell_p(G) + \ell_q(G) = 4$, 则有 $K \trianglelefteq G$ 使得 $\mathbf{O}^{\{p,q\}'}(G)/K \cong 3^2 : \mathrm{GL}(2,3)$, 即, $\mathrm{GL}(2,3)$ 自然作用在 $\mathrm{E}(3^2)$ 上得到的半直积.*

为证明定理 4.3.20 以及其他类似问题, 我们需要考察较一般的 "Sylow 中心化" 问题, 即考察假设 4.3.21 环境下的 G 和 V 的结构. 注意, 假设 4.3.3 和假设 4.3.21 的主要的区别在于, 后者仅要求 V 中每个元素被 G 的某个 (不要求唯一) Sylow q-子群中心化.

假设 4.3.21 设 $\{G, V, q\}$ 满足以下条件: G 可解, $q \in \pi(G)$, V 为初等交换 p-群, 这里 p, q 可相同, G 忠实作用在 V 上, V 中每个元素都被 G 的某个 Sylow q-子群中心化.

命题 4.3.22[①] 设 $\{G, V, q\}$ 满足假设 4.3.21, 若 $q = 2$, 则 $p = 2$.

证 在半直积群 $G \ltimes V$ 中讨论. 因为 G 忠实作用在 V 上, 所以可取到 $v \in V^\sharp$ 及对合 $t \in G$ 使得 $v^t \neq v$. 记 $y = v^{-1}v^t \in V^\sharp$, 有 $y^t = (v^t)^{-1}v = (v^{-1}v^t)^{-1} = y^{-1}$, 推出 $t \in \mathbf{N}_G(\langle y \rangle)$. 因为 $\mathbf{C}_G(y)$ 含有 G 的一个 Sylow 2-子群, 所以 $\mathbf{N}_G(\langle y \rangle)/\mathbf{C}_G(y)$ 必为奇阶群. 这表明 $t \in \mathbf{C}_G(y)$, 故 $y = y^t = y^{-1}$, 即 $o(y) = 2$, $p = 2$. □

定理 4.3.23 设 $\{G, V, q\}$ 满足假设 4.3.21, 进一步假设 V 为不可约 $\mathbb{F}_p[G]$-模, 且有 $D \trianglelefteq G$ 使得 $q \mid |G/D|$, V_D 为 $n \geqslant 2$ 个 D-不变子空间 $V_1, \cdots, V_n$ 的直和, 且 G/D 忠实本原置换作用在 $\{V_1, \cdots, V_n\}$ 上, 则三元组 $(n, q, G/D)$ 只可能是以下三种情形之一: $(3, 2, \mathrm{D}_6)$, $(5, 2, \mathrm{D}_{10})$, $(8, 3, A\Gamma(2^3))$.

证 记 $\Omega = \{V_1, \cdots, V_n\}$, $\overline{G} = G/D$, 则 $\overline{G}$ 为 Ω 上的忠实本原置换群. 任取 Ω 的子集 Δ, 不妨设 $\Delta = \{V_1, \cdots, V_t\}$, 其中 $1 \leqslant t \leqslant n$, 取 $u = (u_1, \cdots, u_t, 0, \cdots, 0) \in V$, 其中 $u_i \in V_i^\sharp$. 由定理条件存在 $Q \in \mathrm{Syl}_q(G)$ 使得 Q 中心化 u, 这表明 $\overline{Q} := QD/D \in \mathrm{Syl}_q(\overline{G})$ 稳定 Δ. 因此 Ω 的任意子集都被 $\overline{G}$ 的某个 Sylow q-子群所稳定. 应用推论 3.8.20 即得结论. □

设 $\{G, V, q\}$ 满足假设 4.3.21, 并设 V 为忠实不可约 $\mathbb{F}_p[G]$-模, 此时 V 有拟本原和非拟本原两种情形.

当 V 非拟本原时, 取 $D \trianglelefteq G$ 极大使得 V_D 非齐次, 则 V_D 为 $n \geqslant 2$ 个齐次分支 $V_1, \cdots, V_n$ 的直和, 且 G/D 忠实本原置换作用在 $\{V_1, \cdots, V_n\}$ 上; 进一步再假设 $G = \mathbf{O}^{q'}(G)$ (幸运的是, 在大多数情形下, 我们可归纳到此环境), 这时必有 $q \mid |G/D|$, 因此我们可应用定理 4.3.23, 这也是该定理的主要应用环境.

当 V 拟本原时, 我们有下面的定理, 其证明比较复杂, 需利用定理 3.8.9 作详细讨论, 见 [12, 定理 10.4, 定理 10.5].

定理 4.3.24 设 $\{G, V, q\}$ 满足假设 4.3.21, 若 V 为拟本原 $\mathbb{F}_p[G]$-模, 则以下之一成立:

(1) $\mathbf{O}^{q',q}(G)$ 为循环 q'-群, $G \leqslant \Gamma(V)$;

(2) $|V| = 3^2$, $q = 3$, $G \cong \mathrm{SL}(2, 3)$ 或 $\mathrm{GL}(2, 3)$;

(3) $|V| = 2^6$, $q = 2 = |G : \mathbf{F}(G)|$, $\mathbf{F}(G)$ 是方次数为 3 的 27 阶超特殊群, $\mathbf{Z}(\mathbf{F}(G)) = \mathbf{Z}(G)$ 且 $\mathbf{O}^{2'}(G) = G$.

---

① 实际上, 这里可去掉 G 可解条件.

在证明定理 4.3.20 之前, 我们先回顾一些有限群的基本事实.

取 $Q \in \mathrm{Syl}_q(G)$, 并记 Q 在 G 中的正规闭包为 Q^G, 显然 $Q^G = \mathbf{O}^{q'}(G)$.

关于 p-可解群 G 的 p-长 $\ell_p(G)$, 我们有以下初等事实.

引理 4.3.25 对于 p-可解群 G, 以下结论成立:

(1) 若 $M, N \trianglelefteq G$, 则 $\ell_p(G/(M \cap N)) = \max\{\ell_p(G/M), \ell_p(G/N)\}$.

(2) 若 $N \trianglelefteq G$, 且 N 包含在 $\Phi(G)$ 或 $\mathbf{Z}(G)$ 或 $\mathbf{O}_{p'}(G)$ 中, 则 $\ell_p(G) = \ell_p(G/N)$.

(3) 若 $M, N \trianglelefteq G$ 且 $MN = G$, 则 $\ell_p(G) = \max\{\ell_p(M), \ell_p(N)\}$.

(4) 若 $P \in \mathrm{Syl}_p(G)$, 则 $\ell_p(G) \leqslant \mathrm{dl}(P)$; 特别地, 若 P 交换, 则 $\ell_p(G) \leqslant 1$.

引理 4.3.26 设 G 可解, $\{p, q\} \subseteq \rho(G)$, $Q \in \mathrm{Syl}_q(G)$, pq 不能整除 $\mathrm{cd}(G)$ 中任何成员, 则以下结论成立:

(1) 设 M, N 都是 G 的正规交换子群满足: $M \cap N = 1$ 且 $N \cap \Phi(G) = 1$. 若存在 $\lambda \in \mathrm{Irr}^\sharp(N)$ 使得 $p \mid |G : \mathrm{I}_G(\lambda)|$, 则 Q^G 中心化 M.

(2) 设 M 是 G 的正规交换子群. 若存在 G 的非 p-闭的正规子群 N 使得 $M \cap N = 1$, 则 Q^G 中心化 M, 因而 M 中心化 NQ^G.

(3) 若 $\mathbf{F}(G)$ 为 $\{p, q\}'$-群, 则 $\ell_p(G) = \ell_q(G) = 1$.

证 (1) 因 $N \cap \Phi(G) = 1$, 故 G 在 N 处分裂, 从而 λ 可扩充到 $T := \mathrm{I}_G(\lambda)$. 任取 $\chi \in \mathrm{Irr}(\lambda^G)$, 因 $p \mid |G : \mathrm{I}_G(\lambda)|$, 必有 $p \mid \chi(1)$, 故 $q \nmid \chi(1)$. 由推论 2.8.6 和定理 2.8.13 得: T/N 必包含 G/N 的一个 Sylow q-子群, 即存在 $Q_0 \in \mathrm{Syl}_q(G)$ 使得 $Q_0N/N \leqslant T/N$; 进一步 Q_0N/N 必是 T/N 的正规交换的 Sylow q-子群. 注意 $M \leqslant T$, MN/N 也是 T/N 的正规交换子群, 这表明 $[Q_0N/N, MN/N] = 1$, 推出 $[Q_0, M] \leqslant N$. 再者, $[Q_0, M] \leqslant M$, 得 $[Q_0, M] \leqslant N \cap M = 1$, Q_0 中心化 M, 进而由 M 的正规性得 Q_0^G 中心化 M, 即 Q^G 中心化 M.

(2) 假设 N 有 G-不变子群 N_1 和 N_2 使得 $|N_2/N_1| < |N|$ 且 N_2/N_1 仍不是 p-闭群. 显然 $p \in \rho(N_2/N_1) \subseteq \rho(G/N_1)$. 若 $q \notin \rho(G/N_1)$, 则 G/N_1 有正规交换的 Sylow q-子群 QN_1/N_1, 故 $[QN_1/N_1, \mathbf{F}(G)N_1/N_1] = 1$, 得 $[Q, M] \leqslant [Q, \mathbf{F}(G)] \leqslant N_1$, 进而推出 $[Q, M] \leqslant N_1 \cap M = 1$, $[Q^G, M] = 1$, 结论成立. 若 $q \in \rho(G/N_1)$, 则 $\{p, q\} \subseteq \rho(G/N_1)$, 将 G, M, N 分别替换为 $G/N_1, MN_1/N_1, N_2/N_1$, 由归纳假设得 QN_1/N_1 中心化 MN_1/N_1, 同样有 $[Q, M] \leqslant N_1 \cap M = 1$, 因而 $[Q^G, M] = 1$, 结论成立.

假设对 N 的任意非平凡的 G-不变子群 N_0, N_0 和 N/N_0 都是 p-闭群, 此时不难推出 $N = P_0 \ltimes V$, 其中 V 为 N 中的唯一极小 G-不变子群, $V \cap \Phi(G) = 1$, $1 < P_0 \in \mathrm{Syl}_p(N)$, 并且 $\mathbf{C}_V(P_0) = 1$. 注意到 P_0 置换同构地作用在 V 和 $\mathrm{Irr}(V)$ 上, 对偶地有 $\mathbf{C}_{\mathrm{Irr}(V)}(P_0) = 1_V$. 这表明: 对任意 $\lambda \in \mathrm{Irr}^\sharp(V)$ 都有 $p \mid |N : \mathrm{I}_N(\lambda)|$, 从而 $p \mid |G : \mathrm{I}_G(\lambda)|$. 将结论 (1) 中的 M, N 分别替换为 M, V, 推出 Q^G 中心化 M, 结论成立.

(3) 因 $\mathbf{F}(G)$ 为 $\{p,q\}'$-群, 故 $\{p,q\} \subseteq \rho(G/\Phi(G))$. 由归纳及引理 4.3.25(2), 可设 $\Phi(G)=1$. 取 G 的极小正规子群 N, 如果 $\mathbf{F}(G/N)$ 仍为 $\{p,q\}'$-群, 那么 $\{p,q\} \subseteq \rho(G/N)$, 由归纳得 G/N 的 p-长和 q-长均为 1, G 亦然, 结论成立, 故可设存在 $r \in \{p,q\}$ 使得 $\mathbf{O}_r(G/N) > 1$.

记 $\mathbf{F}(G) = N_1 \times \cdots \times N_m$, 其中 N_i 均为 G 的极小正规子群. 由上面的分析, 对每个 N_i, 都存在 $r_i \in \{p,q\}$ 使得 $D_i/N_i := \mathbf{O}_{r_i}(G/N_i) > 1$. 显然 D_i 不是交换群, 且 $r_i \in \rho(D_i)$. 反设存在 $s,t \in \{1,\cdots,m\}$ 使得 $r_s \neq r_t$, 则 $D_sD_t = D_s \times D_t \trianglelefteq G$, 取 $\theta_i \in \mathrm{Irr}(D_i)$ 使得 $r_i \mid \theta_i(1)$, $i \in \{s,t\}$, 此时 $pq = r_sr_t$ 整除 $\theta(1)$, 其中 $\theta = \theta_s \times \theta_t \in \mathrm{Irr}(D_sD_t)$, 矛盾. 因此可设 $r_1 = \cdots = r_m = p$. 任取 $\lambda \in \mathrm{Irr}^\sharp(\mathbf{F}(G))$, 将 λ 表为 $\prod_{i=1}^m \lambda_i$, 其中 $\lambda_i \in \mathrm{Irr}(N_i)$, 且这些 λ_i 中必有一个非主, 设 $\lambda_j \neq 1_{N_j}$, 于是

$$p \mid |D_j : \mathrm{I}_{D_j}(\lambda_j)| \mid |D_j : \mathrm{I}_{D_j}(\lambda)| \mid |G : \mathrm{I}_G(\lambda)|,$$

这就推出, 对任意 $\chi \in \mathrm{Irr}(G|\mathbf{F}(G))$ 都有 $p \mid \chi(1)$, 因而也都有 $q \nmid \chi(1)$. 由引理 4.3.5, $\{G/\mathbf{F}(G), \mathrm{Irr}(\mathbf{F}(G)), q\}$ 满足假设 4.3.3 且 $G/\mathbf{F}(G)$ 有交换的 Sylow q-子群. 应用命题 4.3.7 得, $\mathbf{F}(G) \cong \mathrm{E}(r^n)$ 极小正规且 $G/\mathbf{F}(G) \leqslant \Gamma(r^n)$ (注意 $q \neq r$). 因 $\Gamma(r^n)$ 的 Fitting 高为 2, 故必有 $\ell_p(G/\mathbf{F}(G)) = \ell_q(G/\mathbf{F}(G)) = 1$, 从而 $\ell_p(G) = \ell_q(G) = 1$. □

定理 4.3.20 的证明

反设定理不成立, 令 G 为极小阶反例. 记 $\pi = \{p,q\}$.

(1) $G = \mathbf{O}^{\pi'}(G)$; G 既不是 p-闭群也不是 q-闭群; $\Phi(G) = \mathbf{Z}(G) = 1$.

若 $\mathbf{O}^{\pi'}(G) < G$, 易见 $\{\mathbf{O}^{\pi'}(G), p, q\}$ 也满足定理条件, 由极小反例假设即得矛盾, 因此 $G = \mathbf{O}^{\pi'}(G)$.

若 G 为 p-闭群, 则 $P \in \mathrm{Syl}_p(G)$ 在 G 中正规, 特别地 $\ell_p(G) = 1$. 显然 P 非交换, 故有非线性 $\theta \in \mathrm{Irr}(P)$. 注意到 θ 可扩充到 G, 且 θ^G 中的不可约成分的次数均能被 p 整除因而都不能被 q 整除, 由推论 2.8.6 和定理 2.8.13 得: 存在 $Q \in \mathrm{Syl}_q(G)$ 使得 QP/P 为 $\mathrm{I}_G(\theta)/P$ 的正规交换的 Sylow q-子群, 由推论 4.3.25(4) 得 $\ell_q(G) = 1$, 矛盾. 因此 G 不是 p-闭群, 同理 G 也不是 q-闭群.

取 $N = \Phi(G)$ 或 $\mathbf{Z}(G)$, 假设 $N > 1$. 由引理 4.3.25, G 和 G/N 有相同的 p-长和 q-长. 因为 G 不是 p-闭群也不是 q-闭群, 所以 G/N 亦然, 特别地, $\{p,q\} \subseteq \rho(G/N)$. 这说明定理条件从而定理结论对 G/N 成立. 若 $\ell_p(G/N) \leqslant 2$, $\ell_q(G/N) \leqslant 2$ 且 $\ell_p(G/N) + \ell_q(G/N) \leqslant 3$, 则 $\ell_p(G) \leqslant 2$, $\ell_q(G) \leqslant 2$ 且 $\ell_p(G) + \ell_q(G) \leqslant 3$, 矛盾. 若 $\ell_p(G/N) = \ell_q(G/N) = 2$, 则 G/N 有正规子群 D/N 使得 $(G/N)/(D/N) \cong 3^2 : \mathrm{GL}(2,3)$, 得 $\ell_p(G) = \ell_q(G) = 2$ 且 $G/D \cong 3^2 : \mathrm{GL}(2,3)$, 矛盾. 故 $\Phi(G) = \mathbf{Z}(G) = 1$.

(2) $G = H \ltimes (N_1 \times \cdots \times N_m)$, 其中 $H < G$, N_i 均为 G 的极小正规子群, $\mathbf{O}_{\pi'}(G) = 1$, $\mathbf{F}(G) = N_1 \times \cdots \times N_m$, $m \geqslant 2$.

因为 $\Phi(G) = 1$, 所以 $\mathbf{F}(G)$ 能表为 G 的极小正规子群 $N_1, \cdots, N_m$ 的直积, 且有 $H < G$ 使得 $G = H \ltimes \mathbf{F}(G)$.

我们断言 N_i 均为 π-群. 否则, 不妨设 N_1 为 π'-群. 若 $\{p, q\} \subseteq \rho(G/N_1)$, 重复 (1) 中最后一段的推理, 同样可得矛盾. 故可不妨设 $p \notin \rho(G/N_1)$, 此时 $PN_1 \trianglelefteq G$, 其中 $P \in \mathrm{Syl}_p(G)$, 易见 $\ell_p(G) = \ell_p(PN_1) = 1$. 由于 G 不是 p-闭群, PN_1 也不是 p-闭群, 故 P 非平凡作用在 p'-群 N_1 上, 这表明存在 $\lambda \in \mathrm{Irr}^\sharp(N_1)$ 使得 $p \mid |PN_1 : \mathrm{I}_{PN_1}(\lambda)|$. 此时 λ^G 的不可约成分的次数都是 p 的倍数因而都与 q 互素, 由定理 4.1.9 (或由推论 2.8.6 及定理 2.8.13) 推得: G/N_1 有交换的 Sylow q-子群, 从而由引理 4.3.25(4) 推出 $\ell_q(G/N_1) = 1$, 又得 $\ell_q(G) = 1$, 但 G 是反例, 矛盾. 故 N_i 均为 π-群, 即 $\mathbf{O}_{\pi'}(G) = 1$.

反设 $m = 1$, 并不妨设 $\mathbf{F}(G) \cong \mathrm{E}(p^n)$. 先考察 $\mathbf{F}(H)$ 是 π'-群的情形, 此时易见 $\{p, q\} \subseteq \rho(H)$, 故由引理 4.3.26(3) 知 $\ell_p(H) = \ell_q(H) = 1$, 故 $\ell_p(G) \leqslant 2$, $\ell_q(G) = 1$, 矛盾. 再考察 $\mathbf{F}(H)$ 不是 π'-群的情形. 注意到 $\mathbf{O}_p(H) = 1$, 故 $B := \mathbf{O}_q(H) > 1$. 因为 B 忠实作用在 $\mathbf{F}(G)$ 上, 所以由 $\mathbf{F}(G)$ 的极小正规性推得 $\mathbf{C}_{\mathbf{F}(G)}(B) = 1$, 对偶地有 $\mathbf{C}_{\mathrm{Irr}(\mathbf{F}(G))}(B) = 1_{\mathbf{F}(G)}$, 这表明任意 $\lambda \in \mathrm{Irr}^\sharp(\mathbf{F}(G))$ 的 H-轨道长 (及 G-轨道长) 都是 q 的倍数, 因此 p 不能整除 $\mathrm{Irr}(G|\mathbf{F}(G))$ 中的任何特征标之次数, 由引理 4.3.5 知 $\{H, \mathrm{Irr}(\mathbf{F}(G)), p\}$ 满足假设 4.3.3, 且 H 有交换的 Sylow p-子群. 应用命题 4.3.7 得 $H \leqslant \Gamma(p^n)$, 或者

$$\mathbf{F}(G) \cong \mathrm{E}(3^2), \quad p = 3, \quad \mathrm{SL}(2,3) \leqslant H \leqslant \mathrm{GL}(2,3).$$

对于前者, $\ell_p(G) \leqslant 2$, $\ell_q(G) = 1$, 矛盾. 对于后者, 有 $p = 3, q = 2$, 当 $G \cong 3^2 : \mathrm{SL}(2,3)$ 时, $\ell_3(G) = 2$, $\ell_2(G) = 1$, 矛盾; 当 $G \cong 3^2 : \mathrm{GL}(2,3)$ 时, 也矛盾. 故必有 $m \geqslant 2$.

(3) 对于 G 的任意极小正规子群 N_i, 以下三款成立:

(3.1) $\mathbf{C}_H(N_i)$ 都是 π'-群.

(3.2) $\mathrm{Irr}(N_i)$ 中的每个特征标都被 H 的某个 Hall π-子群中心化.

(3.3) $\mathbf{O}_\pi(H/\mathbf{C}_H(N_i)) = 1$, 特别地, $\mathbf{O}_\pi(H) = 1$.

注意 $\mathbf{C}_H(N_1)$ 是 H-不变群, 故 $D := \mathbf{C}_H(N_1)\prod_{j=2}^m N_j \trianglelefteq G$. 易见 $N_1 \cap D = 1$ 且 $\mathbf{F}(D) = D \cap \mathbf{F}(G) = \prod_{j=2}^m N_j$.

(3.1) 否则, 不妨设 $p \mid |\mathbf{C}_H(N_1)|$, 此时 D 不是 p-闭群 (否则, $\mathbf{F}(D) > \prod_{j=2}^m N_j$, 矛盾). 因 $N_1 \cap D = 1$, 由引理 4.3.26(2) 得 $\mathbf{O}^{q'}(G)$ 中心化 N_1. 现在 $q \mid |\mathbf{C}_H(N_1)|$, D 也不是 q-闭群, 同样由引理 4.3.26(2) 推出 $\mathbf{O}^{p'}(G)$ 中心化 N_1. 因为 $\mathbf{O}^{\pi'}(G) = G$, 所以 $G = \mathbf{O}^{q'}(G)\mathbf{O}^{p'}(G)$ 中心化 N_1, 得 $1 < N_1 \leqslant \mathbf{Z}(G)$, 与

(1) 矛盾.

(3.2) 否则, 不妨设有 $\lambda \in \mathrm{Irr}^\sharp(N_1)$ 使得 $p \mid |H : \mathrm{I}_H(\lambda)|$, 由引理 4.3.26(1) 得 Q 中心化 $\prod_{j=2}^m N_j$, 与 (3.1) 矛盾.

(3.3) 记 $\mathbf{O}_\pi(H/\mathbf{C}_H(N_i))$ 在 H 中的原像为 Y_i. 由 (3.2) 知 Y_i 中心化 $\mathrm{Irr}(N_i)$, 从而 Y_i 中心化 N_i, 即得 $Y_i \leqslant \mathbf{C}_H(N_i)$, 这表明 $\mathbf{O}_\pi(H/\mathbf{C}_H(N_i)) = 1$. 再结合 (3.1) 又得 $\mathbf{O}_\pi(H) = 1$.

(4) $m = 2$, 且 $N_1 = \mathbf{O}_p(G)$, $N_2 = \mathbf{O}_q(G)$, $\{p, q\} \subseteq \rho(H)$.

因为 G 既不是 p-闭群又不是 q-闭群, 所以 $\{p, q\} \subseteq \pi(H)$. 又因为 $\mathbf{O}_\pi(H) = 1$, 所以 $\{p, q\} \subseteq \rho(H)$. 在 H 中应用引理 4.3.26(3) 得 $\ell_p(H) = \ell_q(H) = 1$, 故 G 的 p-长和 q-长都不超过 2, 注意到 G 是反例, 必有

$$\ell_p(G) = \ell_q(G) = 2.$$

因 $\pi \subseteq \rho(H) = \rho(G/\mathbf{F}(G)) \subseteq \rho(G/N_i)$, 这表明定理条件从而定理结论对 G/N_i 都成立. 若存在某 i 使得 $\ell_p(G/N_i) = \ell_q(G/N_i) = 2$, 则有 $K/N_i \trianglelefteq G/N_i$ 使得 $G/K \cong 3^2 : \mathrm{GL}(2, 3)$, 矛盾. 故对任意 i 都有

$$\ell_p(G/N_i) \leqslant 2, \quad \ell_q(G/N_i) \leqslant 2, \quad \text{且 } \ell_p(G/N_i) + \ell_q(G/N_i) \leqslant 3.$$

假设存在 $i \neq j$ 使得 $(|N_i|, |N|_j|) > 1$, 不妨设 N_1, N_2 都是 p-群. 因为 $2 = \ell_q(G) = \ell_q(G/N_i)$ 且 $\ell_p(G/N_i) + \ell_q(G/N_i) \leqslant 3$, 所以 $\ell_p(G/N_i) \leqslant 1$, $i = 1, 2$, 这就推出 $\ell_p(G) \leqslant 1$, 矛盾. 因此 $m = 2$, 且可设 $N_1 = \mathbf{O}_p(G)$, $N_2 = \mathbf{O}_q(G)$.

(5) 在继续推演之前, 我们先确定一些记号和事实.

(5.1) 设 $P \in \mathrm{Syl}_p(H), Q \in \mathrm{Syl}_q(H)$, 并设 $p > q$.

(5.2) N_i 及 $\mathrm{Irr}(N_i)$ 都是不可约 H-模. 因为 $P^H, Q^H \trianglelefteq H$, 所以 N_i 及 $\mathrm{Irr}(N_i)$ 既是完全可约 P^H-模又是完全可约 Q^H-模, 并且 $\mathbf{C}_H(N_i) = \mathbf{C}_H(\mathrm{Irr}(N_i)), i = 1, 2$.

(5.3) 取 $R \in \{P, Q\}, W \in \{N_1, N_2\}, 1_W < U \leqslant \mathrm{Irr}(W)$, 我们断言 $R^H/\mathbf{C}_{R^H}(U) > 1$. 否则, $\mathbf{C}_{R^H}(U) = R^H$, 则 $\mathbf{C}_{\mathrm{Irr}(W)}(R^H) \geqslant U > 1_W$, 注意到 $\mathbf{C}_{\mathrm{Irr}(W)}(R^H)$ 是 H-不变的且 $\mathrm{Irr}(W)$ 是不可约 H-模, 推出 $\mathbf{C}_{\mathrm{Irr}(W)}(R^H) = \mathrm{Irr}(W)$, 即 R^H 中心化 $\mathrm{Irr}(W)$ 从而中心化 W, 与 (3.1) 矛盾, 断言成立. 设 R 为 r-群, $r \in \{p, q\}$, 注意 $\mathbf{O}^{r'}(R^H/\mathbf{C}_{R^H}(U)) = R^H/\mathbf{C}_{R^H}(U)$, 即 $R^H/\mathbf{C}_{R^H}(U)$ 只有指数为 r 的极大正规子群.

(6) $p > q \geqslant 3$; $P^H = P \ltimes L$, P 交换, L 为交换 π'-群, 且对任意 $r \in \pi(P^H) \backslash \{p\}$ 都有 $p \mid (r - 1)$.

反设 $q = 2$, 考察 $Q^H/\mathbf{C}_{Q^H}(\mathrm{Irr}(N_1))$ 在初等交换 p-群 $\mathrm{Irr}(N_1)$ 上的忠实作用. 由 (3.2), $\mathrm{Irr}(N_1)$ 中的每个元素都被 $Q^H/\mathbf{C}_{Q^H}(\mathrm{Irr}(N_1))$ 的某个 Sylow 2-子群中心化, 由命题 4.3.22 推出 $p = 2$, 矛盾. 故 $p > q \geqslant 3$.

记 $\Omega = \{U_1, \cdots, U_d\}$ 为 $\mathrm{Irr}(N_1)$ 和 $\mathrm{Irr}(N_2)$ 限制到 P^H 上的不可约子模之集

合. 取 $U_i \in \Omega$, 记 $A_i = P^H/\mathbf{C}_{P^H}(U_i)$. 注意 U_i 为忠实不可约 A_i-模, $A_i > 1$ 仅有指数为 p 的极大正规子群, 且由 (3.2) 知 U_i 中的每个元均被 A_i 的某个 Sylow p-子群中心化. 若 A_i-模 U_i 不是拟本原的, 则有极大的 $C \trianglelefteq A_i$ 使得 $(U_i)_C$ 非齐次, 应用定理 4.3.23 知 A_i/C 有指数为 2 或 3 的正规子群, 但 $p \geqslant 5$, 矛盾. 因此所有 U_i 都为忠实拟本原 A_i-模, 进而由定理 4.3.24 得 $A_i \leqslant \Gamma(U_i)$, 且 $\mathbf{O}^{p',p}(A_i) = \mathbf{O}^p(A_i)$ 为循环 p'-群. 因为 U_i 中的每个元都被 A_i 中的某个 Sylow p-子群中心化, 所以 $\mathbf{O}_p(A_i)$ 必平凡作用在 U_i 上, 这表明 $\mathbf{O}_p(A_i) = 1$, 此时 $\mathbf{F}(A_i) = \mathbf{O}^p(A_i)$ 为循环 p'-群, $A_i/\mathbf{F}(A_i) \leqslant \mathrm{Aut}(\mathbf{F}(A_i))$ 为交换 p-群. 这表明: 对任意 $U_i \in \Omega$, A_i 都有交换的 Sylow p-子群和正规交换的 p-补. 注意到

$$\bigcap_{i=1}^{d} \mathbf{C}_{P^H}(U_i) = \mathbf{C}_{P^H}(\mathrm{Irr}(\mathbf{F}(G))) = \mathbf{C}_{P^H}(\mathbf{F}(G)) = 1,$$

推出 $P^H = (P^H)/(\bigcap_{i=1}^{d} \mathbf{C}_{P^H}(U_i)) \leqslant A_1 \times \cdots \times A_d$, 因此 P^H 有交换的 Sylow p-子群和正规交换的 p-补 L, 即 $P^H = P \ltimes L$. 因为 $\mathbf{O}_\pi(H) = 1$, 所以 L 为交换 π'-群.

再者, 任取 $r \in \pi(P^H) \setminus \{p\}$, r 必整除某 $|A_j|$. 注意到 $\mathbf{O}^{p'}(A_j) = A_j$, A_j 的 Sylow p-子群必定非平凡作用在 A_j 的循环 Sylow r-子群上, 由此得 $p \mid (r-1)$.

(7) $\mathbf{F}(H)/\Phi(H) \cong L/(\Phi(H) \cap L) \cong \mathrm{E}(r^n)$ 为 H 的主因子, $H/\mathbf{F}(H) \leqslant \Gamma(r^n)$.

下面来考察 $\overline{H} = H/\Phi(H)$. 因 $\mathbf{O}_\pi(H) = 1$, 易见 $\{p, q\} \subseteq \rho(\overline{H})$.

一方面, 由 (3.3) 有 $\mathbf{F}(P^H) \leqslant \mathbf{F}(H)$ 为 π'-群, 另一方面, 由 (6) 有 $\mathbf{F}(P^H) \geqslant L$, 所以 $\mathbf{F}(P^H) = L$, 从而 $\mathbf{F}(P^H\Phi(H)) = L\Phi(H)$. 假设 $\overline{H}$ 有某个极小正规子群 X 不包含在 $\overline{P^H}$ 中, 注意到 $\overline{P^H}$ 不是 p-闭群, 应用引理 4.3.26(2) 得 X 中心化 $\overline{Q}^{\overline{H}}\overline{P^H}$. 注意到 $\overline{H} = \mathbf{O}^{\pi'}(\overline{H})$, 即 $\overline{H} = \overline{Q}^{\overline{H}}\overline{P^H}$, 推出 $X \leqslant \mathbf{Z}(\overline{H})$, 这表明 X 为 $\overline{H}$ 的中心直因子[①]. 若 X 为 π-群, 则 $\mathbf{O}_\pi(\overline{H}) > 1$, 从而 $\mathbf{O}_\pi(H) > 1$, 与 (3.3) 矛盾. 若 X 为 π'-群, 则 $\mathbf{O}^{\pi'}(\overline{H}) < \overline{H}$, 矛盾. 因此 $\overline{H}$ 的极小正规子群都在 $\overline{P^H}$ 中因而都在 $\mathbf{F}(\overline{P^H}) = \overline{L}$ 中, 这表明 $\mathbf{F}(\overline{H}) = \overline{L} = L\Phi(H)/\Phi(H) \cong L/(L \cap \Phi(H))$, 从而 $\mathbf{F}(H) = L\Phi(H)$.

注意 $\overline{P^H} = \overline{P} \ltimes \overline{L}$, 考察 $\overline{P}$ 在初等交换 p'-群 $\overline{L}$ 上的作用, 由 P^H 的定义易见 $\mathbf{C}_{\overline{L}}(\overline{P}) = 1$, 从而对偶地有 $\mathbf{C}_{\mathrm{Irr}(\overline{L})}(\overline{P}) = 1_{\overline{L}}$. 同引理 4.3.5 的证明可得: $\mathrm{Irr}^\sharp(\overline{L})$ 中的每个元素都被 $\overline{H}/\overline{L}$ 的唯一一个交换 Sylow q-子群中心化. 当然地, $\overline{H}/\overline{L} = \overline{H}/\mathbf{F}(\overline{H})$ 忠实作用在 $\mathbf{F}(\overline{H}) = \overline{L}$ 上, 故也忠实作用在 $\mathrm{Irr}(\overline{L})$ 上. 由命题 4.3.7, $\overline{L} = \mathbf{F}(\overline{H}) = \mathbf{F}(H)/\Phi(H) \cong \mathrm{E}(r^n)$ 为 H 的主因子, 且因 $r \notin \pi$ 得 $H/\mathbf{F}(H) \leqslant \Gamma(r^n)$.

① 若 $A \leqslant \mathbf{Z}(G)$ 且有 $B \leqslant G$ 使得 $G = A \times B$, 则称 A 为 G 的中心直因子.

(8) $\ell_{\mathbf{F}}(H)=3$, $\mathbf{C}_H(N_1)\leqslant\Phi(H)$.

因 $H/\mathbf{F}(H)\leqslant\Gamma(r^n)$, 故 H 的 Fitting 高 $\ell_{\mathbf{F}}(H)\leqslant 3$. 若 $\ell_{\mathbf{F}}(H)\leqslant 2$, 注意到 $\mathbf{F}(H)$ 为 π'-群, 得 $pq\mid|H/\mathbf{F}(H)|$, 故存在 $\theta\in\mathrm{Irr}(H)$ 使得 $pq\mid\theta(1)$ (例 3.3.20), 矛盾. 因此 $\ell_{\mathbf{F}}(H)=3$.

反设 $\mathbf{C}_H(N_1)$ 不包含在 $\Phi(H)$ 中, 即 $\mathbf{C}_H(N_1)\Phi(H)>\Phi(H)$, 因为 $\mathbf{F}(H)/\Phi(H)$ 为 H 的主因子从而是 $H/\Phi(H)$ 的唯一极小正规子群, 所以由 $\mathbf{C}_H(N_1)$ 的 H-不变性得 $\mathbf{C}_H(N_1)\Phi(H)\geqslant\mathbf{F}(H)=L\Phi(H)$, 此时

$$P\mathbf{C}_H(N_1)\Phi(H)=(PL)(\mathbf{C}_H(N_1)\Phi(H))=P^H(\mathbf{C}_H(N_1)\Phi(H))\trianglelefteq H.$$

应用 Frattini 论断得, $H=\mathbf{N}_H(P)P\mathbf{C}_H(N_1)\Phi(H)=\mathbf{N}_H(P)\mathbf{C}_H(N_1)$, 此时, $P\mathbf{C}_H(N_1)\trianglelefteq H$, 但由 (3.3) 有 $\mathbf{O}_p(H/\mathbf{C}_H(N_1))=1$, 矛盾. 故 $\mathbf{C}_H(N_1)\leqslant\Phi(H)$.

(9) 最后的矛盾.

考察 Q^H 在初等交换 p-群 $\mathrm{Irr}(N_1)$ 上的作用. 记 Ω 为 $\mathrm{Irr}(N_1)$ 限制到 Q^H 上的不可约成分之集合, 取 $W\in\Omega$, 并记 $B_W=Q^H/\mathbf{C}_{Q^H}(W)$, 则 W 为忠实不可约 B_W-模. 注意 $B_W>1$ 仅有指数为 q 的极大正规子群 (见 (5)), 且由 (3.2) 知 W 中的每个元均被 B_W 的一个 Sylow q-子群中心化.

假设所有这些 W 都是拟本原 B_W-模, 由定理 4.3.24 并注意到 $p\geqslant 5$, 得 $B_W\leqslant\Gamma(W)$, 故 B_W 为亚幂零群. 因为 $\mathbf{C}_{Q^H}(\mathrm{Irr}(N_1))=\bigcap_{W\in\Omega}\mathbf{C}_{Q^H}(W)$, 所以

$$Q^H/\mathbf{C}_{Q^H}(N_1)=Q^H/\mathbf{C}_{Q^H}(\mathrm{Irr}(N_1))=Q^H\Big/\bigcap_{W\in\Omega}\mathbf{C}_{Q^H}(W)\leqslant\prod_{W\in\Omega}B_W$$

为亚幂零群. 再者, 由 (8) 有 $\mathbf{C}_{Q^H}(N_1)\leqslant\Phi(H)$, 故 Q^H 也是亚幂零群. 现在 P^H 和 Q^H 均亚幂零, 推出 $H=P^HQ^H$ 为亚幂零群. 但由 (8) 有 $\ell_{\mathbf{F}}(H)=3$, 矛盾.

假设存在某个 $W\in\Omega$ 使得 W 不是拟本原 B_W-模, 注意到 B_W 只有指数为 $q\geqslant 3$ 的极大正规子群, 应用定理 4.3.23 (参见该定理后的说明) 得 $q=3$, 且有 $D\trianglelefteq Q^H$ 使得 $Q^H/D\cong A\Gamma(2^3)$. 注意到 $A\Gamma(2^3)$ 的 Fitting 高为 3, 其 Fitting 子群为 $\mathrm{E}(2^3)$. 再者, 由 (8) 得 H 的 Fitting 高也是 3, 且由 (7) 知 $\mathbf{F}(H)/\Phi(H)\cong\mathrm{E}(r^n)$ 为 H 的主因子, 由此不难看到 $r=2$. 但是, 由 (7) 知 $r\in\pi(L)$, 故由 (6) 得 $p\mid(r-1)$, 矛盾. 定理证毕. □

4.3.5 以特征标次数为顶点的图

对于正整数集合 X, 除了前面定义的以素数为顶点的图 $\Gamma(X)$, 还可以定义如下无向简单图 $\Delta(X)$: 其顶点集为 $X\setminus\{1\}$; 两个不同顶点 m,n 之间有边相连当且仅当 $(m,n)>1$. 特别地, 我们可以定义以特征标次数为顶点的图 $\Delta(\mathrm{cd}(G))$, 简记为 $\Delta(G)$. 显然 $\Delta(G)$ 为连通图当且仅当 $\Gamma(G)$ 为连通图.

比较 $\Gamma(G)$ 和 $\Delta(G)$, 我们看到: $\Delta(G)$ 的顶点数及边数一般要比 $\Gamma(G)$ 大许

多, 故图 $\Delta(G)$ 不够简明; 再者, 要确定 $\Delta(G)$ 几乎需要知道 $\mathrm{cd}(G)$ 的全部信息, 故确定 $\Delta(G)$ 比较困难. 因此人们对 $\Gamma(G)$ 更有兴趣. 尽管如此, 下面的定理简洁而优美.

定理 4.3.27 [*] (Bianchi-Chillag-Lewis-Pacifici)　*若 $\Delta(G)$ 为完全图, 则 G 可解.*

证　反设 G 不可解, 并令 G 为极小反例. 注意定理条件 "$\Delta(G)$ 为完全图" 对 G 的商群仍保持, 故由标准的归纳程序可设:

- G 有唯一极小正规子群, 记为 N;
- G/N 可解但 N 不可解.

此时 $\mathbf{C}_G(N)=1$, $N=S_1\times\cdots\times S_n$ 为两两同构的非交换单群 S_i 的直积, G 可迁作用在 $\{S_1,\cdots,S_n\}$.

假设 S_1 为零散单群、Tits 群或交错型单群 A_n $(n\geqslant 7)$. 由定理 4.1.22, 存在非线性 $\mu_1,\nu_1\in\mathrm{Irr}(S_1)$ 使得 $(\mu_1(1),\nu_1(1))=1$ 且 μ_1,ν_1 都可扩充到 $\mathrm{Aut}(S_1)$. 记 $\mu_i\in\mathrm{Irr}(S_i)$ 使得 μ_i 与 μ_1 在 G 中共轭, 记 $\nu_i\in\mathrm{Irr}(S_i)$ 使得 ν_i 与 ν_1 在 G 中共轭, 再令 $\mu=\prod_{i=1}^n\mu_i$, $\nu=\prod_{i=1}^n\nu_i$. 由推论 3.4.8, $\mu,\nu\in\mathrm{Irr}(N)$ 可分别扩充到 G 的不可约特征标 χ_μ 和 χ_ν. 显然 $\chi_\mu(1),\chi_\nu(1)$ 互素, 这表明 $\Delta(G)$ 不是完全图, 矛盾.

假设 S_1 不为上面考察的非交换单群, 注意到 $\mathrm{A}_5\cong\mathrm{PSL}(2,4)\cong\mathrm{PSL}(2,5)$, $\mathrm{A}_6\cong\mathrm{PSL}(2,9)$, 由单群分类定理知 S_1 必为特征 p 域上的李型单群. 令 θ_1 为 S_1 的 Steinberg 特征标, $\theta_i\in\mathrm{Irr}(S_i)$ 为 θ_1 的 G-共轭, 再令 $\theta=\prod_{i=1}^n\theta_i\in\mathrm{Irr}(N)$. 如同上段的推演, θ 可扩充到 $\chi\in\mathrm{Irr}(G)$. 注意 $\chi(1)$ 为 p 的方幂. 因为 $\Delta(G)$ 为完全图, 所以任意 $m\in\mathrm{cd}(G)\setminus\{1\}$ 都是 p 的倍数, 此时由 Thompson 定理 4.1.12 知 G 有正规 p-补, 故 N 有正规 p-补, 显然矛盾. □

关于图 $\Gamma(G)$ 和 $\Delta(G)$, 还有不少有趣的工作, 参见 Lewis 的综述文章 [75].

4.3.6　特征标次数图与共轭类长图的关系

除了 $\mathrm{cd}(G)$, 共轭类长集合 $\mathrm{cs}(G)$ 以及元素阶集合 $\pi_e(G)$ 也能很大程度上决定有限群 G 的结构. 尽管三者的研究方法差别巨大, 但三者之间有很多平行的结论和问题, 例如, 注记 4.3.12 给出了定理 4.3.10 的元素阶版本. 对于 $\mathrm{cs}(G)$, 同样可定义相应的类长图 $\Gamma(\mathrm{cs}(G))$, 简记其为 $\Gamma'(G)$, 该图的顶点集为

$$\rho'(G)=\{\text{素数}\,p|\text{ 存在}\,m\in\mathrm{cs}(G)\text{使得}\,p\mid m\},$$

不同的 $p,q\in\rho'(G)$ 之间有边相连当且仅当 pq 整除 $\mathrm{cs}(G)$ 中某成员.

本小节将给出 $\Gamma'(G)$ 的基本结果, 给出 $\Gamma(G)$ 和 $\Gamma'(G)$ 之间的联系. 下面的引理是关于共轭类长最为基本的结论, 我们略去其平凡的证明.

引理 4.3.28 设 $g\in G$, 则以下结论成立:

(1) 若 N 在 G 中次正规, 则 $|N:\mathbf{C}_N(g)|\mid|G:\mathbf{C}_G(N)|$; 特别地, 若 $g\in N$, 则 $|g^N|\mid|g^G|$.

(2) 若 $N\trianglelefteq G$, 则 $|(gN)^{G/N}|\mid|g^G|$.

(3) 若 $g=xy=yx$, 其中 $(o(x),o(y))=1$, 则 $|x^G|$ 和 $|y^G|$ 都整除 $|g^G|$.

下面两条命题的证明需要如下初等事实: 若 $H\leqslant G$ 且 $G=\bigcup_{x\in G}H^x$, 则 $G=H$.

命题 4.3.29 设 p 为素数, $P\in\mathrm{Syl}_p(G)$, 则以下结论成立:

(1) (Itô) $p\notin\rho'(G)$ 当且仅当 P 为 G 的中心直因子, 即 $P\leqslant\mathbf{Z}(G)$.

(2) (Camina) p 不整除 G 中任何 p'-元之共轭类长度的充要条件是, P 为 G 的直因子, 即存在 $G_{p'}\in\mathrm{Hall}_{p'}(G)$ 使得 $G=P\times G_{p'}$.

证 (1) 仅需证明必要性. 因为 $p\notin\rho'(G)$, 所以 G 中任意元素都被 G 的某个 Sylow p-子群中心化, 这表明 $G=\bigcup_{x\in G}\mathbf{C}_G(P^x)=\bigcup_{x\in G}(\mathbf{C}_G(P))^x$, 故 $G=\mathbf{C}_G(P)$, 即 $P\leqslant\mathbf{Z}(G)$.

(2) 仅需证明必要性. 任取 $g\in G$, 将 g 表示为 $g=g_pg_{p'}=g_{p'}g_p$, 其中 g_p 为 p-元, $g_{p'}$ 为 p'-元. 由条件 $\mathbf{C}_G(g_{p'})$ 含有 G 的某个 Sylow p-子群, 取 $P\in\mathrm{Syl}_p(\mathbf{C}_G(g_{p'}))$ 使得 $g_p\in P$, 得 $g=g_pg_{p'}\in P\mathbf{C}_G(P)\leqslant\mathbf{N}_G(P)$. 这表明 $G\leqslant\bigcup_{x\in G}(\mathbf{N}_G(P))^x$, 故 $G=\mathbf{N}_G(P)$, 即 $P\trianglelefteq G$. 由 Schur-Zassenhaus 定理, G 有 Hall p'-子群 $G_{p'}$, 故 $G=G_{p'}\ltimes P$. 现在所有 p'-元都中心化 P, 得 $G=G_{p'}\times P$. □

由定理 4.1.12 和命题 4.3.29(1), 我们有 $\rho(G)\subseteq\rho'(G)$.

命题 4.3.30 (Itô) 设 $\{p,q\}\subseteq\rho'(G)$, 若 pq 不整除 $\mathrm{cs}(G)$ 中任何成员, 则在适当调换 p,q 顺序下, G 为 p-幂零群且有交换的 Sylow p-子群.

证 取 P,Q 分别为 G 的 Sylow p-子群和 Sylow q-子群, 由条件有

$$G=\left(\bigcup_{x\in G}\mathbf{C}_G(P^x)\right)\cup\left(\bigcup_{y\in G}\mathbf{C}_G(Q^y)\right),$$

这表明 P,Q 中必有一个, 设为 P, 使得 $|\bigcup_{x\in G}\mathbf{C}_G(P^x)|>|G|/2$. 注意到

$$\left|\bigcup_{x\in G}\mathbf{C}_G(P^x)\right|\leqslant|G:\mathbf{N}_G(P)||\mathbf{C}_G(P)|=\frac{|G|}{|\mathbf{N}_G(P):\mathbf{C}_G(P)|},$$

推出 $\mathbf{N}_G(P)=\mathbf{C}_G(P)$, 故 P 为交换群, 且由熟知的 Burnside 定理 ([14, 第 2 章, 定理 5.4]) 知 G 为 p-幂零群. □

引理 4.3.31 设 G 是 p-可解群, $P\in\mathrm{Syl}_p(G)$, 若任取 $x\in P$ 都有 $p\nmid|x^G|$, 则 P 交换.

证 由引理 4.3.28, 引理条件对商群和次正规子群保持. 由归纳可设 $\mathbf{O}_{p'}(G)=1$, 故 $\mathbf{O}_p(G)>1$. 由引理条件得 $\mathrm{cs}(\mathbf{O}_p(G))=\{1\}$, 故 $\mathbf{O}_p(G)$ 交换. 任取 $x\in P$,

由条件有 $\mathbf{C}_G(x) \geqslant \mathbf{O}_p(G)$, 即 $x \in \mathbf{C}_G(\mathbf{O}_p(G))$. 注意到 $\mathbf{C}_G(\mathbf{O}_p(G)) = \mathbf{O}_p(G)$ (引理 3.9.22), 得 $P = \mathbf{O}_p(G)$ 为交换群. □

命题 4.3.32 (Dolfi) 设 $\pi = \{p, q\} \subseteq \rho'(G)$, G 为 π-可解群. 若 pq 不整除 $\mathrm{cs}(G)$ 中任何成员, 则在适当调换 p, q 之顺序下, G 为 q-幂零群, 且 G 有交换的 Sylow p-子群和 Sylow q-子群.

证 设 P, Q 分别为 G 的 Sylow p-子群和 Sylow q-子群, 由命题 4.3.30, 我们可设 G 是 q-幂零群且 Q 交换. 反设命题不成立, 即 P 不交换, 令 G 为极小阶反例.

(1) $\mathbf{O}_{p'}(G) = 1$.

否则, 令 N 为 G 的极小正规 p'-子群.

若 $\{p, q\} \subseteq \rho'(G/N)$, 则命题条件对 G/N 仍成立, 得 PN/N 交换, 即 P 交换, 矛盾.

若 $p \notin \rho'(G/N)$, 由命题 4.3.29 得 $PN/N \leqslant \mathbf{Z}(G/N)$, P 也交换, 矛盾.

若 $q \notin \rho'(G/N)$ 且 N 为 π-群, 则 N 为 q-群, 且由命题 4.3.29 得 $Q/N \leqslant \mathbf{Z}(G/N)$. 现在 G 既是 q-幂零的又是 q-闭的, 推出 Q 为 G 的直因子. 又因为 Q 交换, 得 $q \notin \rho'(G)$, 矛盾.

若 $q \notin \rho'(G/N)$ 且 N 为 π'-群, 同样由命题 4.3.29 得 $QN/N \leqslant \mathbf{Z}(G/N)$. 若 Q 平凡作用在 N 上, 重复上段推理得 $q \notin \rho'(G)$, 矛盾. 若 Q 非平凡作用在 N 上, 由命题 4.3.29(2), 我们可取到 $n \in N^\sharp$ 使得 $q \mid |n^{QN}|$. 于是 $q \mid |n^G|$, $p \nmid |n^G|$, 即 n 中心化 G 的某个 Sylow p-子群, 不妨设为 P. 注意 P 不交换, 由引理 4.3.31 可取到 $y \in P$ 使得 $p \mid |y^G|$. 应用引理 4.3.28(3), 得 $pq \mid |(ny)^G|$, 矛盾.

(2) $P \ntrianglelefteq G$, $\Phi(G) = 1$.

反设 $P \trianglelefteq G$, 因为 $\mathbf{O}_{p'}(G) = 1$, 所以 $\mathbf{C}_G(P) = \mathbf{C}_G(\mathbf{O}_{p',p}(G)) \leqslant \mathbf{O}_{p',p}(G) = P$. 此时, 对任意 $x \in G \setminus P$ 都有 $p \mid |x^G|$, 故都有 $q \nmid |x^G|$, 这表明 $q \notin \rho'(G/P)$, 因此 $QP/P \trianglelefteq G/P$, 得 $QP \trianglelefteq G$. 易见 Q 必非平凡地作用在 P 上, 因而 Q 也非平凡地作用在 QP 的某个主因子 P/E 上. 任取 $y \in P \setminus E$, 易见 q 整除 $|(yE)^{QP/E}|$, 得 $q \mid |y^G|$, 从而有 $p \nmid |y^G|$, 这表明 $y \leqslant \mathbf{Z}(P)$, 得 $P \setminus E \subseteq \mathbf{Z}(P)$, 推出 P 为交换群, 矛盾. 故 $P \ntrianglelefteq G$.

反设 $\Phi(G) > 1$. 若 $q \notin \rho'(G/\Phi(G))$, 则 $G/\Phi(G)$ 为 q-闭群, G 亦然, 这与 $\mathbf{O}_{p'}(G) = 1$ 矛盾. 若 $p \notin \rho'(G/\Phi(G))$, 则 $G/\Phi(G)$ 为 p-闭群, G 亦然, 故 $P \trianglelefteq G$, 矛盾. 若 $\{p, q\} \subseteq \rho'(G/\Phi(G))$, 由极小反例假设得 $P\Phi(G)/\Phi(G)$ 交换, 此时 $\ell_p(G/\Phi(G)) \leqslant 1$ (引理 4.3.25(4)), 故又有 $\ell_p(G) = 1$; 又因为 $O_{p'}(G) = 1$, 所以由 p-长定义得 $P \trianglelefteq G$, 矛盾.

• 在继续推演之前, 先确定一些符号. 由 (1) 和 (2), 存在 $K < G$ 使得 $G =$

$K \ltimes F$, 其中 $F = \mathbf{O}_p(G)$ 为 G 的若干极小正规 p-子群的直积, 注意 $\mathbf{C}_G(F) = F$. 不妨设 $Q \leqslant K$, 显然 Q 忠实互素作用在初等交换 p-群 F 上. 注意 $P > F$.

(3) $K = \mathbf{C}_G(Q)$.

因为 $\mathbf{C}_G(F) = F$, 所以对任意 $k \in K^\sharp$ 都有 $p \mid |k^G|$, 从而 $q \nmid |k^K|$, 这表明 $q \notin \rho'(K)$, 故 Q 为 K 的中心 Sylow q-子群. 下面仅需证明 $\mathbf{C}_F(Q) = 1$.

反设 $\mathbf{C}_F(Q) > 1$. 记 $F_0 = [F, Q]$, 则 $F = \mathbf{C}_F(Q) \times F_0$, 其中 $\mathbf{C}_F(Q)$ 和 F_0 都是 G 的非平凡的正规 p-子群, 于是

$$G = KF = (K \ltimes F_0) \ltimes \mathbf{C}_F(Q).$$

注意 $q \in \rho'(KF_0)$ (否则将推出 Q 为 G 的中心直因子), 且 $p \in \rho'(KF_0)$ (否则将推出 $P \trianglelefteq G$). 因为 G 是极小反例, 所以 KF_0 有交换的 Sylow p-子群, 特别地 $\ell_p(KF_0) = 1$. 再由 $P \ntrianglelefteq G$ 推出 KF_0 不是 p-闭群, 进而有 $D := \mathbf{O}_{p'}(KF_0) > 1$. 显然 $[D, F_0] \leqslant D \cap F_0 = 1$. 取 $z \in D^\sharp$, 注意到 z 不能中心化 $\mathbf{C}_F(Q)$ (否则, z 中心化 F, 得 $z \in F$), 故 $p \mid |z^G|$. 因为

$$[F_0, Q] = [F, Q, Q] = [F, Q] = F_0 = [F_0, Q] \times \mathbf{C}_{F_0}(Q),$$

所以 $\mathbf{C}_{F_0}(Q) = 1$, 即 Q 不能中心化 F_0 中的任何非单位元素, 这也表明 Q 的任意共轭不能中心化 ${F_0}^\sharp$ 中任意元素; 换言之, 若 $y \in {F_0}^\sharp$, 则 $q \mid |y^G|$. 注意到 $zy = yz$, 由引理 4.3.28 得 $pq \mid |(yz)^G|$, 矛盾.

(4) K 为 p-幂零群, 且 $P \cap K \in \mathrm{Syl}_p(K)$ 为 p 阶群.

因 $P > F$, 故可取到 $T/\mathbf{O}_{p'}(K)$ 为 $K/\mathbf{O}_{p'}(K)$ 的 p 阶次正规子群, 注意 TF 为 G 的次正规子群. 由 (3) 得 $Q \leqslant \mathbf{O}_{p'}(K) < T$, 注意到 Q 忠实作用在 F 上, 故 $q \in \rho'(TF)$. 再由 $\mathbf{O}_p(TF) \leqslant \mathbf{O}_p(G) = F$, 得 $p \in \rho'(TF)$, 综上表明命题条件对 TF 仍成立. 假设 $TF < G$, 则 TF 有交换 Sylow p-子群, 这推出 $\mathbf{C}_G(F) \geqslant \mathbf{C}_{TF}(F) > F$, 矛盾. 故 $TF = G$, 此时 $K = T$ 为 p-幂零群且 $|K|_p = p$. 因 $P = P \cap KF = (P \cap K) \ltimes F$, 故 $P \cap K \in \mathrm{Syl}_p(K)$.

(5) 最后的矛盾.

取 $y \in (P \cap K)^\sharp$, 任取 $x \in F$, 显然 $yx \in P \setminus F$. 因 $\mathbf{C}_G(F) \leqslant F$, 有 $p \mid |(yx)^G|$, 这表明 yx 中心化某 Q^g. 注意到 Q 为 K 的中心 Sylow 子群, 必存在 $f \in F$ 使得 $Q^g = Q^f$, 因此 $yx \in \mathbf{C}_G(Q^f)$, 即 $(yx)^{f^{-1}} \in \mathbf{C}_G(Q) = K$, 从而 $(yx)^{f^{-1}} \in P \cap K = \langle y \rangle \cong \mathrm{C}(p)$. 这表明: 存在不超过 $p-1$ 的正整数 n 使得 $(yx)^{f^{-1}} = y^n$, 于是

$$y^{n-1} = y^{-1}(yx)^{f^{-1}} = y^{-1}y^{f^{-1}}x = [y, f^{-1}]x \in F,$$

得 $y^{n-1} \in (P \cap K) \cap F = 1$, 故 $n = 1$, $1 = y^{n-1} = y^{-1}y^{f^{-1}}x$, 即 $yx^{-1} = y^{f^{-1}}$. 这表明: 对任意 $x^{-1} \in F$, 都存在 $f^{-1} \in F$ 使得 $yx^{-1} = y^{f^{-1}}$, 故 $yF \subseteq y^P$. 这又推出

$$|P : \mathbf{C}_P(y)| = |y^P| \geqslant |yF| = |F| = |P|/p,$$

从而 $|\mathbf{C}_P(y)| \leqslant p$, 这显然是不可能的. 命题证毕. □

下面给出本小节的主要定理, 其证明巧妙地应用了 Glauberman-Isaacs 对应定理.

定理 4.3.33 (Dolfi) *设 G 为 $\{p,q\}$-可解群, 其中 p, q 为不同素数, 若 pq 整除 $\mathrm{cd}(G)$ 中某成员, 则 pq 必整除 $\mathrm{cs}(G)$ 中某成员.*

证 因 G 为 $\{p,q\}$-可解群, 故有 $P \in \mathrm{Syl}_p(G)$ 和 $Q \in \mathrm{Syl}_q(G)$ 使得 $PQ \in \mathrm{Hall}_{\{p,q\}}(G)$. 反设定理不成立, 即存在 $\chi \in \mathrm{Irr}(G)$ 使得 $pq \mid \chi(1)$, 但 pq 不整除 G 的任意共轭类之长度, 并设 G 为极小阶反例. 显然 $\{p,q\} \subseteq \rho(G) \subseteq \rho'(G)$. 由命题 4.3.32, 我们可设 G 是 p-幂零群, P 和 Q 都交换, 此时 $Q \trianglelefteq PQ$. 记 $\pi = \{p,q\}$.

(1) $G = \mathbf{O}^{\pi'}(G)$, 且 G 有正规 π 补 N.

假设 $D := \mathbf{O}^{\pi'}(G) < G$. 取 θ 为 χ_D 的不可约成分, 显然 $pq \mid \theta(1)$. 因 G 是极小反例, 故有 $z \in D$ 使得 $pq \mid |z^D|$, 得 $pq \mid |z^G|$, 矛盾. 故 $G = \mathbf{O}^{\pi'}(G)$.

记 K 为 G 的正规 p-补, 再记 $N = \mathbf{O}_{q'}(K)$, $L = \mathbf{O}_{q',q}(K)$. 由 Q 交换得 $\ell_q(K) = 1$, 这表明 $L = Q \ltimes N$ 且 K/L 为 π'-群. 注意 $\mathbf{C}_{K/N}(L/N) \leqslant L/N$. 若 $K > L$, 则对任意 $y \in K \setminus L$ 都有 $q \mid |(yN)^{K/N}| \mid |(yN)^{G/N}| \mid |y^G|$. 因 G 是反例, 有 $p \nmid |y^G|$, 特别地, $p \nmid |(yL)^{G/L}|$. 在 G/L 中应用命题 4.3.29(2), PL/L 为 G/L 的直因子, 这与 $G = \mathbf{O}^{\pi'}(G)$ 矛盾. 因此 $K = L$, N 为 G 的正规 Hall π'-子群.

(2) 我们确定一些记号.

因为 G 有正规 π-补 N, 所以 $G = H \ltimes N$, 其中 $H = PQ = P \ltimes Q \in \mathrm{Hall}_\pi(G)$. 对前面取定的满足 $pq \mid \chi(1)$ 的 $\chi \in \mathrm{Irr}(G)$, 取 λ 为 χ_N 的不可约成分, 记 $T := \mathrm{I}_H(\lambda)$. 因为 $(|H|, |N|) = 1$, 所以 λ 可扩充到 $\mathrm{I}_G(\lambda) = T \ltimes N$. 注意到 H 互素作用在 N 上, 由定理 3.3.8, $\mathrm{Irr}(N)$ 和 $\mathrm{Con}(N)$ 是两个同构 H-集. 令 $\alpha : \mathrm{Irr}(N) \to \mathrm{Con}(N)$ 为相应的置换同构 (见定义 2.4.12), 并记 $x^N \in \mathrm{Con}(N)$ 为 λ 在 α 下的像, 此时 $\mathrm{Stab}_H(x^N) = \mathrm{Stab}_H(\lambda) = \mathrm{I}_H(\lambda) = T$.

(3) $q \mid |x^G|$, $p \nmid |H : T|$.

若 $q \nmid |H : T|$, 则 Q 为 T 的正规交换子群, 即 $\mathrm{I}_G(\lambda)/N$ 有正规交换的 Sylow q-子群 QN/N. 由推论 2.8.6 推出: λ^G 的不可约成分的次数都与 q 互素. 但 $\chi \in \mathrm{Irr}(\lambda^G)$, 矛盾, 故必有 $q \mid |H : T|$. 考察 H 在 $\mathrm{Con}(N)$ 上的作用, 因为 $q \mid |H : T|$ 且 $\mathrm{Stab}_H(x^N) = T$, 所以 x^N 的 H-轨道长必为 q 的倍数, 注意到 x^N 的 H-轨道之并恰为 x^G, 得 $q \mid |x^G|$.

反设 $p \mid |H : T|$, 重复上段推理得 $p \mid |x^G|$, 于是 $pq \mid |x^G|$, 矛盾, 因此 $p \nmid |H : T|$.

(4) 最后的矛盾.

记 $Q_0 = Q \cap T$, 显然 Q_0 为 T 的正规交换 Sylow q-子群. 因 $p \nmid |H : T|$, 可

不妨设 $P \leqslant T$, 此时 $T = P \ltimes Q_0$.

假设 $Q_0 \leqslant \mathbf{Z}(T)$, 则 $T = P \times Q_0$. 特别地, $\mathrm{I}_G(\lambda)/N$ 含有正规交换的 Sylow p-子群. 由推论 2.8.6, λ^G 的任何不可约成分之次数都与 p 互素, 但 $\chi \in \mathrm{Irr}(\lambda^G)$, 矛盾.

假设 $Q_0 \not\leqslant \mathbf{Z}(T)$, 则 $Q_0 \not\leqslant \mathbf{Z}(H)$, 故有 $z \in Q_0^\sharp$ 使得 $\mathbf{C}_H(z) < H$. 因 Q 交换, $Q \leqslant \mathbf{C}_H(z)$, 故 $p \mid |z^H|$. 又因为 $|z^H| = |(zN)^{G/N}|$ 整除 $|z^G|$, 得 $p \mid |z^G|$. 注意到 $z \in T$ 稳定 N-共轭类 x^N, 所以 z 必定中心化 x^N 中的某个元素 x' (例 3.3.4). 由 (3) 有 $q \mid |x^G| = |(x')^G|$, 再由引理 4.3.28(3) 得 $pq \mid |(zx')^G|$, 矛盾. 定理证毕. □

利用单群分类定理, 我们还可证明下面的命题, 见 [27].

命题 4.3.34 [*] (Caslo-Dolfi) 设 $\{p,q\} \subseteq \rho'(G)$, 若 pq 不整除 $\mathrm{cs}(G)$ 中任何成员, 则 G 必是 $\{p,q\}$-可解群.

定理 4.3.35 [*] (Caslo-Dolfi) 设 p,q 为不同素数, 若 pq 整除 $\mathrm{cd}(G)$ 中某成员, 则 pq 也整除 $\mathrm{cs}(G)$ 中某成员.

证 因 pq 整除 $\mathrm{cd}(G)$ 中某成员, 故 $\{p,q\} \subseteq \rho(G) \subseteq \rho'(G)$. 由命题 4.3.34 和定理 4.3.33 推出: pq 整除 $\mathrm{cs}(G)$ 中某成员. □

用图的语言来叙述定理 4.3.35, 即得下面的定理.

定理 4.3.36 [*] (Caslo-Dolfi) 对于任意有限群 G, 特征标次数图 $\Gamma(G)$ 必是共轭类长图 $\Gamma'(G)$ 的子图.

4.4 ρ-σ 问题

设 $X(G)$ 为反映有限群 G 结构性质的一个均为正整数的数量集合, 例如, $\pi_e(G)$, $\mathrm{cs}(G)$ 以及 $\mathrm{cd}(G)$ 等等, 令 $\rho(X(G))$ 为 $X(G)$ 中成员的素因子构成的集合, 再令 $\sigma(X(G)) = \max\{|\pi(m)| : m \in X(G)\}$. 对于每个这样的集合 $X(G)$, 都有如下的 ρ-σ 问题:

是否存在函数 f, 使得对任意有限群或某个大类有限群 (如可解群)G, 都有

$$|\rho(X(G))| \leqslant f(\sigma(X(G)))?$$

进一步, 是否存在常数 a, b 使得, 对任意有限群或某个大类有限群 (如可解群)G, 都有 $|\rho(X(G))| \leqslant a\sigma(X(G)) + b$?

4.4.1 关于 cd(G) 的 ρ-σ 猜想

显然 $\rho(\mathrm{cd}(G)) = \rho(G)$, 简记 $\sigma(\mathrm{cd}(G))$ 为 $\sigma(G)$. 关于 $\mathrm{cd}(G)$, 我们有如下的 ρ-σ 猜想.

猜想 4.4.1 对于任意有限群 G, 都有 $|\rho(G)| \leqslant 3\sigma(G)$.

猜想 4.4.2 (Huppert) 对于任意可解群 G, 都有 $|\rho(G)| \leqslant 2\sigma(G)$.

我们指出上面两猜想中给出的参数 3 和 2 都是不能改进的.

(A) 考察单群 $G = \mathrm{PSL}(2,5)$, 因为 $\mathrm{cd}(G) = \{1,3,4,5\}$, 所以 $\rho(G) = \{2,3,5\}$, $\sigma(G) = 1$, 故 $|\rho(G)| = 3\sigma(G)$.

(B) 任取正整数 n, 取互不相同的素数 $p_1,\cdots,p_n;q_1,\cdots,q_n$ 使得 $p_i \mid (q_i+1)$, $i = 1,\cdots,n$. 令 $E_i \cong \mathrm{ES}(q_i^3)$, $Z_i \cong \mathrm{C}(p_i)$, 再令群 $G_i = Z_i \ltimes E_i$ 使得 Z_i 无不动点作用在 $E_i/\mathbf{Z}(E_i)$ 上且平凡作用在 $\mathbf{Z}(E_i)$ 上, 易见 $\mathrm{cd}(G_i) = \{1,p_i,q_i\}$. 令 $G = G_1 \times \cdots \times G_n$, 容易看到

$$\rho(G) = \{p_1,\cdots,p_n,q_1,\cdots,q_n\}, \quad \sigma(G) = n,$$

故对于该可解群 G 有 $|\rho(G)| = 2\sigma(G)$.

关于猜想 4.4.1, Casolo 和 Dolfi 首先给出了线性界 $|\rho(G)| \leqslant 7\sigma(G)$; 随后, 刘洋和鲁自群将其改进为 $|\rho(G)| \leqslant 6\sigma(G)+1$; 最近, 文 [15] 对于具有平凡 Fitting 子群的有限群验证了猜想 4.4.1.

下面讨论关于可解群的猜想 4.4.2, 本小节的主要目的是证明

$$|\rho(G)| \leqslant 3\sigma(G) + 2.$$

为此需要做一些准备工作, 首先我们不加证明地给出下面的命题, 见 [12, 定理 11.3].

命题 4.4.3(Manz-Wolf)　*设 G 可解, V 为忠实拟本原 G-模. 如果任取 $v \in V$, 都存在某个素数 $p \geqslant 5$ 及某个 $P \in \mathrm{Syl}_p(G)$ 使得 P 中心化 v* ①*, 那么 $G \leqslant \Gamma(V)$.*

回忆一下, 对于任意域上的不可约 G-模 V, 必存在 $H \leqslant G$ 及 H 上的本原模 W 使得 $V = W^G$, 且实际上此时 $H = \mathrm{Stab}_G(W)$, 见 2.4 节之说明 (B).

设 V 是有限 G-模, 即是有限域上的有限维 G-模, 由模作用自然地导出群 G 在初等交换群 V 上的共轭作用: $v^g = vg$, 从而得到有限群 $G \ltimes V$. 若 W 是 G-模 V 的线性子空间, 则 W 是 V 和 $G \ltimes V$ 的子群, 此时 $\mathrm{Stab}_G(W)$ 实际上就是 $\mathbf{N}_G(W)$. 因此, 我们常将 $\mathrm{Stab}_G(W)$ 记为 $\mathbf{N}_G(W)$.

对于 $m \in \mathbb{Z}^+$, 记 $\pi_0(m) = \pi(m) \setminus \{2,3\}$. 对于有限群 G, 记 $\pi_0(G) = \pi(G) \setminus \{2,3\}$; 若 $H \leqslant G$, 记 $\pi(G:H) = \pi(|G:H|)$, $\pi_0(G:H) = \pi(G:H) \setminus \{2,3\}$.

引理 4.4.4　*设 G 可解, V 是有限忠实不可约 G-模, $V = W^G$, 其中 W 为 G 的某个子群 H 上的本原模 (可能 $H = G$). 如果 $H/\mathbf{C}_H(W) \nleqslant \Gamma(W)$, 那么存在 $v \in V$ 使得 $\pi_0(G:\mathbf{C}_G(v)) = \pi_0(G)$.*

证　由条件及上面的说明, 我们有 $H = \mathbf{N}_G(W)$, V 可表为 $V = X_1 \dotplus \cdots \dotplus X_m$, 这里 X_i 为 V 的子空间, $X_1 = W$, 且 G 可迁作用在这些子空间 X_i 上. 记 $H_i = \mathbf{N}_G(X_i)$, $i = 1,\cdots,m$, $C = \bigcap_{i=1}^m H_i$.

① 注意这里的 p 和 P 依赖于 v 的选取.

因为 X_i 都 G-共轭, 所以 H_i 以及 $H_i/\mathbf{C}_{H_i}(X_i)$ 也都 G-共轭. 注意到 X_i 为 $H_i/\mathbf{C}_{H_i}(X_i)$ 上的忠实本原模, 且 $H_i/\mathbf{C}_{H_i}(X_i) \not\leqslant \Gamma(X_i)$, 由命题 4.4.3 推出: 对每个 $j=1,\cdots,m$, 均存在 $x_j \in X_j^\sharp$ 使得

$$\pi_0(H_j:\mathbf{C}_{H_j}(x_j)) = \pi_0(H_j/\mathbf{C}_{H_j}(X_j)). \tag{4.4.1}$$

显然 G/C 忠实可迁作用在 $\{X_1,\cdots,X_m\}$ 上. 由命题 3.8.22, 我们可取到$\{X_1,\cdots,X_m\}$ 的子集 Δ 使得 $\mathrm{Stab}_{G/C}(\Delta)$ 为 $\{2,3\}$-群. 不妨设 $\Delta=\{X_1,\cdots,X_l\}$, $l\leqslant m$. 取 $x=x_1+\cdots+x_l\in V$, 其中 $x_i\in X_i^\sharp$.

假设存在 $Q\in \mathrm{Syl}_q(G)$, $q\geqslant 5$, 使得 $Q\leqslant \mathbf{C}_G(x)$. 不难看到 $Q\leqslant \mathrm{Stab}_G(\Delta)$, 又因为 $\mathrm{Stab}_{G/C}(\Delta)$ 为 $\{2,3\}$-群, 所以 $Q\leqslant C$, 由此又推出 Q 中心化 $x_1,\cdots,x_l$. 特别地, $q\nmid |H_1:\mathbf{C}_{H_1}(x_1)|$, 再结合 (4.4.1) 式推出 $q\nmid |H_1:\mathbf{C}_{H_1}(X_1)|$, 故又有 $q\nmid |C:\mathbf{C}_C(X_1)|$. 注意到 $\mathbf{C}_C(X_1),\cdots,\mathbf{C}_C(X_l),\cdots,\mathbf{C}_C(X_m)$ 两两同构, 故对所有 $i=1,\cdots,m$ 都有 $q\nmid |C:\mathbf{C}_C(X_i)|$. 注意到 $\bigcap_{i=1}^m \mathbf{C}_C(X_i)=\mathbf{C}_C(V)=1$, 推出 $C\leqslant C/\mathbf{C}_C(X_1)\times\cdots\times C/\mathbf{C}_C(X_m)$ 为 q'-群. 又因为 $Q\leqslant C$, 得 $Q=1$, 这就表明 $\pi_0(G:\mathbf{C}_G(x))=\pi_0(G)$. □

引理 4.4.5 设 $C_i \trianglelefteq N_i\leqslant G$, $F_i/C_i=\mathbf{F}(N_i/C_i)$, $i=1,\cdots,n$, 记 $N=\bigcap_{i=1}^n N_i$, $F=\bigcap_{i=1}^n F_i$, $C=\bigcap_{i=1}^n C_i$, 则 $F/C=\mathbf{F}(N/C)$.

证 显然 $C\leqslant F\leqslant N$, 且 C,F 都是 N 的正规子群. 记 $D/C=\mathbf{F}(N/C)$. 一方面, 因为

$$DC_i/C_i\cong D/(D\cap C_i)\cong (D/C)/((D\cap C_i)/C)$$

幂零, 且 $DC_i/C_i\trianglelefteq\trianglelefteq N_i/C_i$, 所以 $DC_i/C_i\leqslant \mathbf{F}(N_i/C_i)$, 即 $DC_i\leqslant F_i$, 这表明 $D\leqslant \bigcap_{i=1}^n F_i=F$. 另一方面, 因为

$$F/(F\cap C_i)\cong FC_i/C_i\leqslant F_i/C_i$$

幂零, 所以 $F/C=F/\left(\bigcap_{i=1}^n(F\cap C_i)\right)\leqslant F/(F\cap C_1)\times\cdots\times F/(F\cap C_n)$ 幂零, 这表明 $F/C\leqslant \mathbf{F}(N/C)$, 即 $F\leqslant D$. 综上得 $F=D$, 即 $F/C=\mathbf{F}(N/C)$. □

引理 4.4.6 设 $M=\mathbf{C}_G(M)$ 为可解群 G 的正规的初等交换子群, 且为完全可约 G-模 (定义域之特征可不同). 记 $V=\mathrm{Irr}(M)$ 且 $V=V_1\oplus\cdots\oplus V_m$, 其中 V_i 均为不可约 G-模. 对每个 i, 记 $V_i=Y_i^G$, 其中 Y_i 为 G 的某子群上的本原模, 进一步假设 $\mathbf{N}_G(Y_i)/\mathbf{C}_G(Y_i)$ 均为亚幂零群. 若 $M\leqslant N\trianglelefteq G$, 则存在 $\theta\in\mathrm{Irr}(N)$ 使得 $|\pi_0(\theta(1))|\geqslant \dfrac{1}{2}|\pi_0(N/M)|$.

证 先对引理的条件作一些说明. 因为 M 为完全可约 G-模, 所以 $V=\mathrm{Irr}(M)$ 也是完全可约 G-模, 故 V 能分解成不可约 G-模 $V_1,\cdots,V_m$ 的直和. 注意到 $M=\mathbf{C}_G(M)$ 且 $\mathbf{C}_G(M)=\mathbf{C}_G(V)$, 故 V 为忠实 G/M-模. 再者, 对于每个不可约 G-模 V_i, 因为 $V_i=Y_i^G$ 且 Y_i 本原, 所以 Y_i 为本原 $\mathbf{N}_G(Y_i)$-模, 同时 V_i

可表示为若干子空间 $X_{i1},\cdots,X_{id_i}$ 的直和, 其中 $X_{i1}=Y_i$, 使得 G 可迁作用在 $\{X_{i1},\cdots,X_{id_i}\}$ 上, 换言之, V_i 可表为 Y_i 的若干 G-共轭之直和. 综上, V 可表示为子空间 X_{ij} 的直和, 这里的 X_{ij} 都是 $\mathbf{N}_G(X_{ij})$ 上的本原模.

为简化符号, 将上段中的全部 X_{ij} 重新排序为 $X_1,\cdots,X_n$, 我们有

$$V=X_1\dotplus\cdots\dotplus X_n,$$

其中 X_i 均为 V 的子空间, 且 $\{Y_1,\cdots,Y_m\}\subseteq\{X_1,\cdots,X_n\}$. 显然 G 置换 (未必可迁) 作用在 $\{X_1,\cdots,X_n\}$ 上. 对于 $i=1,\cdots,n$, 记

$$N_i=\mathbf{N}_G(X_i),\quad C_i=\mathbf{C}_G(X_i),\quad F_i/C_i=\mathbf{F}(N_i/C_i),$$

此时, X_i 为本原 N_i-模因而是忠实本原 N_i/C_i-模. 因为 $\mathbf{N}_G(Y_j)/\mathbf{C}_G(Y_j)$ 都是亚幂零群, 所以 N_i/C_i 也都是亚幂零群, 故 N_i/F_i 都是幂零群.

记 $K=\bigcap_{i=1}^n N_i\trianglelefteq G$, 即 K 为 G 在 $\{X_1,\cdots,X_n\}$ 上的置换作用之核, 再记 $H=\bigcap_{i=1}^n F_i$. 注意到 $\bigcap_{i=1}^n C_i=\mathbf{C}_G(V)=\mathbf{C}_G(M)=M$, 由引理 4.4.5 有

$$H/M=\mathbf{F}(K/M)\trianglelefteq G/M.$$

再者, 因为 N_i/C_i 均亚幂零, 所以 K/M 也为亚幂零群, 因此 K/H 为幂零群. 记 $C=K\cap N$, $F=H\cap N$. 由引理条件 $M\leqslant N$, 故 $M\leqslant H\cap N=F\leqslant K\cap N=C$, 如图 4.3 所示. 注意到 $F=H\cap C\trianglelefteq K$, 推出

$$\mathbf{F}(C/M)=\mathbf{F}(K/M)\cap C/M=H/M\cap C/M=F/M.$$

在亚幂零群 C/M 中应用例 3.3.20 的结论, 存在 $\tau\in\mathrm{Irr}(C/M)$ 使得 $\tau(1)$ 含有 $\pi(C/F)$ 中全部素数; 再者 $C\trianglelefteq N$, 这也表明存在 $\alpha\in\mathrm{Irr}(N)$ 使得 $\pi(C/F)\subseteq\pi(\alpha(1))$.

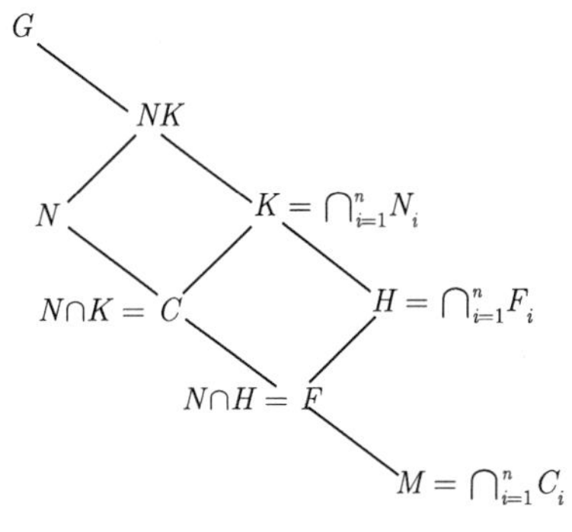

图 4.3

下面仅需证明存在 $\beta\in\mathrm{Irr}(N)$ 使得 $\pi_0(N/C)\cup\pi_0(F/M)\subseteq\pi(\beta(1))$. 事实上, 若该条得到验证, 取 θ 为 α 或 β, 可使得 θ 满足引理要求.

显然 N 在 $\{X_1,\cdots,X_n\}$ 上的作用之核为 $N\cap K=C$, 故 N/C 忠实作用在 $\{X_1,\cdots,X_n\}$ 上. 由命题 3.8.22, 存在 $\Delta\subseteq\{X_1,\cdots,X_n\}$ 使得 $\mathrm{Stab}_N(\Delta)/C=\mathrm{Stab}_{N/C}(\Delta)$ 为一个 $\{2,3\}$-群, 并且 Δ 与每个 N-轨道都有非空交集. 不妨设 $\Delta=\{X_1,\cdots,X_l\}$, 其中 $l\leqslant n$. 取 $\lambda_i\in X_i^\sharp$, 再令 $\lambda=\prod_{i=1}^l\lambda_i\in V$.

假设 λ 被某个 $P\in\mathrm{Syl}_p(N)$ 中心化, 这里 $p\geqslant 5$, 我们断言 $p\notin\pi(N/C)\cup\pi(F/M)$. 事实上, 因为 P 中心化 λ, 所以 P 必定置换作用在 Δ 上, 这表明 $P\leqslant\mathrm{Stab}_N(\Delta)$, 又因为 $\mathrm{Stab}_N(\Delta)/C$ 为 $\{2,3\}$-群, 所以必有 $P\leqslant C$, 即 $p\notin\pi(N/C)$. 对于每个 $i=1,\cdots,l$, 注意到 $(F_i\cap C)/(C_i\cap C)$ 必同构于 N_i/C_i 的一个正规幂零子群, 并且 N_i/C_i 忠实不可约作用在 X_i 上 (因此 N_i/C_i 的任何不等于 1 的正规子群不可能中心化 $X_i^\sharp$ 中的任何元素), 这表明 $(F_i\cap C)/(C_i\cap C)$ 的任何 Sylow 子群不可能中心化 $X_i^\sharp$ 中的任何元素. 特别地, $\lambda_i\in X_i^\sharp$ 不可能被 $(F_i\cap C)/(C_i\cap C)$ 的任何一个 Sylow 子群中心化. 由 $P\leqslant C$, 有

$$P\cap F_i=P\cap(F_i\cap C)\in\mathrm{Syl}_p(F_i\cap C);$$

又因为 P 中心化 λ, 所以 $P\cap F_i$ 中心化 λ_i, 这就推出 $P\cap F_i\leqslant C_i\cap C$, 即

$$p\nmid|(F_i\cap C)/(C_i\cap C)|,\quad i=1,\cdots,l.$$

由 Δ 的选取方式, 即 Δ 与每个 N-轨道都有非空交集, 我们看到每个 F_j/C_j, $j=1,\cdots,n$, 都与某个 $F_i/C_i(i=1,\cdots,l)$ 共轭, 这也表明 $p\nmid|(F_j\cap C)/(C_j\cap C)|$ 对所有 $j=1,\cdots,n$ 都成立. 注意到 $\bigcap_{j=1}^n C_j=M$ 且 $\bigcap_{j=1}^n(F_j\cap C)=F$, 必有 $p\nmid|F/M|$, 即 $p\notin\pi(F/M)$, 断言成立. 考察 λ 在 N 中的稳定子群 $\mathrm{I}_N(\lambda)$. 由上面的断言, 有

$$\pi_0(N:\mathrm{I}_N(\lambda))\supseteq\pi_0(N/C)\cup\pi_0(F/M).$$

取 $\beta\in\mathrm{Irr}(\lambda^N)$, 由 Clifford 定理得 $\pi_0(N/C)\cup\pi_0(F/M)\subseteq\pi(\beta(1))$, 结论成立. □

引理 4.4.7 设 $M=\mathbf{C}_G(M)$ 为可解群 G 的正规的初等交换子群, 且是完全可约 G-模 (定义域之特征可不同), 并设 G 在 M 处分裂, 则存在 $\chi\in\mathrm{Irr}(G)$ 使得 $|\pi_0(\chi(1))|\geqslant\dfrac{1}{2}|\pi_0(G/M)|$.

证 对 $|G|$ 归纳. 因为 M 为完全可约 G-模, 所以 M 可表为 G 的极小正规子群 $M_1,\cdots,M_n$ 的直积. 记 $V=\mathrm{Irr}(M)$, $V_i=\mathrm{Irr}(M_i)$, 则 V_i 均为不可约 G-模, $V=V_1\oplus\cdots\oplus V_n$ 为忠实完全可约 G/M-模. 对于每个 i, 存在子群 $H_i\leqslant G$ 及本原 H_i-模 X_i 使得 $V_i=X_i^G$, 且事实上 $H_i=\mathbf{N}_G(X_i)$. 显然 $\mathbf{C}_G(X_i)=\mathbf{C}_{H_i}(X_i)$. 如果对所有 i 都有 $H_i/\mathbf{C}_H(X_i)\leqslant\Gamma(X_i)$, 那么 $\mathbf{N}_G(X_i)/\mathbf{C}_G(X_i)$ 都为亚幂零群, 此时在引理 4.4.6 中取 $N=G$ 即推出所要结论. 下面不妨设 $H_1/\mathbf{C}_{H_1}(X_1)\nleqslant\Gamma(X_1)$. 记 $K=\mathbf{C}_G(M_1)$. 因为 $\mathbf{C}_G(M_1)=\mathbf{C}_G(V_1)$, 所以 V_1 是忠实不可约的 G/K-模. 由引理 4.4.4, 存在 $\beta\in V_1=\mathrm{Irr}(M_1)$ 使得 $\pi_0(G/K)=\pi_0(G:\mathrm{I}_G(\beta))$.

取 H 为 M 在 G 中的补子群, 有 $G = H \ltimes M$. 显然 $K = \mathbf{C}_G(M_1) \trianglelefteq G$, $H \cap K = \mathbf{C}_H(M_1)$. 记 $N = M_2 \times \cdots \times M_n$, 再记 $J = HN$. 显然 $J \cap M = N = M_2 \times \cdots \times M_n$,

$$J \cap K = N \rtimes (H \cap K) = N \rtimes \mathbf{C}_H(M_1) \trianglelefteq G, \quad \mathbf{C}_{J\cap K}(N) = N.$$

因 $K = \mathbf{C}_G(M_1) = (H \cap K) \ltimes M$, 有

$$(J \cap K)/N \cong H \cap K \cong K/M.$$

因为 N 是完全可约 G-模且 $J \cap K \trianglelefteq G$, 所以 N 也是完全可约的 $J \cap K$-模. 将 G, M 分别替换为 $J \cap K$ 和 N(注意: $\mathbf{C}_{J\cap K}(N) = N$), 由归纳假设存在 $\alpha \in \mathrm{Irr}(J \cap K)$ 使得

$$|\pi_0(\alpha(1))| \geqslant \frac{1}{2}|\pi_0((J \cap K)/N)| = \frac{1}{2}|\pi_0(K/M)|.$$

注意到 $J \cap K$ 和 M_1 都是 G 的正规子群, 得

$$K = (H \cap K)M = (H \cap K)NM_1 = (J \cap K)M_1 = (J \cap K) \times M_1. \tag{4.4.2}$$

令 $\theta = \alpha\beta$. 由 (4.4.2) 式得: $\theta \in \mathrm{Irr}(K)$, 且 $\pi_0(G : \mathrm{I}_G(\theta)) \supseteq \pi_0(G : \mathrm{I}_G(\beta)) = \pi_0(G/K)$. 取 $\chi \in \mathrm{Irr}(\theta^G)$, 我们有

$$\pi_0(\chi(1)) \supseteq \pi_0(G : K) \cup \pi_0(\theta(1)),$$

再由 $|\pi_0(\theta(1))| \geqslant |\pi_0(\alpha(1))| \geqslant \dfrac{1}{2}|\pi_0(K/M)|$, 即得 $|\pi_0(\chi(1))| \geqslant \dfrac{1}{2}|\pi_0(G/M)|$. □

定理 4.4.8 (Manz-Wolf) 设 G 可解, 则存在 $\chi \in \mathrm{Irr}(G/\Phi(G))$ 使得

$$|\pi_0(\chi(1))| \geqslant \frac{1}{2}|\pi_0(G/\mathbf{F}(G))|,$$

特别地, $|\rho(G)| \leqslant 3\sigma(G) + 2$.

证 将引理 4.4.7 中的 G, M 分别换成 $G/\Phi(G)$ 和 $\mathbf{F}(G)/\Phi(G)$, 我们可取到 $\chi \in \mathrm{Irr}(G/\Phi(G))$ 使得 $|\pi_0(\chi(1))| \geqslant \dfrac{1}{2}|\pi_0(G/\mathbf{F}(G))|$.

记 $\rho_0(G) = \rho(G) \setminus \{2, 3\}$. 由定理 4.1.2 有 $\rho_0(G) = \pi_0(G/\mathbf{F}(G)) \cup \rho_0(\mathbf{F}(G))$. 对于 $\mathbf{F}(G)$, 可取到 $\lambda \in \mathrm{Irr}(\mathbf{F}(G))$ 使得 $\pi(\lambda(1)) = \rho(\mathbf{F}(G))$, 再令 $\theta \in \mathrm{Irr}(\lambda^G)$, 则 $\pi(\theta(1)) \supseteq \rho(\mathbf{F}(G))$. 显然可取到 $m \in \{\chi(1), \theta(1)\}$, 使得 $|\pi(m)| \geqslant \dfrac{1}{3}|\rho_0(G)|$, 这也表明 $|\rho(G)| \leqslant 3\sigma(G) + 2$. □

关于定理 4.4.8, 我们指出以下几点.

(C) 该定理的证明深刻依赖于命题 4.4.3, 仿照命题 4.4.3 的原始证明, [82] 进一步减弱了该命题中的“Sylow 中心化”条件, 给出了下面的断言: 设 G 可解, V 为有限忠实拟本原 G-模. 如果 V 中每个元素 v 都被 G 的某个 Sylow 子群 (依赖于 v 的选取), 那么 $G \leqslant \Gamma(V)$, 或者 $|V| = 3^2$ 且 $G \cong \mathrm{SL}(2,3)$ 或 $\mathrm{GL}(2,3)$.

(D) 最近, [82] 和 [15] 改进了定理 4.4.8, 证明了 $|\rho(G)| \leqslant 3\sigma(G)$ 对所有可解群都成立. 其证明与 Manz-Wolf 给出的原始证明完全类似, 但需要更精细的分析. 这些证明都使用了线性群的轨道计算技术, 但这条技术线路似乎不太可能完全解决猜想 4.4.2, 甚至不太可能将 $|\rho(G)|$ 的上界改进为 $2\sigma(G)+b$, 这里 b 为某个绝对常数.

4.4.2 共轭类长形式的 ρ-σ 问题

设 G 为有限群, 记 $\rho^*(G)$ 为 G 的共轭类长的素因子集合, 再记 $\sigma^*(G) = \max\{|\pi(m)| : m \in \mathrm{cs}(G)\}$. 关于有限群 G 的共轭类长, Huppert 曾经猜想: 对于任意可解群 G 都有 $|\rho^*(G)| \leqslant 2\sigma^*(G)$.

定理 4.4.9 (Casolo) *对于有限群 G, 如果至多有一个素数 $r \in \pi(G)$ 使得 G 为 r-幂零群且有交换的 Sylow r-子群, 那么 $|\rho^*(G)| \leqslant 2\sigma^*(G)$.*

证 对于每个素数 $p \in \pi(G)$, 取 $P \in \mathrm{Syl}_p(G)$, 记 $m_p = |\mathbf{N}_G(P) : \mathbf{C}_G(P)|$, 令 $\Delta_p(G) = \{g \in G : p \mid |g^G|\}$. 显然 $\Delta_p(G) = G \setminus \bigcup_{g\in G}(\mathbf{C}_G(P))^g$, 因而

$$
\begin{aligned}
|\Delta_p(G)| &\geqslant |G| - 1 - |G : \mathbf{N}_G(P)|(|\mathbf{C}_G(P)| - 1)\\
&\geqslant |G| - \frac{|G|}{|\mathbf{N}_G(P) : \mathbf{C}_G(P)|} = \frac{m_p - 1}{m_p}|G|.
\end{aligned}
$$

考察集合 $S = \{(p, g) | p \in \rho^*(G), g \in G, p \mid |g^G|\}$. 一方面, 由 S 的定义得

$$|S| = \sum_{g\in G^\sharp} |\pi(|g^G|)| \leqslant (|G| - 1)\sigma^*(G).$$

另一方面, 由 S 的定义也有 $S=\bigcup_{p\in\rho^*(G)}\bigcup_{g\in\Delta_p(G)}(p,g)$, 故 $|S|=\sum_{p\in\rho^*(G)}|\Delta_p(G)|$, 推出

$$\sum_{p\in\rho^*(G)} |\Delta_p(G)| < |G|\sigma^*(G),$$

$$\sigma^*(G) > \sum_{p\in\rho^*(G)} \frac{|\Delta_p(G)|}{|G|} \geqslant \sum_{p\in\rho^*(G)} \frac{m_p - 1}{m_p}.$$

记 $\Xi(G) = \{p \in \pi(G) | m_p = 1\}$. 注意: 若 $p \in \Xi(G)$, 则由 Burnside 的定理知 G 为 p-幂零群且 G 有交换 Sylow p-子群. 由定理条件有 $|\Xi(G)| \leqslant 1$, 因而

$$\sigma^*(G) > \sum_{p\in\rho^*(G)\setminus\Xi(G)} \frac{m_p - 1}{m_p} \geqslant \frac{1}{2}(|\rho^*(G)| - 1),$$

故 $|\rho^*(G)| \leqslant 2\sigma^*(G)$, 定理成立. □

上面的定理告诉我们, Huppert 猜想对“大部分”群 (甚至不需要可解条件)

都成立; 但是, Casolo 和 Dolfi 构造了一个都是超可解且亚交换的群列 $\{G_n\}$ 使得

$$\lim_{n\to\infty}\frac{|\rho^*(G_n)|}{\sigma^*(G_n)}=3,$$

这表明共轭类长版本的 Huppert 猜想不成立. 尽管如此, 张继平 [121] 证明了对于任意可解群 G 都有 $|\rho^*(G)|\leqslant 4\sigma^*(G)$; Casolo 和 Dolfi [26] 证明了对于任意有限群 G 都有 $|\rho^*(G)|\leqslant 5\sigma^*(G)$.

关于 $\pi_e(G)$, 也有类似的 ρ-σ 问题. 记 $\sigma_e(G)=\max\{|\pi(n)|: n\in\pi_e(G)\}$, Keller [68] 证明了下面的定理.

定理 4.4.10 对于任意可解群 G 都有 $|\pi(G)|\leqslant C(\sigma_e(G))\sigma_e(G)$, 其中 $C(\sigma_e(G))$ 是关于 $\sigma_e(G)$ 的函数它满足 $\lim\limits_{\sigma_e(G)\to\infty}C(\sigma_e(G))=4$.

4.4.3 素因子在特征标次数中出现的重数

设 p 为素数, 记

$$\mathrm{cd}_p(G)=\{m\in\mathrm{cd}(G): p|m\},\quad \mathrm{cd}_{p'}(G)=\{m\in\mathrm{cd}(G): p\nmid m\};$$

$$\mathrm{Irr}_p(G)=\{\chi\in\mathrm{Irr}(G): p|\chi(1)\},\quad \mathrm{Irr}_{p'}(G)=\{\chi\in\mathrm{Irr}(G): p\nmid\chi(1)\}.$$

因此 $\mathrm{cd}(G)$ 为 $\mathrm{cd}_p(G)$ 和 $\mathrm{cd}_{p'}(G)$ 的不交并, $\mathrm{Irr}(G)$ 为 $\mathrm{Irr}_p(G)$ 和 $\mathrm{Irr}_{p'}(G)$ 的不交并. 令

$$\beta(G)=\max\{|\mathrm{cd}_p(G)|: p\in\pi(G)\},$$

即 $\beta(G)$ 是这样的正整数 k: $\mathrm{cd}(G)$ 中存在 k 个成员它们有某个公共素因子, 但 $\mathrm{cd}(G)$ 中任意 $k+1$ 个成员没有公共素因子.

本小节目的是证明: 存在函数 f 使得对任意可解群 G 都有 $|\mathrm{cd}(G)|\leqslant f(\beta(G))$.

定理 4.4.11 (Benjamin) 设 G 可解但不交换, 则

$$|\mathrm{cd}(G)|\leqslant\begin{cases}3, & 若\ \beta(G)=1,\\ 6, & 若\ \beta(G)=2,\\ 9, & 若\ \beta(G)=3,\\ \beta(G)^2-\beta(G)+2, & 若\ \beta(G)\geqslant 4.\end{cases}$$

证 记 $k=\beta(G)$. 假设 G 有非交换的幂零商群, 则 G 有极小非交换商群 G/K 使得 G/K 为 q-群, 这里 q 为素数. 取 $\psi_0\in\mathrm{Irr}(G/K)$ 非线性, 任取 $\chi\in\mathrm{Irr}_{q'}(G)$, 显然 χ_K 不可约, 故由 Gallagher 定理 2.8.5 推出 $\chi\psi_0\in\mathrm{Irr}(G)$, $q\mid(\chi\psi_0)(1)$. 这表明 $|\mathrm{cd}_{q'}(G)|\leqslant|\mathrm{cd}_q(G)|$. 注意到 $|\mathrm{cd}_q(G)|\leqslant k$, 推出 $|\mathrm{cd}_{q'}(G)|\leqslant k$, 从而 $|\mathrm{cd}(G)|\leqslant 2k$, 定理成立. 下面假设 G 的幂零商群都交换, 由引理 4.2.1, G 的极小非交换商群都是 Frobenius 群. 令 $G/K=\mathrm{Fro}(H/K,N/K)$ 为 G 的

极小非交换商群, 且使得 $f := |G:N| = |H/K|$ 最小. 此时 $\mathrm{cd}(G/K)=\{1,f\}$, $H/K \cong \mathrm{C}(f)$, $N/K = G'K/K$ 为 G 的 q-主因子, 其中 q 为素数.

任取 $\lambda \in \mathrm{Lin}(N)$, 我们断言 λ^G 不可约或者 λ 可扩充到 G. 否则, λ^G 可约且 λ 不能扩充到 G. 记 $T = \mathrm{I}_G(\lambda)$, 因为 $T/N \leqslant G/N$ 循环, 所以 λ 可扩充到 $\lambda_0 \in \mathrm{Irr}(T)$. 显然 $N<T<G$, $\chi_0 := (\lambda_0)^G \in \mathrm{Irr}(G)$. 考察 $\overline{G} := G/\ker(\chi_0)$, 显然 $\overline{T} \trianglelefteq \overline{G}$, $\chi_0 \in \mathrm{Irr}(\overline{G})$ 限制到 $\overline{T}$ 的不可约成分均线性, 这表明 $\overline{T}$ 交换, 因此 $\overline{G}$ 的不可约特征标次数不能超过 $|\overline{G}:\overline{T}| = |G:T|$. 令 $K_1 \trianglelefteq G$ 使得 $K_1 \geqslant \ker(\chi_0)$ 且 $\overline{G}/\overline{K_1}$ 为 $\overline{G}$ 的极小非交换商群, 则 G/K_1 为 G 的极小非交换商群. 因为 $\mathrm{cd}(G/K_1) = \mathrm{cd}(\overline{G}/\overline{K_1}) \subseteq \mathrm{cd}(\overline{G})$, 所以 G/K_1 的非线性不可约特征标的次数不超过 $|G/T|$, 因而严格小于 f, 这与 f 的最小性取法矛盾. 断言成立.

下面来估计 $|\mathrm{cd}_{q'}(G)|$. 对于每个 $z \in \mathrm{cd}_{q'}(N)$, 由引理 4.2.4 有 $zf \in \mathrm{cd}(G)$, 这表明 $|\mathrm{cd}_{q'}(N)| \leqslant k$. 对 $z \in \mathrm{cd}_{q'}(N)$, 记 $S(z)$ 为 N 上的 z 次不可约特征标诱导到 G 产生的所有不可约特征标之次数集合. 当 $z=1$ 时, 由上面的断言 $S(1)=\{1,f\}$. 当 $z>1$ 时, 由 $k=\beta(G)$ 推出 $|S(z)| \leqslant k$. 显然每个 $\mathrm{Irr}_{q'}(G)$ 中成员都在某个 $\mathrm{Irr}_{q'}(N)$ 中成员的上方, 因此

$$|\mathrm{cd}_{q'}(G)| \leqslant |S(1)| + \sum_{1<z\in\mathrm{cd}_{q'}(N)} |S(z)| \leqslant 2+k(|\mathrm{cd}_{q'}(N)|-1) \leqslant 2+k(k-1), \quad (4.4.3)$$

$$|\mathrm{cd}(G)| = |\mathrm{cd}_q(G)| + |\mathrm{cd}_{q'}(G)| \leqslant k+2+k(k-1) = k^2+2. \quad (4.4.4)$$

当 $k=1$ 或 2 时, 上面的估计式推出 $|\mathrm{cd}(G)|$ 分别不超过 3 和 6, 定理成立.

对于 $k \geqslant 3$, 我们将改进上面的估计式 (4.4.4). 假设 $|\mathrm{cd}_{q'}(N)| \leqslant k-1$, 由 (4.4.3) 式推出 $|\mathrm{cd}_{q'}(G)| \leqslant 2+k(k-2)$, 因而 $|\mathrm{cd}(G)| \leqslant k^2-k+2$, 定理成立. 下面仅需考察 $|\mathrm{cd}_{q'}(N)| = k \geqslant 3$ 的情形, 此时 $\{fx \mid x \in \mathrm{cd}_{q'}(N)\}$ 为 $\mathrm{cd}(G)$ 的 k-元子集.

对每个 $z \in \mathrm{cd}_{q'}(N)$, $S(z)$ 中任意成员都能表示为 rz 的形式, 其中 $r \mid f$. 若存在 $r>1$ 使得 $rz \in S(z)$, 则 rz 和 $\{xf \mid x \in \mathrm{cd}_{q'}(N)\}$ 中成员都是 r 的倍数, 由 $\beta(G)=k$ 推出 $rz \in \{xf \mid x \in \mathrm{cd}_{q'}(N)\}$. 这表明: 对每个 $z \in \mathrm{cd}_{q'}(N)$, 都有 $S(z) \subseteq \{z\} \cup \{xf \mid x \in \mathrm{cd}_{q'}(N)\}$. 这就推出

$$\mathrm{cd}_{q'}(G) \subseteq \mathrm{cd}_{q'}(N) \cup \{xf \mid x \in \mathrm{cd}_{q'}(N)\},$$

得 $|\mathrm{cd}_{q'}(G)| \leqslant 2k$, $|\mathrm{cd}(G)| \leqslant 3k$. 因此, 当 $k=3$ 时, 有 $|\mathrm{cd}(G)| \leqslant 9$; 当 $k \geqslant 4$ 时, $|\mathrm{cd}(G)| \leqslant 3k \leqslant k^2-k+2$. 定理成立. □

考察 $G=\mathrm{SL}(2,3)$, 有 $\mathrm{cd}(G)=\{1,2,3\}$, 这表明当 $\beta(G)=1$ 时, $|\mathrm{cd}(G)|$ 可取到极大值 3. 当 $\beta(G)=2,3$ 时, [16] 中的例子表明, $|\mathrm{cd}(G)|$ 可分别取到极大值 6 和 9. 考察本节说明 (B) 中的例子, 我们有 $|\mathrm{cd}(G)|=3^n$, $\beta(G)=3^{n-1}$, 这表明定理 4.4.11 中给出的关于 $|\mathrm{cd}(G)|$ 的上界不可能优于 $3\beta(G)$. 我们不清楚是否存

在一个线性函数 f? 使得对任意可解群 G 都有 $|\mathrm{cd}(G)| \leqslant f(\beta(G))$.

对于一般有限群 G, 当 $\beta(G) = 1$ 时, 由定理 4.3.14 有 $|\mathrm{cd}(G)| \leqslant 4$. 当 $\beta(G) = 2$ 时, Lewis 和 White[78] 证明了 $|\mathrm{cd}(G)| \leqslant 6$; 进一步, 我们在 [107] 中给出了 $\beta(G) = 2$ 时非可解群 G 的完整描写, 特别地给出了 $\mathrm{cd}(G)$ 的完整分类.

4.5 最大特征标次数

记 $b(G)$ 为有限群 G 的最大不可约特征标次数. 如果 $\chi \in \mathrm{Irr}(G)$ 使得 $\chi(1) = b(G)$, 那么 $\ker\chi$ 是 G 的"很小的"正规子群 (定理 4.5.1). 注意到 $G/\ker\chi$ 是不可约的 $b(G)$ 维复线性群, 故 $b(G)$ 极大地限制了 G 的结构, 这是研究最大特征标次数的主要动因之一.

4.5.1 几个经典结果

定理 4.5.1 (Broline-Garrison) 设 $\chi \in \mathrm{Irr}(G)$, $K = \ker\chi$, 如果

(1) $K \not\leqslant \mathbf{F}(G)$; 或者

(2) $K = \mathbf{F}(G) < G$ 且 G/K 可解,

那么存在 $\psi \in \mathrm{Irr}(G)$ 使得 $\psi(1) > \chi(1)$ 且 $\ker\psi < K$.

引理 4.5.2 设 $H \leqslant G$, $\theta \in \mathrm{Irr}(H)$. 如果对 θ^G 的所有不可约成分 χ 都有 $\chi_H = \theta$, 那么 $\mathrm{V}(\theta) \trianglelefteq G$ ①.

证 由条件易见 $(\theta^G)_H = |G:H|\theta$. 取 $h \in H$ 使得 $\theta(h) \neq 0$, 记 $S_h = \{x \in G|\, h^x \in H\}$. 计算 $\theta^G(h)$ 有

$$\frac{1}{|H|}\sum_{x\in S_h}\theta(h^x) = \theta^G(h) = (\theta^G)_H(h) = |G:H|\theta(h). \tag{4.5.1}$$

对于每个 $x \in S_h$, 由 $(\theta^G)_H = |G:H|\theta$ 也推得 $\theta^G(h^x) = |G:H|\theta(h^x)$. 注意到 θ^G 是 G 上的类函数, 必有 $\theta^G(h) = \theta^G(h^x)$, 推出 $\theta(h^x) = \theta(h)$, 将之代入 (4.5.1) 式得 $|S_h|\theta(h) = |G|\theta(h)$, 从而 $G = S_h$. 因此 $\mathrm{V}(\theta) \trianglelefteq G$. □

例 4.5.3 设 G 为非交换单群, $H < G$, $\theta \in \mathrm{Irr}(H)$, 则必有 $\chi \in \mathrm{Irr}(\theta^G)$ 使得 $\chi(1) > \theta(1)$.

证 可设 $H > 1$. 若结论不成立, 由引理 4.5.2 得 $\mathrm{V}(\theta) \trianglelefteq G$. 注意到 $\mathrm{V}(\theta) \leqslant H$, 得 $\mathrm{V}(\theta) = 1$, 这表明 θ 零化 $H^\sharp$. 由引理 2.6.12 得 $\theta = a\rho_H$, $a \in \mathbb{Z}^+$, 与 θ 的不可约性矛盾. □

引理 4.5.4 设 $\chi \in \mathrm{Irr}(G)$, $\ker\chi < N \trianglelefteq G$, 则 $(N/\ker\chi) \cap (\mathrm{V}(\chi)/\ker\chi) > 1$.

① 一般情形下仅有 $\mathrm{V}(\theta) \trianglelefteq H$.

证 由归纳可设 $\ker\chi = 1$. 反设结论不成立, 即 $N \cap \mathrm{V}(\chi) = 1$, 也即 χ 零化 $N^\sharp$, 由引理 2.6.12 得 $[\chi_N, 1_N] > 0$, 于是 $N \leqslant \ker\chi$, 矛盾. □

定理 4.5.1 的证明 若条件 (1) 成立, 取 $L = K$; 若条件 (2) 成立, 取 $L \trianglelefteq G$ 使得 L/K 为 G 的交换主因子. 注意到 L 不是幂零群, 故可取到 $P \in \mathrm{Syl}_p(L)$ 使得 $P \ntrianglelefteq L$. 在条件 (2) 情形下, 有 $L = PK$, 故由 Frattini 论断有 $G = L\mathbf{N}_G(P) = K\mathbf{N}_G(P)$. 在条件 (1) 情形下, 也有 $G = K\mathbf{N}_G(P)$. 现取 G 的极大子群 H 使得 $H \geqslant N_G(P)$, 则 $G = HK$. 注意到 K 为 χ 的核, 由例 2.3.15 得 $\theta := \chi_H \in \mathrm{Irr}(H)$.

假设对任意 $\psi \in \mathrm{Irr}(\theta^G)$ 都有 $\psi_H = \theta$. 由引理 4.5.2, $\mathrm{V}(\theta) \trianglelefteq G$. 注意 $K \cap H = \ker\theta \leqslant \mathrm{V}(\theta) \leqslant H$. 若 $K = L$, 则 $P \leqslant K \cap H \leqslant L \cap \mathrm{V}(\theta)$. 若 L/K 为 G 的交换主因子, 则 $(L \cap H)/\ker\theta = (L \cap H)/(K \cap H)$ 为 H 的主因子, 对于 $\{H, \theta\}$ 应用引理 4.5.4 得 $L \cap H \leqslant \mathrm{V}(\theta)$, 故也有 $P \leqslant L \cap H \leqslant L \cap \mathrm{V}(\theta)$. 因为 $L \cap \mathrm{V}(\theta) \trianglelefteq G$, 由 Frattini 论断得 $G = \mathbf{N}_G(P)(L \cap \mathrm{V}(\theta)) \leqslant H$, 矛盾.

因此, 必存在 $\psi \in \mathrm{Irr}(\theta^G)$ 使得 $\psi_H \neq \theta$. 此时 $\psi(1) > \theta(1) = \chi(1)$. 再者, 因为 ψ_H 可约, 所以 $G \neq H\ker\psi$, 故由 H 的极大性得 $\ker\psi \leqslant H$, 即 $\ker\psi = \ker(\psi_H)$. 注意到 θ 为 ψ_H 的成分, 有 $\ker(\psi_H) \leqslant \ker\theta$, 于是 $\ker\psi \leqslant \ker\theta = \ker(\chi_H) = H \cap K < K$, 定理成立. □

设 G 可解且不交换. 若 $\chi \in \mathrm{Irr}(G)$ 使得 $\chi(1) = b(G)$, 由定理 4.5.1 有 $\ker\chi < \mathbf{F}(G)$, 这表明 $b(G) > b(G/\mathbf{F}(G))$, 由此给出了定理 4.2.21 的另一证明.

例 4.5.5 对于有限群 $G > 1$, 总有 $x \in G^\sharp$ 使得 $|G : \mathbf{C}_G(x)| \leqslant b(G)^2$.

证 记 $k = |\mathrm{Irr}(G)|$, 取 $1, g_2, \cdots, g_k$ 为 G 的共轭类之代表元. 因为

$$1 + \sum_{i=2}^{k} |g_i{}^G| = |G| = 1 + \sum_{\chi \in \mathrm{Irr}^\sharp(G)} \chi(1)^2 \leqslant 1 + (k-1)b(G)^2,$$

所以必有 $g_i \in G^\sharp$ 使得 $|G : \mathbf{C}_G(g_i)| = |g_i{}^G| \leqslant b(G)^2$. □

下面的命题表明 $b(G)$ 很大程度上决定了 G 的结构. 注意, 对 G 的子群或商群 D 总有 $b(D) \leqslant b(G)$.

命题 4.5.6 记 $b(G) = b$, G 必有指数不超过 $(b!)^2$ 的交换子群.

证 对 $b(G)$ 作归纳, 显然可设 $b \geqslant 2$. 令 G/K 为 G 的极小非交换商群, 我们断言 $b(K) \leqslant b/2$. 否则, 存在 $\psi \in \mathrm{Irr}(K)$ 使得 $\psi(1) > b/2$. 若 ψ 不能扩充到 G, 则取 $\chi \in \mathrm{Irr}(\psi^G)$, 有 $\chi(1) \geqslant 2\psi(1) > b$, 矛盾. 若 ψ 能扩充到 G, 应用 Gallagher 定理 2.8.5 得 $\psi(1)b(G/K) \in \mathrm{cd}(G)$, 从而 $b(G) > b$, 矛盾. 因此 $b(K) \leqslant b/2$, 断言成立. 由归纳假设, K 有交换子群 A 使得

$$|K : A| \leqslant ([b/2]!)^2,$$

其中 $[b/2]$ 表示不超过 $b/2$ 的最大整数. 由引理 4.2.1, 我们需要讨论 G/K 的三种

情形. 注意 $G'K/K$ 为 G/K 的唯一极小正规子群.

(1) G/K 不可解.

因 $b(G/K) \leqslant b$, 由例 4.5.5, 存在 $x \in G \setminus K$ 使得 $|G/K : \mathbf{C}_{G/K}(xK)| \leqslant b^2$. 记 $\mathbf{C}_{G/K}(xK)$ 在 G 中的原像为 C. 若 $b(C) \leqslant b-1$, 由归纳假设存在 C 的交换子群 B 使得 $|C : B| \leqslant ((b-1)!)^2$, 从而 $|G : B| \leqslant (b\,!)^2$, 命题成立. 下设 $b(C) \geqslant b$, 于是 $b(C) = b$, 取 $\theta \in \mathrm{Irr}(C)$ 使得 $\theta(1) = b$. 任取 θ^G 的不可约成分 χ, 显然 $\chi_C = \theta$, 故由引理 4.5.2 得 $\mathrm{V}(\theta) \trianglelefteq G$, $K\mathrm{V}(\theta) \trianglelefteq G$.

我们断言 $\mathrm{V}(\theta) \leqslant K$. 否则, $K\mathrm{V}(\theta) > K$, 从而 $K\mathrm{V}(\theta) \geqslant G'K$. 现在 $C \geqslant K\mathrm{V}(\theta) \geqslant G/G'K$, 得 $C \trianglelefteq G$. 又因为 $xK \in \mathbf{Z}(C/K)$, 所以 $\mathbf{Z}(C/K)$ 为 G/K 的非平凡的正规子群, 推出 $G'K/K \leqslant \mathbf{Z}(C/K)$, 这又推出 $G'K/K$ 交换从而 G/K 可解, 矛盾. 断言成立.

因 $\mathrm{V}(\theta) \leqslant K$, 得 $\theta \in \mathrm{Irr}(C)$ 零化 $C \setminus K$. 应用 (4.2.1) 式得 $|C : K| \leqslant \theta(1)^2 = b^2$, 故 $|G : K| \leqslant b^4$. 若 $b \leqslant 4$, 由 G/K 的非可解性和定理 4.2.10 得 $\mathrm{cd}(G/K) = \{1, 2, 3, 4\}$, 注意到 G/K 极小非交换, G/K 的 2 次不可约特征标必忠实, 应用例 2.6.15 易得矛盾. 因此必有 $b \geqslant 5$, 此时 $|G : A| = |G : K||K : A| \leqslant b^4([b/2]!)^2 \leqslant (b\,!)^2$, 命题成立.

(2) G/K 为 Frobenius 群.

记 N/K 为 G/K 的 Frobenius 核. 因 $|G/N| \in \mathrm{cd}(G/K)$, 必有 $|G/N| \leqslant b$.

若 $b(N) \leqslant b/2$, 由归纳假设, 存在交换子群 $B \leqslant N$ 使得 $|N : B| \leqslant ([b/2]!)^2$, 此时 $|G : B| \leqslant (b\,!)^2$, 命题成立.

若 $b(N) > b/2$, 取 $\theta \in \mathrm{Irr}(N)$ 使得 $\theta(1) = b(N)$. 易见 $\theta(1)|G : N| \notin \mathrm{cd}(G)$, 故由引理 4.2.4 得 $|N : K| \mid \theta(1)^2$, 特别地, $|G : K| \leqslant b^3$. 注意 $b \geqslant 3$ (否则, $b = 2 = |G/N| = \theta(1)$, 此时奇数 $|N : K|$ 不可能整除 $\theta(1)^2$), 得 $|G : A| = |G : K||K : A| \leqslant b^3([b/2]!)^2 \leqslant (b\,!)^2$, 命题成立.

(3) G/K 为 p-群.

记 $Z/K = \mathbf{Z}(G/K)$. 由引理 4.2.1, 有 $\beta \in \mathrm{Irr}(G/K)$ 使得 $|G/Z| = \beta(1)^2$, 且 $Z = \mathbf{Z}(\beta)$. 若 $b(Z) > b/2$, 取 $\theta \in \mathrm{Irr}(Z)$ 使得 $\theta(1) = b(Z)$, 则有 $\chi \in \mathrm{Irr}(G)$ 使得 $\theta = \chi_Z$, 应用定理 2.8.4 得 $\beta\chi \in \mathrm{Irr}(G)$, $(\beta\chi)(1) > b$, 矛盾. 因此 $b(Z) \leqslant b/2$, 由归纳假设 Z 有交换子群 B 使得 $|Z : B| \leqslant ([b/2]!)^2$, 从而 $|G : B| \leqslant b^2([b/2]!)^2 \leqslant (b\,!)^2$, 命题成立. □

4.5.2 大轨道长度

大轨道长度不但可以用来估算最大特征标次数, 其本身也有独立的意义. 设群 S 作用在群 V 上 (如 3.3 节约定, 指按自同构作用), 我们讨论以下两个环境下的大轨道长度问题:

(i) S 忠实、互素地作用在 V 上.

(ii) S 忠实、完全可约地作用在 V 上.

令人惊奇的是, 由下面的 Hartley-Turull 引理, 要考察环境 (i) 下的大轨道长问题, 我们可以归结到 V 为初等交换群的情形, 此时 S 忠实、互素且完全可约地作用在 V 上. 这表明在环境 (i) 下能得到比环境 (ii) 下更强的结果.

引理 4.5.7 (Hartley-Turull) *设群 S 互素作用在群 V 上, 则存在初等交换群 V_0 使得 S 也作用在 V_0 上, 并且 V 和 V_0 是两个同构 S-集.*

在引理 4.5.7 中, 因为 V 和 V_0 是两个同构 S-集, 所以 $|V| = |V_0|$, 故 S 互素作用在初等交换群 V_0 上. 注意, 这里的同构不是群同构.

设群 S 作用在另一个群上, 按 S 所属的群类属性, 又可以考察以下四种情形下的大轨道长度问题: S 为交换群、幂零群、可解群以及 S 为一般有限群.

定理 4.5.8 *设交换群 S 忠实作用在群 V 上. 若 S 完全可约地作用在初等交换群 V 上, 或者 S 互素作用在群 V 上, 则在该作用下必有正则轨道, 即存在 $v \in V$ 使得 $\mathbf{C}_S(v) = 1$, 也即 v 所在的 S-轨道长为 $|S|$.*

证 若 S 完全可约地作用在初等交换群 V 上, 由命题 3.3.18 推出正则轨道的存在性. 若 S 互素作用在 V 上, 由引理 4.5.7 我们可设 V 为初等交换群, 此时 S 必忠实、互素且完全可约地作用在 V 上, 故也有 S-正则轨道. □

定理 4.5.8 考察了 S 为交换群的情形, 接下来我们重点考察 S 为幂零群的情形, 这几乎等价于 S 为 p-群的情形. 设 p-群 P 忠实作用在一个可解 p'-群 V 上, 著名的 Passman 定理 ([97]) 指出, 此时必存在一个“大”轨道, 即存在 $v \in V$ 使得

$$|\mathbf{C}_P(v)| \leqslant \begin{cases} |P|^{1/2}, & 若 \quad p = 2, \\ |P|^{1/3}, & 若 \quad p \geqslant 3, \end{cases}$$

注意此环境下不能保证正则轨道一定存在, 参见 [12, 例 4.5]. Isaacs 稍稍改进了 Passman 的结果 (但 Isaacs 的证明是极为精致的), 得到下面的定理.

定理 4.5.9 (Isaacs) *设幂零群 $S > 1$ 忠实互素作用在群 V 上, 则存在 $x \in V$ 使得*

$$|\mathbf{C}_S(x)| \leqslant (|S|/p)^{1/p},$$

这里 p 是 $\pi(S)$ 中的最小素数. 特别地, 最大的 S-轨道长必严格大于 $\sqrt{|S|}$.

在给出定理 4.5.9 的证明之前, 先做一些解释和准备. 由前面的 Hartley-Turull 引理, 我们可设 V 为初等交换群, 此时 S 忠实、互素且完全可约地作用在 V 上.

直接证明定理 4.5.9 的困难之处在于不便于使用数学归纳法, 为了克服这一困难, 我们需要引入参数 $r(S,V)$, 并进而证明更强一些的但便于利用归纳法的定

理 4.5.11. 设群 S 作用在群 V 上, 记

$$C(S,V)=\{\mathbf{C}_S(X)|\ X \text{ 为 V 的 } S\text{-不变子集}\},$$

显然 $C(S,V)$ 中每个成员 $\mathbf{C}_S(X)$ 都是 S 的正规子群. 由 $C(S,V)$ 中一些成员构成的真子群链称为该作用下的一条中心链, 若 $C_0>C_1>\cdots>C_r$ 为一条中心链, 则称 r 为该链的长度; 我们记最长的中心链长度为 $r(S,V)$. 若 S 非平凡作用在 V 上, 则 $\mathbf{C}_S(1)>\mathbf{C}_S(V)$, 故 $r(S,V)\geqslant 1$.

引理 4.5.10　设群 S 作用在群 V 上, $\mathfrak{X}$ 是 V 的若干 S-不变子集构成的集合. 若 S 忠实作用在 $\bigcup_{X\in\mathfrak{X}}X$ 上, 但对 $\mathfrak{X}$ 的任何真子集 $\mathfrak{X}_0$, S 非忠实地作用在 $\bigcup_{X\in\mathfrak{X}_0}X$ 上, 则 $|\mathfrak{X}|\leqslant r(S,V)$.

证　显然 S 按原来的方式作用在 $\bigcup_{X\in\mathfrak{X}}X$ 及 $\bigcup_{X\in\mathfrak{X}_0}X$ 上. 记 $\mathfrak{X}=\{X_1,\cdots,X_t\}$, 定义 $C_i=\mathbf{C}_S(\bigcup_{j=1}^{i}X_j)$, $i=1,\cdots,t$, 再记 $C_0=S$. 于是 C_i 都在 $C(S,V)$ 中, 且 $C_0\geqslant C_1\geqslant\cdots\geqslant C_t=1$. 反设 $t>r(S,V)$, 则有某 $j\in\{1,\cdots,t\}$ 使得 $C_{j-1}=C_j$. 这表明 S 也忠实作用在 $\mathfrak{X}\setminus\{X_j\}$ 上, 这与 $\mathfrak{X}$ 的取法矛盾. 故必有 $|\mathfrak{X}|\leqslant r(S,V)$. □

定理 4.5.11　设幂零群 $S>1$ 忠实互素作用在群 V 上, 则存在 $x\in V$ 使得 $|\mathbf{C}_S(x)|\leqslant\left(\dfrac{|S|}{p^r}\right)^{1/p}$, 其中 $p=\min\pi(S)$, $r=r(S,V)$.

证　由引理 4.5.7, 可设 V 为初等交换群. 因 S 忠实作用在 V 上, 有 $r\geqslant 1$. 对 $|V|+|S|$ 作归纳.

(1) 先考察 $r\geqslant 2$ 的情形.

取长度为 r 的中心链 $C_r>\cdots>C_1>C_0$, 其中 $C_i=\mathbf{C}_S(X_i)$, X_i 为 V 的 S-不变子集. 记 $M=C_1$, $A=\mathbf{C}_V(M)$, $B=[V,M]$. 考察 $M\trianglelefteq S$ 在初等交换群 V 上的互素作用, 由引理 2.9.10 有 $V=\mathbf{C}_V(M)\times[V,M]=A\times B$, 其中 A,B 都是 V 的 S-不变子群.

考察 S 以及 S/M 在 A 上的作用, 任取 $i\in\{1,2,\cdots,r\}$, 因 $M=C_1\leqslant C_i=\mathbf{C}_S(X_i)$, 必有 $X_i\subseteq\mathbf{C}_V(M)=A$, 这表明 $C_i\in C(S,A)$, 从而

$$r(S/M,A)=r(S,A)\geqslant r-1.$$

因 $r\geqslant 2$, 易见 $1<M<S$. 因 $A=\mathbf{C}_V(M)$, 得 $M\leqslant\mathbf{C}_S(A)$; 再因为 $X_1\subseteq A$, 得 $\mathbf{C}_S(A)\leqslant\mathbf{C}_S(X_1)=M$, 这表明 $\mathbf{C}_S(A)=M$, 故 S/M 忠实作用在 A 上.

因为 M 中心化 A 且 M 忠实作用在 $V=A\times B$ 上, 所以 M 忠实作用在 B 上. 特别地, $r':=r(M,B)\geqslant 1$. 记 p' 为 $\pi(M)$ 中最小素数. 由归纳假设, 存在 $b\in B$ 使得

$$|\mathbf{C}_M(b)|\leqslant\left(\frac{|M|}{(p')^{r'}}\right)^{1/p'}\leqslant\left(\frac{|M|}{p'}\right)^{1/p'}\leqslant\left(\frac{|M|}{p}\right)^{1/p}.$$

同理, 因 S/M 忠实作用在 A 上且 $r(S/M,A)\geqslant r-1$, 由归纳假设存在 $a\in A$ 使得

$$|\mathbf{C}_{S/M}(a)|\leqslant\left(\frac{|S/M|}{p^{r-1}}\right)^{1/p}.$$

显然 $M\leqslant\mathbf{C}_S(a)$ 且 $\mathbf{C}_S(a)/M=\mathbf{C}_{S/M}(a)$, 再注意到

$$\mathbf{C}_S(ab)=\mathbf{C}_S(a)\cap\mathbf{C}_S(b),\quad \mathbf{C}_S(a)\cap\mathbf{C}_S(b)\cap M=M\cap\mathbf{C}_S(b)=\mathbf{C}_M(b),$$

得

$$\begin{aligned}|\mathbf{C}_S(ab)|&=|\mathbf{C}_S(a)\cap\mathbf{C}_S(b)|=|\mathbf{C}_S(a)\cap\mathbf{C}_S(b):(\mathbf{C}_S(a)\cap\mathbf{C}_S(b))\cap M||\mathbf{C}_M(b)|\\&=|(\mathbf{C}_S(a)\cap\mathbf{C}_S(b))M:M||\mathbf{C}_M(b)|\leqslant|\mathbf{C}_{S/M}(a)||\mathbf{C}_M(b)|\\&\leqslant\left(\frac{|S/M|}{p^{r-1}}\right)^{1/p}\left(\frac{|M|}{p}\right)^{1/p}=\left(\frac{|S|}{p^r}\right)^{1/p}.\end{aligned}$$

(2) 再考察 $r=1$ 的情形.

此时 $C(S,V)=\{1,S\}$, 我们仅需证明: 存在 $x\in V$ 使得 $|\mathbf{C}_S(x)|\leqslant(|S|/p)^{1/p}$. 若 S 可约地作用在 V 上, 取 V/A 为一个 SV 主因子, 则 $1<A<V$, 且 $\mathbf{C}_S(A)\in\{1,S\}$. 若 $\mathbf{C}_S(A)=1$, 则 S 忠实作用在 A 上, 由归纳假设存在 $x\in A$ 使得

$$|\mathbf{C}_S(x)|\leqslant\left(\frac{|S|}{p^{r(S,A)}}\right)^{1/p}\leqslant\left(\frac{|S|}{p}\right)^{1/p},$$

定理成立. 若 $\mathbf{C}_S(A)=S$, 则 $A\leqslant\mathbf{C}_V(S)$, 从而 $A=\mathbf{C}_V(S)$. 因 $V=\mathbf{C}_V(S)\times[V,S]$, 故 S 忠实作用在 $[V,S]$ 上, 由归纳假设存在 $x\in[V,S]$ 使得 $|\mathbf{C}_S(x)|\leqslant(|S|/p)^{1/p}$, 也得结论.

下面考察 S 不可约作用在 V 上的情形.

假设 S 的正规交换子群都循环. 由命题 3.9.4, S 的 Sylow 子群或是循环群, 或是广义四元素群、二面体群或半二面体群, 特别地 S 有指数不超过 2 的循环子群 C. 任取 $x\in V^\sharp$, 注意到 $\mathbf{C}_C(x)$ 为 C 的特征子群, 得 $\mathbf{C}_C(x)\trianglelefteq S$, 这表明 $\mathbf{C}_V(\mathbf{C}_C(x))>1$ 为 V 的 S-不变子群, 从而 $\mathbf{C}_V(\mathbf{C}_C(x))=V$, 也即 $\mathbf{C}_C(x)$ 平凡作用在 V 上, 推出 $\mathbf{C}_C(x)=1$, 从而 $|\mathbf{C}_S(x)|\leqslant 2$. 若 $|\mathbf{C}_S(x)|=1$, 定理显然成立; 若 $|\mathbf{C}_S(x)|=2$, 则 $|S:C|=2$, $p=2$ 且 $8\mid|S|$, 定理也成立.

假设 S 含有非循环的正规交换子群, 此时不可约 S-模 V 必定不是拟本原的. 由推论 2.7.22, 存在 S 的极大子群 R 使得 $V_R=V_1\oplus\cdots\oplus V_q$ 为 q 个不可约 R-模 V_i 的直和, 其中 $q=|S:R|$ 为素数, 且 S 可迁作用在集合 $\mathfrak{X}=\{V_1,\cdots,V_q\}$ 上. 因 S 不循环, 故 $R>1$. 下面再分两种情形讨论.

先考察 $r(R,V)\leqslant q-1$ 的情形. 由引理 4.5.10, 必存在 $\mathfrak{X}$ 的 $(q-1)$-元子集, 不妨设为 $\{V_1,\cdots,V_{q-1}\}$, 使得 R 忠实作用在 $K:=\bigoplus_{j=1}^{q-1}V_j$ 上. 由归纳假设, 存在 $x\in K$ 使得 $|\mathbf{C}_R(x)|\leqslant(|R|/p)^{1/p}$. 考察 x 在 $V=\bigoplus_{i=1}^{q}V_i$ 中的表达形式, x 在 V_q 中的分量为平凡元, 据此容易看到 $\mathbf{C}_S(x)$ 稳定 V_q, 这表明

$$\mathbf{C}_S(x)\leqslant \mathrm{Stab}_S(V_q)=R,$$

从而 $\mathbf{C}_S(x)=\mathbf{C}_R(x)$, $|\mathbf{C}_S(x)|=|\mathbf{C}_R(x)|\leqslant\left(\dfrac{|R|}{p}\right)^{1/p}<\left(\dfrac{|S|}{p}\right)^{1/p}$.

再考察 $r(R,V)\geqslant q$ 的情形. 由归纳假设, 存在 $x\in V$ 使得 $|\mathbf{C}_R(x)|\leqslant(|R|/p^q)^{1/p}$. 因为 $|\mathbf{C}_S(x)|\leqslant q|\mathbf{C}_R(x)|$, 所以

$$|\mathbf{C}_S(x)|^p\leqslant q^p\frac{|R|}{p^q}=\left(\frac{|S|}{p}\right)\left(\frac{q^{p-1}}{p^{q-1}}\right).$$

注意到对任意实数 $x\geqslant y>1$, 都有 $y^{x-1}\geqslant x^{y-1}$, 即得 $|\mathbf{C}_S(x)|^p\leqslant|S|/p$, 至此定理得证. □

在定理 4.5.9 环境下, 因 $S>1$ 忠实作用在 V 上, 有 $r(S,V)\geqslant 1$, 故定理 4.5.9 为定理 4.5.11 的直接推论. 进一步, 利用定理 4.5.11 及定理 4.5.8, 我们还能得到下面的结论.

推论 4.5.12 设幂零群 $S>1$ 忠实互素作用在群 V 上, 记 $\pi=\rho(S)$, 则存在 $x\in V$ 使得 $|\mathbf{C}_S(x)|$ 为 π-数, 且若 $\pi\neq\varnothing$, 则 $|\mathbf{C}_S(x)|\leqslant(|S|_\pi/p)^{1/p}$, 其中 p 为 π 中的最小素数.

证 对于每个正整数 r, 定义 $f(r)$ 如下: 若 $r=1$, 则 $f(r)=1$; 若 $r>1$, 则 $f(r)=(r/p)^{1/p}$, 其中 p 是 r 的最小素因子. 对于两个正整数 m,n, 容易验证 $f(m)f(n)\leqslant f(mn)$. 下面仅需对 $|V|$ 归纳证明: 存在 $x\in V$ 使得 $|\mathbf{C}_S(x)|\leqslant f(|S|_\pi)$. 由引理 4.5.7, 我们可设 V 为初等交换群, 此时 S 忠实、互素 (从而完全可约) 地作用在 V 上.

(1) 假设 S 可约作用在 V 上. 此时 $V=A\times B$, 其中 A,B 为 V 的两个非平凡的 S-不变子群. 记 $M=\mathbf{C}_S(A)$, 则 M 忠实作用在 B 上. 注意到 $\pi\supseteq\rho(M)$, 由归纳假设存在 $b\in B$ 使得 $|\mathbf{C}_M(b)|\leqslant f(|M|_\pi)$. 类似地, S/M 忠实作用在 A 上且 $\pi\supseteq\rho(S/M)$, 由归纳假设, 存在 $a\in A$ 使得 $|\mathbf{C}_{S/M}(a)|\leqslant f(|S/M|_\pi)$. 类似于定理 4.5.11 之情形 (1) 的证明, 我们推得结论

$$\begin{aligned}|\mathbf{C}_S(ab)|&=|\mathbf{C}_S(a)\cap\mathbf{C}_S(b)|=|(\mathbf{C}_S(a)\cap\mathbf{C}_S(b))M:M||\mathbf{C}_M(b)|\\&\leqslant|\mathbf{C}_{S/M}(a)||\mathbf{C}_M(b)|\leqslant f(|S/M|_\pi)f(|M|_\pi)\leqslant f(|S|_\pi).\end{aligned}$$

(2) 假设 S 不可约作用在 V 上. 任取 π'-元 $z\in S^\sharp$, 因 $z\in\mathbf{Z}(S)$, 故 $\mathbf{C}_V(z)$ 为 V 的 S-不变子群, 得 $\mathbf{C}_V(z)=1$; 换言之, 任取 $v\in V^\sharp$, $\mathbf{C}_S(v)$ 都是 π-群. 取

N 为 S 的 Hall π-子群, 由定理 4.5.11, 存在 $x \in V^\sharp$ 使得 $|\mathbf{C}_N(x)| \leqslant f(|N|)$. 注意到 $\mathbf{C}_S(x) = \mathbf{C}_N(x)$, 即得 $|\mathbf{C}_S(x)| \leqslant f(|N|) = (|S|_\pi/p)^{1/p}$, 结论成立. □

在上面的推论中, 若 $\rho(S) = \varnothing$, 即 S 为交换群, 则 $|\mathbf{C}_S(x)| = 1$.

关于互素群作用下的大轨道长度, 还有下面深刻的定理, 见 [51], 其中 S 可解的情形由 Dolfi 首先给出.

定理 4.5.13 [*] (Halasi-Podoski) *设群 S 忠实互素作用在群 V 上, 则存在 $x, y \in V$ 使得 $\mathbf{C}_S(x) \cap \mathbf{C}_S(y) = 1$, 特别地, 最大轨道长度至少为 $|S|^{1/2}$.*

我们需特别指出的是, 在上述定理环境下, 取 $p \in \pi(S)$, 虽然 $\mathbf{C}_S(x) \cap \mathbf{C}_S(y) = 1$, 但这不能推出 $\max\{|S : \mathbf{C}_S(x)|_p, |S : \mathbf{C}_S(y)|_p\} \geqslant (|S|_p)^{1/2}$.

在定理 4.5.13 环境下, S 也按下述方式自然地作用在 $V \times V$ 上: $(v_1, v_2)^s = (v_1^s, v_2^s)$. 因此定理 4.5.13 可以改述为: "若群 S 忠实互素作用在群 V 上, 则 $V \times V$ 中必存在 S-正则轨道." 由此即得下面的推论.

推论 4.5.14 (Palfy-Pyber) *设群 S 忠实互素作用在群 V 上, 则 $|S| < |V|^2$.*

若去掉"互素作用"条件, 仅考虑 S 忠实、完全可约地作用在初等交换群 V 上, 我们有下面的定理, 见 [111] 或 [34].

定理 4.5.15 (Seress-Dolfi) *设 S 可解, V 为有限、忠实、完全可约 S- 模 (定义域特征可不同), 则存在 $v_1, v_2, v_3 \in V$ 使得 $\mathbf{C}_S(v_1) \cap \mathbf{C}_S(v_2) \cap \mathbf{C}_S(v_3) = 1$.*

推论 4.5.16 *设 G 可解, 则 $b(G) \geqslant |G : \mathbf{F}(G)|^{\frac{1}{3}}$.*

证 由归纳可设 $\Phi(G) = 1$. 此时 $\mathbf{F}(G)$ 及 $\mathrm{Irr}(\mathbf{F}(G))$ 都是有限、忠实、完全可约 $G/\mathbf{F}(G)$-模. 由定理 4.5.15, 存在 $\lambda_1, \lambda_2, \lambda_3 \in \mathrm{Irr}(\mathbf{F}(G))$ 使得 $\mathrm{I}_G(\lambda_1) \cap \mathrm{I}_G(\lambda_2) \cap \mathrm{I}_G(\lambda_3) = \mathbf{F}(G)$, 这表明存在 $\lambda \in \{\lambda_1, \lambda_2, \lambda_3\}$ 使得 $|G : \mathrm{I}_G(\lambda)| \geqslant |G : \mathbf{F}(G)|^{\frac{1}{3}}$. 取 χ 为 λ^G 的不可约成分, 易见 $\chi(1) \geqslant |G : \mathbf{F}(G)|^{\frac{1}{3}}$. □

推论 4.5.17 *设 G 可解, 则*[①] *$|G : \mathbf{F}(G)| < |\mathbf{F}(G)/\Phi(G)|^3$.*

证 记 $V = \mathbf{F}(G)/\Phi(G)$, 则 V 为忠实完全可约 $G/\mathbf{F}(G)$-模. 由定理 4.5.15, $G/\mathbf{F}(G)$-模 $V \oplus V \oplus V$ 中有正则轨道, 这表明 $|G : \mathbf{F}(G)| < |V|^3 = |\mathbf{F}(G)/\Phi(G)|^3$. □

4.5.3 $|G/\mathbf{O}_p(G)|_p$ 与 $b(G)$ 的关系

我们可能要问, G 的 Sylow p-子群的阶能否被 $b(G)$ 界定? 设 $G = H \times P$, 其中 P 为交换 p-群, 因为 $b(G) = b(H)$ 且 $|P|$ 可以任意大, 所以 G 的 Sylow p-子群的阶不可能被 $b(G)$ 所界定! 将上述问题稍稍修正一下, 我们可证 $G/\mathbf{O}_p(G)$ 的 Sylow p-子群的阶一定能被 $b(G)$ 所界定.

命题 4.5.18 *若 $b(G) < p$, 则 G 有正规交换的 Sylow p-子群.*

---

① 事实上, 前面的推论 3.9.2(3) 强于此处结论.

证 取 $P \in \mathrm{Syl}_p(G)$, 因为 $b(P) < b(G) < p$, 所以 P 一定交换, 故我们仅需证明 $P \trianglelefteq G$. 反设 P 在 G 中不正规, 记 $H = \mathbf{N}_G(P)$, 则 $|\mathrm{Syl}_p(G)| = |G : H| > 1$. 考察 G 在 $\mathrm{Syl}_p(G)$ 上的可迁作用, 由命题 2.4.11(1), 该可迁作用导出置换特征标 $(1_H)^G$, 将 $(1_H)^G$ 表为

$$(1_H)^G = 1_G + a_1\chi_1 + \cdots + a_m\chi_m,$$

其中 $\chi_1, \cdots, \chi_m$ 为 G 的两两不同的非主不可约特征标, 所有 a_i 都为正整数. 显然 H 也作用在 $\mathrm{Syl}_p(G) \setminus \{P\}$ 上, 记该作用为 $\mathfrak{A}$. 不难看到作用 $\mathfrak{A}$ 导出的置换特征标为

$$\pi := ((1_H)^G)_H - 1_H.$$

设 $\mathrm{Syl}_p(G) \setminus \{P\}$ 在作用 $\mathfrak{A}$ 下有 t 个轨道, 由命题 2.4.11(2) 有

$$t = [1_H, \pi] = [1_H, ((1_H)^G)_H - 1_H] = [(1_H)^G, (1_H)^G] - 1 = a_1^2 + \cdots + a_m^2.$$

注意到 $|\mathrm{Syl}_p(G) \setminus \{P\}| = \pi(1)$, 得

$$|\mathrm{Syl}_p(G) \setminus \{P\}| = \sum_{i=1}^{m} a_i\chi_i(1) \leqslant \left(\sum_{i=1}^{m} a_i\right) b(G),$$

又有

$$\frac{1}{t}|\mathrm{Syl}_p(G) \setminus \{P\}| \leqslant \frac{\left(\sum\limits_{i=1}^{m} a_i\right) b(G)}{\sum\limits_{i=1}^{m} a_i^2} \leqslant b(G),$$

这表明在作用 $\mathfrak{A}$ 下至少有一个轨道之长度不超过 $b(G)$. 现设 $Q \in \mathrm{Syl}_p(G) \setminus \{P\}$ 所在的 H-轨道长不超过 $b(G)$, 即 $b(G) \geqslant |H : \mathbf{N}_H(Q)|$. 简单验证有 $\mathbf{N}_P(Q) = P \cap Q$, 故

$$b(G) \geqslant |H : \mathbf{N}_H(Q)| \geqslant |H \cap P : \mathbf{N}_H(Q) \cap P| = |P : \mathbf{N}_P(Q)| = |P : P \cap Q| \geqslant p,$$

矛盾, 命题成立. □

上面的命题可由 Itô-Michler 定理直接推出, 但这里给出的是不依赖单群分类定理的初等证明. 利用初等方法, 我们还能证明以下结论.

(A) 若 $b(G) < p^{3/2}$, 则 $|G/\mathbf{O}_p(G)|_p < p^2$, 见 [9, 定理 12.32].

(B) (Benjamin) 若 $b(G) < p^2$ 且 G 是 p-可解群, 则 $|G : \mathbf{O}_p(G)|_p < p^2$, 见 [17].

定理 4.5.19 [*] 设 G 非交换, $P \in \mathrm{Syl}_p(G)$, 则 $|P/\mathbf{O}_p(G)|^{1/2} < b(G)$. 进一步, 若 P 交换, 则 $|P/\mathbf{O}_p(G)| \leqslant b(G)$.

定理 4.5.19 取自于 [104], 在证明该定理之前, 我们先给出几条引理.

引理 4.5.20 [*] 设 S 是非交换单群, $S < G \leqslant \mathrm{Aut}(S)$, 若素数 $p \mid (|S|, |G:S|)$, 则 G 的 Sylow p-子群不交换.

证 当 $p = 2$ 时, 见 [43, 推论 5]; 当 p 为奇数时, 见 [48, 定理 B]. □

引理 4.5.21 [*] (Gagola) 设 S 为非交换单群, $p \in \pi(S)$, 则 $|S|_p > |\mathrm{Out}(S)|_p$.

证 若 S 为李型单群, 见 [41, pp.1378-1381]. 若 S 是零散单群或交错型单群, 则 $|\mathrm{Out}(S)| \leqslant 2$ 除非 $S \cong \mathrm{A}_6$, 结论显然成立. □

引理 4.5.22 设 $V = S_1 \times \cdots \times S_k$ 为两两同构的非交换单群 S_i 的直积, p-群 P 忠实互素作用在 V 上且可迁作用在 $\{S_1, \cdots, S_k\}$ 上, 若 $\mathbf{N}_P(S_1) = \mathbf{C}_P(S_1)$, 则存在 $\theta \in \mathrm{Irr}^\sharp(V)$ 使得 $\mathrm{I}_P(\theta) = 1$.

证 记 $K = \bigcap_{i=1}^k \mathbf{N}_P(S_i)$. 因为 P 可迁作用在 $\Omega := \{S_1, \cdots, S_k\}$ 上且 $\mathbf{N}_P(S_1) = \mathbf{C}_P(S_1)$, 所以 $\mathbf{N}_P(S_i) = \mathbf{C}_P(S_i)$ 对所有 i 都成立. 这表明 $K = \bigcap_{i=1}^k \mathbf{C}_P(S_i) = \mathbf{C}_P(V) = 1$, 因此 P 为 Ω 上的置换群. 注意 p 为奇数, 由推论 3.8.21, 我们可找到 Ω 的非空子集 Δ 使得 $\mathrm{Stab}_P(\Delta) = 1$. 不妨设 $\Delta = \{S_1, \cdots, S_t\}$, $t \leqslant k$. 当 $i \leqslant t$ 时, 取 $\theta_i \in \mathrm{Irr}^\sharp(S_i)$; 当 $i > t$ 时, 取 $\theta_i = 1_{S_i}$, 则 $\theta := \prod_{i=1}^k \theta_i \in \mathrm{Irr}(V)$. 由 θ_i 的取法易见 $\mathrm{I}_P(\theta) \leqslant \mathrm{Stab}_P(\Delta)$, 故 $\mathrm{I}_P(\theta) = 1$. □

引理 4.5.23 [*] 设 G 为非交换单群, $G \leqslant H \leqslant \mathrm{Aut}(G)$, $P \in \mathrm{Syl}_p(H)$ 交换, 则 $b(G) \geqslant |P|$.

证 可设 $P > 1$, 且由归纳可设 H/G 为 p-群. 因 P 交换, 由引理 4.5.20 推出 $H = G$ 或者 G 是一个 p'-群.

(1) 假设 $H = G$. 若 G 是零散单群或 Tits 群, 查阅 [4] 即得结论. 若 G 是李型单群, 由定理 4.1.3, 存在 $\chi \in \mathrm{Irr}(G)$ 使得 $\chi(1)_p = |P|$, 结论也成立. 若 $G \cong \mathrm{A}_n$ 且 $n \leqslant 8$, 由 [4] 可得结论. 若 $G \cong \mathrm{A}_n$ 且 $n \geqslant 9$, 此时 G 的 Sylow 2-子群和 Sylow 3-子群都不是交换群, 故 $p \geqslant 5$, 由定理 4.1.3 知 G 有 p-亏零的不可约特征标, 结论成立.

(2) 假设 G 是 p'-群. 此时 $H = P \ltimes G \leqslant \mathrm{Aut}(G)$. 若 G 是零散单群、Tits 群或交错群, 则 $|H/G| \mid 4$, 结论显然成立. 若 G 是 $\mathbb{F}_q$ 上李型单群, 其中 $q = r^f$ 是素数 r 的方幂, 此时 P 必是 G 的域自同构群的子群, 故 $|P| \mid f$, 对于 G 上的 Steinberg 特征标 ST, 有 $b(G) \geqslant \mathrm{ST}(1) = |G|_r > f \geqslant |P|$, 结论也成立. 由单群分类定理即证得引理. □

引理 4.5.24 [*] 设 G 为非交换单群, $1 < P \in \mathrm{Syl}_p(\mathrm{Aut}(G))$, 则 $b(G) \geqslant \sqrt{p|P|}$.

证 若 G 为零散单群、Tits 群及 $n \leqslant 8$ 的交错群 A_n, 查阅 [4] 知引理成立.

若 G 为李型单群且 $p \notin \pi(G)$, 取 G 上的 Steinberg 特征标 ST, 重复引理 4.5.23 的证明得 $b(G) \geqslant \mathrm{ST}(1) \geqslant \sqrt{p|P|}$, 引理成立. 若 G 为李型单群且

$p \in \pi(G)$, 由定理 4.1.3 知 G 有 p-亏零的不可约特征标 χ. 再由引理 4.5.21 得 $|G|_p^{\ 2} \geqslant p|P|$, 故 $b(G) \geqslant \chi(1) \geqslant |G|_p \geqslant \sqrt{p|P|}$, 引理成立.

由单群分类定理, 下面仅需考察 $G = \mathrm{A}_n, n \geqslant 9$ 的情形. 令 χ 为 S_n 的对应于划分 $\lambda = (n-r, 1^r)$ 的不可约特征标, 其中 $r = \left[\dfrac{n}{2}\right]$, 由定理 4.1.19 有

$$\chi(1) = \frac{(n-1)!}{r!(n-r-1)!} = C_{n-1}^r.$$

当 $n \geqslant 9$ 时, 记 $f(n) = C_{n-1}^r$, 对 $n!$ 的任意素因子 p, 我们断言 $f(n) \geqslant 2p^{\frac{n+p-1}{2(p-1)}}$.

事实上, 当 n 为偶数时, 有 $r = n/2$ 且 $f(n) = (n-1)!/((n/2)!(n/2-1)!)$. 若 p 不整除 $(n-2)!$, 则 $p = n-1$, 此时容易验证断言; 若 $n = 10$, 则断言也易验证; 若 $p \mid (n-2)!$ 且 $n \geqslant 12$, 我们有

$$f(n) = \frac{4(n-1)(n-2)}{n(n-2)} f(n-2) = \frac{4(n-1)}{n} f(n-2),$$

再由归纳假设得 $f(n-2) \geqslant 2p^{\frac{n-2+p-1}{2(p-1)}}$, 从而

$$f(n) \geqslant \frac{4(n-1)}{n} \cdot 2 \cdot p^{\frac{n-2+p-1}{2(p-1)}} \geqslant p^{\frac{1}{p-1}} \cdot 2 \cdot p^{\frac{n-2+p-1}{2(p-1)}} \geqslant 2p^{\frac{n+p-1}{2(p-1)}}.$$

对于奇数 $n \geqslant 9$, 可同样验证断言.

记 ψ 为 χ 限制到 $G = \mathrm{A}_n$ 的不可约成分, 显然 $\psi(1) \geqslant \chi(1)/2$. 因 $(n!)_p \leqslant p^{\frac{n-1}{p-1}}$ 且 $\mathrm{Aut}(\mathrm{A}_n) = \mathrm{S}_n$ (当 $n \neq 6$ 时), 再由上面的断言有 $f(n)/2 \geqslant p^{\frac{n+p-1}{2(p-1)}} > \sqrt{p(n!)_p} \geqslant \sqrt{p|P|}$, 所以 $b(G) \geqslant \psi(1) \geqslant \chi(1)/2 \geqslant \sqrt{p|P|}$, 引理成立. □

定理 4.5.19 的证明 由归纳, 我们可设 $\mathbf{O}_p(G) = 1$ 且 $\Phi(G) = 1$.

假设 G 的极小正规子群都交换. 记 F 为 G 的 Fitting 子群, 因为 $\Phi(G) = \mathbf{O}_p(G) = 1$, 所以 G 可表为子群 A 和初等交换的 p'-群 F 的半直积, 即 $G = A \ltimes F$. 显然 $\mathbf{C}_G(F) = \mathbf{C}_A(F) \times F$ 且 $\mathbf{C}_A(F) \trianglelefteq G$. 因为 G 的极小正规子群都可解因而都包含在 F 中, 所以必有 $\mathbf{C}_G(F) = F$ (事实上, 此时 F 为 G 的广义 Fitting 子群). 考察 G 的子群 $H := PF = P \ltimes F$. 因为 $\mathbf{O}_p(H)$ 必中心化 F, 所以 $\mathbf{O}_p(H) \leqslant \mathbf{C}_G(F) = F$, 进而有 $\mathbf{O}_p(H) = 1$. 若 $H < G$, 则由归纳立得结论. 因此可设 $G = P \ltimes F$. 此时, P 忠实作用在交换 p'-群 F 上, 故也忠实作用在交换 p'-群 $\mathrm{Irr}(F)$ 上. 取 $\lambda \in \mathrm{Irr}(F)$ 使得 $t := |G : \mathrm{I}_G(\lambda)|$ 极大, 再取 χ 为 λ^G 的一个不可约成分. 若 P 交换, 由定理 4.5.8 有 $t = |P|$, 故 $b(G) \geqslant \chi(1) \geqslant |P|$. 若 P 不交换, 由定理 4.5.9 得 $t \geqslant \sqrt{p|P|}$, 故 $b(G) \geqslant \chi(1) \geqslant \sqrt{p|P|}$. 定理成立.

假设 G 有一个非交换的极小正规子群 V. 记 $V = V_1 \times \cdots \times V_k$, 其中 $V_1, \cdots, V_k$ 为两两同构的非交换单群. 考察 G 的子群 $H := P(V \times \mathbf{C}_G(V))$. 显然 $\mathbf{O}_p(H) \cap V = 1$, 故 $\mathbf{O}_p(H) \leqslant \mathbf{C}_G(V)$. 注意到 $\mathbf{O}_p(H) \trianglelefteq H$ 且 $\mathbf{C}_G(V) \trianglelefteq G$, 得

$\mathbf{O}_p(H) \leqslant \mathbf{O}_p(\mathbf{C}_G(V)) \leqslant \mathbf{O}_p(G) = 1$. 这表明: 若 $H < G$, 则由归纳假设即推出结论. 因此可设 $G = P(V \times \mathbf{C}_G(V))$.

因为 $\mathbf{N}_G(V_1) \geqslant V \times \mathbf{C}_G(V)$, 所以 $k = |G : \mathbf{N}_G(V_1)|$ 为 p 的方幂 (可为 1). 记

$$|\mathbf{C}_G(V)|_p = p^a, \quad |G/\mathbf{C}_G(V)|_p = p^b,$$

显然 $p^{a+b} = |P|$. 因 $\mathbf{O}_p(\mathbf{C}_G(V)) = 1$, 由归纳假设存在 $\psi \in \mathrm{Irr}(\mathbf{C}_G(V))$ 使得 $\psi(1) \geqslant p^{a/2}$, 且当 P 交换时有 $\psi(1) \geqslant p^a$. 下面再分两种情形讨论.

(1) 设 $\mathbf{N}_G(V_1)/\mathbf{C}_G(V_1)$ 为 p'-群.

因为 $V_1 \lesssim \mathbf{N}_G(V_1)/\mathbf{C}_G(V_1)$, 所以 V_1 及 V 均为 p'-群. 特别地, $p^b = |G : \mathbf{C}_G(V)|_p = |G : V \times \mathbf{C}_G(V)|_p = |G : V \times \mathbf{C}_G(V)|$. 记 $\overline{G} = G/\mathbf{C}_G(V)$, 易见 $\overline{G} = \overline{P} \ltimes \overline{V}$, $\overline{P}$ 忠实作用在 $\overline{V}$ 上. 因 $\mathbf{N}_G(V_1)/\mathbf{C}_G(V_1)$ 为 p'-群, 故 $\mathbf{N}_{\overline{G}}(\overline{V_1})/\mathbf{C}_{\overline{G}}(\overline{V_1})$ 也为 p'-群, 即 $\mathbf{N}_{\overline{P}}(\overline{V_1}) = \mathbf{C}_{\overline{P}}(\overline{V_1})$. 由引理 4.5.22, 存在 $\theta \in \mathrm{Irr}^\sharp(\overline{V})$ 使得 $\mathrm{I}_{\overline{P}}(\theta) = 1$, 也即 $\mathrm{I}_{\overline{G}}(\theta) = \overline{V}$. 注意到 $\overline{V} = (V \times \mathbf{C}_G(V))/\mathbf{C}_G(V)$, 故存在 $\chi \in \mathrm{Irr}(V)$ 使得 $\theta = \chi \times 1_{\mathbf{C}_G(V)}$, 此时 $\mathrm{I}_G(\chi) = V \times \mathbf{C}_G(V)$. 由推论 2.8.6, $(\chi\psi)^G \in \mathrm{Irr}(G)$. 这就推出

$$b(G) \geqslant (\chi\psi)^G(1) = |G : V \times \mathbf{C}_G(V)|\chi(1)\psi(1) \geqslant p^b\psi(1),$$

结合 $\psi(1)$ 满足的要求即得结论.

(2) 设 $\mathbf{N}_G(V_1)/\mathbf{C}_G(V_1)$ 不为 p'-群.

取 $\chi_i \in \mathrm{Irr}(V_i)$ 使得 $\chi_i(1) = b(V_i)$, 记 $\chi = \prod_{i=1}^k \chi_i$, 则 $\chi \in \mathrm{Irr}(V)$ 且 $\chi(1) = \chi_1(1)^k$. 注意到以下事实

$$G/(V \times \mathbf{C}_G(V)) \leqslant \mathrm{Out}(V),$$

$$|\mathrm{Out}(V)| = |\mathrm{Out}(V_1) \wr \mathrm{S}_k| = k!\,|\mathrm{Out}(V_1)|^k,$$

$$|\mathrm{Aut}(V_1)| = |\mathrm{Out}(V_1)||V_1|$$

且 $(k!)_p \leqslant p^{k-1}$, 我们有

$$p^b = |G : \mathbf{C}_G(V)|_p = |G : V \times \mathbf{C}_G(V)|_p|V|_p \leqslant p^{k-1}\,(|\mathrm{Aut}(V_1)|_p)^k.$$

因 $p \mid |\mathbf{N}_G(V_1) : \mathbf{C}_G(V_1)|$, 得 $p \mid |\mathrm{Aut}(V_1)|$, 由引理 4.5.24 有 $\chi_1(1) \geqslant \sqrt{p\,|\mathrm{Aut}(V_1)|_p}$. 因此 $\chi(1) \geqslant (p\,|\mathrm{Aut}(V_1)|_p)^{k/2} > p^{b/2}$. 显然 $\chi\psi \in \mathrm{Irr}(V \times \mathbf{C}_G(V))$, 这就推出 $b(G) \geqslant b(V \times \mathbf{C}_G(V)) \geqslant \chi(1)\psi(1) > p^{b/2}p^{a/2} = \sqrt{|P|}$.

下面进一步考察 P 交换的情形. 因为 $G/(V \times \mathbf{C}_G(V))$ 为 p-群, 所以 $\mathbf{N}_G(V_i) \geqslant \mathbf{C}_G(V_i) \times V_i \geqslant V \times \mathbf{C}_G(V) \geqslant G'$. 这表明 $\mathbf{N}_G(V_i)$, $\mathbf{C}_G(V_i) \times V_i$ 以及 $V \times \mathbf{C}_G(V)$ 都是 G 的正规子群. 注意到 G 可迁作用在 $\{V_1, \cdots, V_k\}$ 上, 我们有 $|G/\mathbf{N}_G(V_1)| = k$, 且

$$A := \mathbf{N}_G(V_1) = \cdots = \mathbf{N}_G(V_k),$$

$$\mathbf{C}_G(V_1)\times V_1=\cdots=\mathbf{C}_G(V_k)\times V_k=V\times\mathbf{C}_G(V).$$

注意到

$$|P|=p^{a+b},\quad p^a=|\mathbf{C}_G(V)|_p,\quad p^b=|G:A||A:V\times\mathbf{C}_G(V)||V|_p,$$

且由引理 4.5.23 有 $\chi_1(1)\geqslant|\mathbf{N}_G(V_1)/\mathbf{C}_G(V_1)|_p=|A:V\times\mathbf{C}_G(V)||V_1|_p$, 这就推出

$$\chi(1)\geqslant|A:V\times\mathbf{C}_G(V)|^k|V|_p\geqslant k|A:V\times\mathbf{C}_G(V)||V|_p=p^b,$$

从而 $b(G)\geqslant b(V\times\mathbf{C}_G(V))\geqslant\chi(1)\psi(1)\geqslant p^bp^a=|P|$, 定理成立. □

4.5.4 若干注记

关于可解群的最大特征标次数, 有以下著名的 Gluck 猜想. 虽然用轨道技术已经证明了 $b(G)\geqslant|G:\mathbf{F}(G)|^{\frac{1}{3}}$, 见推论 4.5.16, 但是纯粹的轨道计算技术似乎不太可能彻底解决该猜想.

猜想 4.5.25 (Gluck) 设 G 是可解群, 则 $b(G)\geqslant\sqrt{|G:\mathbf{F}(G)|}$.

例 4.5.26 如果可解群 G 的 Sylow 子群都交换, 那么 $b(G)\geqslant\sqrt{|G:\mathbf{F}(G)|}$.

证 记 $\mathbf{F}(G)=F$, 可设 $G>F$. 由归纳还可设 $\Phi(G)=1$, 故有 $1<H<G$ 使得 $G=H\ltimes F$. 取 $\lambda\in\mathrm{Irr}(F)$ 使得轨道长 $|G:\mathrm{I}_G(\lambda)|$ 极大. 记 $T=\mathrm{I}_H(\lambda)$, 则 $\mathrm{I}_G(\lambda)=T\ltimes F$. 记 $K=\mathbf{F}(T)$.

因为 G 的 Sylow 子群都交换, 所以 G 的幂零子群都交换, 特别地, F 和 K 交换. 注意到 $\mathbf{F}(KF)$ 幂零, 从而 $\mathbf{F}(KF)$ 交换, 这表明 $F\leqslant\mathbf{F}(KF)\leqslant\mathbf{C}_G(F)$. 又因为 $\mathbf{C}_G(F)\leqslant F$, 所以 $\mathbf{F}(KF)=F$. 在 KF 中应用命题 3.3.19, 存在 $\mu\in\mathrm{Irr}(F)$ 使得 $\mathrm{I}_K(\mu)=1$, 于是 $|G:\mathrm{I}_G(\mu)|=|H:\mathrm{I}_H(\mu)|\geqslant|K|$. 再由 λ 的取法知 $|G:\mathrm{I}_G(\lambda)|\geqslant|G:\mathrm{I}_G(\mu)|$, 即 $|H:T|\geqslant|K|$. 在 T 中应用归纳假设, 有 $b(T)\geqslant\sqrt{|T:K|}$. 取 $\theta\in\mathrm{Irr}(\mathrm{I}_G(\lambda)/F)$ 使得 $\theta(1)$ 最大, 则 $\theta(1)=b(\mathrm{I}_G(\lambda)/F)=b(T)\geqslant\sqrt{|T:K|}$. 注意到 λ 可扩充到 $\mathrm{I}_G(\lambda)$, 由推论 2.8.6 得 $|G:\mathrm{I}_G(\lambda)|\theta(1)\in\mathrm{cd}(G)$, 这就推出

$$\begin{aligned}b(G)&\geqslant|G:\mathrm{I}_G(\lambda)|\theta(1)=|H:T|\theta(1)\geqslant\sqrt{|H:T|}\sqrt{|H:T|}\sqrt{|T:K|}\\&\geqslant\sqrt{|H:T|}\sqrt{|K|}\sqrt{|T:K|}=\sqrt{|H|}=\sqrt{|G:F|}.\end{aligned}$$

□

对于给定的素数 p, 很多时候, 我们还需要考察特征标次数的最大 p-部分, 即考察下面的参数

$$e_p(G)=\max\{\log_p(m_p)\,|\,m\in\mathrm{cd}(G)\}.$$

经典的 Itô-Michler 定理指出, $e_p(G)=0$ 当且仅当 G 有正规交换的 Sylow p-子群. 一般地, 我们有下面的结论, 见 [120].

定理 4.5.27 存在常数 k,t, 使得对任何有限群 G 都有 $\log_p(|G/\mathbf{O}_p(G)|_p)\leqslant k\,e_p(G)$, 且 G 的 Sylow p-子群的导长不超过 $t\,e_p(G)$.

我们指出, 文 [120] 中得到的常数 k 远不是最优的. 事实上, Navarro 有下面的猜想, 该猜想对于可解群也没有解决.

猜想 4.5.28 设素数 $p \geqslant 5$, 则对任意有限群 G 都有 $\log_p(|G/\mathbf{O}_p(G)|_p) \leqslant 2e_p(G)$.

4.6 平均特征标次数

关于有限群的特征标次数, 有很多有趣的算术量, 参见 [1, 第 11 章]. 本节主要考察平均特征标次数, 即考察下面的算术量

$$\mathrm{acd}(G) = \frac{\sum\limits_{\chi \in \mathrm{Irr}(G)} \chi(1)}{|\mathrm{Irr}(G)|},$$

这一算术量及其各种变形近些年来得到了很多群论学者的关注, 我们将介绍这一方面的若干结果, 另外也将介绍平均共轭类长的相关结果.

4.6.1 共轭类个数

本小节介绍关于共轭类个数的几条著名结果. 回忆一下, 我们用 $k(G)$ 表示 G 中的共轭类个数 $|\mathrm{Con}(G)|$; 对于 G-不变子集 $A \subseteq G$, $k_G(A)$ 表示 A 中的 G-共轭类个数.

命题 4.6.1 (Gallagher) 若 $H < G$, 则 $|G:H|^{-1}k(H) < k(G) \leqslant |G:H|k(H)$.

证 注意到以下事实: G 的每个不可约特征标限制到子群 H 最多有 $|G:H|$ 个两两不同的不可约成分; 1_G 限制到真子群 H 只有一个不可约成分; H 的不可约特征标都是某个 G 的不可约特征标在 H 上的限制成分. 综上推出 $|\mathrm{Irr}(H)| < |G:H||\mathrm{Irr}(G)|$, 即 $|G:H|^{-1}k(H) < k(G)$.

任取 $\theta \in \mathrm{Irr}(H)$, 因 θ^G 中不可约成分的次数至少为 $\theta(1)$, 故 $|\mathrm{Irr}(\theta^G)| \leqslant |G:H|$. 这表明 $|\mathrm{Irr}(G)| \leqslant \sum_{\theta \in \mathrm{Irr}(H)} |\mathrm{Irr}(\theta^G)| \leqslant |G:H||\mathrm{Irr}(H)|$, 即 $k(G) \leqslant |G:H|k(H)$. □

设 σ 为有限群 G 上的一个自同态, 定义 G 上的二元关系 $\sim_\sigma$ 使得

$$g_1 \sim_\sigma g_2 \Leftrightarrow \text{存在}\, x \in G\, \text{使得}\, g_1 = x^{-\sigma} g_2 x,$$

其中 $x^{-\sigma}$ 表示 x^{-1} 在 σ 下的像. 易见 $\sim_\sigma$ 为 G 上的等价关系, 于是 G 可表为若干两两不相交的等价类的并. 这样的等价类称为 σ-等价类, $g \in G$ 所在的 σ 等价类记为 $[g]_\sigma$.

引理 4.6.2 (Ado-Ree) 设 σ 为有限群 G 上的一个自同态, 则 G 中的 σ-等价类数等于 σ-不变的 G-共轭类数.

证　设 G 有 k 个 σ-等价类, 再设 G 有 k_0 个 σ-不变的共轭类. 记 n 为满足下面等式 (4.6.1) 的所有元素对 (a,x) 的数目, 其中 a,x 都属于 G,

$$a = x^{-\sigma}ax. \tag{4.6.1}$$

注意上式等价于

$$axa^{-1} = x^{\sigma}. \tag{4.6.2}$$

一方面, 对于每个 $a \in G$, 记 $R(a)$ 为满足 (4.6.1) 式的所有 x 构成的集合, 即 $R(a) = \{x \in G \mid a = x^{-\sigma}ax\}$. 容易看到 $R(a) \leqslant G$, 再者 $|G:R(a)|$ 即为 σ-等价类 $[a]_\sigma$ 中含有的元素个数. 这表明: 当 a 取遍一个 σ-等价类时, 满足等式 (4.6.1) 的元素对 (a,x) 恰有 $|G|$ 个. 故 $n = |G|k$.

另一方面, 对于每个 $x \in G$, 存在 $a \in G$ 满足等式 (4.6.2) 的充分必要条件是, x^G 是 G 的 σ-不变共轭类. 对于这样的 x, $|\mathbf{C}_G(x)|$ 等于满足 (4.6.2) 式的元素 a 的数目. 这表明: 当 x 取遍 G 的一个 σ-不变的共轭类时, 满足 (4.6.2) 的元素对的数目等于 $|G|$, 于是 $n = |G|k_0$. 综上得 $k = k_0$. □

命题 4.6.3　*若 $N \trianglelefteq G$, 则 $k(G) \leqslant k(N)k(G/N)$.*

证　任意取定 $g \in G$, 定义 $\sigma(g): N \to N$ 使得 $n^{\sigma(g)} = g^{-1}ng$, 则 $\sigma(g) \in \mathrm{Aut}(N)$. 对于 N 中的两个元素 a, b, 总有

$$a^{-1}gba = ga^{-\sigma(g)}ba. \tag{4.6.3}$$

现取 C_1, C_2 为 G 的两个均包含在 g^GN 中的共轭类, 易见

$$C_i \cap gN \neq \varnothing, \quad i = 1, 2.$$

任取 $n_1, n_2 \in N$ 满足 $gn_1 \in C_1, gn_2 \in C_2$, 若 n_1, n_2 属于 N 的同一个 $\sigma(g)$-等价类, 则存在 $b \in N$ 使得 $n_2 = b^{-\sigma(g)}n_1b$, 于是等式 (4.6.3) 推出 $gn_2 = gb^{-\sigma(g)}n_1b = b^{-1}gn_1b \in C_1$, 即 $C_1 = C_2$. 这表明: g^GN 中的 G-共轭类数目 $k_G(g^GN)$ 不超过 N 中的 $\sigma(g)$-等价类数目, 而后者又不超过 $k(N)$ (引理 4.6.2), 因此 $k_G(g^GN) \leqslant k(N)$. 取 $g_1N, \cdots, g_dN$ 为 G/N 的共轭类代表系, 则 $k(G) = \sum_{i=1}^{d} k_G({g_i}^GN) \leqslant dk(N) = k(N)k(G/N)$, 命题成立. □

4.6.2　平均特征标次数

显然, $\mathrm{acd}(G) \geqslant 1$ 且等号成立的充要条件是 G 为交换群. 因此我们有理由相信: $\mathrm{acd}(G)$ 越小, G 的结构越简单, 即越接近交换群. 本小节主要目的是证明下面的定理.

定理 4.6.4 (Moretó-Nguyen)　*如果 $\mathrm{acd}(G) < 16/5$, 那么 G 可解.*

注意到 $\mathrm{acd}(\mathrm{PSL}(2,5)) = 16/5$, 故上面定理中的常数 16/5 不能再作改进.

为方便叙述, 我们引入以下记号. 若 $\varnothing \neq \Delta \subseteq \mathrm{Irr}(G)$, 则 Δ 中成员的平均次数定义为 $\mathrm{acd}(\Delta) = \sum_{\chi \in \Delta} \chi(1)/|\Delta|$. 特别地, 若 $N \trianglelefteq G$, $\lambda \in \mathrm{Irr}(N)$, 则 $\mathrm{Irr}(G|N)$

中成员的平均次数及 $\mathrm{Irr}(\lambda^G)$ 中成员的平均次数分别为

$$\mathrm{acd}(G|N) := \mathrm{acd}(\mathrm{Irr}(G|N)) = \sum_{\chi\in\mathrm{Irr}(G|N)} \chi(1)/|\mathrm{Irr}(G|N)|,$$

$$\mathrm{acd}(\lambda^G) := \mathrm{acd}(\mathrm{Irr}(\lambda^G)) = \sum_{\chi\in\mathrm{Irr}(\lambda^G)} \chi(1)/|\mathrm{Irr}(\lambda^G)|.$$

我们将不加说明地使用以下初等事实: 若 $\mathrm{Irr}(G)$ 是两个非空子集 Δ_1 和 Δ_2 的不交并, 则必有 $\mathrm{acd}(\Delta_a) \leqslant \mathrm{acd}(G)$, $\mathrm{acd}(\Delta_b) \geqslant \mathrm{acd}(G)$, 其中 $\{a,b\}=\{1,2\}$.

我们需要考察中心积的不可约特征标. 回忆一下, 若 $G=AB$, 其中 $A,B\leqslant G$ 满足 $[A,B]=1$, 则称 G 为 A,B 的**中心积**. 显然在中心积 AB 中, $A\cap B\leqslant \mathbf{Z}(AB)$.

引理 4.6.5 设 $G=AB$, 其中 $A,B\leqslant G$ 满足 $[A,B]=1$, 记 $Z=A\cap B$, 则对任意取定的 $\lambda\in\mathrm{Irr}(Z)$, 都存在双射

$$\mathrm{Irr}(\lambda^G)\to\mathrm{Irr}(\lambda^A)\times\mathrm{Irr}(\lambda^B),$$

这里 $\mathrm{Irr}(\lambda^A)\times\mathrm{Irr}(\lambda^B)$ 表示两个集合的笛卡儿积, 且若 $\chi\mapsto(\alpha,\beta)$, 则 $\chi(1)=\alpha(1)\beta(1)$; 特别地, $\mathrm{acd}(\lambda^G)=\mathrm{acd}(\lambda^A)\mathrm{acd}(\lambda^B)$.

证 显然 $f:(a,b)\mapsto ab$ 是外直积群 (A,B) 到 G 的群满同态, 故 G 是 (A,B) 的同态像. 注意 A,B 关于 f 的原像以及 f 的核分别为

$$(A,Z),\quad (Z,B),\quad K=\{(z,z^{-1})\,|\,z\in Z\}.$$

记 $\widehat{G}=(A,B)/K$, $\widehat{A}=(A,Z)/K$, $\widehat{B}=(Z,B)/K$, $\widehat{Z}=(Z,Z)/K$, 则在自然的同构映射下 G,A,B,Z 分别对应到 $\widehat{G},\widehat{A},\widehat{B}$ 和 $\widehat{Z}$. 显然 $\widehat{G}$ 为 $\widehat{A}$ 和 $\widehat{B}$ 的中心积, $\widehat{A}\cap\widehat{B}=\widehat{Z}\leqslant\mathbf{Z}(\widehat{G})$. 下面我们仅需在 $\widehat{G}$ 中证明引理.

注意, 商群上的特征标都可自然地看作原群上的特征标. 任意取定 $\lambda_0\in\mathrm{Irr}(\widehat{Z})\subseteq\mathrm{Irr}(Z,Z)$, 则有唯一一对 $\mu,\nu\in\mathrm{Irr}(Z)$ 使得 $\lambda_0=(\mu,\nu)$ (这里的 (μ,ν) 实际上就是 $\mu\times\nu$). 由 $\widehat{Z},Z$ 的交换性知 λ_0,μ,ν 均线性. 注意到 $K\leqslant\ker\lambda_0$, 故对任意 $(z,z^{-1})\in K$ 都有

$$1=\lambda_0(z,z^{-1})=\mu(z)\nu(z^{-1}),$$

这表明 $\mu(z)=\nu(z)$, 得 $\mu=\nu$, 因此 $\lambda_0=(\mu,\mu)$.

下面来构造 $\mathrm{Irr}(\lambda_0^{\widehat{G}})$ 到 $\mathrm{Irr}(\lambda_0^{\widehat{A}})\times\mathrm{Irr}(\lambda_0^{\widehat{B}})$ 的映射 σ. 对于每个 $\chi_0\in\mathrm{Irr}(\lambda_0^{\widehat{G}})$, 自然地 χ_0 也可看成 (A,B) 上的不可约特征标, 因而有唯一的 $\xi\in\mathrm{Irr}(A)$ 及唯一的 $\eta\in\mathrm{Irr}(B)$ 使得 $\chi_0=(\xi,\eta)$, 特别地

$$\chi_0(1,1)=(\xi,\eta)(1,1)=\xi(1)\eta(1),$$

这里 $(1,1)$ 为 (A,B) 的单位元. 显然 $K\leqslant\ker\chi_0$,

$$(\xi,\eta)|_{(Z,Z)}=\chi_0|_{(Z,Z)}=\chi_0(1,1)\lambda_0=\chi_0(1,1)(\mu,\mu),$$

这表明

$$\xi_Z = \xi(1)\mu, \quad \eta_Z = \eta(1)\mu.$$

记 $\xi_0 = (\xi, \mu) \in \mathrm{Irr}(A, Z)$, $\eta_0 = (\mu, \eta) \in \mathrm{Irr}(Z, B)$. 注意到

$$(\chi_0)|_{(A,Z)} = (\xi_A, \eta_Z) = \eta(1)(\xi, \mu) = \eta(1)\xi_0,$$

故 ξ_0 为 χ_0 限制到 (A, Z) 的唯一不可约成分; 因为 $K \leqslant \ker\chi_0$, 所以 $K \leqslant \ker\xi_0$, 这说明 $\xi_0 \in \mathrm{Irr}(\widehat{A})$, 进而有 $\xi_0 \in \mathrm{Irr}({\lambda_0}^{\widehat{A}})$. 类似地 $\eta_0 \in \mathrm{Irr}({\lambda_0}^{\widehat{B}})$ 且是 χ_0 限制到 $\widehat{B}$ 的唯一不可约成分. 现在定义

$$\sigma : \chi_0 \mapsto (\xi_0, \eta_0).$$

由上面的分析, σ 必是 $\mathrm{Irr}({\lambda_0}^{\widehat{G}})$ 到 $\mathrm{Irr}({\lambda_0}^{\widehat{A}}) \times \mathrm{Irr}({\lambda_0}^{\widehat{B}})$ 的单射, 且满足 $\chi_0(1,1) = \xi(1)\eta(1) = \xi_0(1,1)\eta_0(1,1)$.

下面还需验证 σ 是满射. 任取 $\xi_0 \in \mathrm{Irr}({\lambda_0}^{\widehat{A}}), \eta_0 \in \mathrm{Irr}({\lambda_0}^{\widehat{B}})$. 将 ξ_0 看作 (A, Z) 上的特征标, 则存在 $\xi \in \mathrm{Irr}(A)$ 和 $\tau \in \mathrm{Irr}(Z)$ 使得 $\xi_0 = (\xi, \tau)$. 因为 $\lambda_0 = (\mu, \mu) \in \mathrm{Irr}(Z, Z)$ 且 $(Z, Z) \leqslant \mathbf{Z}(A, B)$, 所以 λ_0 必是 ξ_0 限制到 (Z, Z) 的唯一不可约成分, 这说明

$$\tau = \mu, \quad \xi_Z = \xi(1)\mu, \quad \xi_0 = (\xi, \mu).$$

同理存在 $\eta \in \mathrm{Irr}(B)$ 使得 $\eta_0 = (\mu, \eta)$ 且 $\eta_Z = \eta(1)\mu$. 现取 $\chi_0 = (\xi, \eta) \in \mathrm{Irr}(A, B)$, 易见 ξ_0, η_0 分别是 χ_0 限制到 (A, Z) 和 (Z, B) 上的唯一不可约成分. 将 χ_0 看作 $\widehat{G}$ 上的特征标, 则 $\chi_0 \in \mathrm{Irr}({\lambda_0}^{\widehat{G}})$, 且 ξ_0, η_0 分别是 χ_0 限制到 $\widehat{A}$ 和 $\widehat{B}$ 的唯一不可约成分. 这说明 σ 是满射, 引理成立. □

引理 4.6.6 设 N 是 G 的非交换的极小正规子群, 则以下结论成立:

(1) 若 N 单且 $N \not\cong \mathrm{A}_5$, 则存在 $\theta \in \mathrm{Irr}(N)$ 使得 $\theta(1) \geqslant 6$ 且 θ 可扩充到 G.

(2) 若 N 非单, 则 $\mathrm{cd}(G|N)$ 中成员都大于等于 6, 且存在 $\theta \in \mathrm{Irr}(N)$ 使得 $\theta(1) \geqslant 9$ 且 θ 可扩充到 G.

证 (1) 重复定理 4.1.22 的证明, 即得结论.

(2) 设 $N = S_1 \times \cdots \times S_n$ 为 $n \geqslant 2$ 个两两同构的非交换单群 S_i 的直积. 任取 $\chi \in \mathrm{Irr}(G|N)$, 取 λ 为 χ_N 的不可约成分, 则有 $\lambda_i \in \mathrm{Irr}(S_i)$ 使得 $\lambda = \prod_{i=1}^n \lambda_i$. 显然 λ_i 不能都是主特征标, 且 S_i 的非主不可约特征标的次数至少为 3 (例 2.6.15). 如果这些 λ_i 中仅有一个非主, 不妨设 λ_1 非主, 那么 $\mathrm{I}_G(\lambda) \leqslant \mathbf{N}_G(S_1)$, 这表明 $\chi(1) \geqslant |G : \mathbf{N}_G(S_1)|\lambda_1(1) \geqslant 6$. 如果这些 λ_i 中至少有两个非主, 那么 $\chi(1) \geqslant 3^2$. 这说明 $\mathrm{cd}(G|N)$ 中成员都大于等于 6.

由定理 4.1.22, 存在 $\lambda_i \in \mathrm{Irr}^\sharp(S_i)$ 使得 λ_i 可扩充到 $\mathrm{Aut}(G)$, 且可使得这些 λ_i 在 G 中共轭. 记 $\lambda = \prod_{i=1}^n \lambda_i \in \mathrm{Irr}(N)$, 显然 $\lambda(1) \geqslant 3^n \geqslant 9$, 且由推论 3.4.8 知 λ 可扩充到 G. □

引理 4.6.7 设 $N \trianglelefteq G$, $\lambda_1, \cdots, \lambda_k \in \mathrm{Irr}(N)$ 且它们属于 k 个不同的 G-轨道. 如果 λ_i 都可扩充到 G, 那么 $\mathrm{acd}(\lambda_i^G) = \lambda_i(1)\mathrm{acd}(G/N)$, $\mathrm{acd}(\bigcup_{i=1}^k \mathrm{Irr}(\lambda_i^G)) = \sum_{i=1}^k \lambda_i(1)\mathrm{acd}(G/N)/k$.

证 由 $\mathrm{acd}(\lambda_i^G)$ 的定义和 Gallagher 定理 2.8.5 有

$$\mathrm{acd}(\lambda_i^G) = \frac{\sum\limits_{\chi \in \mathrm{Irr}(\lambda_i^G)} \chi(1)}{|\mathrm{Irr}(\lambda_i^G)|} = \frac{\lambda_i(1) \sum\limits_{\chi \in \mathrm{Irr}(G/N)} \chi(1)}{|\mathrm{Irr}(G/N)|} = \lambda_i(1)\mathrm{acd}(G/N),$$

由此也推出引理的后半部分结论. □

引理 4.6.8 设 G 不可解, 若 G 有一个忠实的 2 次或 3 次不可约特征标 χ, 则 χ 必本原, 且 $G/\mathbf{Z}(G) \cong \mathrm{PSL}(2, q)$, 其中 $q = 5, 7, 9$; 进一步, 若 $\mathbf{Z}(G) \leqslant G'$, 则以下之一成立:

(1) $\chi(1) = 2$, $G \cong \mathrm{SL}(2, 5)$;

(2) $\chi(1) = 3$, $G \cong \mathrm{PSL}(2, 5)$, $\mathrm{PSL}(2, 7)$ 或 $3 : \mathrm{PSL}(2, 9)$.

证 反设 χ 非本原, 则 G 有指数不超过 3 的子群 H 及 $\lambda \in \mathrm{Lin}(H)$ 使得 $\chi = \lambda^G$. 注意到 $G/\mathrm{Core}_G(H) \leqslant \mathrm{S}_3$ 可解, 且 $1 = \ker\chi = \bigcap_{g \in G}(\ker\lambda)^g \geqslant (\mathrm{Core}_G(H))'$, 推出 G 可解, 矛盾. 故 χ 本原. 由低维本原线性群的分类结果, 见 [38, §8.5] 或 [2, 第 5 章, §81], 即得本引理的其余结论. □

引理 4.6.9 若 $\mathrm{acd}(G) < 3.2$, 则 G 的极小正规子群都交换.

证 反设 G 有非交换的极小正规子群 N, 则 $N = S_1 \times \cdots \times S_n$ 为两两同构的非交换单群 S_i 的直积. 由引理 4.6.6, 我们可取 $\theta \in \mathrm{Irr}^\sharp(N)$ 使得 θ 可扩充到 G, 且取这样的 θ 使得 $\theta(1)$ 极大. 令 $\Omega = \{1_N, \theta, \lambda_1, \cdots, \lambda_d\}$ 为 $\mathrm{Irr}(N)$ 的 G-轨道代表系, 此时 $\mathrm{Irr}((1_N)^G)$, $\mathrm{Irr}(\theta^G)$, $\mathrm{Irr}(\lambda_1^G)$, $\cdots$, $\mathrm{Irr}(\lambda_d^G)$ 为 $\mathrm{Irr}(G)$ 的一个划分.

(1) 假设 $n \geqslant 2$. 由引理 4.6.6 有 $\theta(1) \geqslant 6$. 由引理 4.6.7 得

$$\mathrm{acd}(\mathrm{Irr}((1_N)^G) \cup \mathrm{Irr}(\theta^G)) = \frac{1+\theta(1)}{2}\mathrm{acd}(G/N) \geqslant \frac{1+\theta(1)}{2} \geqslant 3.5.$$

由引理 4.6.6, 所有 $\lambda_i(1)$ 都至少为 6, 故 $\mathrm{acd}\left(\bigcup_{i=1}^d \mathrm{Irr}(\lambda_i^G)\right) \geqslant \min\{\lambda_1(1), \cdots, \lambda_d(1)\} \geqslant 6$, 这就推出 $\mathrm{acd}(G) \geqslant 3.5$, 矛盾.

(2) 假设 $n = 1$ 且 $N \notin \{\mathrm{PSL}(2,5), \mathrm{PSL}(2,7)\}$. 由引理 4.6.6, $\theta(1) \geqslant 6$. 对于非交换单群 N 应用引理 4.6.8, 我们看到所有 $\lambda_i(1)$ 都至少为 4, 重复 (1) 的证明即得矛盾.

(3) 假设 $N \cong \mathrm{PSL}(2,5) \cong \mathrm{A}_5$. 若 N 的两个 3 次不可约特征标 G-共轭, 则 $\mathrm{Irr}(N)$ 有 4 个 G-轨道, 其轨道代表系 Ω 中四个成员的次数分别为: $1_N(1) = 1$, $\theta(1) = 5$, $\lambda_1(1) = 4$ 和 $\lambda_2(1) = 3$. 因 λ_2 的 G-轨道长为 2, 易见 $\mathrm{acd}(\lambda_2^G) \geqslant 6$. 注意到 $1_N, \theta$ 和 λ_1 都可扩充到 G (因为它们都可扩充到 $\mathrm{Aut}(N) = \mathrm{S}_5$), 由引

理 4.6.7 有

$$\mathrm{acd}(\mathrm{Irr}((1_N)^G)\cup\mathrm{Irr}(\theta^G)\cup\mathrm{Irr}(\lambda_1^G))=\frac{1+5+4}{3}\mathrm{acd}(G/N)\geqslant 10/3,$$

综上得 $\mathrm{acd}(G)>3.2$, 矛盾.

若 N 的两个 3 次不可约特征标在 G 中不共轭, 则 $\mathrm{Irr}(N)$ 恰有 5 个 G-轨道, 此时 Ω 中每个成员都可扩充到 G. 由引理 4.6.7,

$$\mathrm{acd}(G)=\frac{1+3+3+4+5}{5}\mathrm{acd}(G/N)\geqslant 3.2.$$

矛盾

(4) 假设 $N\cong \mathrm{PSL}(2,7)$. 考察 $\mathrm{PSL}(2,7)$ 的不可约特征标 (见 [4]), 类似于 (3) 的证明可得矛盾. □

我们用 $\mathrm{Sol}(G)$ 表示 G 的最大可解正规子群, 它是 G 的特征子群. 对于 $N\trianglelefteq G$, 易见 $\mathrm{Sol}(N)\leqslant \mathrm{Sol}(G)$ 且 $\mathrm{Sol}(N)\trianglelefteq G$.

定理 4.6.4 的证明 反设定理不成立, 即有 $\mathrm{acd}(G)<3.2$ 但 G 不可解, 并令 G 为极小反例. 由引理 4.6.9, G 的极小正规子群都交换.

取 $M\trianglelefteq G$ 极小使得 M 不可解, 则 $\mathrm{Sol}(M)$ 为 M 的唯一极大 G-不变子群, 且 $M/\mathrm{Sol}(M)$ 为 G 的非交换的主因子. 取 N 为 M 中的极小 G-不变子群, 则 N 交换且

$$1<N\leqslant \mathrm{Sol}(M)<M=M'\leqslant G'.$$

因 G/N 不可解, 故由 G 的极小反例假设得 $\mathrm{acd}(G/N)\geqslant 3.2$. 注意到 $\mathrm{Irr}(G)$ 为 $\mathrm{Irr}(G/N)$ 和 $\mathrm{Irr}(G|N)$ 的不交并, 这表明必有 $\chi\in\mathrm{Irr}(G|N)$ 使得 $\chi(1)\leqslant 3$. 因 $N\leqslant G'$, $\mathrm{Irr}(G|N)$ 中没有线性特征标, 得 $\chi(1)\in\{2,3\}$. 记 $K=\ker\chi$. 因为 $N\cap K=1$, 所以 $M\nleqslant K$, 即 $MK>K$. 注意到 $M=M'$, 推出 $MK/K\cong M/(M\cap K)$ 不可解, 从而 G/K 也不可解. 由引理 4.6.8, 得 $G/C\in\{\mathrm{PSL}(2,5),\mathrm{PSL}(2,7),\mathrm{PSL}(2,9)\}$, 其中 C 为 $\mathbf{Z}(G/K)$ 在 G 中的原像.

我们断言 $G=MC$, $[M,C]=1$ 且 $M\cap C=\mathbf{Z}(M)$. 首先, 反设 $M\leqslant C$, 则 $M/(M\cap K)\cong MK/K\leqslant C/K$, 这说明 $M/(M\cap K)$ 为非平凡的交换群 (因 $C/K=\mathbf{Z}(G/K)$), 与 $M=M'$ 矛盾, 因此必有 $M\nleqslant C$. 再因为 G/C 为单群, 得 $G=MC$. 此时 $M/(M\cap C)\cong G/C$. 由 M 的极小非可解性有

$$\mathrm{Sol}(M)=M\cap C.$$

进一步, 因为 $C/K=\mathbf{Z}(G/K)$, 所以 $[M,\mathrm{Sol}(M)]\leqslant [G,C]\leqslant K$. 由 $N\cap K=1$, 得 $N\cap[M,\mathrm{Sol}(M)]=1$. 注意 N 可以取成 M 中的任意极小 G-不变子群 (但 $N\cap[M,\mathrm{Sol}(M)]=1$ 总成立), 所以必有 $[M,\mathrm{Sol}(M)]=1$, 故

$$M\cap C=\mathrm{Sol}(M)=\mathbf{Z}(M).$$

因为 M,C 都是 G 的正规子群, 我们有 $[M,C]\leqslant M\cap C=\mathbf{Z}(M)$, 特别地 $[M,M,C]=1$. 注意到 $M=M'$, 即得 $[M,C]=1$, 断言成立.

记 $Z=M\cap C=\mathbf{Z}(M)$, 注意 $M/Z\cong G/C\cong \mathrm{PSL}(2,5)$, $\mathrm{PSL}(2,7)$ 或 $\mathrm{PSL}(2,9)$. 因 $M=M'$, 故 Z 为 M/Z 的 Schur 乘子的子群. 因 G 的极小正规子群都交换, 故 Z 为 M/Z 的非平凡的 Schur 乘子群. 下面分三种情形讨论.

(1) $M/Z\cong \mathrm{PSL}(2,5)$. 查阅 [4] 有 $M\cong \mathrm{SL}(2,5)$, $Z=\mathrm{C}(2)$. 取 λ 为 Z 的唯一非主不可约特征标. 显然 $\mathrm{Irr}(G)$ 为 $\mathrm{Irr}(G/Z)$ 和 $\mathrm{Irr}(G|Z)=\mathrm{Irr}(\lambda^G)$ 的不交并. 因 G/Z 不可解且 G 是极小反例, 得 $\mathrm{acd}(G/Z)>3.2$. 因 G 是 M 和 C 的中心积, 引理 4.6.5 推出 $\mathrm{acd}(\lambda^G)=\mathrm{acd}(\lambda^M)\mathrm{acd}(\lambda^C)\geqslant \mathrm{acd}(\lambda^M)$. 查阅 [4] 得 $\mathrm{acd}(\lambda^M)=(2+2+4+6)/4>3.2$, 故 $\mathrm{acd}(G|Z)$ 和 $\mathrm{acd}(G/Z)$ 都大于 3.2, 矛盾.

(2) $M/Z\cong \mathrm{PSL}(2,7)$, 此时 $M\cong \mathrm{SL}(2,7)$. 类似于 (1) 中的证明, 有 $\mathrm{acd}(G/Z)>3.2$, 且 $\mathrm{acd}(G|Z)\geqslant \mathrm{acd}(M|Z)>3.2$, 矛盾.

(3) $M/Z\cong \mathrm{PSL}(2,9)$. 因 G/Z 不可解, 得 $\mathrm{acd}(G/Z)>3.2$. 记 $\mathrm{Irr}(Z)=\{1_Z,\lambda_1,\cdots,\lambda_k\}$. 因为 $\mathrm{PSL}(2,9)$ 的 Schur 乘子为 6 阶循环群, 所以 $k\in\{1,2,5\}$ 且 $o(\lambda_i)\in\{2,3,6\}$. 再次应用引理 4.6.5 有 $\mathrm{acd}(\lambda_i^G)=\mathrm{acd}(\lambda_i^M)\mathrm{acd}(\lambda_i^C)\geqslant \mathrm{acd}(\lambda_i^M)$. 当 λ_i 分别为 $2,3,6$ 阶元时, 由 [4] 得 λ_i^M 的全部不可约特征标次数构成的序列分别为 $4,4,8,8,10,10$; $3,3,6,9,15$; $6,6,12,12$. 这就推出 $\mathrm{acd}(\lambda_i^G)\geqslant \mathrm{acd}(\lambda_i^M)>3.2$, 因此 $\mathrm{acd}(G)>3.2$, 矛盾. □

平均特征标次数问题的困难之处在于很难使用归纳法.

(A) 设 G 是以 8 阶循环群为补的 72 阶 Frobenius 群, 取 N 为 G 的指数为 2 的正规子群. 容易验证

$$\mathrm{acd}(G)=\frac{8\times 1+8}{9}=16/9,\quad \mathrm{acd}(N)=\frac{4\times 1+4+4}{6}=2,$$

得 $\mathrm{acd}(N)>\mathrm{acd}(G)$. 这表明条件“$\mathrm{acd}(G)\leqslant c$”或“$\mathrm{acd}(G)<c$”对 G 的正规子群不保持, 因此平均特征标次数问题无法对子群甚至正规子群作归纳.

(B) 设 $N\trianglelefteq G$, 我们不知道 $\mathrm{acd}(G/N)\leqslant \mathrm{acd}(G)$ 是否一定成立, 故平均特征标次数问题, 至少目前不能对 G 的商群作归纳.

(C) 考察平均特征标次数 $\mathrm{acd}(G)$ 或其变形对有限群 G 结构的影响, 即假设 $\mathrm{acd}(G)$ 不超过一个给定值 k, 考察 G 有怎样的结构性质. 因为不能利用归纳法, 所以当 k 稍大一点时就没有有效的研究方法 (事实上, 已有的结果中 k 值都设定得“很小”), 但这也表明平均特征标次数问题还有很大的研究空间.

下面的定理 4.6.10 给出了 p-可解群的一个充分条件, 见 [101], 容易看到定理 4.6.4 是它的直接推论.

定理 4.6.10 [*] 设 $N\trianglelefteq G$, p 为素数, 若存在 $\lambda\in\mathrm{Irr}(N)$ 使得 $\mathrm{acd}(\lambda^G)<$

$f(p)\lambda(1)$, 则 G/N 必为 p-可解群, 其中

$$f(p)=\begin{cases}(p^2+p+2)/(p+5), & 若\ p\equiv 1\,(\mathrm{mod}\,4),\\ (p^2+p)/(p+5), & 若\ p\neq 3, p\equiv 3\,(\mathrm{mod}\,4),\\ 16/5=f(5), & 若\ p=2,3.\end{cases}$$

特别地, 若 $\mathrm{acd}(G)<f(p)$, 则 G 为 p-可解群.

(D) 当 $p\geqslant 5$ 时, 可以验证 $f(p)=\mathrm{acd}(\mathrm{PSL}(2,p))$, 这表明定理 4.6.10 中给出的 $\mathrm{acd}(\lambda^G)$ 的上界是精确的. 我们还要特别指出的是, 类似于定理 4.6.10 中的假设条件

$$存在\ \lambda\in\mathrm{Irr}(N)\ 使得\ \mathrm{acd}(\lambda^G)<k\lambda(1) \tag{$*$}$$

对 G 的商群保持, 即若条件 $(*)$ 成立, 则对 G 的任意包含了 N 的正规子群 M, 都存在 $\eta\in\mathrm{Irr}(M)$ 使得 $\mathrm{acd}(\eta^G)<k\eta(1)$. 因此在这样的假设条件下可以对商群作归纳.

一般来说, 我们很难估算 $\mathrm{acd}(G)$, 也不能利用归纳法来研究平均特征标次数问题. 当 $\mathrm{acd}(G)$ 设定得“很小”时, 我们有下面两条常用的引理, 其中引理 4.6.11 给出了 $\mathrm{acd}(G)$ 的一个比较有效的估计, 而引理 4.6.12 则给出了可对商群作归纳的两个情形.

引理 4.6.11 设 A 为 G 的正规交换子群, 且 G 在 A 处分裂. 如果 $\mathrm{Irr}^\sharp(A)$ 恰有 r 个 G-轨道且最小轨道长度为 t, 那么 $\mathrm{acd}(G)\geqslant t(r+1)/(t+r)$.

证 取 $\mathrm{Irr}(A)$ 的一个 G-轨道代表系: $\lambda_0=1_A,\lambda_1,\cdots,\lambda_r$. 记 $T_i=\mathrm{I}_G(\lambda_i)$, $t_i=|G:T_i|$, $k_i=|\mathrm{Irr}(T_i/A)|$, $s_i=\sum_{\varphi\in\mathrm{Irr}(T_i/A)}\varphi(1)$. 注意到 λ_i 线性且 T_i 在 A 处分裂, 故 λ_i 均可扩充到 T_i. 由推论 2.8.6 易得

$$|\mathrm{Irr}(G)|=\sum_{i=0}^{r}|\mathrm{Irr}(\lambda_i^G)|=\sum_{i=0}^{r}|\mathrm{Irr}(T_i/A)|=\sum_{i=0}^{r}k_i,$$

$$\sum_{\chi\in\mathrm{Irr}(G)}\chi(1)=\sum_{i=0}^{r}\sum_{\chi\in\mathrm{Irr}(\lambda_i^G)}\chi(1)=\sum_{i=0}^{r}s_it_i.$$

记 $a=\mathrm{acd}(G)$, 有

$$\sum_{i=0}^{r}k_it_i\leqslant\sum_{\chi\in\mathrm{Irr}(G)}\chi(1)=a|\mathrm{Irr}(G)|=a\sum_{i=0}^{r}k_i,$$

这就推出

$$\sum_{i=1}^{r}(t_i-a)k_i\leqslant(a-t_0)k_0=(a-1)|\mathrm{Irr}(G/A)|.$$

由命题 4.6.1, $|\mathrm{Irr}(G/A)| \leqslant |G/A : T_i/A||\mathrm{Irr}(T_i/A)| = t_ik_i$, 故 $|\mathrm{Irr}(G/A)| \leqslant \frac{1}{r}\sum_{i=1}^r t_ik_i$, 推出

$$\sum_{i=1}^r (t_i - a)k_i \leqslant \frac{a-1}{r}\sum_{i=1}^r t_ik_i,$$

这表明: 存在某 i 使得 $(t_i - a) \leqslant (a-1)t_i/r$, 即 $a \geqslant t_i(r+1)/(t_i+r)$. 注意到 $f(x,y) := x(y+1)/(x+y)$ 关于 $x \geqslant 1, y \geqslant 1$ 都是递增函数, 即得结论. □

引理 4.6.12 设 $N \trianglelefteq G$, 则以下结论成立:

(1) 若 $N \cap G' = 1$, 则 $\mathrm{acd}(G/N) = \mathrm{acd}(G)$.

(2) 若 $\mathrm{acd}(G) \leqslant 2$, 则 $\mathrm{acd}(G/N) \leqslant \mathrm{acd}(G)$.

证 (1) 任取 $\lambda \in \mathrm{Irr}(N)$, 易见 λ 线性且 λ 可扩充到 G. 应用引理 4.6.7 即得结论.

(2) 由归纳可设 N 为 G 的极小正规子群. 若 $N \cap G' = 1$, 则 (1) 推出结论. 若 $N \leqslant G'$, 则 $\mathrm{Irr}(G|N)$ 中成员的特征标次数都大于等于 2, 故 $\mathrm{acd}(G|N) \geqslant 2$. 因为 $\mathrm{acd}(G) \leqslant 2$, 所以必有 $\mathrm{acd}(G/N) \leqslant \mathrm{acd}(G)$. □

例 4.6.13 若 $\mathrm{acd}(G) < 3/2$, 则 G 超可解. 若 $\mathrm{acd}(G) < 4/3$, 则 G 幂零.

证 由定理 4.6.4, G 可解[①]. 由引理 4.6.12, 命题条件 $\mathrm{acd}(G) < 3/2$ 或 $\mathrm{acd}(G) < 4/3$ 对商群保持. 反设命题不成立, 并令 G 为极小反例. 应用标准的归纳程序, 我们可设 $\Phi(G) = 1$, G 有唯一极小正规子群, 记为 A, 且 $A = \mathbf{F}(G)$, $G > A$. 显然 G 在 A 处分裂. 设 $\mathrm{Irr}^\sharp(A)$ 恰有 r 个 G-轨道, 其中最小轨道长为 t, 易见 $t \geqslant 2$ 且 $r \geqslant 1$. 由引理 4.6.11 有

$$\mathrm{acd}(G) \geqslant t(r+1)/(t+r) := f(t,r).$$

注意, 当 $t \geqslant 1, r \geqslant 1$ 时, $f(t,r)$ 关于 t, r 都单调递增.

(1) 假设 $\mathrm{acd}(G) < 3/2$. 若 $t \geqslant 3$, 则 $3/2 > f(3,r) \geqslant f(3,1) = 3/2$, 矛盾. 若 $t = 2$ 且 $r \geqslant 2$, 则 $3/2 > f(2,2) = 3/2$, 矛盾. 若 $t = 2$ 且 $r = 1$, 取 $\lambda \in \mathrm{Irr}(A)$ 使得 $|G : \mathrm{I}_G(\lambda)| = 2$, 显然 $\mathrm{I}_G(\lambda) \trianglelefteq G$, 由引理 4.2.20 得 $\mathrm{I}_G(\lambda) = A$, 故 $|G : A| = 2$, 此时 $|A| = 1 + |\mathrm{Irr}^\sharp(A)| = 1 + 2 = 3$, 得 $G \cong \mathrm{S}_3$ 超可解, 矛盾.

(2) 假设 $\mathrm{acd}(G) < 4/3$, 则 $4/3 > f(t,r) \geqslant f(2,1) = 4/3$, 矛盾. □

4.6.3 平均共轭类长

自然地, 我们也可考察 G 的平均共轭类长度 $\mathrm{acs}(G)$. 显然

$$\mathrm{acs}(G) = \frac{\sum\limits_{\alpha \in \mathrm{Con}(G)} |\alpha|}{k(G)} = \frac{|G|}{k(G)}.$$

① 对于 $\mathrm{acd}(G) \leqslant 2$ 的有限群 G, 利用引理 4.6.12 可直接证明 G 可解.

我们看到: $\mathrm{acs}(G) \geqslant 1$, 且等号成立当且仅当 G 为交换群. 平均共轭类长 $\mathrm{acs}(G)$ 除了字面上的意思, 它还反映了 G 中两个元素交换的概率. 实际上, $\mathrm{acs}(G)^{-1}$ 就是 G 中元素的随机交换度, 记为 $\mathrm{cp}(G)$, 其中

$$\mathrm{cp}(G) = \frac{|\{(a,b)\,|\, a, b \in G, ab = ba\}|}{|(G,G)|}.$$

命题 4.6.14 $\mathrm{acs}(G)^{-1} = \mathrm{cp}(G)$.

证 记 $g_1, \cdots, g_k$ 为 G 的共轭类代表系. 令 $\Delta_i = \{(a,b)\,|\, a \in g_i^G, b \in \mathbf{C}_G(a)\}$, 易见 $\Delta_1, \cdots, \Delta_k$ 恰是 $\{(a,b)\,|\, a, b \in G, ab = ba\}$ 的划分, 所以

$$\mathrm{cp}(G) = \frac{\sum_{i=1}^{k} |\Delta_i|}{|G|^2} = \frac{\sum_{i=1}^{k} |g_i^G||\mathbf{C}_G(g_i)|}{|G|^2} = \frac{k}{|G|} = \frac{1}{\mathrm{acs}(G)}. \qquad \square$$

命题 4.6.14 表明 $\mathrm{acs}(G)$ 是 G 的极为重要的算术量. 当然, 研究 $\mathrm{acs}(G)$ 和研究 $\mathrm{cp}(G)$ 是一回事.

命题 4.6.15 *若 $H < G$, 则 $\mathrm{acs}(H) \leqslant \mathrm{acs}(G) < |G:H|^2\mathrm{acs}(H)$.*

证 由命题 4.6.1 有 $|G:H|^{-1}k(H) < k(G) \leqslant |G:H|k(H)$, 乘上 $1/|G|$ 得

$$\frac{1}{\mathrm{acs}(H)|G:H|^2} < \frac{1}{\mathrm{acs}(G)} \leqslant \frac{1}{\mathrm{acs}(H)},$$

即得结论. $\square$

命题 4.6.16 *若 $N \trianglelefteq G$, 则 $\mathrm{acs}(G/N) \leqslant \mathrm{acs}(N)\mathrm{acs}(G/N) \leqslant \mathrm{acs}(G)$.*

证 由命题 4.6.3 有 $k(G) \leqslant k(N)k(G/N)$, 乘上 $1/|G|$ 得 $\mathrm{acs}(N)\mathrm{acs}(G/N) \leqslant \mathrm{acs}(G)$. $\square$

上面的两条命题告诉我们, (与平均特征标次数不同) 子群或商群的平均共轭类长不会超过原群的平均共轭类长. 因此, 对于平均共轭类长问题, 我们可以方便地使用数学归纳法.

对于可解群 G, Guralnick 和 Robinson 证明了

$$\mathrm{acs}(G) \geqslant \sqrt{|G:\mathbf{F}(G)|},$$

这一结果的证明需要互素作用下 $k(GV)$ 问题的肯定回答. 互素 $k(GV)$ 问题是要证明: 若 p 为素数, p'-群 G 忠实作用在 $\mathbb{F}_p[G]$-模 V 上, 则 $k(GV) \leqslant |V|$. 该问题已完全解决并得到肯定的回答, 见 [44]. 这里我们仅需要 G 幂零情形下的结论, 即下面的引理.

引理 4.6.17 (Knörr) *设幂零群 G 忠实互素作用在初等交换 p-群 V 上, 则 $k(GV) \leqslant |V|$.*

引理 4.6.18 *若 $G/\mathbf{F}(G)$ 幂零, 则 $k(G) \leqslant |\mathbf{F}(G)|$, 即 $\mathrm{acs}(G) \geqslant |G:\mathbf{F}(G)|$.*

证 若 $\Phi(G)>1$, 由归纳假设得 $k(G/\Phi(G))\leqslant|\mathbf{F}(G/\Phi(G))|=|\mathbf{F}(G)|/|\Phi(G)|$, 再由命题 4.6.3 有 $k(G)\leqslant k(G/\Phi(G))k(\Phi(G))$, 故有 $k(G)\leqslant|\mathbf{F}(G)|$, 结论成立.

若 $\Phi(G)=1$, 取 M 为 G 的一个极小正规子群, 则有 $H<\cdot G$ 使得 $G=H\ltimes M$. 注意到 $C:=\mathbf{C}_H(M)\trianglelefteq G$, 得 $\mathbf{F}(G)=\mathbf{F}(C)\times M$. 在 C 上应用归纳假设得 $k(C)\leqslant|\mathbf{F}(C)|$. 再者, 注意到幂零群 H/C 忠实不可约作用在 MC/C 上, 故必有 $(|H/C|,|MC/C|)=1$(推论 3.7.23), 由引理 4.6.17 得 $k(G/C)\leqslant|MC/C|=|M|$. 综上并结合命题 4.6.3 得, $k(G)\leqslant k(G/C)k(C)\leqslant|M||\mathbf{F}(C)|=|\mathbf{F}(G)|$. □

定理 4.6.19 设 G 可解, 则 $\mathrm{acs}(G)\geqslant\sqrt{\mathrm{acs}(\mathbf{F}(G))}\sqrt{|G:\mathbf{F}(G)|}$.

证 记 $F_i=\mathbf{F}_i(G)$, $i=1,\cdots,2r+1$, 并设 $G=F_{2r}=F_{2r+1}$. 先归纳证明, 当 $k\geqslant 1$ 时, 有

$$\mathrm{acs}(F_{2k})\geqslant\prod_{i=1}^{k}|F_{2i}:F_{2i-1}|. \tag{4.6.4}$$

对 F_{2k}/F_2 应用归纳假设得 $\mathrm{acs}(F_{2k}/F_2)\geqslant\prod_{i=2}^{k}|F_{2i}:F_{2i-1}|$, 对 F_2 应用引理 4.6.18 有 $\mathrm{acs}(F_2)\geqslant|F_2:F_1|$, 因此 $\mathrm{acs}(F_{2k})\geqslant\mathrm{acs}(F_{2k}/F_2)\mathrm{acs}(F_2)\geqslant\prod_{i=1}^{k}|F_{2i}:F_{2i-1}|$, (4.6.4) 式成立. 将 (4.6.4) 式应用到 $G/F_1=F_{2r+1}/F_1$, 得 $\mathrm{acs}(G/F_1)\geqslant\prod_{i=1}^{r}|F_{2i+1}:F_{2i}|$, 故

$$\mathrm{acs}(G)\geqslant\mathrm{acs}(G/F_1)\mathrm{acs}(F_1)\geqslant\left(\prod_{i=1}^{r}|F_{2i+1}:F_{2i}|\right)\mathrm{acs}(F_1). \tag{4.6.5}$$

再将 (4.6.4) 式应用到 $G=F_{2r}$, 又有

$$\mathrm{acs}(G)\geqslant\prod_{i=1}^{r}|F_{2i}:F_{2i-1}|. \tag{4.6.6}$$

将 (4.6.5) 和 (4.6.6) 两式相乘即得结论. □

利用单群分类定理, Guralnick 和 Robinson 进一步证明了下面的定理, 见 [49, 定理 9, 定理 10].

定理 4.6.20 [*] (Guralnick-Robinson) 对于任意有限群 G 都有

(1) $\mathrm{acs}(G)\geqslant\sqrt{|G:\mathrm{Sol}(G)|}$, 且等号成立当且仅当 G 为交换群.

(2) $\mathrm{acs}(G)\geqslant\sqrt{\mathrm{acs}(\mathbf{F}(G))}\sqrt{|G:\mathbf{F}(G)|}$.

上面的定理表明, 当 $|G:\mathbf{F}(G)|$ 趋向无穷大时, 有限群 G 的平均共轭类长 (以及最大共轭类长) 趋向于无穷大, 而 G 中元素的随机交换度趋向于零, 即

$$\lim_{|G:\mathbf{F}(G)|\to\infty}\mathrm{acs}(G)=\infty,\qquad \lim_{|G:\mathbf{F}(G)|\to\infty}\mathrm{cp}(G)=0.$$

下面介绍 $\mathrm{acs}(G)$ 和 $\mathrm{acd}(G)$ 之间的一条联系.

命题 4.6.21 $\mathrm{acd}(G)^2\leqslant\mathrm{acs}(G)$, 且等号成立当且仅当 G 为交换群.

证 由 $\mathrm{acs}(G)$ 和 $\mathrm{acd}(G)$ 的定义并结合柯西不等式, 有

$$\mathrm{acs}(G)=\frac{|G|}{k(G)}=\frac{\sum\limits_{\chi\in\mathrm{Irr}(G)}\chi(1)^2}{|\mathrm{Irr}(G)|}\geqslant\frac{\Big[\sum\limits_{\chi\in\mathrm{Irr}(G)}\chi(1)\Big]^2}{|\mathrm{Irr}(G)|^2}=\mathrm{acd}(G)^2.\qquad\square$$

平均共轭类长度的研究远早于平均特征标次数的研究. 下面介绍关于 $\mathrm{acs}(G)$ 的两条经典结果.

命题 4.6.22 (Gustafson) *若 $\mathrm{acs}(G)<8/5$, 则 G 是交换群*①.

证 由命题 4.6.15 和命题 4.6.16, 命题条件对子群和商群都保持. 反设 G 不交换, 并令 G 为极小阶反例, 则 G 的真子群和真商群都交换. 特别地, G 可解. 由引理 4.2.1, 我们需要考察以下两种情形.

(1) $G=\mathrm{Fro}(H,N)$, 其中 $N\cong\mathrm{E}(q^n)$ 为 G 的极小正规子群. 因 G 的真子群都交换, 易见 H 为素数 p 阶群. 由引理 4.2.1 之 (2.2) 得 $k(G)=|\mathrm{Irr}(G)|=p+(q^n-1)/p$, 因此

$$\mathrm{acs}(G)=p^2q^n/(p^2+q^n-1)=:f(p,q^n).$$

注意 $p\geqslant 2$, $q^n\geqslant 3$. 由 $f(p,q^n)$ 关于 p,q^n 的单调递增性, 得 $\mathrm{acs}(G)\geqslant f(2,3)=2$, 矛盾.

(2) G 为 p-群, 此时 $G'\cong\mathrm{C}(p)$, $\mathbf{Z}(G)\cong\mathrm{C}(p^b)$. 因为 G 的真子群都交换, 所以 $|G:\mathbf{Z}(G)|=p^2$. 由引理 4.2.1 之 (1.2), $k(G)=p^{2+b-1}+p^{b-1}(p-1)$, 所以

$$\mathrm{acs}(G)=\frac{p^{2+b}}{p^{2+b-1}+p^{b-1}(p-1)}=\frac{p^3}{p^2+p-1}\geqslant\frac{2^3}{2^2+2-1}=\frac{8}{5},$$

矛盾, 命题成立. $\square$

命题 4.6.23 (Lescot) *若 $\mathrm{acs}(G)<12=\mathrm{acs}(\mathrm{A}_5)$, 则 G 可解.*

证 反设 G 不可解, 并令 G 为极小反例. 因为 G 的真子群和真商群都满足命题条件, 所以它们都可解, 由此推出 G 为非交换单群. 设 G 的最小的非主不可约特征标次数为 d.

若 $d\leqslant 3$, 由引理 4.6.8 得 $d=3$ 且 $G\cong\mathrm{PSL}(2,q)$, 其中 $q=5,7$; 但 $\mathrm{PSL}(2,5)$ 和 $\mathrm{PSL}(2,7)$ 的平均共轭类长分别是 12 和 28, 矛盾. 若 $d\geqslant 4$, 记 $\mathrm{acs}(G)=x$, 则 $d^2-x>d^2-12>0$, 且

$$|G|=\sum_{\chi\in\mathrm{Irr}(G)}\chi(1)^2\geqslant 1+(k(G)-1)d^2=(1-d^2)+\frac{d^2}{x}|G|,$$

即 $|G|\leqslant\dfrac{x(d^2-1)}{d^2-x}=:f(x,d)$. 注意到 $f(x,d)$ 关于 x 是递增函数关于 d 是递减

① Q_8 和 D_8 的平均共轭类长为 8/5, 因此这里的参数 8/5 是精确的.

函数 ($1 \leqslant x < d^2$, $d \geqslant 4$), 推出 $|G| \leqslant f(12,4) = 45$, 矛盾. □

下面给出平均共轭类长和 p-可解群的 Sylow p-子群阶之间的一条联系, 见 [36]. 关于 $\mathrm{acs}(G)$ 的其他结果, 参见 [49] 和 [101].

引理 4.6.24 [*] 设 $G = P \ltimes N$, 这里 $P \in \mathrm{Syl}_p(G)$, N 为 G 的非交换的极小正规子群. 若 $\mathbf{C}_G(N) = 1$, 则 N 有 P-不变的 Sylow 子群 Q 使得 $\mathbf{C}_P(Q) = 1$.

证 注意 P 互素作用在 N 上, 显然可设 $P > 1$.

(1) 假设 N 是非交换单群. 显然 $1 < P \lesssim \mathrm{Out}(N)$. 考察单群的外自同构群, 易见 N 为李型单群, 且 P 为 N 的域自同构群的子群, 故 P 循环. 取 $\mathrm{C}(p) \cong P_0 \leqslant P$. 对任意 $q \in \pi(N)$, N 中都有 P-不变的 Sylow q-子群. 若 P_0 中心化所有 P-不变的 N 的 Sylow 子群, 则 P_0 中心化 N, 矛盾. 故必存在某个 P-不变的 $Q \in \mathrm{Syl}_q(G)$ 使得 P_0 非平凡地作用在 Q, 注意到 P_0 是 P 的唯一 p-阶子群, 推出 $\mathbf{C}_P(Q) = 1$.

(2) 假设 N 非单. 则 $N = S_1 \times \cdots \times S_k$, $k \geqslant 2$, 这里 S_i 为同构非交换单群, 且 P 可迁作用在 $\Omega = \{S_1, \cdots, S_k\}$ 上. 考察 $\mathbf{N}_P(S_1)$ 在 S_1 上的作用并应用 (1) 中的结论, 存在 $\mathbf{N}_P(S_1)$-不变的 $Q_1 \in \mathrm{Syl}_q(S_1)$ 使得 $\mathbf{C}_{\mathbf{N}_P(S_1)}(Q_1) = \mathbf{C}_{\mathbf{N}_P(S_1)}(S_1)$. 显然 $\mathbf{C}_P(S_1) = \mathbf{C}_{\mathbf{N}_P(S_1)}(S_1)$, $\mathbf{C}_{\mathbf{N}_P(S_1)}(Q_1) = \mathbf{C}_P(Q_1)$, 因此 $\mathbf{C}_P(Q_1) = \mathbf{C}_P(S_1)$. 取 $Q_i \in \mathrm{Syl}_q(S_i)$ 使得 $Q_1, \cdots, Q_k$ 构成一个 P-轨道. 记 $Q = \prod_{i=1}^k Q_i$, 显然 Q 是 P-不变的. 再者, 对每个 i, 存在 $x_i \in P$ 使得 $Q_i = Q_1^{x_i}$, 此时 $S_i = S_1^{x_i}$, 因此

$$\mathbf{C}_P(Q_i) = \mathbf{C}_P(Q_1^{x_i}) = \mathbf{C}_P(Q_1)^{x_i} = \mathbf{C}_P(S_1)^{x_i} = \mathbf{C}_P(S_1^{x_i}) = \mathbf{C}_P(S_i),$$

这就推出 $\mathbf{C}_P(Q) = \bigcap_{1 \leqslant i \leqslant k} \mathbf{C}_P(Q_i) = \bigcap_{1 \leqslant i \leqslant k} \mathbf{C}_P(S_i) = \mathbf{C}_P(N) = 1$, 结论成立. □

例 4.6.25 设 G 为 p-可解群, $P \in \mathrm{Syl}_p(G)$, 则 $|P/\mathbf{O}_p(G)| \leqslant \mathrm{acs}(G)$.

证 由归纳可设 $\mathbf{O}_p(G) = 1$, 且可设 $P > 1$. 取 N 为 G 的一个极小正规子群, 记 $A/N = \mathbf{O}_p(G/N)$. 易见 $\mathbf{O}_p(G/A) = 1, \mathbf{O}_p(A) = 1$. 若 $A < G$, 在 G/A 和 A 中分别用归纳假设得: $|PA/A| \leqslant \mathrm{acs}(G/A)$, $|P \cap A| \leqslant \mathrm{acs}(A)$, 从而由命题 4.6.16 得 $|P| = |P \cap A||PA/A| \leqslant \mathrm{acs}(A)\mathrm{acs}(G/A) \leqslant \mathrm{acs}(G)$, 结论成立. 故可设 $A = G$, 此时 $G = PN$. 由 $\mathbf{O}_p(G) = 1$ 及 G 的 p-可解性知 N 为 p'-群, 故 $G = P \ltimes N$, 且 N 为 G 的唯一极小正规子群.

若 N 可解, 易见 $N = \mathbf{F}(G)$, 由引理 4.6.18 即推得结论. 若 N 不可解, 则易见 $\mathbf{C}_P(N) = 1$. 由引理 4.6.24, 存在 P-不变的 N 的 Sylow 子群 Q 使得 $\mathbf{C}_P(Q) = 1$. 显然 $\mathbf{F}(PQ) = Q$, 在 PQ 中应用引理 4.6.18 得 $|P| \leqslant \mathrm{acs}(PQ)$, 从而 $|P| \leqslant \mathrm{acs}(G)$, 结论成立. □

4.7 具有给定特征标次数条件的有限群

对于有限群的不可约特征标次数, 我们可以对其设定各种各样的假设条件, 然后研究相应的群结构. 当然, 设定的条件必须至少满足以下要求之一: 简明的; 有趣的; 有背景的; 或是有应用的. 这方面的内容极为丰富, 本节仅介绍 Huppert 的两个结果及其推广.

4.7.1 特征标次数为连续整数的有限群

早在 1973 年, Huppert 给出了特征标次数为连续整数的有限群的完整分类, 见 [8, 定理 32.1], 其证明不依赖于单群分类定理.

定理 4.7.1 (Huppert) 若 $\mathrm{cd}(G)=\{1,2,\cdots,k\}$ 为连续整数集合, 则以下之一成立:

(1) G 可解且 $k\leqslant 4$;

(2) $k=6$, 且 $G=H\mathbf{Z}(G)$, 其中 $H\cong \mathrm{SL}(2,5)$.

我们考察更一般一些的情形, 即考察大于 1 的不可约特征标次数都是连续整数的有限群, 我们称这样的有限群为 CCD-群. 对于可解情形, 我们甚至可以给出最大三个不可约特征标次数为连续整数的有限群的完整描写. 遗憾的是, 对于非可解的 CCD-群的讨论, 我们需要单群分类定理.

命题 4.7.2 设 G 可解, 若 $\mathrm{cd}(G)$ 中最大三个成员为连续整数: $a,a+1,a+2$, 则 $a=1$ 或 2.

证 反设 $a\geqslant 3$, 我们来推矛盾. 取 $\chi_0,\chi_1,\chi_2\in\mathrm{Irr}(G)$ 使得 $\chi_i(1)=a+i$, $i=0,1,2$. 令 G/N 为 G 的极小非交换商群, 由引理 4.2.1, G/N 或为 p-群或为 Frobenius 群. 假设 G/N 为 p-群, 取非线性 $\xi\in\mathrm{Irr}(G/N)$, 再取 $\psi\in\{\chi_1,\chi_2\}$ 使得 $\psi(1)$ 与 p 互素. 显然 ψ_N 不可约, 故由 Gallagher 定理 2.8.5 得 $\psi\xi\in\mathrm{Irr}(G)$. 这表明 $(a+1)\xi(1)$ 或 $(a+2)\xi(1)$ 在 $\mathrm{cd}(G)$ 中, 矛盾. 因此 G/N 必为 Frobenius 群, 记

$$G/N=\mathrm{Fro}(H/N,F/N),$$

其中 $H/N\cong \mathrm{C}(h)$, $F/N=G'N/N\cong \mathrm{E}(p^r)$ 为 G 的 p^r 阶主因子. 令 $\delta_i\in\mathrm{Irr}((\chi_i)_F)$, $i=0,1,2$.

(1) 假设 $p^r\nmid(a+2)^2$.

由引理 4.2.4, $\delta_2(1)h\in\mathrm{cd}(G)$. 注意到 $\chi_2(1)=a+2=b(G)$, 得 $a+2=\delta_2(1)h$.

取 $\chi_3\in\{\chi_0,\chi_1\}$ 使得 $p\nmid\chi_3(1)$, 此时 $\delta_3\in\{\delta_0,\delta_1\}$ 为 χ_3 限制到 F 的不可约成分. 同样由引理 4.2.4 得 $\delta_3(1)h\in\mathrm{cd}(G)$, 显然 $\delta_3(1)h\geqslant a$. 注意到 $\delta_3(1)h$ 和 $a+2=\delta_2(1)h$ 有公因子 h, 必有 $\delta_3(1)h\in\{a,a+2\}$. 若 $\delta_3(1)h=a+2$, 则 $\chi_3(1)\mid\delta_3(1)h$, 即 $\chi_3(1)\mid(a+2)$, 这导出 $\chi_3(1)=a=2$, 矛盾. 这表明 $\delta_3(1)h=a$.

现在 $h \mid (a, a+2)$, 必有 $h = 2$, $\chi_3 = \chi_0$, $\delta_3 = \delta_0$, 因而又有 $\delta_0(1) = a/2$, $\delta_1(1) = a+1$, $\delta_2(1) = (a+2)/2$. 由 χ_i, δ_i 的任意性表明, 任取 $\beta \in \mathrm{Irr}(G)$, 任取 $\tau \in \mathrm{Irr}(\beta_F)$, 有

$$\tau(1) = \begin{cases} a/2, & \text{若 } \beta(1) = a, \\ (a+2)/2, & \text{若 } \beta(1) = a+2, \\ a+1, & \text{若 } \beta(1) = a+1. \end{cases}$$

特别地,

$$a \notin \mathrm{cd}(F), \quad b(F) = a+1. \tag{4.7.1}$$

显然, $\left(\dfrac{a}{2}, a+1\right) = \left(\dfrac{a}{2}, \dfrac{a+2}{2}\right) = \left(a+1, \dfrac{a+2}{2}\right) = 1$. 取 $E \trianglelefteq F$ 使得 F/E 为 F 的极小非交换商群, 于是对 F/E 又可应用引理 4.2.1.

假设 F/E 为 q-群, 这里 q 为素数. 取非线性 $\xi \in \mathrm{Irr}(F/E)$, 取 $\delta_4 \in \{\delta_1, \delta_2\}$ 使得 $q \nmid \delta_4(1)$, 由定理 2.8.5 得 $\delta_4\xi \in \mathrm{Irr}(F)$. 这就推出 $b(F) \geqslant (\delta_4\xi)(1) \geqslant a+2$, 矛盾.

假设 $F/E = \mathrm{Fro}(A/E, B/E)$, 其中 B/E 为初等交换 q-群, A/E 为 f 阶循环群. 因为 $\delta_1(1), \delta_2(1), \delta_3(1)$ 两两互素, 所以可取到不同的 $\delta_i, \delta_j \in \{\delta_1, \delta_2, \delta_3\}$ 使得 $q \nmid \delta_i(1)\delta_j(1)$. 取 $\gamma_s \in \mathrm{Irr}((\delta_s)_B)$, $s = i, j$. 由引理 4.2.4 导出

$$\{\gamma_i(1)f, \gamma_j(1)f\} \subseteq \mathrm{cd}(F).$$

容易看到: $\delta_i(1) | \gamma_i(1)f$, $\delta_j(1) | \gamma_j(1)f$. 因为 $(\delta_i(1), \delta_j(1)) = 1$, 所以 “$\delta_i(1) = \gamma_i(1)f$” 和 “$\delta_j(1) = \gamma_j(1)f$” 不可能都成立. 现设 $\gamma_i(1)f > \delta_i(1)$, 必有大于 1 的整数 k 使得 $k\delta_i(1) = \gamma_i(1)f \in \mathrm{cd}(F)$. 注意到 $\delta_i(1) \in \{a/2, a+1, (a+2)/2\}$, 由 (4.7.1) 式立得矛盾.

(2) 假设 $p^r \mid (a+2)^2$.

此时 $p \nmid \chi_1(1)$, 故由引理 4.2.4 推出 $\delta_1(1)h \in \mathrm{cd}(G)$, 容易看到 $\delta_1(1)h = a+1$. 我们断言 $p^r \mid a^2$. 事实上, 若断言不成立, 则引理 4.2.4 也导出 $\delta_0(1)h \in \mathrm{cd}(G)$; 显然 $a \mid \delta_0(1)h$, 因而 $\delta_0(1)h = a$ 或 $a+2$, 这就推出 h 整除 $(a, a+1)$ 或 $(a+2, a+1)$, 矛盾, 断言成立. 现在 $p^r | (a^2, (a+2)^2)$, 注意到 p^r 不可能等于 2, 从而

$$p^r = 4, h = 3 \in \mathrm{cd}(G/N).$$

特别地, $a+1$ 是 3 的倍数, a 和 $a+2$ 为偶数且它们都与 3 互素.

因为 $\delta_1(1) = (a+1)/3$ 且 $2 \nmid \delta_1(1)$, 所以 $(\chi_1)_N$ 的不可约成分的次数都是 $(a+1)/3$, 这表明 G 的 $a+1$ 次不可约特征标限制到 N 为三个 $(a+1)/3$ 次不可约特征标的和. 对于 G 的 a 次或 $a+2$ 次不可约特征标 χ, 若 χ_N 不可约, 则定理 2.8.5 推出 $3\chi(1) \in \mathrm{cd}(G)$, 但 $3\chi(1) \geqslant 3a > a+2$, 矛盾, 这表明 χ_N 一定可约.

注意到 $\chi(1)$ 与 3 互素, 这表明 χ_N 的不可约成分的次数只能是 $\chi(1)/2$ 或 $\chi(1)/4$. 特别地, $b(N) < a$. 取 $\alpha_0, \alpha_1, \alpha_2 \in \mathrm{Irr}(N)$ 使得其次数极大且分别满足

$$a \mid 4\alpha_0(1), \quad (a+1) \mid 3\alpha_1(1), \quad (a+2) \mid 4\alpha_2(1).$$

注意 $\alpha_0(1), \alpha_1(1), \alpha_2(1)$ 都严格小于 a.

我们断言: $\alpha_0(1) \in \{a/2, a/4\}$, $\alpha_1(1) = (a+1)/3$, $\alpha_2(1) \in \{(a+2)/2, (a+2)/4\}$. 反设 $\alpha_0(1)$ 既不等于 $a/2$ 又不等于 $a/4$, 注意到 $\alpha_0(1)$ 为 $a/4$ 的整数倍, 必有 $\alpha_0(1) = 3a/4$. 取 $\eta \in \mathrm{Irr}(\alpha_0^G)$ 使得 $\eta(1)$ 极大, 考察 α_0 可扩充到 G 以及不能扩充到 G 这两种情形, 容易推出

$$a + 2 \geqslant \eta(1) \geqslant 2\alpha_0(1) = 3a/2,$$

得 $a \leqslant 4$, 但 $a+1$ 为 3 的倍数, 得 $a = 2$, 矛盾. 因此 $\alpha_0(1) \in \{a/2, a/4\}$. 同理可得 $\alpha_1(1) = (a+1)/3$, $\alpha_2(1) \in \{(a+2)/2, (a+2)/4\}$, 断言成立.

因为 $a > 2$ 为偶数且 $a+1$ 是 3 的倍数, 所以 $a \geqslant 8$, 这表明 $\alpha_0, \alpha_1, \alpha_2$ 都是 N 的非线性不可约特征标. 记 $\Xi = \{\alpha_0, \alpha_1, \alpha_2\}$. 我们还需要考察 N 的极小非交换商群 N/E, 设 f 为 N/E 的非线性不可约特征标次数.

假设 N/E 是 q-群, 这里 q 为素数. 取 $\alpha_3 \in \Xi$ 使得 $q \nmid \alpha_3(1)$, 则 $f\alpha_3(1) \in \mathrm{cd}(N)$, 这与 $\alpha_3(1)$ 的极大性取法矛盾.

假设 N/E 是以初等交换 q-群 B/E 为核的 Frobenius 群, 此时 $f := |N/B| \in \mathrm{cd}(N/E)$. 因为 $\alpha_0(1), \alpha_1(1)$ 和 $\alpha_2(1)$ 两两互素, 所以可取到不同的 $\alpha_i, \alpha_j \in \Xi$ 使得 $q \nmid \alpha_i(1)\alpha_j(1)$. 再取 γ_i, γ_j 分别为 $(\alpha_i)_B$ 和 $(\alpha_j)_B$ 的不可约成分. 再次应用引理 4.2.4 得, $\{\gamma_i(1)f, \gamma_j(1)f\} \subseteq \mathrm{cd}(N)$. 容易看到 $\alpha_i(1) \mid \gamma_i(1)f$, $\alpha_j(1) \mid \gamma_j(1)f$. 由 α_i, α_j 的次数的极大性推出 $\gamma_i(1)f = \alpha_i(1)$, $\gamma_j(1)f = \alpha_j(1)$, 这导出 $f \mid (\alpha_i(1), \alpha_j(1))$, 矛盾. 命题证毕. □

定理 4.7.3　*若 G 是可解 CCD-群, 则以下之一成立:*

(1) $|\mathrm{cd}(G)| \leqslant 2$.

(2) $\mathrm{cd}(G) = \{1, p^m - 1, p^m\}$, *其中 p 为素数.*

(3) $\mathrm{cd}(G) = \{1, 2, 3, 4\}$.

证　若 $|\mathrm{cd}(G)| \geqslant 4$, 则命题 4.7.2 推出 $\mathrm{cd}(G) = \{1, 2, 3, 4\}$. 当 $\mathrm{cd}(G) = \{1, a, a+1\}$ 时, 由 [92, 定理 3.2] 得 $a+1$ 为素数方幂. □

下面考察非可解的 CCD-群 G, 我们的研究思路大致如下: 首先, 利用大于 1 的特征标次数是连续整数这一性质推出: G 的特征标次数图 $\Gamma(G)$ 不是连通图; 再利用定理 4.3.19 推出: G 有正规子群 A 和 N 使得 $\mathrm{PSL}(2, q) \cong A/N \leqslant G/N \leqslant \mathrm{Aut}(A/N)$; 最后给出 G 的完整描写.

定理4.7.4 [*]　*若 G 非可解, 则 G 是 CCD-群当且仅当 $G/\mathbf{Z}(G) \cong \mathrm{PGL}(2, q)$,*

其中 $q \geqslant 4$ 为素数方幂; 此时

$$\mathrm{cd}(G)=\begin{cases}\{1,3,4,5\} \text{ 或 } \{1,2,3,4,5,6\}, & \text{若 } q=4,\\ \{1,q-1,q,q+1\}, & \text{若 } q\geqslant 5.\end{cases}$$

引理 4.7.5 设 $H \trianglelefteq G$, $\mathbf{Z}(H)=\mathbf{Z}(G)$, 且 $H \cong \mathrm{SL}(2,q)$, $G/\mathbf{Z}(G) \cong \mathrm{PGL}(2,q)$, 其中 $q=p^f \geqslant 4$, 则以下结论成立:

(1) 若 $q=2^f \geqslant 4$, 则 $G=H=\mathrm{PSL}(2,q)$, $\mathbf{Z}(H)=1$, $\mathrm{cd}(G)=\{1,q-1,q,q+1\}$.

(2) 若 $q \geqslant 5$ 为奇数, 记 $\epsilon=(-1)^{\frac{q-1}{2}}$, 则

$$\mathrm{cd}(G)=\mathrm{cd}(G/\mathbf{Z}(G))=\mathrm{cd}(\mathrm{PGL}(2,q))=\{1,q-1,q,q+1\},$$

$$\mathrm{cd}(H)=\mathrm{cd}(\mathrm{SL}(2,q))=\left\{1,\frac{q-\epsilon}{2},\frac{q+\epsilon}{2},q-1,q,q+1\right\},$$

$$\mathrm{cd}(H/\mathbf{Z}(H))=\mathrm{cd}(\mathrm{PSL}(2,q))=\left\{1,\frac{q+\epsilon}{2},q-1,q,q+1\right\},$$

$$\mathrm{cd}(H|\,\mathbf{Z}(H))=\left\{\frac{q-\epsilon}{2},q-1,q+1\right\}.$$

证 这些结论都是经典的, 参见 [116]. □

引理 4.7.6 设 $2 \leqslant n \in \mathbb{Z}^+$, 则存在素数 p,q 使得 $n \leqslant p < q < 2n$. 进一步, 若 $n \geqslant 6$, 则存在素数 p,q 使得 $n < p < q < 2n$.

证 利用素数个数计算公式, 直接验证即得, 参见 [24, pp.395-396]. □

我们用 $\mathrm{sma}(G)$ 表示非交换群 G 的最小的非线性不可约特征标次数.

引理 4.7.7 设 G 为非可解的 CCD-群, 则以下结论成立:

(1) 若 $\mathrm{cd}(G)$ 中含有素数, 记 p 为 $\mathrm{cd}(G)$ 中的最大素数, 则 $\{p\}$ 构成 $\Gamma(G)$ 的一个连通分支, 此时 $\Gamma(G)$ 不是连通图.

(2) 若 $b(G) \geqslant 2\,\mathrm{sma}(G)$, 则 $\mathrm{cd}(G)$ 中必含有素数.

(3) 若 $\mathrm{cd}(G)$ 中含有素数 $p \geqslant 7$, 则 $\{p\}$ 构成 $\Gamma(G)$ 的一个连通分支, 特别地, $\mathrm{cd}(G)$ 中最多含有两个 $\geqslant 7$ 的素数.

(4) 若 $n \in \mathrm{cd}(G)$ 且 $n \geqslant 6$, 则 $b(G) < 2n$.

证 (1) 反设 $\{p\}$ 不是 $\Gamma(G)$ 的一个连通分支, 则存在异于 p 的素数 q 使得 pq 整除 $\mathrm{cd}(G)$ 中某成员. 由引理 4.7.6, 必有素数 r 使得 $p < r < pq$. 但 G 是 CCD-群, 得 $r \in \mathrm{cd}(G)$, 这与 p 的最大性矛盾, 故 $\{p\}$ 构成 $\Gamma(G)$ 的一个连通分支. 注意到 G 不可解, $\rho(G)$ 中至少含有 3 个素数, 故 $\Gamma(G)$ 一定不是连通图.

(2) 由引理 4.7.6 立得.

(3) 反设结论不成立, 则存在异于 p 的素数 q 使得 pq 整除 $\mathrm{cd}(G)$ 中某成员, 特别地 $b(G) \geqslant 2p$. 由引理 4.7.6, 我们可取到最大的两个素数 r,s 使得 $7 \leqslant p < r <$

$s \leqslant b(G)$. 因 G 是 CCD-群, 得 $r, s \in \mathrm{cd}(G)$. 重复上面的推理, 由 r, s 的最大性即知 $\{r\}$ 和 $\{s\}$ 恰是 $\Gamma(G)$ 的两个连通分支, 故 $\Gamma(G)$ 至少有 3 个连通分支. 由定理 4.3.19, G 是 $\mathrm{PSL}(2, 2^f)$ 和一个交换群的直积, 此时 $\mathrm{cd}(G) = \mathrm{cd}(\mathrm{PSL}(2, 2^f)) = \{1, 2^f - 1, 2^f, 2^f + 1\}$ 不可能包含三个不同的素数, 矛盾.

(4) 反设 $b(G) \geqslant 2n$, 则有素数 r, s 使得 $n < r < s < 2n$, 且由 (3) 知 $\Gamma(G)$ 有三个连通分支, 再由定理 4.3.19 推出 $|\mathrm{cd}(G)| = 4$, 但显然 $|\mathrm{cd}(G)| \geqslant n + 1$, 矛盾. □

关于李型单群的基本概念和基本性质, 参见 Carter 的名著 [3]. 设 L 是域 $\mathbb{F}_q$ 上的李型单群, 这里 $q = p^f$ 是素数 p 的方幂. 我们指出以下几点.

(A) $|\mathrm{Out}(L)| = dfg$, 这里的 d, f, g 分别是 L 的对角自同构群、域自同构群和图自同构群的阶.

(B) 下面的引理 4.7.8 还需要考察 L 上的幺幂特征标, 即 Unipotent 特征标, 它们是 L 上的一类特殊的不可约特征标. 李型单群上的幺幂特征标是完全清楚的一类特征标. 首先, [3] 给出了所有幺幂特征标次数的计算公式; 再者, 据 Malle 的 [84, 定理 2.4, 定理 2.5], L 上的幺幂特征标 ψ 都能扩充到 $\mathrm{I}_{\mathrm{Aut}(L)}(\psi)$, 进一步, 除了几个明确的例外, 都有 $\mathrm{I}_{\mathrm{Aut}(L)}(\psi) = \mathrm{Aut}(L)$.

(C) 这里我们不需要 Malle 定理的所有事实, 但需要下面的相对初等的结果: 若 H 为由 L 及 L 的对角自同构生成的 $\mathrm{Aut}(L)$ 的子群, 则 L 的幺幂特征标 ψ 都可扩充到 H. 特别地, 若 χ 为 L 上的幺幂特征标 ψ 诱导到 $\mathrm{Aut}(L)$ 的不可约成分, 则 $\chi(1)$ 整除 $gf\psi(1)$.

引理 4.7.8 设 $L \trianglelefteq G \leqslant \mathrm{Aut}(L)$, 其中 L 为不是 $\mathrm{PSL}(2, q)$ 型的非交换单群, 则 $b(L) \geqslant 2\,\mathrm{sma}(G)$.

证 若 L 为零散单群或 Tits 群, 查阅 [4] 即得结论.

若 L 是交错单群 A_n, 因 $\mathrm{A}_5 \cong \mathrm{PSL}(2, 4) \cong \mathrm{PSL}(2, 5)$, $\mathrm{A}_6 \cong \mathrm{PSL}(2, 9)$, 故 $n \geqslant 7$. 设 χ_1, χ_2 分别为 $\mathrm{S}_n \cong \mathrm{Aut}(\mathrm{A}_n)$ 的对应于划分 $(n-1, 1)$ 和 $(n-2, 1, 1)$ 的不可约特征标, 显然这两个划分都不是对称的. 据定理 4.1.20, χ_1 和 χ_2 限制到 A_n 都不可约, 且它们的次数分别为 $n-1$ 和 $(n-1)(n-2)/2$. 这表明 $b(L) \geqslant (n-1)(n-2)/2 \geqslant 2(n-1) \geqslant 2\,\mathrm{sma}(G)$, 结论成立.

由单群分类定理, 下面仅需考察 L 是特征 p 域上的李型单群的情形. 以下我们采用 [4] 中的单群记号; 对于 L 的幺幂特征标, 我们采用 Carter[3] 中的记号; 另外, ST 表示 L 的 Steinberg 特征标.

(1) $L \cong A_n(q) \cong L_{n+1}(q)$, $q = p^f$, $n \geqslant 2$.

此时 $\mathrm{ST}(1) = q^{n(n+1)/2}$, $g = 2$. 据 [3], L 的幺幂特征标 $\chi^{(1,n)}$ 的次数为 $q(q^n - 1)/(q-1)$. 取 χ 为 $\chi^{(1,n)}$ 诱导到 G 的一个不可约成分, 由说明 (C) 有

$\chi(1) \leqslant fg\chi^{(1,n)}(1)$. 注意 $A_2(2) \cong \mathrm{PSL}(2,7)$ 不在讨论范围中. 若 $n > 2$, 或 $n = 2$ 且 $q \notin \{3,9,5,7,4,8,16,32\}$, 容易验证

$$q^{n(n+1)/2} \geqslant 8fq^n > \frac{4fq(q^n-1)}{q-1} \geqslant 2\chi(1).$$

当 $n = 2$ 且 $q \in \{9,5,7,32\}$ 时, 也有 $q^{n(n+1)/2} > 4fq(q^n-1)/(q-1)$, 于是 $b(L) \geqslant \mathrm{ST}(1) \geqslant 2\chi(1) \geqslant 2\,\mathrm{sma}(G)$, 结论成立.

再考察四个特殊情形. 若 $L \cong A_2(3)$ 或 $A_2(4)$, 查阅 [4] 也得结论. 若 $L \cong A_2(8)$ 或 $A_2(16)$, 由 [114, 表 IV] 知 $\chi^{(1,2)}$ 是 L 的唯一一个次数为 $q(q+1)$ 的不可约特征标, 所以 $\chi^{(1,2)}$ 在 G 中不变, 这表明存在 $\psi_0 \in \mathrm{Irr}((\chi^{(1,2)})^G)$ 使得

$$\psi_0(1) \leqslant \sqrt{|G:L|}\chi^{(1,2)}(1).$$

当 $L \cong A_2(8)$ 时, $|\mathrm{Out}(L)| = 6$; 当 $L \cong A_2(16)$ 时, $|\mathrm{Out}(L)| = 3 \cdot 4 \cdot 2$, 简单验证得 $b(L) \geqslant q^3 \geqslant 2\psi_0(1) \geqslant 2\,\mathrm{sma}(G)$, 结论成立.

(2) $L \cong {}^2A_n(q^2) \cong U_{n+1}(q)$, $q^2 = p^f$, $n \geqslant 2$.

此时 $\mathrm{ST}(1) = q^{n(n+1)/2}$, $g = 1$. 由 [3], L 的幺幂特征标 $\chi^{(1,n)}$ 的次数为 $q(q^n - (-1)^n)/(q+1)$. 若 $n \geqslant 3$, 则 $b(L) \geqslant q^{n(n+1)/2} \geqslant q^{2n} \geqslant 2fg\chi^{(1,n)}(1) \geqslant 2\,\mathrm{sma}(G)$. 若 $n = 2$, 则 $2fg\chi^{(1,2)}(1) = 2fq(q-1) \leqslant q^3 = \mathrm{ST}(1) \leqslant b(G)$, 也得结论.

(3) $L \cong B_n(q)$ $(n \geqslant 2)$ 或 $C_n(q)(n \geqslant 3)$, $q = p^f$.

对应符号 $\alpha = \begin{pmatrix} 1 & & n \\ & 0 & \end{pmatrix}$, L 上的幺幂特征标 χ^α 的次数为 $(q^n - q)(q^n + 1)/2(q-1)$. 当 $L \ncong B_2(2^f)$ 时, $g = 1$, 因此

$$b(L) \geqslant \mathrm{ST}(1) = q^{n^2} \geqslant 2f(q^n - q)(q^n + 1)/2(q-1) = 2fg\chi^\alpha(1) \geqslant 2\,\mathrm{sma}(G),$$

结论成立. 当 $L \cong B_2(2^f)$ 时, $g = 2$, 注意到 $B_2(2)$ 不是单群. 当 $q = 4$ 时, 由 [4] 得结论, 当 $q = 2^f \geqslant 8$ 时, 简单验证有 $b(L) \geqslant q^{n^2} \geqslant 2fg\chi^\alpha(1)$, 结论成立.

(4) $L \cong D_n(q)$ 或 ${}^2D_n(q^2)$, $n \geqslant 4$.

分别对应于符号 $\alpha_1 = \begin{pmatrix} 1 & n \\ 0 & 1 \end{pmatrix}$, $\alpha_2 = \begin{pmatrix} 1 & & n-1 \\ & - & \end{pmatrix}$, χ^{α_1} 和 χ^{α_2} 分别是 $D_n(q)$ 和 ${}^2D_n(q^2)$ 上的幺幂特征标, 它们的次数分别为 $(q^{2n} - q^2)/(q^2-1)$ 和 $q(q^{n-2}-1)(q^n+1)/(q^2-1)$. 对 $i = 1,2$, 简单验证即得 $b(L) \geqslant \mathrm{ST}(1) = q^{n(n-1)} \geqslant 2fg\chi^{\alpha_i}(1) \geqslant 2\,\mathrm{sma}(G)$.

(5) 若 L 是例外型李型单群, 检查 [3, pp.487-490] 上所列的幺幂特征标, 我们容易找到 L 的某个幺幂特征标 χ^α, 使得 $b(L) \geqslant \mathrm{ST}(1) \geqslant 2fg\chi^\alpha(1) \geqslant 2\,\mathrm{sma}(G)$, 引理证毕. □

引理 4.7.9　设 $N \trianglelefteq G$, $G/N \cong \mathrm{PSL}(2,q)$, 其中 $q = p^f \geqslant 4$, 设 λ 为 N 中的 G-不变不可约特征标, 记 $\Delta = \{\chi(1)/\lambda(1) \mid \chi \in \mathrm{Irr}(\lambda^G)\}$, 则以下结论成立:

(1) 若 λ 可扩充到 G, 则 $\Delta = \mathrm{cd}(\mathrm{PSL}(2,q))$.

(2) 若 λ 不能扩充到 G, 则以下之一发生:

$q = 4$, $\Delta = \{2,4,6\}$;

$q \geqslant 5$ 为奇数, $\Delta = \{q-1, q+1, (q-\epsilon)/2\}$, 其中 $\epsilon = (-1)^{\frac{q-1}{2}}$.

证　结论 (1) 由 Gallagher 定理直接得到, 下证结论 (2). 由特征标串同构定理 (推论 3.2.4), 我们可设 $N = \mathbf{Z}(G)$, λ 为 N 上的忠实线性特征标. 因为 λ 不能扩充到 G, 所以 $B := N \cap G' > 1$. 此时 $G = NG'$,

$$G/B = N/B \times A/B, \text{其中 } A = G', A/B = G'/B \cong \mathrm{PSL}(2,q).$$

注意到 $A' = A$, 故 B 是 $\mathrm{PSL}(2,q)$ 的非平凡的 Schur 乘子. 注意到 $\mathrm{PSL}(2,4) \cong \mathrm{PSL}(2,5)$, 且当 $2^f \geqslant 8$ 时, $\mathrm{PSL}(2,2^f)$ 只有平凡 Schur 乘子 (见 [4]), 我们可设 $q \geqslant 5$ 为奇数. 考察 $\mathrm{PSL}(2,q)$ 的 Schur 乘子, 我们有 $|B| = 2$. 记 $\sigma = \lambda_B$, 则 $\sigma \in \mathrm{Irr}^\sharp(B)$.

任取 $\chi \in \mathrm{Irr}(\lambda^G)$, 显然 χ 也在 σ 的上方, 故存在 $\theta \in \mathrm{Irr}(\chi_A) \cap \mathrm{Irr}(\sigma^A)$. 此时 $\theta \in \mathrm{Irr}(A|\, B) = \mathrm{Irr}(\mathrm{SL}(2,q)|\, \mathbf{Z}(\mathrm{SL}(2,q)))$. 检查 $\mathrm{SL}(2,q)$ 和 $\mathrm{PSL}(2,q)$ 的特征标次数 (见引理 4.7.5), 我们有

$$\theta(1) = \theta(1)/\sigma(1) \in \{q-1, q+1, (q-\epsilon)/2\}.$$

注意到 $\theta \in \mathrm{Irr}(A)$ 在 G 中不变且 $G/A \cong N/B$ 循环, θ 可扩充到 G, 因而 $\chi(1) = \theta(1)$, 命题成立. □

引理 4.7.10　若 $M < G \cong \mathrm{PSL}(2,q)$, 这里 $q = p^f \geqslant 4$, 则以下结论之一成立:

(1) $|G:M| > q+1$;

(2) $|G:M| = q+1$, 且 $M = \mathbf{N}_G(P)$, 其中 $P \in \mathrm{Syl}_p(G)$;

(3) $G \cong \mathrm{PSL}(2,9)$ 且 $M \cong \mathrm{A}_5$;

(4) $G \cong \mathrm{PSL}(2,7)$ 且 $M \cong \mathrm{S}_4$;

(5) $G \cong \mathrm{PSL}(2,5)$ 且 $M \cong \mathrm{A}_4$.

证　检查 $\mathrm{PSL}(2,q)$ 的子群即得, 见 [7, 第 2 章, 定理 8.27]. □

设 $S = \mathrm{PSL}(2,q)$, $q = p^f \geqslant 4$, 我们知道 $\mathrm{Out}(S) = \langle\delta\rangle \times \langle\varphi\rangle$, 其中 δ 为 S 的 $(2, q-1)$ 阶对角自同构, φ 为 S 的 f 阶域自同构, 且 $\mathrm{PGL}(2,q) = S\langle\delta\rangle$.

引理 4.7.11　设 $\mathrm{PSL}(2,q) \cong S \leqslant G \leqslant \mathrm{Aut}(S)$, 其中 $q = p^f \geqslant 7$, 记

$$\kappa = \kappa(G,S) = \begin{cases} |G : S\langle\delta\rangle|, & \text{若 } \delta \in G, \\ |G : S|, & \text{若 } \delta \notin G, \end{cases}$$

若 $\kappa > 1$, 且对 κ 的任意大于 1 的因子 k 都有 $k(q+1) \notin \mathrm{cd}(G)$, 则 $S = \mathrm{PSL}(2,9)$, 且 $G = S\langle\varphi\rangle$ 或 $S\langle\delta\varphi\rangle$.

证 应用 [116, 定理 A], 有

$$p \in \{2,3\}, \quad G \in \{S\langle\varphi\rangle, S\langle\delta\varphi\rangle\}, \quad \kappa = 2.$$

此时 $\delta \notin G$, 由 κ 的定义得 $2 = \kappa = |G:S| \in \{o(\varphi), o(\delta\varphi)\}$, 这表明 $o(\varphi) = 2$, 因此 $q \in \{4,9\}$, 从而 $S \cong \mathrm{PSL}(2,9)$. □

对于 G 的特征标 χ, 我们用 $\mathrm{cd}(\chi)$ 表示 χ 中不可约成分的次数集合.

定理 4.7.4 的充分性证明 假设 $G/\mathbf{Z}(G) \cong \mathrm{PGL}(2,q)$, 由引理 4.7.5, 有 $\mathrm{cd}(\mathrm{PGL}(2,q)) = \{1, q-1, q, q+1\}$. 下面我们仅需证明: 任取 $\lambda \in \mathrm{Irr}^\sharp(\mathbf{Z}(G))$, 任取 $\chi \in \mathrm{Irr}(\lambda^G)$, 都有

$$\chi(1) \in \begin{cases} \{1,2,3,4,5,6\}, & \text{若 } q = 4, \\ \{1, q-1, q, q+1\}, & \text{若 } q \geqslant 5. \end{cases}$$

为此目的, 由归纳可设 λ 忠实, 故 $\mathbf{Z}(G)$ 循环. 取 $A \trianglelefteq G$ 使得 $A/\mathbf{Z}(G) \cong \mathrm{PSL}(2,q)$, 记 $N = \mathbf{Z}(G) \cap A'$, $B = A'$. 易见

$$A = \mathbf{Z}(G)B, \quad A/N = \mathbf{Z}(G)/N \times B/N, \tag{4.7.2}$$

其中 $B/N \cong A/\mathbf{Z}(G) \cong \mathrm{PSL}(2,q)$. 注意到 $\mathbf{Z}(G)$ 是 A 的极大正规子群, 得 $A''\mathbf{Z}(G) = A$ (否则, $A'' \leqslant Z(G)$ 可解, 得 A 可解, 矛盾), 故 A/A'' 交换, 得 $A'' = A'$, 即 $B = B'$. 因为 $|G/B : A/B| \leqslant 2$ 且 $A/B \leqslant \mathbf{Z}(G/B)$, 所以 G/B 交换. 这又表明

$$B = B' = A' = G', \quad \mathbf{Z}(B) = N = G' \cap \mathbf{Z}(G).$$

若 $N = 1$, 则 $\mathbf{Z}(G) \cap G' = 1$, 由定理 2.8.18, λ 可扩充到 G, 故由 Gallagher 定理得 $\chi(1) \in \mathrm{cd}(G/\mathbf{Z}(G)) = \{1, q-1, q, q+1\}$, 结论成立.

下面考察 $N > 1$ 的情形. 当 q 为奇数时, 记 $\epsilon = (-1)^{\frac{q-1}{2}}$. 注意到 N 为 $B/N \cong \mathrm{PSL}(2,q)$ 的非平凡的 Schur 乘子 (推论 3.1.18), 故 $q = 4$ 或 $q \geqslant 5$ 为奇数 (见 [4]). 记 $\sigma = \lambda_N$, 记 $\Theta = \mathrm{Irr}(\sigma^B)$. 任取 $\theta \in \Theta$, 由引理 4.7.9 有

$$\theta(1) \in \begin{cases} \{2,4,6\}, & \text{若 } q = 4, \\ \{q+1, q-1, (q-\epsilon)/2\}, & \text{若 } q \geqslant 5 \text{ 为奇数}. \end{cases}$$

由 (4.7.2) 式知 θ 在 A 中不变, 再由 A/B 的循环性推出 θ 可扩充到 A. 若 $q = 4$, 则 $G = A$, $\theta(1) \in \{2,4,6\}$, 结论成立. 以下总设 $q \geqslant 5$ 为奇数, 此时 $G/\mathbf{Z}(G) \cong \mathrm{PGL}(2,q)$, $|G:A| = 2$, $B \cong \mathrm{SL}(2,q)$. 现仅需证明断言: 任取 $\chi \in \mathrm{Irr}(\sigma^G)$, 总有 $\chi(1) \in \{q-1, q, q+1\}$.

记 δ 为 $B = \mathrm{SL}(2,q)$ 的 2 阶对角自同构. 由引理 4.7.5, 我们看到 δ 稳定 Θ

中的 $q-1$ 次及 $q+1$ 次特征标, 但不能稳定 Θ 中的 $(q-\epsilon)/2$ 次特征标. 注意 $B=G'$, $A/B\cong \mathbf{Z}(G)/N$ 循环, 且 $G=\langle\delta\rangle A$.

假设 G/B 循环. 取 $\theta\in\Theta$ 使得 θ 在 χ 的下方. 由 (4.7.2) 式, θ 在 G 中不变当且仅当 δ 稳定 θ. 若 $\theta(1)\in\{q+1,q-1\}$, 则 θ 在 G 中不变, 因而 θ 可扩充到 G, 这表明 $\chi(1)=\theta(1)$, 断言成立. 若 $\theta(1)=(q-\epsilon)/2$, 则 $\mathrm{I}_G(\theta)=A$, 这表明 $\chi(1)=|G:A|\theta(1)=q-\epsilon$, 断言成立.

假设 G/B 不循环, 则交换群 G/B 可表为循环群 A/B 和一个二阶群 V/B 的直积, 此时 $G/N=\mathbf{Z}(G)/N\times V/N$, 其中 $V/N\cong \mathrm{PGL}(2,q)$. 取 $\eta\in\mathrm{Irr}(V)$ 使得 η 在 σ 的上方且在 χ 的下方. 由引理 4.7.5 有 $\eta(1)\in\mathrm{cd}(V)=\{1,q-1,q,q+1\}$. 注意到 η 在 G 中不变且 G/V 循环, 故 η 可扩充到 G, 从而 $\chi(1)=\eta(1)$, 断言成立. 综上证得定理 4.7.4 的充分性. □

定理 4.7.4 的必要性证明　设 G 是非可解的 CCD-群, 令 $N\trianglelefteq G$ 极大使得 G/N 不可解. 此时 G/N 有唯一极小正规子群, 记为 A/N; 并且 A/N 不可解, $G/A\leqslant \mathrm{Out}(A/N)$.

(1) $A/N\cong \mathrm{PSL}(2,q)$, 其中 $q=p^f\geqslant 4$.

显然 $A/N=A_1/N\times\cdots\times A_s/N$ 为两两同构的非交换单群 A_i/N 的直积. 记 $M/N=\mathbf{N}_{G/N}(A_1/N)$, 因 G/N 可迁作用在这些 A_i/N 上, 得 $s=|G:M|$. 记 $C/N=\mathbf{C}_{G/N}(A_1/N)$, 则 $A_1/N\lesssim M/C\lesssim \mathrm{Aut}(A_1/N)$. 反设 A_1/N 不是 $\mathrm{PSL}(2,q)$ 型单群, 由引理 4.7.8 有 $b(A_1/N)\geqslant 2\cdot\mathrm{sma}(M/C)$, 从而

$$b(G/N)\geqslant b(A/N)=(b(A_1/N))^s\geqslant(2\,\mathrm{sma}(M/C))^s\geqslant(2\,\mathrm{sma}(M/N))^s$$

$$\geqslant 2s\cdot\mathrm{sma}(M/N)=2(|G:M|\,\mathrm{sma}(M/N))\geqslant 2\,\mathrm{sma}(G/N).$$

由引理 4.7.7 得 $\Gamma(G/N)$ 不连通, 再由定理 4.3.19 推出 $A/N\cong\mathrm{PSL}(2,q)$, 矛盾. 故 $A_1/N\cong\mathrm{PSL}(2,q)$.

反设 $s\geqslant 2$. 取 θ 为 $A_1/N\cong\mathrm{PSL}(2,q)$ 的 Steinberg 特征标, 因 θ 可扩充到 $\mathrm{Aut}(A_1/N)$, 故 θ 可扩充到 M/N, 从而 $\mathrm{sma}(G/N)\leqslant|G:M|\theta(1)=sq$. 这又推出 $b(G/N)\geqslant b(A/N)\geqslant q^s\geqslant 2sq\geqslant 2\,\mathrm{sma}(G/N)$, 再次应用引理 4.7.7 和定理 4.3.19 推出矛盾, 故 $s=1$, $A/N\cong\mathrm{PSL}(2,q)$.

(2) $G/N\cong\mathrm{PGL}(2,q)$, $q=p^f\geqslant 4$.

注意 $A/N\cong\mathrm{PSL}(2,q)$, $G/A\lesssim\mathrm{Out}(\mathrm{PSL}(2,q))$. 若 $q\in\{4,5\}$ 且 $G=A$, 则 $G/N\cong\mathrm{PGL}(2,4)$, (2) 成立. 若 $q\in\{4,5\}$ 且 $G>A$, 则 $G/N\cong\mathrm{Aut}(\mathrm{PSL}(2,5))\cong\mathrm{PGL}(2,5)$, (2) 也成立. 以下假设 $q=p^f\geqslant 7$.

我们断言: 若 q 为奇数, 则 $G>A$. 事实上, 若 $G=A$ 且 $q=7$, 则 $3,7\in\mathrm{cd}(G/N)$, 故 G 有 5 次不可约特征标 ψ; 因为 G/N 为 $5'$-群, 所以 ψ_N 不可约, 故由 Gallagher 定理得 $35\in\mathrm{cd}(G)$, 这与引理 4.7.7(4) 矛盾. 若 $G=A$ 且

$q = 9$, 与上面的情形同理可得: $5, 10 \in \mathrm{cd}(G/N)$, $7 \in \mathrm{cd}(G)$, $70 \in \mathrm{cd}(G)$, 矛盾. 若 $G = A$ 且 $q \geqslant 11$, 由 $q+1, (q+(-1)^{\frac{q-1}{2}})/2 \in \mathrm{cd}(G/N)$, 得 $(q+1)/2 \in \mathrm{cd}(G)$, 由引理 4.7.7(4) 得 $(q+1)/2 \leqslant 5$, 矛盾. 断言成立.

令 δ 为 A/N 的 $(2, q-1)$ 阶对角自同构, φ 为 A/N 的 f 阶域自同构. 将引理 4.7.11 中的 S, G 分别替换为 A/N 和 G/N, 并记 $\kappa = \kappa(G/N, A/N)$. 为证明结论 (2), 由上面的断言我们仅需证明 $\kappa = 1$. 反设 $\kappa \geqslant 2$, 下面分两种情形推导矛盾.

假设存在大于 1 的 κ 的因子 k 使得 $k(q+1) \in \mathrm{cd}(G/N)$. 因为 A/N 的 Steinberg 特征标可扩充到 $\mathrm{Aut}(A/N)$, 所以 $q \in \mathrm{cd}(G/N)$, 这表明 $b(G) \geqslant k(q+1) > 2q$. 因 $q \geqslant 7$, 应用引理 4.7.7(4) 即得矛盾.

假设对于 κ 的大于 1 的因子 k 都有 $k(p+1) \notin \mathrm{cd}(G/N)$. 由引理 4.7.11, $A/N \cong \mathrm{PSL}(2,9)$ 且 $G/N \cong (A/N)\langle\varphi\rangle$ 或 $(A/N)\langle\delta\varphi\rangle$. 查阅 [4] 知 $\{9, 16\} \subseteq \mathrm{cd}(G/N)$, 因此 $11, 13 \in \mathrm{cd}(G)$, 这表明 $\Gamma(G)$ 至少有 3 个连通分支 (引理 4.7.7(3)), 应用定理 4.3.19 即得矛盾.

(3) 若 $q \geqslant 5$, 则 $b(G) = q+1$; 若 $q = 4$, 则 $b(G) \in \{q+1, q+2\}$.

因 $G/N \cong \mathrm{PGL}(2,q)$, 有 $q+1 \in \mathrm{cd}(G/N)$, 故 $b(G) \geqslant q+1$. 现设 $b(G) \geqslant q+2$, 下面仅需证明 $q = 4$, $b(G) = q+2 = 6$.

因 G 为 CCD-群, 故 G 必有 $q+2$ 次不可约特征标 χ. 当 $G > A$ 时, q 为奇数且 $|G/A| = 2$, 因此 $\chi(1)$ 和 $|G/A|$ 互素, 这也推出 χ 限制到 A 一定不可约. 记 $\theta = \chi_A$, 取 λ 为 $\chi_N = \theta_N$ 的一个不可约成分, 并记 $a = \chi(1)/\lambda(1)$.

(3.1) 先证明 A 稳定 λ.

反设 A 不稳定 λ. 记 $M = \mathrm{I}_A(\lambda)$, 取 $\eta \in \mathrm{Irr}(\lambda^M)$ 使得 $\theta = \eta^A$, 此时 $q+2 = \theta(1) = |A:M|\eta(1)$. 注意到 $|A:M|$ 为 $q+2$ 和 $|A/N| = q(q+1)(q-1)/(2,q-1)$ 的公因子, 易见 $|A:M| \mid 6$. 因为非交换单群 A/N 没有指数为 $2,3$ 的子群, 所以 $|A/N : M/N| = 6$, 从而 $A/N \leqslant \mathrm{S}_6$, 进而有

$$A/N \in \{\mathrm{A}_6 \cong \mathrm{PSL}(2,9), \mathrm{A}_5 \cong \mathrm{PSL}(2,5) \cong \mathrm{PSL}(2,4)\}.$$

若 $A/N \cong \mathrm{PSL}(2,9)$, 则 $\chi(1) = q+2 = 11$, χ_N 不可约, 由 Gallagher 定理推出 $99 \in \mathrm{cd}(G)$, 与引理 4.7.7(4) 矛盾. 若 $A/N \cong \mathrm{PSL}(2,4) \cong \mathrm{PSL}(2,5)$, 因 $6 = |A:M|$ 整除 $q+2$, 得 $q = 4$. 此时 $\chi(1) = 6$, $G/N = A/N \cong \mathrm{PGL}(2,4) \cong \mathrm{PSL}(2,4)$. 进一步, 考察 $\mathrm{PSL}(2,4)$ 的子群结构得 $M/N \cong \mathrm{D}_{10}$, 再因为 λ^G 中有 6 次不可约成分 χ, 所以 λ 线性且可扩充到 M/N, 由推论 2.8.6 得 $\mathrm{cd}(\lambda^G) = \{6, 12\}$. 于是 $7 \in \mathrm{cd}(G)$, 注意到 G 的 7 次不可约特征标限制到 N 不可约, 这又推出 $35 \in \mathrm{cd}(G)$, 与引理 4.7.7(4) 矛盾.

(3.2) 再证明结论 (3).

若 $q \neq 7$ 且 $q \geqslant 5$ 为奇数, 由 (3.1) 和引理 4.7.9 有 $a \in \big\{1, q, q+1, q-1, (q+1)/2, (q-1)/2\big\}$, 注意到 $a \mid (q+2)$, 得 $a=1$, 即 χ_N 不可约, 由 Gallagher 定理得 $(q+2)(q+1) \in \mathrm{cd}(G)$, 这与引理 4.7.7(4) 矛盾. 若 $q \geqslant 8$ 为偶数, 则 $A = G$ 且 λ 可扩充到 G (引理 4.7.9). 这表明 χ_N 不可约, 同样有 $(q+2)(q+1) \in \mathrm{cd}(G)$, 也与引理 4.7.7(4) 矛盾.

下面还需验证 $q=7$ 和 $q=4$ 的情形, 对于 $q=7$ 可仿照 $q=4$ 的证明排除之, 下面考察 $q=4$ 的情形. 此时, $G=A$, $\chi(1)=6$, $G/N \cong \mathrm{PSL}(2,4)$.

当 λ 可扩充到 G 时, 得 $a \in \mathrm{cd}(G/N) = \{1,3,4,5\}$, 故 $a \in \{1,3\}$. 若 $a=3$, 则 $\lambda(1)=2$, $\mathrm{cd}(\lambda^G) = \{2,6,8,10\}$, 故 $7 \in \mathrm{cd}(G)$, 因 G 的 7 次不可约特征标限制到 N 不可约, 又得 $35 \in \mathrm{cd}(G)$, 与引理 4.7.7(4) 矛盾. 若 $a=1$, 则 $\lambda(1)=1$, 但 λ^G 中没有 6 次不可约成分, 矛盾.

因此 λ 不能扩充到 G, 再由引理 4.7.9 得 $a \in \{2,4,6\}$, 故 $\lambda(1) \in \{1,3\}$. 若 $\lambda(1)=3$, 则 $\mathrm{cd}(\lambda^G) = \{6,12,18\}$, 与引理 4.7.7(4) 矛盾. 因此 $\lambda(1)=1$, $\mathrm{cd}(\lambda^G)=\{2,4,6\}$. 反设 $b(G)>6$, 则 $7 \in \mathrm{cd}(G)$, 因 G 的 7 次不可约特征标限制到 N 不可约, 又得 $35 \in \mathrm{cd}(G)$, 同样与引理 4.7.7(4) 矛盾. 故 $b(G)=6$, (3) 成立.

(4) 任取 $\lambda \in \mathrm{Irr}(N)$, λ 在 G 中不变.

反设存在 $\lambda \in \mathrm{Irr}(N)$ 使得 $M := \mathrm{I}_G(\lambda) < G$. 取 $\eta \in \mathrm{Irr}(\lambda^M)$ 使得 $\eta(1)$ 极大, 令 $\chi = \eta^G$, 则 $\chi \in \mathrm{Irr}(G)$. 当 M/N 不交换时, 显然有 $\eta(1) \geqslant 2\lambda(1) \geqslant 2$.

假设 $M \cap A = A$, 则 $A = M < G$, 故 $q \geqslant 5$ 为奇数. 由引理 4.7.9 有 $\eta(1) \geqslant q\lambda(1)$, 故 $\chi(1) = 2\eta(1) \geqslant 2q$. 现有 $\{q, 2q\} \subseteq \mathrm{cd}(G)$, 引理 4.7.7(4) 推出 $q=5$. 因 G 为 CCD-群, 得 $7 \in \mathrm{cd}(G)$, 注意到 G 的 7 次不可约特征标限制到 N 不可约, 这又推出 $35 \in \mathrm{cd}(G)$, 与引理 4.7.7(4) 矛盾.

假设 $M \cap A < A$ 且 $q \geqslant 5$. 由 (3) 有 $b(G) = q+1$, 于是 $q+1 \geqslant \chi(1) = |G:M|\eta(1) \geqslant \eta(1)|A:A\cap M|$. 现在 $|A:A\cap M| \leqslant q+1$, 引理 4.7.10 推出 $(A\cap M)/N$ 不交换, 故 $\eta(1) \geqslant 2$, 所以又有 $|A:A\cap M| \leqslant (q+1)/2$, 由引理 4.7.10 知这是不可能的.

假设 $M \cap A < A$ 且 $q=4$, 则 $G=A$, $G/N \cong \mathrm{PSL}(2,4)$, 且 $b(G) \leqslant q+2 = 6$ (结论 (3)). 于是 $6 \geqslant \chi(1) = |G:M|\eta(1)$. 考察 $\mathrm{PSL}(2,4)$ 的子群结构并注意到 $|G:M| \mid 6$, 我们有 $M/N \cong \mathrm{D}_{10}$ 或 A_4. 此时 M/N 不交换, 故 $\eta(1) \geqslant 2$, 从而 $\chi(1) > 6$, 矛盾.

(5) $N = \mathbf{Z}(G)$.

假设 N 不交换, 取 $\lambda \in \mathrm{Irr}(N|N')$, 由 (4) 知 λ 在 A 中不变. 由引理 4.7.9, 存在 $\theta \in \mathrm{Irr}(\lambda^A)$ 使得 $\theta(1) \geqslant q\lambda(1) \geqslant 2q$, 故 $b(G) \geqslant 2q$, 与 (3) 矛盾. 因此 N 是交换群. 进一步, 因为 G 稳定 N 的所有不可约特征标, 从而由 Brauer 置换引

理 (定理 2.4.15) 推出 G 稳定 N 的所有共轭类. 因 N 交换, G 必中心化 N, 得 $N \leqslant \mathbf{Z}(G)$, 从而 $N = \mathbf{Z}(G)$, 定理必要性得证. □

4.7.2 特征标次数均平方自由的有限群

若正整数 m 不能被任何素数的平方所整除, 则称 m 平方自由. Huppert 和 Manz [55] 研究了"不可约特征标次数均平凡自由"的有限群, 显然, 该假设条件对商群和次正规子群保持.

命题 4.7.12 设 G 可解, 若 $\mathrm{cd}(G)$ 中成员都平方自由, 则以下结论成立:

(1) 对任意素数 p, $\mathbf{O}_p(G)$ 有指数不超过 p 的正规交换子群, 或 $|\mathbf{O}_p(G) : \mathbf{Z}(\mathbf{O}_p(G))| = p^3$.

(2) $G/\mathbf{F}_2(G)$ 和 $\mathbf{F}_2(G)/\mathbf{F}(G)$ 均是平方自由阶的循环群.

证 (1) 因假设条件对 $\mathbf{O}_p(G)$ 保持, 故 $\mathrm{cd}(\mathbf{O}_p(G)) \subseteq \{1, p\}$, 由命题 4.2.7 即得结论.

(2) 反设 $|\mathbf{F}_2(G)/\mathbf{F}(G)|$ 不是平方自由的, 则存在 G 的次正规子群 A 使得 $|A/\mathbf{F}(G)|$ 等于某素数 q 的平方. 显然 $\mathbf{F}(A) = \mathbf{F}(G)$, 由命题 3.3.19, 存在 $\theta \in \mathrm{Irr}(A)$ 使得 $\theta(1) = q^2$, 但 $\mathrm{cd}(A)$ 中成员也都平方自由, 矛盾. 故 $|\mathbf{F}_2(G)/\mathbf{F}(G)|$ 必平方自由. 现在 $\mathbf{F}_2(G)/\mathbf{F}(G)$ 循环, 故 $G/\mathbf{F}_2(G)$ 交换. 在 $G/\mathbf{F}(G)$ 中重复上面的推理, 得 $|G/\mathbf{F}_2(G)|$ 也平方自由. □

命题 4.7.13 [*] (Huppert-Manz) 设 G 非可解, 若 $\mathrm{cd}(G)$ 中成员都平方自由, 则 $G = \mathrm{A}_7 \times B$, 其中 B 可解.

对于非可解情形, 我们可在更一般的假设"4 不整除 $\mathrm{cd}(G)$ 中任何成员"下讨论. 显然, 命题 4.7.13 是定理 4.7.14 的直接推论.

定理 4.7.14 [*] (Lewis) 设 G 非可解, 则 4 不整除 $\mathrm{cd}(G)$ 中任何成员的充分必要条件是, $G = \mathrm{A}_7 \times B$, 其中 B 可解且有正规交换的 Sylow 2-子群.

为证明定理 4.7.14, 我们需要若干准备工作.

设 G 为 p'-群, $\mathbb{F}$ 是 p-元域 $\mathbb{F}_p$ 的代数闭包, U 为 $\mathbb{F}[G]$-模. 由 Maschke 的定理 1.3.17, U 为完全可约模, 因此 U 可表为绝对不可约 $\mathbb{F}[G]$-模 $W_1, \cdots, W_d$ 的直和. 对于 U 的每个不可约成分 W_i, W_i 提供了 G 上的不可约的 p-Brauer 特征标 φ_i (见 3.7 节之介绍), 且实际上 $\varphi_i \in \mathrm{Irr}(G)$. 因此 $\mathbb{F}[G]$-模 U 决定了 G 上的一个 p-Brauer 特征标, 即 G 上的复特征标 $\sum_{i=1}^d \varphi_i$.

引理 4.7.15 设 V 为 $\mathbb{F}_p[G]$-模, $\mathbb{F}$ 为 $\mathbb{F}_p$ 的代数闭包, 再设 $U = V \otimes_{\mathbb{F}_p} \mathbb{F}$, 并记 χ 为由 U 提供的 G 上的 p-Brauer 特征标. 若 g 为 G 中的 p'-元, 则

$$\dim_{\mathbb{F}_p}(\mathbf{C}_V(g)) = \dim_{\mathbb{F}}(\mathbf{C}_U(g)) = [\chi_{\langle g \rangle}, 1_{\langle g \rangle}].$$

证 将 G, V, U, χ 分别替换为 $\langle g \rangle, V|_{\langle g \rangle}, U|_{\langle g \rangle}, \chi|_{\langle g \rangle}$, 引理条件仍成立, 故可设 $G = \langle g \rangle$. 现在 G 为 p'-群, 所以 V 和 U 都完全可约. 因为 $V_1 := \mathbf{C}_V(g)$ 为 V

的 $\mathbb{F}_p[G]$-子模, 所以有 $\mathbb{F}_p[G]$-模 V_2 使得 $V = V_1 \oplus V_2$. 于是

$$U = U_1 \oplus U_2, \quad 其中 U_i = V_i \otimes_{\mathbb{F}_p} \mathbb{F}, i = 1, 2.$$

考察向量空间 V_2, U_2 上的线性变换 $g|_{V_2}$ 和 $g|_{U_2}$, 不难看到它们有相同的特征多项式. 因为 $\mathbf{C}_{V_2}(g) = 0$, 所以 1 不是 $g|_{V_2}$ 的特征值, 这表明 1 也不是 $g|_{U_2}$ 的特征值, 故 $\mathbf{C}_{U_2}(g) = 0$. 注意到 $U_1 \leqslant \mathbf{C}_U(g)$, 得 $\mathbf{C}_U(g) = U_1$, 因此

$$\dim_{\mathbb{F}_p}(\mathbf{C}_V(g)) = \dim_{\mathbb{F}}(U_1) = \dim_{\mathbb{F}}(\mathbf{C}_U(g)).$$

因 G 为 p'-群, χ 实际上就是 G 上的复特征标. 对应于 U 的直和分解 $U = U_1 \oplus U_2$, 记 U_1, U_2 提供的 G 上的 p-Brauer 特征标 (即通常的复特征标) 分别为 μ, ν. 不难看到 $\mu = a1_G$, $[\nu, 1_G] = 0$, 且 $\chi = a1_G + \nu$. 故 $\dim_{\mathbb{F}}(\mathbf{C}_U(g)) = \dim_{\mathbb{F}}(U_1) = \mu(1) = a = [\chi, 1_G]$, 结论成立. □

定理 4.7.14 最关键的一步是证明下面的引理 4.7.16. 与 Lewis[74] 的原始证明方法不同, 这里提供的证明相对简洁一些, 其证明技术取自于 [79].

引理 4.7.16 设 $G/N \cong \mathrm{A}_7$, 其中 N 为 G 的交换的极小正规子群. 若 4 不整除 $\mathrm{cd}(G)$ 中任何成员, 则 $G = N \times \mathrm{A}_7$.

证 反设结论不成立. 若 $N = \mathbf{Z}(G)$, 则 N 为 A_7 的 Schur 乘子群 (否则, G 在 N 处分裂, 结论成立), 由 [4] 有 $G \cong 2 \cdot \mathrm{A}_7$ 或 $3 \cdot A_7$, 且总有 $m \in \mathrm{cd}(G|N)$ 使得 $4 \mid m$, 矛盾. 因此 $N \neq \mathbf{Z}(G)$, 从而 $N = \mathbf{C}_G(N)$. 任取 $\lambda \in \mathrm{Irr}^\sharp(N)$, 注意到 $\mathrm{I}_G(\lambda) = G$ 将推出 $N \leqslant \mathbf{Z}(G)$, 故总有 $\mathrm{I}_G(\lambda) < G$. 注意到 $|G/N| = 2^3 \cdot 3^3 \cdot 5 \cdot 7$, 由引理条件推出 $4 \mid |\mathrm{I}_G(\lambda) : N|$. 设 N 为初等交换 p-群.

(1) 任取 $n \in N^\sharp$, 都有 $7 \nmid |\mathbf{C}_G(n)|$. 特别地, $p \neq 7$.

否则, 存在 $n \in N^\sharp$ 使得 $7 \mid |\mathbf{C}_G(n)|$. 若 N 为 7-群, 由引理 2.8.23, 存在 $\lambda \in \mathrm{Irr}^\sharp(N)$ 使得 $|\mathrm{I}_G(\lambda)|_7 = |G|_7$; 若 N 为 $7'$-群, 考察 G 的 Sylow 7-子群在 N 上的互素作用, 由定理 3.3.8, 也存在 $\lambda \in \mathrm{Irr}^\sharp(N)$ 使得 $|\mathrm{I}_G(\lambda)|_7 = |G|_7$. 综上, 我们总可取到 $\lambda \in \mathrm{Irr}^\sharp(N)$ 使得 $2^2 \cdot 7 \mid |\mathrm{I}_G(\lambda) : N|$. 查阅 [4] 中 A_7 的子群结构, A_7 的阶是 28 的倍数的真子群只有 $\mathrm{PSL}(2, 7)$, 这表明 $\mathrm{I}_G(\lambda)/N \cong \mathrm{PSL}(2, 7)$.

若 λ 可扩充到 $\mathrm{I}_G(\lambda)$, 因 $8 \in \mathrm{cd}(\mathrm{PSL}(2, 7))$, 由推论 2.8.6 得 8 整除 $\mathrm{cd}(\lambda^G)$ 中某成员, 矛盾. 若 λ 不能扩充到 $\mathrm{I}_G(\lambda)$, 查阅 [4] 得

$$\mathrm{cd}(\lambda^{\mathrm{I}_G(\lambda)}) = \mathrm{cd}(\mathrm{SL}(2, 7) \,|\, \mathrm{PSL}(2, 7)) = \{4, 6, 8\},$$

这表明 8 整除 $\mathrm{cd}(\lambda^G)$ 中某成员, 矛盾.

(2) $|N| = p^6$.

令 $\mathbb{F}$ 为 $\mathbb{F}_p$ 的代数闭包. 显然 N 可看作不可约 $\mathbb{F}_p[G/N]$-模, 故 $N \otimes_{\mathbb{F}_p} \mathbb{F}$ 为 $\mathbb{F}[G/N]$-模. 记 μ 为由 $\mathbb{F}[G/N]$-模 $N \otimes_{\mathbb{F}_p} \mathbb{F}$ 提供的 $\mathbb{F}$-特征标, 由定理 3.7.20,

$$\mu = \mu_1 + \cdots + \mu_d,$$

其中 $\mu_1,\cdots,\mu_d$ 两两不同, 绝对不可约, 且构成一个 Galois 共轭类. 令 η,η_i 分别是由 μ, μ_i 提升得到的 p-Brauer 特征标, 则 $\eta=\eta_1+\cdots+\eta_d$, 其中 $\eta_1,\cdots,\eta_d\in \mathrm{IBr}_p(G/N)$ 两两不同. 我们有 $\eta_1(1)=\cdots=\eta_d(1)$,

$$\log_p(|N|)=\dim_{\mathbb{F}}(N\otimes_{\mathbb{F}_p}\mathbb{F})=\sum_{i=1}^{d}\eta_i(1)=d\eta_1(1)=\eta(1).$$

显然 η_i 都不等于 $1_{G/N}$. 取 g 为 G 中的 7 阶元, 由 (1) 有 $p\neq 7$, 且

$$\dim_{\mathbb{F}_p}(\mathbf{C}_N(gN))=\dim_{\mathbb{F}_p}(\mathbf{C}_N(g))=0.$$

(2.1) 假设 $p\geqslant 11$.

此时 G/N 为 p'-群, 故 $\mathrm{IBr}_p(G/N)=\mathrm{Irr}(G/N)$, $\eta_i\in\mathrm{Irr}(G/N)$, $\eta=\sum_{i=1}^d\eta_i\in \mathrm{Ch}(G/N)$. 查阅 [4], 我们看到 A_7 恰有 8 个非主不可约特征标 $\chi_2,\cdots,\chi_9$, 它们的次数依次为 6, 10, 10, 14, 14, 15, 21, 35.

因为 $\dim_{\mathbb{F}_p}(\mathbf{C}_N(gN))=0$, 应用引理 4.7.15 得 $[\eta_{\langle gN\rangle},1_{\langle gN\rangle}]=0$. 注意到以下事实: η 是两两不同的不可约特征标 η_i 的和; $[(\eta_i)_{\langle gN\rangle},1_{\langle gN\rangle}]\in\mathbb{N}$; 查阅 [4] 知有且仅有 χ_2 满足 $[(\chi_2)_{\langle gN\rangle},1_{\langle gN\rangle}]=0$, 综上表明 $\eta=\chi_2$, 因此 $\log_p(|N|)=\eta(1)=6$, 即 $|N|=p^6$.

(2.2) 假设 $p=5$.

查阅 [11], A_7 在特征 5 的代数闭域上的非主不可约 Brauer 特征标恰有以下 7 个: $\chi_2,\cdots,\chi_8$; 它们的次数依次为 $6,8,10,10,13,15,35$. 注意到 $\dim_{\mathbb{F}_p}(\mathbf{C}_N(gN))=0$, 应用引理 4.7.15 得 $[\eta_{\langle gN\rangle},1_{\langle gN\rangle}]=0$. 注意到以下事实: η 是 G/N 的若干两两不同的不可约 5-Brauer 特征标 η_i 的和; $[(\eta_i)_{\langle gN\rangle},1_{\langle gN\rangle}]\in\mathbb{N}$; 查阅 [11] 知有且只有 χ_2 满足 $[(\chi_2)_{\langle gN\rangle},1_{\langle gN\rangle}]=0$, 综上表明 $\eta=\chi_2$, 因此 $|N|=p^6$.

(2.3) 假设 $p=2$ 或 3.

用 (2.2) 的方法同样可证得 $|N|=p^6$. 下面以 $p=2$ 为例, 给出另一证明. 查阅 [11], A_7 在特征 2 的代数闭域上的非主不可约 Brauer 特征标恰有以下 5 个: $\varphi_2,\cdots,\varphi_6$, 它们的次数依次为 $4,4,6,14,20$. 注意到 η 是若干两两不同且次数又都相同的不可约 2-Brauer 特征标之和, 所以 η 只能等于以下之一: φ_2, φ_3, $\varphi_2+\varphi_3$, φ_4, φ_5, φ_6. 因此

$$|N|\in\{2^4,2^8,2^6,2^{14},2^{20}\}.$$

由 (1) 知 $N^\sharp$ 中元素的 G-轨道长都是 7 的倍数, 这表明 7 整除 $|N|-1$, 这样就排除了 $|N|=2^4,2^8,2^{14},2^{20}$ 的可能性, 得 $|N|=2^6$.

(3) 最后的矛盾.

现在 $|N|=p^6$, $p\neq 7$. 当 $p\in\{2,3,5\}$ 时查阅 [11], 当 $p\geqslant 11$ 时查阅 [4], 我们看到: 特征 p 域上的非平凡的绝对不可约 A_7-模的维数至少为 6, 且恰有一个 6

维的特征 p-域上的绝对不可约 A_7-模. 由此并结合定理 3.7.20 推出:

• 非主的不可约 $\mathbb{F}_p[\mathrm{A}_7]$-模的维数至少为 6; 若 A_7 有 6 维的不可约 $\mathbb{F}_p$-模, 则 A_7 的 6 维不可约 $\mathbb{F}_p$-模 (在同构意义下) 必唯一.

• 若 V 是一个非平凡的 6 维 $\mathbb{F}_p[\mathrm{A}_7]$-模, 则 V 一定不可约, 且一定是 A_7 的唯一的 6 维不可约 $\mathbb{F}_p$-模.

下面我们来构造一个非平凡的 6 维 $\mathbb{F}_p[\mathrm{A}_7]$-模 V, 它当然同构于 6 维不可约 $\mathbb{F}_p[G/N]$-模 N. 令 V 为 7 个 $\mathrm{C}(p)$ 的外直积, 令 A_7 自然地作用在 V 上, 即

$$V \rtimes \mathrm{A}_7 = \mathrm{C}(p) \wr \mathrm{A}_7.$$

记 $V_0 = \{(a,a,a,a,a,a,a) \mid a \in \mathrm{C}(p)\}$, 则 V, V_0 均为 $\mathbb{F}_p[\mathrm{A}_7]$-模, 且 V/V_0 为非平凡的 $\mathbb{F}_p[\mathrm{A}_7]$-模. 如上所示, V/V_0 不可约, $V/V_0 \cong N$. 取 $\lambda \in \mathrm{Irr}^\sharp(\mathrm{C}(p))$, 令

$$\theta = \lambda \times \lambda^{-1} \times 1 \times 1 \times 1 \times 1 \times 1 \in \mathrm{Irr}(V).$$

显然 $V_0 \leqslant \ker\theta$, 因此 $\theta \in \mathrm{Irr}(V/V_0)$. 当 $p>2$ 时，易见 $\mathrm{I}_{\mathrm{A}_7}(\theta) = \mathrm{A}_5$. 当 $p=2$ 时, 虽然 $\lambda = \lambda^{-1}$, 但是 A_7 由偶置换构成, 因此也有 $\mathrm{I}_{\mathrm{A}_7}(\theta) \cong \mathrm{A}_5$.

将上面的结果在 G 中重新叙述, 我们可找到 $\theta \in \mathrm{Irr}(N)$ 使得 $\mathrm{I}_G(\theta)/N \cong \mathrm{A}_5$. 由引理 4.7.9, 得 $4 \in \mathrm{cd}(\theta^{\mathrm{I}_G(\theta)})$, 故 8 整除 $\mathrm{cd}(\theta^G)$ 某成员, 矛盾. □

引理 4.7.17 [*]　*设 L 是若干非交换单群的直积, 若 4 不整除 $\mathrm{cd}(L)$ 中任何成员, 则 $L \cong \mathrm{A}_7$.*

证　注意, 对任意非交换单群 S, 都有 $4 \mid |S|$ 且 $2 \in \rho(S)$. 若 L 为 $d \geqslant 2$ 个非交换单群 $S_1, \cdots, S_d$ 的直积. 取 $\theta_i \in \mathrm{Irr}(S_i)$ 使得 $2 \mid \theta_i(1)$, 则 $\prod_{i=1}^d \theta_i \in \mathrm{Irr}(L)$, 这表明 4 整除 $\mathrm{cd}(L)$ 中某成员, 矛盾. 故 L 是单群. 因为 4 不整除 $\mathrm{cd}(L)$ 中的任何成员, 所以 L 不能有 2-亏零的不可约特征标. 由定理 4.1.3 知, L 为交错型单群或为下列零散单群之一: M_{12}, M_{22}, M_{24}, J_2, HS, Suz, Ru, Co_1, Co_3, BM. 查阅 [4], 可排除这些零散单群. 下面考察 $L \cong \mathrm{A}_n$ 的情形.

假设 $n \geqslant 8$, 则 $L \leqslant \mathrm{Aut}(\mathrm{A}_n) = \mathrm{S}_n$. 对应于 n 的划分 $(n-3,2,1)$ 和 $(n-3,1,1,1)$, 由定理 4.1.20, S_n 分别有不可约特征标 χ_1 和 χ_2, 它们的次数分别为 $n(n-2)(n-4)/3$ 和 $(n-1)(n-2)(n-3)/6$. 当 n 为偶数时, $4 \mid \chi_1(1)$; 当 n 为奇数时, $4 \mid \chi_2(1)$. 因 $n \geqslant 8$, 易见上述两个关于 n 的划分都不是对称的, 故 χ_1, χ_2 限制到 A_n 均不可约, 这表明 4 整除 $\mathrm{cd}(L)$ 中某成员, 矛盾. 因此 $n \leqslant 7$, 再查阅 [4] 得 $L \cong \mathrm{A}_7$. □

定理 4.7.14 的证明　仅需证明必要性. 令 $L \trianglelefteq G$ 极小使得 L 不可解, 取 L/E 为 G 的主因子. 由 L 的取法知: L/E 非交换, $L = L'$, 且 E 可解.

显然 4 不能整除 $\mathrm{cd}(L/E)$ 中的任何成员, 由引理 4.7.17 得 $L/E \cong \mathrm{A}_7$. 若 $E > 1$, 取 E/N 为 L 的主因子. 注意到 4 也不能整除 $\mathrm{cd}(L/N)$ 中的任何成员, 由引理 4.7.16 推出: L/N 为 A_7 和交换群 E/N 的直积, 故又有 $L' < L$, 矛盾. 因

此 $L \cong \mathrm{A}_7$.

记 $B = \mathbf{C}_G(L)$, 则 $\mathrm{A}_7 \leqslant G/B \leqslant \mathrm{Aut}(\mathrm{A}_7) = \mathrm{S}_7$. 因为 $20 \in \mathrm{cd}(\mathrm{S}_7)$, 所以 $G/B \cong \mathrm{A}_7$, 这表明 $G = L \times B$. 因 L 中有偶数次不可约特征标, 故 B 中没有偶数次不可约特征标, 这表明 B 有正规交换的 Sylow 2-子群, 定理成立. □

参考文献

[1] Berkovich Y, Zhmud E M. Characters of Finite Groups I. Providence, Rhode Island: American Mathematical Society, 1997.

[2] Blichfeldt H F. Finite Collineation Groups. Chicago: University of Chicago Press, 1917.

[3] Carter R W. Finite Groups of Lie Type: Conjugacy Classes and Complex Characters. New York: Wiley Interscience, 1985.

[4] Conway J H, Curtis R T, Norton S P, Parker R A, Wilson R A. Atlas of Finite Groups. Oxford, New York: Oxford University Press, 1985.

[5] Doerk K, Hawkes T. Finite Soluble Groups. Berlin, New York: Walter de Gruyter Company, 2003.

[6] Fraleigh J B. A First Course in Abstract Algebra. 7th ed. Bonston: Addison-Wesley, 2003.

[7] Huppert B. Endliche Gruppen I. Berlin: Springer Verlag, 1967.

[8] Huppert B. Character Theory of Finite Groups. Berlin, New York: Walter de Gruyter Company, 1998.

[9] Isaacs I M. Character Theory of Finite Groups. New York: Academic Press, 1976.

[10] James G D. The Representation Theory of the Symmetric Group. Berlin, Heidelberg, New York: Springer-Verlag, 1978.

[11] Jansen C, Lux K, Parker R, Wilson R. An Atlas of Brauer Characters. Oxford, New York: Oxford University Press, 1995.

[12] Manz O, Wolf T R. Representations of Solvable Groups. London Mathematical Society Lecture Note Series 185. Cambridge: Cambridge University Press, 1993.

[13] Navarro G. Characters and Blocks of Finite Groups. Cambridge: Cambridge University Press, 1998.

[14] 徐明曜, 黄建华, 李慧陵, 李世荣. 有限群导引 (上、下). 北京: 科学出版社, 1999.

[15] Akhlaghi Z, Dolfi S, Pacifici E. On Huppert's rho-sigma conjecture. J. Algebra, 2021, 586: 537-560.

[16] Benjamin D. Coprimeness among irreducible character degrees of finite solvable groups. Proc. Amer. Math. Soc., 1997, 125: 2831-2837.

[17] Benjamin D. A bound for $|G : \mathbf{O}_p(G)|$ in terms of the largest irreducible character degree of a finite p-solvable group G. Proc. Amer. Math. Soc., 1999, 127: 371-376.

[18] Berkovich Y. Finite solvable groups in which only two nonlinear irreducible characters have equal degrees. J. Algebra, 1996, 184: 584-603.

[19] Berkovich Y. On Isaacs' three character degrees theorem. Proc. Amer. Math. Soc., 1997, 125: 669-677.

[20] Berkovich Y, Chillag D, Herzog M. Finite groups in which the degrees of nonlinear irreducible characters are distinct. Proc. Amer. Math. Soc., 1992, 115: 955-959.

[21] Berkovich Y, Kazarin L. Finite nonsolvable groups in which only two nonlinear irreducible characters have equal degrees. J. Algebra, 1996, 184: 538-560.

[22] Bianchi M, Chillag D, Lewis M L, Pacifici E. Character degree graphs that are complete graphs. Proc. Amer. Math. Soc., 2007, 135: 671-676.

[23] Bianchi M, Mauri A G B, Herzog M, Qian G, Shi W. Characterization of non-nilpotent groups with two irreducible character degrees. J. Algebra, 2005, 284: 326-332.

[24] Brandl R, Shi W. Finite groups whose element orders are consecutive integers. J. Algebra, 1991, 143: 388-400.

[25] Camina A R, Camina R D. The influence of conjugacy class sizes on the structure of finite groups: A survey. Asian-European J. Math., 2011, 4: 559-588.

[26] Casolo C, Dolfi S. Prime divisors of irreducible character degrees and of conjugacy class sizes in finite groups. J. Group Theory, 2007, 10: 571-583.

[27] Casolo C, Dolfi S. Products of primes in conjugacy class sizes and irreducible character degrees. Israel J. Math., 2009, 174: 403-418.

[28] Casolo C, Dolfi S, Pacifici E, Sanus L. Groups whose character degree graph has diameter three. Israel J. Math., 2016, 215: 523-558.

[29] Chillag D, Herzog M. Finite groups with almost distinct character degrees. J. Algebra, 2008, 319: 716-729.

[30] Craven D A. Symmetric group character degrees and hook numbers. Proc. London Math. Soc., 2008, 96: 26-50.

[31] Dade E C. Normal subgroups of M-groups need not be M-groups. Math. Z., 1973, 133: 313-317.

[32] Dark R, Scoppola C M. On Camina groups of prime power order. J. Algebra, 1996, 181: 787-802.

[33] Dixon J D. Normal p-subgroups of solvable linear groups. J. Aust. Math. Soc., 1967, 7: 545-551.

[34] Dolfi S. Large orbits in coprime actions of solvable groups. Trans. Amer. Math. Soc., 2008, 360: 135-152.

[35] Dolfi S, Navarro G, Tiep P H. Finite groups whose same degree characters are Galois conjugate. Israel J. Math., 2013, 198: 283-331.

[36] Dong S, Pan H. The average conjugacy class size and the Hall π-subgroups in π-solvable groups. J. Algebra Applications, 2024, 23(6): 2450110.

[37] Du N, Lewis M L. Groups with four character degrees and derived length four. Comm. Algebra, 2015, 43(11): 4660-4673.

[38] Feit W. The current situation in the theory of finite simple groups. Actes Congr. Intern. Math. Nice, 1970, Tome I: 55-93.

[39] Feit W, Seitz G M. On finite rational groups and related topics. Illinois J. Math., 1988, 33: 103-131.

[40] Feit W, Thompson J G. Groups which have a faithful representation of degree less than $(p-1)/2$. Pacific J. Math., 1961, 11: 1257-1262.

[41] Gagola S M. A character theoretic condition for $\mathbf{F}(G) > 1$. Comm. Algebra, 2005, 33(5): 1369-1382.

[42] Gallagher P X. The number of conjugacy classes in a finite group. Math. Z., 1970, 118: 175-179.

[43] Glauberman G. Central elements in core-free groups. J. Algebra, 1966, 4: 403-420.

[44] Gluck D, Magaard K, Riese U, Schmid P. The solution of the $k(GV)$-problem. J. Algebra, 2004, 279: 694-719.

[45] Gluck D, Wolf T R. Defect groups and character heights in blocks of solvable groups II. J. Algebra, 1984, 87: 222-246.

[46] Gluck D, Wolf T R. Brauer's height conjecture for p-solvable groups. Trans. Amer. Math Soc., 1984, 282: 137-152.

[47] Granville A, Ono K. Defect zero p-blocks for finite simple groups. Trans. Amer. Math. Soc., 1996, 348: 331-347.

[48] Gross F. Automorphisms which centralize a Sylow p-subgroup. J. Algebra, 1982, 77: 202-233.

[49] Guralnick R M, Robinson G R. On the commuting probability in finite groups. J. Algebra, 2006, 300: 509-528.

[50] Gustafson W H. What is the probability that two group elements commute? Amer. Math. Monthly, 1973, 80: 1031-1034.

[51] Halasi Z, Podoski K. Every coprime linear group admits a base of size two. Trans. Amer. Math. Soc., 2016, 368: 5857-5887.

[52] Hartley B, Turull A. On characters of coprime operator groups and the Glauberman character correspondence. J. Reine Angew. Math., 1994, 451: 175-219.

[53] He L, Qian G. Nonsolvable normal subgroups with few induced character degrees. Comm. Algebra, 2012, 40(11): 3994-3998.

[54] He L, Zhu G. Nonsolvable normal subgroups and irreducible character degrees. J. Algebra, 2012, 372: 68-84.

[55] Huppert B, Manz O. Degree problems I: Squarefree character degrees. Arch. Math., 1985, 45: 125-132.

[56] Isaacs I M. Equally partitioned groups. Pacific J. Math., 1973, 49: 109-116.

[57] Isaacs I M. Character degrees and derived length of a solvable group. Canad. J. Math., 1975, 27: 146-151.

[58] Isaacs I M. Sets of p-powers as irreducible character degrees. Proc. Amer. Math. Soc., 1986, 96: 551-552.

[59] Isaacs I M. Large orbits in actions of nilpotent groups. Proc. Amer. Math. Soc., 1999, 127: 45-50.

[60] Isaacs I M, Knutson G. Irreducible character degrees and normal subgroups. J. Algebra, 1998, 199: 302-326.

[61] Isaacs I M, Loukaki M, Moretó A. The average degree of an irreducible character of a finite group. Israel J. Math., 2013, 197: 55-67.

[62] Ishikawa K. On finite p-groups which have only two conjugacy lengths. Israel J. Math., 2002, 129: 119-123.

[63] Itô N. Some studies on group characters. Nagoya Math. J., 1951, 2: 17-28.

[64] Itô N. On a theorem of H. F. Blichfeldt. Nagoya Math. J., 1953, 5: 75-77.

[65] Itô N. On finite groups with given conjugate types I. Nagoya Math. J., 1953, 6: 17-28.

[66] Kazarin L. Burnside's p^{α}-lemma. Mathemat Notes. Translated from Matematicheskie Zamatki, 1990, 48: 45-48.

[67] Kerber A. Zur Theorie der M-gruppen. Math. Z., 1970, 115: 4-6.

[68] Keller T M. A linear bound for $\rho(n)$. J. Algebra, 1995, 178: 643-652.

[69] Keller T M. Orbit sizes and character degrees. Pacific J. Math., 1999, 187: 317-332.

[70] Keller T M. Orbit sizes and character degrees, II. J. Reine. Angew. Math., 1999, 516: 27-114.

[71] Lewis M L. Determining group structure from sets of irreducible character degrees. J. Algebra, 1998, 206: 235-260.

[72] Lewis M L. Solvable groups whose degree graphs have two connected components. J. Group Theory, 2001, 4: 255-275.

[73] Lewis M L. A solvable group whose character degree graph has diameter 3. Proc. Amer. Math. Soc., 2002, 130: 625-630.

[74] Lewis M L. Generalizing a theorem of Huppert and Manz. J. Algebra Applications, 2007, 6(4): 687-695.

[75] Lewis M L. An overview of graphs associated with character degrees and conjugacy class sizes in finite groups. Rocky Mountain J. Math., 2008, 38: 175-211.

[76] Lewis M L, White D L. Connectedness of degree graphs of nonsolvable groups. J. Algebra, 2003, 266: 51-76.

[77] Lewis M L, White D L. Diameters of degree graphs of nonsolvable groups, II. J. Algebra, 2007, 312: 634-649.

[78] Lewis M L, White D L. Nonsolvable groups with no prime dividing three character degrees. J. Algebra, 2011, 336: 158-183.

[79] Li T, Liu Y, Qian G. Blocks of defect zero in finite groups with conjugate subgroups of a given prime order. J. Algebra Applications, 2017, 16(11): 1750217.

[80] Liu Y, Lu Z. A note on Huppert's ρ-σ conjecture: An improvement on a result by Casolo and Dolfi. J. Algebra Applications, 2014, 13(7): 1450031.

[81] Liu Y, Lu Z. Nonsolvable D_2-group. Acta Math. Sinica, English Series, 2015, 31(11): 1683-1702.

[82] Liu Y, Yang Y. On Huppert's ρ-σ conjecture. Monatshefte Math., 2022, 197: 299-309.

[83] Macdonald I D. Some p-groups of Frobenius and extraspecial type. Israel J. Math., 1981, 40: 350-364.

[84] Malle G. Extensions of unipotent characters and the inductive McKay condition. J. Algebra, 2008, 320: 2963-2980.

[85] Malle G, Moretó A. Nonsolvable groups with few character degrees. J. Algebra, 2005, 294: 117-126.

[86] Malle G, Navarro G. Characterizing normal Sylow p-subgroups by character degrees. J. Algebra, 2012, 370: 402-406.

[87] Manz O, Stsazewski R, Willems W. On the number of components of a graph related to character degrees. Proc. Amer. Math. Soc., 1988, 103: 31-37.

[88] Mazurov V D. The set of orders of elements in a finite group. Algebra and Logic, 1994, 33: 49-55.

[89] Michler G O. Brauer's Conjectures and the Classification of Finite Simple Groups. Lect. Notes Math., 1178. Berlin, Heidelberg: Springer, 1986.

[90] Moretó A. Complex group algebras of finite groups: Brauer's problem 1. Adv. Math., 2007, 208: 236-248.

[91] Navarro G. Variations on the Itô-Michler theorem on character degrees. Rocky Mountain J. Math., 2016, 46: 1363-1377.

[92] Noritzsch T. Groups having three irreducible character degrees. J. Algebra, 1995, 175: 767-798.

[93] Pahlings H. Character degrees and normal p-complements. Comm. Algebra, 1975, 3(1): 75-80.

[94] Pahlings H. Normal p-complements and irreducible characters. Math. Z., 1977, 154: 243-246.

[95] Palfy P P. On the character degree graph of solvable groups, I: Three primes. Period. Math. Hungar., 1998, 36: 61-65.

[96] Palfy P P. On the character degree graph of solvable groups, II: disconnected graphs. Studia Sci. Math. Hungar., 2001, 38: 339-355.

[97] Passman D S. Groups with normal, solvable Hall p'-subgroups. Trans. Amer. Math. Soc., 1966, 123: 99-111.

[98] 钱国华. 特征标次数的重数与有可解结构. 数学学报, 2004, 47(1): 125-130.

[99] Qian G. Finite groups with consecutive nonlinear character degrees. J. Algebra, 2005, 285: 372-382.

[100] Qian G. Two results related to the solvability of M-groups. J. Algebra, 2010, 323: 3134-3141.

[101] Qian G. On the average character degree and the average class size in finite groups. J. Algebra, 2015, 423: 1191-1212.

[102] Qian G. Nonsolvable groups with few primitive character degrees. J. Group Theory, 2018, 21: 295-318.

[103] Qian G. Finite Groups with few character zeros. J. Algebra, 2023, 614: 695-711.

[104] Qian G, Shi W. The largest character degree and the Sylow subgroups of a finite group. J. Algebra, 2004, 277: 165-171.

[105] Qian G, Shi W. A note on character degrees of finite groups. J. Group Theory, 2004, 7: 187-196.

[106] Qian G, Wang Y, Wei H. Finite solvable groups with at most two nonlinear irreducible characters of each degree. J. Algebra, 2008, 320: 3172-3186.

[107] Qian G, Yang Y. Nonsolvable groups with no prime dividing three character degrees. J. Algebra, 2015, 436: 145-160.

[108] Qian G, Yang Y. Permutation characters in finite solvable groups. Comm. Algebra, 2018, 46(1): 167-175.

[109] Qian G, Yang Y. Finite solvable groups with distinct monomial character degrees. J. Aust. Math. Soc., 2020, 108: 387-401.

[110] Riedl J M. Fitting heights of solvable groups with few character degrees. J. Algebra, 2000, 233: 287-308.

[111] Seress A. The minimal base size of primitive solvable permutation groups. J. London Math. Soc., 1996, 53: 243-255.

[112] Seress A. Primitive groups with no regular orbit on the set of subsets. Bull. London Math. Soc., 1997, 29: 697-704.

[113] Thompson J G. Normal p-complements and irreducible characters. J. Algebra, 1970, 14: 129-134.

[114] Tiep P H, Zalesskii A E. Minimal characters of the finite classical groups. Comm. Algebra, 1996, 24: 2093-2167.

[115] Waall W. On a question of B. Huppert on monomial groups. Indagat. Math., 1975, 37: 77-78.

[116] White D L. Character degrees of extensions of $\mathrm{PSL}_2(q)$ and $\mathrm{SL}_2(q)$. J. Group Theory, 2013, 16: 1-33.

[117] Willems W. Blocks of defect zero in finite simple groups of Lie type. J. Algebra, 1988, 113: 511-522.

[118] Winter D L. p-solvable linear groups of finite order. Trans. Amer. Math. Soc., 1971, 157: 155-160.

[119] Wolf T R. Sylow p-subgroups of p-solvable subgroups of $\mathrm{GL}(n, p)$. Arch. Math.(Basel), 1984, 43: 1-10.

[120] Yang Y, Qian G. On p-parts of character degrees and conjugacy class sizes of finite groups. Adv. Math., 2018, 328: 356-366.

[121] Zhang J. On the lengths of conjugacy classes. Comm. Algebra, 1998, 26(8): 2395-2400.

[122] Zhang J. A note on character degrees of finite solvable groups. Comm. Algebra, 2000, 28(9): 4249-4258.

[123] Zhang J. Finite solvable groups whose character degree graphs are not complete. Algebra Collo., 2006, 13: 541-552.

索　引

Z

其他